Littérature arabe moderne

Littérature arabe moderne

Genèse et problématiques

par

Boutros Hallaq
Heidi Toelle

BRILL

LEIDEN | BOSTON

Illustration de couverture : Cairo, Egypt – March 2, 2017 : Arabic books for sale on street. Shutterstock, StockFoto, ID : 602339027.

Library of Congress Cataloging-in-Publication Data

Names: Hallaq, Boutros, author. | Toelle, Heidi, author.
Title: Littérature arabe moderne : genèse et problématiques / par Boutros Hallaq, Heidi Toelle.
Description: Leiden ; Boston : Brill, 2024.
Identifiers: LCCN 2024026806 (print) | LCCN 2024026807 (ebook) | ISBN 9789004234253 (hardback) | ISBN 9789004705685 (ebook)
Subjects: LCSH: Arabic literature—1801—History and criticism. | LCGFT: Literary criticism.
Classification: LCC PJ7538 .H2457 2024 (print) | LCC PJ7538 (ebook) | DDC 892.7/09005—dc23/ENG/20240621
LC record available at https://lccn.loc.gov/2024026806
LC ebook record available at https://lccn.loc.gov/2024026807

Typeface for the Latin, Greek, and Cyrillic scripts: "Brill". See and download: brill.com/brill-typeface.

ISBN 978-90-04-23425-3 (hardback)
ISBN 978-90-04-70568-5 (e-book)
DOI 10.1163/9789004705685

Table des matières

PARTIE 4
Vers le réalisme

PARTIE 5
Autobiographique

PARTIE 6
Modernité et religion

PARTIE 7
Pouvoir et répression

PARTIE 8
L'intégration de la violence

PARTIE 9
Le rôle de l'autre dans la créativité

Préface

Heidi Toelle et Boutros Hallaq étaient tous les deux professeurs au département d'études arabes de la Sorbonne-Nouvelle. C'est avec plaisir qu'ils ont collaboré ensemble étroitement jusqu'à la retraite. Ils poursuivaient, et l'un et l'autre, leurs recherches et publications personnelles, aussi bien en français, en anglais et en arabe concernant Heidi Toelle, sémioticienne reconnue, qu'en français et en arabe concernant Boutros Hallaq. Une liste conséquente de livres et d'études témoigne de cette production. Leur collaboration s'est, cependant, concrétisée de façon conséquente lors d'un projet novateur, conçu au sein de l'équipe de recherches CEA (Centre d'Études Arabes), dirigé alors par Boutros Hallaq, projet qui a mobilisé de nombreux collègues d'autres universités françaises, européennes et arabes, travaillant dans le même domaine disciplinaire et qui a valu à notre équipe la note A accordée en 2008 par l'AERES. C'est ainsi qu'ils ont choisi de codiriger les deux tomes de l'*Histoire de la littérature arabe moderne 1800-1945*, publiés respectivement en 2007 et 2013 chez Sindbad, Actes Sud.

Désireux de faciliter l'accès du lecteur à leurs recherches respectives en français dispersées dans différents ouvrages collectifs et revues spécialisés, ils ont cru utile d'en effectuer une sélection significative. C'est ainsi qu'ils ont rassemblé et classé ces études en 9 chapitres dont chacun aborde une des diverses problématiques caractérisant cette littérature moderne depuis sa naissance jusqu'à 2018/2023.

Ils souhaiteraient que ce volume puisse contribuer si peu soit-il à l'approfondissement de la connaissance de la littérature arabe contemporaine, qui témoigne d'une grande vitalité face aux dures épreuves qu'endurent actuellement les peuples arabes sur leur chemin vers l'autonomie, la démocratie et l'invention d'un monde plus habitable.

PARTIE 1

Prolégomènes

CHAPITRE 1

Le concept d'*adab* entre le classique et le moderne

Boutros Hallaq

En ce début de XXIe siècle, le terme *adab* est employé dans deux sens distincts. Le premier, véhiculé par les différents dialectes, renvoie d'abord à un comportement social : « politesse, bonne conduite, savoir vivre en société ». Sous sa forme simple ou sa forme dérivée (tel *muʾaddab*) ou construite (tels *qalīl al-adab* ou *ṣāḥib adab*), il est généralement rendu dans l'écrit par la racine *h-ḏ-b* : *muhaḏḏab, qalīl al-tahḏīb*. Sa forme plurielle s'utilise dans des expressions comme *al-ādāb al-ʿāmma*, « mœurs publiques ». Ces emplois, qui plongent leurs racines dans les temps les plus anciens, recoupent probablement l'acception préislamique du terme, « habitude, norme héréditaire de conduite, coutume, reçue des ancêtres et autres personnages que l'on se propose de prendre pour modèle »[1] ; tout en s'enrichissant au cours de la période classique de nouveaux contenus : bien-dire, savoir tant religieux que séculier, culture requise pour tout 'honnête homme'.

Quant à l'emploi spécifique, correspondant au français « littérature » ou à l'anglais *literature*, il ne s'est fixé définitivement que dans les années 1920. Le chemin suivi jusque-là depuis le début de la *Nahda* est malaisé à identifier, surtout en l'absence d'une recension systématique des occurrences *adab, ādāb* et leurs variantes, dans les œuvres de l'époque. Nous en sommes réduits, pour y voir clair, à opérer des sondages ponctuels. Pour la même raison, il est aussi malaisé de dire si son emploi au début de la *Nahḍa* (par exemple, chez Ṭahṭāwī[2] (m. 1873) correspond à l'emploi classique, lui-même évolutif et encore sujet à discussion[3].

Autour des années 1850, le contenu de l'*adab*, élaboré sous l'influence de la pensée occidentale, se définit par une opposition tranchée par rapport aux sciences modernes, d'une part, et par une opposition plus ou moins nette par rapport aux sciences religieuses, d'autre part. Ainsi, dans *Taḫlīṣ al-ibrīz* (1834), l'*adab* ne peut être compris qu'en opposition aux *al-ʿulūm al-barrāniyya* (les

1 F. Gabrieli, *Adab*, in *NE2*.

2 *Cf.* Rifāʿa Rāfiʿ al-Ṭaḥṭāwī, Taḫlīṣ al-ibrīz fī talḫīṣ Bārīz, Le Caire, 1834.

3 A. Cheikh-Moussa, *De l'adab, Littérature arabe et société à l'époque classique, note de synthèse*, apporte des nuances importantes à la position de C-A. Nallino, reprise par Gabrieli.

 | DOI:10.1163/9789004705685_002

sciences appliquées et les sciences politiques et sociales) et qu'en dehors des *al-ʿulūm al-ǧawwāniyya* (les sciences religieuses proprement dites) propres à l'Azhar. Il en va de même pour Nāṣīf al-Yāziǧī (m. 1871) dans *Maǧmaʿ al-baḥrayn* (1856), entièrement vouée à l'*iḥyāʾ* du lexique et des genres littéraires classiques. Avec Buṭrus al-Bustānī (m. 1882), le terme d'*adab* exclut toute référence aux sciences religieuses. Dans sa *Ḫuṭba fī ādāb al-ʿarab* (1859), il en donne une définition quasi explicite : « l'objet [de notre discours] est *ādāb al-ʿarab* ou si vous préférez *ʿulūm al-ʿarab, funūn al-ʿarab* ou *maʿārif al-ʿarab* ». Tout en mettant à distance les sciences religieuses (le *ʿilm* traditionnel), il décline dans son allocution l'ensemble des connaissances endogènes (préislamiques) et exogènes (grecques et sémitiques) de la période classique. Dans le même temps, apparaît une distinction, déjà perceptible chez Bustānī, entre le pluriel *ādāb* et le singulier *adab*. Rompu à la littérature occidentale, A.F. al-Šidyāq (m. 1887) semble, dans son *Al-Sāq ʿalā al-sāq*[4] (1855), réserver le plus souvent le singulier *adab* au domaine des Belles Lettres et sciences langagières connexes, ce qui exclut non seulement les sciences religieuses mais également les sciences exactes et les sciences humaines. Son frère Asʿad, « notoirement connu pour son *adab* »[5] en offre un modèle ; de même Nāṣīf al-Yāziǧī « le célèbre *adīb* »[6]. Notons qu'il exclurait accessoirement la poésie, qui a toujours bénéficié d'un statut à part.

Le premier à faire un rapprochement explicite entre *adab* et « littérature » est le même B. Bustânî, dans son article « *adab* » paru en 1876 dans *Dāʾirat al-maʿārif*. En effet, il déclare l'adopter comme terme générique valable pour toutes les cultures, contrairement, d'après lui, à l'usage des Arabes qui le restreignaient à leur propre culture. Ce faisant, il veut sans doute rendre compte de l'irruption, dans l'aire arabe, de genres exogènes, tels le drame, pratiqué à partir de 1848 par Mārūn Naqqāš (m. 1855) et du roman paru à partir de 1865 (*Ġābat al-Ḥaqq* de Fransīs Marrāš) et surtout de 1870, avec la publication des romans-feuilletons de son fils Salīm. Mais il reste indécis sur les disciplines que l'*adab* embrasse : est-ce qu'il englobe *al-ʿulūm wa al-maʿārif* dans leur ensemble ? Ou La poésie, avec la belle prose et l'histoire avec leurs sciences connexes (sciences du langage, rhétorique et logique) ? Ou plus restrictivement encore *al-ʿulūm al-mustaʿraba*, à savoir les œuvres créatives relevant des genres strictement littéraires communément admis ? Peu importe ! le modèle est déjà nommé. Il se précisera en deux étapes, en même temps que sa terminologie.

4 C'est à Paris que l'ouvrage parut en arabe dans sa première édition.

5 *Op. cit*, p. 108.

6 *Ibidem*, p. 431.

La première étape va jusqu'au début des années 1910. Les genres nouveaux (roman, drame et *maqāl*, l'article de presse) s'imposent alors face à la poésie, et acquièrent enfin leur légitimité. Ce faisant, ils introduisent une nouvelle perception de l'*adab*, plus restrictive que celle de la période classique. Leur développement s'accompagne d'une intense activité critique. Celle-ci commence par une réappropriation de l'appareil conceptuel de la critique classique[7] appliqué exclusivement à la poésie, d'abord ancienne puis moderne. Elle se développe à travers de nombreuses revues (*al-Muqtaṭaf, al-Hilāl, al-Bayān, al-Ǧawā'ib*, etc.) en passant d'une critique rhétorique et grammaticale à une autre plus littéraire appliquée au roman naissant. Elle se systématise, à partir de la dernière décennie du siècle, avec la périodisation de la littérature arabe classique et moderne, sur les pas des grands orientalistes, notamment C. Brockelmann[8]. Elle cherchera même, avec Qusṭākī al-Ḥimṣī dans son ouvrage *Manhal al-ruwwād fī ʿilm al-intiqād*, tome 1 (1907), à s'instituer en science autonome et globale.

Le terme généralement utilisé est alors le pluriel *ādāb*. Si ce signifiant continue chez Ǧurǧī Zaydān (m. 1914)[9] à renvoyer à toutes les sciences arabes, il est déjà chez d'autres[10] circonscrit aux sciences humaines, notamment les belles-lettres et l'histoire. C'est ce même vocable qui continue d'ailleurs de nos jours à désigner les « facultés de lettres », *kulliyāt al-ādāb*, dont l'enseignement se répartit entre les différentes branches des sciences humaines. Notons que Luwîs Šayḫū (m. 1927) utilise également *adab*, au singulier, dans un sens identique dans *Maǧānī al-adab al-hadâʾiq al-ʿarab*[11].

Mais, signe de malaise devant l'inadéquation du terme, d'autres désignations apparaissent, notamment *ʿilm / ʿulūm al-adab*, sous la plume de connaisseurs, tels Faraḥ Anṭūn[12] (m. 1922) et Qusṭākī al-Ḥimṣī dans *Manhal al-ruwwād fī ʿilm al-intiqād*, qui, problablement le premier, parlait de *nahḍa adabiyya*. L'on pourrait se demander si des termes comme *al-inshā'*, utilisé par Adīb Isḥāq[13] (m. 1885) et Muwayliḥī[14] (m. 1906) ou *balâgha*, qui connut une grande vogue au tournant du siècle ne représentaient pas, malgré leur ambiguïté, une alternative pour exprimer la nouvelle réalité littéraire. Il en va de même de *Balāġat*,

7 *Voir* : Al-Marṣafī, Ḥusayn, *al-Wasīla al-adabiyya ilā ʿulūm al-ʿarabiyya*, tome 1, 1873, tome 2, 1875.

8 *Geschichte der arabischen Litteratur*, 1897 et 1903.

9 Notamment dans *Tārīḫ ādāb al-luġa al-ʿarabiyya*, 1911.

10 M. Dyāb, *Tārīḫ al-ādāb al-ʿarabiyya*, 1900 ; Ḥasan T. al-ʿAdl, *Tārīḫ ādāb al-luġa al-ʿarabiyya*, 1904 ; Luwīs Šayḫū, *al- Ādāb al-ʿArabiyya fī l-qarn al-tāsiʿ ʿashar*, vol. 2, Beyrouth, 1910.

11 Paru en 1882, cet ouvrage sera la première anthologie moderne.

12 *Voir* : al-Ḫaṭīb, Muhammad Kāmil, *Naẓariyyāt al-riwāya* I, Damas, 1990, p. 49.

13 Cf. Ǧamīl Ṣalībā, *Ittiǧāhāt al-naqd al-ḥadīth fī Sūriyya*, Le Caire 1969, p. 32.

14 Cf. al-Dusūqī, ʿAbdu al-ʿAzîz, *Taṭawwur al-naqd al-ʿarabī al-ḥadīt fī Miṣr*, Le Caire, al-Hay'a al-miṣriyya al-ʿāmma li al-kitāb, 1977, p. 101.

qui fut l'objet d'une importante controverse en 1900[15], et sera adopté comme titre d'un ouvrage portant sur l'histoire de la littérature rédigé par Aḥmad Ḍayf[16]. Signalons cependant que, pour de rares occurrences, le mot *adab* acquiert, à la même époque, une résonance tout à fait moderne : « *Haqīqatu al-ʿadab* [*hiya*] *asrāru al-kawn* »[17].

Le déferlement romantique, à partir du début du XXe siècle, marque une double rupture. D'une part, le refus, notamment chez Ḫalīl Ǧibrān (m. 1931) et Mustapha al-Manfalūṭī (m. 1924), de la démarche littéraire alors en vogue, *iḥyāʾ* ou *iqtibās*, aboutit à l'adoption du terme *šiʿr* pour désigner la nouvelle littérature en passe de s'imposer : moment de catharsis. D'autre part, la réflexion critique, dynamisée par les théories occidentales et la naissance d'institutions modernes comme *al-Ǧāmiʿa al-ahliyya* (1907), devenue plus tard l'Université Égyptienne, et de groupes littéraires comme celui du *Mahǧar* (qui se constituera en *Rābiṭa Qalamiyya* en 1920), porte désormais moins sur la validité de telle ou telle œuvre que sur la nature même de la littérature. Dès 1912, Ṭ. Ḥusayn (m. 1973) met en cause l'emploi extensif du terme *adab* par Zaydān[18]. Au début des années 1920, le mouvement s'accélère au point que le terme *adab*, dans son acception moderne, s'impose enfin à l'exclusion de tout autre. *Al-Dīwān fī al-naqd wa al-adab* (1921) de ʿA.-M. al-ʿAqqād (m. 1964) et Ibrāhīm al-Māzinī (m. 1949) ainsi qu'*al-Ġirbāl* (1923) de M. Nuʿayma (m. 1989) en sont les principaux vecteurs. Le groupe syrien *al-Rābiṭa al-adabiyya*, né en 1921, un an pourtant après *al-Rābiṭa Qalamiyya*, reflète ce choix, et Ṭāhā Ḥusayn l'adoptera en 1926 dans *Fī al-adab al-ǧāhilī*, comme ʿAqqād dans *Murāǧaʿât fī al-adab wa-l-funūn* (1926) ou A.-Ḥ. al-Zayyāt (m. 1964) dans *Tārīḫ al-adab al-ʿarabī* (1928). Désormais, *adab* et ses dérivés (*adabī, ādāb, adīb,* etc) se généralisent dans un sens univoque. En même temps, fait significatif, le terme de *naqd*, critique, pris dans son sens moderne, remplace définitivement le terme *intiqād*, qui avait eu cours jusque-là ; et l'expression *nahḍa adabiyya* se généralise. Seule inflexion intervenue jusqu'à nos jours : la notion d'*adab* s'étend depuis le milieu du XX° siècle à la littérature populaire, grâce aux travaux sur le folklore et les contes populaires. Signalons enfin l'apparition de nouveaux dérivés comme : *adabiyyāt*, désignant un ensemble d'écrits spécifiques comme *adabiyyāt siyāsiyya*, ou *ʿudūba* pour « littérarité ».

* Ce chapitre a paru sous le titre *Adab / Modern Usage* dans *EI3*, édition anglaise.

15 Cf. les articles de A. Kâmil, S. Thâbit et N. Fayyâd dans la revue *al-Muqtaṭaf*, vol. 24.

16 *Cf. Balāġat al-ʿarab*, 1921, et *Balāġat al-Andalus*, 1924.

17 Rūḥī al-Ḫālidī, in *Hilāl*, 2002/3, p. 16.

18 *Cf.* revue *Al-Hidāya*, vol. 6-7, 1911, *voir* Dusūqī, p. 257-60.

PARTIE 2

L'enracinement ontologique de la littérature

CHAPITRE 2

La littérature selon Manfalūṭī

Boutros Hallaq

Manfalūṭī théoricien de la littérature ? On aurait du mal à le croire de nos jours, tant reste attachée à son nom l'image d'une spontanéité à l'état pur, sauvage pour ainsi dire, où le sentiment emporte tout sur son passage ; et tant reste ancrée dans l'esprit de ses critiques la conviction de son incapacité innée à mener une quelconque rétexion[1]. Il est vrai que l'attaque à la hussarde menée contre lui par Māzinī[2] a agi au-delà de toute espérance et fourni à ses anciens admirateurs, les Ṭāha Ḥusayn et les ʿAqqād[3], entre autres, des armes efficaces pour le bouter hors du domaine de la pensée rétéchie. Il n'est pas moins vrai aussi qu'il se complut lui-même à donner à sa pratique l'allure d'une démarche antirationnelle.

Or, contre toute attente, il existe bien chez cet auteur, à défaut d'une théorie, une représentation assez cohérente de la littérature, sans que ce constat vaille reconnaissance de la validité de l'analyse qui la fonde. Cette représentation se trouve formulée essentiellement dans une introduction tardive au premier volume de *al-Naẓarāt*[4]. Elle constituera donc le corpus de notre étude[5].

On peut facilement identifier dans ce texte deux axes distincts, bien qu'ils s'entrelacent continuellement. Sur le premier axe, se déroule un récit autobiographique ciblé : autobiographique, car toutes les contraintes du genre y sont

1 Cela ne contredit point ce que nous savons sur l'impact que Manfalūṭī eut au début du siècle, ni le fait que ses œuvres soient toujours exposées dans les librairies des grandes villes arabes. Phénomène paradoxal, Manfalūṭī intéresse le public et révulse les critiques. De nos jours, le simple fait de l'évoquer suscite un sourire entendu. Un seul critique a pris la peine, ces dernières années, de chercher à élucider ce paradoxe : voir *bibliographie n° 1*. Dans le premier chapitre, on y trouve aussi bien des témoignages sur l'immense impact de Manfalūṭī que les critiques virulentes qui les relayèrent.

2 Voir *bibliographie n° 2*.

3 On peut trouver des spécimens de leurs écrits dans le premier chapitre de l'ouvrage cité dans la note 1.

4 Il s'agit d'un recueil de textes (récits, réflexion, pensées, articles…) parus à partir de 1907 dans la revue *al-Muʾayyid* et rassemblés en trois volumes parus successivement en 1912,0191 et 1921. Se reporter à *bibliographie n° 3*.

5 Nous renverons dans cette étude à l'édition Dār al-Hudā al-waṭaniyya, à Beyrouth, dont la date n'est pas mentionnée.

 | DOI:10.1163/9789004705685_003

respectées à commencer par l'établissement du pacte fondamental[6] ; ciblé, car le propos se limite à relater une expérience spirituelle, celle qui conduit l'écrivain à l'écriture. Son but déclaré est de répondre à la curiosité insistante du lecteur qui cherche à savoir comment l'auteur « rédige ses épitres »[7]. Chemin faisant, Manfalūṭī intègre à son récit beaucoup d'éléments factuels de sa vie et de traits de sa personnalité.

Dans ce récit autobiographique s'insèrent de longs passages explicatifs qui décrivent, analysent et justifient une certaine vision de la littérature, non parfois sans naïveté, ambiguïté ou contradiction. Ce deuxième axe, qui se présente comme une rétexion objective sur la chose littéraire, se prête à une analyse immédiate de contenu. Le premier, en revanche, appelle un autre type d'analyse : en tant que récit, il constitue une reconstruction fictive d'un itinéraire imaginé au moment de l'énonciation. Pour saisir sa cohérence interne, il faut le traiter comme une fiction. Ces deux axes ne concordent pas forcément, et nous aurons à confronter les éléments de la fiction avec ceux dégagés de la rétexion proprement dite. Nous commençons par présenter le parcours du sujet dans la fiction.

Dans l'itinéraire qui le conduit à l'*adab*, le personnage-narrateur distingue quatre phases :

- Une phase initiale, coïncidant avec l'enfance, dont la seule marque notable est un attrait inné pour la beauté : « Ce que j'étais ? Tout simplement un homme qui aimait la beauté »[8].
- Une deuxième phase lui permet de découvrir l'*adab*, terme qui réfère, dans le contexte, à la littérature arabe dans son versant exclusivement classique. Elle se déroule à al-Azhar où il fait ses études ; il est alors adolescent : « Lorsque je commençai à m'y initier, je vivais - je n'avais pas encore treize ans - parmi des cheikhs azharites d'un monde révolu ». C'est une période de bonheur, malgré certaines tracasseries.
- La troisième phase coïncide avec le retour aux réalités de ce monde. Elle est marquée par un fort sentiment de dysphorie : « Lorsque je me suis retourné… je me vis soudain au creux de ce monde ténébreux qui donne le frisson, le monde du réel et de la souffrance ».
- La quatrième phase s'ouvre alors. Le sentiment que produit en lui choc des deux univers, celui de l'*adab* et celui du monde « des réalités », fait jaillir

6 Le texte satisfait à tous les éléments du pacte autobiographique codifié par Philippe Lejeune dans *Le Pacte autobiographique* (Paris, Seuil, 1975, coll. « Poétique »). L'identité de l'auteur, du narrateur et du personnage est garantie par la signature du nom propre ; il s'agit d'une œuvre en prose ; la perspective est nettement prospective.

7 *kayfa aktub rasāʾilī.*

8 Ce chiffre mis entre parenthèses renvoie au numéro de page de l'édition arabe.

en lui une parole spontanée qui sera vite reconnue comme *adab* : « Meutri par l'énorme différence que je vis entre ces deux mondes…, j'ai poussé mes mots l'un après l'autre, comme respire tout un chacun ou tel que gémit un homme malheureux ; certaines personnes lirent cela… et m'appelèrent écrivain ».

L'on peut reconnaître dans ce processus de transformation du sujet la démarche évolutive normale de toute initiation quelle qu'en soit la nature : une maturation intérieure suscitée par une rencontre majeure. Cet itinéraire peut être représenté par le schéma suivant :

Nature ⟶ Littérature ⟶ Monde ⟶ *Adab*

« Nature » renvoie à la première phase, « Littérature » (classique, s'entend) à la deuxième, « Monde » à la troisième et « *Adab* » (dans le sens de production littéraire, d'écriture) à la phase finale où la production de l'*adab* confère au narrateur son nouveau statut.

Ce schéma sommaire, s'il rend compte du parcours global, ne permet pas de caractériser précisément la nature des différentes étapes. Car aucun de ces quatre termes n'est univoque. Le contexte, informants et indices réunis, autorise pour chacun au moins deux interprétations : l'une dans le registre dénotatif, immédiat et l'autre dans celui de la connotation. L'analyse de ces deux registres fera apparaître deux dimensions fondamentales de la littérature chez Manfalūṭī. Une troisième dimension émergera à son tour à partir des recoupements entre l'axe de la fiction et celui de la pensée rétexive.

1 La littérature, un monde autotélique

En enrichissant le schéma précédant d'éléments adéquats, recueillis dans d'autres séquences du texte, nous obtenons un premier parcours, parfaitement analysable selon le « schéma fonctionnel quinaire » connu[9]. Il comporte, comme on le sait, trois moments appelés : Etat initial, Transformation, Etat final.

9 Il s'agit du schéma proposé par P. Larivaille, à partir de schémas antérieurs (comme celui de Claude Brémond dans *Logique du récit*, Paris, Seuil, 1973) dans son article « L'analyse (morpho)logique du récit », in *Poétique*, n° 19, 1974, p. 368-388. Une bonne présentation se trouve dans J-L. Dumortier et Fr. Plazanet, *Pour lire le récit*, (Paris, De Bœck-Duculot, 1990), p. 49-62. Notons que ce schéma est distinct du « schéma narratif » élaboré par Greimas. Malgré son simplisme, nous l'utilisons pour matérialiser (visualiser) les moments charnières du récit.

De l'**état initial**, qui couvre l'enfance du narrateur jusqu'à sa scolarisation à al-Azhar, le récit retient, en plus d'une donnée sociologique intéressante qui sera exploité par la suite, à savoir la pauvreté dans laquelle vivait la famille du héros, deux éléments importants ; ils caractérisent la nature profonde de l'enfant : un sens inné de la beauté mais aussi une mémoire défaillante. Les deux passages suivants en portent respectivement témoignage :

1. « Ce que j'étais ? Tout simplement un homme qui aimait la beauté, qui en était subjugué chaque fois qu'il la percevait dans les traits d'un homme, dans une pleine lune au moment où elle se levait, ou [...], ou [...], ou [...], ou [...], ou dans un vers [de poème] ou un morceau en prose ».
2. « Je n'ai pu rédiger pour eux ces épitres, dans le style inédit dont ils m'attribuent la paternité, que parce que j'ai été capable de me libérer des contraintes de l'imitation servile. En cela j'ai tiré profit, au premier chef, de ma mémoire défaillante, rebelle, incapable de retenir quelque chose qui vaille des différentes lectures qu'il m'est arrivé de faire ».

Le premier élément est marqué positivement puisqu'il s'agit d'un don précieux ; alors que le second l'est négativement, puisqu'il renvoie à un manque reconnu communément comme préjudiciable à toute action importante. Les deux, pourtant, concourent à un bien supérieur, comme on le verra dans la deuxième section. L'aspect négatif, dont nous ferons abstraction pour l'instant, y sera exploité pleinement.

Ainsi équipé, le sujet entre dans une période de transformation, dont l'élément **provocateur** est constitué par sa rencontre avec la littérature, *adab*, où son sens inné de la beauté trouve à s'exercer et à se développer. S'ouvre alors une période, dont il ne précise pas la durée, et qui se déploie en une **action** continue déterminée par deux mouvements opposés : un mouvement d'approfondissement et d'évolution positive et un autre de découragement face aux contrariétés. D'une part, il parcourt le « jardin de l'*adab* » en volant « d'une teur à l'autre », butinant délicatement, constituant ainsi son stock de suc : « Je traversais à la hâte les prairies de l'*adab*, et lorsque j'apercevais une belle teur... je m'arrêtais devant elle avec admiration et attendrissement, puis la laissais là où elle était pour m'en aller vers une autre, n'emportant que son image dans mon âme ».

Mais il est, d'autre part, en butte à une entreprise systématique de découragement, voire de persécution, de la part de son environnement, « les gens d'al-Azhar » qui

- « considéraient que le fait d'acquérir [l'*adab*] ou même de s'y initier était l'œuvre de gens désœuvrés et légers, voire une tentation du diable » ;
- « s'interposaient entre l'*adab* et moi, tel un père s'efforçant d'éloigner son fils des séductions de la passion »;

– « s'imaginaient, lorsqu'ils tombaient dans mon armoire, sous mon coussin ou parmi mes habits sur un recueil de poèmes ou un livre d'*adab*, avoir retrouvé dans le sac du voleur le dinar subtilisé, dans la poche d'un jeune homme une bouteille d'alcool, ou même dans la chambre de la jeune vierge l'amant recherché ».

Attitude qui le soumettait à une épreuve insupportable : « A cause d'eux, j'ai enduré des épreuves et connu des aftictions insoutenables ».

Loin de le dévier de son chemin, ce deuxième mouvement ne constitue qu'une épreuve (première épreuve de la série) qui l'incite à poursuivre sa quête tout en lui épargant un écueil mortel : le fait d'être intuencé par des préjugés sur la chose littéraire. L'attitude de ces maîtres, dit-il, « m'épargna le mal d'une intervention extérieure qui aurait pesé sur l'appréciation que je pouvais porter sur tel ou tel poète, tel ou tel écrivain, tel ou tel style ». Laissé à lui-même, il obéit à son penchant naturel, à sa spontanéité première : « Je n'avais, dans l'appréciation de ces œuvres, qu'un seul secours : l'émotion de l'âme et le palpitement du cœur exprimant la douleur ou du plaisir » (12).

Cette étape aboutira à une modification profonde, décrite comme une métamorphose : « Et voici qu'après m'être promené dans quelques-unes de ces prairies... je sentis qu'on avait échangé mon âme contre une autre et que je me trouvais dans un état étrange jamais connu auparavant » (6). Il s'agit d'un changement de nature, qui suscite un sentiment d'étrangeté (*ḥālah ġarība*), d'une métamorphose transfigurante caractérisée par un élément primordial : la capacité de percer les apparences du réel pour en saisir l'essence. « Je voyais les gens, et voici que je vis leurs âmes ; je voyais la beauté et voici que je vis sa quintessence et son essence ; je voyais le mal et voici que je vis sa laideur ».

C'est alors qu'il parcourt (ou re-parcourt) tout le patrimoine littéraire depuis la période préislamique jusqu'à l'épanouissement de la grande civilisation arabe. Le terme de ce « voyage » symbolique n'est pas précisé, mais différents indices permettent de le situer à la fin de la période abbasside, juste avant le début de la « décadence », selon la terminologie en vigueur au temps de Manfalūṭī[10]. Ce voyage est connoté euphoriquement : « Je m'en trouvais dans un état de félicité et de béatitude, que n'aurait pu susciter ni le confort ni le luxe tant recherché par les autres ».

À la même période, semble-t-il, le narrateur est en train de vivre une très grande épreuve (deuxième épreuve) : « J'étais un homme malheureux, cible des attaques les plus virulentes du destin... Je connus l'humiliation parfois, la faim des journées entières, la pauvreté pendant des années, et, comme aucun autre, je fus accablé par la dureté et la méchanceté de la vie ». Cette

10 Le corpus parcouru englobe la poésie d'al-Ma'arrī.

épreuve exceptionnelle et unique, « jamais subie par qui que soit » (*mā lam yalqā bašar*) fut pour lui décisive : loin de le faire plier, elle trempa sa volonté et renforça son désir de pratiquer la « miséricorde » vis-à-vis de ses semblables : « Mon seul souci était de pleurer les malheurs de chacun… et de solliciter pour le plus faible la miséricorde du plus fort ». Il fera preuve de miséricorde, précisera-t-il, même avec ses bourreaux ou ses amis qui se sont montrés infidèles.

Il est difficile de situer, dans la chronologie des faits, cette épreuve dont le récit ne précise pas la date. Elle ressemble plutôt à un état permanent, vécu tout au long de sa vie, comme il ressort de différents indices textuels. La pauvreté de l'enfance, les difficultés de la vie à al-Azhar pendant l'adolescence comme les souffrances de la jeunesse et de l'âge adulte par la suite y renvoient. Mais plus que l'état lui-même, c'est le fait d'en prendre conscience, et avec quelle acuité, qui marque le processus. Or, cette prise de conscience advient à ce moment précis : juste après sa rencontre fulgurante avec l'*adab*. Du moins, c'est alors qu'il l'investit dans la « mythologisation » de son devenir personnel. En effet, cet élément justifie, à lui seul, son penchant pour « l'*adab* des tristesses », selon sa propre expression. Le narrateur introduit les quatre pages qui déclinent le récit des « pleurs » des poètes et des notabilités – le Prophète compris – qui marquèrent l'histoire arabe[11], par cet aveu ingénu : « Et je ne sais ce qui me séduisait dans la lecture de la poésie des peines et des tristesses, des récits des misères et des histoires de gens attristés et éprouvés ».

La période de béatitude de durée indéterminée, conséquente à la découverte de l'*adab*, s'interrompt brutalement lorsqu'il se trouve face au monde : « Lorsque je me retournai, je me sentis entièrement dépouillé de cette félicité (*laḏḏat al-adab*) […] je me vis soudain au creux de ce monde ténébreux qui donne le frisson, le monde de la réalité et de la souffrance ». Une dernière épreuve (troisième épreuve), déterminante, commence. Elle le contraint à une remise en question radicale de son monde intérieur : il n'y a pas d'adéquation entre la « réalité » du « monde de l'imaginaire »[12] (*ʿālam al-ḫayāl*) rencontré dans l'*adab* et celle du monde tel qu'il est : « je croyais que le monde de l'imaginaire dans lequel j'étais plongé était une image exacte du monde réel ». L'opposition totale entre les deux ne fait que creuser en lui un abîme d'horreur contre ce bas-monde. Sur quelques sept pages il essaie d'en décrire les

11 Ces quatre pages (de 16 à 20) constituent une seule période formée, après une proposition principale, de phrases coordonnées introduites chacune par le terme *bukāʾ* suivi de la présentation de sa cause.

12 La traduction que nous donnons pour l'instant de *ʿālam al-ḫayāl* reste approximative. Elle se précisera dans les deux sections suivantes.

différentes manifestations pour en convaincre le lecteur. On peut situer cette épreuve au moment de la jeunesse, après avoir quitté al-Azhar et s'être engagé dans la vie. Notons cependant l'ingénuité de la démarche : il paraît totalement surpris par ce qu'il savait déjà, puisqu'il en fait mention lors de la deuxième épreuve. Son énoncé « je l'ai regardé comme un étranger regarde un pays qu'il n'avait jamais vu et où il n'avait aucune demeure » ne manque pas d'étonner. Mais cette réaction semble nécessaire à la construction de sa mythologie personnelle.

Loin de le briser, cette épreuve cruciale le conduira à l'écriture : « Meutri par l'énorme différence que je vis entre ces deux mondes [...], j'ai poussé mes mots l'un après l'autre, comme respire tout un chacun ou tel que gémit un malheureux ». Dès lors qu'elle fait jaillir en lui la parole, cette épreuve ne peut être que glorifiante. La prise de parole, par le biais de l'écriture, constitue une **sanction** de ce processus de transformation. Ainsi s'achève le cycle. Arrive alors l'**état final**, avec la sanction des lecteurs : « Certaines personnes lirent cela, ils le prirent pour une [vraie] parole (*kalām*)[13]. Ils persistèrent à apprécier ce que je disais et en redemandaient ; alors que de mon côté je me montrais avide de leur appréciation et cherchais à exprimer le plus fidèlement possible ce qu'ils ressentaient au fond du cœur ; et c'est ainsi qu'ils finirent par me désigner comme écrivain ». Et voilà comment le narrateur devint un écrivain reconnu et célèbre.

Rassemblons les différents éléments pour faire apparaître le schéma fonctionnel dans son ensemble :

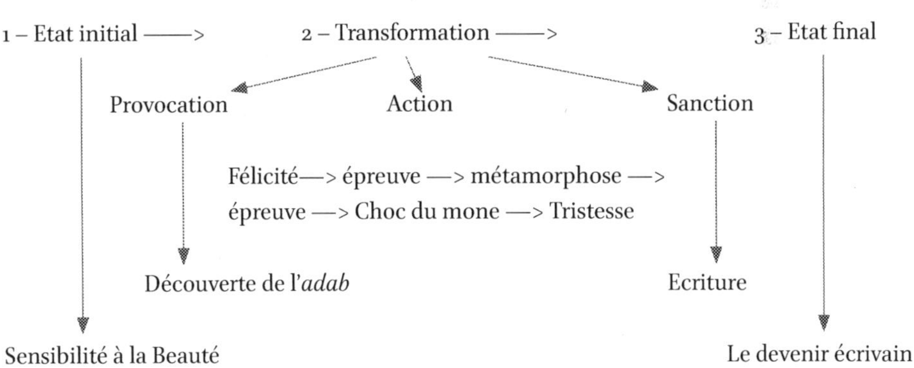

13 Certains grammairiens, comme Ibn Hišām, opposent *kalām* à *laġw*, le premier étant un langage articulé et signifiant, une prise de parole, alors que le second ne serait qu'un alignement de mots.

Il va de soi que ce parcours est une reconstruction subjective qui appartient au seul narrateur-auteur-héros. Il comporte plusieurs incohérences dont certaines ont déjà été signalées. Mais ces incohérences s'inscrivent dans une logique que nous exposerons dans la deuxième et troisième section de cette partie. Qu'il s'agisse de la mémoire défaillante qu'il affiche, de cette perception outrancière et sans appel de la méchanceté du monde, de ces ruptures totales suscitées par la découverte de l'*adab*, de ces mutations instantanées qui se manifestent par le passage à l'écriture ou, enfin, de cette délectation suspecte dans un univers poétique qui grouille de malheurs et de mort[14].

Mais, à ce stade, il importe de noter la représentation de l'univers de l'*adab* : il représente un monde clos, pour ainsi dire. À considérer les tenants et aboutissants du cycle de transformation, nous constatons que le parcours s'ouvre par *adab* et se clôture par *écriture*. Autrement dit : l'*adab* déjà constitué (la littérature) aboutit tout logiquement à l'*adab* en cours de constitution, ou l'*adab* produit donne lieu à l'*adab* se produisant. Le vecteur *adab* est continu pour ainsi dire. L'*adab* produit l'*adab*. C'est un univers autonome qui ne renvoie qu'à lui-même.

Ce monde clos se trouve ordonné à une mission, comme nous le verrons plus loin. Il s'affirme aussi en s'alimentant des épreuves surmontées qu'impose le monde extérieur. Mais ces épreuves, parfois artificiellement agencées, ne font que rehausser la structure close de l'univers de l'*adab*. En effet, la succession des trois épreuves enchaînées de façon pas toujours convaincante (qui rappellent, de loin, celles qui jalonnent le parcours du héros dans les contes populaires, tel qu'il a été mis en évidence, à partir des travaux de Propp), vise à créer un monde merveilleux autonome. La première, suscitée par les gens d'al-Azhar, vise à dissuader le héros de continuer dans sa voie. Sa capacité à leur résister le qualifie pour poursuivre son parcours. L'épreuve principale est constituée par certains éléments de cette expérience douloureuse vécue par le narrateur : faim, humiliation, malheurs. Pour avoir vécu cette dure condition, il est autorisé à entrer réellement en littérature, du moins dans cette littérature des « tristesses » qu'il affecte. Quant à la troisième épreuve, elle a quelques traits communs avec l'énorme choc qu'il subit à la vue du monde : loin de le terraser ou de l'inhiber, il lui ouvre la voie royale de l'expression poétique : il devient écrivain.

Ce parcours mythique indique clairement la vision manfalûtienne de l'*adab*. Il mène, en effet, de l'*adab* constitué (le patrimoine classisue à l'*adab* en train

14 Si, en effet, beaucoup de ces poèmes parlent d'amour et de bonheur, la plupart décrivent des situations dysphoriques, voire tragiques : des nouveaux-nées enterrées vivantes, des poètes devenus fous pour avoir renoncé délibérément à leur amour…

se produire (l'écriture). Oui, l'*adab* est un univers qui s'auto-engendre, réfère à lui-même. Il croise, certes, le monde extérieur, mais pour le démasquer, à l'instar de toute prophétie. Mais nous touchons déjà à l'autre niveau de lecture, celui de la littérature comme monde prophétique.

2 Le monde prophétique

Un autre registre de lecture révèle une deuxième dimension essentielle de la littérature chez Manfalūṭī : le registre religieux. Les signes qui y renvoient saturent le texte de part en part tant et si bien que l'itinéraire décrit plus haut se donne à lire comme une mission prophétique. Essayons de repérer leur cheminement à travers les différentes étapes du schéma fonctionnel mis en place lors de la première lecture.

2.1 *Les dons de Dieu*

L'état initial relevé plus haut se présente comme déjà habité par un dessein divin. Celui-ci se révèle par les dons innés dèjà signalés qui sont autant de signes électifs. En effet, outre qu'ils sont l'œuvre du créateur, le sens de la beauté comme la mémoire défaillante sont perçues comme autant de grâces accordées par Dieu et reconnues comme telles : « [Dieu] inscrivait pour moi dans son registre des destins (*lawḥ maqādīrihi*) autant de bonheur et de jouissance qu'il inscrivit en terme de fortune et de notabilité pour les gens chanceux ». Mais si le premier élément, positivement indexé, s'inscrit naturellement dans l'ordre des choses, le second, négatif, pose un problème d'interprétation : en quoi la mémoire défaillante constitue-t-elle une marque d'élection ? En cela qu'elle fonctionne comme un indice souvent lié à la prophétie. Celle-ci, du moins dans le domaine de l'Islam, n'est pas acquise par le savoir humain ni déterminée par la culture et l'intelligence des hommes ; elle est le fruit du libre arbitre de Dieu qui donne la révélation à qui lui plaît. N'est-ce pas le sens communément admis[15] de l'étonnante expression : le prophète analphabète, *al-nabiyy al-ʿummī* ? Ici, ce thème de la mémoire défaillante – que tout contredit dans un texte rempli de clichés littéraires et pétri de vocabulaire recherché et savant qui ne peut provenir que d'une longue fréquentation des textes littéraires – indique que ce n'est pas l'accumulation du savoir reçu des anciens

15 En effet, c'est ce sens immédiat qui compte ici. Les autres interprétations du terme *ʿummiyy* – comme celle qui le lierait à *goy*, propre aux autres nations, *ʿumamiyy*, par opposition à *juif* – ne sauraient être opérantes dans le contexte Manfalūṭī.

qui justifierait les prétentions du narrateur, mais plutôt quelque chose venu de plus loin, ressortant au divin.

Il en va de même de la rencontre avec l'*adab*, qui déclenche le processus de transformation : « C'est Dieu qui m'a présenté sous son beau jour ce monde imaginaire indemne de tout soupçon et de tout péché, l'a embelli de toutes sortes d'ornements et y a placé pour moi seul toutes sortes de réjouissances [...] dans sa miséricorde pour moi ».

On peut en dire autant des épreuves encourues. La première, en effet, lui vient d'al-Azhar, et cela n'est pas indifférent. Au-delà de l'indication sociologique sur l'état d'esprit des responsables de cette institution à l'époque, c'est leur statut religieux qui est important ici ; ils s'opposent à l'*adab* en tant que défenseurs de la foi et des bonnes mœurs : ils le considèrent comme une tentation provenant du diable. Aussi le pourchassent-ils comme un vice hautement condamnable (*min al-kabā'ir*), au même titre que le vol, l'ivresse donnée par le vin ou la fornication, crimes qui sont tous comparés dans le texte aux ouvrages d'*adab*. Ces défenseurs de la foi apparaissent au premier abord comme remplissant la fonction de l'actant opposant au projet du sujet. S'opposant à l'*adab*, ils s'opposent à Dieu qui lui est conjoint dans le même rôle actantiel : « *fa-šukran li-l-llāh awwalan wa li-l-adab ṯāniyan* », dit le narrateur. Certes, ils ne s'y opposent pas en connaissance de cause, mais par ignorance, par cécité. Cela donne encore plus d'acuité à la confrontation, en l'inscrivant dans le modèle classique de la mission prophétique. Celle-ci se présente toujours, notamment en Islam, comme une lutte contre les tenants d'une religion fausse (le polythéisme) ou édulcorée (le Judaïsme et le Christianisme), qui prétendent défendre les mêmes valeurs d'absolu (la divinité) ou de révélation (le monothéisme). Cette confrontation est d'autant plus difficile à mener qu'elle ne se donne pas clairement comme une lutte explicite entre le Bien et le Mal, mais comme une échauffourée entre le Vrai et le Faux, ou parfois entre l'Etre et le Paraître, que cette situation soit vécue de mauvaise foi ou non. Le narrateur ne manque pas de noter cette situation paradoxale : « Et ils ne savent pas, eux – que Dieu leur accorde ses bienfaits – qu'eux-mêmes ainsi que tout ce que contient leur mosquée ne sont qu'un des bienfaits de l'*adab* ».

On peut lire également, selon la grille prophétique, le récit de la deuxième épreuve (l'expérience du monde) qui est placé dans le texte comme une analepse complétive. Cette analepse bien marquée, puisqu'elle court sur cinq pages[16], apporte deux éléments homologues. D'une part, elle révèle les qualités de sincérité et de miséricorde du narrateur vis-à-vis d'un monde plongé dans le mensonge et la misère, et dont la violence ne le détourne pas du droit

16 De la page 23 à la page 28.

chemin ; ce sont autant de qualités liées au prophète. Mais on y perçoit aussi, en filigrane, cette idée fortement soulignée, notamment dans l'Islam, qu'il n'y a pas de prophétie possible sans une réelle expérience du monde auquel l'on est destiné. La littérature prophétique arabe va au delà en insistant sur l'enracinement culturel indispensable à celui qui est appelé à cette mission : « Nous n'avons envoyé d'envoyé que dans la langue de son peuple »[17].

2.2 *La vision*

Le moment le plus étonnant de ce parcours reste celui que nous avons décrit plus haut comme une re-naissance ou une métamorphose. Nous l'avons traité jusqu'ici comme un phénomène. Il ne prend, cependant, toute sa valeur que s'il est placé sur un registre religieux et interprété comme vision. Tous les éléments énonciatifs du contexte y poussent. En premier lieu l'isotopie voir : elle semble entrer en action au moment de la métamorphose pour se diffuser dans le texte et l'investir entièrement jusqu'à la fin du processus décrit. Une rapide enquête statistique révèle la très grande fréquence des occurrences des termes relevant du champ sémantique de *ra'ā*. Dans les 40 pages de la préface, objet de la présente étude, on ne dénombre pas moins de :

- 60 occurrences de ce verbe à la première personne : *arā, ra'aytu*… ; de plus, ce chiffre devrait être multiplié par trois ou quatre, pour tenir compte du fait qu'une même occurrence commande une longue énumération ou une période, qui s'étend parfois sur quelque huit lignes.
- 6 occurrences des dérivés de *ra'* : *rā'ā, tarā'* et *mir'āt.*
- 10 occurrences de termes isotopiques du verbe *arā* comme *anẓur, ašhad toujours* à la première personne.
- 20 occurrences de la 3ème personne de *ra'ā, abṣara* ou de leurs dérivés, *nāẓir, mustabṣir, rā'in.*
- 10 occurrences de substantifs relevant de la même isotopie : *ṣūra, siḥna* et *'ayn.*

Fait significatif : cette isotopie omniprésente se concentre dans les quelques pages décrivant la métamorphose et ses conséquences, avec une pointe remarquable lors de la description du processus considéré : du milieu de la page 6 au milieu de la page 7, cette concentration isotopique atteint en effet la densité étonnante de 30 occurrences en quelques 52 lignes.

Cette isotopie ne se contente pas d'investir l'espace du texte : elle le structure, aussi bien au niveau du signifiant qu'à celui du signifié. En effet, la modalisation temporelle se fait au travers du seul verbe *ra'ā*. Le narrateur semble se placer au moment décisif où la vision éclate pour introduire son récit. Le

17 Sourate XIV, 4 ; traduction J. Berque.

temps de l'énonciation énoncée coïncide avec le début de la vision. C'est alors qu'apparaît le prétérit[18], l'équivalent du passé simple dans un récit français (et il se conservera pour tout ce qui est en aval), alors que tout ce qui se trouve en amont était consigné à l'imparfait. Le syntagme qui structure cette phase charnière est : « je voyais… et voilà que je vis… », *kuntu arā… fa-ra'aytu…*.

Le développement ultérieur de l'action se situe dans la continuité de ce prétérit selon l'agencement suivant que nous empruntons tel quel aux articulations du récit : *kuntu 'arā… fa-ra'aytu… ṯumma inṯanaytu… fa naẓartu… fa-ra'aytu… fa-arsaltu al-kalima.*

Cette modalisation s'accompagne d'un changement de perspective : le regard qui s'arrêtait sur les phénomènes les pénètre maintenant pour accéder à l'essence, au cœur des choses. En effet, le premier signifiant, à l'imparfait, renvoie à une opération sensorielle[19] qui s'applique à des objets matériels (« je voyais les gens…, les yeux…, les bouches…, le soleil…, la lune…, l'aurore… ») ou à des notions materialisées par des gestes ou des états (le bien-être, le mal, le bien…). Alors que le deuxième signifiant, au prétérit, renvoie :

- soit à des notions abstraites exprimant la réalité profonde des objets perçus, comme si elle était cachée sous l'écorce extérieure : « et voilà que je vis leurs âmes… son essence… sa beauté… sa laideur… sa magie… »
- soit à des images métaphoriques – souvent maladroites – exprimant cette même réalité profonde des choses sensibles : « je voyais les bouches et voilà que je vis le vin qui coulait de leurs plis ; je voyais le soleil et voilà que je vis ses rayons argentés… ».

Cette modalisation de la perspective renvoie certes aux usages courants du verbe *ra'ā*, tels qu'ils sont attestés dans les grandes encyclopédies, par exemple *Lisān al-'arab* qui distingue : *ru'ya al-'ayn / ru'ya al-qalb / ru'ya al-i'tiqād aw al-ra'y*, la première acception renvoyant à une opération sensorielle (voir), la deuxième à une opération cognitive (savoir, comprendre) et la troisième à une opération axiologique (juger, croire) qui a pour signifiant une structure phrastique complexe (compenant une proposition principale commandant une autre complétive) : *ra'ā anna…*. Mais cette distribution n'épuise pas la charge de sens que dégage le contexte. Il faudrait y ajouter une autre acception largement utilisée par les exégètes, les mystiques et les philosophes sous la dénomination de *ra'ā al-Ḥulmiyya* (le fait de voir en songe), qu'ils mettent en rapport

18 Le prétérit et l'imparfait, employés ici, renvoient, bien sûr, à la traduction que nous ferions de ces passages du texte de Manfalūṭī. Ils sont exprimés en arabe par l'*accompli*, ou l'*inaccompli* précédés par l'auxiliaire *être*. Mais nous savons que ces deux formes ont d'abord une valeur *aspectuelle* tout en exprimant une valeur temporelle.

19 Qui est le « voir », verbe qui commande une longue série d'actes, avant de céder la place, à la fin de la série, à un autre verbe de sensation, « entendre », *asma'*.

avec *ra ʾā al-ʾidrākiyya*, relative à l'opération sensorielle, et *raʾā al-ʾiʿtiqādiyya*, relative à l'opération cognitive et axiologique[20]. Cette acception renvoie à la vision dont sont dotés les prophètes (comme Joseph dans le Coran[21]) et les saints (comme al-Šāfiʿī dans sa prison[22]). Ce « voir » s'inscrit dans l'ordre du sensible, mais se situe sur un autre plan que l'exercice sensoriel commun, du fait même qu'il ne s'exerce que dans les songes. Il est, cependant, différent du « voir » à l'œuvre dans le *Ḥulm*, rêve. Pure affabulation, ce dernier est marqué négativement dans le Coran qui l'emploie uniquement sous sa forme du pluriel et en le mettant généralement en contiguité (en annexion) avec un terme connoté péjorativement, *aḍġāṯ*. Le cliché coranique est en effet : *aḍġāṯ aḥlām*, « fagots de songes »[23]. Le « voir » dont il est question ici n'est pas le rêve, *ḥulm*, accessible au commun des mortels et se déroulant en marge de la réalité, mais la vision, *ruʾyā*, réservée aux élus. Se fondant sur l'ordre sensible tout en le débordant largement, elle constitue un mode de connaissance spécifique, proche de la révélation. Elle ouvre sur l'autre monde.

Dans le récit manfalûtien, le « voir » de la première phase (utilisé sous forme d'imparfait) renvoie sans conteste à une opération sensorielle ou cognitive immédiate, correspondant à *ruʾyat al-ʿayn / raʾā al-idrākiyya* d'une part et à *ruʾyat al-iʿtiqād / raʾā al-iʿtiqādiyya*, d'autre part ; alors que le « voir » qui s'opère après le changement de perspective (utilisé sous forme de prétérit, *raʾaytu*) renvoie bel et bien à vision, *raʾā al-Ḥulmiyya*, qui englobe en la débordant *ruʾyat al-qalb*. Il se situe dans le registre de la vision. Tout le développement ultérieur accrédite cette interprétation, à commencer par le premier élément qui apparaît immédiatement après, à savoir la notion de *ḫayāl*.

En effet, le voir appelle immédiatement la notion de *ǧamāl al-ḫayāl*, beauté de *ḫayāl*, (terme que nous ne traduison pas pour le moment). Remarquons que le *ḫayāl* est souvent connoté péjorativement dans le récit : il est lié, parmi d'autres éléments refusés par le narrateur, à ce langage intellectualiste factice qu'est *Ḥadīṯ al-ʿaql* ; puisqu'il ne fait que trouver des corrélations factices, fausses, invraisemblables entres les différents éléments. Il a partie liée avec la connaissance « artificielle », voire « factice ». Ici, en revanche, il est corrélé à beauté, vérité et innocence et rapporté à Dieu : « J'en suis venu à penser que c'est bien Dieu qui m'a accordé cela ; et que, sachant qu'il inscrivait pour moi dans son registre des destins autant de bonheur et de jouissance qu'il inscrivit en terme de fortune et de notabilité pour les gens chanceux, il m'a présenté

20 Voir *bibliographie n° 4*. Se reporter aussi à H. Daiber et T. Fahd, N.E.I., entrée « ruʾyā ».
21 Cf., *Coran*, sourate XII.
22 Dont parle Abu-Zayd (Cf., note 19 *supra*).
23 Selon la traduction de Berque, *Coran*, sourates XII, 44 et XXI, 5.

sous son beau jour ce monde imaginaire (de *ḫayāl*) indemne de tout soupçon et de tout péché, l'a embelli de toute sorte d'ornements et y a placé pour moi seul toutes sortes de réjouissances, par miséricorde pour moi ». C'est en toute logique que ce *ḫayāl*, faisant partie du monde divin, se trouve investi d'une signification nouvelle : le vrai être de tout ce qui existe. Il est lié à l'univers divin, qui contient également la beauté (ou la Beauté). Le personnage-narrateur, habilité à « voir » cette beauté de *ḫayāl*, peut donc s'écrier : « Grâces soient rendues à Dieu ». C'est bien lui qui a accordé la vision.

2.3 *Re-Naissance*

Divine, cette vision se traduit par une transformation radicale de l'être, qui est de l'ordre de la rupture et de la re-naissance au sens fort du terme : « Je sentis que mon âme avait subi une mutation totale et que je me trouvai dans un état étrange jamais connu auparavant ».

Le sentiment d'étrangeté (*ḥāla ġarība*) est révélateur de cette situation. Celle-ci s'accompagne de deux autres sentiments : de béatitude et d'atemporalité. Pour le premier, il s'agit d'une joie indicible, singularisante et reconnaissante : « Tels étaient ces jours où, pendant une certaine période, je connus le bonheur et fus gratifié mieux que quiconque ; ces jours dont je me souviens encore, après de longues années, et dont le souvenir me fait presque pleurer à chaudes larmes ».

Voilà un cri qui rappelle le cri de bonheur et de gratitude des grands mystiques, tels Jean de la Croix, al-Ḥallāǧ ou Pascal[24]. Et pour mieux marquer sa connotation divine, le texte établit entre cette joie et la joie terrestre le même rapport analogique qui lie le monde métaphysique et le monde physique : « J'en ressentais en moi-même un tel plaisir et une telle béatitude qu'aucune vie de luxe et de confort recherchée par les gens ne pouvait égaler ».

$$\frac{\text{BEATITUDE}}{\text{JOIE TERRESTRE}} = \frac{\text{MONDE METAPHYSIQUE}}{\text{MONDE PHYSIQUE}}$$

Le sentiment d'atemporalité se laisse saisir dans la perception de la période qui s'écoule entre la vision et le retour au monde. En effet, une fois la vision

24 Qu'il nous suffise de mentionner le « Mémorial » trouvé dans la doublure du vêtement de Pascal après sa mort ; il y évoque la nuit d'« extase » où il trouva la « certitude » : « L'an de grâce 1654, [...] Dieu d'Abraham, Dieu d'Isaac, Dieu de Jacob, non des philosophe et des savants, Certitude. Certitude. Sentiment. Joie. Paix. [...] Joie, joie, joie, pleurs de joie. [...] *Non obliviscar sermones tuos. Amen.* »

accomplie, commence une période de durée indéterminée ; plus précisément, c'est une durée qui se manifeste sous deux aspects contrastés, sinon contradictoires. L'analyse textuelle révèle un segment temporel s'étendant sur plusieurs années : il commence à l'adolescence (« j'avais à peine alors treize ans ») et se prolonge jusqu'à la découverte du monde réel et ses premières publications (production et publication sont simultanées, comme nous le verrons plus loin) qui n'ont pu avoir lieu avant l'âge de vingt ans[25]. L'écoulement de cette longue durée est corroboré par la longue énumération d'auteurs, d'œuvres et de thèmes de l'*adab*, lu et relu par le narrateur à cette époque : la liste couvre pratiquement toute la production de l'âge classique et néo-classique. Une telle activité requiert bien quelques années, d'autant plus qu'elle est suivie d'une période de maturation et de découverte du monde avant d'aboutir à l'écriture. Mais curieusement le narrateur emploie pour évaluer cette même période une expression qui correspond à un segment beaucoup plus court : « un laps de temps »[26], *burha min al-dahr*. Cela équivaut à une année, si l'on retient l'évaluation classique donnée par *Lisān al-ʿarab*[27], et à une durée beaucoup plus courte si l'on privilégie l'usage moderne. Entre la durée objective déduite des données fournies par le récit et l'appréciation subjective du narrateur, s'établit un rapport de un à huit, voire de un à dix.

Cette distorsion peut s'expliquer par le décalage entre le temps chronologique réel et le temps vécu, qui ne peut être mesurable objectivement. Baignant dans une intense euphorie que le narrateur se plaît à souligner, le temps vécu peut sembler extrêmement court, sans rapport aucun avec le temps réel. D'ailleurs ce temps crée ses propres mécanismes, que l'on peut déceler à travers un procédé énonciatif largement mis en œuvre dans le récit : une accumulation redondante de longues listes d'auteurs et de thèmes qui reprennent à l'infini des contenus et des structures identiques. Ce procédé court sur presque le tiers de l'espace textuel : quelques 21 pages sur 73. Comme si la jouissance éprouvée ne pouvait s'exprimer que par le retour sur le même et l'accumulation du même. S'immerger ainsi à l'infini dans l'objet de son plaisir, un infini qui passe comme un instant ; voilà ce que nous appelons une béatitude atemporelle.

La fin de cette période fournit un autre indice de cette atemporalité. Lorsque, au bout de cette période, le narrateur rencontre le temps réel (celui du monde),

25 De son célèbre texte *al-arbaʿūn* écrit en 1914, on peut déduire que Manfalūṭī est né en 1874. En 1897, il fut remarqué grâce à un poème-pamphlet contre le Khédive, qui lui valut d'être emprisonné. Il avait alors 23 ans. On peut penser qu'il avait commencé à écrire quelques années auparavant ; ce qui nous ramène à peu près à l'âge de 20 ans.

26 *Ibid.*, p. 20.

27 Voir l'article *burha*.

la sortie du temps vécu est perçue comme une chute brusque dans le temps ; la rencontre avec le monde réel ressemble à un réveil en sursaut d'un beau rêve. Le narrateur en précise, en effet, la modalité en ces termes : « Je me retournai... et voici que j'étais au sein de ce monde... ». La brièveté de l'instant est indiquée par le temps qu'il faut pour 'se retourner' (*inthanytu*) et soulignée par l'adverbe 'de surprise' *wa-iḏḏ*, qui porte bien son nom en arabe : *iḏḏ al-fuǧāʾiyya*. C'est un mouvement brutal qui instaure une distance abyssale entre la béatitude de la vision et le monde où « le Temps règne », selon l'expression de Baudelaire[28].

Ainsi la transformation subie se traduit dans l'isotopie religieuse en terme de transfiguration et de renaissance spirituelle. Ses conséquences portent, elles aussi, les marques de la prophétie. De nouveau, le sentiment d'étrangeté apparaît face à ce bas-monde : « Je l'ai regardé comme un étranger regarde un pays qu'il n'avait jamais connu auparavant » (21), dit le narrateur. Rien d'étonnant, car si le prophète est dans le monde, il n'est pas du monde, comme dirait l'Évangile ; il y est étranger car « né d'en haut ».

De même, l'analyse de la réalité sociale se situe dans le droit fil de la vision, sur l'axe du voir : d'où la répétittion *fa-raʾyatu... wa-raʾaytu... wa-raʾaytu....* Mais ce « voir », loin de retrouver le « voir » d'avant la vision-rupture, ne fait que prolonger celui de la transfiguration. L'analyse s'articule alors autour de deux thèmes également religieux, référant, l'un à la praxis, l'autre à la vérité. D'une part, la pratique sociale semble, pour le narrateur, répudier toute « miséricorde », attitude religieuse par excellence. Dans les relations entre les hommes, seuls comptent la volonté de domination, le goût de la violence et le plaisir de l'argent : « Cœurs dépouillés de toute miséricorde, yeux récalcitrant aux pleurs et riches mastiquant la chair des pauvres ». La miséricorde n'a pas place dans ce monde. Mais, d'autre part, la vérité, la vérité conforme au dessein divin, ne se manifeste plus. Elle se trouve subvertie par l'instauration d'une échelle de valeurs qui inversent les valeurs réelles. C'est ainsi que l'homme et la femme échangent leurs rôles ; la religion est subordonnée à des fins aux antipodes de ses fins naturelles ; et, comble de l'abomination, le système langagier, symbolique à plus d'un titre, est complètement perverti : « J'ai vu comment les noms ont rompu tout lien avec les objets dénommés... L'avarice fut appelée bonne gestion et la générosité dilapidation... ». Atteinte absolue à l'ordre divin originel, puisque *inna al-ʾasmâʾ tanzilu min al-samāʾ*. Si la période dite d'Ignorance, *al-ǧāhiliyya*, justifiait à elle seule la mission de Muhammad, comment, à plus forte raison, ce monde qui « marche sur la tête » ne justifierait-il pas une mission analogue ? Ténébreux et corrompu, il est le lieu idéal de la mission prophétique.

28 Cf., *La chambre double*.

2.4 *Sanction et État final*

L'étape finale se placera dans le même cadre prophétique, sous deux angles différents : celui du procès et celui de la spécification.

2.4.1 Le procès

Le procès prend son point de départ avec la vision et se déroule jusqu'à la fin, se développant selon la même structure que la vision. Celle-ci, pour acquérir le statut adéquat, exige de se déployer, après le moment initial déjà analysé, en deux phases successives : celle de la narration qui permet au visionnaire de rapporter ce qui lui fut accordé de voir, et celle de l'interprétation par une instance compétente. À titre d'exemple, la vision de Yūsuf, telle qu'elle est relatée dans la sourate coranique du même nom, fut d'abord racontée par le bénéficiaire à son père Yaʿqūb, puis interprétée par celui-ci. En voici le récit : « Lorsque Joseph dit à son père : « Mon père, moi j'ai vu onze étoiles et le soleil et la lune, je les ai vus devant moi se prosternant ; Jacob dit : « Mon petit, garde-toi de narrer ta vision à tes frères, qu'ils ne machinent contre toi machination. Satan est de l'homme ennemi déclaré ; en tout cas ton Seigneur t'élit de la sorte en vue de t'enseigner l'interprétation des occurrences ; Il parachèvera sur toi Son bienfait »[29].

Ce déroulement en deux temps (narration puis interprétation), ne relève pas seulement d'une logique évidente, voire banale ; il est élément vérificatoire. Les mystiques considèrent, en effet, qu'il constitue le signe d'authentification de toute vision. Dans son interprétation du *al-miʿrāǧ al-ṣūfī*, Ibn ʿArabī[30], à titre d'exemple, accorde une importance primordiale à la narration, qu'il appelle *taʿbīr*, mais souligne qu'elle doit donner lieu à interprétation, *taʾwīl*.

Dans le récit manfalûtien, ce continuum organiquement articulé prend l'allure d'un procès logique, bien que frappé au coin de la naïveté. Dans un premier temps, se déploie la narration, que Manfalūṭī appelle plutôt *ifḍāʾ* (« communiquer un secret ») que *taʿbīr* (« exprimer ») : « J'ai poussé mes mots l'un après l'autre, comme respire tout un chacun ou tel que gémit un malheureux »). Vient ensuite l'interprétation donnée par un tiers à cette narration ou *taʾwîl* : « Certaines personnes lirent cela, ils le prirent pour une [vraie] parole-*kalām* ». Autrement dit : ils y ont reconnu le vrai *adab*, et non pas des mots insignifiants, *laġw*, ou un vain exercice de style. Mais ce processus ne s'arrête pas là, chez Manfalūṭī ; il va se répétant jusqu'à la sanction finale : « Ils persistèrent à apprécier ce que je disais et en redemandaient ; alors que de mon côté je me montrais avide de leur appréciation et cherchais à exprimer ce

29 Voir citation en *bibliographie n°* 5.

30 Cf. *bibliographie n°* 6.

qu'ils ressentaient au fond de leur cœur ; et c'est ainsi qu'ils finirent par m'appeler écrivain ». La sanction s'identifie à l'interprétation définitive.

Certes, concevoir « la communication », *al-ʾifḍāʾ*, ou la production littéraire (ici, le récit) comme une réaction instantanée, quasi physiologique à la souffrance ressentie ne manque pas de susciter interrogations et même étonnement. Mais la naïveté même de la présentation des évènements trahit le modèle préexistant dans l'esprit du narrateur, un modèle explicitement religieux. En alignant, côte à côte, les termes utilisés par Manfalūṭī et ceux employés par Ibn ʿArabī, nous pouvons dresser le parallélisme suivant :

ruʾyā *taʾwīl* *taʾwīl*
-------- = ---------- = -------------
ruʾyā *ifḍāʾ* *sammūnī kātiban*

Il existe d'autres analogies avec le texte coranique cité plus haut, dont nous retenons celle-ci : la vision ne peut être rapportée à n'importe qui (Yaʿqūb interdit à Yūsuf de raconter son rêve à ses frères), mais seulement à qui est pourvu de la compétence interprétative, tel Yaʿqūb ou bien Yûsuf lui-même, puisqu'il a été élu par Dieu : « En tout cas, ton Seigneur t'élit de la sorte en vue de t'enseigner l'interprétation des occurrences (*taʾwīl al-ḥadīṯ*) ; Il parachèvera sur toi Son bienfait ». Il en est de même pour Manfalūṭī. Il « ne communique pas son secret » (*ifḍāʾ*), au premier venu. Il choisit son public dans une catégorie précise : « certaines personnes », dit-il. Cette catégorie, il l'identifiera à la fin de son récit, où il précisera que son propos s'adresse exclusivement au peuple, *al-ʿāmma*. Et afin que les choses soient bien claires, il ajoutera : « Quant aux gens de l'élite, *al-ḫāṣṣa*, je n'ai nullement à faire à eux, rien ne me lie à eux, aucun de mes mots ne les concerne en quoi que ce soit... car ce n'est pas pour eux que j'écris ». Son récit s'adresse à un destinataire bien ciblé, seul à même de l'interpréter selon les vraies normes.

Par ailleurs, si elle est objet d'interprétation, la vision procure aussi la faculté d'interpréter, *taʾwīl al-Ḥadīṯ*. Cela est vrai pour Joseph – cela a été dit –, il l'est aussi pour le narrateur qui, grâce à elle, a acquis la compétence d'interpréter le réel. La littérature qui naîtra de cette vision est un long récit interprétatif des réalités de ce monde.

Ainsi, le procès qui aboutit à la sanction définitive se trouve calqué, de façon bien naïve, il est vrai, sur l'authentification de la vision prophétique, dont les caractéristiques spécifieront également la démarche manfalûtienne.

2.4.2 La spécification

Nous retrouvons les mêmes correspondances à l'œuvre, lorsque Manfalūṭī essaie de spécifier le discours né de sa vision. Il se livre à cet exercice à plusieurs reprises au long de son récit, soit directement en énonçant les principes qui président à son écriture[31], soit indirectement quand il juge de l'*adab* des autres. Il recourt pour cela à différentes images qui illustrent trois idées directrices, que nous pourrions convevoir comme des réponses aux trois questions suivantes : Pourquoi écrire ? que doit-on écrire ? et comment écrit-on ? Elles portent respectivement sur la finalité de l'*adab*, la disposition psychologique de l'adîb et, enfin, sa performance. Les deux premières traitent de l'aspect moral de l'*adab*, la troisième de sa technique, le *bayān* ; le tout se situant dans le contexte d'une vision religieuse.

La finalité de l'*adab* est clairement définie comme service de la société destinataire, service qui ne peut s'accommoder d'aucune recherche d'intérêt personnel, qu'il soit d'ordre moral (la renommée, par exemple) ou matériel : « Je n'écrivais point pour plaire aux gens mais pour leur être utile » (41). Cette finalité se rattache au thème de la miséricorde qui, avec ses isotopes (pleurs, larmes, tristesse…), constitue l'un des principaux leit-motive du texte : « Aimant la miséricorde, j'ai aussi aimé les pleurs ». L'*adab* suppose l'abnégation totale au service de l'autre, même au prix de la persécution que la *ḫāṣṣa*, l'élite, ne manquera de déclencher. Le rapport est manifeste avec le Prophète qui témoigne du Miséricordieux par excellence – *al-raḥmān al-raḥīm*, le Miséricordieux, le Tout miséricorde, dirait le Coran – et qui est prêt pour cela à souffrir mille morts.

Ne peut prétendre assumer ce statut – réponse à la deuxième question – que l'homme doué d'une transparence absolue, qualité que le texte désigne par *al-ṣidq*, sincérité-transparence[32], autre leit-motiv qui court à travers le texte : « Aimant la sincérité, j'ai aimé pour cela les pleurs » ; car « j'étais un homme qui déteste le mensonge ». Pour accéder à cette transparence, il ne su !t pas de dire la vérité, il faut s'astreindre à la dure ascèse d'un aveu total, pour lequel le narrateur utilise le terme de *ifḍāʾ* : « La chose la plus délicieuse et la plus agréable pour moi consiste à ne laisser aucune pensée, petite ou grande, qui me traverse l'esprit sans la communiquer ». Ou bien encore : « Je tenais pour le meilleur parmi les poètes et le meilleur parmi les écrivains… celui qui est le mieux à même de décrire son for intérieur… de le représenter aux gens de la façon la plus adéquate, comme s'il le déroulait telle une scène sous leurs regards ». Le « communiquer un secret » a, ici, partie liée avec « avouer », voire « se confesser ».

Il ne s'agit ni d'exprimer les idées des autres, sous peine d'être un simple interprète ou artisan (comme « le bijoutier qui ne fait que donner forme à une matière déjà existante »), ni d'exprimer seulement une partie de ce que l'on

31 Voir les toute dernières pages du texte.
32 Ce terme conjoint plusieurs sèmes : sincérité, mais aussi transparence et vérité.

ressent ; il s'agit de laisser son intériorité s'exposer spontanément aux regards des autres, comme « la lumière émane du soleil… ou le parfum de la teur ».

Derrière cette exigence, on sent se profiler, en contre-point, le portrait que dessine le Coran des Poètes et des Prêtres païens (*šuʿarāʾ / kuhhān*[33]), qui affabulent ou altèrent le message, en leur opposant la qualité principale du vrai Messager, celle d'être *al-ʾamîn* (celui qui transmet le message en toute fidélité, quelqu'en soit le prix) et *al-muballiġ*, le transmetteur du message, capable de dire en toute tranquillité de conscience : « *allāhumma, ʿišhad annanī balaġtu* » ; autant de termes appliqués par le Coran au Prophète lui-même[34]. Il en est de même pour *ḫayāl*, pris dans son acception négative auquel le narrateur consacre un long développement. Le *ḫayāl* est condamné, ici, comme source de *iḫāla* (le fait d'établir entre les choses des rapports factices non-naturels et inacceptables pour la raison[35]), de non-sincérité opposée à vérité. Cela ne peut se comprendre pleinement que dans cette perspective religieuse[36], d'autant plus que le dénigrement dont le *ḫayāl* fait l'objet semble en contradiction avec l'une des fonctions fondamentales attribuées ailleurs au *ḫayāl*, fonction qui l'institue comme la vérité du réel, à l'instar de l'Idée platonicienne.

Mais l'*adab* n'atteint sa plénitude – réponse à la troisième question – que par la maîtrise d'une compétence, celle du *bayān*. Plusieurs énoncés-définitions du *bayān* sont éclairants à cet égard, tant par leur contenu que par les textes sources auxquels ils renvoient. D'une part, ils énumèrent un certain nombre de caractéristiques :

- la spontanéité ou le naturel : « Le *bayān* est un mouvement naturel de l'âme, dont les effets en émanent spontanément sans artifice aucun »,
- l'adéquation dans le terme entre signifié et signifiant : « Apprécier les mots tels qu'ils doivent être appréciés, sans aller au-delà de ce qu'ils signifient naturellement »,
- l'adéquation avec l'objectif recherché : « Ce qui sort de la bouche du locuteur tel la tèche de son arc »,

33 On peut se référer aux versets suivants : *al-Ṭūr*, 29 ; *al-Anbiyāʾ*, 5 ; *al-Šuʿarāʾ*, 244. La vision négative que le Coran a des poètes et des *kāhin* trouve son origine dans la fonction de « devins » qui leur était attaché (Cf., T. Fahd, *La divination arabe*, Leyde, 1966).

34 De nombreux versets coraniques évoquent cet aspect. Voir, à titre d'exemple : *al-Māʾida*, 66 ; *al-ʿAnkabūt*, 18 ; *Yāsīn*, 17.

35 ʿAqqād et Māzinī font grief à Šawqī de tomber souvent dans ce travers (Cf. *Al-Dīwān, op. cit.*, p. 33). Ils auraient emprunté cette notion au critique classique al-Bāqillānī (mort en 1013/ 403 de l'Hégire) dont la pensée critique fut remise à l'ordre du jour par Ḥusayn al-Marṣafī, une figure de proue de la critique moderne (1815-1890), dans son monumental ouvrage indiqué en *bibliographie n° 7*.

36 Se reporter à ce qu'il dit à propos du *ḫayāl* (p. 35-9), qui fonde « *Ḥadīṯ al-ʿaql* » dont il sera question plus loin.

– la figuration du sens par une rhétorique de bon aloi donnant comme des ailes à celui-ci : « Ce que j'écrivais n'était ni une réalité dépourvue d'imagination, ni une imagination n'ayant pas d'appui dans la réalité ».

Toutes ces qualités sont déjà citées par les critiques classiques des 2ème et 3ème siècles de l'Hégire qui, tout en cherchant à confiner la poésie dans le domaine de l'agréable et du plaisant ordonné au pouvoir, la sommaient de s'imprégner des procédés qui faisaient le *iʿǧāz* du Coran dont ils étaient les théoriciens[37]. L'emprunt se révèle de façon tagrante dans un énoncé qui est parfaitement hermétique dans le contexte du récit et qu'on ne peut comprendre qu'une fois replacé dans son cadre classique ; il s'exprime à travers des notions telles que : *nasq, rawnaq, istiqāmat al-ġarad, taṭbīq al-mifṣal*... Ces termes sont en effet est une reprise des expressions et des clichés utilisés par les critiques classiques[38].

La référence coranique est claire : comme le Coran, le *bayān* doit rendre le texte *mubīn*. Et comme pour la référence au Coran – et notamment au verset bien connu « en langue arabe claire / en langue arabe expressive »[39] *bi-lisānin ʿarabiyyin mubīn* – encore plus lisible, Manfalūṭī se lance dans une violente diatribe contre le faux *adīb, aʿjamī*, (l'étranger, dont l'arabe n'est pas la langue native) qui peine à rendre en arabe ce qui a été conçu dans une autre langue, diatribe que ne peut justifier la seule référence aux mauvaises traductions de l'époque : « un étranger qui croit que la langue arabe est constituée de lettres et de mots. N'en retenant que cela, il en arrive à produire des mots qui ressemblent fort aux traductions littérales faites par certains traducteurs des langues étrangères ». Oui, le *bayān* doit prendre comme modèle de performance le Coran qui fut révélé « en langue arabe expressive », *bi-lisānin ʿarabiyyin mubīn.*

En fin de compte, le terme qui englobe toutes les spécifications de l'*adab* est celui de *Ḥadīṯ*, entretien, propos, que Manfalūṭī s'applique à lui-même. Il n'écrit pas, il parle : « J'entretenais les gens avec ma plume comme je le fais avec

37 Cf. Bencheikh J-Ed., *Poétique arabe, Poétique arabe* (Paris, Gallimard, 1989, la 1° édition étant de 1975, Anthropos). « Du *kuttāb*, dit l'auteur, le futur poète, outre des notions élémentaires diverses, retirera essentiellement la connaissance du Coran appris par cœur. C'est là un fait fondamental. Le livre sacré est l'humus fécondant et fécondé qui, la vie durant, nourrira la pensée. Il inculque le sens de la langue, cette *ʿarabiyya* indépassable ; il fournit un fonds lexical inépuisable, fixe une stylistique, constitue un univers métaphorique, offre des formules ; bref, il érige les structures mentales et détermine les modes de pensée dont le poète ne se départira plus. Pour peu qu'il exploite cette masse de textes et en approfondisse la connaissance, il disposera de réserves énormes déposées définitivement dans sa mémoire. C'est, pour l'exercice de son art, une condition *sine qua non.* » (P. 52).

38 Ce genre d'énoncés abondent dans des ouvrages comme ceux d'Ibn Ṭabāṭiabā et Ibn Qutayba : voir *bibliographie n° 8.*

39 Cf., *Coran* XVI, 103 et XXVI, 195 (traduction J. Berque).

ma langue. Lorsque je me mets à ma table, je m'imagine devant un homme du peuple qui me regarderait en face ». Aussi applique-t-il à son écriture l'appellation *Ḥadīṯ al-qalb*, (l'entretien par le cœur, propos du cœur) qu'il qualifie de « plus sublime et de plus nobles des *Ḥadīṯ* ». Or non seulement les propos du Prophète sont désignés comme des *ḥadīṯ*, mais ce terme est employé par le Coran pour se désigner lui-même : il se proclame comme *aḥsanu-l-Ḥadīṯ*, le meilleur des propos, et ce à plusieurs reprises[40].

Placé ainsi dans l'isotopie du religieux, le récit peut être projeté sur le schéma quinaire suivant :

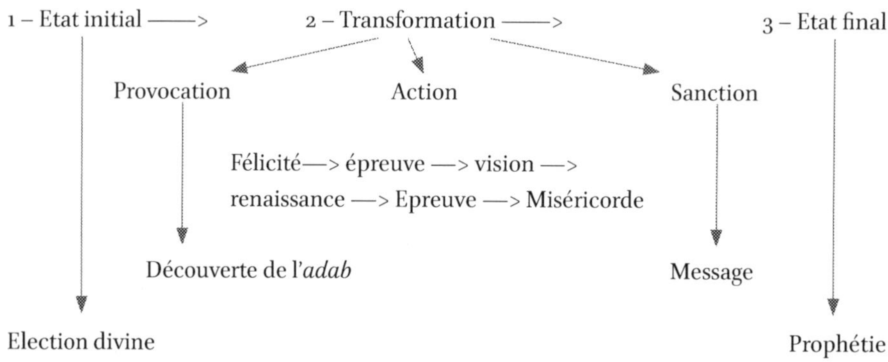

À comparer les notions de ce schéma à celles apparues dans le schéma de la section précédente (la littérature, un monde autotélique), on voit *Vision / Renaissance* remplacer *Métamorphose, Miséricodre Tristesse, Message Écriture* et *Prophète Écrivain.* Une autre dimension de la littérature apparaît ; elle est confirmée par la nature de l'*État Initial* et l'*État Final,* soit, respectivement : *Élection divine* et *Prophète.* Cette dimension prophétique coexiste avec une autre profane, l'autotélique. Elle se retrouve, à un niveau ou à un autre, dans tous les courants romantiques. Ici, cependant, elle est configurée par la vision musulmane et porte l'empreinte personnelle de Manfalūṭī, faite de naïveté, voire de mimétisme, la structure de son récit épousant celle du Coran : mélange de récit et de discours, juxtaposition de normes et d'incitation au bien, retour des mêmes thèmes, possibilités de permutation de passages entiers à l'instar des sourates dont la place ne fut définitivement assignée qu'au cours du premier siècle de l'Hégire.

Certes, la mise en scène de cette vision de la littérature reste sommaire, naïve et, somme toute, peu convaincante. Les traits sont forcés, les rôles sont distribués de façon simpliste entre bons et méchants et l'ensemble reste axé

40 Se reporter, à titre d'exemples, à : *al-Zumar*, 23 ; *al-Ğāṯiya*, 6 ; *al-Ṭūr*, 34.

sur le parcours du héros, comme dans les contes mythiques dont le parcours est représenté par le schéma actantiel suivant :

Destinateur		Objet		Destinataire
DIEU	⟶	MESSAGE PROPHETIQUE	⟶	L'HOMME
		↑		
RELIGION ETABLIE	⟵	NARRATEUR	⟵	VISION : *adab*
Opposant		Sujet		Adjuvant

Le fait de considérer Dieu **comme** Destinateur est justifié par la remarque du narrateur : *fa-šukran li-llāh awwalan.* C'est lui qui accorde la vision divine de l'*adab*, en vue de la mission prophétique confiée au narrateur, mission qu'il accomplit malgré l'opposition des représentants de la religion établie. Ce message prophétique est ordonné au bonheur de l'homme. Ce parcours se dérroule – faut-il le rappeler ? – dans un contexte « polémique »[41], où il se trouve en confrontation avec un parcours opposé, initité par les gens d'al-Azhar. Leur projet, qui constitue un anti-programme, peut se schématiser ainsi :

Destinateur		Objet		Destinataire
DIEU D'ALAZHAR	⟶	INSTITUTION RELIG.	⟶	COMMUNAUTE MUSULMANNE
		↑		
VISION/*ADAB*	⟶	NARRATEUR	⟵	RELIGION ETABLIE
Opposant		Sujet		Adjuvant

Dans cet anti-programme, le Dieu d'al-Azhar constitue un anti-Destinateur qui assigne un anti-objet (le service de l'Institution religieuse), suscite un anti-Sujet (le même narrateur mais) agissant au profit d'un anti-Destinataire (la Communauté musulmane, selon le vision azharite). Adjuvant et Opposant voient, alors, leur rôle s'inverser.

À cette naïveté de l'appréhension de la littérature par le sujet s'ajoute une sorte d'inadéquation entre le contenu de l'*adab* qui ouvre le processus et le terme de ce processus, à savoir la vision et le message prophétique. On voit mal, en effet, qu'une telle euphorie soit liée à un signifié aussi banal. L'univers

41 Ce schéma actantiel polémique a été élaboré par Greimas ; *in* : *Maupassant, la sémiotique du texte : exercices pratiques*, à partir de la séquence 134 (Paris, Seuil, 1976) ; *Du sens II, Essais sémiotiques* (Paris, Seuil, 1983), chap. « Les actants, les acteurs et les figures ; *Sémiotique, dictionnaire raisonné de la théorie du langage* (2° édition, Paris, Hachette Université, 1993, 2 vol., en collaboration avec Joseph Courtès), entrées « Actants, Actaniel, Acteur, Narratif (parcours –) ».

campé par cet *adab* à effet extatique, tel qu'il est perçu par le narrateur, n'a souvent rien de saisissant, de moral ou de valorisant : vie dure et fruste des bédouins, harem dégradant, coutumes barbares comme le *wa'd*[42]. D'autant plus que cet univers ressemble, par plus d'un trait, à l'univers réel du narrateur, qui, lui, fait l'objet d'une condamnation sans appel. En somme rien ne justifie objectivement l'apparition d'une telle vision. À moins que l'essentiel ne réside ailleurs : dans l'expression elle-même, considérée comme opération individualisante par excellence.

3 La littérature, procès d'individualisation

Cette vision inédite de la littérature, dans sa double dimension autotélique et prophétique, sert de vecteur à l'affirmation du je, autrement dit : à la naissance de l'individu comme sujet autonome ; ce qui se traduit par une volonté de refondation radicale sur tous les plans. C'est le troisième niveau de lecture applicable à ce texte. L'on pourrait parcourir de nouveau, sous cet angle, les différentes étapes du schéma fonctionnel précédant et mettre en relief la transformation du sujet d'un être social non individué en une personne individualisée. Cependant, pour éviter les redites, nous préférons centrer l'analyse sur les points charnières qui spécifient ce niveau, points qui coïncident souvent avec les trois épreuves que traverse le sujet et que le narrateur commente dans de longs passages explicatifs. Deux démarches principales apparaissent de façon complémentaire dans ce déroulement : abolir l'institution littéraire en vigueur qui interdit l'expression du je, et prôner le culte de la tristesse en vue d'exalter ce même *je*.

3.1 *Contre les institutions, l'impératif de l'expression du moi*

Au nom de l'*adab*, Manfalūṭī s'attaque à l'institution littéraire de son époque, sommairement décrite pour les besoins de la cause. À cette fin, il fait semblant d'ignorer des noms qu'il vénère par ailleurs, tels : Zaydān, Muwayliḥī Bārūdī, Muḥammad ʿAbduh ou ʿAlī Yūsuf[43]. Dans son long récit, il ne fait qu'une seule allusion à la littérature de son époque, et ce dans le seul but de la mobiliser

42 Le fait d'enterrer vivants les nouveau-nés de sexe féminin, dans le but de se débarrasser d'une bouche à nourrir, de s'alléger d'une personne faible à défendre lors des combats et d'épargner à la tribu le déshonneur de la voir tomber en captivité.

43 Concernant ces deux derniers on peut se référer à ʿAbū al-Anwār, p. 71-86. Concernant Zaydān, voir : *al- Naẓarāt*, t. 3, p. 92-101.

contre la culture azharite[44]. Aucune référence n'y est faite, par contre, dans la longue liste des auteurs représentant l'*adab* lié à la vision. Partout ailleurs il semble placer cette littérature dans le paradigme du *kaḏib*, mensonge, dans le sens large qu'il donne à ce terme : antagoniste par nature au paradigme du je. Il y voit plusieurs catégories. À côté du *kāḏib*, menteur dans le sens propre du terme, celui qui exprime ce qu'il n'est pas, il discerne deux catégories opposées sur l'axe de la compétence linguistique.

3.1.1 Les rhéteurs

La première catégorie fait montre d'un grande maîtrise, mais elle s'épuise en performance technique sans rien livrer de personnel ; soit qu'elle n'ait rien à dire, soit qu'elle veuille capter indûment l'intérêt d'un public ignorant ; ce sont les *luġawiyyūn*, les archaïsants[45], dont il dit : « Pour masquer leur style défaillant et leur mauvaise composition, ils cherchent refuge derrière un monticule de termes archaïques et de tournures inusitées et incompréhensibles, pour monter à partir de là leur embuscade [contre le lecteur] ». En font partie également : le « malin, rusé » (*dāhiya, muḥtāl*), qui ne sait qu'enjoliver le vide de sa pensée, le « psychologiquement fragile » qui se soumet au mauvais goût de la majorité, le « rhéteur » (*al-balīġ*) qui n'écrit que pour étaler son pédantisme (16) et d'autres encore. Autant de qualificatifs qui renvoient à l'incapacité de se dire réellement. Il vise sans aucun doute à travers eux le courant du *Iḥyā'*[46] fondé sur l'accumulation de la matière lexicale ou des procédés rhétoriques. Bien que ce courant présente les mêmes caractéristiques que le courant du *badīʿ*, dans lequel Manfalūṭī situe une bonne partie de l'œuvre d'al-Mutanabbī, al-Maʿarrī, al-Ḥarīrī, ou d'un Abū Tammām, Manfalūṭī l'affuble des qualificatifs féroces relevés plus haut, alors qu'il n'applique aux anciens que les termes de *mu'allif / mudawwin*, compositeur/rédacteur, beaucoup moins virulents : « Très souvent [ces anciens] n'accomplissaient qu'un travail de composition et de rédaction, alors qu'ils pensaient écrire de la poésie ou de la prose ».

44 À la page 31, il mentionne l'existence de « certains poètes et écrivains contemporains » qui jouissent d'une grande audience, alors qu'ils sont susceptibles d'être pris en défaut du point de vue linguistique.

45 La traduction la plus fidèle serait « langagistes » ou « linguicistes ». Le terme fait référence à *luġa*, langue, mais dans son acception la plus futile : *laġw* ou langage non signifiant, artificiel, purement phatique.

46 Compris dans le sens strict du terme. Il constitue, avec *Iqtibās* (courant qui procède par imitation – ou emprunt – des genres occidentaux) les deux moments de la première *Nahḍa*. Le prototype en est Nāṣīf al-Yāziǧī dont le seul objectif était de remettre en circulation le lexique et de réactualiser le style et les genres anciens.

Face au *Iḥyā*, ainsi perçu, il prône une rupture radicale. Aussi brandit-il contre lui sa mémoire défaillante – qui a déjà été interprétée à un autre niveau – comme un bouclier efficace, à même de le préserver contre la littérature de l'anonymat et du tout social. Contre lui aussi, il défend le droit au *laḥn*, agramaticalité[47], du moment que l'essentiel – l'expression du moi – est sauf. Attitude provocatrice, s'il en fut, puisqu'elle prend à contre-pied le sacro-saint principe du retour à un respect rigoureux des normes de la langue, pour lequel le *Iḥyā'* déployait de gigantesques efforts depuis un siècle déjà ; mais également attitude icônoclaste, car elle bouscule un tabou instituant le *laHn* dans la récitation coranique – et dans une moindre mesure la déclamation poétique – comme faute grave disqualifiant celui qui la commet. Ce droit au *laḥn*, Manfalūṭī le revendique en se référant à la source première du *bayān* arabe, la période préislamique, ainsi qu'à cette littérature européenne considérée par la *Nahḍa* comme un modèle à imiter. Concernant les grands noms de la littérature préislamique, il rappelle qu'« il leur arrivait parfois être rattrapés par des fautes de langue ». Au sujet de la littérature occidentale, il cite le reproche adressé à un critique anglais à propos de R. Kipling : « Vous semblez beaucoup admirer l'écrivain Kipling, alors qu'il commet de nombreuses fautes de langue (*laḥḥāna*) et tient peu de cas de la grammaire ».

Dans les deux cas, l'acquittement des écrivains incriminés se justifie par la priorité donnée à l'expression du moi sur le respect scrupuleux de l'institution linguistique. Chez les préislamiques, ce serait l'effet d'un excès, tout à fait louable, d'expressivité, argument avancé par un maître en la matière, Abū ʿAlī al-Fārisī[48], dont Manfalūṭī admet parfaitement la justesse : « La cause en était que, parlant de manière tout à fait spontanée, ils pouvaient se laisser inconsciemment dévier de l'expression ciblée, séduits qu'ils étaient par l'idée qui se présentait à eux ». Concernant Kipling, le jugement est encore plus tranchant : « Une seule ligne écrite par Kipling, répond le critique pris à parti, est bien plus précieuse pour moi que toutes les règles grammaticales. Il ne serait pas raisonnable de me priver de la jouissance que procure sa littérature pour les beaux yeux de la grammaire anglaise ».

Certains pourront voir dans cette argumentation une autodéfense de Manfalūṭī, souvent accusé, non sans raison, de ne pas respecter les règles grammaticales, ou *al-ġrāmātiqa-l-ʿarabiyya*, pour reprendre sa propre expression[49].

---

47 Le terme *laḥn* comporte plusieurs significations : commettre des barbarismes, faire des fautes de vocalisations, ne pas maîtriser la langue.

48 Mort en 987, al-Fārisī fut le disciple des célèbres Ibn Sirāǧ et d'al-Zaǧǧāǧ et le maître du non moins célèbre Ibn Ǧinnī.

49 C'est le cas de Ṭ. Ḥusayn (Cf., Naǧīb, *op. cit.*, p. 18) ; mais tel n'est pas le jugement du prudent al- Zayyāt (Naǧīb, *op. cit.*, p. 15).

Mais cela n'éclaire que très partiellement le problème, car l'essentiel est ailleurs ; il réside dans la fonction fondamentale qu'assigne Manfalūtī à la littérature : loin d'être un produit de la mémoire (actualiser l'institution littéraire, qu'elle soit ancienne ou moderne), elle est d'abord un jaillissement du moi. Aussi se réfère-t-il en premier lieu à cette représentation parfaitement mythique de la poésie préislamique, sensée être un effet spontané du *ṭabʿ*, spontanéité, nature : « Lorsque l'écrivain se laisse guider par sa spontanéité (*ṭabʿ*), il commence à ressembler aux Arabes anciens ».

Argumentation bien rôdée, largement utilisée par les réformateurs de l'époque, et toujours de façon aussi peu innocente. Le plus connu parmi eux, le poète Ḫalīl Muṭrān, l'utilisait, face aux conservateurs, comme paravent à son approche romantique, révolutionnaire pour l'époque[50]. En feignant d'oublier le métier dont faisaient preuve les poètes préislamiques, et notamment parmi eux ceux que l'on appelait les « esclaves de l'art poétique » *ʿabīd al-šiʿr*, Manfalūṭī – après Muṭrān – situe à dessein la vraie littérature en amont de l'entreprise de codification lexicale, métrique et syntaxique menée par les théoriciens des 1er et 2ème siècles de l'Hégire, et surtout en amont de celle portant sur les formes thématiques et rhétoriques menée par les Cadis à partir du 3ème siècle, en vue de dompter la créativité poétique et l'instrumentaliser au service des pouvoirs politique et religieux[51]. Antérieur aux institutions religieuses et littéraires, le lieu de cette littérature serait celui de l'innocence virginale et du jaillissement spontané du moi. Au commencement était la poésie ; au commencement était le moi.

3.1.2 Les « incompétents » ?

À l'autre bout de l'axe de la compétence linguistique, il y a la catégorie de ceux qui, tout en ayant parfois quelque chose à dire, se trouvent dans l'impossibilité de le faire, faute d'une maîtrise suffisante de la langue. C'est le cas de « l'incompétent en matière linguistique », qui se trouve à l'antipode du *bayān*, au sens propre du terme, incapable de livrer le sens, de communiquer réellement : « Il est incapable d'exprimer ce qu'il a au fond de lui-même, parce qu'il ne sait pas comment le faire ».

---

50 Cette approche inspirée par le romantisme français, tel que certains écrivains de la *Nahda* l'ont compris, fut vigoureusement défendue par Ḫalīl al-Muṭrān, dans son introduction au premier volume de son *diwān* en 1908, comme traduisant parfaitement l'approche des poètes préislamiques : voir *bibliographie n° 9*. On peut se référer également à la thèse de Nicolas Saadé : *Ḫalīl Muṭrān, héritier du romantisme français*, Beyrouth, Université libanaise, 1985.

51 Cf., Bencheikh, *op. cit.*, p. I–XXXII.

Paradoxalement, Manfalūṭī intègre dans cette catégorie celui qu'il appelle dédaigneusement *mutarğim*, terme signifiant à la fois traducteur et interprète. Celui-ci a plusieurs facettes. Lorsqu'il ne fait que transmettre ou commenter la pensée d'autrui (« il écrit ce que les gens expriment devant lui »), il n'est que « faiseur » et « interprète » ; c'est quasiment un *kāḏib*, menteur, puisqu'il ne dit pas sa vérité. Mais le *mutarğim*, représente, le plus souvent, celui qui se laisse contaminer par les langues étrangères à partir desquelles il traduit, au point d'en adopter la *lukna* (barbarisme), ou qui s'imprègne tellement des structures et figures propres à ses langues qu'il finit par les transposer telles quelles, sans leur trouver des correspondances dans la langue arabe. Au-delà de la justesse du diagnostic sur le tour mécanique qu'adoptent souvent – et de nos jours encore – beaucoup de traducteurs vers l'arabe[52], cette condamnation met en question le courant de modernisation, appelé *al-iqtibās*, mélange de traduction et d'emprunt – imitation, qui, à la suite du *Iḥyā'*, prenait une grande ampleur à l'époque de Manfalūṭī.

Il est évident que, pour l'écrivain Manfalūṭī, ce courant ne pouvait être représenté par l'œuvre de traducteurs scientifiques ou philosophiques tels un Ya'qūb Ṣarrūf ou un Faraḥ Anṭūn[53] ; il ne concernait que le genre romanesque introduit une quarantaine d'années plus tôt à coup de traductions dites fidèles ou aménagées (*bi-taṣarruf*; dont le *tamsīr* est une variante spécifique à l'Égypte) ou d'imitations plus ou moins heureuses.

Toute cette production semble entachée, pour Manfalūṭī, du péché par excellence de *kaḏib*, de non-expression du moi, de non-transparence, selon le terme utilisé plus haut. N'émanant pas du moi profond de l'écrivain, cette production ne peut prétendre à l'authenticité. Cela expliquerait pourquoi Manfalūtī ne revendique pas pour lui-même le titre de romancier, *qāṣṣ* ou *riwā'ī* dans la terminologie de l'époque, mais celui de *kātib* ; ni pour sa production le qualificatif de romanesque, mais le terme de *risâla*, épître, ou de *Ḥadīṯ*, propos, entretien. Cela justifierait aussi d'avance le procédé qu'il utilisera par la suite lorsqu'il s'essaiera au genre romanesque : il subvertira totalement le style et les structures des œuvres transposées au point de les soumettre à une écriture autre. Cette écriture a pour but de permettre *'ifḍḍā', au* sens manfalûtien. Elle illustre a contrario et point par point les reproches faits au *mutarjim*,

52 Cela se retète dans des énoncés qui se calquent sur les structures linguistiques de la langue d'origine ; ils demeurent incompréhensibles tant que l'on n'a pas retrouvé ces structures. Pour l'arabophone, ignorant des langues étrangères, ils constituent des barbarismes. Cf., notre étude signalée en *bibliographie n° 10*.

53 En effet, les revues créées par eux (soit respectivement *al-Muqṭaṭaf* et *al-Ğāmi'a*), avaient pour objectif de transmettre le savoir occidental au public arabe de la manière la plus adéquate. Jamais leur compétence ne fut prise en défaut.

traducteur, dont il dit : « Ce n'est qu'un transposeur, qui, se trouvant devant des significations moulées dans des vêtements propres aux langurs étrangères qu'il ignorait, et voulant les exprimer pour des Arabes dont il ne maîtrisait ni la langue ni le style, ne sut les abstraire de leurs vêtements ; il les transposa alors tels quels, moyennant le remplacement d'une lettre par une autre ou d'un mot par un mot correspondant, alors qu'il croyait exprimer haut et fort un sens né de son âme ou une idée conçue par son cœur ».

Ainsi, en fin de compte, l'incompétence linguistique rejoint la compétence utilisée comme seule fin, pour condamner l'auteur qui en est victime à rester en dehors du champ de la littérature, faute d'expression adéquate de soi. Et la rupture avec l'institution littéraire de son époque, qu'elle s'appelle *Iḥyā' ou Iqtibās, modernisation*-emprunt, ne fait que prolonger la rupture avec l'institution religieuse[54], coupable de n'avoir par compris la vraie nature du *adab*.

En effet, comme l'institution littéraire, l'institution religieuse passe à côté de l'essentiel, puisqu'elle réduit l'*adab* à une reproduction mimétique, ou à un rôle de simple instrument mis à la disposition d'un apprenti qui cherche à maîtriser le lexique, la philologie ou la grammaire afin de comprendre le texte sacré. Or l'*adab* se situe au point de jaillissement du religieux, voire du texte sacré lui-même.

À ses maîtres d'al-Azhar, il commence par rappeler que l'*adab* relève d'un autre ordre que la science religieuse ou la lecture coranique qui appartiennent au domaine des *qāri'* et des *'ālim* (des transmetteurs et des savants en matière religieuse). Il précise : « L'*adab* se situe au-delà de la science religieuse, de la philologie, de la mémorisation des textes poétiques et des sourates coraniques, au-delà des règles et des normes ». Il ajoute aussitôt après en détaillant : « [Les savants anciens ?] Des générations et des siècles se sont passés après qu'ils aient vécu et écrit ; or, une majorité parmi nous est incapable de comprendre la majeure partie de ce qu'ils ont écrit. S'agissant de mémorisation, nul, à notre connaissance, n'est capable de retenir le Livre divin plus que les *qāri'*, et de mémoriser le *hadîth* plus que les *faqīh* ; et pourtant nul n'est plus ignorant et éloigné de la littérature ».

Mais il pousse le raisonnement plus loin en assénant un argument de première poids : la religion elle-même est en quelque sorte le produit de l'*adab*[55]. Assertion audacieuse qui délimite les domaines du religieux et du séculier

54 Il fait semblant d'ignorer la figure adulée du Šayḫ Muḥammad 'Abduh, son modèle, protecteur et guide au sein de l'al-Azhar et du courant qui s'en réclame. Concernant le rôle extrêmement important de 'Abduh dans sa formation, voir *bibliographie n° 11*.

55 « Et ils ne savent pas, eux – que Dieu leur accorde ses bienfaits – qu'eux-mêmes ainsi que tout ce que contient leur mosquée – ne sont qu'un des bienfaits de l'*adab* ».

d'une manière inédite pour un azharite, et institue la primauté de l'*adab*. Mais de quelle primauté s'agit-il ? Faut-il comprendre cela, à un niveau minimal, comme une reprise de l'opinion courante, reconnaissant à la littérature, notamment préislamique, pour le rôle indispensable qu'elle a joué pour éclairer le langage coranique et en faciliter la compréhension, comme le firent jadis ces philologues, ces *ruwāt* et ces *Ḥuffāẓ* (transmetteurs)[56], qui allaient chercher dans les diwâns de poésie et même jusqu'au fond du désert le corpus linguistique nécessaire à l'explication du texte coranique ?[57]

Probablement pas ; car cela irait à l'encontre de ce que justement il vient d'affirmer.

Il faudrait plutôt, pour en respecter le contexte, interpréter cette assertion à la lumière du rapport qui lie la religion à l'acte créateur du *bayān* originel et fondateur, à savoir le Coran saturé du je de l'énonciateur ? Le Coran représente le *bayān* par excellence, le prototype de l'authentique *Ḥadīṯ*, propos. Et c'est bien ce *bayân* qui a institué la religion qu'est l'Islam. De ce même *bayān* Manfalūṭī se réclame en tant qu'énonciateur investissant pleinement son *je* dans une mission prophétique. Le je serait bien le fondateur du nouvel ordre religieux.

On ne peut, cependant, s'empêcher de prolonger l'argumentation sur le rapport religion/*adab*. En effet, chronologiquement, le Coran se situe dans le prolongement de l'*adab* classique de la période préislamique, celui-là même qui a transfiguré Manfalūṭī. De là à concevoir une certaine filiation entre cet *adab* préislamique et le Coran, il y a un pas que Manfalūṭī franchit probablement de manière inconsciente, mais qu'il ne pouvait en aucun cas expliciter en tant que musulman pour qui le Coran est la Parole de Dieu, « descendue du ciel ». Certains indices poussent dans ce sens, telle cette idée que Manfalūṭī exprime ailleurs de façon lapidaire et à la limite de la provocation, lorsqu'il place « l'autorité du je » au-dessus de celle de la religion[58] : « *sulṭān al-wiğdān walā sultān al-adyān* ». Il est évident qu'on entre là dans le domaine du non-dit, où les choses ne peuvent qu'afteurer sans jamais s'exprimer pleinement. L'essentiel reste que, y compris dans le religieux, Manfalūṭī, établit le primat du je, comme paradigme de tout vrai *adab*.

56 Les trois catégories se confondant souvent dans les mêmes personnages.

57 Tous les ouvrages traitant de l'histoire de la littérature préislamique consacrent un chapitre à ce qu'il est convenu d'appeler : *al-tadwīn*. On peut trouver un bon résumé dans l'ouvrage signalé en *bibliographie n° 12*.

58 Voir *bibliographie n° 13*. Signalons que le terme *wiğdān* est à prendre, ici, non dans son acception éthique ou mystique (*al-wağd*) mais psychique. Il en est ainsi de l'expression *adab/šiʿr wiğdānī*, utilisée pour rendre la notion de lyrisme.

3.2 *Le culte de la tristesse, ou l'exaltation du moi*

Si la révolte contre l'institution se fait au nom du moi, la célébration de la tristesse ne fait qu'exalter celui-ci. En effet, cette célébration imprègne le récit tant et si bien qu'elle investit les deux moments, antagonistes, les plus importants dans le déroulement du processus de la naissance à la littérature : celui de la béatitude liée à la vision et à la créativité comme celui de l'épreuve de la dure expérience du monde. La tristesse, qu'elle soit de tonalité euphorique ou dysphorique, envahit tout le champ de la conscience.

Beaucoup de critiques ont voulu voir là d'abord un phénomène sociologique, caractéristique de l'Égypte au début du siècle, et plus particulièrement de cette classe moyenne qui, après l'échec de la révolte de ʿUrābī Pacha en 1881 et la mainmise britannique sur les destins du pays, avaitperdutoutessesillusionsdemodernisationdans l'indépendance, et assistait, impuissante, à la collision du pouvoir britannique avec une grande bourgeoisie s'enrichissant par le pillage systématique des richesses nationales. Dans un livre au titre évocateur déjà cité, *Le livre des tristesses*, Nāǧī Naǧīb considère Manfalūṭī comme le prototype de cette classe moyenne sinistrée ; de là proviendraient la tonalité de son œuvre et son succès foudroyant auprès du public et notamment de la jeunesse. Même si elle apporte des éléments importants pour une étude sociologique et même anthropologique de la période concernée, cette interprétation passe, à nos yeux, à côté de l'essentiel : le rapport de la tristesse à l'individualisation. Nous essaierons d'expliciter ce rapport en traitant successivement de l'objet de la tristesse, puis de son objectif.

3.2.1 L'objet de la tristesse ou la thématique romantique

3.2.1.1 *Le constat prétexte*

La tristesse dysphorique, signalée plus haut, s'étale sur un long passage de quatre pages[59], où le narrateur décrit son expérience de la société de telle manière que celle-ci apparaît comme exagérément noircie pour les besoins de la cause. L'expérience du monde qu'il relate s'articule autour de trois axes : la condition de la femme, celle de l'individu et celle de la société orientale. Dans tous les cas, le récit aboutit, à travers une analyse sommaire, à un diagnostic totalement négatif.

Dans le premier cas, il s'agit d'une victimisation pure et simple de la femme. Le seul rapport que l'homme entretiendrait avec elle est celui de la domination et de l'exploitation, de sorte qu'elle se présente toujours en victime aussi bien sur le plan sexuel que sur le niveau social. Les trois illustrations que propose le

---

59 Il s'agit du passage qui commence à la page 23 (*wa-kuntu insānan*) et s'étend jusqu'à la page 26 (*ʾillā an akūna…*).

narrateur renvoient à des femmes violées ou abusées avant d'être rejetées dans l'ignominie ou la misère. Son constat ne s'appuie sur aucune analyse d'ordre culturel, sociologique ou économique, alors qu'il écrit à un moment où le mouvement féministe, initié par Hudā Šaʿrāwī et ses épigones, et la rétexion lancée par un Qāsim Amīn battent leur plein. Dans son second livre, *taḥrīr al-marʾa*, publié en 8091, celui-ci articule le combat pour la libération de la femme sur une dynamique du progrès, fondée sur les théories darwiniennes, pour en déduire son droit inaliénable d'accéder à l'éducation et à toute activité publique. Sa rétexion ne fait que reprendre et radicaliser une lutte qui durait déjà depuis un demi-siècle. Tout cela, Manfalūṭī ne pouvait l'ignorer. Pourtant il choisit de rétrécir sa perspective d'analyse pour la centrer, comme une idée fixe, sur le seul aspect sexuel.

Dans le second cas, le domaine des relations individuelles, Manfalūṭī se fait plus percutant encore en argumentant à partir de sa propre expérience. Il se présente comme une éternelle victime : victime des vrais et des faux amis, victime de ses débiteurs, victime des exploiteurs de tout acabit. Là aussi, la présentation est caricaturale, puisque le narrateur feint d'oublier toutes les grandes figures politiques et intellectuelles qui l'entourent et le soutiennent et dont il parle à plusieurs reprises dans ses autres écrits[60]. C'est aussi une présentation naïve, puisque la méchanceté qu'il attribue à la société apparaît comme innée et naturelle à tout homme, excepté lui bien entendu. Il n'essaie de procéder à aucune explication d'ordre sociologique – telles les conditions de vie, l'analphabétisme… – comme le faisaient alors nombre d'éducateurs et de réformistes. Il préfère s'en tenir à une dénonciation totale de la condition imposée à l'individu, dont il se donne comme la parfaite illustration.

Quant à la société orientale, il la présente, elle aussi, comme victime de la civilisation occidentale qui la phagocyterait : « Les gens sont submergés par cette civilisation occidentale ». Non seulement elle en a adopté les vice

60 On peut rappeler le rôle extrêmement important que Muḥammad ʿAbduh a joué dans sa vie :il l'a initié à la littérature classique, pris sa défense contre les caciques d'*al-Azhar* et lui facilita la publication de ses premiers écrits en le recommandant à ses amis, Ibrāhīm al-Muwayliḥī (directeur de la revue *Miṣbāḥ al-Šarq*) et ʿAlī Yūsuf (directeur d'une autre revue *al-Muʾayyid*). N'oublions pas, par ailleurs, que Saʿd Zaġlūl, lui-même le prit sous sa protection, en le nommant secrétaire du Parlement (Cf. *biliographie n°* 14). On peut aussi faire mention de son mariage avec une riche héritière qui lui a assuré une vie matérielle confortable. Soulignons, enfin, qu'il était le seul écrivain de sa génération à pouvoir vivre de sa plume, comme l'affirme, entre autres contemporains, Salāma Mūsā (Cf. l'ouvrage de Šalaš déjà cité, p. 143) ; il aurait vendu du premier tome de *al-Naẓarāt* quelques dix mille exemplaires en peu de temps (ʿAjlān, p. 219). D'ailleurs, Manfalūṭī cite ses protecteurs à plusieurs reprises (concernant ses relations avec Saʿd Zaġlūl, voir : Šalaš, p. 45-102 et Abū al-Anwār, t. 1, p. 77.

(libertinage, athéisme, appât du gain, dureté), mais, de plus, elle a érigé ceux-ci en critères de jugement et de conduite. Les valeurs s'en trouvent biaisées (il stigmatise « la distorsion entre signifiants et signifiés »), la culture dépréciée (« Le parcours de l'Orient comme l'histoire de ses savants, écrivains, philosophes et poètes en vinrent à présenter une image des plus laides ») et la langue de la société méconnue, voire reniée. Ainsi, affirme-t-il, le maître de maison en vient à rougir devant sa femme de ménage occidentale de sa langue et de ses coutumes ; et « le garçon de bar européen », parvient à imposer à la nation entière son langage. La superficialité affligeante de cette « analyse » – si tant est qu'elle en soit une – est patente. Sur la problématique complexe de la rencontre des civilisations, tout l'apport d'un Afġānī ou d'un Kawākibī est occulté, et l'auteur s'en tient à un schéma manichéen agressif.

3.2.1.2 *Le référent caché*

Si la description faite par Manfalūṭī trouve, malgré sa naïveté amusante – ou affligeante, selon l'humeur – des points d'appui dans la réalité de l'Égypte d'alors, elle ne peut nous intéresser que par ce qu'elle révèle de la démarche de l'auteur. Derrière sa naïveté se cache une approche, voire une vision du monde, fondée sur le culte du moi. Cela se manifeste tant dans les thèmes privilégiés que dans la finalité de la démarche.

Les thèmes ne sont, nous semble-t-il, que des figures dégradées de trois grandes figures chères aux romantiques : le cœur, l'aliénation de l'individu par rapport à la société et la question métaphysique. En effet, la condition féminine décrite par Manfalūṭī renvoie métonymiquement, et par le biais d'images obsessionnellement répétitives de rapports sexuels sordides, à la totalité de la relation homme-femme. Même appauvrie, dénaturée et tordue, cette relation est bien ici paradigme de l'amour. Après tout, la caricature d'une image, ou même la contre-image, rappelle bel et bien l'image elle-même. Certes, c'est une façon étonnante de parler de l'amour ; mais celui-ci n'en reste pas moins la finalité de ce discours dévoyé. La remarque finale du narrateur va d'ailleurs dans ce sens : son analyse le pousse à embrasser la cause de la femme (peut-être faut-il l'entendre au sens propre aussi) : « Je me mis à partir de ce moment à regarder la femme avec des yeux différents de ceux des autres hommes ». Une façon de proclamer l'éminence de l'amour, et par conséquent du cœur.

Quant à la longue litanie de torts que la société lui fait subir, elle renvoie, dans sa présentation caricaturale même, à la situation d'aliénation de l'individu, lorsqu'il est pris dans le filet des rapports sociaux. Il ne peut être reconnu pour ce qu'il est : ni dans ses gestes d'altruisme et ses élans de cœur désintéressés, ni dans son besoin d'amitié et de reconnaissance, ni dans sa volonté de personnalisation. La société se l'accapare comme un simple rouage ou le rejette comme quantité négligeable. Etre soi-même en société et malgré elle, être un individu à part entière, relève de la gageure. Or c'est bien ce défi que le narrateur se lance pour continuer à obéir à sa loi intérieure ; pour exister en tant qu'individu, il supporte infidélités, brimades et toutes sortes d'humiliations sans jamais dévier de sa voie.

Quant au troisième volet, il concerne, au niveau immédiat, la religion : « Je me suis soumis aux dictats du temps… sauf lorsque cela m'imposait d'abjurer ma foi ». Mais le terme religion ne renvoie pas essentiellement à la pratique religieuse ; il renvoie plutôt à une certaine vision du monde et à une façon d'interpréter l'existence, qui se trouvent en opposition frontale avec d'autres visions et d'autres interprétations. D'ailleurs le terme religion est lié, dans le contexte au terme patrie (*illā an akūna mulḥidan fī dīnī aw zāryan ʿalā waṭanī*), comme si les deux se complétaient pour créer un univers de pensée ; de même il débouche directement sur une rétexion portant sur le rapport de la société orientale avec la société occidentale. Cela a pour effet de mettre en vis-à-vis deux univers différents tant par la religion (et pour Manfalūṭī comme pour beaucoup la société occidentale est chrétienne, quoi qu'elle fasse, et quelle que soit l'idéologie ou le système de valeurs qu'elle affiche)[61] que par l'approche de l'existence. Et cette rétexion semble rejoindre, au-delà des rapports inégaux entre deux civilisations, une certaine interrogation métaphysique inquiète sur les différents systèmes de valeurs fondant la vie humaine, et même un questionnement métaphysique sur la nature, la fragilité de l'homme et son destin mystérieux. Tout en stigmatisant la domination insoutenable de la civilisation occidentale, Manfalūṭī trahit une certaine perplexité devant ce phénomène, voire un sentiment d'admiration devant le système de valeurs occidental[62]. Le doute perce et semble se prolonger en une interrogation sur la condition humaine, y compris – ou surtout – dans sa dimension métaphysique. Cela ne fait que prolonger, en moins profond, la rétexion menée depuis Ṭahṭāwī sur les rapports entre Orient et Occident, rétexion qui trahit, malgré les apparences, une interrogation métaphysique réelle[63].

61 On peut se référer à la « vison du clerc », telle que l'analyse Abdallah Laroui dans *L'idéologie arabe contemporaine* (édition revue, Paris, François Maspéro, 1977, « Textes à l'appui »). Vision facilement décelable dans les mouvements islamistes qui ont le vent en poupe actuellement.

62 Dans une de ses nouvelles, *al-Ḥiǧāb* (dans son recueil, *al-ʿAbarāt*), Manfalūṭī se perd dans le paradoxe : il condamne la liberté dans les rapports entre hommes et femmes (dont le symbole est le non-port du voile, *al- sufūr*) en Occident, mais, dans le même temps, il finit par y voir un signe de maturité sociale, à laquelle la société orientale serait incapable d'accéder. L'attaque devient une « défense et illustration ».

63 Cela nous semble aussi présent dans le célèbre ouvrage de Šidyāq, *al-Sāq ʿalā al-Sāq fī mā huwa al-Fāryāq*, où le syntagme *mā huwa* fonctionne comme anaphore de cette

Comparée au traitement de ces thèmes par le mouvement romantique occidental, cette approche est empreinte d'infantilisme. On est bien loin de cette vision puissante instituant le cœur, à la place de la raison, prônée par les Lumières, comme moteur de l'existence et magnifiant pour cela l'amour et la femme ; de cette dynamique induisant une révolte généralisée contre les valeurs sociales pour glorifier l'individu dans ce qu'il a de plus spécifique ; de cette inquiétude générant une rétexion métaphysique soutenue sur le statut de l'homme. Cependant en fin de compte la démarche de Manfalūṭī rejoint ce romantisme, à sa façon, sommairement. Oui, l'objet de la tristesse, l'on pourrait dire même le prétexte à la tristesse, ce sont bien les thèmes romantiques propres à l'exaltation du moi.

3.2.2 La finalité de la tristesse ou l'hypertrophie du moi

Dans un passage un peu déroutant, Manfalūṭī distingue entre la chose et son image ou sa représentation, le *ḫayāl*, et fonde l'existence de la première dans la réalité de la seconde. « Je crois, dit-il, que la plupart des convictions, des croyances, des opinions, des conduites morales, des idées, des conceptions et des images de l'âme ne sont que des traces des représentations (*ḫayāl*) idéelles, *al-ḫayālāt al-ḏihniyya*, qui apparaissent dans le ciel de la pensée [d'un individu], puis s'accumulent, au fil des jours et des années, couche après couche tant et si bien qu'elles finissent par devenir une vérité bien établie ». Cette vérité détermine dès lors les actions, les affects et les pensées. Manfalūṭī l'illustre dans la foulée : « N'eût été le *ḫayāl* de la poésie, la passion n'aurait jamais entammé le cœur du [poète] amoureux. N'eût été le *ḫayāl* de l'honneur, aucun soldat ne serait mort sur le champ d'honneur [...]. N'eût été le *ḫayāl* de la miséricorde, aucun homme riche ne saurait avoir pitié d'un pauvre... ». Une telle démarche rappelle, de loin, le rapport que la philosophie platonicienne établit entre l'Idée et les phénomènes du monde. Le *ḫayāl* serait l'Idée, alors que les « choses » en seraient la manifestation concrète. Or, pour accomplir des gestes (des choses) authentiques, il faut commencer par saisir correctement les Idées qui les déterminent.

Une telle vision des choses éclaire le parcours de Manfalūṭī dans sa montée vers la poésie : il commence par en acquérir l'Idée dans l'*adab*, le vrai, celui des Anciens ; il le reproduit, ensuite, à partir de son propre lieu. Il éclaire, en même temps, le rôle fondamental qu'il assigne à la tristesse dans la création poétique.

---

interrogation inquiète bien cachée sous l'humour grinçant et le rire « Héneaurme » de l'auteur. Comme il est également présent dans la réflexion menée par ʿAlī Mubārak dans *ʿIlm al-dīn*.

Dans l'extase de la rencontre avec l'*adab* classique, Manfalūṭī vit un moment de découverte et d'acquisition de sa représentation, de son *ḫayāl*. Il y distingue deux temps d'intensité inégale. Le premier est lié à l'*adab* offrant l'image du bonheur : luxe, érotisme, plaisir de toutes sortes, y compris celui procuré par le vin. « J'y perçois, dit-il, la vie aisée, la nourriture raffinée, la nature verdoyante… les palais pleins d'esclaves chanteuses semblables à des perles serties et d'euphèbes comparables à de perles en vrac ; j'y vois des assemblées tenues pour le plaisir du chant…, des boissons de toutes sortes, interdites ou licites… ; j'y aperçois les cœurs qui se laissent gagner par l'amour, les oreilles envoûtées par le chant et les membres engourdis par le vin… ». Ce bonheur reste, cependant, bancal, inadéquat. Sa plénitude ne se manifeste que dans l'*adab* qui offre l'image de la tristesse. C'est, à proprement parler, le bonheur de la tristesse que le narrateur savoure dans un long passage[64] : Il énumère, de façon pléthorique, les aftictions vécues et – surtout – exprimées par les poètes[65], en les ponctuant de termes tels que *bukāʾ* et *šaqāʾ* (pleur, malheur), répétés à l'infini et amplifiés par des formes isotopiques, comme *balāʾ* et *ǧunūn* (épreuve et folie). Cette tristesse est savourée jusqu'aux larmes : « [cela] me plaisait au-delà de toute limite et me faisait verser les larmes les plus chaudes et les plus douces ». Mais le narrateur n'en discerne pas les raisons à ce moment : « Et je ne sais ce qui me plaisait particulièrement dans mes lectures de cette poésie exprimant les soucis et la tristesse […], de ces récits parlant de personnes attristées et aftigées… ».

La raison de cette préférence marquée pour l'*adab* de la tristesse, il la saisira par la suite et la formulera à sa façon : l'adéquation absolue entre la chose et son expression ; autrement dit : la sincérité ou la transparence, *al-ṣidq* : « Comme si je considérais que la vie était le lieu de la misère et du malheur… et que les gens qui pleurent sont ceux qui peuvent en parler de la façon la plus sincère… Alors, aimant la sincérité, j'ai aussi aimé les pleurs ». La poésie de la tristesse est la seule qui puisse garantir une authentique expression de soi dans « ce monde ténébreux ». Et si le bonheur peut donner lieu à une expression littéraire sincèrement vécue, seul, le malheur donne une garantie absolue à cet égard. Quel que soit le bien-fondé d'une telle argumentation, Manfalûtî découvre, pour son propre compte, ce qui fait l'essence de la poésie, qui constitue même son Idée – son *ḫayāl*, dirions-nous pour reprendre son propre terme – à savoir : la tristesse.

Cette représentation, ce *ḫayāl* de la poésie acquise grâce à la fréquentation du vrai *adab*, lui permettra, lorsqu'il s'y essaiera lui-même au moment de la découverte du monde réel, de le reproduire comme il convient : dans le registre

64 Le récit couvre les pages 16 à 20.

65 Remarquons que le Prophète Muhammad lui-même semble faire partie du lot.

de la tristesse. Et il ne manquera pas de justifier sa démarche par la même logique, à savoir la sincérité : « La poésie jaillit de la fêlure des cœurs blessés et coule des yeux de ceux qui pleurent en même temps que leurs larmes ». Quoi de plus naturel, de plus sincère qu'une larme qui jaillit d'un cœur brisé ? Il était nécessaire, par conséquent, qu'il se trouvât face à un « monde ténébreux, frissonnant d'horreur, le monde de la réalité et de la souffrance » et qu'il soit pris de « perplexité » et de « malaise », afin d'être en position de produire de la poésie. La tristesse est le catalyseur qui lui permet de devenir l'émule de ces poètes tant admirés qui surent extérioriser leur moi par les pleurs versés et versifiés. Cette notion de tristesse, élément vérificatoire de transparence, de *ṣidq*, peut rappeler le symptôme de mélancolie caractérisée, chère aux romantiques de tous bords, ou même le *spleen* baudelairien. Mais il évoque davantage la *ka'āba* gibrânienne, marque irrévocable de toute âme poétique. Aussi est-elle forcément vécue dans le registre de l'euphorie. L'apprentissage de l'*adab* des tristesses se fait dans l'extase et la délectation. Lors de la « chute » dans le monde réel, la tristesse dysphorique qui, par ailleurs, procède d'une construction peu convaincante, ne dure qu'un très bref instant, avant de se muer en une tristesse douce et euphorisante. Le narrateur relève le fait en insistant sur son rôle incitateur auprès du public : « ayant parlé comme gémit un malheureux », ses paroles furent appréciées, les lecteurs en ont redemandé, et lui-même s'efforce, par sa manière d'écrire, de les inciter à en redemander encore. Il est, à proprement parler, comblé par sa tristesse. La tristesse suit son cours et la littérature se produit au fur et à mesure[66]. Pris dans le bonheur de la tristesse, « je regardais, dit-il, rétéchissais, écrivais, puis publiais ce que j'écrivais ». Emanant d'une tristesse extatique, l'écriture s'épanche en une tristesse euphorique ; de telle sorte que l'on peut pasticher le dernier énoncé manfalûtien en ces termes : J'ai pleuré grâce à la littérature, puis j'ai regardé le monde, et alors j'ai pleuré de la littérature. La boucle est bouclée.

Tristesse euphorique à la lecture de l'*adab* de l'autre, tristesse dysphorique de la découverte du monde, de nouveau tristesse euphorique dans la production de l'*adab*. L'expression authentique de soi ne peut se vivre que dans la douceur de la tristesse. La tristesse semble être le lieu idéal de l'affirmation absolue du moi. Et ce d'autant plus que sa corrélation fréquente avec *raḥma*, miséricorde, semble lui assurer une garantie supplémentaire d'excellence et lui

66 « Certaines personnes lirent cela, ils le prirent pour une [vraie] parole (*kalām*). Ils persistèrent à apprécier ce que je disais et en redemandaient ; alors que de mon côté je me montrais avide de leur appréciation et cherchais à exprimer le plus fidèlement possible ce qu'ils ressentaient au fond du cœur ; et c'est ainsi qu'ils finirent par me désigner comme écrivain ».

attribuer d'autres titres de noblesse : « Je considérais que les pleurs ne sont que la manifestation de la miséricorde qui emplit les âmes de ceux qui pleurent. Alors, aimant la miséricorde, j'ai aimé, à cause de cet amour les pleurs », dit-il d'une façon assez redondante. La tristesse est le prétexte pour une expression hypertrophique du moi.

La rupture avec l'institution littéraire (et par voie de conséquence avec l'institution religieuse, incapable de reconnaître à l'*adab* le statut qui est le sien) et le culte de la tristesse concourent ainsi à refonder le littéraire sur l'individu en ce qu'il a de plus singulier : le cœur. Mais le contour de cet individu, principal bénéficiaire de l'opération, reste assez tou, ou plus exactement ambigu, notamment sous deux rapports : individu/société, d'une part, et religieux/séculier, d'autre part. En effet, si l'individu est exalté, il ne l'est pas uniquement pour lui-même, puisque le littéraire l'investit immédiatement d'une mission d'ordre social. Tout en donnant la priorité à l'expression du moi, Manfalûtî insiste sur le but ultime de l'*adab*, produit de cette expression : fonder un nouvel ordre religieux et social ; religieux, puisque seul l'*adab* fait accéder à la vraie religion (11-12) ; social, car l'*adab* vise à former un homme utile à la société. « Je n'écrivais pas pour les gens, dit-il, afin de leur plaire mais pour leur être utile ». Cette logique de socialisation est déjà clairement à l'œuvre dans la représentation prophétique de l'*adab*, ordronnée à la transformation des hommes.

Quant au rapport religieux/séculier, il présente la même ambiguité. D'un côté, le récit semble donner la priorité à l'*adab* sur la religion. Nous avons déjà noté que celle-ci n'était qu'un des fruits de celui-là ; notons également que l'*adab* auquel se réfère Manfalūṭī jouït d'une antériorité chronologique par rapport à la religion : il fait appel à l'anté-islam pour fonder sa nouvelle vision.

Cette démarche, qui n'est pas sans rappeler celle de la Renaissance européenne – retrouver au-delà du christianisme les racines gréco-latines de la culture occidentale – marque une volonté de récupérer la culture arabe et islamique à son point de jaillissement originel, avant l'apparition du religieux, pour l'investir dans une dynamique refondatrice. Cette démarche retète un désir, plus ou moins conscient, d'opposition frontale, très audacieuse, au monde du religieux. Mais cela est rééquilibré par le fait que cette même refondation prend l'allure d'une nouvelle religion, dont le *adīb* serait le nouveau prophète. La sécularisation emprunte une figure religieuse. Si l'individualisme est la dynamique de la refondation, celle-ci reste assez spécifique et singulière par rapport au romantisme européen.

Ces trois dimensions constitutives de l'acte littérature chez Manfalūṭī renvoient à trois approches fondatrices de la sensibilité moderne facilement repérables chez les grandes figures de la *Nahḍa*.

L'autonomie du littéraire rejoint en profondeur la démarche de « l'esthétique romantique » de la fin du XVIIIe siècle. Cette esthétique déplace le rapport mimétique de la nature produite à la nature productrice : ce n'est plus l'œuvre d'art qui imite la nature en tant que réalité produite mais l'artiste qui imite l'action dynamique de la nature en tant qu'énergie productrice. Ainsi, l'écrivain change de statut et s'affranchit de la servitude de l'imitation immédiate : « L'artiste-né, dit Moritz, le grand théoricien de cette esthétique, ne se contente pas d'observer la nature, il doit l'imiter, la prendre pour modèle, et former et créer comme elle »[67] ; et l'œuvre d'art devient une « totalité autonome » : « Toute belle œuvre d'art est plus ou moins une empreinte du grand tout de la nature qui nous environne ; elle doit aussi être considérée comme un tout existant pour lui-même qui, comme la grande nature, a sa fin en lui-même, et est là pour lui-même »[68]. Devenue la *doxa* de la doctrine romantique, cette position préside à la naissance de la littérature dans le sens moderne du terme. En l'adoptant, à sa manière, Manfalūṭī s'inscrit en rupture totale avec la pratique dominante de la *Nahḍa* pour contribuer à fonder une autre vision du littéraire.

Quant à l'importance accordée à l'individu, elle s'inscrit de toute évidence dans la dynamique même du roman moderne initié par le courant de formation qui s'est imposé avec l'œuvre de Fielding et de Rihcardson, a envahi toute l'aire littéraire européenne et culminé avec *Les années d'apprentissage de Wilhelm Meister* de Gœthe, cette œuvre magistrale érigée en modèle du genre[69]. Ce courant constitue « la Grande École »[70], selon l'expression de Cabriès, dont a découlé, entre autre courants, le roman réaliste. Tant il est vrai que la naissance du roman moderne est inséparable de l'émergence de la notion d'individu liée à une nouvelle perception du réel, comme l'a si bien noté Ian Watt[71]. Et s'il est difficile de parler de réalisme à propos de Manfalūṭī, il n'en reste pas moins vrai que la représentation qu'il donne de son propre parcours d'écrivain laisse apparaître un parcours formationel qui la rapproche

67 Cf., Moritz, *Sur l'imitation formatrice du beau* (1788), cité par T. Todorov, *Théories du symbole*, Paris, Seuil, 1977, p. 185.

68 *Ibidem*, p. 190.

69 Cf., Bancaud-Maenen, Torence, *Le roman de formation au XVIIIe siècle en Europe*, Paris, Nathan, 1998, (col. « Nathan Université ») et Montandon, Alain, *Le roman au XVIIIe siècle en Europe*, Paris, PUF, 1999.

70 Cf. Cabries, J., « Roman, essai de typologie », in *E.U.*

71 Cf. Watt, Ian, « Réalisme et forme romanesque », in Barthes et *alii*, *Littérature et réalité*, Paris, Seuil, 1982, p. 11-46, (« Points »). Titre originel : *The Rise of the Novel*, Chatto and Windus, Londres, 1957.

de la dynamique du courant de formation. En effet, ce dont il s'agit dans cette introduction c'est le devenir-écrivain : « comment je rédige mes épîtres », dit-il dans les premières lignes de ce récit, et comment « ils [le public] m'ont nommé écrivain », continue-t-il un peu plus loin. Or le devenir-écrivain va de pair avec le devenir-adulte en dépassant la situation « d'individu problématique », selon l'expression de Lukacs[72], et en s'assignant une place sur la scène sociale, au prix d'une contestation vigoureuse des institutions religieuse, sociale et littéraire. En privilégiant le parcours individuel, Manfalûti contribue, à n'en pas douter, à sortir d'une littérature marquée par la didactique sociale et à en fonder une autre privilégiant la dynamique individuelle.

Outre qu'elle retète la volonté d'une refondation totale (comme toute mission prophétique), la dimension prophétique renvoie, dans la praxis littéraire proprement dite, à un mode d'écriture spécifique, celui du « Grand Code » tel que le comprend N. Frye[73], la Bible, à laquelle il convient de conjoindre dans le présent contexte le Coran. Manfalūṭī désigne ce mode comme étant une parole significative, au-delà de toutes les conventions établies ; il est « le discours du cœur », *Ḥadīṯ al-qalb*, qui renvoie au *Ḥadīṯ* par excellence, le Coran, héritier et actualisateur de la démarche biblique. Or cette démarche apparaît aux yeux de beaucoup comme le canon de la littérature européenne moderne. Pour W. Blake, « l'Ancien et le Nouveau Testament sont le Grand Code de l'art », énoncé devenu le fil conducteur de toute la recherche critique de N. Frye. Et elle se manifeste, entre autres procédés, par la veine « transgénérique » adoptée par Manfalūṭī. Le mélange des genres constitue, en effet, un élément de base de son écriture littéraire. Ne se présente-t-il d'abord comme poète, alors même qu'il « rédige des épîtres », qu'il produit des récits ? La poéticité n'est pas dans la forme et les conventions, mais dans la veine créative elle-même. Il n'est pas anodin de constater que cette approche rejoint celle qui a révolutionné la vision du littéraire dans l'aire culturelle européenne, la « théorie critique » d'Iéna[74], tout comme celle d'un Hugo s'insurgeant contre le diktat générique. Là aussi, Manfalūṭī apparaît, dans le contexte littéraire de son époque, comme le pionnier d'une nouvelle approche littéraire.

72 Cf. Lukacs, Georges, *La théorie du roman,* Paris, Editions Gonthier, 1975.

73 Cf. Frye, Northrop, *La Parole souveraine, La Bible et la littérature II* (traduit de l'anglais par Catherine Malamoud), Paris, Seuil, 1994 (« Poétique ») et *Le Grand Code, La Bible et la littérature* (traduit de l'anglais par Catherine Malamoud), Paris, Seuil, 1984 (« Poétique »).

74 Cf. Lacoue-Labarthe, Philippe, et Nancy, Jean-Luc, *L'absolu littéraire, Théorie de la littérature du romantisme allemand,* Paris, Seuil, « Poétique », 1978 et Schaeffer, Jean-Marie, *La naissance de la littérature, La théorie esthétique du romantisme allemand,* Paris, Presses de l'École Normale Supérieure, 1983.

Pionnier, oui ! mais loin d'être solitaire. Avec d'autres, il forme une large mouvance à laquelle la littérature arabe moderne doit son vrai départ après le premier éveil de la *Nahḍa*. marqué par une démarche d'emprunt tant endogène (le *Iḥyā'*) qu'exogène (*iqtibās*, adoption des genres européens tels le roman et le théâtre). Ǧibrān en constitue, sans aucun doute, la figure de proue : il porte les trois dimensions relevées chez Manfalūṭī à leur point culminant. D'autres, peu ou prou, participent de la même vision : al-Šidyāq avec son *al-Sāq ʿalā al-sāq*, qui tient à la fois du roman de formation, de l'autobiographie romancée, de la relation de voyage et d'une rétexion sur le fait littéraire où se côtoient tous les genres ; Fransīs Marrāš avec son *Ġābat al-Ḥaqq*, qui relève aussi bien du récit utopique que d'un roman de formation sociale et annonce déjà le style gibrânien ; Faraḥ Anṭūn avec son *al-Mudun al-Ṯalāṯ* qui joint la formation individuelle à la formation sociale[75] ; et d'autres encore. Manfalūṭī rejoint tout cette mouvance qui annonce le courant réaliste qui va culminer avec Maḥfūẓ mais aussi le courant de formation représenté par les romans de Tawfīq al-Ḥakīm et la veine transgénérique qui va s'installer à partir de l'œuvre de Idwār al-Ḫarrāṭ[76] pour éclater dans la production romanesque et poétique des années 1960.

* Ce chapitre a paru dans *Arabica, t.* XLX, *fascicule* 2, avril 2003.

Bibliographie

Ouvrages et citations en arabe

1 – نجيب ، ناجي : «كتاب الاحزان ، فصول في التاريخ النفسي والوجداني والاجتماعي للفئات المتوسطة العربية» ، بيروت ، دار التنوير ، ١٩٨٣.

2 – العقاد، محمود عباس والمازني، ابراهيم عبد القادر : «الديوان في الادب والنقد» ط ٣، ط ١ : ١٩٢١ ، القاهرة ، بدون تاريخ ، ١٩١ ص ، جزء ٢ ، ص ٧٧-١٠٤.

3 – أبو الانوار ، محمد : «مصطفى لطفي المنفلوطي ، حياته وأدبه» ، المنيرة ، مكتبة الشباب ، ٣ أجزاء ، ١٩٨١-١٩٨٣(ج ١ ، ص ١٠٠-١١٨.

4 – أبو زيد، نصر حامد ، "الرؤيا في النص السردي") مجلة فصول، القاهرة ، مجلد١٣، عدد ٣ ، خريف ١٩٩٤، ص ١٠٥-١٢٨(، ص ١٠٥-١٢١.

75 Concernant ces trois œuvres, voir notre article « Roman de formation, individu et société », à paraître in *Individual and Society in the Mediterranean Word*, tome 5 : *Images and Representations* (à paraître en 2002).

76 Cf. notre article « Transgénérique et modernité dans la littérature arabe moderne », in *Arabic & Middle Eastern Studies*, Vol. 4, N° 2, 2001, p. 157-166.

5 – إذ قال يوسف لابيه يا أبت إني رأيت أحد عشر كوكبا والشمس والقمر رأيتهم لي ساجدين. قال يا بني لا تقصص رؤياك على إخوتك فيكيدوا لك كيدا إن الشيطان للانسان عدوا مبين . وكذلك يجتبيك ربك ويعلمك من تأويل الحديث ويتم نعمته عليك ... (سورة يوسف ، ٤-٦).

6 – ابن عربي : «الفتوحات الGكية » ،) بيروت ، دار صادر ، دون تاريخ ، ٣ أجزاء (، ، جزء ٣. ص ٤٥٣ .

7 – حسن الرصفي :«الوسيلة الادبية إلى العلوم العربية» ج١، القاهرة ، دار العلوم الخديوية ، ١٨٧٣؛ ج٢ ، القاهرة ، مطبعة المدارس الملكية، ١٨٧٥.

8 – ابن طباطبا : «عيار الشعر». ابن قتيبة : «كتاب معاني الشعر» .

9 – فشرعت أنظم ... متابعا عرب الجاهلية في مجاراة الضمير على هواه ومراعاة الوجدان على مشتهاه،"بيان موجز" ، مقدمة الجزء الاول من "ديوان الخليل" ، القاهرة ، ١٩٠٨.

10 – حلاق ، بطرس : "اللسان والفؤاد" ، مجلة «فصول») القاهرة (، المجلد ١٦ ، العدد ٣ ، ١٩٩٧، ص ٥٥-٥٩.

11 – عجلان ، عباس بيومي : «المنفلوطي والنظرات» ، الاسكندرية ، مؤسسة شباب الجامعة ، ١٩٨٧ ، ص ٣٠. "ومن الممكن القول بأن الشيخ محمد عبده هو الاستاذ الحقيقي للمنفلوطي" (؛ أبو الانوار ، ج ١ ، ص ٧١-٧٦.

12 – أمجد الطرابلسي : «نظرية تاريخية في حركة التأليف عند العرب في اللغة والادب» ، ط٦ والطبعة ١ ، ١٩٥٤، دمشق ، مكتبة الفتح ، ١٩٧٦، الباب الاول ، فصل ١.

13 – راجع : حلمي مرزوق : : «تطور النقد والتفكير الادبي الحديث في الربع الاول من القرن العشرين» ، بيروت ، دار النهضة العربية ، ١٩٨٢، ص ١٨٨ ، نقل عن النظرات ٨٧/٢.

14 – علي شلش : «مصطفى لطفي المنفلوطي» ، لندن ، رياض نجيب الريس ، ١٩٨٧ ، سلسلة الاعمال المجهولة ، ص.

CHAPITRE 3

Ǧibrān, héraut d'une nouvelle Antiquité

Boutros Hallaq

Si le romantisme français se plait à assigner au poète la fonction de « mage », illustré fort magistralement par Victor Hugo, Ǧibrān attribue au poète arabe qu'il cherche à incarner le statut de « prophète ». Ce faisant, il outrepasse la vision romantique française pour rejoindre celle revendiquée par le Romantisme allemand, dit « d'Iéna »[1], sous la plume de ses deux plus illustres protagonistes, Novalis et Friedrich Schlegel. Lorsque le premier entreprend la rédaction de son célèbre roman *Henri d'Ofterdingen,* il projette d'écrire « rien de moins qu'un essai de méthode de Bible universelle »[2] ; le second, Friedrich Schlegel, vise encore plus haut. Devant les critiques suscitées par son roman *Lucinde,* il menace non sans rage : « Je ne me préoccupe pas du tout de savoir ce que pensent les gens, car j'écris ce livre par religion, comme tout autre, et si, cette fois, ils vont trop fort, j'écris tout de suite une Bible et alors, je vous le garantis,

1 Il s'agit du courant romantique allemand désigné par la critique allemande sous l'appellation *Frühromantik,* « le premier romantisme ». Il s'est constitué autour d'un petit groupe à l'existence éphémère (quelques années au tournant de l'an 1800) qui fréquente la ville d'Iéna, vit une « fraternisation des connaissances et des aptitudes » (la *sympoésie,* dira leur théoricien Fr. Schlegel), mène parfois une vie communautaire et pratique l'écriture en commun (les Fragments en témoignent). Il est constitué notamment de Friedrich Schlegel, le théoricien du groupe, son frère August Wilhelm, Novalis, Tieck, Fichte, Schelling et Schleiermacher. Il a joué un rôle décisif dans l'appréhension du fait littéraire. Son programme, note Todorov, « était d'une telle puissance que, pour ainsi dire, tous les mouvements artistiques ou esthétiques qui ont existé depuis, ceux qui se réclamaient du romantisme comme ceux qui se dressaient contre lui, n'ont fait que réaliser des segments plus ou moins importants du programme initial » (préface à Jean-Marie Schaeffer, *La Naissance de la littérature. La théorie esthétique du romantisme allemand,* Paris, Presses de l'École Normale Supérieure, 1983, p. 9). Pour mieux situer ce mouvement, on peut se référer avantageusement, en plus de cet ouvrage, à : Ph. Lacoue-Labarthe et Jean-Luc Nancy, *L'Absolu littéraire. Théorie de la littérature du romantisme allemand,* Paris, Seuil, 1978 ; Tzvetan Todorov, *Théories du symbole,* Paris, Seuil, 1977. Signalons également l'ouvrage remarquable de Roger Ayrault, en quatre tomes parus entre 1961 et 1976, *La Genèse du romantisme allemand,* Paris, Aubier-Montaigne.

2 Lettre à Friedrich Schlegel, du 7 novembre 1798 : *Cf. Henri d'Ofterdingen*, p. 9 (traduction de Marcel Camus, Paris, GF Flammarion, 1992).

 | DOI:10.1163/9789004705685_004

on ne parlera plus de *Lucinde* »[3]. Or, écrire une Bible consiste à s'atteler à une œuvre de refondation universelle, ou, pour utiliser une autre notion d'Iéna, à jeter les bases d'une « nouvelle Antiquité », qui serait une actualisation de la première, l'antiquité gréco-romaine. Il est tout à fait patent que, abstraction faite de la formulation, Ğibrān conçoit le même dessein pour sa propre culture. Peu lui importe de ne disposer ni d'une base philosophique aussi solide que ses devanciers allemands, ni d'une documentation aussi sérieuse que la leur sur son propre legs culturel oriental, de plusieurs milliers d'années plus ancien que le leur. Il ne visera pas moins qu'à réinventer sa propre Antiquité sémitique, qu'il tient pour la mère de toutes les cultures orientales.

1 La poésie dans l'économie de l'Être chez les Romantiques d'Iéna

Il importe donc, pour comprendre la vision cosmogonique qui détermine le statut de la littérature chez Ğibrān, d'en éclairer l'origine chez Iéna, dont Ğibrān hérita par voie indirecte grâce à son maître en poésie, le poète anglais William Blake[4]. De ce groupe de poètes allemands, c'est Novalis qui fut probablement le premier à adopter une vision déjà courante chez certains mystiques grecs et allemands, qui décèle dans l'univers un rythme ternaire : union primitive, séparation puis retour à Dieu[5]. Traduisant ce parcours en terme cosmogonique, il y distingue dans l'histoire de l'Être trois âges : l'Age d'Or (celui de l'harmonie primitive), l'Age de la Discorde (celui de la disharmonie actuelle) et l'Age des temps nouveaux (celui de l'Harmonie retrouvée)[6]. Or, aboutissement d'un long processus, l'Age d'Or est déjà précédé par deux phases : celle du Chaos primitif où esprit et matière étaient confondus, puis celle de l'individualisation où les êtres prennent forme, souvent dans un mouvement de violence démesurée. Avec l'apparition de l'homme – qui est la nature consciente d'elle-même –, la Conscience, obscure au départ, se diffuse dans la nature pour, après l'avoir apaisée, l'animer d'une harmonie totale. C'est alors que l'Age d'Or émerge. Il est caractérisé par la Conscience et la Liberté. La conscience qui individualise

3 Cette phrase tirée de « Lettre à Caroline » est citée par J-J. Ansett dans son introduction à *Lucinde* (traduction de J-J Ansett, Aubier-Flammarion bilingue, Paris, 1971).

4 Poète préromantique anglais, W. Blake (1757-1827), qui fut également peintre et graveur, exerça une grande influence sur Ğibrān : rapport à la nature, aux écritures, aux autres cultures et spiritualités notamment orientale, mais aussi son opposition à l'invasion grandissante de la technologie dans la vie sociale.

5 Vision qui se recoupe également avec l'histoire biblique du salut : Création, Chute, Rédemption.

6 Se reporter à la bibliographie citée dans la note 1.

les êtres selon une hiérarchie claire et les réunit en une communion profonde, vitale. La liberté qui fonde l'action de l'univers conformément à la dynamique de la Conscience absolue (Dieu) qui a organisé le monde originel *comme un poème*. La Loi y est exclue ; le mal ne se laisse point voir ; la joie est immédiate ; l'intuition et l'amour règlent le cours des choses. Signes de ce monde disparu : le souvenir ou la nostalgie. Témoins actuels de cet état : l'enfance, grâce à son innocence et la fleur, rappel de l'harmonie naturelle.

Il arrive, cependant, qu'avec le temps le « Mécanisme » l'emporte sur la « Conscience », et la rigidité de la Loi remplace la Liberté. Il en résulte une disharmonie totale entre le monde et l'homme, mais aussi entre les différents éléments de l'univers. S'installe alors le règne de la Discorde et de l'égoïsme, « un moulin de mort » d'après les termes de Novalis. Signes de cette phase : le *Soleil* qui « cache aux regards éblouis la réalité des choses », et le *Scribe*, image de « l'intellect pétrifiant et pétrifié » du siècle des Lumières, qui asservit le cœur, source d'amour et de religion, sans toutefois arriver à saisir le monde. Symboles de cette situation : les guerres de religion où les forces universelles primitives, les instincts, « les eaux-mères » dans le langage de Novalis, se déchaînent. Cette phase est, heureusement, provisoire.

« Les temps sont proches », annonce Novalis. Nous vivons le retour du nouvel Age d'Or. L'harmonie future est, déjà, perceptible. Les signes annonciateurs en sont les renouveaux en cours dans les différents domaines. La créativité qui s'y manifeste advient par la grâce de l'Amour, le plus puissant levier de l'imagination et du rêve, facultés appropriées pour la révélation des profondeurs et la médiation avec l'Esprit universel. Car, la Science, dans sa vérité première, est bien cela : en comprenant, par exemple, le désir dans les yeux d'un animal ou dans une fleur, on devine les intentions de l'Esprit. Avec l'Intellect qui échoue, le Soleil éclatant décline : on entre dans le règne de la nuit, cette Nuit mystique tant chantée par Novalis.

Dans l'économie de cette libération universelle, Iéna assigne à la poésie un rôle, aux contours bien définis. Durant la première des trois phases décrites plus haut, c'est par la poésie qu'advient le règne de l'Harmonie universelle première, après la période préparatoire de sortie du chaos. La conscience étant à son plus haut niveau de condensation et de puissance chez le poète, c'est lui qui, par son chant, aide les autres vivants à réacquérir cette conscience qui était déjà en eux[7]. Il est le médiateur entre la volonté des dieux et la nature. Dans la deuxième phase, où tous les vivants sont gagnés par la rigidification – cette « insuffisance de sensibilité morale » et ce « manque du sens de la liberté »[8] –, seul

7 Voir la légende d'Arion dans *Lucinde*, p. 31.
8 Selon les termes de Sylvestre dans *Henri d'Ofterdingen*, p. 29.

le poète demeure le gardien de cette plénitude de conscience, ankylosée dans le reste de l'univers. Dans la troisième phase, la poésie irradiera dans l'univers pour lui insuffler de nouveau la conscience. A travers la douleur, elle libère le cœur. Par son pouvoir naturel d'intuition, elle lui fait saisir le monde ; ce que l'entendement est incapable de faire. Par sa capacité innée de « fabuler », elle lui fait recréer la vie. Manifestée par l'amour, « la plus haute poésie naturelle » et le rêve, révélation des profondeurs de l'esprit universel, elle anime la vraie science, cette révélation de l'esprit au cœur même de la matière, comme l'art authentique qui est « représentation du *Gemüt*, du monde intérieur dans sa totalité ». La poésie est la seule action qui vaille : *Dichten ist Zeugen*[9]. La joie peut régner ; car « l'origine de la poésie, dit Klingsohr[10], est précisément dans cette joie de manifester dans le monde sensible ce qui existe en dehors de lui ». Fidèle à ses origines premières, le poète est le modèle de l'homme à venir.

2 La poésie dans l'économie de l'Être chez Ǧibrān

Moins rompu au discours philosophique, Ǧibrān reformule ce processus cosmique, qu'il découvre indirectement grâce, comme indiqué précédemment, à William Blake. Il le comprend à sa manière, en fonction de sa culture et de sa sensibilité, s'exprimant plutôt par image que par idées abstraites. Il y réussit, probablement, mieux à l'exprimer dans sa peinture ou son dessein que dans son discours, d'autant plus que celui-ci prend la forme de bribes d'entretiens intimes et spontanés, rapportées par Mary Haskell au jour le jour dans ses mémoires[11].

Fidèle aux visions biblique et grecque qui inspirèrent aussi Iéna, et fort de la théorie darwinienne sur l'évolutionnisme, Ǧibrān perçoit le parcours de la vie comme une formation progressive à partir d'une masse indistincte, d'un chaos primitif. « Le chaos primitif n'est que le premier mot dans le livre de la vie ; il n'est nullement le dernier. Le chaos n'est qu'une vie sous forme de magma », écrit-il dans un inédit non daté[12]. Se faisant plus précis, il déclare à Mary Haskell, qui le note dans son journal intime à la date du 25 août 1915 :

---

9 Cité par Camus dans *Henri d'Ofterdingen*, p. 41.

10 *Cf. Henri d'Ofterdingen*, chap. v.

11 Il s'agit de *The Letters of Khalil Gbran and Mary Haskell* (recueillies et présentées par Annie Salem Otto), Houston, Texas, Southern Printing Compagny, 1967.

12 *Cf.* L'ouvrage référence de Wahīb Kayrūz "عالم جبران الفكري" en quatre tomes, parus en deux grands volumes en 1983 et 1984, Beyrouth, Bachāryā. Le texte plus haut renvoie à ce même ouvrage, vol. 1, tome 1, p. 26.

« Ferme les yeux, Mary, et imagine les eaux nébuleuses primitives ; et suppose que c'était cela le début, quelque part, puis que cela s'est mis à évoluer se transformant d'une masse volumineuse en quelque chose de solide, puis que ce fut la génération de la chaleur, suivie d'une explosion qui aboutit à la naissance du monde et des astres ; tout cela évoluant par étapes : matière non organique, matière organique, l'âme, puis Dieu »[13]. Mary Haskell ne manque pas d'y voir une intuition qui complète celle de Darwin : « Tu as découvert la vérité simple de l'évolution, c'est-à-dire la vérité de l'évolution générale à partir du chaos pour aboutir à dieu [...]. Darwin a saisi la théorie de l'évolution dans l'organique. Mais cet évolutionnisme a lui-même évolué ; puisque cette théorie se trouve aujourd'hui complétée par la tienne : la vérité est dans l'évolution de la matière »[14]. Notons que cette approche est corroborée par un thème pictural récurrent chez Ǧibrān où la naissance des formes, notamment humaines, se fait à partir du magma[15].

Ce processus s'accomplit dans la lutte, à travers une « révolution cosmique indescriptible », (entretien date du 29 août 1913). Ǧibrān se trouve ainsi amené à assigner aux révolutions, aux guerres et à toutes sortes de conflits une place privilégiée dans le devenir de l'Être. Cela est valable pour la nature, car « chaque année, les éléments de la nature se déclarent la guerre. La lutte menée par chaque hiver en vue d'un printemps nouveau est incommensurablement plus effroyable et plus douloureuse que n'importe quelle guerre humaine. Un seul jour d'hiver anéantit plus de vie que toutes les guerres humaines rassemblées »[16]. De même, les guerres, et notamment celle qui se déroulait sous ses yeux en 1914, lui paraissent animées par le souffle créateur de dieu, qui agit telle une tempête. « Si le Dieu-puissance, le Dieu-force, le Dieu-intelligence, le Dieu-non conscient de la vie est présent dans les conflits qui se déroulent sur cette terre, ce Dieu très-Haut doit être présent aussi dans cette guerre des nations. Il est cette guerre ; il est toutes les guerres, il est le puissant qui se bat pour un être plus puissant, un être plus clair, l'être suprême de la vie »[17]. Il en sera ainsi jusqu'aux « temps eschatologiques »[18].

---

13 *Ibidem*. I, 1, p. 29.

14 *Ibidem*. I, 1, p. 101. Il s'agit d'un entretien qui eut lieu quelques mois après celui cité plus haut, le 10 décembre 1916.

15 Christine Crafts Neal parle de « figures asexuées [qui] flottent dans des compositions qui évoquent un monde aux débuts du *Paradis Terrestre* (*Cf.* Adonis *et alii*, *Khalil Gibran, artiste et visionnaire*, Paris, IMA-Flammarion, 1989, p. 95).

16 *Cf.* sa lettre à M. Haskell datée du 14 octobre 1914, in Kayrūz, *op. cit.* I, 1, p. 246.

17 *Ibidem*. I, 1, p. 95-6 (avec la note 8, p. 318) : "من أعماق الأرض ... انبثقت الجبابرة كالريح ... وها هم الآن يتصارعون".

18 *Ibidem*. I, 1, p., I, 1, p. 242.

En attendant ces temps eschatologiques, nous vivons une période marquée par la non-liberté, ce que Ǧibrān désigne par le règne de la Loi, *Šarīʿa*, terme qui s'oppose à *Nāmus*. Il importe de noter, cependant, que loin d'être liée à l'apparition de l'islam[19], cette notion recouvre l'ensemble des institutions en vigueur, qu'elles relèvent de l'ordre religieux, politique ou social. Elle concerne la religion, *dīn*, en tant qu'ensemble de dogmes jalousement gardés et de rites imposés par une catégorie sociale spécifique, les « hommes de religion » et les « prêtres », mais elle n'englobe pas le sentiment religieux qui est « le sentiment le plus noble et le plus profond dans le cœur humain » régi par le *Nāmus* selon Ǧibrān. Dans ce sens, « la religion est une loi positive (*Nāmus*), formée d'un élément simple, indécomposable et non intégrable dans un ensemble [...]. A vrai dire, la religion c'est la vie »[20]. Dans cette entité sémique antinomique, *dīn,* Ǧibrān oppose *kihāna* (sacerdoce), lié au règne de la Loi, à « sentiment », lié à *Nāmus.*

Pour lui, le monde à venir, dont nous percevons déjà les prémices, abolira le règne de la loi pour faire régner la liberté qui devra animer l'homme comme la nature. Il sera marqué par un éveil universel de la conscience. L'amour, connaissance et sentiment à la fois, permettra à l'homme, ainsi qu'au cosmos dans son ensemble, de vivre une harmonie universelle et infinie. Car, tout en étant engluée dans les « rets » de l'ici-bas, la vie participera de l'autre monde, caractérisé par sa capacité à se régénérer indéfiniment. Elle intègre non seulement la matière et l'esprit, la vie et la mort, mais aussi toutes les autres oppositions apparentes : le mal et le bien, la souffrance et la joie, le bonheur et le malheur, le beau et le laid et tous les binômes possibles. Elle est au-delà des contradictions qu'un esprit humain non formé pourrait tenir pour définitives. Enfin ce monde sera infini, parce qu'il sera doué d'un dynamisme absolu, marque notoire de la liberté et de l'amour. Ainsi, tout en restant individuels, les êtres humains sont happés par ce mouvement vers l'âme universelle, *al-Rūḥ al-kulliyya,* où ils entreront en totale communion les uns avec les autres. Quelle que soit sa référence philosophique, ce mouvement est fondamentalement caractérisé par une dynamique, qualifiée d'*ascensionnelle, al-kulliyya al-taṣāʿudiyya* par Kayrūz. Dans sa peinture, du moins celle de sa première phase, Ǧibrān accrédite cette vision : des corps soumis à une forte pesanteur s'efforcent de s'en échapper pour monter plus haut, vers l'Âme universelle, en s'individualisant au fur et à mesure, à chaque hauteur atteinte.

19 Ce terme, actuellement associé en premier lieu à l'islam, désigne, dans la pensée gibranienne, toute loi religieuse. Dans la logique de ce qui est dit précédemment, nous pensons que ce terme recouvre la notion de « loi » telle qu'elle se trouve opposée dans l'Évangile à « amour », clivage qui différencie *grosso modo* Nouveau et Ancien Testament.

20 *Idem*. I, 1, p. 161 ; et II, 1, p. 43.

3 La poésie, vecteur de la liberté

Or cette dynamique de libération universelle ne peut s'enclencher que grâce au *nubūġ*, la « génialité », qui caractérise certains êtres singuliers, quel que soit leur domaine d'action. Le conquérant comme le scientifique, l'explorateur comme le mystique, le philosophe comme l'artiste ont cette faculté en partage. Ǧibrān fait une place à part au héros, *baṭal*, meneur d'hommes ou réformateur parce que son génie ne se révèle que s'il croise, au moment opportun, le désir profond des gens, ce grand élan que Ǧibrān appelle l'enthousiasme, *al-ḥamās*[21]. « D'innombrables fois, j'ai pensé aux lois morales (*nawāmīs*) qui donnent forme aux nations ; j'ai toujours trouvé, derrière tout mouvement de réforme, le génie d'un individu. Mais je n'ai jamais constaté que le génie pouvait avoir un effet significatif chez les nations qui avaient perdu leur enthousiasme et s'étaient entièrement adonnées à la paresse intellectuelle et au repos physique »[22]. Conjugué à l'enthousiasme, le génie transforme le monde : « l'énergie créative [...] est, chez les individus, le génie et dans la collectivité l'enthousiasme. Et le génie chez l'individu n'est autre que la capacité de donner aux penchants cachés de la collectivité des formes sensibles et manifestes »[23]. Cette génialité s'est manifestée à certains moments dans la phase récente de l'histoire humaine. Elle a donné naissance à ces « explorateurs du divin » que sont, parmi tant d'autres, Socrate et Platon, Confucius et François d'Assise, Laplace, Pasteur et Spinoza au même titre que William Blake[24] ; en fait partie aussi ʿAlī Ibn Abī Ṭālib qui « fut le premier arabe à vivre au contact et au voisinage de l'âme universelle et à dialoguer avec elle »[25].

Cette génialité participe par essence de la poésie, en tant qu'énergie créative. Ǧibrān va jusqu'à considérer que tout acte de créativité dans le champ intellectuel, matériel ou manuel participe de la poésie. Ainsi, même l'ouvrier, l'artisan ou l'agriculteur sont des poètes à leur manière. Cependant, la génialité

21 A comprendre dans le sens que cette notion avait à la Renaissance européenne : bien plus que « l'état d'exaltation de l'âme chez le poète ou l'artiste en proie à l'inspiration », ou « la force naturelle ou mystique qui pousse à créer ou à agir avec ardeur et dans la joie » ; elle renvoie au « sens de l'abondance de l'être, la joie de la connaissance du monde et de la liberté et l'élan vers la découverte scientifique, l'enthousiasme créateur et la dilection de la beauté des formes sensibles décèlent au temps de la Renaissance des sources inextricablement naturelles et chrétiennes. » (Trésor de la langue française).

22 *Cf.* Kayrūz, *op. cit.* 1, 1, p. 161.

23 *Cf.* Ǧibrān, *Cf. Œ. C.*, ("المجموعة الكاملة للأعمال العربية"، دار الهدى الوطنية، بيروت، دون تاريخ)), p. 431.

24 *Ibidem*, p. 546.

25 *Cf.* Jean Dāya, 1988 ("عقيدة جبران"، لندن، دار سوراقيا) p. 122. Voici également ces deux appréciations faites par Ǧibrān à la page 108 puis p. 546 : "علي بن أبي طالب أول عربي لازم الروح الكلية وجاورها وسامرها" / "الغزالي تدرج من المرئيات وظواهرها إلى المعقولات فالفلسفة فالالاهيات".

à son *sommum*, dans sa majesté suprême ne se révèle que dans le vrai poète, étant entendu que la poésie n'est pas liée à un mode d'énonciation ; elle est déterminée uniquement par son souffle, sa puissance créative.

Elle acquiert ce privilège par sa fonction de moyen spécifique de communication, ou plus précisément de médiation. Du fait de son rapport privilégié et exclusif aux « choses divines », le poète est le médiateur par excellence entre la sphère divine et l'homme. Il est le messager « qui transmet ce que dit la raison universelle à la raison individuelle et ce que suggère la Vie universelle à l'esprit individuelle »[26], le lien « entre l'énergie créatrice et les hommes »[27], un « ange envoyé par les dieux pour enseigner les choses divines aux hommes [...], traduire ce qu'[il] entend des anges dans la langue des hommes », avant de « s'en retourner dans sa patrie céleste »[28]. Il n'est pas anodin que Ǧibrān et ses amis d'*al-Rābiṭa al-Qalamiyya* aient choisi comme devise cette formule lapidaire construite comme un *Ḥadiṯ* ou un verset coranique : « Il est, sous le trône de dieu, des trésors que seule la langue du poète peut révéler »[29].

Médiateur, le poète l'est par sa fonction langagière, par la grâce de laquelle il opère comme transmetteur d'une dynamique de libération universelle, dont il est investi par l'Âme universelle. Il fonctionne alors comme « énergie créatrice » qui transforme le monde en insufflant aux hommes la capacité de créer. « L'énergie, dit le poète, jette sa semence au fond de mon cœur ; et moi je récolte et amasse les épis pour les donner, une fois rassemblés en gerbes, aux affamés. L'esprit vivifie le cep ; et moi j'en foule les grappes pour en donner le jus aux assoiffés »[30]. Le poète est « un semeur qui sème les grains de son cœur [...] Et fait monter une récolte abondante dont se nourrit l'humanité »[31]. Le poète est capable de cette métamorphose, parce qu'il a la capacité d'entrer dans la dynamique de l'Être à l'œuvre à tous les instants, au-delà des apparences figées des choses : « Je marche dans la campagne, et je vois les ruisseaux remonter en courant du fond de la vallée vers le sommet de la montagne ; je vois les arbres dénudés se revêtir, fleurir, porter des fruits et laisser choir leurs feuilles, en une minute, puis je vois leurs branches tomber vers le sol pour se transformer en serpents bariolés et tremblotants ; je vois les oiseaux se déplacer, montant et descendant, chantant et ululant, puis s'arrêter, ouvrir leurs ailes pour se

26 *Cf.* Kayrūn, *op. cit.*, 1984, II, 1, p. 127.

27 *Cf.* Ǧibrān, *Œ. C.*, p. 431.

28 *Cf.* le texte intitulé « le poète » : Ǧibrān, *Œ. C.*, p. 316.

29 *Ibidem*, لله كنوز تحت العرش مفاتيحها ألسنة الشعراء, p. 344.

30 *Ibidem*. *Œ. C.* p. 344صوت الشاعر.

31 *Ibidem*. *Œ. C.*, p. 316.

transformer en femmes nues, les cheveux dénoués, les cous tendus pour me regarder de derrière leurs prunelles colorées de passion comme d'un kohl »[32].

Si le poète est capable d'une telle métamorphose, c'est grâce à la puissante faculté imaginative, *al-Ḫayāl*, dont il est investi. « Isaïe, dit l'imagination, ne put enfiler les perles de sa sagesse qu'avec les fils de mon amour ; Jean eut sa vision grâce à ma bouche et Dante ne put parcourir les domaines des esprits que guidé par mes fils »[33]. Le prestige d'un poète se mesure donc à la place qu'il occupe dans « le royaume de l'imaginaire ». A cette aune, Ibn al-Fāriḍ, considéré par Ǧibrān comme supérieur à al-Maʿarrī et al-Mutanabbī, a un rang de « prince » dans cet « immense empire de l'imaginaire »[34]. Bref, placé « au-dessus de la *šarīʿa* »[35], investi d'une mission de liberté, le poète est en réalité la « vie de la vie » : « Vous, poètes, s'exclame Ǧibrān, êtes la vie de cette vie »[36].

4 Ǧibrān le poète

Sûr de son destin, Ǧibrān n'a aucun doute sur la mission poétique qu'il lui incombe d'accomplir dans l'être de la sphère culturelle arabe. Dans ses écrits, en effet, il ne cesse de rabaisser la production littéraire de ses contemporains et ses prédécesseurs depuis le début de la Nahḍa. Non content de condamner sans appel ces « poètes de cours, ces rimailleurs et thuriféraires des princes », au même titre que les imitateurs des chefs-d'œuvre du passé ou de la littérature occidentale, traités de « perroquets » et de « grenouilles », il s'en prend aux intellectuels qui investissent la littérature dans un projet de réforme sociale rationaliste. Les Amīn al-Rīḥānī, Adīb Isḥāq et autres Ǧurǧī Zaydān, qu'il estime par ailleurs, ne sont que des « écrivains, des penseurs », mais nullement ces poètes selon son cœur, ces prophètes, habités par l'imagination et consumés par le désir de transmettre aux humains la créativité divine. Et il n'hésite pas à annoncer la couleur. En témoigne cette déclaration péremptoire qui figure déjà dans son premier recueil, *Damʿa wa-btisāma* : « Je suis venu

32 *Ibidem*. *Œ. C.*, p. 488.

33 *Ibidem*. *Œ. C.*, p. 290.

34 *Ibidem*, p. 565 : أمير في دولة الخيال الواسع.

35 *Cf.* Kayrūz, *op. cit.* 1983, 1, 2, p. 33.

36 وأنتم أيها الشعراء يا حياة هذه الحياة (*Cf.* Ǧibrān, *Œ. C.*, p. 317). Signalons que le personnage du fou figure cette liberté : « Le fou est celui dont le voile a été volé ; le soleil lui embrassa alors le visage [...]. Avec la folie, [dit le fou], j'ai retrouvé à la fois la liberté et le salut ». Iéna considérait déjà le « déchirement » du voile comme le fondement nécessaire de toute poésie.

pour dire une parole et je le ferai ; et si la mort me reprenait avant que je ne l'aie prononcée, l'avenir s'en chargera »[37]. Plus explicite dans l'intimité, devant son amie et bienfaitrice, Mary Haskell, avec son ami le peintre Ḥwayyik, ou dans ses notes personnelles, il laisse libre cours à ses rêves et ne manque pas de tomber dans l'excessif, voire dans les fantasmes et fabulations. Ses déclarations ont l'avantage de dessiner, sans contrôle rationnel, la figure du poète accompli selon lui. C'est ainsi que, plusieurs années après sa fameuse annonce citée plus haut, il déclare que son livre, *Le Prophète*, qui venait de paraître, n'est que « la première lettre d'un mot » ; il constitue « ma nouvelle naissance, mon premier baptême »[38]. Entre les deux moments, il ne cesse de clamer son projet singulier. « Oui, c'est avec Ğibrān, lance-t-il en 1911 à son ami Ḥwayyik en haussant le ton, que l'Orient commence à réfléchir »[39]. « Il y a dans la littérature arabe [classique], confie-t-il encore à Mary Haskell en 1914, beaucoup d'œuvres plus importantes que la mienne ; mais je te le dis en toute franchise que mon œuvre est la plus importante de tout ce qui s'écrit actuellement en langue arabe »[40]. Et Mary Haskell de rapporter ces propos après la parution de *Ağniḥa* : « Il m'a affirmé que la forme qu'il a utilisée dans *Ağniḥa* constitue un tournant dans la littérature arabe, semblable à celui effectué par Coleridge et Woordsworth dans la littérature anglaise »[41]. Et pourquoi s'arrêterait-il en si bon chemin ? C'est l'universel qu'il vise, selon sa déclaration à Mary Haskell en 1911[42] : « Je sais que j'ai quelque chose à dire au monde, quelque chose de diffèrent de tout ce qui a été dit ». Serait-ce encore une Bible, à l'instar de celle projetée par Novalis ?

5 Du Christ évangélique au poète Jésus

A défaut de bible, ce serait plutôt un évangile : il s'accorde mieux à son contexte social, culturel et religieux, et il exprime la vision d'un sujet individué, Jésus le nazaréen, auquel l'auteur se trouve apparenté par la même souche sémitique. En effet, la conscience aiguë que Ğibrān a de sa singularité prophétique se manifeste, tout particulièrement, dans sa stratégie d'investissement de la figure de Jésus. Dans un mouvement évident d'identification, cette figure

37 *Cf.* Ğibrān, *Œ. C.*, p. 349.
38 *Ibid.* p. 70.
39 *Cf.* Yūsuf Ḥwayyik, "ذكرياتي مع جبران، باريس ١٩٠٩-١٩١٠" (Beyrouth, Nawfal, 1979, p. 84).
40 *Cf.* T. al-Ṣāyiġ, "أضواء جديدة على جبران", édition Rayyes, Londres, 1990 p. 295.
41 *Ibid.*, p. 280.
42 *Ibid.*, p. 294.

se métamorphose au gré de l'évolution intérieure de l'auteur, pour prendre les traits du poète qui anime, de proche en proche, toutes les civilisations anciennes, jusqu'à se condenser en fin de parcours dans l'Antiquité arabe, dont le poète Ǧibrān serait la quintessence moderne.

Dans son écriture, Ǧibrān intègre de nombreux éléments constitutifs des trois antiquités connues de son époque : l'Antiquité monothéiste sous ses trois variantes, l'Antiquité grecque et l'Antiquité extrême-orientale. La première imprègne son style, son langage et son imaginaire ; la deuxième investit son œuvre d'une philosophie platonicienne remodelée ; et la dernière l'enrichit d'un certain panthéisme qui vient corriger et compléter les deux premières sans contrarier leur logique. Mais ces trois Antiquités ne se juxtaposent pas purement et simplement. Leur agencement, ainsi que la nouvelle dynamique dans laquelle elles sont prises jettent un éclairage particulier sur le parcours sémantique du personnage Jésus ; autrement dit, il reflète la perception que Ǧibrān se fait progressivement de la nature de ce personnage, qui ne cesse de l'imprégner et de modeler sa pensée tout au long de son parcours littéraire[43].

Deux grandes nouvelles de l'auteur illustrent notre propos : *Yūḥannā le Fol* et *Ḫalīl l'Apostat*. Les deux principaux personnages, Yūḥannā et Ḫalīl[44], constituent pratiquement deux projections du même Jésus des Évangiles. Ils en empruntent le langage, au point que leur discours se réduit à certains moments à de simples reprises du texte évangélique. Ils en reproduisent les attitudes de révolte contre l'ordre établi, de compassion vis-à-vis des plus démunis et d'annonce d'un monde nouveau. Ils en suivent le parcours, en partie ou en totalité ; car, si seul Ḫalīl connaît la vie glorifiée grâce à la nouvelle Cité fondée par lui – un *analogon* de l'Église chrétienne –, Yūḥannā ne peut que l'annoncer du fond de sa détresse, détresse qu'il tient pour un échec, momentané. Le texte évangélique en effet fonctionne comme un hypotexte au récit gibranien. Cette phase, où prédomine la figure évangélique de Jésus, couvre la première période gibranienne qui court, à peu près, jusqu'à 1907[45].

---

43 Dès les premières nouvelles de l'auteur, Jésus prête ses traits aux personnages les plus marquants. Sa figure inspire aussi nombre de textes poétiques écrits en arabe ; et surtout elle imprègne toute son œuvre anglaise, ce dont témoignent les titres même des ouvrages, soit explicitement (*Jésus fils de l'homme*), soit métaphoriquement (*Le Fou, Le Précurseur, L'Errant, Le Prophète*).

44 Abraham est désigné dans le Coran sous deux formes : Ibrāhīm al-Ḫalīl, Abraham l'ami intime [de Dieu], ou plus explicitement Ḫalīlu-l-lāh, l'ami intime de Dieu.

45 D'après J-P. Dahdah (*Khalil Ǧibrān, Une biographie*, Paris, Albin Michel, 1994), *ʿArāʾis al-murūǧ* parut en 1906, mais certaines nouvelles avaient été publiées dans *al-Muhāǧir*. Quant aux nouvelles d'*al-Arwāḥ al-mutamarrida*, publiées séparément dans la même revue, elles furent réunies en 1908. Il est donc probable que leur rédaction fut achevée bien avant cette date.

Commence alors une autre phase, correspondant à la rédaction de certains textes de *Dam'a wa-btisāma* et de *'Awāṣif* et à celle de l'ensemble d'*Aǧniḥa*. La figure de Jésus s'émancipe peu à peu du cadre évangélique pour s'incarner dans différentes civilisations et cultures, celles-là même sur lesquelles Ǧibrān se plaît à projeter – non sans fantasmes – sa figure de poète. Peu à peu, les deux figures, Jésus et le poète, se confondent : ne sont-ils pas tous les deux « envoyés par les dieux pour enseigner les choses divines aux hommes »[46], et tous deux perçus comme « la vie de cette vie » ?[47]. Ensemble, ils investissent les différentes Antiquités. Apparaissent alors, à côté de Jésus, les prophètes de l'univers hébraïque, débarrassés des références historiques qui font de la bible l'héritage exclusif d'une nation pour être célébrés comme poètes universels. Là, prennent place le Cantique des cantiques et les psaumes attribués à David et Salomon ainsi que les chants d'Isaïe. Se dégageant de ses éléments troubles, l'Antiquité biblique se décante alors, pour se manifester dans son essence même, en pure poésie. L'Antiquité grecque s'intègre, à son tour, dans ce mouvement, à travers des notions platoniciennes majeures déjà en germe dans les premiers écrits de Ǧibrān[48], telles la réminiscence et la nostalgie, qui représentent pour Ǧibrān l'essence de la poésie. Un autre pas est franchi avec l'intégration de l'Antiquité proche-orientale non biblique : le monde pharaonique et surtout le monde phénicien évoqué sous les traits d'Astarté (représentée dans le temple antique à côté de Jésus et de sa mère), figure poétique de la mythologie phénicienne, ou celle de Tammūz, autre substitut de Jésus. Enfin, apparaît la poésie arabe à travers ses poètes majeurs, comme Imru' al-Qays, Abū-Firās, les chantres andalous, Ibn al-Fāriḍ, et bien sûr à travers le texte fondateur de l'islam, le Coran[49]. Ce processus d'identification de Jésus comme poète continuera de s'accentuer et de s'universaliser dans l'œuvre anglaise de Ǧibrān. C'est alors que se manifeste sans toute sa majesté la figure de Jésus 'Seigneur des poètes' : « Seigneur de toute parole dite ou chantée [...], Seigneur des poètes, Seigneur de nos désirs silencieux ! », proclame, dans *Jésus fils de l'homme*, – est-ce un pur hasard ? – un certain « homme du Liban ».

46 *Cf.* Ǧibrān, *Œ. C.*, p. 316. Cette même image est reprise à la page 252, "موت الشاعر حياته".

47 *Ibid.* p. 317.

48 Notamment dans son premier ouvrage *Nubḏa fī fann al-Mūsīqā* et certains textes de la première période.

49 Le Coran, convoqué ici par l'expression « versets du livre » que l'on psalmodie, l'est également à travers des allusions historiques (« La gloire de l'islam ») et des métaphores spécifiquement coraniques (ريح زعزع) à moins qu'il ne le soit par des citations explicites.

6 L'Antiquité-Mère

Parallèlement à ce processus d'identification et dans sa prolongation, se précise une position qui accorde la primauté à l'Antiquité sémitico-orientale, dont le pilier central n'est autre que la culture arabe[50]. Cette position, qui s'exprime dans des textes non littéraires[51] et d'une manière peu argumentative en général, vaut par sa subjectivité, voire par son côté fabulateur (évoqué plus haut), comme indicatif de l'approche de Ğibrān. A partir d'éléments épars qui ne s'inscrivent dans aucune continuité chronologique, cette approche semble s'articuler en deux temps : l'affirmation de la primauté de l'Antiquité orientale (dans toutes ses variantes) par rapport à l'Antiquité occidentale, et la résorption de la première dans l'héritage arabe.

Dans une lettre de 1913[52], Ğibrān affirme que : « L'artiste grec possédait un œil plus perçant et une main plus habile que ceux de l'artiste chaldéen ou égyptien ; mais il n'avait pas ce troisième œil qui les caractérisait. La Grèce a emprunté à la Chaldée, à la Phénicie et à l'Égypte leurs dieux, leurs déesses et beaucoup d'autres éléments, sauf cette vision, ce regard intérieur, cette intelligence particulière des choses qui est plus profonde que les profondeurs et plus haute que les hauteurs. Elle a emprunté aussi à Babylone et à Ninive le vase et la coupe, mais elle n'a pu emprunter le vin. Bien sûr, elle a pu élaborer la forme élémentaire de ce vase et de cette coupe pour en faire des objets en or, beaux à regarder, mais elle n'a pu les remplir que d'un réalisme mièvre. » Après avoir exprimé son admiration pour Prométhée, « l'unique personnalité puissante » de la mythologie grecque[53], il ajoute : « Mais nous ne devons pas oublier, chère Mary, que le porteur de feu originel est chaldéen et non grec. Les populations de l'Asie occidentale le connurent deux mille ans avant la guerre de Troie. » Même le théâtre grec, qui est la part la plus sublime de l'art grec – car « il contient plus de raison, d'âme et d'infini que tous les autres arts grecs réunis » –, ne

50 C'est elle qui s'impose par sa richesse linguistique, sa durée historique et son influence déterminante, grâce essentiellement au fait religieux, l'islam, qui se traduit en fait politique (un empire et une civilisation universaliste) et se fonde paradoxalement dans un évènement poétique (le Coran).

51 Principalement dans les lettres de Ğibrān à Mary Haskell et ses entretiens avec elle, qu'elle rapporte fidèlement et dans les détails dans son propre *Journal*. On les rencontre aussi dans certains écrits non littéraires, encore inédits dans leur majorité : *Cf.* al-Ṣāyiġ, *op. cit.* et Wahīb Kayrūz, عالم جبران الفكري (deux gros volumes parus entre 1982 et 1984 à Beyrouth, édition Bachāryā.

52 *Cf.* Kayrūz. *op. cit.*, II, 2, p. 396.

53 Bien qu'elle soit récurrente sous la plume de Ğibrān, la figure de Prométhée n'a pas suffisamment retenue l'attention des critiques arabes.

peut soutenir la comparaison avec la poésie arabe. « si j'avais à choisir, dit-il, entre le théâtre grec et la poésie arabe, c'est cette dernière que je choisirais spontanément. » Explicitant sa position, il conclut que, malgré la perfection formelle de cet art, il « ne peut y trouver Dieu. Tout ce qu'[il y voit] c'est l'ombre de son ombre »[54]. Enfin, dressant un parallèle entre la personnalité de Jésus et celles des grands rhéteurs de la civilisation gréco-romaine, il fait dire à l'un des personnages de *Jésus fils de l'homme* : « J'ai entendu dans ma jeunesse les tribuns de Rome, d'Athènes et d'Alexandrie, mais le nazaréen ne ressemblait à aucun d'eux. Ceux-là ne prêtaient attention qu'à la façon d'arranger le discours de manière à charmer les oreilles ; en revanche, à l'écoute du Nazaréen, tu sens comme si ton cœur te quittait à l'instant même pour errer dans des régions inexplorées. [...] Oui, le Nazaréen a bien saisi la source de notre nature originelle et saisi les fils avec lesquels le tout-puissant nous a tissés. Les tribuns grecs et romains parlaient de la vie en ayant recours à la pensée, mais le Nazaréen, lui, parlait d'une nostalgie enfouie au fond du cœur »[55].

Ainsi, quel que soit le partenaire oriental mis en face de l'Antiquité occidentale, c'est toujours lui qui, en fin de compte, remporte la victoire.

En même temps, Ǧibrān fait de l'Antiquité arabe le parangon, voire la matrice, de toutes les Antiquités orientales. A Mary Haskell, qui lui disait son admiration pour le *Livre des morts* égyptien, l'*Avesta* ou le *Livre de Job*, il rappelle, en 1913, que c'est le génie arabe qui présida à la création de ces trois livres, comme, d'ailleurs, à l'érection du sphinx et des centaures chaldéens. Plusieurs années plus tard, il va jusqu'à affirmer que ce qu'il y a de meilleur dans l'Antiquité hébraïque, le Cantique des cantiques et le *Livre de Job*, est d'origine arabe. « Avant l'islam, déclare-t-il à un journaliste américain en 1919, dans la période dite Ǧāhilite, les Arabes avaient une poésie splendide, palpitante, pleine de virilité et d'imagination profonde, débordante et authentique, qui exerça une grande influence sur le monde occidental. Prenons comme exemple le *Livre de Job*. C'est un écrit arabe que les Hébreux traduisirent dans leur langue et se l'approprièrent »[56]. Emporté par cette logique, il n'hésite pas à juger que les autres littératures orientales postérieures à la culture hébraïque, sont également tributaires de la littérature arabe. En effet, « les Arabes, dit-il à Mary Haskell en 1915, inventèrent une langue et une littérature bien supérieures à ce qu'aucune nation européenne n'a pu créer. Car l'arabe est aussi la langue des littératures persane, turque et araménienne »[57].

54 *Cf.* al-Ṣāyiġ., *op. cit.*, p. 251.
55 *Cf.* Kayrūz., *op. cit.*, II, 2, p. 307.
56 *Cf. Jesus, the Son of Man*, chap. 3.
57 *Ibid.*, p. 308.

Malgré son côté paradoxal et inexact, le parcours argumentatif est clair : l'Antiquité orientale est supérieure à l'occidentale ; or l'Antiquité arabe fonde et résume l'Antiquité orientale ; donc l'Antiquité arabe fonde et surpasse toutes les autres.

Et Ğibrān de pousser encore plus avant son argumentation. Il affirme que, loin d'être un fait historique révolu, ce constat se vérifie aussi dans les temps modernes. Car le génie arabe se singularise par le fait que, malgré les siècles et les scories traversées, il maintient toujours sa vivacité et son dynamisme premier. Commentant « deux récits composés en 1050 par un poète (*sic*) baghdadien inconnu »[58], il ajoute dans sa lettre de 1913 à Mary Haskell : « Je pense qu'il y a dans ces deux récits toute la magie de Tourgueniev et toute la puissance et la maîtrise du grand Ibsen, car ils ont en plus cette forme spécifique infinie qui constitue le fondement et l'âme de tout art. Si l'on passait en revue les œuvres artistiques des différentes époques, on arriverait à la conclusion que cette caractéristique, que j'appelle la forme infinie, disparaît de la scène avec la disparition des premiers égyptiens pour ne réapparaître qu'avec la renaissance italienne. Seulement ces géants arabes, dont l'âme était extraordinairement infinie, ne perdirent jamais la vision première de l'homme – qui est par nature infinie »[59]. Et c'est cette « âme infinie » qui continue à leur accorder la précellence absolue. « N'importe quel berger arabe, soutient-il dans une lettre de1912[60], possède un sens de la poésie de loin supérieur à celui du plus grand poète français. » Il en est de même de la musique arabe, qui est toujours et « incommensurablement la plus sublime au monde » : elle est aux autres musiques ce que Shakespeare est à l'alphabet[61]. Cette appréciation est d'autant plus significative que Ğibrān n'a jamais caché son admiration pour Beethoven, Shakespeare, Nietzsche, Blake et les autres génies de la culture occidentale.

Du premier, il dit en 1914 : « Il n'est pas seulement le plus grand musicien, c'est aussi le plus grand de tous les hommes et le plus hermétique [...]. Beethoven reste un mystère hermétique ; je ne sais pas comment il a produit toute cette œuvre. Je ne sais pas comment il a exploré ces profondeurs et ces hauteurs étranges que je n'arrive pas à imaginer »[62]. A propos de Nietzsche, il déclare : « Comme je déteste cet homme ! Il a volé les mots de ma tête et cueilli les fruits de l'arbre dont je m'approchais. Mais s'il a une avance de trois cents ans sur son temps, moi, je vais faire pousser un arbre dont je cueillerai les fruits pour

58 Il s'agit en fait du poète Ibn Zurayq.

59 *Cf.* al-Ṣāyiġ., *op. cit.*, p. 231.

60 *Ibid.*, p. 231.

61 *Ibid.*, p. 265.

62 *Ibid.* p. 265.

les six cents années à venir »[63]. Quant à Shakespeare, il ne cesse d'en parler depuis 1909 : « C'est un géant, un infini », dit-il de lui, d'autant plus, ajoute-t-il, qu'il n'a pas eu « connaissance de la traduction anglaise de la bible ». D'ailleurs Ǧibrān a entretenu jusqu'au bout le projet d'écrire sur lui[64]. Grand admirateur de Blake, Ǧibrān déclare à son propos en 1915 : « Mais Blake, c'est l'homme, l'homme-dieu. Il est, de mon point de vue, le plus grand homme anglais depuis Shakespeare. Ses tableaux sont incommensurablement plus profonds que toute la peinture produite en Angleterre. Sa vision, abstraction faite de ses tableaux et poèmes, est la seule divine. Cependant, personne ne pourra saisir Blake par la seule raison. Son monde ne peut être saisi que par l'œil de l'œil, et jamais l'œil à lui seul n'y parviendrait »[65].

7 Ǧibrān héraut de la Nouvelle Antiquité

Or, si le génie arabe tient de l'absolu, c'est lui, Ǧibrān, qui l'incarne au plus haut point : il en est la manifestation poétique la plus accomplie ; le jugement qu'il porte sur sa propre production le dit sans ambiguïté aucune. Et si cet argument ne suffisait pas, il pourrait en ajouter un autre : de toute manière, à lui seul, il représente toutes les antiquités orientales. Toujours dans le registre de l'affabulation dont il use souvent lorsqu'il se livre dans l'intimité à Mary Haskell[66], il affirme que sa vie présente n'est que le dernier chaînon d'un cycle de réincarnations successives dans pratiquement tous les pays qui ont vu l'éclosion des grandes antiquités, notamment la Syrie, l'Égypte et la Chaldée. Dans la première il se serait incarné au moins deux fois ; dans la deuxième il aurait vécue la sagesse de la vieillesse, et dans la troisième – fait remarquable – il aurait vécu cinq, six ou sept existences. De même il se serait incarné une fois en Inde et une autre en Perse. Conviction constante, puisque douze ans plus tard, Mary Haskell, consigne ce propos tenu par lui en 1922 : « Je ne parle pas en tant qu'arabe [...]. Je suis également chaldéen et j'ai d'autres identités encore que j'ai acquises en Syrie, pays où de très nombreux mélanges se sont opérées ». D'ailleurs, « je ne suis pas arabe plus que je ne suis français ; il se trouve que

63 *Ibid.* p. 230.

64 *Ibid.* p. 208-210.

65 *Ibid.* p. 207.

66 Devant elle, il se crée une histoire familiale imaginaire, faisant remonter les origines de sa famille, prétendument princière, au IXe siècle. Pour un résumé plus complet de ses propos réitérés pendant plusieurs années, se reporter à al-Sāyiġ, *op cit.*, p. 63-66, et Dahdah, *op cit.*, p. 27-30.

l'arabe a été ma langue maternelle »[67]. A n'en plus douter, c'est en lui que se manifeste la quintessence des antiquités orientales, et ce d'autant plus que ses différentes incarnations ne l'ont jamais conduit dans un cycle animalier ou végétal dégradant !

Jésus, quintessence de la poésie à travers les cultures et les « antiquités » ; le génie arabe, géniteur de toutes ces antiquités et parangon toujours vivant de la poésie, voilà qui dessine le lieu symbolique de Ğibrān. Dans l'ici-maintenant, il incarne ces deux lignes de force. Héritier de la culture arabe, il en représente actuellement la pointe la plus avancée, « l'œuvre littéraire la plus importante ». Il manifeste dans toute sa splendeur ce « sens de la poésie » réfugié au cœur du « berger arabe », bien qu'il n'arrive à l'exprimer que sur un mode mineur, celui de la spontanéité du chant populaire. Il est par conséquent le plus apte, toutes aires culturelles confondues, à incarner la poésie des temps modernes. Il est « venu au monde pour prononcer cette parole » ; car il a « quelque chose à dire au monde, quelque chose de différent de tout ce qui avait été dit ». En fait, il réactualise, pour le compte des temps modernes, cette figure de Jésus, qu'il n'a jamais cessé de projeter dans sa littérature, « Seigneur des poètes » et messager universel de la loi libératrice de l'amour qui devra supplanter la Loi-*šarī'a* qui rigidifie la conscience.

Les Temps Nouveaux sont advenus ; ils ont leur prophète, Ğibrān.

Mais ces temps nouveaux s'inscrivent dans l'économie de l'histoire de l'Être. Ils sont le lieu où se manifeste enfin, dans toute sa splendeur, la poésie originelle qui, pendant la période régie par la Loi, s'était réfugiée dans le cœur de quelques poètes. Cette situation est figurée, dans la pensée d'Iéna, par le parcours de la poésie insufflant la conscience dans l'univers durant la phase de l'Harmonie universelle, gardienne presque passive de cette conscience pendant l'ère de la rigidification, puis artisan de la nouvelle ère d'Harmonie, l'ère eschatologique.

Ils se présentent aussi comme reprise, bien que sur d'autres bases, d'une antiquité historique. Car, comme Iéna, la pensée gibranienne est hantée par la notion d'antiquité. Celle d'Iéna l'est par l'antiquité grecque. Schlegel comme beaucoup de ses collègues ébauchèrent leur réflexion poétique et littéraire par l'étude de cette antiquité (Ayrault insiste sur le fait[68]). Schaeffer précise que c'est dans la rupture par rapport à cette antiquité, prise comme point de

67 *Cf.* al-Ṣāyiġ, *op. cit.*, p. 232.

68 L'un des premiers articles de Schlegel, *Sur Diotime* (1794), traite d'une figure grecque, personnage important dans le *Banquet,* considéré par une certaine tradition comme prêtresse de *Zeus*. Son premier ouvrage porte sur l'*Étude de la poésie grecque* (1794). La « grécomanie » de Schlegel comme « l'idolâtrie pour les anciens » du groupe d'Iéna sont bien mises en lumière par Ayrault (*Cf.* Ayrault, *op. cit.,* 1970, t. 3, parties I et II).

repère incontournable et omniprésent, que s'élabore le romantisme iénaen. Contrairement à Lessing, auquel Schlegel reproche de méconnaître la dichotomie antiquité/âge romantique, Iéna oppose point par point son « poème romantique » à la poésie antique : a-généricité à généricité, subjectivité qui intègre l'objectif à objectivité absolue, infini à fini. Dans leur ouvrage déjà cité, Philippe Lacoue-Labarthe et Jean-Luc Nancy illustrent le rôle prédominant de l'antiquité dans la pensée d'Iéna par la façon dont celle-ci perçoit la figure de Socrate. Faisant écho à l'idée 26 du *Lyceum* (« les romans sont Version 2les dialogues socratiques de notre temps »), ils constatent que la définition même du roman romantique est une réplique de la figure socratique : « Socrate (la figure et le personnage) aura toujours représenté, dans l'âge moderne de la métaphysique, l'incarnation anticipée ou le prototype du sujet lui-même [...]. Ce qui revient à faire de Socrate le sujet – « genre » par lequel – et comme lequel – s'instaure la littérature [...]. Socrate, le sujet dans sa forme ou sa figure (le sujet exemplaire), est le « genre » éponyme de la littérature comme, indissociablement, œuvre et réflexion sur l'œuvre, poésie et critique, art et philosophie. « Genre », par conséquent, au-delà de tous les genres et comportant la théorie de cet « au-delà » lui-même, c'est-à-dire, à la fois, une théorie générale des genres et sa propre théorie »[69]. Face à cette antiquité fondatrice, le romantisme iénaen reprend, sur d'autres bases, tout le processus (littéraire et ontologique à la fois) à partir de son émergence socratique. Il vise à refonder une nouvelle Antiquité.

Hanté, Ǧibrān l'est par l'Antiquité-mère qu'il croit identifier dans l'Antiquité arabe, mère de tous les legs sémitiques, qui fut porté à son paroxysme poétique par la figure de Jésus, poète absolu, « Seigneur des poètes ». C'est à lui qu'il incombe de la réssusciter.

La nouvelle Antiquité est née. Elle a sa bible, l'œuvre gibranienne.

Élucubrations ? Pour une bonne part ! mais qu'importe puisqu'elles font signe au statut qui oblige lourdement tout vrai poète, à commencer par Ǧibrān.

* Étude extraite de notre ouvrage *Gibran et la Refondation littéraire arabe*, Actes sud, 2008, deuxième partie, chap. 4, 'Le Prophétisme', p. 365-395. Par souci de concision, certains paragraphes ont été supprimés du texte originel.

69 *Cf.* Roger Ayrault, *op. cit.*, p. 270.

PARTIE 3

La Rupture impossible mais indispensable

CHAPITRE 4

La modernisation par subversion du classique chez Šidyāq

Boutros Hallaq

« Conçu et accouché » en quinze mois[1], publié dans l'urgence en 1855 à Paris, grâce au soutien d'un mécène ami des Lettres, cet ouvrage dérangeant à plus d'un titre connut l'infortune un siècle durant. Happé par l'écriture et le débat intellectuel, l'auteur ne l'a jamais réédité, alors même qu'il dirigeait, à Istanbul, une maison d'édition et une revue prestigieuse, répondant toutes deux au nom d'*al-Ǧawā'ib*. Šidyāq veillait sans doute à ne pas écorner, auprès d'une société pudibonde, la respectabilité tardivement acquise dans sa nouvelle vie d'intellectuel engagé, redouté au cœur même de l'empire. Vilipendé pour ses attaques frontales contre l'institution religieuse chrétienne comme pour son libertinage (*muǧūn*), *al-Sāq* fut longtemps tenu à distance par la critique moralisante. En bon historien, G. Zaydān[2] exprime sans doute le sentiment général, qui dit son malaise devant un ton violent et cru, tout en admirant la virtuosité lexicale et la stature intellectuelle de l'auteur. Dans le sillage d'une étude aussi élogieuse que tendancieuse[3], une deuxième édition – tronquée de la *Dédicace*, la *Présentation* et *l'Avertissement* – ne voit le jour en Égypte qu'en 1919, suivie un an plus tard d'un second tirage chez un autre éditeur. Il faut attendre le milieu des années 1930 pour voir un arabisant français, Henri Pérès, en noter le caractère innovant du point de vue littéraire : « Une œuvre vivante qui, par sa nouveauté, apparaît comme la première tentative intéressante de la renaissance littéraire arabe au XIXe siècle »[4]. D'autres critiques lui emboîteront le pas : ainsi Mārūn ʿAbbūd, pour qui cette œuvre constitue « un

1 *Cf.* le prologue du livre, *Fātiḥat al-kitāb*, p. 69 de l'édition établie par al-Šayḫ Nasīb Wahība al-Ḫāzin, publiée en 1966 à Beyrouth, à laquelle nous nous référons dans cette étude.

2 تراجم مشاهير الشرق، ج ٢، القاهرة، ١٩٠٢.

3 حسن السندوبي، "أعيان البيان من صبح القرن الثالث عشر إلى اليوم"، القاهرة، المطبعة الجمالية، ١٩١٤.

4 *Cf.* « Les premières manifestations de la renaissance littéraire arabe en Orient au XIXe siècle, Nāṣīf al-Yāziǧī et Fāris al-Šidyāq », in *AIEO, I, 194-5*, p. 240-256, Alger.

 | DOI:10.1163/9789004705685_005

roman des plus splendides » et son auteur un épigone de Ǧāḥiẓ[5] et Yūsuf Naǧm qui y voit « le plus grand talent romanesque sacrifié à l'orée de la Nahḍa »[6]. La quatrième édition[7], première version complète, ouvre la voie à des études plus approfondies. Notons pourtant que les critiques s'intéressent plutôt à la pensée d'un homme éclairé qu'à son talent littéraire[8]. Et c'est sans doute pour attirer l'attention sur ce dernier trait qu'une cinquième édition assez déroutante, expurgée des listes de synonymes et paronymes dont nous verrons plus loin l'importance, paraît en 1982[9]. Une autre série d'ouvrages, écrits principalement par des orientalistes, voit alors le jour renouant avec la démarche de Pérès[10].

Al-Sāq provoque d'abord chez le critique moralisant une sorte de « complot du silence »[11], puis chez le critique militant social une gêne due à un singulier parti pris littéraire. Il représente enfin, pour le critique soucieux d'analyse littéraire, une sorte d'énigme générique : de quel genre relève-t-il ? Tous les cas de figures ont été évoqués.

Maqāma ? Oui, mais inaboutie ou allant de pair avec un récit à l'occidentale. Autobiographie ? Oui, mais doublée d'un récit de mémoires ou insuffisamment centrée sur la subjectivité. Relation de voyage ? Probablement, mais pleine de récits imaginaires et de digressions. Fiction sociale ? Sans doute, mais parcourue de commentaires, de souvenirs, de poèmes trahissant par trop la subjectivité. Seul parmi les critiques, Peled a le mérite de proposer une définition qui, malgré son imprécision, rend compte de l'hybridité générique de l'ouvrage, y compris dans son exubérance lexicale : la « satire ménippée » empruntée à Northrop Frye. Il faut dire que l'auteur ne leur a certes pas

---

5 مارون عبود، "أحمد فارس الشدياق، صقر لبنان، بحث في النهضة الأدبية الحديثة ورجلها الأول أحمد فارس الشدياق"، بيروت، دار مارون عبود ١٩٤٩، ط ٢ :١٩٧٥، ص ٨٨ و١٤٧.

6 *Cf.* Naǧm, *al-Qiṣṣa fī-l-adab al-ʿarabī al-ḥadīṯ, 1870-1914*, Beyrouth, 1966, p. 245. L'auteur avait consacré à Šidyāq une thèse soutenue en 1948 à l'université américaine de Beyrouth, qui ne sera publiée qu'en 1956.

7 Celle indiquée supra en note 1, éditée par al-Ḫāzin, 1966.

8 *Dont les plus importants :* al-Ṣulḥ, *Aḥmad Fāris al-Šidyāq, āṯāruhu wa-ʿaṣruhu*, 1980 (2e édition 1987) ; M.H. al-Matwī, *Aḥmad Fāris al-Šidyāq, ḥayātuhu wa-āṯāruhu fī al-Nahḍa al-ʿarabiyya al-hadīṯa*, Beyrouth, 1989 ; F. Ṭrābulsī et ʿA. ʿAẓma, *Aḥmad Fāris al-Šidyāq*, Beyrouth, 1995.

9 عماد الصلح : "اعترافات الشدياق في كتاب الساق على الساق"، بيروت، دار الرائد، ١٩٨٢.

10 M. Peled, *al-Sāq ʿalā al-sāq, a generic Definition*, Arabica, tome XXXII 1985 ; Nadia al-Baghdadi, « A cultural Function of Fiction : from the Bible to Libertine Literature, Historical Criticism and Social Critic in Aḥmad Fāris al-Šidyāq », Arabica, tome XLVI, fasc. 3-4, 1998, p. 375-440 ; P. Cachia, « The Prose Stylists » in M.M. Badawi, *Modern Arabic Literature*, Cambridge press, 1992, p. 358-440 ; S. Ǧibrān, *Kitāb al-Faryāq mabnāhu wa-uslūbuhu wa-suḫriyyatuhu*, Tel-Aviv, 1991.

11 ʿAbdul-Nūr, in al-Ṣulḥ, *op. cit.*

facilité la tâche. Malicieusement, il commence par proposer, dans le titre et sous-titre de l'œuvre, deux pistes de lecture, la « biographie de Fāryāq (*fī mā huwa al-Fāryāq*) et la relation de voyage » (*fī ʿaǧm al-ʿarab wa-l-ʿaʾǧām*) ; dans son Avertissement au lecteur, il en ajoute deux autres : un essai « d'illustration et de défense de la langue » (*ibrāz ġarāʾib al-luġa*), et une sorte « d'épître sur les femmes » (*ḏikr maḥāmid al-nisāʾ wa-maḏāmihinna*). Il finit même par en insérer une cinquième, « l'imitation des *Maqāma* ». Comment s'y retrouver ?

Nous nous proposons, après une présentation rapide du contenu de l'ouvrage, de traiter du problème de l'identité générique de l'œuvre, puis de son lien avec le roman de formation.

Dans l'édition à laquelle nous nous référons, l'ouvrage proprement dit occupe six cent cinquante pages[12]. Il comporte, outre un important paratexte, quatre parties de vingt chapitres inégaux, certains étant réduits à quelques lignes, voire à un seul mot, (« de rien »). Le treizième chapitre de chaque partie est occupé par une *maqāma*. Le récit couvre la vie de Fāryāq depuis sa naissance en 1805[13], jusqu'à son départ définitif de Paris vers 1851. Entre la biographie du personnage principal et ses longs dialogues avec sa femme et d'autres, s'intercale une description des lieux visités (du Liban à l'Égypte, de Malte à la Tunisie, de l'Angleterre à la France), des réflexions sur les sociétés traversées, des passages de pure invention (dont les *maqāma*) et, surtout, ces longues listes de mots, parfois expliqués, tirés essentiellement du Qāmūs[14], qui occupent quelques cent quarante pages, soit près du sixième du volume. Le tout est agrémenté de fréquentes intrusions narratoriales, voire auctoriales.

Outre quelques notes de bas de page, le péritexte dû à l'auteur comporte un volet initial et un volet final : page de garde fournie (titre, sous-titres, deux vers, indications éditoriales en arabe et en français), dédicace de l'auteur à un certain M. Ḥawwā, son employeur londonien, une préface de l'éditeur et mécène, Raphaël Kaḥlā, qui signale au lecteur l'intérêt de l'ouvrage (lexique, mélanges des genres d'*adab*, mots rares, humour), s'excuse des attaques visant des personnes dûment nommées, et regrette certaines lacunes typographiques. Un Avertissement (*tanbīh*) de l'auteur expose les deux objectifs poursuivis ; et un Prologue (*fātiḥat al-kitāb*) décrit le contexte de rédaction de l'ouvrage et insiste sur son caractère organique. Le péritexte final comporte quatre ajouts : une « Queue pour le livre (*ḏanab al-kitāb*), revue polémique de livres d'orientalistes

12 Compte non tenu de l'important paratexte ajouté par l'éditeur, Ṣulḥ, qui s'étend sur quatre-vingt-douze pages.

13 Ṣulḥ tranche pour 1805, alors que d'autres avancent 1801 ou 1803.

14 Il s'agit bien sûr de *al-Qāmūs al-muḥīṭ* القاموس المحيط, l'une des plus prestigieuses encyclopédies, rédigée par al-Fayrūzabādī (1329-1415).

et liste non exhaustive de leurs erreurs, une courte annexe sur la fabrication de l'ouvrage intitulé « La queue est achevée » (*tamma al-ḏanab*), une adresse drôlatique qui plaide la cause du livre en écho au poème introductif et enfin une conclusion malicieuse : « Le premier tome d'al-Sāq est achevé ; il sera suivi du second tome, après lapidation ou crucifixion de l'auteur, avec la grâce et la libéralité de Dieu, Amen ! ».

1 L'identité générique : un choix concerté

C'est en érudit consommé que Šidyāq entreprend son œuvre. Au seuil de la cinquantaine, doué d'un esprit indépendant et curieux de tout, il a déjà acquis un bagage intellectuel impressionnant : patrimoine arabe classique appris sur le bout des doigts, culture anglaise bien maîtrisée et littérature française apprivoisée. Il est parfaitement rompu à la problématique religieuse et à l'art de la traduction, grâce à sa collaboration avec la Mission Évangéliste chargée de traduire la Bible. Ayant déjà à son actif plusieurs ouvrages de didactique de l'arabe et de l'anglais et deux relations de voyage[15], il décide de tracer son propre sillon. Loin des écrivains arabes de son époque, avec lesquels il a déjà croisé le fer, il se tient à distance d'une pratique littéraire occidentale dont il fait son miel au besoin. L'œuvre qui nous intéresse ici manifeste clairement la position singulière qu'il a tenu à occuper.

Alors que le roman occidental est en pleine expansion (roman dit « réaliste » à la Balzac, naturalisme et romantisme), le voilà qui accable de son ironie le romanesque triomphant. Traduisant des passages de la préface aux *Méditations poétiques* de Lamartine (qu'il connut personnellement[16]) et du *Voyage dans le Nouveau Monde* de Chateaubriand (p. 101 et 102), il en stigmatise le procédé, qu'il juge naïf dans son idéologie et plat dans son expression, et s'amuse dans la foulée à le pastiche en s'essayant à la description d'un âne (p. 111).

Dans le patrimoine arabe, il choisit comme cible le genre phare par excellence, la *maqāma*. Tandis que Nāṣīf al-Yāziǧī publie son recueil de *maqāmas*, *Maǧma' al-baḥrayn*, ouvrage tenu pour un chef-d'œuvre tout au long du le XIXe siècle, il rédige à son tour quatre *maqāmas* qu'il distribue ironiquement au treizième chapitre de chacune des quatre parties de l'ouvrage. S'il en respecte la structure narrative traditionnelle, il traite par le ridicule les éléments constitutifs de la narration. Ainsi, le nom du rapporteur, emblème du genre dans

15 "كشف المخبأ عن علوم أوروبا"، "الواسطة في معرفة أحوال مالطة".

16 *Cf. al-Sāq*, p. 578. Il notera par la suite l'inélégance du comportement du poète français (p. 642).

toute la tradition littéraire, est parodié par un jeu de symétrie parfaite dans la structure syntaxique et morphologique, al-Ḥāriṯ b. Hišām, nom tout à fait honorable, devenant al-Ḥāris b. Hišām, « pulvérisateur fils de broyure ». Dans le même temps, sa fonction principale – le fait de raconter – se dégrade en « errer sans guide », « formuler des conjectures », « radoter »[17]. Le titre de la *maqāma*, deuxième élément majeur, est transformé de façon ironique : celui de la première est liée au chiffre porte-malheur, treize, la deuxième est qualifiée de *muqīma*, « celle qui fait se lever », la troisième de *muqʾida*, « celle qui fait s'asseoir » et la quatrième de *mumšiya*, « celle qui fait marcher ». Sur le plan stylistique, il se conforme à l'usage strict du *saǧʿ*, la prose rimée, mais en en ridiculisant dès l'entame le principe même : « Il y a un moment que je ne me suis pas imposé de composer de la prose rimée et rythmée et de faire des assonances et des allitérations, au point de me demander si je n'en ai pas oublié le procédé » ; et ailleurs : « Le *saǧʿ* est à l'écrivain ce qu'est la prothèse au marcheur » (p. 123). Au niveau axiologique enfin, il investit ses quatre *maqāmas* dans une attaque contre les valeurs dominantes, et ce au moment où le genre *maqâma* est se doit de remplir une fonction didactique, voire mener un combat de revendication identitaire[18]. La première *maqāma* ridiculise les représentants des institutions religieuses, éducatives et littéraires ; la deuxième fustige le « machisme » des monothéismes dans leur conception du mariage ; la troisième les turpitudes des rapports entre époux ; et la quatrième le débat séculaire entre islam et christianisme sur la précellence du mariage ou du célibat. Et c'est toujours à al-Fāryāqa, à la fois sceptique et libertaire, qu'il revient de prononcer le verdict final.

Mais la *maqāma* est loin d'être le seul genre visé par Šidyāq. Les différentes traditions littéraires actualisées par l'*iḥyāʾ* sont écornées : poésie de cour, critique philologique, *iḫwāniyyāt*, historiographie[19].

---

17 À ces deux significations, Kazimirsky ajoute d'autres aussi parlantes : « égorger un chameau, fouler et abîmer avec les pieds, continuer d'agir comme par le passé ». Signalons à propos du nom du narrateur de la *maqāma* que Katia Zakharia propose, dans un article excellent par ailleurs, « Aḥmad Fāris al-Šidyāq, auteur de maqāmāt » (*Cf. Arabica, tome LII, fasc. 4,* octobre 2005), de le lire Ibn Hattām et non Ibn Hiṭām, sans donner de justification.

18 Bien que les études modernes aient largement montré tout l'écart idéologique véhiculé par les récits de Ḥarīrī et Hamaḏānī. *Cf.* A-F. Kilito, *Les Séances : récits et codes culturels chez Hamaḏānī et Ḥarīrī*, Paris, Sindbad, 1983 ; K. Zakharia, *Abū Zayd al-Sarūǧī, imposteur et mystique, relire les maqāmāt d'al-Ḥarīrī*, Damas, IFEAD, 2000.

19 Il surnomme le représentant de cette discipline à l'époque, al-Amīr Ḥayḏar, de *baʿīr bayʿar*, expression où le subvertissement du contenu sémantique (qui renvoie à « chameau ») est renforcé par ce *ǧinās maʿnawī* que constitue le parallélisme des schèmes morphologiques, p. 101, 103 et Livre II, 12.

Refusant net de s'inscrire dans les traditions littéraires de son époque, Šidyāq honore de ses pastiches les écrivains arabes classiques ou occidentaux qu'il admire. Il répugne à n'être qu'un suiviste ou, comme il le dit, un *ḥalaqī*, un simple chaînon dans une longue chaîne, ou un *sutayhī*, celui qui suit quelqu'un en lui collant au postérieur (p. 68). Son ouvrage qu'il considère inédit est « taillé à la mesure de son esprit » : il est « original, orphelin, unique », dit-il dans son Poème introductif, qu'il dénomme, indice supplémentaire, *fātiḥat al-kitāb*, allusion sans doute à la première sourate du Coran, al-Fātiḥa. Il insiste, de plus, sur la nécessité de lire son œuvre comme une entité organique qui n'admet ni « ajout » ni « amputation »[20].

Comment articuler ce choix revendiqué par l'auteur avec les appréciations des critiques, qui, tout en admettant que le parcours du Fāryāq constitue le fil conducteur principal du récit, répugnent à y intégrer les éléments intercalaires (dont le corpus varie d'un critique à un autre) et divergent, de ce fait, sur la caractérisation générique de l'ensemble ? Ce problème appelle un examen des interconnexions entre les différentes parties, ainsi que des rapports entre les instances narratoriale et auctoriale.

2 La fiction : un roman d'*adab*

Une première réponse se fait jour dès l'analyse de l'agencement des voix narratives en présence. En effet, si ces voix se multiplient, elles concourent à créer une fiction dans laquelle s'intègrent les différents récits, y compris les digressions. Dans le chapitre inaugural, deux voix se relaient. L'auteur prend en charge la première partie pour présenter encore une fois son livre en s'adressant à son lecteur réel. Il a vite fait, dans la suite du chapitre, de laisser la narration à son double, le narrateur principal. Bien que cette deuxième partie s'ouvre par un verbe déclaratif, « je dis », le locuteur change de statut : il n'est plus la personne identifiable par ses coordonnées précisées dans le paratexte (page de garde, note relative au Qāmūs), mais un narrateur omniscient à même de décrire jusqu'aux sentiments les plus secrets du personnage. Mais la première voix réapparaît de temps à autre ; elle se confond même avec la première dans nombre de passages imputables aussi bien à l'un qu'à l'autre, notamment à travers les commentaires, que nous appellerons la « voix mixte ». Celle-ci domine dans une « zone neutre » : notations philologiques ou littéraires, considérations sociologiques, autres réflexions.

20 Le respect de l'intégrité de l'ouvrage fit même l'objet d'une clause particulière du contrat avec l'éditeur, partisan de la suppression de certains passages.

Ces deux voix et leur mixte courent tout au long du récit. L'auteur apparaît à travers de nombreuses intrusions auctoriales avec adresse au lecteur réel ; il se manifeste même dans de longs passages clairement revendiqués, tel ce pamphlet intitulé « Exposé de la plainte de celui qui a écrit ce livre » (p. 87-94), adressé à un personnage historique, « son éminence l'évêque Būlus Masʿad, [son] oncle et l'oncle de [son] frère », ou dans le pamphlet final visant certains orientalistes (Livre IV, chap. 20) ; il se manifeste également dans de nombreux poèmes référencés dans son *dīwān* comme dans des lettres authentifiées par les archives. Prenant en charge la majeure part des récits, le narrateur principal s'autorise lui aussi des intrusions remplissant une fonction de régie (organisation du récit), de communication (adresse au lecteur) ou idéologique (commentaire sur l'histoire)[21].

La transvocalisation opère aussi à un autre niveau. En dehors des séquences de discours rapportés, ce narrateur omniscient délègue la narration à l'un des personnages : soit le personnage principal, Fāryāq (devenant ainsi un narrateur-personnage de second niveau)[22] ; soit un personnage-narrateur : le moine, al-Qissīs (I, 15 et 16) et al-Hāris b. Hišām, le rapporteur des *maqāma*, double du narrateur principal. Le récit mené par ces narrateurs secondaires relève tout naturellement de la fiction, du moment qu'il émane du narrateur principal omniscient qui crée directement ou par instances interposées son univers fictif. Il est fictionnel même lorsqu'il rapporte des faits vérifiables. Ces faits sont alors de l'ordre du vraisemblable et non du « réel », contrairement à ceux rapportés par la voix de l'auteur commentant son propre parcours, et qui relèvent du « réel » historique, étant entendu qu'ils sont, comme le précise Ricœur, le fruit d'une mise en intrigue plus ou moins soumise à la subjectivité[23]. Et il se trouve que, si certains de ces récits gérés par le narrateur principal se rapprochent eux aussi d'une facture de type historique (tout en restant dans le domaine du vraisemblable fictionnel), leur majeure partie s'en écarte clairement : ils sont fictifs, qu'ils soient de facture vraisemblable ou non.

Ainsi en est-il des nombreux dialogues entre Fāryāq et sa femme Fāryāqiyya, personnage important dans la diégèse. Souvent, cette femme, dont on connaît par ailleurs le niveau culturel limité, développe une argumentation qui révèle une finesse d'analyse et une culture encyclopédique inconciliables avec son profil. Elle manie un style en tout point comparable à celui de son partenaire ;

21 Fonctions répertoriées par Genette dans « Le discours du récit », in *Figures III*, Paris, Seuil, 1972, p. 261-265.

22 Racontant son voyage (II, 2), notant ses méditations plaintives, (p. 184) ou même interprétant des rêves (III, 8, 9 et 10).

23 Dans le premier chapitre de *Temps et récit II, La configuration du temps dans le récit de fiction*, Paris, Seuil, 1984.

elle apparaît même comme une spécialiste du Qāmūs (p. 434-5), livre de référence de Fāryāq. Autre indice : elle laisse souvent entendre son infidélité conjugale, fait peu compatible avec les mœurs orientales de l'époque et dont on sait par ailleurs qu'il nourrit les craintes de Fāryāq (p. 454 et *sq.*). Si elles n'enfreignent pas la règle du vraisemblable en tant que tel, ces incohérences narratives ne peuvent être subsumées que dans un récit de type fictif.

D'autres récits, en revanche, s'inscrivent de plain-pied dans la fictivité ; imaginaires, comme ce dialogue présenté comme réel entre le narrateur et son percepteur (I, II) ; métaphoriques, tel le récit qui, comme une métaphore filée, relate l'histoire de la Réforme protestante en Europe en mettant en scène les « gens à la besace », les Ḫarǧī, et « les gens du marché », les *sūqī*[24], (II, 20) ; grotesques, tel celui qui décrit l'expérience de Fāryāq secrétaire de *dīwān* (II, 12) ; allégoriques, comme le récit des rêves du Ḫarǧī suivi de leur interprétation (I, 15 et 16) ; dramatiques frisant l'absurde, comme le récit du passage aux douanes (IV, 3) ; et enfin, *maqāma* explicitement désignés comme tels. *Al-Sāq* trouve, par cette forme de fiction qui déploie des voix narratives distinctes prenant en charge divers genres littéraires, une première structure unifiante.

Mais l'analyse textuelle nous autorise à intégrer à la fiction l'ensemble des récits attribués à la « voix mixte », considérés jusqu'ici comme des digressions : considérations diverses parsemées de poèmes (sauf ceux attribués clairement à l'auteur), d'une part, listes de synonymes et de paronymes d'autre part. Les premiers s'inscrivent naturellement dans des récits pris en charge par les différentes voix. Il en va de même des digressions lexicales qui, contrairement à l'appréciation courante, ne constituent pas selon nous des intrusions auctoriales explicites. En effet, elles se déploient à partir d'un noyau ancré dans le récit fictif, et ce selon deux procédés complémentaires. Certaines – les plus courtes – partent d'un mot (souvent un adjectif) bien installé dans le récit, pour décliner sous forme d'expansion plus ou moins longue (de quelques mots à plusieurs lignes), tout ou partie du champ lexical (p. 98, 107, 280…)[25]. Quant aux longues listes exposées non pas d'affilée à la manière des dictionnaires anciens, mais sous forme de colonnes – procédé emprunté à Rabelais, selon Pérès, p. 252 –, elles sont, sauf exception (p. 259) régies par de courts énoncés qui les relient directement au discours du narrateur. Elles s'intègrent bel et

24 Mot à mot : les « tenants de la besace » (les Protestants emportant éternellement la Bible dans leur sac) et les « tenants du marché », les Catholiques qui tiennent à dominer les échanges symboliques de la foi.

25 D'ailleurs l'auteur attire dès le début (p. 80) l'attention du lecteur sur son procédé qui dépasse de loin la recherche de la synonymie.

bien dans le corps du récit, selon l'axe du désir[26] (on y reviendra) ou l'axe du cognitif (p. 325-350)[27]. Ainsi se trouve à son tour subsumée dans la fiction cette voix dite mixte, que nous n'avons distingué que par souci de clarté ; car, faute d'être rapportée à la voix de l'auteur, elle ne trouve sa cohérence, du moins théoriquement, qu'en s'intégrant à celle du narrateur principal.

3 La fiction autobiographique

Unifiée par son inscription générique au sein de la fiction romanesque, l'œuvre elle-même indique la place spécifique qu'elle y occupe par le statut textuel attribué au sujet et le rapport établi entre lui, d'une part, le narrateur principal et l'auteur, d'autre part. En effet, le sujet constitue en réalité une sorte d'actant – terme à comprendre dans le sens sémiotique –, figure qui se réfracte dans divers rôles ou acteurs et qui reflète si bien le narrateur principal et l'auteur du récit qu'il serait quasi-impossible de les distinguer.

Entre le personnage principal, Fāryāq, et les autres personnages narrateurs secondaires, se tisse un réseau évident de similitudes. Mari et femme, Fāryāq et Fāryāqiyya, sont les deux faces du même sujet. Si la femme prend au début du récit le visage de la femme orientale type, elle s'affirme peu à peu et finit par acquérir le statut d'un *alter ego* du mari, suggéré par son prénom même : Fāryāqiyya est le féminin de Fāryāq, construit selon le schème de la *nisba* courant à l'époque dans le dialectal du Mont Liban (le féminin simple serait : Fāryāqa). Désormais, elle ne sera plus la simple épouse orientale, mais la femme qui traite sur un pied d'égalité avec l'homme. À travers elle, le narrateur principal exprime non seulement la vision complexe que Fāryāq de la femme, faite de complicité et de conflit, mais également celle qu'il a de lui-même. Fāryāq, en effet, ne cesse de répéter qu'il tient aussi de la femme : « Comme si, dit-il, [...] j'avais vécu une partie de ma vie en femme [...] avant que Dieu ne me métamorphose (sous une forme dégradée, *masaḫa*) en homme » (p. 128). Ailleurs, il dit : « Comme j'aurais aimé que Dieu m'ait créé femme ou qu'il m'ait transformé en femme ! » (p. 501). Les nombreux dialogues entre les deux époux ne sont en réalité que le jeu des deux voix intérieures et polémiques de Fāryāq lui – même sur le rapport homme-femme. Aussi n'apparaît dans le discours

26 Comme le montre Katia Zakharia, à propos du chapitre qui suit la deuxième *maqāma* (notamment p. 292-319). Voir K. Zakharia, « Aḥmad Fāris al-Šidyāq, auteur de maqāmāt », *op. cit.*

27 Ce procédé revêt par ailleurs une autre signification, qui sera évoquée dans la dernière section de cette étude.

tenu sur la femme nul indice de la dépréciation, courant dans le discours arabe traditionnel. Mieux, la femme exprime ce qu'il pense lui-même des hommes. Comment s'étonner alors de la voir faire montre du même humour, employer le même style, révéler le même amour amusé du Qāmūs que son partenaire ? Elle en est, à n'en pas douter, l'autre face, l'*alter ego*. L'incohérence narrative signalée plus haut se trouve ainsi subsumée.

Le même phénomène est repérable entre Fāryāq et son confesseur, le Qissīs (*cf.* 1, 4-6). Ils se caractérisent par le même parcours : d'abord une profession libérale (copiste puis marchand ambulant et tenancier de *khân* pour le premier, tisserand puis boutiquier pour le second), puis une vie religieuse (apprenti missionnaire avec les Ḫarǧī pour l'un, moine pour l'autre) où ils passent du service d'un chef religieux, *ǧaṯlīq*, à un autre, avant de s'en séparer. Physiquement, les deux personnages sont peu gâtés par la nature (nez proéminent et courte taille, physique ingrat – comparer p. 150, d'une part, et 124, 1344 et 649, d'autre part) ; psychiquement, tous les deux sont portés sur les femmes ; intellectuellement, ils se montrent agnostiques et même libertaires l'un comme l'autre. Ils se trouvent, en outre, unis par un commun amour pour la langue arabe, dont ils manient avec une égale virtuosité le *bayān*, le lexique, voire la calligraphie (p. 154), comme ils nourrissent le même mépris pour le clergé chrétien de leur époque, coupable, à leurs yeux, de *rakāka*[28]. Le Qissīs apparaît donc à son tour comme un alter ego de Fāryāq.

Ainsi, tout donne à penser que le personnage de Fāryāq se diffracte dans les deux autres. Autrement dit : le récit tourne autour d'un seul sujet, formé de Fāryāq flanqué de ses deux *alter ego*, porteurs à eux trois d'une vision cohérente du monde. *Al-Sāq* pourrait ainsi se présenter comme la « biographie » d'un seul et même sujet, et ce grâce à un procédé narratologique inédit bien au-delà de la littérature du roman arabe. Ce fait est d'ailleurs confirmé par le narrateur principal lorsqu'il affirme que son ouvrage est « consacré » à la « biographie de Fāryāq » (p. 83, 474, 685) comme par l'auteur (dans la page de garde)[29]. Fiction unifiée par le parcours d'un sujet, *al-Sāq* accède par la profondeur de son analyse comme par le campement d'une forte subjectivité assumée au statut d'un vrai roman. Par ailleurs, la proximité entre le narrateur principal et son sujet est si grande qu'elle ne laisse aucun doute sur la nature de leur relation. Le premier

28 Tout à sa polémique, l'auteur minimise l'apport de certains dignitaires religieux chrétiens qui ont brillé dans la carrière littéraire, à l'époque, à commencer par Ǧirmānus Farḥāt souvent cité dans le récit, fondateur de la célèbre école d'Alep et rédacteur du premier manuel moderne de grammaire arabe, et Buṭrus Mubārak, fondateur du Collège 'Ayn Warqa où Šidyāq a fait ses études.

29 Ce qui relativise les deux autres objectifs cités dans *l'Avertissement au lecteur* et donne du poids à l'hypothèse de Pérès pour qui cet Avertissement est un ajout a posteriori de l'auteur destiné à contenter le mécène, *Cf.* H. Pérès, *op. cit.* p. 364.

fait du second le centre de son récit. Il focalise la plupart du temps sur lui et lui confie souvent la narration. Et c'est en toute logique que l'omniscience dont il use ne s'exerce pratiquement qu'à son endroit, alors que, pour parler des autres rôles et situations, il adopte plutôt une focalisation externe, révélant parfois ses sources ou rapportant des faits tangibles vérifiables. A cette grande proximité, s'ajoute une même vision du monde ainsi d'un usage similaire du style et le recours à la même rhétorique. A son tour, l'auteur multiplie les indices de sa proximité avec le sujet. Dans le titre, il use de l'effet de miroir entre son nom réel et celui de son sujet, qu'il forme d'un nom-valise comportant la première syllabe de son prénom (le *Fār* de *Fāris*) la deuxième de son patronyme (le *yāq* de *Šiddyāq*. Dans la page de garde comme dans les nombreux passages auctoriaux, il reprend à son propre compte les centres d'intérêts et les opinions du héros. En outre, de nombreux traits (caractère, physionomie, biographie, l'idéologie du héros) correspondent à ceux de l'auteur, attestés par le hors-texte. Il en est de même de l'auteur et du narrateur principal : intimement liés dans le récit, ils se confondent souvent, comme nous l'avons vu, dans ce récit « mixte » attribuable aussi bien à l'un qu'à l'autre. À défaut d'une identité formelle et explicitement reconnue entre auteur, narrateur et personnage principal, trait essentiel du genre autobiographique[30], le récit suggère si fortement, par son jeu narratif et énonciatif, une identité de fait entre ces trois instances que nous pouvons postuler qu'il s'agit bien là d'une fiction autobiographique ou d'une autofiction, telle qu'elle est définie par la narratologie moderne[31]. Ainsi, malgré la complexité de sa construction, *al-Sāq* s'organise autour d'une figure romanesque pleinement unifiée et parfaitement identifiée.

4 La fiction aux normes de l'*adab*

Cette autofiction se distingue, cependant, par un trait singulier : elle est investie par de nombreuses formes génériques. Nous proposons de la définir comme une autofiction d'*adab*, par référence au modèle plurigénérique régissant le genre *adab* dans la littérature arabe classique[32].

D'une part, le récit premier qui prend en charge la fiction se coule, malgré les apparences, dans un style moderne qui tranche avec celui des récits d'*adab* de l'*Iḥyā'*. Il suffit pour s'en convaincre de le comparer avec le style prédominant

30 Voir Philippe Lejeune, *Le pacte autobiographique*, Paris, Seuil, 1975.

31 *Cf.*, entre autres ouvrages, S. Doubrovsky et *alii* (sous la direction de), *Autofiction et Cie*, RITM ; n°. 6, 1992 ; V. Colonna, *L'Autofiction. Essai sur la fictionnalisation de soi en littérature*, Thèse inédite, dirigée par Gérard Genette, EHESS, 1989.

32 Pour une définition de cette notion d'*adab*, on peut consulter : H. Toelle et K. Zakharia, *op. cit.*, chapitres 7 et 8 ; se référer au chap. 1 de cet ouvrage.

à l'époque, et notamment celui de N. Yāziǧī. Par son immédiateté, sa simplicité et son aspect démotique accessible au lecteur moyen de l'époque, il en constitue plutôt un antimodèle caractérisé. C'est un récit parfaitement moderne, – pour l'époque bien entendu – malgré certains archaïsmes. Il se distingue à plus forte raison du style classique, tel qu'il apparait dans les recueils de *maqâmas* anciens ; il suffirait de procéder à une rapide comparaison entre le lexique des *maqamas* classiques et celui des quatre *maqamas* censées les imiter.

Cependant, par un jeu intertextuel multiforme, ce récit condense en lui-même d'autres formes (largement simplifiées) empruntées aux différents genres, occidentaux ou arabes, qu'il investit dans sa stratégie globale. À l'*adab* classique, il emprunte en plus de la *maqāma* d'autres genres comme la *riḥla* (I, 3-8 ; IV, 12 et 16-18), la critique philologique (II, 12), la controverse religieuse (*al-mumāḥakāt* avec le Ḫurǧī ou l'évêque surnommé Ḍūṭār, arabisation ironique de « docteur », I, 18), l'épître (lettres fictives ou réelles, II, 8), le *ḫabar* (rappelant al-Ǧāḥiẓ dans *ʾAḫbār al-nawqā wa-l-ḥamkā*, I, 3), la *fatwa* (p. 416-418), la doléance (p. 187 *sq.* et 709 *sq.*), etc. Il imbrique même à l'occasion plusieurs genres dans un même récit (à titre d'exemple, *maqāma* et *fatwa*, I, 13) et enfin la lexicographie omniprésente à tous les étages. À cela s'ajoutent des citations, parodies et pastiches des grandes formes : style coranique (p. 190, 186, 398), *sagʾ* préislamique sous sa forme sapientielle (à la façon d'al-Qiss b. Sāʿida al-Iyādī, p. 388) ou hermétique (*saǧʿ al-kuhhān*, 176-177), fable explicative comme dans *Kalīla wa Dimna*[33], historiographie (p. 189). Et partout la prose se mêle à la poésie sous ses différents modes, y compris le *muwaššaḥ* (p. 406-413). Il enrichit ce mélange d'autres modes empruntés à la culture populaire : *muwaššahs* qui se rapprochent du *zaǧal* (p. 409), séances de cancans entre femmes (p. 416), lettres écrites en dialectal (p. 709). Et le tout est agrémenté de termes et énoncés idiomatiques[34].

À la littérature occidentale, dont nombre d'auteurs sont cités, il emprunte quelques formes (récit allégorique et métaphorique, drame) et en pastiche d'autres (récit réaliste et romantique). Il en reprend également des thématiques : la maladie de Fāryāq et ses rapports avec le médecin (II, 10) rappellent les diatribes de Molière contre la médecine ; de nombreux commentaires sur la religion comme facteur de guerre (387-390) sont d'une telle veine voltairienne qu'ils frisent la citation non déclarée : « Si [la connaissance] de ce qui est

33 Voir ces passages généralement introduits par la phrase fatidique (p. 182, 399, 688) : كان َمثلُه مثَلَ ذلك.

34 Citons parmi les termes utilisés جَحشوس، شمَختَرِية، خُنفُشاري، زبون، حَنتوف، فشار وعَلك، متروش .... Et parmi les énoncés : انزل يا راجل، أوحشتنا آنستنا، الأقرع النحس، معلم الصبيان الهجا.

créé vous réunit, que celle du créateur ne vous divise pas ! »[35]. Plus éloquent, la structure d'ensemble qui convoque à la fois Laurence Sterne (1713-1768) et Rabelais (1494-1553). Du premier, il imite la composition générale de la *Vie et opinions de Tristam Shandy* : division de l'ouvrage en livres puis en chapitres de nombre égal, chapitres blancs (II, 15) ou réduits à une seule phrase (II, 6 et III, 16), passages entiers remplacés par un seul signe typographique (l'astérisque de Sterne devient ici le doigt pointé). Du second, il adopte l'humour féroce ou bouffon, l'ironie et le sens de la caricature, la digression suivie du leitmotiv « Retournons à Fāryāq ou aux adieux » (qui rappelle le *Revenons à nos moutons* de Rabelais), les longues énumérations disposées en colonnes ; sans oublier un plaidoyer pour les femmes qui fait penser au *Tiers livre* où « Rabelais avait pris part à la « querelle des femmes » qui avait passionné tout le XVe siècle » ; sans parler de ses mises en scènes qui rappellent les « Consultations ou épreuves de Panurge »[36]. Et retenons enfin que, des deux auteurs à la fois, il partage l'humanisme.

Ainsi, *al-Sāq* se présente comme un ouvrage polyphonique, grâce au choix de ses structures narratives et énonciatives, et « transgénérique » du fait de l'exubérance de ses formes. Œuvre symphonique par excellence[37], roman autobiographique d'*adab* : voilà le vrai exploit de l'auteur, qui anticipe sur l'évolution ultérieure du genre, y compris en Occident.

5 Al-Sāq, un Roman de formation ?

Deux traits majeurs semblent d'abord distinguer *al-Sāq* du roman de formation classique : l'âge du personnage et le rôle formateur dévolu à l'amour. Alors que le héros classique ne commence que vers l'âge de vingt ans ses quelques « années d'apprentissage, celui d'*al-Sāq* déploie sa formation depuis l'enfance jusqu'à la cinquantaine passée ; comme si son installation, jeune, dans un pays étranger lui valait une nouvelle naissance. De plus, son expérience de l'amour, loin d'être un élément déclencheur, ne s'actualise que dans le mariage, et encore par des voies détournées. Il faut, cependant, relativiser quelque peu ces différences. Si le récit traite d'abord de l'enfance et de l'adolescence de Fāryāq, c'est en revanche sa confrontation directe avec l'institution religieuse de sa communauté, puis sa conversion au protestantisme et sa fuite à l'étranger, longuement

35 Voir tout le paragraphe de la page 390.

36 *Cf.* H. Pérès, *op. cit.*, p. 252-255.

37 À propos de musique, notons la passion de l'auteur pour le *ṭanbūr*, dont il fait mention dès le début de l'ouvrage.

décrite au chapitre dix-huit[38], qui constitue l'évènement majeur, le point de rupture qui déclenche le processus de formation pris en charge par le reste de l'ouvrage. Et c'est à la lumière de cet événement que le héros relit les péripéties de son enfance et adolescence[39]. À ce moment, Fāryāq a, selon les biographes, entre seize et vingt ans. Quant à la question de l'amour, difficile à situer dans la chronologie, elle imprègne indirectement l'ensemble du récit. Son manque de lisibilité ne fait que rendre plus pertinent le déroulement d'une formation qui s'accorde parfaitement au contexte socio-culturel où évolue le héros.

C'est en cela que *al-Sāq* ne peut se lire seulement comme une chronique de voyage, ni seulement comme mémoires ou biographie, ni enfin comme une « tranche de vie » romanesque. Ce récit déploie, en effet, à partir d'une crise, sans doute précoce, le parcours d'un individu qui, à travers maintes épreuves, pérégrinations et expériences, intègre progressivement et à partir de son lieu propre les différentes sphères de l'existence humaine – intellectuelle, affective, métaphysique, sociale et esthétique. Il devient capable de se situer dans le monde, devenant un sujet pleinement individualisé. Chez lui, une vision spécifique de la vie s'affirme, une figure bien ciselée se dessine qui exprime le nouvel humanisme naissant de la pensée arabe. Et cette figure est d'autant plus intéressante qu'elle résume à elle seule et avant tous les autres les traits de la modernité à laquelle aspiraient les courants tumultueux de la Nahda. Peu importe, dès lors, que ce processus individuel n'arrive à son terme qu'à la cinquantaine du héros bien sonnantes. Gageons même que cette évolution spécifique soit un élément supplémentaire de véracité.

6 Fāryāq l'humaniste

À l'instar des humanistes de la Renaissance, Fāryāq vit son épreuve fondatrice au moment où il cherche à exercer sa raison, dans une société encore régie, à ses différents niveaux, par des absolus. Or, comme chez les humanistes, cette raison s'appuie en dernier recours sur l'approche « sensualiste » où l'individu aborde la réalité à partir de l'expérience de ses sens. Alors, prenant en bon rationaliste la mesure du risque couru – car « les sens induisent aussi en erreur

38 Ce chapitre a pour titre le vocable – ô combien significatif ! – *al-Naḥs* النحس, « le mauvais sort/la fatalité » ; c'est sous son signe que se déroulent aussi bien sa naissance que les grandes étapes de sa vie. Noter aussi, dans le chapitre suivant également marqué au niveau textuel par les deux thèmes de prédication : l'alternance de passages au ton fortement engagé et d'autres comportant des tournures auctoriales.

39 Entre autres indices, le narrateur consacre les quatre chapitres précédents à annoncer l'événement, en traitant de la question religieuse.

aussi bien le sage que l'écervelé » (p. 185) – Fāryāq affirme que « nos sens ne voient les objets que tels qu'ils sont »[40], et ce à l'encontre des « théologues » de tout acabit qui n'ont, pour chercher la vérité, que deux outils : « l'imagination et la conjecture » (*al-muḫayyala wa-l-qasm*, p. 203)[41].

Et c'est justement dans le domaine le plus névralgique, celui de la foi, lieu de tous les symboles de l'identification collective, que cet examen est mené. Simple péripétie au départ, la volonté de défendre contre la hiérarchie catholique une lecture individuelle et rationnelle de la Bible bouleverse la vie de l'auteur en le contraignant à l'exil. Mais son libre arbitre l'amènera progressivement, à mesure que s'affirme sa connaissance de la Bible (qu'il traduit) et de l'histoire de l'Église, notamment celle de la vie religieuse (sa première expérience à Malte)[42], à prendre ses distances vis-à-vis de toute interprétation institutionnelle de l'Écriture, qu'elle soit catholique ou protestante, et à opter pour un déisme qui ne retienne de la foi qu'une métaphysique susceptible de fonder une morale. Dans un récit métaphorique prégnant, il perçoit les dogmes du Ḫurǧī comme de simples rêves, et considère la traduction qu'il en fait comme une « interprétation » (III, 7-10) parmi d'autres ; et il lui semble que sa propre personne n'est qu'un « prêtre-devin de l'office de l'interprétation » (*kāhin al-muʿabbar*, p. 454). Il prend conscience que c'est justement dans le « conflit des interprétations » – pour reprendre un titre célèbre de Paul Ricœur – que les guerres trouvent leur origine (I, 20), et derrière leur manipulation que se cache l'égoïsme des clercs (I, 19). Il dénonce l'existence d'églises multiples, alors que « la quintessence, l'essence et l'objectif de la religion est la concorde, l'amour et l'entraide entre tous les hommes ainsi que la croyance en l'existence de Dieu » (p. 183)[43].

C'est également en humaniste et patriote à la fois qu'il scrute la nature humaine. Délaissant la problématique Orient/Occident obsessionnellement ressassée par les intellectuels de la Nahda, il prend de la hauteur pour observer la vie en société et la condition humaine partout où elle se manifeste, avec un

40 *Cf.* p. 197, et le passage sur l'écharpe, *al-mindīl*, p. 185 *sq*.

41 Faut-il interpréter dans ce sens le geste énigmatique qu'il accomplit en descendant de bateau à Alexandrie (182) : il trouve refuge et quiétude sur la terre ferme loin des hallucinations de la mer mouvante et insaisissable. En arabe :

ما كاد يطأ الأرض حتى تناول حصاة والتقمها وقال ها هي أمي.

42 *Cf.* Nadia al-Baghdadi, *op. cit.*

43 Intervenant au terme de sa formation, la conversion à l'Islam du référent du Faryāq semble découler d'une logique implacable. La vision que Šidyāq dressera de l'islam ultérieurement est construite en fait sur deux éléments : la morale individuelle et collective (y compris politique) ne peut se fonder que dans une métaphysique la plus rationnelle possible ; puis, de toutes les autres religion, l'islam est la religion la moins contraignante.

regard critique, parfois décontenancé mais infiniment tendre, dans le droit fil de la tradition des Lumières. Certes, il attaque violemment les défaillances des sociétés orientales, en réservant ses flèches les plus empoisonnées aux élites : princes frustes et sanguinaires, intellectuels cachant leur ignorance derrière le rideau de fumée d'un langage convenu (rimailleurs, philologues et autres maîtres sophistes), européanisés singeant le mode de vie occidental sans en posséder le savoir qui le fonde (414), clercs incultes représentés par ce Tutunǧī à qui il attribue métaphoriquement « *ʿilm al-ḥakāka fī-l-rakāka* » (p. 226 *sq.*). Il fustige aussi les traditions sociales : communautarisme qu'il appelle à dépasser en en donnant l'exemple le premier (c'est avec beaucoup d'objectivité qu'il traite des autres communautés, p. 96), soumission à l'étranger (les Égyptiens face aux Turcs et aux occidentaux installés dans leur pays, p. 216, 221 et 244), emprise des tabous et notamment ceux liés à la femme et à la religion (*ḥirmat al-ʿirḍ wa-ḥirmat al-dīn*, p. 105), la femme considérée simple objet de domination ou de désir (« une jument sellée prête à être montée », dit-il, p. 495) qu'il appelle à instruire, et enfin l'ignorance sous toutes ses formes qu'il recommande de combattre par la lecture et les voyages (p. 521). Cependant, il sait reconnaître à leur juste valeur les ressources des sociétés arabes : prodigalité de certains princes en faveur des beaux-arts ; solidarité, hospitalité et générosité des gens du peuple ; joie de vivre, naturel dans le comportement des femmes, simplicité dans les relations domestiques. Et c'est à cette même aune qu'il apprécie certains aspects de la société occidentale : raffinement des mœurs bien répandu chez les princes et les classes aisées, organisation rationnelle de la société, intérêt pour la culture et le savoir, liberté d'opinion et esprit critique. Mais il en condamne d'autres : la violence du pouvoir, la cupidité de l'élite, l'arrogance des savants[44], l'exploitation des besogneux, génératrice de misère pour tous et de prostitution pour les femmes[45], la xénophobie, l'avarice, la corruption, la soumission des hommes aux femmes (IV, 17) et le règne de l'hypocrisie.

Si l'Orient a des choses à apprendre de l'Occident, l'inverse est également vrai : « Les paysans de nos pays sont assurément plus heureux que ces gens [d'Occident] et même plus que ces commerçants, malgré leur grande richesse » (p. 596). Nulle part un modèle absolu, ni d'un côté ni de l'autre, comme le montrent les multiples tableaux comparatifs qu'il établit entre les différentes sociétés. Nulle hiérarchie entre les divers groupes humains[46]. À l'instar de Montesquieu, il sait qu'on est toujours le « Persan » d'un autre.

44 Qu'il oppose à l'attitude d'humilité des gens du savoir en Orient.

45 Voir le tableau impressionnant dressé en IV, 12, p. 591.

46 Voir les parallélismes entre Londres et Paris (IV, 18), l'Égypte et la Syrie, Orient et Occident (III, 3).

En fait, il a appris d'expérience que la condition humaine est la même sous tous les cieux. Soumis à la finitude et aux aléas de l'existence, l'homme est capable du meilleur comme du pire (III, 1). Aussi multiplie-t-il pour décrire cette condition universelle les termes génériques tels *al-marʾ*, l'homme, *ibn Ādam*, le fils d'Adam, *hāḏā al-ʿālam*, ce monde (p. 373, 385, 595…). Cet esprit universaliste se résume dans une affirmation : « L'homme sage et raisonnable ne voit dans tout homme que sa qualité d'homme, semblable à lui » (p. 210). Et la foi en l'universalité de l'homme appelle, en toute logique, la tolérance et la solidarité entre frères humains. Dans un chapitre aux accents pathétiques, alliant les tournures coraniques sapientielles aux images bibliques et à l'esprit évangélique (comme en témoigne déjà le titre[47]), il s'écrie, après avoir décrit les vicissitudes de la vie : « Soyez, humains, comme des frères sur cette terre, car vous descendez d'un même père et d'une même mère et vous êtes tous mortels » (p. 388) : puis de conclure : « Si vous vous êtes accordés sur les choses créées, ne vous disputez point sur le créateur ; il est le Dieu des orients et des occidents ; et il veut que l'oriental en voyage en Occident y considère les gens comme sa propre famille, comme sa propre parenté. Écoutez mes conseils ! ».

La formation humaniste ne s'accomplit, cependant, que dans l'amour entre homme et femme. Loin de s'inscrire, comme certains l'ont cru à cause de son style et de ses références à l'*adab*, dans la vision classique des traités d'érotologie, ce récit apporte bel et bien une nouvelle vision de l'amour, pour peu que l'on soulève le voile fait de « gauloiseries » et de faconde verbale sous lequel il cache son intimité. S'il ne parle que très rarement de son expérience amoureuse, celle-ci se devine sous le discours sur la femme qui couvre à peu près le quart de l'ouvrage[48]. Cette expérience est marquée d'abord par la fascination : dans tout pays visité, il s'agit de décrire d'abord les femmes ; aucun objet les concernant (habits, bijoux, montures…) ne passe inaperçu, et ce quel que soit leur âge, leur beauté, leur culture ou leur milieu social. Le monde féminin le fascine au point de s'écrier : « *innamā al-dunyā al-nisāʾ* » (« la vie ici-bas c'est la femme ») ; pour lui, la femme est « la circonférence et l'épicentre du cosmos »[49].

47 في إضرام آتون (IV, 1) qui évoque le verset évangélique : « Je suis venu apporter le feu [de l'amour] et non la paix. »

48 Trois chapitres et de nombreux passages dans les deux premiers livres ; un chapitre sur deux dans les deux derniers.

49 دائرة هذا الكون مركزه p. 326.

Si la sexualité, évoquée crûment dans de rares cas[50], ne se déclare qu'à travers des allusions et des termes ambivalents (voir le 3ème vers du poème, p. 404), elle est en revanche omniprésente par le désir qui imprègne tout le récit. Il suffit de relire le chapitre 4 du Livre II, qui suit la deuxième *maqāma* consacrée au mariage. Une première série de paronymes, courant sur dix pages consacrées aux traits physiques de la femme, est commandée par une séquence consacrée au désir de femme chez l'homme. Elle est complétée par une deuxième série de vingt-huit pages, formés de plusieurs sous-séries où sont présentées (à Faryāq) différentes sortes d'habitations, de lieux réels ou mythiques, de jeux, d'aliments et de boissons, et toutes sont toutes commandées invariablement par l'énoncé : « Il aurait crié : la femme ! où est la femme ? ». C'est, comme le note justement Katia Zakharia, le désir et non le lexique qui commande ces longues séries ; il s'étend même à tout le chapitre, puisque la jointure entre première et deuxième série se réalise grâce à la figure du « prophète Salomon » dont mille épouses suffisaient à peine à assouvir le désir. Ajoutons à cela que l'ouverture du chapitre évoque, de manière humoristique, le terme signifiant le rapport sexuel, *nikāḥ*, à travers les lettres introduisant certaines sourates coraniques (*nūn, kāf, ʿalif, ḥāʾ*). Le désir déborde de toutes parts tant et si bien qu'il remplit le chapitre suivant, demeuré « vide » – est-ce à dessein ? Ainsi, dans une société portée au puritanisme négateur du corps, l'humaniste tient, bien au contraire, à légitimer et le désir et le corps.

Fondé sur le désir, l'amour s'accomplit par la complicité affective et intellectuelle, quelle que soit l'éventail des péripéties heureuses ou malheureuses de la relation. Présente dans nombre de passages, cette complicité apparaît notamment dans les dialogues souvent savoureux entre Fāryāq et Fāryāqiyya qui émaillent le récit à partir du chapitre 7 du livre II. L'éventail des sentiments qui animent tour à tour l'homme et la femme est longuement analysé, de l'amour à la haine, et de la jalousie à l'indifférence. Les époux discutent des difficultés de la vie à deux. Ils débattent de la vision que les différentes sociétés ont de la culture, du mariage, de la condition de la femme ; ils évoquent le féminisme des Parisiennes, le « machisme » des hommes, le rapport mère-fille, en s'attardant sur le rapport des Arabes au sexe et même sur le Qāmūs. Bref, toute leur vision du monde y passe. A n'en pas douter, dans la fiction du moins, Fāryāq fait l'expérience d'un amour réel, à tous les niveaux, avec une femme

50 À peine une quinzaine d'occurrences dont voici quelques exemples :

وللأكياس وما جاء على وزنها ... (p. 106)؛ فاعل ... يرفع الساق (١٣٣)؛ لست بحلقي ولا بستيهي، ولاأكون أمام القوم فإنّ الثانيةأنحس (١٦٨)؛

أطلتُ الكلام هناعلى النساء مع أنّه ربما يوجد فيهّن قصار غير جديرات بالطويل منه (٣٢١).

pleinement formée. D'ailleurs, il laisse entendre que la (ou sa) femme est, de nature, pleinement formée, car « éloquente sans avoir appris l'éloquence », *mubīna dūna taʿallum al-bayān*. « Tu le sais, lui dit-il, sans qu'on te l'apprenne, et tu le comprends sans qu'on te l'enseigne, par un hasard des choses ou par révélation » (p. 583). Pour la première fois probablement dans l'histoire de la littérature arabe, la femme acquiert un tel statut. Au-delà des grands principes de la « libération de la femme », énoncés par les intellectuels de la Nahda, ce récit indique clairement que l'homme n'accède à la plénitude de la formation et donc de l'amour qu'avec une femme parfaitement personnalisée. Peu importe après cela que ce processus se réalise nécessairement – cohérence sociale oblige ! – dans le mariage.

7 Fāryāq l'artiste

Happé depuis sa tendre enfance par la lecture, l'écriture, la calligraphie et même la musique[51], Fāryāq subordonne toute sa vie, y compris dans l'exercice de ses fonctions « alimentaires », à la culture et à l'art. En effet, contrairement à ses contemporains, il vise moins le statut du lettré que celui de l'artiste : le style de vie qu'il mène à Paris, écrivain vagabond sans responsabilité de famille, semble avoir ses faveurs. À l'instar d'un Frederik Schlegel, il aurait, s'il en avait les moyens, opté pour « l'oisiveté consacrée à l'art »[52]. Ce n'est pas sans raison que son épouse considère que tout livre est un rival potentiel pour elle. En fait, pour Fāryāq, vivre c'est écrire et écrire c'est vivre. Il nous livre dans le présent ouvrage ls secret de cet art d'écrire : être une expression fidèle de soi, traduire un acte de désir, rechercher une forme inédite.

Œuvre de cœur et d'intelligence, l'écriture procède du plus intime, pour révéler l'univers intérieur du sujet. Libre dans sa démarche, elle ne craint pas d'affronter les pressions sociales et les réticences intérieures. Gratuite dans son intention, elle ne vise ni à obtenir un profit matériel, ni à conforter une morale, ni à annoncer une vérité, si ce n'est celle du « moi ». Elle rejoint l'universel dans chaque homme, d'aujourd'hui et de toujours. Expression du présent, elle reflète les problématiques qui travaillent le temps présent afin de mieux préparer l'avenir. Car loin de se confiner dans un plaisir individualiste, toute écriture est une œuvre de « salut public » et un acte de communication avec l'autre, non pour l'éduquer – mot d'ordre de la Nahḍa – mais pour instaurer avec lui, intelligence et sensibilité confondues, un dialogue ouvert. Toute

51 Voir le rôle important qu'il accorde au *ṭanbūr*.
52 *Cf.* « L'éloge de l'oisiveté » dans *Lucinde* de F. Schlegel.

vraie écriture trouve son origine dans l'humanisme[53]. Ces prises de position sont énoncées par petites touches dans le texte mais elles sont déjà suggérées dans le titre (mot à mot, « ce qu'est Fāryāq ») comme le poème introductif : « Je l'ai taillé mais à ma mesure », « que son péché retombe sur moi seul » ; « je n'y gagne même pas une croûte de pain », cependant, il représente pour moi un « cadeau… plus délicieux que le bon vin »).

Écrire, c'est aussi un acte de désir. Le récit établit continuellement une analogie entre l'écriture et l'amour, en tant que source de plaisir physique et de procréation. Le titre l'annonce déjà, en plaçant l'ouvrage sous le signe de « la jambe sur la jambe », expression récurrente chargée, malgré les dénégations de l'auteur[54], d'une connotation sexuelle évidente (voir les occurrences du terme *sāq*, p. 133, 397, 422 et 685). Dans le poème introductif, il use de la métaphore de l'accouchement pour désigner la « naissance » du livre, avant d'ajouter : « J'ai maintes fois transpiré de jouissance avant l'accouchement ». Ailleurs, le narrateur « croit qu'il y a de la jouissance dans l'acte d'écrire » (p. 356). Son rapport aux livres relève du rapport conjugal, puisqu'il évoque la « détestation », *farq*, et le « délaissement », *iʿtizāl* (p. 81) des époux. Il éprouve ce désir dans la pratique même de la langue comme dans la structure de son récit. La langue arabe, « notre noble langue », n'est-ce pas le « piège de la passion » (*širk li-l-hawā*, p. 126) ? Et ce piège n'enlace-t-il pas indéfiniment, pour ainsi dire, le thème de la femme ? Les listes lexicales évoquées plus haut peuvent, sous cet angle, être lues comme des expansions superflues au service du sens, mais elles fonctionnent plutôt comme un prétexte pour prolonger le plaisir de la langue, d'autant plus qu'elles avancent en parallèle avec ce retour lancinant du discours sur la femme. Le plaisir semble atteindre son summum, lorsqu'elles sont énoncées par la bouche d'une femme, Fāryāqiyya. Comme dans un rapport amoureux, écrire c'est assouvir un désir. Cela constitue, en outre, un signe supplémentaire de l'intégration effective de ces digressions dans la visée du texte.

Écrire, c'est enfin inventer une forme inédite. Inédite, nous l'avons déjà relevé, dans la synthèse plutôt réussie – malgré les lourdeurs attachées à toute œuvre de précurseur – de plusieurs genres et registres anciens et modernes,

---

53 C'est cela qui fonde son rejet inexorable des pratiques d'*adab* de son temps, représentées par la pédanterie hautaine et l'imitation servile d'un Yāziǧī visé probablement par le surnom méprisant de قيّعار فيعر qui réfère à la racine قعر (fond, bas-fond) qui donne naissance à l'expression تقعّر في اللغة, user d'un style abscond.

54 Dans une lettre à son frère inquiet de la réputation sulfureuse de l'ouvrage, il écrit :
« ليس هذا العنوان ممستنكر عند ذوي الأدب، فإن الساق في اللغة بمعنى الشدة. فهل ينكر قوله في القرآن «والتفت الساق بالساق» (سورة المائدة) ؟ وليس في كتابي قدح في الأديان كما خبرتكم سابقا (رعجع: الصلح 1980، حاشية ص٣٧، من ط2).

propres à la littérature occidentale et au patrimoine arabe, dans une forme romanesque née avec la modernité, à savoir le roman de formation. Inédite quant au style : moderne, malgré les apparences, dans le choix lexical comme dans les structures syntaxiques, mais hybride, mêlant littéraire et dialectal dans l'utilisation du lexique et des expressions idiomatiques (voir la note de la page 5). Hybride aussi, nous tenons à le souligner, dans l'enchaînement des propositions et des phrases en de longues périodes : malgré la ponctuation (réduite au seul point), phénomène unique pour l'époque, l'articulation entre propositions et surtout entre phrases n'est perceptible qu'à l'oreille et non point au regard, ce procédé étant propre au discours oral de la vie quotidienne[55]. Inédite aussi par quelques procédés techniques ingénieux dont les plus saillants seraient : les titres qui, tour à tour, éclairent et travestissent le sens ; les thèmes et métaphores qui courent à travers le texte en renforçant son unité, tels le cœur, *al-qalb*, la neige, *ṯalǧ*, la malchance, *naḥs*, l'écharpe, *mindīl*, et le tissage, *ḥyāka*, sans oublier les deux métaphores principales, *al-ḫurǧī* et *al-sūqī* ; ou encore cette façon de relier deux chapitres autonomes par une phrase qui débute à la fin d'un chapitre et se termine au début du suivant. Inédite enfin, de façon paradoxale, dans sa didactique originale de la langue, introduction vivante et drôle au plaisir du lexique : magistrale leçon de vrai *ḥiyāka*, administrée à ceux qui veulent réactualiser le lexique classique.

À n'en pas douter, tous ces traits réunis font d'*al-Sāq ʿalā al-sāq*, avant même l'éclosion de l'*Iḥyāʾ* et de l'*Iqtibās*, l'œuvre fondatrice de la modernité littéraire arabe.

* Ce chapitre a paru sous le titre « *Al-Sāq ʿalā al-sāq de Aḥmad Fāris al-Šidyāq : un roman à la Rabelais* », dans *Histoire de la littérature arabe moderne. Tome 1 : 1800-1945*, Arles, Actes sud / Sindbad, 2007, p. 231-259.

55 Rythme dont use aussi, quoique dans une moindre mesure, l'écriture classique alors qu'elle emploie plus d'outils pour organiser les niveaux syntaxiques (subordination, conjonction, coordination).

CHAPITRE 5

Le modèle poétique chez Ġibrān, entre *adab* et musique

Boutros Hallaq

1 La culture littéraire entre accumulation et rupture

Dans une étude récente, Jean-Marie Schaeffer note que « la culture littéraire occidentale post-antique évolue largement par *ruptures* – le nouveau remplaçant l'ancien. Tout le Moyen âge – et au-delà – a ainsi situé la tradition littéraire dans le cadre de la dichotomie entre le christianisme et l'antiquité, vécue comme une opposition entre deux systèmes de communication incommensurables »[1]. La littérature de la renaissance se pose à son tour en s'opposant aux conceptions médiévales. Depuis le romantisme, les ruptures ne cessent de se succéder jusqu'à nos jours, au point que la situation du texte par rapport à sa tradition historique devient, dans cette conception de la dynamique littéraire, « plus importante que l'interaction concrète entre l'auteur et le contexte situationnel ou existentiel dans lequel il crée » ; car « la différenciation générique de plus en plus marquée doit permettre à chaque auteur de déterminer *le lieu littéraire* que l'œuvre qu'il crée doit et peut occuper dans le système littéraire historique »[2]. D'où ce débat incessant sur la nature du genre, depuis la bataille d'Hernani et jusqu'à Butor (« la poésie romanesque ») et Roland Barthes (« le textualisme »), en passant par Mallarmé et le surréalisme. D'où aussi ce regain d'intérêt de la critique contemporaine pour la question générique qui se traduit par une pléthore de notions : *subversion, hétérogénéité, dérive, indétermination, dissolution, polyphonie, transgénérisme*, etc.

1 *Cf.* Jean-Marie Schaeffer, « Les genres littéraires d'hier à aujourd'hui », in Marc Dambre et Monique Gosselin-Noat, *L'éclatement de genres au XXe siècle*, Presses Sorbonne Nouvelle, 2001, p. 18-19.

2 Il est notable, cependant, que cette approche générique transgressive est beaucoup plus prononcée dans la littérature française, où la modernité s'est construite, à partir du romantisme, surtout par opposition au canon générique classique. Dans la tradition allemande, les frontières sont beaucoup plus floues entre classicisme et romantisme, comme en témoigne l'œuvre de Goethe.

 | DOI:10.1163/9789004705685_006

C'est dans une logique diamétralement opposée que la littérature arabe s'inscrit : elle a évolué par *accumulation*, comme les littératures japonaise et chinoise, selon le constat de Schaeffer, à savoir : le nouveau s'ajoutant à l'ancien sans le détruire. C'est ainsi que le canon poétique du classicisme préislamique – la prose littéraire étant encore largement minoritaire – ne cesse d'avoir cours jusqu'à la période moderne, intégrant au passage quelques variantes et thématiques nouvelles. Il en est de même des nouveaux genres forgés aux premiers siècles de l'hégire. La tradition prophétique introduite en force avec le coran, bien que déjà connue sous ses versions biblique et évangélique, réorganise l'imaginaire arabe à travers une nouvelle prose. L'introduction des fables, issues d'une tradition extrême-orientale, installe un autre genre. Il en est de même de la tradition humaniste d'un Ǧāḥiẓ ou d'un Tawḥīdī, de celle des *Aḫbār* (comme les *Aġānī*), des relations de voyages, des *iḫwāniyyāt* et, enfin, de la *maqāma* avec Ḥarīrī et Hamaḏānī au IVe siècle de l'hégire. Toutes ces traditions se constituent également en genres. Loin de s'en détourner, les poètes et écrivains postérieurs s'inscrivent dans cette « vaste géographie mentale ». En pratiquant tel ou tel genre considéré comme « une situation esthétique archétypale », ils y inscrivent leur expérience propre ; chacun de leurs textes (poème ou prose) procède d'une démarche singulière ayant pour but de réactiver un cadre générique établi.

La logique d'accumulation générique continue à prédominer au XIXe siècle, avec l'acculturation de deux genres nouveaux : le drame et le roman. Tant et si bien que la majeure partie des œuvres produites jusqu'au milieu du XXe siècle obéissent tout naturellement à une logique d'accumulation à un double niveau : de nouveaux genres s'ajoutant aux anciens, mais de nouvelles créations s'ajoutant au corpus de chacun des genres pratiqués. La pratique générique semble aller de soi dans la perspective ouverte par la *Nahḍa*. Seules quelques rares œuvres isolées, rebelles à cet encadrement générique, annoncent l'ère des ruptures ; elles constituent des signes avant-coureurs de la production gibranienne. C'est cette démarche qui nous autorise à parler d'approche générique stricte.

2 L'*adab* par diversification et mélange

Mais à y regarder de plus près, la réalité du patrimoine classique s'avère plus complexe. Tout en constatant la non-pertinence de la classification générique adoptée par la critique arabe traditionnelle (qui postule l'existence exclusive de deux genres, poésie et prose) et l'inadéquation de la typologie attribuée à Aristote (lyrique, dramatique et épique), la critique arabe moderne n'a pas encore réussi à leur substituer une grille générique plus pertinente. S'efforçant depuis un siècle de réfléchir sur la structure générique propre à la littérature arabe classique, les arabisants ont réussi, tout au plus, à mettre en valeur le concept d'*adab*. Celui-ci comprendrait, en plus des genres « nobles » indiqués plus haut, deux autres séries de pratiques littéraires. La première, que j'appellerai « littératures parallèles », comprend les traités de philosophie, d'éthique, de médecine, de logique, de bienséance ou encore d'érotisme, les ouvrages d'historiographie, de géographie et d'ethnographie, les traités de grammaire ou de rhétorique, parfois exposés sous forme de poèmes, et différents écrits de facture encyclopédique. L'autre série, dite de « littérature mineure » – négligée par la critique officielle car relevant de l'orature – réunit les grandes œuvres d'auteurs collectifs anonymes, comme les contes (comme *Les Mille et Une Nuits*), les grands cycles populaires (*Sīrat Baybars*…), les *dits* des sermonneurs, et d'autres encore. Mais cet ensemble, à la diversité d'apparence chaotique, obéit en fait à un principe que, dans un ouvrage récent et bien élaboré, Katia Zakharia définit ainsi : « Au risque d'un raccourci, il est possible de dire que l'*adab* inclut l'ensemble des éléments interconnectés qui forgent la représentation (originale et totalisante) que l'élite du monde arabo-musulman classique avait de l'art de bien-vivre »[3].

Peu satisfaisant du point de vue littéraire, ce concept ne fait que placer cet ensemble sous un autre éclairage, qui rappelle celui *d'humanités* en vigueur à la Renaissance. Il a, cependant, l'avantage de ne pas forcer la production littéraire arabe à entrer dans la grille générique appliquée à la littérature occidentale, en attendant des jours meilleurs. Il comporte aussi un autre avantage : faire ressortir les deux principaux traits qui caractérisent l'*adab* dans son volet prose (car le volet poétique est résolument générique), à savoir la diversification et le mélange.

Diversification, car tous les grands auteurs classiques ont pratiqué les différents genres d'*adab*. Il suffit de penser, au-delà de Ǧāḥiẓ, à al-Maʿarrī : poète de facture philosophique, il a produit des ouvrages de philologie, d'éthique, de critique littéraire ; il s'est même aventuré dans la fiction avec *Risālat al-ġufrān*, récit d'un voyage imaginaire dans l'Au-delà qui annonçait à plusieurs siècles de distance la *Divina Commedia* de Dante. Il en est de même d'Ibn Ṭufayl : tout philosophe qu'il fût, il a pratiqué les genres connus alors, et s'est signalé par un conte philosophique, *Ḥayy Ibn Yaqḏān*, qui fait signe, des siècles à l'avance, au chef-d'œuvre de Defoe, *Robinson Crusoé*.

3 *Cf.* Heidi Toelle et Katia Zakharia, *A la découverte de la littérature arabe*, Gallimard, 2003, p. 101.

Mélange aussi, car, contrairement à la pratique occidentale, dans la majeure partie de ces œuvres, s'entremêlent non seulement poésie et prose mais aussi des tonalités génériques distinctes qui, au fil des siècles, sont venues enrichir le fonds littéraire ancien faisant de chaque texte un ensemble génériquement éclaté. Là encore, qu'il nous suffise de rappeler, dans le registre de la littérature « noble », *Les Avares* de Ǧāḥiẓ ou les *Aġānī* d'al-Aṣfahānī, ou même les deux ouvrages clés de la Nahḍa, restés dans l'ombre jusqu'à ces derniers temps : *al-Sāq* de Šidyāq et *Hadīṯ ʿIsā Ibn Hišām* de Muwayliḥī[4]. Cet ensemble manifeste une structure transgénérique, tout comme les deux autres séries que nous avons dénommées « littératures parallèles » et « littérature mineure », et sont tout aussi transgénériques.

D'où la question qui s'impose tout naturellement au « gibraniste » : pourquoi ne pas voir dans cette démarche le modèle suivi par Ǧibrān ? On serait effectivement tenté d'indexer ce que nous appelons le transgénérisme gibranien à ce modèle tellement opérant qu'il a continué à fonctionner tout au long du XIXe siècle, au point d'emporter dans sa dynamique les deux ouvrages cités à l'instant.

3 Ġibrān, de l'*adab* à la littérature

Il est patent que ce riche patrimoine a constitué, à travers ses meilleurs représentants, une des sources d'inspiration à laquelle Ǧibrān ne cesse de se référer, au mépris des pâles imitations qu'en offre la littérature de l'Iḥyāʾ. On ne saurait minorer la marge de liberté qui le caractérise par rapport à la pratique générique de la plupart de ses contemporains. Cependant, on ne saurait prendre cet *adab* pour un modèle que Ǧibrān aurait suivi servilement, car son approche se caractérise par une vision et une visée, nettement inconciliables avec celles du patrimoine, tant dans la diversification que dans le mélange qui semblent les rapprocher.

Diversifiée, l'œuvre de Ǧibrān l'est au plus haut point. Que l'on considère la classification générique sous son aspect binaire adopté par la critique arabe classique (poésie/prose), ou ternaire traditionnellement attribuée à Aristote (épique/dramatique/ lyrique), son œuvre en couvre toute la palette. Connu surtout comme prosateur, il a toujours pratiqué la poésie. A côté de son poème largement commenté et chanté, « al-Mawākib », ses œuvres complètes contiennent quelque treize textes poétiques plus ou moins longs, obéissant parfaitement aux canons de la prosodie classique. Ils figurent à côté d'autres

4 On peut y ajouter peut-être les toutes premières productions dramatiques de la Nahḍa.

textes en prose dans un ouvrage publié sans l'autorisation de l'auteur sous le titre *al-Badāʾiʿ wa al-Tarāʾif*. Parmi ses inédits, on trouve également des textes poétiques[5]. A cela s'ajoutent de nombreux textes relevant de ce que la poétique arabe moderne appelle « poèmes libres » ou « poèmes en prose », comme le texte intitulé « al-Arḍ ».

Le drame, dans son acception classique, fut également pratiqué par Ǧibrān. A côté d'*Iram ḏāt al-ʿimād* qui reste la pièce la plus longue (seize pages des œuvres complètes), mentionnons : *al-Silbān* et *Ḥaffār al-qubūr* (respectivement 12 et 5 pages) ; quatre pièces courtes publiées dans la presse du Mahjar et reprises par Jean Dāya, *Mudāʿaba, Badʾ al-ṯawra, al-Wuǧūh al-mulawwana* et *Bayna al-layl wa al-ṣabāḥ* (respectivement 5, 3, 10 et 5 pages) ; et enfin *Malik al-bilād wa-rāʿī al-aġnām* (10 pages), ultime œuvre en arabe, parue à titre posthume[6]. D'autres sont encore inédits.

Le genre romanesque, dont relève la majeure production de Ǧibrān, apparait sous ses différentes formes. A côté du roman de formation (*ʾAǧniḥa*), la nouvelle s'inscrit dans deux grands ensembles génériques. Le premier ensemble relève des genres réaliste, romantique, philosophique, fantastique, merveilleux, symbolique, allégorique et autres ; tandis que Le second ensemble s'apparente plutôt – et avec quelques écarts – au récit arabe traditionnel : conte, parabole, vision apocalyptique, hymne ou *našīd*, *ḫuṭba* ou homélie, *riḥla*, épître, etc. Roman et nouvelles voisinent, enfin, avec d'autres textes relevant d'autres genres comme l'essai (*al-Mūsīqā, Mustaqbal al-luġa al-ʿarabiyya*...), l'aphorisme et le *Witz*.

Mais cette diversification n'obéit ni au même principe ni à la même visée que celle qui prévaut dans la tradition de l'*adab*. Car, dans celui-ci, la diversification s'inscrit dans une logique d'encyclopédisme avant le terme, puisqu'elle vise à fournir au lecteur un corpus de connaissances indispensable à la vie en société et utile pour le salut de l'âme. Par ce biais, elle se rapproche de la notion d'*humanités*, comprise comme associant à la fois savoir profane et savoir religieux. Chez Ǧibrān, en revanche, la diversification ne vise pas à multiplier les champs de savoir à acquérir, – Buṭros al-Bustānī avait déjà mis à la disposition du tout – venant son encyclopédie *Dāʾirat al-maʿārif* – mais à investir les diverses formes littéraires dans le déploiement d'une seule thématique, reprise sous ses différents angles possibles. Par quelque bout que l'on prenne l'œuvre gibranienne,

5 Dans son ouvrage en deux grands volumes, *ʿĀlam Ǧibrān al-fikrī* (Beyrouth, 1983 et 1984), Wahīb Kayrūz fait état de nombreux manuscrits encore inédits, dont il cite quelques passages.

6 Dans la revue *al-Samīr*, en 1935 (*Cf.* Yūsuf ʿAbd al-aḥad, *Ǧibrān fī āṯār albāḥiṯīn*, 1981, p. 159-168).

on constate en effet qu'elle traite éternellement du même sujet : le devenir de l'homme. Il s'agit de refonder l'homme, et avec lui la société, l'univers et le cosmos, dans sa dignité première, dans le statut ontologique inaltérable qui est le sien depuis toujours ; à savoir un être d'absolu, momentanément séparé de ses attaches célestes et obligé de vivre dans le « monde du partage », selon l'expression de Novalis, tout en restant tendu vers la plénitude qui le constitue en tant que tel. Si Ǧibrān s'en prend à l'ordre de la loi terrestre – ou, selon ses termes, à la *šarīʿa* – imposée par des religions dévoyées, des structures sociales et politiques déshumanisantes et des traditions mortifères (autant de thèmes qui font l'objet de ses différents écrits), c'est bien pour retrouver la source première, le foyer primordial du jaillissement vital de l'amour.

Ce thème unique de la littérature gibranienne forme le lit où viennent converger tous les ruisseaux et les petits cours d'eau que sont les différents textes, quelle que soient leur forme générique. Cela apparaît si évident à Daniel Larangé qu'il perçoit toute la production gibranienne sous la forme d'un seul genre, la « fable mystique », dans le sens où l'entend Michel de Certeau lorsqu'il dit : « L'écriture que je dédie aux discours mystiques de (ou sur) la présence (de dieu) a pour statut de ne pas être. Elle se produit à partir de ce deuil, mais un deuil inaccepté, devenu la maladie d'être séparé, analogue peut-être au mal qui constituait déjà au XVIe siècle un secret ressort de la pensée, la *Melancholia*. Un « manquant » fait écrire. Pour lui, cette écriture propre aux mystiques des XVIe et XVIIe siècles et aux hérésiaques est en relation avec, entre autres, « la fable qui renvoie simultanément à l'oralité et à la fiction »[7]. Cette notion de « fable mystique » a l'avantage d'éclairer tant la visée de l'écriture gibranienne (la dimension ontologique) que son soubassement psychique (la *Melancholia*, terme qui correspond parfaitement à *kaʾāba*) ou encore ses techniques d'écriture, conjoignant les modes de l'orature à la fictivité. Mais sans aller jusqu'à adopter ce point de vue de Larangé, on conviendra que cette position a le mérite de rendre compte de l'unité thématique foncière de l'œuvre.

Quant au mélange, toujours de règle dans chaque œuvre gibranienne, avec plus ou moins d'ampleur, il déborde, lui aussi, la tradition de l'*adab*. Le trait principal qui caractérise la synthèse de formes à l'œuvre dans la pratique gibranienne se définit par le fait qu'il recourt aussi bien, sinon plus, aux formes de la littérature « populaire » (qui rejoint les deux séries de « littératures parallèles » et « littérature mineure ») qu'à la littérature dite « noble » du patrimoine, auxquelles il ajoute des formes provenant d'autres sources. De la littérature « noble », il s'approprie essentiellement la poésie classique et ses différents sous-genres, avec une prédilection pour ces textes exprimant une expérience

7 *Cf.* Daniel S. Larangé, *Poétique de la fable chez Khalil Gibran*, L'Harmatan, 2005, p. 63.

vitale forte (tels certains *muwaššaḥ* ou l'œuvre d'un Ibn Zurayq), ou reflétant une position déviante par rapport à l'orthodoxie dominante, comme la poésie mystique ou la poésie philosophique d'un Maʿarrī ; il en intègre aussi la prose, avec ses procédés poétiques, tout en accentuant le mélange des genres déjà palpable dans la littérature humaniste et les *Aḫbār*, sans pourtant en adopter la rhétorique savante. Il recourt encore plus à cette littérature moins noble constituée pêle-mêle d'œuvres historiographiques, relations de voyages, dits des sermonneurs et, bien sûr, contes, fables et *siyar*, tous contaminés par le niveau oral. A cela, il ajoute toute la tradition orale vivante de son milieu, aussi bien profane que religieuse. Il a une prédilection particulière pour l'écriture biblique qui, jouant sur les différents registres, se révèle à lui à travers les textes liturgiques : ils passent sans cesse de la poésie au récit et conjoignent les registres de l'écrit et de l'oral. Il reste tout aussi sensible à l'expérience coranique qui procède du même esprit de mélange.

Mais, si Ǧibrān déborde, et de loin, le mélange « classique », tel qu'il apparaît dans le modèle le plus accompli, le modèle ǧāḥiẓien, en lui administrant une greffe orale et biblique, il s'en écarte aussi de façon substantielle, par la visée. En effet, Ǧibrān hérite aussi de la modernité littéraire occidentale qui fait d'un destin individuel le centre de toute œuvre. Il adopte la notion de roman, enracinée dans une philosophie fondée sur l'individu, tout en assumant un engagement social et politique. Il s'enrichit de la veine romantique prophétique, de Coleridge à Nieztsche, qui cherche à refonder l'individu dans une ontologie autre. Il y intègre aussi le transcendantalisme américain, notamment celui de Whitman, avec son penchant pour l'ésotérisme d'inspiration extrême-orientale. Ainsi, le mélange qui embrasse des formes nouvelles s'organise en réalité autour d'une idée neuve, inconnue du patrimoine.

En fait, l'écart introduit par Ǧibrān procède d'une alchimie libertaire des genres tant endogènes qu'exogènes, tant nobles que populaires. Toute écriture est mobilisée autour d'une visée unique : le destin de l'individu. Autant de facteurs qui transcendent, et de loin, la dynamique de l'*adab*. Ce n'est donc point un hasard s'il a construit sa propre vision de la littérature en opposition complète avec la version de cet *adab* en cours tout au long du XIXᵉ siècle, toujours perçue par lui de manière péjorative[8]. Par conséquent, si les sources d'inspiration sont diverses, le modèle de composition est à chercher dans un registre qui les transcende toutes. Nous posons, pour notre part, l'hypothèse que ce modèle est à chercher dans la musique bien plus que dans la littérature.

8 Il va de soi que dans la bouche de Ǧibrān le terme *adab* renvoie à la production de ses prédécesseurs immédiats et ne recouvre nullement le sens classique du même terme.

4 Le modèle musical

L'intérêt de Ğibrān pour la musique ne s'est jamais démenti tout au long de sa vie. Son rôle semble encore plus déterminant que celui de la peinture, à laquelle il a pourtant consacré le plus clair de son temps, et qui imprègne sa façon d'écrire au point que ses passages descriptifs se présentent souvent comme des tableaux animés dont la composition rappelle celle de ses aquarelles et fusains[9]. En effet, la musique offre un cadre général et une structure dynamique dans lesquels les différents modèles supposés peuvent s'inscrire aisément.

Il est significatif, en effet, que Ğibrān ait inauguré et conclu son œuvre littéraire en arabe par des textes dédiés à la musique. La primeur de ses œuvres, publiée en 1905 à New York, alors qu'il n'a que vingt-deux ans, s'intitule *Nubḏa fī fann al-mūsīqā* (*Réflexion sur la musique*). Ce petit fascicule d'une quinzaine de pages se veut moins une analyse – elle serait fort sommaire – qu'un hymne à cet art dont il chante le mystère. De même, son ultime œuvre en arabe, parue en 1918, son poème « *al-Mawākib* » (*Les Cortèges*), popularisé par la voix de Fayrouz, baigne dans la musique. L'ouverture de ce poème métaphysique est une invite directe et pressante au chant sur le rythme du *naï*, instrument populaire que Ğibrān affectionne particulièrement ("أعطني الناي وغنّ" – « donne-moi le *naï* et chante »). Les différents thèmes qu'il déploie se recoupent continuellement avec celui de la musique, « inhérent au mystère de l'être » : "فالغنا سرّ الوجود". De l'un à l'autre de ces morceaux littéraires qui bornent son œuvre arabe, les références à la musique ne cessent de saturer son écriture sous le mode métaphorique, mais parfois aussi de façon explicite. Musique et poésie se trouvent constamment entremêlées, entrelacées, mises en perspective l'une par rapport à l'autre, au point que, pour parler de l'une, il a recours au champ lexical propre à l'autre. Mélodie (*naġama*), sonorité (*ranna*), accent (*nabira*), tonique (*qarār*) etc. sont continuellement déportés d'un champ à l'autre. Ce phénomène est repérable jusque dans ses écrits de facture réflexive, tel son célèbre manifeste[10].

---

9 *Cf.* Daniel S. Larangé, *Poétique de la fable chez Khalil Gibran*, Paris, L'Harmattan, 2005 ; Adonis et *alii, Khalil Gibran, artiste et visionnaire,* Paris, IMA-Flammarion, 1989, p. 140 *sq.*

10 Curieusement absent de ses *Œuvres complètes*, ce texte intitulé لكم لغتكم ولي لغتي (dans l'ouvrage de G. Masʿūd, "جبران حيا وميتا", 1966 – la première édition étant de 1932), Ğibrān y déclare emphatiquement :

لكم لغتكم ولي لغتي. لكم منها قواعدها الحاتمة وقوانينها اليابسة المحدودة، ولي منها نغمة أحول بها رناتها وقرارتها إلى ما تثبته رنة في الفكر ونبرة في العمل وقرارا في الحاسة (ص ٢٣١).

Cette approche est d'autant plus notable qu'elle n'a aucun équivalent chez les auteurs arabes, tant modernes qu'anciens. Dans les temps modernes, en effet, il est le premier et, jusqu'à plus ample informé, le seul littérateur à consacrer un ouvrage à la musique et l'un des rares à réfléchir sur les rapports mutuels entre ces deux arts aux codes si différents. Il en est de même de la période classique et postclassique, bien que nombre d'auteurs aient traité de la poésie chantée, à commencer par al-Asfahānī (mort à la fin du xe siècle) dans son *Kitāb al-aġānī*, ou encore al-Fārābī, philosophe reconnu et musicien chevronné.

Il convient donc, avant d'analyser la façon dont la musique informe la « poésie » de Ǧibrān, d'analyser les analogies que celui-ci décèle entre les deux arts.

5 Musique et poésie, *Nubḏa fī fann al-mūsīqā*

Le soubassement philosophique qui fonde la vision gibranienne dans ce texte sans prétention scientifique[11] est résolument platonicienne. Il postule l'existence de deux mondes distincts : celui de l'Ame universelle et celui de la réalité, ou, pour utiliser la terminologie platonicienne, celui des Idées et celui des apparences. Ce partage est signifié d'emblée : « une force [...] sépara mon être de moi-même. Mon âme s'envola alors, flottant dans un espace infini et illimité. L'existence lui parut comme un rêve et le corps comme une prison exiguë. » Les termes désignant le monde visible, *rêve* et *prison*, renvoient directement aux *ombres* et à la *caverne ténébreuse* du *Mythe de la caverne*. Cette œuvre intègre, en outre, un élément important de l'allégorie avicennienne bien connue, elle-même d'inspiration platonicienne. Elle symbolise l'âme par une colombe venue s'engluer dans le corps humain dont elle ne s'affranchira qu'au moment de la mort pour rejoindre son lieu d'origine. Récurrent chez Ǧibrān, l'oiseau (*ṭāʾir*), avec tout le champ lexical afférent (s'envoler, tomber, roucouler...), ne prend, en effet, sa valeur que dans sa référence à *al-warqāʾ*

11 Le jeune homme de vingt-deux ans qu'il est au moment où il rédige ce texte vit sur la mince culture philosophique acquise au collège de la Sagesse de Beyrouth. Les bribes de philosophie grecque lui parvinrent à travers une initiation à ce que l'on savait à l'époque de la philosophie arabo-musulmane d'al-Fārābī et d'Ibn Sīnā, faite d'éléments platoniciens passés par la grille aristotélicienne et accommodés au contexte religieux et culturel de la pensée arabe classique. Relevons que, s'agissant du langage, il tend à confondre différents codes (musique, peinture, sculpture et langage humain articulé) et manifestations langagières (langage brut de la nature, langage inarticulé de l'animal, langage complexe de l'homme). Seule nous intéresse ici la nature du rapport établi entre poésie et musique.

d'Avicenne[12], symbole repris et développé par la mystique musulmane (notamment Ibn ʿArabī[13]), mais présent également dans d'autres cultures, l'égyptienne par exemple[14].

La référence platonicienne est confortée par d'autres notions et images : pour désigner la matière dans son acception philosophique, Ǧibrān évite le terme *mādda*, courant à son époque mais chargé de connotation marxiste ; il emploie plutôt celui de *hayūla* d'usage dans la littérature philosophique de l'âge classique (« Quittant sa forme faite de *hayūla*, l'âme flotte dans la mer de l'éternité ») ; pour exprimer la connaissance approximative à laquelle nous pouvons prétendre ici-bas, il a recours à l'image des « ombres » reflétées par « un miroir » (« tel un miroir, l'âme dressée dans le monde des contingences [nous] renvoie les formes des fantômes et des mélodies [célestes] »[15]).

Dans le monde dualiste ainsi conçu, la musique remplit une double fonction, de médiation et de régénération. En médiatrice, elle met à la disposition de l'homme ce « langage secret créé par la sagesse de toute éternité, avant qu'aucun homme ne fût », comme le fit le roi psalmiste David dont le chant agit « comme un messager envoyé par les dieux aux esprits humains ». En médiatrice aussi, franchissant le chemin en sens inverse, elle remonte des hommes vers Dieu. Aussi, « ses psaumes s'élevèrent-ils comme intermédiaires entre lui [David] et Dieu ». Le médiateur entre le divin et l'humain étant forcément d'essence divine, les civilisations anciennes ont tout naturellement accordé à cette musique médiatrice un statut divin, comme en témoigne la figure d'Apollon, dieu de la Musique chez les Grecs.

Parce que médiatrice, la musique est aussi régénératrice. « Semblable au soleil », indispensable à toute forme de vie, elle agit sur trois modes. Grâce

---

12 *Cf.* Ibn Sīnā dont le poème intitulé النفس, « l'âme », est introduit par ce vers :

هبطت إليك من المكان الأرفع / ورقاء ذات تمنع وترفع.

13 Dans la mystique musulmane, le symbolisme lié à *warqāʾ* (et plus largement aux quatre oiseaux الطيور الأربعة que sont العنقاء الورقاء ، الغراب ،), a été bien développé par Ibn ʿArabī, dans son épître الاتحاد الكوني في حضرة ا لإشهاد العيني La *warqāʾ* est, pour lui, l'âme de l'univers, l'esprit soufflé par dieu dans la matière, la première chose créée par l'intellect premier. Ibn ʿArabī en donne la définition suivante :

الورقاء : النفس الكلية وهو اللوح المحفوظ / النفس التي بين الطبيعة والعقل.

Pour plus d'informations, se reporter à S. al-Hakīm, المعجم الصوفي 1981 (p. 127-128 et 741-742).

14 Chez les Égyptiens, l'ibis à aigrette représente le principe immortel (*Akh*), de nature céleste, à la fois brillant et puissant, qui semble commun aux hommes et aux dieux (Cf. chevalier et Gheerbrant, *Dictionnaire des symboles*, entrée « Âme »).

15 *Cf.* Ǧibrān, *Œ. C.*, p. 34.

à la remémoration, comprise dans son acception platonicienne, elle amène l'homme à prendre conscience de ce qui gît au fond de lui-même de tout temps : « De ses doigts mystérieux, [elle] réactive la mémoire » ; ses mélodies « réveillent les sentiments emmagasinés dans les cœurs et réanimés par le souvenir ». En dynamisant ses potentialités, elle permet à l'homme d'atteindre sa plénitude : chez le guerrier, elle insuffle « une force indescriptible, un enthousiasme propre à remporter la victoire, [malgré] la faiblesse [du] corps » et chez les nouveaux mariés « elle réveille la vie assoupie, lors de la nuit de noces, pour qu'elle prolifère et couvre la face de la terre ». Elle agit, enfin, sur un mode thaumaturgique, en ressuscitant les morts au dernier jour : « Il est écrit dans les Livres que les anges du ciel reviendront à la fin des temps soufflant dans les cors ; alors, les âmes se réveilleront et revêtiront leurs corps ». Notons que « enthousiasme », « réveil » et « résurrection » indiquent, par la convocation faite d'un état originel, que les deux derniers modes (de dynamisation et de thaumaturgie) s'enracinent dans le premier, la remémoration. La musique rétablit la vie dans sa plénitude première.

Or, il se trouve que la double fonction (de médiation et de régénération) reconnue à la musique est celle même assignée à la poésie. Le poète y est décrit comme un messager « qui transmet ce que dit la Raison universelle à la raison individuelle », comme « la vie de cette vie »[16].

Platon limite l'action de la musique à des fonctions pratiques. Rejetant sa forme plaintive telle qu'elle s'exprime dans le thrène (celui de Patrocle par Achille, dans *L'Iliade*), il ne retient que la musique susceptible d'insuffler le courage, au « gardien de la cité » par exemple, ou d'adoucir les mœurs du sportif. Il en va tout autrement pour Ǧibrān, qui lui assigne un statut ontologique, déjà à l'œuvre d'ailleurs dans les deux fonctions relevées plus haut. Pour lui, elle a partie liée avec le dévoilement, la vision : elle « dévoile des secrets étranges » plus formidables que ceux « contenus dans les livres des anciens » ; elle permet à l'homme de « voir avec son ouïe » ; elle introduit à « la sagesse divine ». Outil privilégié de la connaissance prise dans son acception sémitique, savoir et sentiment à la fois, elle a son siège dans le « cœur » : n'est-elle pas « le discours du cœur », la faculté de communiquer « au cœur de l'un ce que renferme celui de l'autre », le « langage des âmes » ? Or, savoir et connaissance se manifestent par l'amour-*agapè*, dont le cœur est le foyer. Aussi, la musique se trouve-t-elle intimement associée à *maḥabba*, terme arabe désignant, tout au long de cet essai, l'amour-*agapè*. La phrase inaugurale en donne le ton : « j'ai pris place auprès de celle que mon cœur aime [...]. C'est la musique, bonnes gens, que j'ai entendue

16 *Ibid.*

lorsque ma bien-aimée gémissait [… et] parlait. » La suite du texte ne fait que développer le lien entre les deux isotopies, musicale (mélodie, ton, voix, gémissement, mode) et amoureuse (*maḥabba, ḥubb, habīb, ʿātifa, mašāʿir…*). La musique ayant partie liée avec le divin, l'essai prend vers la fin la tournure d'un cantique ; il se termine par une invite à la louange, dans la plus pure tradition liturgique : « Honorez, habitants de la terre, ses prêtres et prêtresses ; priez et saluez, nations, Orphée, David et Dāwūd al-Muṣallī ; chante, Syrie, le nom de Ḥalabī ; glorifie, cosmos, […] ceux qui ont appris à l'homme à voir avec son ouïe et écouter avec son cœur. Amen. »

Ce statut ontologique reconnu à la musique rappelle celui assigné au poète. Ainsi, tant par leurs fonctions que par leur statut, musique et poésie manifestent une forte analogie.

Cependant, l'analogie de fonction et de statut n'induit pas la similitude, ni même l'égalité. Ǧibrān établit, en effet, une nette hiérarchie entre ces deux modes d'expression, au profit de la musique. Celle-ci est perçue comme englobante, immédiate et universelle, alors que la poésie est, englobée, passe par une médiation et est assujettie à des limites. Sans juger de la pertinence de cette conception, attachons-nous à en expliciter la logique.

Rapport englobant/englobé d'abord. La musique, pour Ǧibrān, est rarement instrumentale ; elle est évoquée surtout sous sa forme vocale, l'acte de parole et l'onomatopée (le gémissement par exemple) ou le chant vocalique. Cette fusion se manifeste dans la figure d'Orphée, à laquelle l'auteur fait la part belle dans son argumentation. Or, si Orphée invente la cithare et améliore la lyre à sept cordes, reçue d'Apollon en en portant le nombre à neuf, ses performances techniques ne la conduisent pourtant pas à se passer de la poésie. Au contraire, c'est en alliant musique et poésie que son chant charme les dieux et les mortels, apprivoise les fauves et parvient à émouvoir les objets inanimés et à triompher finalement face aux sirènes[17]. Ainsi la musique se trouve-t-elle essentiellement liée au chant : chant religieux (cantique ou psalmodie), chants populaires pratiqués lors des fêtes et des deuils (comme le *ʿatābā*), chant intimiste des amoureux, berceuses, hymnes, poésie déclamée, etc. La musique englobe la parole poétique pour en amplifier la portée. « Jamais l'enfant ne s'endormirait si sa mère se contentait de lui parler, fût-ce avec le style de Cicéron ou la poésie d'Ibn al-Fāriḍ, poète fort apprécié de Ǧibrān par ailleurs[18]. La magie de la mélodie vocale de la bien-aimée est bien plus évocatrice que le contenu sémantique des paroles prononcées : « Une admirable magie se mêle à la voix

17 *Cf.* L'entrée « Orphée », in E.U.

18 Ǧibrān, *Œ. C.*, p. 565 : كان ابن الفارض شاعرا ربانيا.

de ma bien-aimée pour soulever mes sentiments, alors que je suis distrait de ce qu'elle dit par cette force qui rend aussi ma propre parole superflue. » Le charme au sens étymologique du terme réside dans les vibrations de la voix. Il arrive même que la parole articulée vienne « parasiter » la mélodie.

La supériorité de la musique se manifeste aussi par son mode propre, marqué par l'immédiateté tant de la réception que de la production. Aucun recours à un référent extérieur n'est requis pour accéder à sa substance, la donnée sonore. L'expression musicale jaillit naturellement, d'un jet spontané. L'expression poétique, pour sa part, requiert un effort de médiation qui la conduit parfois au blocage, voire à l'aphasie. Aussi arrive-t-il à l'homme de « dialoguer avec la nature », alors même qu'il a « la langue nouée ». En écrivant son texte, l'auteur fait même l'expérience de l'impuissance, de l'aphasie : même lorsque la parole arrive à s'articuler, elle ne parachève jamais son programme : « Et maintenant que j'ai écrit ces pages, dit-il à la fin de son essai, je me vois tel un enfant chantant le premier mot d'un long hymne… »[19].

L'universalisme constitue le troisième trait de la précellence de la musique. Langage universel, la musique est le mode d'expression et de communication pour toute créature dans la nature et le cosmos. Par son intermédiaire, animaux et éléments naturels, ruisseaux et plantes, étoiles et espace communiquent tant entre eux qu'avec l'homme. Ne furent-ils pas captivés par le chant d'Orphée. La musique permet également aux hommes de communiquer entre eux, au-delà de la diversité des langues (elle est « la langue de toutes les nations »), des cultures et des catégories sociales (« les sauvages des déserts s'expriment [par son intermédiaire], elle qui fait vaciller de bonheur les rois dans leurs palais »), et abstraction faite des différences d'âge ou des états d'âme. Elle est vraiment la voix de l'âme pour toute créature, humains et non-humains confondus. Grâce à son caractère universel, elle apparaît comme éternelle : « Tes sœurs les autres arts, ô Euterpe, tantôt dansèrent sur la scène des générations passées, et tantôt furent emportées par l'oubli. Te moquant d'elles, tu n'as jamais disparu de la scène de l'âme, fût-ce un seul jour. Comme si tu étais l'écho du premier baiser imprimé par Adam sur les lèvres d'Eve, écho se répercutant à l'infini ; baiser qui se transmet, se réincarne, enveloppe toute créature pour l'animer. »

19 Tant d'efforts pour prononcer un seul mot signifiant : cette attitude semble constante chez Ǧibrān. Une vingtaine d'années plus tard, alors qu'il avait déjà achevé son œuvre arabe et entamé l'essentiel de son œuvre en anglais, il déclarait dans une lettre à May Ziyāda, à propos du *Prophète* : « Le prophète est la première lettre d'un mot » (*Cf.* Ḥaffār al-Kuzbarī et Bašrūʾī, al-Šuʿlā al-zarqā', Beyrouth, 1979, p. 153.

Quelle que soit la validité de l'argumentation développée, le statut privilégié que Ǧibrān accorde à la musique l'érige en modèle de la poésie, à laquelle elle est indissociablement liée.

6 Manifestation du modèle musical

Cette approche n'est certes pas inédite en tant que telle ; elle s'inscrit plutôt dans un courant qui a traversé tout le romantisme européen depuis le XVIIIe siècle. Contrairement au classicisme qui cherchait son modèle dans la peinture, conformément au dogme horatien de l'*Ut pictura poesis*, le romantisme s'est tourné vers la musique dès le *Laokoon* de Lessing (1766). Membre éminent de l'école d'Iéna, Novalis voit dans la littéraire l'œuvre « intransitive » par excellence, celle qui ne renvoie qu'à elle-même : « La pure anecdote poétique, dit-il, se rapporte directement à elle-même, n'a d'intérêt que par elle-même » ; ou encore : « Le roman [...] ne vise aucun but ; il ne dépend de rien que de lui-même, absolument »[20]. Si elle est semblable aux « formules mathématiques [qui] constituent un monde en soi, ne jouent qu'entre elles, n'expriment rien sinon leur merveilleuse nature »[21], c'est qu'elle s'identifie en premier lieu à la musique. « Des récits décousus, incohérents », dit-il dans un fragment célèbre, « avec pourtant des associations, tels les rêves. Des poèmes parfaitement harmonieux tout simplement, et beaux de parfaites paroles, mais aussi sans cohérence ni sens aucun, avec au maximum deux ou trois strophes intelligibles, qui doivent être comme de purs fragments des choses les plus diverses. La poésie, la vraie, peut tout au plus avoir en gros un sens allégorique et produire, comme la musique [...] un effet indirect »[22]. Et Novalis d'en tirer une règle générale : « On doit écrire comme on compose de la musique »[23]. Cette même idée est largement développée dans le deuxième chapitre d'*Henri d'Ofterdingen*.

Impressionné, à son tour, par l'œuvre wagnérienne (notamment *Tannhäuser*, présenté à Paris en 1861, et *L'Anneau des Niebelungen*), Baudelaire ne cesse de réfléchir sur le rapport musique/littérature, mais en l'envisageant sous l'angle de la fusion de la musique et du texte. Il annonce déjà l'accent gibranien : « Il reste incontestable, dit-il à propos de l'opéra, que plus la musique est éloquente, plus la suggestion est rapide et juste, et plus il y a des chances pour

20 *Cf.* Tzvetan Todorov, *Théories du symbole*, Paris, Seuil, 1977, p. 208.
21 *Ibid.*, p. 209.
22 *Ibid.*, p. 210.
23 *Ibid.*, p. 215.

que les hommes sensibles conçoivent des idées en rapport avec celles qui inspiraient l'artiste »[24]. Dans sa conférence à Oxford et à Cambridge, intitulée « la Musique et les lettres » (1894), il se réfère à la musique pour défendre le rôle de la versification. Emporté par le même souffle, Mallarmé, dans la préface d'*Un coup de dés* (1897), définit cette œuvre comme « une partition » ; et sa conception du « grand œuvre » s'exprime en termes musicaux, dans le droit-fil de la démarche wagnérienne. La pérennité de la représentation romantique jusqu'à nos jours, à travers des concepts tels le « Livre » (Edmond Jabès) ou l'« Œuvre ouverte » (Umberto Eco), indique l'importance du modèle musical dans la littérature moderne.

Si Ǧibrān s'inscrit dans un courant déjà bien établi en Occident, rien ne dit pourtant qu'il en soit tributaire. Au moment où il écrit son court traité, il n'a que vingt-deux ans et sa culture est encore essentiellement arabe. En tout état de cause, notons que sa démarche reste originale : d'une part, elle se place d'emblée sur un plan ontologique, et, d'autre part, elle pense la musique selon les normes de la tradition orientale de l'époque, ce qui le conduit à en privilégier les manifestations populaires, contrairement aux romantiques qui se référaient uniquement à la musique classique[25]. De plus, il pousse la logique de sa démarche jusqu'à ses ultimes conséquences : chacune de ses œuvres s'en trouve aussi marquée que l'ensemble de son œuvre. Leur structure comme leurs éléments pris individuellement ne manquent pas d'analogie avec le déroulement d'un morceau de musique.

Nous illustrons cet aspect par une analyse rapide de la composition d'ensemble de *Aǧniḥa*. Deux traits principaux émergent : l'aspect hymne et le lyrisme musical, tous les deux applicables, par ailleurs, aux deux nouvelles analysées dans la deuxième partie de cet ouvrage.

Cette œuvre s'apparente à un hymne, aussi bien dans son mode de réception que dans son déroulement interne. L'hymne s'entend ici dans un sens large, tel qu'il se manifeste dans la chanson orientale populaire, le conte épique traditionnel déclamé par un *ḥakawātī* ou, éventuellement, l'épopée antique chantée par un aède. Ces trois « genres » semblent converger en deux points essentiels. D'une part, l'aspect non informatif, du fait qu'ils reprennent invariablement un thème déjà connu, même si, à chaque fois, celui-ci peut présenter des variantes mineures : il s'agit en général d'une situation amoureuse ou d'un geste héroïque. L'horizon d'attente du récepteur ne relève pas du savoir

24 *Cf.* Charles Baudelaire, *Œuvres complètes*, Gallimard, « Pléiade », 1961, p. 1120-1121.

25 « La musique à chansons et la musique à danser ne sont, à vrai dire, pas de la vraie musique, mais seulement une forme bâtarde. Sonates, symphonies, fugues, variations : voilà la vraie musique », dit Novalis (Todorov, 1977, p. 208).

mais de l'émotion. C'est ainsi que la mémoire est convoquée pour réactiver le noyau informatif, laissant le champ libre aux émotions à l'état pur suscitées par le chant. Autrement dit, le chant est prétexte à s'émouvoir et non point à acquérir un nouveau savoir sur le thème traité. Cette approche est signifiée dès l'ouverture du roman par le prologue qui, en narrant déjà l'essentiel des événements, évacue toute attente d'information qui serait essentielle à l'appréhension de la fiction. Aucun élément réel de suspense ne motive plus le lecteur. Le champ est dégagé pour que seules les émotions s'expriment en toute liberté. Connaissant le début et la fin de l'histoire (naissance et échec d'une singulière histoire d'amour), le lecteur est pratiquement placé dans une attitude d'accueil où seuls ses sentiments, à quelques nuances près, seront sollicités et orientés par le narrateur[26].

Quant au déroulement, il se fait selon un rythme en plusieurs mouvements qui dessinent une courbe ascendante jusqu'à un paroxysme placé juste avant la chute finale. Les deux premiers chapitres, après le prologue, constituent une sorte de prélude. Avec le troisième chapitre au titre significatif, « au seuil du temple », commence le premier mouvement, euphorique, qui se poursuit dans le chapitre suivant, « la flamme blanche » et la majeure partie du suivant, « la tempête ». Avec l'annonce du projet du prélat prenant à contre-pied celui des deux amants, commence le deuxième mouvement qui se déploie sur « le lac de feu », « devant le trône de la mort » et « entre astarté et Jésus ». Avec le troisième mouvement, tendu et rapide, « le sacrifice », la courbe atteint son point paroxystique. Enfin, dans « le sauveur », survient brutalement la chute, la mort se chargeant de conclure le mouvement d'ensemble.

Deux caractéristiques donnent à ce déroulement la configuration d'un chant populaire. Il est remarquable que, d'une part, ces différents mouvements reprennent pratiquement les mêmes thèmes, du registre euphorique de l'amour et de la joie connaissante au registre dysphorique de la séparation et de la mort, en les modulant de sorte que, alternativement, l'un des deux registres domine. Il se trouve même que dans une partie du deuxième mouvement, les deux registres s'équilibrent, comme dans « entre Astarté et Jésus ». Cela crée une sorte de mélopée lancinante où tous les éléments sont présents à la fois pour entretenir l'émotion et la relancer à chaque fois, avec un minimum d'éléments informatifs et d'action qui empêchent que le mouvement des affects ne piétine.

26 Signalons que ce phénomène est tout à fait perceptible dans le poème tragique de l'antiquité gréco-romaine comme dans les tragédies raciniennes qui s'en inspirent, tels *Phèdre* ou *Andromaque*.

L'autre caractéristique se laisse percevoir dans la configuration de la courbe émotive. Celle-ci atteint son apogée vers la fin du récit, juste avant la chute finale, apogée de courte durée (qui court sur un chapitre ramassé, « le sacrifice ») et tendue à l'extrême. La tension est signifiée, entre autres éléments, par une explosion de larmes chez Salmā et un échange intense de sentiments amoureux se nourrissant de symboles forts (Jésus en croix et sa Mère douloureuse) et de sublimes considérations métaphysiques, pratiquement absentes partout ailleurs. Cette configuration n'est pas sans rappeler le *mawwāl* du chant populaire, où la voix du chanteur, modulant les octaves supérieures, reprend l'ensemble des thèmes en leur donnant une intensité particulière et en les saturant, dramatiquement, d'effets énonciatifs par le jeu répétitif du « je ». Le chant ne tarde pas à s'éteindre, laissant l'auditeur avec le souvenir vivace de cette explosion émotive, exprimée vocaliquement et sémantiquement. Il n'est pas indifférent que le récit accompagne ce moment par la mention des *Muwaššaḥ* andalous, d'une part, et la contemplation du coucher du soleil, d'autre part ; soit, respectivement, la poésie populaire qui exprime au plus haut point la nostalgie contenue, et le crépuscule vespéral annonçant l'arrivée de la nuit, moment dramatique de la rupture.

Manifeste dans l'architectonique générale des mouvements, cette musicalité donne forme également aux différentes parties à l'intérieur du même mouvement. Cela apparaît sous deux modes distincts. Le premier, qu'on pourrait appeler « l'ordre chaotique », illustre l'idée de Novalis exprimée par Klingsohr : « Dans toute poésie, il faut que le chaos transparaisse sous le voile régulier de l'ordre »[27]. Si le mouvement dans son ensemble forme un tout cohérent, les parties s'ordonnent selon une composition musicale n'obéissant nullement à un ordre rationnel. C'est ainsi que divers thèmes et motifs font leur apparition puis disparaissent avant de resurgir au moment psychique approprié, porteurs d'une tonalité différente. Il en est ainsi du motif récurrent de « l'oiseau aux ailes brisées » qui jalonne notamment le deuxième mouvement ; mais aussi du Mont-Liban investi de références bibliques, du génie poétique, de la figure de Jésus ou de la *ka'āba* colorée à chaque fois d'une teinte autre. Tout aussi prégnante, la figure du maternel qui apparaît à chaque fois sous une autre forme. Tout cela fait un ensemble qui détruit l'ordre rationnel pour créer essentiellement une atmosphère, par le recours à des variations « spontanées ».

Cette ordonnance mélodique du tout se manifeste dans un autre procédé, complémentaire du premier, qui fait, parfois, apparaître l'ensemble comme un enchaînement de parties presque autonomes. Plusieurs passages peuvent être invoqués, à ce titre : « l'hymne à la maternité » dans le chapitre intitulé « devant

27 *Cf. Henri d'Ofterdingen*, p. 179.

le trône de la mort », la description de Salmā dans « la flamme blanche », « l'hymne au génie de l'individu » dans « la tempête », les réflexions sur le statut de la femme et sur le régime de la loi dans « entre Astarté et Jésus ». Ces passages forment des morceaux achevés et autonomes, qui pourraient, à la rigueur, se placer dans d'autres contextes, ou être pris tels quels, comme poèmes ou *maqāl*, articles. D'ailleurs ce fut souvent le cas : extraits de leur contexte, ils furent souvent présentés comme des morceaux autonomes représentatifs de l'œuvre gibranienne. Par leur clôture thématique, ils forment autant de perles qui, en s'assemblant, constituent un collier[28]. Cet effet musical est renforcé par le fait que, souvent, ces morceaux autonomes trouvent place non dans un enchaînement logique, mais dans une association de tonalités.

L'autre mode est la « répétition mélodieuse ». Nous avons déjà relevé l'usage très fréquent du parallélisme chez Ǧibrān en l'indexant à l'écriture biblique, sans nous attarder alors sur un autre aspect qui trouve ici sa pertinence, celui de l'effet musical. Patent, cet effet agit sous deux formes. La structure souvent binaire, parfois ternaire, voire quaternaire, des périodes gibraniennes crée un rythme qui module le texte dans son ensemble. Utilisé dans un morceau relativement court, ce procédé tire le texte vers la prose poétique, d'autant plus qu'il est souvent accompagné d'autres effets poétiques comme l'allitération et surtout la rime. Dans une œuvre plus importante, comme *Aǧniḥa*, ce procédé concerne en général des passages qui coïncident avec les moments critiques, les charnières de l'axe événementiel ou les temps de grande intensité émotive. Ils représentent pour ainsi dire des cimes sur le graphique des courbes. Cet effet musical est renforcé par le fait que la répétition y est purement phatique : elle n'ajoute rien au sens, elle ne fait que prolonger le signifié déjà délivré. Ce sont des signifiants vides sémantiquement, pour ainsi dire, ne jouant que sur le rythme, une sorte de musique qui se continue indépendamment du sens. Procédé qui fait penser aux ritournelles des chants populaires.

Ces deux modes, hymne et lyrisme, conférant au récit la configuration d'un morceau musical, sont confortés par un autre mode sonore : le silence. En effet, des moments d'arrêt ponctuent le début et la fin des différents chapitres, marqués chacun par une tonalité différente. Les silences ponctuent également le déroulement de chaque chapitre, ne serait-ce que par des expressions récurrentes telles que « je me suis tu », « as-tu entendu mon silence ? », « je fus

28 Cette technique n'est pas originale dans son principe. Elle constitue une structure essentielle de la littérature arabe classique, créant parfois l'impression d'une écriture circulaire, où une même idée, une même image, se répètent en s'enrichissant à chaque fois d'un élément nouveau. La spécificité de son emploi réside ici dans la place qu'occupent ces morceaux autonomes dans l'économie générale du texte.

plongé dans le silence ». Ce silence, figuré matériellement ou par une attitude psychique n'est pas synonyme de manque de communication ou de vide ; il est le *summum* de la communication. Il s'oppose, dans la terminologie gibranienne, aussi bien au « bavardage » qu'au « mutisme ». Il marque les moments forts d'un état d'âme. Il représente le point culminant d'une émotivité omniprésente dans le texte et manifestée par une accumulation de qualificatifs émaillant les phrases, même les plus courtes. Il amplifie la « ferveur » – selon l'expression de Novalis – qui travaille le récit gibranien, ferveur qui est l'essence même de la musique. Ainsi la « poésie » gibranienne apparaît comme emportée par la dynamique de la composition musicale.

Nous avons déjà noté que l'œuvre de Ǧibrān déroule un thème unique qui forme le lit où viennent converger tous les ruisseaux et les petits cours d'eau que sont les différents morceaux. Unité thématique et multiplicité des formes, des procédés et des rythmes : cela renvoie à la définition même de symphonie musicale. Cela s'avère d'autant plus qu'il ne serait pas malaisé de percevoir dans l'œuvre prise dans son ensemble, ainsi marquée par l'unité du thème et la diversité générique, la progression de mouvements successifs. L'analyse faite par Ḫalīl Hāwī de l'évolution de l'œuvre gibranienne, que nous rappelons ici brièvement, est éclairante à cet égard. Reprenant en la développant une proposition de M. Nuʿayma dans son introduction aux œuvres complètes, il y distingue quatre phases : la mélancolie, née du constat de l'inévitable échec des grandes valeurs dans ce monde (incarnée par *Yuḥannā le Fol*), la révolte qui sourd dans *Les Esprits rebelles*, le romantisme mélancolique, qui se manifeste dans *Aǧniḥa*, et enfin la révolte nietzschéenne avec *al-ʿAwāṣif*. Hāwī qui y ajoute une cinquième phase spécifique à l'essentiel de son œuvre anglaise : la réconciliation. Quel que soit l'à-peu-près d'une telle analyse, elle met en évidence la modulation de la motivité de Ǧibrān telle qu'elle se manifeste dans son écriture[29]. Ce sont autant de mouvements qui rythment le déploiement symphonique de son œuvre. Il ne serait pas incongru d'y inclure également les moments de silence entre deux phases, silence à comprendre comme silence de plénitude.

* Ce texte reprend le chapitre I de la Troisième partie de notre ouvrage paru en 2008, *Gibran et la refondation littéraire arabe*, déjà cité. Le titre originel est « Le Modèle : *Adab* ou musique ».

29 *Cf.* خليل حاوي، "جبران خليل جبران، إطاره الحضاري وشخصيته وآثاره"، بيروت، دار العلم، ١٩٨٢.

CHAPITRE 6

Transgénérique et modernité dans la littérature arabe

Boutros Hallaq

Le transgénérique, notion récemment apparue dans la critique arabe, sous la plume du romancier et critique égyptien Edouard Kharrat (Ḫarrāṭ), qui la tient pour le signe distinctif d'une certaine modernité[1], est depuis quelques années l'objet d'un débat intéressant dans le milieu littéraire arabe. Axé essentiellement sur la production littéraire proche-orientale et notamment égyptienne[2], ce débat concerne cependant la littérature arabe dans sa totalité.

La problématique qui se noue autour de cette notion, *ʿabr al-nawʿiyya*, renvoie à une technique littéraire, et notamment narrative, assez complexe. Pour la décrire, Ḫarrāṭ procède en deux étapes. Il commence par l'envisager comme un « mélange » entre « deux genres littéraires » distincts : la prose et la poésie. Aussi parle-t-il de « récit-poème » (*qiṣṣa-qaṣīda*[3]), en prenant soin de la dissocier du poème en prose (*qaṣīdat al-naṯr*) : « Dans le poème pur – même sous forme de poème en prose, et surtout d'ailleurs sous cette forme – la structure est musicale et non narrative. Quant au *récit-poème*, sa structure de base est narrative et non point musicale. C'est ce trait opposant le genre ancien au nouveau que j'appelle *convention narrative* »[4]. Ensuite, il élargit le cercle pour l'envisager comme mélange entre les trois genres classiques connus : épique, dramatique, lyrique. Il stipule : « *al-kitāba ʿabr al-nawʿiyya*… est l'écriture qui englobe les genres traditionnels ; elle se les assimile, les intègre afin de les dépasser. Ainsi cette nouvelle écriture devient simultanément récit-drame-poésie… ; il lui arrive même d'exploiter les acquis des autres arts tels la peinture, la musique,

1 *Cf.* son ouvrage *al-kitāba ʿabr al-nawʿiyya*, Dār Šarqiyyāt, Le Caire, 1994, qui fut suivi par *Mā warāʾa-l-wāqiʿ*, al-Hayʾa al-ʿāmma li-quṣūr al-ṯaqāfa, Le Caire, 1997. Ils contiennent les principales études de Ḫarrāṭ sur la question.

2 Les œuvres qui illustrent pour Ḫarrāṭ cette notion sont dues à d'auteurs assez variés, tels Badr al-Dīb, Y. al-Ṭāhir ʿAbdallāh, Iʿtidāl ʿUṯmān, Muntaṣir al-Qaffāš, Nabīl Naʿūm et d'autres encore.

3 *Cf. al-kitāba*… p. 11.

4 *Ibidem.*

 DOI:10.1163/9789004705685_007

la sculpture, la cinématographie et l'architecture »[5]. En procédant ainsi, Ḫarrāṭ utilise à la fois la taxinomie arabe traditionnelle (la répartition générique de la littérature en poésie et prose) et la taxinomie occidentale, la répartition générique tripartite : drame, épopée et poésie lyrique.

Cette problématique nous semble hautement significative des préoccupations morales de notre époque. Elle l'est non pas par son aspect technique pur, car, vue sous cet angle, elle ne fait que s'inscrire dans une longue tradition de problématiques similaires aussi bien dans la l'aire littéraire arabe que dans d'autres littératures ; mais par la représentation qu'elle développe de la littérature et plus particulièrement de la fonction spécifique qu'elle lui assigne. Ainsi sa spécificité réside-t-elle moins dans son originalité technique que dans son énonciation à partir d'un lieu particulier, celui de la culture arabe contemporaine.

1 Questionnement sur le genre

En effet, l'originalité de la notion *ʿabr al-nawʿiyya*, est relative, tant au regard de la littérature arabe moderne que de la littérature occidentale.

1.1 *Dans la littérature arabe moderne*

Tout au long de son histoire moderne, la littérature arabe, pose la question du genre littéraire de façon continue et sous différentes formes. Ainsi, les premiers renaissants (les écrivains de la Renaissance), qui s'attelèrent à l'œuvre du *Iḥyâ'*[6], optèrent pour la définition dualiste héritée de la période classique arabe : le binôme poésie/prose. Ils choisirent pour modèles les deux grands noms représentatifs des deux *genres*, al-Mutanabbī pour la poésie et al-Hamaḏānī pour la prose, qu'ils imitèrent et pastichèrent à volonté[7]. Ce faisant, ils posaient déjà la question du genre ; car, en privilégiant la *Maqāma*, non seulement ils choisissaient un modèle de prose tenu pour presque inaccessible, ils marquaient aussi leur penchant pour un genre déjà hybride : pour les créateurs de la *Maqāma*, en effet, le mélange de la poésie et de la prose est un élément majeur

5 *Ibidem*.

6 Terme consacré désignant le mouvement de réactualisation du lexique et des genres littéraires anciens.

7 Beaucoup d'écrivains imitèrent et commentèrent le premier ; et l'on ne trouve pratiquement aucun homme de lettres qui ne se soit essayé à écrire la *Maqāma*, à la suite du second. L'histoire littéraire n'a retenu, cependant, que quelques noms dont se détache la grande figure de Nāṣīf al-Yāziǧī.

constitutif du nouveau genre[8]. Les premiers réformistes qui leur succédèrent se rallièrent à la définition tripartite, supposée aristotélicienne, qui stipule que toute littérature relève forcément de l'épique, du dramatique ou du lyrique. Aussi œuvrèrent-ils à introduire dans le domaine de l'arabe les deux genres manquants : le dramatique et le romanesque, synonyme moderne d'épique. C'est à cette tâche que s'attelèrent Mārūn Naqqāš, Abū Ḫalīl al-Qabbānī et Yaʿqūb Ṣannūʿ, d'une part, Fransīs Marrāš, Salīm al-Bustānī et leur épigones, d'autre part. Mais il reviendra à Sulaymān al-Bustānī, dans l'introduction de sa traduction de l'Iliade, d'exprimer explicitement au niveau théorique cette représentation de la littérature[9].

Posée d'une façon discrète par ces deux courants, la question du genre devint centrale avec Aḥmad Fāris al-Šidyāq. Contemporain du premier courant et précédant légèrement le second, Šidyāq pratiqua, tout en les remettant en cause, les genres adoptés par les uns et les autres. Dans son célèbre ouvrage, *al-Sāq ʿalā al-sāq fī mā huwa al-Fāryāq*[10], il excella dans la poésie comme dans la *Maqāma*, tout en sapant leur principe fondateur. Dans un texte savoureux plein d'une ironie mordante[11], il régla ses comptes avec la poésie traditionaliste du Iḥyāʾ comme avec la poésie classique qui lui sert de modèle. Quant à la *Maqāma*, il expliqua qu'il la pratiquait « pour se faire la main » et la plaça malicieusement au chapitre treizième (nombre porte-malheur pour les superstitieux) de chacun des quatre parties (*kitāb*) de son ouvrage, tout en la chargeant d'une critique mordante de la société. Il s'essaya aussi, pour s'en moquer, au genre romanesque, du moins dans sa variante romantique[12]. Il plaça l'ensemble dans un texte à l'intersection de plusieurs genres : la fiction autobiographie, la relation de voyage, le roman de formation… Sa pratique, à n'en pas douter, inaugura l'inter-genre dans le plein sens du terme dans la littérature arabe moderne ; elle ébaucha également une réflexion théorique sur la question du genre. Et c'est dans cette brèche, pensons-nous, que s'engouffrèrent les novateurs, aussi bien dans le domaine romanesque, que dans le domaine de la poésie, où Ḫalīl Muṭrān se signala comme praticien et théoricien à la fois[13].

---

8 Voir l'article *Maqāma*, in *Nouvelle Encyclopédie de l'Islam* et Abdelfattah Kilito, *Les Séances*, Sindbad, Paris, 1983.

9 Commencée en 1887, cette œuvre gigantesque ne fut achevée et publiée qu'en 1904.

10 Edité à Paris en 1855, cet ouvrage précurseur de la modernité littéraire n'a pas encore été suffisamment étudié.

11 *Cf. Al-Sāq, al-kitāb al-ṯānī*, chap. 12.

12 *Cf. Al-Sāq, al-kitāb al-ʿawwal*, chapitre 5, où Šidyāq tourne en dérision certains passages de Lamartine.

13 Avec la revue « al-Maǧalla al-miṣriyya », qu'il créa en 1900, Muṭrān fut le premier à entreprendre une réflexion explicite sur la nature de la poésie.

Reprise par le courant représenté par Ǧibrān et Manfalūṭī, cette réflexion mit au grand jour pour la première fois la problématique du transgénérique ; problématique reprise après eux au niveau théorique par Ḫarrāṭ, qui s'appuyait sur des œuvres qui remontent à l'époque où prenait forme le roman dit réaliste. Ce sont, en effet, des noms comme Badr Dīb en Égypte et Masʿadī en Tunisie qui en portèrent les couleurs face aux romanciers réalistes, avec beaucoup de discrétion[14].

En fait, chaque fois qu'un écrivain digne de ce nom prit la plume, quelque part dans le monde, il dut se poser d'une façon ou d'une autre la question : « qu'est-ce que la littérature ? » ; et, ce faisant, il aborda la problématique du genre littéraire et de son dépassement par le biais du mélange transgénérique. Celle-ci n'est donc pas inédite dans la littérature arabe moderne.

1.2 *Dans les littératures occidentales*

En effet, les littératures occidentales ne cessent depuis le début des temps modernes et jusqu'à nos jours de s'interroger sur la problématique du genre. Si le classicisme français réconforte la typologie tripartite – attribuée à tort à Aristote, comme le montre clairement Gérard Genette[15] – et s'évertue à en séparer les genres constitutifs, en revanche, les Écoles qui lui succèdent en France, ainsi que les grands courants littéraires en Europe, notamment en Angleterre et en Allemagne, qui voient le jour à cette époque, s'inscrivent généralement contre son approche : les frontières séparant les genres tendent à s'effacer chez certains, alors que d'autres optent pour un mélange plus ou moins intégral. En attendant, la notion de genre persiste, puisque c'est bien cette typologie qui sert d'appui et de critère à leur contestation[16]. Au niveau de la pratique, c'est sans doute Shakespeare qui a fait voler en éclat le carcan générique. Sur le plan théorique, c'est la « théorie esthétique » développée à partir du milieu du XVIIIe siècle par le romantisme allemand qui commença le travail de sape contre la vision rhétorique générique ancienne. Appuyées sur la philosophie de Baumgarten, les théories de Winckelmann[17] et de Lessing[18] préparèrent le

---

14 Le premier écrit *kitāb ḥarf al-ḥā'* en 1948 et ne le publia qu'en 1985, tandis que le second écrivait en 1946 son fameux livre *Ḥaddaṯa Abū-Ḥurayra qāl...* pour ne le publier qu'en 1979.

15 Dans « Introduction à l'architexte », in *Théories des Genres*, le Seuil, Paris, 1986, Genette démontre que la taxinomie aristotélicienne est construite sur une confusion entre mode d'énonciation et genre, avant d'expliquer que la naissance de la théorie tripartite des genres dans le sillage d'Aristote est due à une autre confusion historique.

16 *Cf.* Dominique Combe, *Les genres littéraires*, Hachette Supérieur, 1992.

17 Notamment son ouvrage *Histoire de l'art de l'Antiquité*, paru en 1763.

18 Notamment son ouvrage *Laokoon*, paru en 1766.

terrain pour Goethe, Schiller, et surtout pour les frères Schlegel et Novalis en Allemagne ; mais aussi pour Hugo, Rimbaud, Baudelaire, les symbolistes, les surréalistes et jusqu'à l'école du Nouveau Roman, en France ; il en est de même pour Hazlitt et Coleridge en Angleterre ; et encore pour les grandes figures d'autres aires culturelles, telles Bakhtine en Russie et d'autres encore.

Tous ces auteurs insistèrent, d'une façon ou d'une autre, sur l'effacement des frontières entre les genres. Depuis la bataille d'Hernani, Hugo ne cesse de clamer que « tout est dans tout »[19]. Les frères Schlegel, poussant la logique jusqu'à son terme, pronostiquent que « la poésie romantique est une poésie universelle progressive. Elle n'est pas seulement destinée à réunir tous les genres séparés de la poésie et à faire se toucher poésie, philosophie et rhétorique. Elle veut et doit aussi tantôt mêler et tantôt fondre ensemble poésie et prose, génialité et critique, poésie d'art et poésie naturelle [...]. Elle embrasse tout ce qui est poétique »[20]. Cette approche transparaît dans les notions symbolistes de *Grande Œuvre* et d'*Œuvre Totale* qui stipulent que « le roman est un poème » ou que « tout roman qui n'est pas un poème n'existe pas »[21], et résonne comme en écho dans la notion de *Livre* de Jabès[22]. C'est dans ce cadre aussi que l'on peut appréhender le *dialogisme* ou la *polyphonie* dont Bakhtine se fait le héraut[23], ainsi que d'autres notions comme celle d'*Œuvre ouverte,* chère à Umberto Ecco.

Le débat, déjà ancien, sur la question de la typologie générique et de son dépassement, relativise donc l'originalité de la théorie *ʿabr al-nawʿiyya*, dans son versant technique ; d'autant plus qu'elle prend comme angle d'attaque le genre romanesque dont la définition, donnée il y a déjà deux siècles par F. Schlegel et qui reste toujours d'actualité, stipule que le roman « est encore en devenir ; et c'est son essence propre de ne pouvoir qu'éternellement devenir et jamais s'accomplir »[24]. Si originalité il y a, c'est moins au niveau de la technique d'écriture en tant que telle que dans les connotations philosophiques que cette question revêt dans le contexte culturel arabe, à l'heure actuelle.

19 Voir aussi la préface aux *Odes et Balades* (1826) et la préface de *Cromwell* (1927).

20 *Cf.* Ph. Lacoue-Labarthe et J.-L. Nancy, *L'Absolu littéraire, théorie de la littérature du romantisme allemand*, Le Seuil, Paris, 1978, p. 112.

21 *Cf.* Dominique Combe, *Les genres littéraires*, Hachette Supérieur, 1992, p. 68.

22 *Cf.* toute la série de production d'Edmond Jabès depuis *Le livre des questions* (1963) jusqu'au *Livre du dialogue*.

23 Voir notamment ses deux ouvrages majeurs, *L'œuvre de François Rabelais et la culture populaire au moyen âge et sous la Renaissance*, Gallimard, 1970 (traduit par Andrée Robel) et *Esthétique et théorie du roman*, Gallimard, 1978 (traduit par Daria Olivier).

24 *Cf.* Ph. Lacoue-Labarthe et J-L. Nancy, *L'absolu littéraire*, page 112.

2 Deux moments fondateurs : Iéna et le courant gibrâno-manfalutien

Ce contexte culturel arabe ne se laisse saisir dans toute sa complexité qu'à la lumière de deux moments fondateurs du romantisme. L'un ressort au romantisme originel européen (il faudrait dire : universel), qui se situe au-delà des romantismes français et anglais, à savoir : le romantisme d'Iéna évoqué plus haut, qui, au tournant du XVIIIe siècle (entre 1799 et 1802), institua, sur les décombres du classicisme, la notion de *littérature* telle qu'on l'a comprise en Occident, et bien au-delà, depuis lors et jusqu'à ces dernières décennies. L'autre moment concerne le romantisme arabe : il s'agit du courant représenté par Ǧibrān et Manfalūṭī, que je considère pour ma part absolument fondateur dans la pensée arabe moderne. Qu'est-ce qui caractérise ces deux moments ?

2.1 *Le moment allemand ou L'École d'Iéna*

De la théorie de L'École d'Iéna il serait possible de retenir, en schématisant à l'extrême, les traits suivants[25] :

A. Pour Iéna, la littérature a une fonction essentiellement ontologique. Cette fonction était jusqu'à lors prise en charge par la religion relayée par la philosophie. Or, en séparant la philosophie de la métaphysique, la critique kantienne établissait l'invalidité de tout discours philosophique sur l'Être en soi. La religion, par ailleurs, s'étant disqualifiée historiquement à dire l'Être, seule la littérature pouvait désormais assumer cette tâche. Iéna établit donc la suprématie du discours littéraire sur le discours philosophique, trop systématique, et sur le discours religieux, désormais inadéquat, et fait de ce discours littéraire le seul outil de connaissance de l'homme et de tout être. Il lui assigna un rôle éminemment ontologique.

B. L'Être étant une « plénitude chaotique » – ce qui n'exclut pas la cohérence –, il ne peut être exprimé que par ce qui lui est congénère. Or la littérature est, elle aussi, dans la vision d'Iéna, une totalité chaotique et cohérente : elle constitue un seul genre en continuelle formation, en perpétuel dépassement. A l'instar de la « plénitude chaotique », ce genre est *universel*, capable de contenir toutes les formes, mais aussi *infini*, susceptible de se créer et recréer sans limite possible, notamment grâce à ce que la théorie d'Iéna appelle l'Ironie[26]. Il est, en outre, *autonome*, par opposition au langage référentiel cou-

25 Je m'appuie dans cette présentation rapide sur deux ouvrages majeurs disponibles en français : *L'absolu littéraire*, signalé plus haut et l'ouvrage de Jean-Marie Schaeffer, *La naissance de la littérature, théorie esthétique du romantisme allemand*, Presses de L'Ecole Normale Supérieure, 1983.

26 Qui trouve sa forme idéale dans ce qu'Iéna appelle le *Witz* et le *fragment*.

rant, qui ne peut exister que par rapport à un objet. Du coup, devient caduque la théorie des genres séparés, que les Grecs concevaient comme des entités objectives et naturelles (tributaire de son époque, Iéna aussi attribuait la typologie générique à Aristote). La séparation des genres est définitivement révolue. Il n'est pas anodin que Schlegel désigne la littérature par *Poésie* ou *Roman*, indistinctement. Analogon de la « plénitude chaotique », ce genre unique non seulement dit l'Être, mais de plus il le crée en le disant.

C. Ainsi conçue, la littérature, qui recrée le monde, forme aussi l'homme, au sens propre du terme : elle le fait advenir à sa plénitude, par sa vertu propre, en prenant appui sur l'amour. La médiatrice, dans ce processus complexe, c'est la Femme. Elle seule rend possible la formation de l'homme, alors qu'elle-même apparaît comme formée de nature, même si l'amour ajoute à son épanouissement. Les romans de formation produits par les protagonistes d'Iéna, notamment F. Schlegel et Novalis, disent essentiellement cela[27].

Signe de la nature ontologique de la littérature : son positionnement vis-à-vis de l'Antiquité grecque. Inversant l'attitude présumée de celle-ci caractérisée par la subordination du subjectif à l'objectif, elle se veut le support de la subjectivité de l'esprit humain dans sa conquête progressive de l'objectif. Ainsi elle parachève l'œuvre de sape amorcée par le christianisme et parachevée par le rationalisme contre cette Antiquité fondatrice, et elle en recommence le projet à sa manière : elle refonde, à partir d'un lieu autre, l'univers de l'homme. La littérature dans la vision romantique d'Iéna est un moment privilégié de refondation. C'est une nouvelle Antiquité, pourrait-on dire.

2.2 *Le moment arabe*

Cette vision toute particulière de la littérature se retrouve, bien qu'exprimée sur un autre registre et de façon bien moins élaborée, chez deux pionniers de la littérature arabe du début du XXe siècle : Ǧibrān et Manfalūṭī. En prenant le risque de mettre ces deux auteurs dans un même courant que j'appellerais ǧibrāno-manfalūṭien, je n'établis pas une équivalence entre ces deux figures que tout sépare, tant au niveau culturel qu'au plan humain. Je signale simplement une parenté dans la vision du fait littéraire, un certain ressourcement à la même philosophie. Relevons rapidement quelques points où le courant ǧibrāno-manfalūṭien rencontre la pensée d'Iéna :

A. Ce courant tient la littérature pour une prophétie, non pas dans le sens religieux banal, mais en tant que fondation et recréation d'un monde autre.

27 Il suffit de comparer *Lucinde* de F. Schlegel et *Henri d'Ofterdingen* de Novalis avec le *Werther* de Goethe, pour saisir l'importance et du processus de formation par la littérature et du rôle médiateur de la femme chez les deux premiers.

Le poète, pour Ǧibrān, procède de l'Âme universelle et y retourne après avoir dévoilé aux hommes la Vérité et le secret de leur humanité. S'il lui arrive de parler des réalités de la vie, ce n'est sûrement pas dans une perspective réaliste ; et les critiques, qui ont voulu voir dans sa production les premiers signes du réalisme en terre arabe, en ont eu pour leur compte et n'ont fait que la tronquer en en occultant le plus important. S'il se sert d'un univers vraisemblable, c'est pour pointer quelque chose de plus lointain. Chez Manfalūṭī, aussi, c'est la littérature qui est première et non pas le monde du réel. C'est elle qui recrée le monde, y compris la religion. En effet, tout azhariote qu'il est, il affirme que « la religion elle-même, n'est qu'un des fruits de la littérature »[28].

Cela explique l'usage que ce courant fait des Écritures : il ne s'agit là ni d'un plagiat ni d'une simple imitation rhétorique, comme d'aucuns ont pu le penser, mais plutôt d'une intégration ou d'une intériorisation, qui lui permet de se substituer à celles-ci dans la refondation du monde[29]. Aux figures prophétiques explicites et relativement élaborées de la production ǧibrānienne prenant souvent, et non exclusivement, pour modèle la figure christique, répondent celles plus pâles (se référant à la figure muḥammadienne) des nouvelles de Manfalūṭī[30]. Ce faisant il rejoint la fonction ontologique adoptée par Iéna, assignant à la littérature le rôle de dire et de recréer l'Etre.

B. Promue à ce statut spécifique, la littérature ne peut se subdiviser. Aussi ce courant rejette-t-il la théorie dualiste élaborée par la critique arabe classique (le binôme poésie/prose) tout comme la classification générique tripartite (le trinôme épique/dramatique/lyrique), et considère la littérature comme un genre unique, qu'il dénomme « poésie ». En effet, tout écrivain pour Gibrân comme pour Manfalūṭī est *poète*. Le premier rejette comme péjoratif l'appellation *adīb*, n'utilise que rarement le terme *kātib* et a fortiori *riwāʾī* (ou son équivalent pour l'époque *qāṣṣ*) et ne voit dans tout créateur qu'un poète, quel que soit le mode d'énonciation ou le genre adopté. Il suffit de se référer à quelques un de ces morceaux contenant dans leur titre le terme *šāʿir* pour s'en convaincre[31]. Et bien que sa production poétique *stricto sensu* occupe peu de

28 *Cf.* l'introduction qu'il a ajoutée, lors d'une réédition de son premier recueil de nouvelles *al-Naẓarāt*, paru pour la première fois en 910.

29 A ce titre, il faut méditer certains dires de Manfalūṭī ; il pouvait énoncer sans broncher des jugements radicaux sur le primat de la poésie. Rappelons en plus de la citation faite plus haut (« la religion n'est qu'un bienfait parmi d'autres de la littérature ») le slogan subversif : « plutôt la loi du cœur que celle de la religion ».

30 On peut se référer aux figures de Yūḥannā al-maǧnūn et de Ḫalīl al-kāfir pour le premier et à celle du Yatīm pour le second.

31 *Cf.* Par exemple : « Mawt al-Šāʿir hayātuhu », « al-Šāʿir », « ṣawt al-Šāʿir » ... dans son recueil *Damʿa wa-bti-sāma*.

place en comparaison de son œuvre en prose (recueils de nouvelles, roman et autres morceaux), il se présente, du moins dans son œuvre en arabe, comme un poète. D'ailleurs les poètes arabes qui l'ont suivi ne s'y sont pas trompés qui prennent modèle essentiellement sur sa production en prose[32]. Quant à Manfalūṭī qui a 'commis' épisodiquement quelques poèmes, il se considère lui aussi, avec sa production romanesque volumineuse comme un poète. Et pour qu'aucun doute ne demeure sur sa vision, il explicite et justifie son choix dans un texte de première importance, placée en introduction à *al-Naẓarāt*. Pour eux tout acte de créativité littéraire relève de la poésie.

C. Cette littérature prophétique, genre unique fonde, comme pour Iéna, toute transformation dans l'amour. Aussi considère-t-elle la femme comme la clef de voûte de toute littérature et la médiatrice qui permet à l'homme de se réaliser, d'intégrer son plein Être. Cela est patent dans l'unique roman de Ǧibrān, *les ailes brisées*, qui, avant d'être une mise en cause de la féodalité sociale et religieuse (assez naïve, du reste, si on la comparait à la critique radicale de ses contemporains, voire de certains de ses devanciers)[33] est d'abord un roman de formation, axé sur la femme et l'amour, dans le droit fil de *Lucinde* et de *Henri d'Ofterdingen*, déjà cités. Quant au récit manfalūṯien, certes plus naïf et plus retenu dans ce domaine, il laisse deviner, au-delà de son romantisme dégradé et primesautier, une vision fondée sur l'amour où la femme a le premier rôle dans la formation de l'homme. Ses écrits larmoyants, mettant en scène l'instrumentalisation de la femme par l'homme et regorgeant d'histoires de femmes sacrifiées et piétinées, prennent toute leur valeur non dans une vision de critique sociale – bien qu'elle soit présente – mais dans l'affirmation du primat du cœur et de la précellence de la femme dans la formation de l'humanité ainsi que de l'homme comme individu.

A travers ses différents éléments, on peut deviner dans ce courant une certaine volonté de se mesurer à l'Antiquité. Car, si Iéna se posa face à l'Antiquité grecque, pour la dépasser et la reproduire autrement, ce courant se lance le défi de se mesurer à l'Antiquité sémitique, représentée par l'Ancien et le Nouveau Testaments comme par le Coran à la fois, pour la reproduire dans son contexte

32 Ce phénomène paradoxal appelle plus de réflexion et d'analyse qu'il ne l'a fait jusqu'à présent : qu'est-ce qui fait que la prose de Ǧibrān semble, pour les poètes arabes qui reconnaissent une certaine dette vis-à-vis de lui, plus poétique que sa poésie ? Antoine Ghattas Karam fournit quelques réponses, dans son étude « al-sūra al-ši 'riyya fī adab Ǧibrān », in *Malāmiḥ al-adab al-ʿarabī al-hadīṯ*, Dār al-Nahār, Beyrouth, 1980. Mais un travail d'ensemble reste à faire dans ce domaine.

33 On peut en citer, à titre d'exemple, les écrits d'un Faraḥ Anṭūn, d'un Šiblī Šmayyil ou d'un A.-R. Kawākibī.

de modernité. Ainsi les deux projets, iénaien et ǧibrāno-manfalūṭien, s'ouvrent sur les mêmes horizons.

3 Que révèle *ʿabr al-nawʿiyya* ?

Sous l'éclairage des visions d'Iéna et de Ğibrân-Manfalūṭī, la notion de *ʿabr al-nawʿiyya*, prend son vrai sens. Mais avant d'y revenir, il nous faut rétablir un fait historique. Nous avons fait mention plus haut de la position de Ḫarrāṭ. Cependant, pour être plus complet, notons que cette notion s'est exprimée en fait à travers deux modalités différentes et à partir de deux lieux géographiques distincts. L'une prend comme point de départ le récit (la prose, pour reprendre la dualité de la critique arabe classique) pour y intégrer la poésie : c'est celle adoptée en Égypte par Ḫarrāṭ et ses épigones. L'autre prend appui sur la poésie, pour y intégrer le narratif : ce fut la démarche entreprise au Liban par Unsī al-Ḥāǧ, qui en énonce la théorie dans l'introduction de son recueil poétique *Lan*, paru en 1960, à partir de ce que l'on appelait à l'époque *qaṣīdat al-naṯr* ou le poème en prose. Pour l'un comme pour l'autre, la classification générique ancienne est caduque. Il n'y a plus lieu de faire une distinction formelle entre poésie et prose. La littérature est un genre hybride où se mêlent toutes les formes. Chez al-Ḥāǧ, la poésie peut renoncer à la prosodie classique comme à la dimension lyrique et devenir narrative, sans cesser pour autant d'être poésie. De même le récit, chez Ḥarrāṭ (tout comme chez al-Ḥāǧ), peut transgresser sa tradition spécifique pour adopter un ton lyrique, un rythme et une vision poétique, sans pour autant cesser d'être narratif. Il est symptomatique que Ḫarrāṭ ait choisi, pour exprimer ce nouveau genre le terme *ʿabr al-nawʿiyya* qui correspond exact au terme utilisé pour exprimer la position d'Iéna à partir de ses propres énoncés. En effet, un spécialiste d'Iéna, J.-M. Schaeffer écrit : « Le Roman (terme constituant pour Schlegel le paradigme de toute littérature) ne saurait être que transgénérique ou mieux a-générique »[34] ; énoncé qui répond au fragment du même Schlegel : « [Le Roman est le] mélange de tous les genres »[35]. En traitant de *ʿabr al-nawʿiyya* nous englobons donc les deux auteurs à la fois.

Pour l'un et l'autre, la littérature est en relation de rupture avec le réel. Non seulement, elle ne le reflète pas, mais en plus elle ne peut être investie directement pour le changer, comme le pensait le courant réaliste – et *a fortiori* le courant dit engagé dans la terminologie arabe prédominante dans les années

34 Cf. Schaeffer, *op. cit.*, p. 36.

35 *Ibidem*, p. 38.

soixante. La littérature récrée le monde, mais à partir d'une position autonome. Elle a une fonction révolutionnaire et fondatrice vis-à-vis du monde et de l'homme, rejoignant ainsi la fonction prophétique du courant précédant. Al-Ḥāǧ affirme : « Ce que l'on appelle les temps modernes constituent une rupture par rapport au temps du bien-être et de la cohérence... Le poète libéré est un prophète, un devin, un dieu... C'est une révolution au niveau de l'esthétique et de la conscience ou – si j'ose dire – au niveaux physique et métaphysique à la fois »[36]. Ḫarrāṭ lui répond en écho, plus de trois décennies plus tard, à propos de l'amour qui fonde l'écriture de Badr Dīb : « C'est fondamentalement un amour métaphysique, axiologique et conatif à la fois : autrement dit tout ce qui constitue la question ontologique... »[37]. Il est clair que la littérature, pour eux, occupe le terrain philosophique (qui reste encore en friche dans l'aire arabe moderne) et se substitue à la religion. Reléguant derrière elle philosophie et religion, elle se charge de révéler l'homme à lui-même. L'analogie avec la fonction ontologique de la littérature chère à Iéna est assez explicite, bien qu'elle ne soit pas aussi radicale.

Dans le processus révolutionnaire entrepris par cette littérature, la femme apparaît, là aussi, comme la médiatrice entre l'homme réel et l'homme tel qu'il devrait être dans sa plénitude. Cela est patent dans la production de ce courant, à commencer par Ḫarrāṭ, chez qui le thème de la femme et celui de la connaissance, dans les sens sémitique et grec du terme, sont intimement liés. Son premier roman, qui reste probablement le plus important dans cette perspective, *Rāma wa-l-ṭannīn*[38], n'est qu'une suite de variations sur ce thème de la découverte qui permet à l'homme d'entrer en possession de soi, de son environnement intérieur comme de son environnement matériel. C'est également un des axes principaux de la poésie de Unsī al-Ḥāǧ, qui affirme explicitement : « La femme est ce qui permet à l'homme de se transfigurer, d'atteindre la plénitude enfouie en lui »[39].

Cette démarche révolutionnaire rejoint, à sa façon, les prétentions d'Iéna et du romantisme fondateur arabe. Mais, si la prétention d'Iéna était de refaire, pour son époque marquée par la crise, l'œuvre accomplie par l'Antiquité ; et si le rêve du courant ǧibrāno-manfalūṭien était de reproduire dans un *Livre* nouveau le projet des *Livres* anciens, ce courant arabe moderne ne semble pas

36 *Cf.* Son introduction à son recueil *Lan*, réédité par Dār al-Ǧadīd, Beyrouth, 1994, p. 19.

37 *Cf. al-kitāba ʿabr al-nawʿiyya*, p. 31.

38 Édité par Dār al-Ādāb, Beyrouth, 1979.

39 Il s'agit d'une phrase citée de mémoire d'un entretien radiophonique réalisé par ʿIsā Maḫlūf, à Radio-Orient, à l'automne 1998.

bénéficier de la présence d'une autorité ayant la même stature à défier ; les temps ont changé. Aussi exprime-t-il un malaise et une demande.

Le malaise c'est celui de la pensée arabe contemporaine, toujours à la recherche de la modernité et toujours plus ou moins engluée dans l'échec. Le présent arabe, nous le savons, est marqué depuis un demi-siècle par une série interminable d'échecs, dans tous les domaines, qui le plonge dans le mal-être et obstrue son avenir. A part quelques îlots isolés, le développement économique se réduit à un miroir aux alouettes. Partout la modernisation de la vie politique, dans le sens de la démocratisation, ainsi que des mentalités, dans le sens d'une plus grande autonomie vis-à-vis du groupe, est en panne, sinon en recul. Le rêve d'une intégration dans un ensemble cohérent susceptible d'assurer quelque poids au niveau international s'écroule, relayé, ces deux dernières décennies, par une crispation du religieux sur des positions archaïques qui ne peuvent être d'aucun secours pour l'homme moderne devant les défis à relever. A cela s'ajoute le silence ou la démission de la plupart des intellectuels reléguant à plus tard toute élaboration philosophique adaptée et toute réflexion sociale signifiante. L'impasse semble totale.

C'est ce qui semble appeler cette demande faite à la littérature. On dirait que celle-ci devient alors, dans la perspective de ce courant représenté par les écrivains les plus novateurs et les plus impatients, la seule voie pour sortir de l'impasse. Elle serait, au niveau individuel, la voie royale pour vivre et faire sens, et, au niveau collectif, la seule preuve palpable d'une existence commune et la seule garantie d'un avenir possible. Née d'un sentiment de pessimisme total sur l'état actuel des choses, cette demande adressée à la littérature d'être la planche du salut, ou du moins une clé possible de l'avenir, reproduit en plus pathétique une demande un peu similaire faite au milieu du XXe siècle par un Yaḥyā Ḥaqqī qui chargeait la littérature et non la philosophie ou la science de tracer la voie vers l'avenir. Pour construire l'avenir, « les chaînons successifs, dit-il, sont : littérature, philosophie, puis civilisation »[40]. C'est dans ce sens que la littérature dans la perspective du courant *ʿabr al-nawʿiyya* est tenue pour l'instrument par excellence de la refondation, et gratifiée du statut accordé autre fois à la philosophie ou à la religion, et actuellement à la science.

Cette demande intenable adressée à la littérature – sommée d'assumer une fonction ontologique, éthique, conative et même civilisationnelle – pourrait rester posée tant que la société arabe n'aura pas réinvesti l'histoire, par la créativité, la production symbolique et matérielle, la libération individuelle, la démocratisation politique et une réappropriation saine du religieux. A moins que ces écrivains ne reviennent à des positions plus conservatrices, à l'instar

40 *Cf.* Ḥaqqī, *Ḫuṭuwāt fī-l-naqd*, al-hayʾa al-miṣriyya, Le Caire, 1976, p. 188.

de Schlegel qui finit par se convertir au catholicisme et par accepter d'occuper une haute fonction à la cours impériale, ou à l'instar de Ğibrân qui sombra, à partir de son ouvrage *Le Prophète*, dans une mystique nébuleuse.

Mais, d'ores et déjà, elle révèle le bilan d'un processus qui a commencé avec les temps modernes. Elle indique que la littérature arabe moderne a consommé sa rupture avec la littérature classique et sa progéniture, celle du Iḥyāʾ et le courant qui le prolongea, d'une certaine manière, jusqu'à ces dernières décennies. L'approche héritée de Farāhīdī semble révolue et la poésie perd ses dernières positions spécifiques, mais pour mieux s'investir dans la prose afin de la recomposer. La vision dualiste classique est définitivement caduque. Il ne faut point comprendre cela comme un faire-part de décès de la poésie. Il signifie simplement que la poésie s'est libérée de ses carcans métriques et génériques anciens, et qu'elle a, du même coup, trouvé d'autres lieux à investir.

De même, il ne faut pas y voir la disparition des genres et la fin de toute écriture qui ne relèverait pas du transgénérique. Beaucoup de formes narratives connues continueront à exister et d'autres encore verront le jour. Car, il ne faut pas oublier que même l'ouragan esthétique et intellectuel que fut L'École d'Iéna ne fit pas table rase de toute autre littérature, même s'il en a secoué les fondations au point d'amener Goethe à douter de lui-même, selon l'expression de Maurice Blanchot. Il y marqua une rupture qui permit aux différentes formes littéraires de se redéployer autrement. Cela veut dire simplement que la conception du récit « réaliste » porté à sa perfection par un N. Maḥfūẓ, est devenu problématique, et que la forme de « prose » qui a dominé jusqu'aux années soixante-dix cède du terrain à d'autres formes. La littérature arabe moderne entre dans une nouvelle gestation.

Ainsi l'intérêt de l'interrogation de Ḫarrāṭ au sujet de *ʿabr al-nawʿiyya* ne réside point dans son originalité technique, puisqu'elle ne fait que reprendre une interrogation presque aussi vieille que la littérature ; mais plutôt dans le fait qu'elle entreprend de reformuler, au profit de notre époque moderne et au sein de la culture arabe, une question universelle, tout en accomplissant l'œuvre de la Nahda, et notamment dans sa version gibrâno-manfalûtienne. Si originalité il y a, c'est dans le fait que Ḫarrāṭ formule l'interrogation à partir de son lieu propre ; et c'est en cela – par le particulier – qu'il rejoint l'universel.

* Ce chapitre a paru pour la première fois dans *Arabic and Middle Eastern Literatures*, vol. 4, n° 2, July 2001, 157-166.

PARTIE 4

Vers le réalisme

CHAPITRE 7

Réalisme et courant de formation

Boutros Hallaq

A considérer *Ağniḥa*, roman de formation abouti malgré quelques lacunes, comme authentique manifestation du réalisme fondateur avant même l'éclosion du « réalisme formel », tenu jusque – là comme la matrice du roman arabe, nous tenons éléments de base susceptibles de fonder une nouvelle lecture de l'histoire du roman arabe moderne ; et ce depuis son émergence au milieu du XIXe siècle jusqu'à nos jours. Restituer au courant « roman de formation » la place qui lui revient conduit à mettre en place une nouvelle typologie du roman arabe et à en éclairer la genèse.

En effet, la notion de formation permet d'identifier adéquatement un certain nombre d'œuvres littéraires parmi les plus marquantes ; à commencer par *Zaynab*, lieu de fixation obsessionnelle de la critique arabe. Même placée sur un piédestal, ses lacunes en tant que roman réaliste[1] sautent aux yeux. Non seulement la campagne égyptienne y revêt une image idéalisée qui n'existe que dans la perception du narrateur-auteur[2], mais, plus grave encore, la peinture des mœurs comme la psychologie des personnages, y compris celle du héros Ḥamīd, reflète peu la réalité. En outre, une grande partie des critiques que nous avons formulées à propos de *Ağniḥa*, en tant que roman réaliste, s'applique à l'œuvre de Haykal[3]. Malgré son ton pamphlétaire, le jugement incisif

1 Il suffit de se référer aux critiques, très nombreuses, qui voulurent voir dans *Zaynab* l'œuvre fondatrice du réalisme en terre arabe.

2 Les conditions de production de l'œuvre, telles que l'auteur les décrit dans la préface de la deuxième édition, témoignent de cette disposition psychologique : ce sont les paysages de la nature suisse qui lui inspirent sa vision de la campagne égyptienne.

3 Il n'est pas incongru de penser que si la critique égyptienne a ignoré Ğibrān et ses épigones du Proche-Orient, son attitude ne procède pas d'un jugement littéraire. Elle a même réservé aux syro-libanais un traitement peu adéquat : elle a utilisé comme argument principal le fait qu'ils étaient étrangers à la société égyptienne (Šawām) et que, par conséquent, ils souffraient d'une crise d'identité. En témoignent clairement les critères que Abdel-Muḥsin Ṭāhā Badr ou Ḥamdī Sakkūt utilisent dans leurs analyses ; soit respectivement :

– "تطور الرواية العربية الحديثة في مصر ١٨٧٠–١٩٣٨"، دار المعارف، القاهرة، ١٩٦٣

– "الرواية العربية، ببليوغرافيا ومدخل نقدي، ١٨٦٥-١٩٩٥"، القاهرة، الجامعة الأميركية، ٢٠٠٢

 | DOI:10.1163/9789004705685_008

porté par Šarqāwī dans sa préface à son roman *al-Arḍ*, porte le coup de grâce au « réalisme » de *Zaynab*. En revanche, l'œuvre recouvre sa dimension novatrice, si l'on accepte de l'apprécier à l'aune du roman de formation. Le réel se laisse percevoir alors non pas dans la peinture du monde extérieur du protagoniste, mais dans celle de son univers intérieur ; car il s'agit bien du parcours d'un personnage « problématique » (selon l'expression connue de Lukács) dans sa confrontation avec un monde relativement complexe. S'il arrive à intégrer, sur un mode romantique, son milieu naturel premier, la campagne égyptienne, et à faire quelques expériences amoureuses, il échoue dans sa tentative d'assumer pleinement la dimension affective. De même, désemparé devant la complexité de la ville avec ses idéologies divergentes, il ne réussira guère à se situer par rapport à la société, notamment dans sa dimension moderne. Cela signe son échec au niveau cognitif aussi. Sa disparition marque incontestablement cet échec, n'empêche que sa trajectoire n'en reste pas moins celle d'un jeune homme qui cherche à apprendre la vie. Même bancale, la formation reste le seul point d'ancrage valable de ce roman.

Avec une technique mieux maîtrisée, reflétant plus nettement le réel et campant un personnage moins marqué par l'échec, les deux principaux romans de T. al-Ḥakīm, *'Awdat al-rūḥ* et *'Uṣfūr min al-Šarq*, se coulent encore plus aisément dans le moule du roman de formation[4]. De l'un à l'autre, le même héros, le jeune Muḥsin, poursuit son parcours formationnel. Dans le premier, salué unanimement comme le roman le plus marquant depuis *Zaynab*[5], T. al-Ḥakīm déploie une habileté narrative incontestable, doublée d'un sens aigu du dosage dialecte/arabe littéraire[6]. Incompatible avec la convention « réaliste » – les procédés spécifiques à l'énonciation y sont tellement prégnants que beaucoup de critiques rattachent ce roman au courant romantique – il acquiert, en

Idéologique, cette critique ne fait qu'illustrer la logique étudiée par Benedict Anderson dans *Imagined Communities* (traduit en français sous le titre *l'imaginaire national*, 1996) : partager une géographie (celle de l'Égypte est l'une des plus cohérentes et des plus organisées dans la durée) et un temps, celui d'une identité projetée dans l'avenir (exprimée ici par la notion de nationalisme égyptien) tient lieu d'argument.

4 Parus respectivement en 1932 et 1938.

5 *Cf.* Les chapitres rédigés par Roger Allen et Hilary Kilpatrick (in Muhammad-Mustapha Badawi, *Modern Arabic Literature*, C.U. Press, Cambridge, 1992), ainsi que l'ouvrage de J. Brugman (*An Introduction to the History of Modern Arabic Literature in Egypt*, Leiden, E.J. Brill, 1984) et de Maḥmūd-Amīn al-'Alim et 'Abdul-'Aẓīm Anīs :

"في الثقافة المصرية"، بيروت، دار الفكر الجديد ، ١٩٥٥.

6 Dans une étude de 1984, nous démontrons que cette habileté, fondée sur la théâtralité et le mélange adroit des registres linguistiques, cache une approche lacunaire du réel ; c'est ce que la critique arabe est convenue d'appeler « l'intellectualisme chez al-Ḥakīm », الذهنية. Se reporter à l'analyse faite par B. Hallaq :

"الذهنية علاقة لغوية، دراسة في "عودة الروح" لتوفيق الحكيم"، مجلة فصول، القاهرة، مجلد خامس، عدد ١.

revanche, toute sa dimension comme roman de formation. Il relate le parcours d'un jeune homme, à la sortie de l'adolescence, placé dans un groupe social qui cherche à se réapproprier son identité nationale à travers un combat dramatique marqué par l'euphorie. Muḥsin vit alors une double expérience : comme citoyen, il reprend possession de ses racines nationales avec ses références mythologiques les plus reculées ; et comme individu, il découvre l'amour. Les deux volets s'articulent autour de la jeune Saniyya qui, tout à la fois, représente la femme et symbolise l'Égypte. Lieu géométrique de toutes les passions et de tous les idéaux qui travaillent les personnages, Saniyya représente le *cœur* – par opposition à *raison* – qui structure tant les individus que la nation[7]. Après son échec amoureux, Muḥsin entre dans le monde des adultes, du moins dans ce cadre quasi familial qu'est l'Égypte.

Le second roman de T. al-Ḥakīm conduit le héros à se situer par rapport à un monde plus large, universel pour ainsi dire, celui de la société occidentale moderne. Il reflète encore moins le « réel » de la société française que le premier ne campait la société égyptienne. Il permet cependant au jeune étudiant d'affronter un monde industrialisé complexe, régi par des rapports de production et par la recherche d'un accomplissement individuel, un monde presque aux antipodes du monde qu'il vient de quitter. Là aussi, l'amour impossible sert de révélateur ; mais l'art constitue une porte de sortie honorable. L'individu Muḥsin, toujours à partir de l'amour, finit par trouver ses repères par rapport au matérialisme et à l'individualisme de la société moderne (qu'il décèle également dans son propre pays) et assigne à l'amour et à l'art leur place dans sa vie. La formation est achevée. C'est là un aspect si important dans les deux romans que l'auteur tout comme les critiques y ont vu le parcours d'al-Ḥakīm lui-même[8]. De plus, la célèbre théorie élaborée plus tard par l'auteur, *al-Taʿāduliyya*, apparaît comme une synthèse intellectuelle de ces deux parcours de formation.

L'œuvre qui, après ces deux romans, a suscité jusqu'à présent le plus de commentaires est, sans conteste, la nouvelle de Y. Ḥaqqī, *Qindīl Umm Hāšim*, parue en 1944. La critique l'a accueillie comme un moment décisif dans la montée du « réalisme » vers son accomplissement (l'œuvre de Maḥfūẓ) ; et les orientalistes y ont vu une tentative réussie pour réconcilier Orient et Occident, à travers leurs deux paradigmes opposés, la religion et la science. Pourtant ce dernier

7 Le dialogue entre l'inspecteur anglais et l'archéologue français qui couvre pratiquement tout le chapitre 6 du roman est éloquent à cet égard. Le Français y déclare : أنى للحقيقة أن تهزم العقيدة إلا أن يهزم العقل القلب.

8 On peut se référer à deux ouvrages : Maḥmūd-Amīn al-ʿAlim et ʿAbdul-ʿAẓīm Anīs, في الثقافة المصرية (1955) et Nāǧī Naǧīb (1985) : "النزوع إلى العالمية ونشأة الواقعية الحسية"، بيروت، دار التنوير.

aspect est plus que contestable et l'approche « réaliste » n'est perceptible que dans la description de la vie collective, notamment celle qui se déroule dans *Maydān Sitt Zaynab*[9]. Quant à la perception de l'Occident, où Ismāʿīl, le héros de la nouvelle, vécut sept ans (un cycle symbolique), elle reste stylisée, à la limite de la caricature, et dépourvue de réalisme. Et si réconciliation il y a, ce n'est point entre religion et science, mais entre le collectif et l'individuel ; ce qui nous ramène directement au processus de formation. En réalité, dans son parcours tumultueux – et pas toujours convaincant –, Ismāʿīl accomplit sa formation à trois niveaux. Le premier concerne le corps, à défaut de l'affectif dans sa globalité. La sexualité transcende la dichotomie virginité/prostitution pour se constituer en relation de fécondité épanouissante, au niveau du couple, et symboliquement fondatrice au niveau de la nation. Le deuxième se rapporte à l'intégration du savoir. Celui-ci ne s'assume pas par la raison, mais par le cœur. La science de l'Occident ne devient culture qu'en passant par le filtre du cœur qui conjugue connaissance abstraite et perception sensible. Le troisième concerne les rapports entre l'individuel et le collectif. Influencé par l'égyptologie triomphante alors en Occident, Ismāʿīl perçoit le peuple d'Égypte comme une famille dont il est lui-même un membre, un « chaînon » dit-il, autonome et interdépendant à la fois. On pourrait ajouter un quatrième niveau, celui de l'écriture où le narrateur, par la pratique de la littérature occidentale, parvient à une synthèse féconde. Il allie, avec bonheur, la sensualité de son rapport à la langue arabe avec la précision et l'économie – *al-ḥatmiyya, l'inéluctabilité*, dirait-il, – dans le langage flaubertien – acquises au contact de l'esthétique de la langue française.

Une des œuvres majeures de cette période[10], *al-ʾAyyām*, de Ṭāha Ḥusayn, mérite, elle aussi, d'être étudiée sous le même angle. Malgré son caractère autobiographique évident, *al-ʾAyyām* se présente comme une « reconfiguration » d'événements individuels vécus par le héros, dont les faits et gestes sont rapportés, par ailleurs, à la troisième personne. Plus que d'une peinture de la société de l'époque, il s'agit du parcours d'un personnage qui cherche à se situer face au monde. Il lui faut, d'abord, trouver sa place dans un environnement qui lui échappe, du fait de sa cécité (qui lui impose une distanciation par rapport à la réalité) surdéterminée par la sollicitude surprotectrice des siens[11]. Il doit, ensuite, intégrer la sphère du savoir (d'al-Azhar à la sorbonne) et

9 *Cf.* B. Hallaq, « La foi à l'épreuve de la science dans *Qindīl Umm Hāšim* », dans la partie VI de cet ouvrage.

10 Publié en 1929, le premier volume, de loin le plus intéressant, a d'abord paru en feuilleton dans *al-Hilāl*, de décembre 1926 à juillet 1927. Le second ne paraîtra qu'en 1939.

11 Un épisode en témoigne éloquemment : la scène du repas où il essaie d'enfreindre la règle établie en plongeant ses deux mains dans le plat commun ; ce fut une expérience

celle de l'affectif, vécue dans une relation amoureuse évoquée avec une infinie discrétion. Il s'agit bien d'une réappropriation du monde, qui s'inscrit dans la logique de la formation, comme nombre de critiques[12] l'ont bien vu.

Cette approche formationnelle est également perceptible en amont de l'œuvre gibranienne. *Al-Sāq ʿalā al-sāq* (paru en 1855), pour retenir uniquement l'œuvre la plus marquante de cette période que la critique redécouvre ces dernières années[13], en est la parfaite illustration. Ne serait-il pas raisonnable de considérer cette œuvre à multiples aspects – dont le transgénérisme que nous évoquerons plus loin – comme le récit d'une formation au parcours original ? *Al-Sāq* comporterait alors une double quête, que l'écran de fumée dressé par un style exubérant arrive mal à masquer. D'une part, le personnage central cherche à se situer par rapport à deux sociétés opposées : l'une, orientale, caractérisée par le cléricalisme, le communautarisme et l'oppression socio-politique, qui entrave l'émergence de l'individu ; et l'autre, occidentale, complexe dans son savoir et ses institutions socio-politiques favorable à l'épanouissement de l'individu, mais naïve dans sa psychologie, agressive dans son rapport à l'autre, mesquine dans sa vision du monde, comme al-Fāryāq le laisse entendre clairement. Il affiche ses distances comme sa complicité avec l'une et avec l'autre, pour aboutir à un équilibre fragile et, en fin de compte, très pessimiste ; pessimisme trahi par son humour sarcastique dévastateur. Mais ce personnage – second volet de la quête – fait l'apprentissage de la littérature. Souvent douloureuse, sa démarche consiste à se situer, par un effort de chaque instant, entre le patrimoine culturel arabe, passionnément aimé pour son esthétique, et l'absolue nécessité d'une littérature créative, susceptible de dire l'homme dans son individualité la plus intime. Il s'agit, en fait, de répondre à la

humiliante qui l'a marqué durablement. Elle n'est pas, pensons-nous, sans relation avec l'attitude intellectuelle, farouchement indépendante, qu'il affichera tout au long de sa vie.

12 Parmi les nombreuses appreciations, citons celle, tout à fait explicite, d'Hilary Kilpatrick : « In its psychological insight into the world of childhood, its treatment of the formative years of the central figure and its consistent handling of perspective, this book offered a model which novelists could profit from, in particular, when embarking on bildungsroman ». (M.-H. Badawi, *op. cit.*, 1992, 227).

13 Citons parmi les études plus récentes :

- M. Peled, « *Al-Sāq ʿalā al-sāq*, a Generic Definition », in *Arabica, t. XXXII*, 1985.
- Ğibrān, Sulaymān, "كتاب الفارياق، مبناه وأسلوبه وسخريته"، جامعة تل أبيب، ١٩٩١.
- ʿImād al-Ṣulh, "إحمد فارس الشدياق، آثاره وعصره"، بيروت، شركة المطبوعات، ١٩٨٧.
- Paul Starkey, « Fact and fiction in *al-Sāq ʿalā al-sāq* », in Robin Ostle, Ed de Moor and Stefan Wild, 1989, *Writing the Self in Modern Arabic Literature*.
- Fawwāz al-Ṭrābulsī et ʿAzīz al-ʿAẓma, "أحمد فارس الشدياق"، لندن-بيروت، رياض نجيب الريس، ١٩٩٥.

question : comment devenir écrivain (créateur-poète, dirait Ǧibrān, à la suite de Novalis) dans l'aire arabe tiraillée entre une modernité qu'elle entrevoit – et ne cessera par la suite de singer[14] – et une tradition mortifère parce que mal comprise ? A travers ces deux trajectoires, on reconnaît la configuration habituelle de la formation.

Ce rapide déroulement des œuvres maîtresses du roman arabe, destiné à illustrer le courant de formation à travers près d'un siècle de production (soixante ans avant Ǧibrān et trente ans après), est loin de constituer un tableau exhaustif. Une lecture systématique de la production romanesque pendant cette période permettrait sans doute de découvrir d'autres ouvrages s'inscrivant dans la même dynamique[15]. Cela suffit, cependant, à éclairer notre thèse : la modernité romanesque, liée à une nouvelle approche du réel et apparue bien avant « le réalisme formel », prend corps essentiellement dans le courant de formation dont la typologie régit même les œuvres majeures de la première production romanesque. Parti d'*al-Sāq*, ce courant prend une forme aboutie, très vraisemblablement, avec *Aǧniḥa,* avant de se déployer dans d'autres œuvres plus accomplies (*al-ʿAyyām, ʿAwdat al-rūḥ, ʿUṣfūr min al-šarq, Qindīl Umm Hāšim*...) et de continuer son cheminement sous différentes formes jusqu'à nos jours.

C'est parallèlement à ce courant, mais largement décalé dans le temps, qu'apparaît le courant « réaliste » proprement dit, qui, à notre sens, n'a vu le jour ni avec *Zaynab,* ni avec la production gibranienne. Il ne s'identifie pas non plus au roman historique (à la manière de Zaydān et, avant lui, d'un Salīm al-Bustānī), ni aux tentatives d'un Muwayliḥī (*Hadīṯ ʿIsā Ibn Hišām*), ni même à celles de Maḥmūd Ḫayrat (*al-Fatā al-rīfī / al-Fatāt al-rīfiyya*) ; et ce nonobstant leur apport non négligeable. Nous en voyons plutôt les prémices dans la Nouvelle. Formé à l'école russe puis anglo-saxonne, Nuʿayma ouvre la voie avec ses premières tentatives littéraires (*Muḏakkirāt al-Arqaš* et *kāna yā mā kān*[16]). Il est suivi par le pionnier Muḥammad Taymūr (*Mā tarāhu al-ʿuyūn*, 1919), puis par son frère Maḥmūd, formés tous deux à l'école française ; après quoi, Y. Ḥaqqī prendra le relais. Le roman réaliste s'engagera dans la voie tracée par la nouvelle, avec les tentatives de ʿIsā ʿUbayd (*Ṯurayyā*, 1922), Maḥmūd Taymūr

14 En effet, si les pionniers que sont Ṭahṭāwī, al-Šidyāq et Marrāš ne souffrent d'aucun complexe vis-à-vis de l'Occident, il n'en va pas de même pour leurs successeurs, à commencer par ʿAlī Mubārak (Cf. son ouvrage علم الدين).

15 Il est permis de penser à certains ouvrages comme ceux d'al-Māzinī, إبراهيم الكاتب et de ʿAqqād, سارة.

16 La première œuvre, كان يا ما كان, parut sous forme de feuilleton entre 1914 et 1925, avant d'être éditée en 1937. Quant à la seconde مذكرات الأرقش elle fut également publiée sous forme de feuilleton en 1917-1918, mais ne fut éditée qu'en 1947.

(*Raǧab afandī*, 1928), Ṭāhir Lāšīn (*Ḥawwāʾ bilā ʿAdam*, 1934), Ṭaha Ḥusayn (*Adīb*, 1935), T. al-Ḥakīm (*Yawmiyyāt nāʾib fī-l-aryāf*, 1937), T. Yūsuf ʿAwwād (*al-Raġīf*, 1939), ʿĀdil Kāmil (*al-millīm al-akbar*, 1944). Il incombera à N. Maḥfūẓ de le mener à son apogée. Cet auteur est, pour reprendre l'expression employée à l'endroit de Balzac, « le père du roman réaliste » arabe. En même temps qu'il fera école, il accentuera une « crise » déjà à l'œuvre avec Masʿadī (*al-Sudd*, 1945) et Ḫarrāṭ (*Ḥīṭān ʿāliya*) dans le roman moderne. Celui-ci se diversifiera, en prenant appui sur Maḥfūẓ ou en s'inscrivant contre lui ; il finira par s'imposer au maître lui-même. La période qui suit la deuxième phase de l'œuvre de Maḥfūẓ – *grosso modo* à partir de 1967 – n'est pas sans analogie avec celle qui, dans la littérature française, succéda à l'œuvre de Flaubert.

Mais à côté du roman de formation et du roman réaliste, le siècle qui s'étend entre 1855 et 1950 connut d'autres courants qu'il ne s'agit nullement d'occulter, et notamment le roman historique, l'autobiographie, le roman de pédagogie sociale et le roman utopiste, sans parler d'autres variantes possibles. Il nous semble, dans l'état actuel de la recherche sur le roman, que l'existence de tels courants n'infirme pas notre hypothèse. Le roman historique arabe de cette période, qui a d'ailleurs un statut à part, se fonde sur une approche didactique (mâtinée souvent de romantisme, attachée à idéaliser une période ou un personnage historique) plus qu'il ne s'applique à camper une individualité. Celui de pédagogie sociale, dont relève la plus grande production de la fin du XIXe siècle, tient plus du moralisme et des bonnes règles à inculquer que d'un processus de développement de la personnalité. Même s'ils mettent en œuvre des éléments relevant du réalisme ou de la formation, ils ne peuvent satisfaire aux critères essentiels d'approche du réel. Quant à l'autobiographie, elle n'apparaît que dans le sillage du roman de formation et des premiers pas du roman réaliste à partir des années 1920, sous forme de fictions autobiographiques, entre autres ; elle ne bénéficie d'aucune antériorité. Reste le roman de formation sociale, ou d'utopie sociale, tel *al-Mudun al-ṯalāṯ*. Il mérite un traitement à part, d'autant plus qu'il est antérieur à *Zaynab* et à l'œuvre gibranienne. Nous pensons, quant à nous, qu'il ressortit, du moins pour ce dernier, pour une part au roman de formation individuelle et pour une autre part au roman de formation sociale, notion qui rejoint celle d'utopie[17]. Cette sorte hybride, probablement spécifique à la littérature arabe, qui a connu un certain succès au tournant du siècle, nous penchons à la mettre dans la catégorie de « roman

17 On peut conclure de l'analyse faite par Luc-Willy Deheuvels de المدن الثلاث que ce roman, outre son aspect utopiste, se présentait comme un « roman de formation », puisque le héros subit également une transformation au niveau individuel (Deheuvels, 1999, « « Le livre des trois cités » de Faraḥ Anṭūn : une utopie au cœur de la littérature arabe moderne »).

de formation individuelle et collective »[18] qui prendra avec Ǧibrān une tonalité prophétique.

Ainsi apparaît, dans toute son ampleur, le premier trait explicitement revendiqué par Ǧibrān, face au *Iḥyāʾ* entièrement voué à une approche didactique : l'écriture du moi tenue pour un paradigme majeur de toute littérature. En éclairant d'un jour nouveau la genèse du roman arabe, le moment gibranien justifie sa centralité incontestable.

* Ce chapitre est tiré de notre ouvrage paru en 2008, *Gibran et la refondation littéraire arabe*, déjà cité (Cf. Première partie, chapitre IV, III, « Roman de formation et genèse du roman arabe », p. 239-248).

18 *Cf.* dans cet ouvrage, le chapitre « Formation : sujet individuel et collectif », de la Partie 4.

CHAPITRE 8

Formation : sujet individuel et collectif

Boutros Hallaq

Lorsque, emboîtant le pas à sa sœur orientaliste, la critique arabe a décidé d'apprécier le roman arabe naissant à l'aune du seul « réalisme » (notamment celui du XIXe siècle français, représenté par Balzac), elle a amputé la production romanesque de tout un pan absolument fondamental pour comprendre la genèse de la littérature arabe moderne ou saisir les moments forts de l'émergence de l'individu dans l'aire culturelle arabe, deux processus qui sont amplement concomitants. En effet, bien avant la parution de *Zaynab* – moment que la critique a désigné comme celui de la « naissance » du « vrai » roman (réaliste, bien entendu) –, ces deux processus étaient déjà à l'œuvre dans la création littéraire, notamment à partir des années 1850. Ils se manifestaient dans un courant que j'appellerai « de formation » et qu'il convient de distinguer de la tradition du roman de formation *stricto sensu*. On peut déceler dans ce courant deux variantes. La première, relevant de l'individuel, se rattache justement à cette tradition occidentale du « roman de formation » qui s'est épanouie au XVIIIe siècle ; tradition qui s'affirme avec Fielding (*Pamela ou la vertu récompensée*, 1740 et *Clarissa*, 1747) et Richardson (*Joseph Andrews*, 1742 et *Tom Jones*, 1749), s'enrichit avec quelques œuvres des français Jean-Jacques Rousseau (*La nouvelle Héloïse*, 1761) et Diderot (*Jacques le Fataliste*, 1773) et trouve son apogée – et probablement son code définitif – avec Gœthe (*Les Années d'apprentissage de Wielhelm Meister*, 1796)[1]. Cette variante est représentée par des œuvres éminentes comme *al-Sāq ʿalā l-sāq fī mā huwa al-Fāryāq* de Šidyāq[2] (publié à Paris en 1855, désormais *al-Sāq*) et *al-Aǧniḥa al-mutakassira*

1 Parmi les nombreux ouvrages traitant de la question, voir : F. Bancaud-Maenen, *Le Roman de formation au XVIIe siècle en Europe*, Paris, Nathan, 1989 ; Franco Moretti, *The Way of the World, the Bildungsroman in European Culture* (traduit de l'italien), 1987 ; et Alain Montandon, *Le Roman au XVIIIe siècle en Europe*, Paris, PUF, 1999.

2 Cet ouvrage a été publié en français sous le titre *La Jambe sur la jambe*, trad. René Khawam, Paris, Phébus, 1991.

 | DOI:10.1163/9789004705685_009

de Gibrān[3] (publié en 1912, désormais *Ağniḥa*), mais elle est perceptible dans de nombreux autres romans.

Ce courant arabe de formation dépasse, cependant, le niveau individuel auquel se confine le roman de formation occidental pour englober le niveau collectif ou social. Cette deuxième variante du courant de formation se rapproche, nous semble-t-il, d'une autre tradition occidentale : celle de la littérature utopiste, inaugurée par Thomas More (*De Optimo republicai statu deque nova insula Utopia*, 1516) et qui a connu un grand essor dans tous les pays européens jusqu'au XIXe siècle[4]. Elle reste fidèle néanmoins à la dynamique formationnelle, dans la mesure où elle ne se contente pas, comme la littérature de l'utopie, de concevoir les institutions qui devraient animer une « Cité idéale » et d'en décrire le fonctionnement ; elle s'attache plutôt à représenter un processus de formation applicable, au-delà de l'individu, à toute une société, voire à toute société. Dans cette variante, on peut regrouper certaines œuvres majeures comme *Ġābat al-ḥaqq* de Fransīs Marrāš (1865, désormais *Ġābat*) ou *al-Mudun al-talāt, al-ʿilm wa l-māl wa l-dīn* de Faraḥ Anṭūn (1903, désormais *al-Mudun*) et, sans doute, un certain nombre d'œuvres moins connues.

Dans cette étude, nous nous attacherons à exposer brièvement ces deux variantes du courant de formation, afin de mettre en lumière le rôle joué par le genre romanesque dans la représentation du processus d'individualisation, que ce soit au niveau des personnes ou au niveau de la cité. Une nouvelle taxinomie des genres littéraires apparus depuis la Nahda s'imposera, en corollaire, qui détermine une autre approche de l'histoire de cette littérature. Du point de vue terminologique, nous proposons d'appeler la première variante *riwāyat al-tanšiʾa* (qui reprend l'expression consacrée « Roman de formation ») et la deuxième *riwāyat al-nušūʾ*, expression qui a l'avantage d'intégrer la notion d'*al-irtiqā wa l-nušūʾ*, très en vogue à l'époque et notamment sous la plume de certains pionniers de cette variante, comme Š. Šmayyil ou F. Anṭūn adeptes de la théorie darwinienne de l'Évolutionnisme.

Afin de rendre compte de l'ensemble de la production romanesque de cette période, signalons enfin que, sans relever de l'une ou l'autre des deux variantes en question, la majeure partie de la production romanesque restante s'inscrit, tout compte fait, dans une dynamique d'éducation qui vise aussi bien l'individu que la société ; tant il est vrai que l'intellectuel du XIXe siècle (et le romancier

3 Traduit dans les années 1940, il vient de paraître dans une nouvelle traduction : *Les Ailes brisées*, trad. de Joël Colin, Paris, Sindbad-Actes Sud, 2001.

4 Citons parmi les ouvrages les plus connus : Francis Bacon, *La nouvelle Atlantide* (1627) ; Campanella, *La cité du soleil* (1623) ; Fénelon, *Les aventures de Télémaque* (1699) ; et Bernardin de Saint-Pierre, *Arcadie* (1781). On peut se référer à Georges Jean, *Voyages en Utopie*, Paris, Gallimard (« Découvertes », 2000), 1994.

en est un par excellence) se veut d'abord l'éducateur de son public ; il produit déjà une littérature « engagée ». En témoignent, entre autres œuvres, celles de Salīm al-Bustānī, de ʿAlī Mubārak, de Muwayliḥī ou de Zaydān[5].

1 Le courant de formation individuelle ou *Tayyār al-tanšiʾa*

L'œuvre de Šidyāq – dont on commence maintenant à appréhender la dimension fondatrice de la modernité littéraire arabe – peut parfaitement être lue comme le récit d'une formation au parcours original. En effet, Fāryāq, le héros d'*al-Sāq ʿalā l-sāq*, est habité par une double quête. D'une part, il cherche à se situer par rapport à deux sociétés qui semblent antagonistes, ayant chacune ses qualités et ses défauts. Par un jeu subtil de distanciation et de complicité, il se fraie un chemin qui lui permet d'affirmer son individualité, dans un équilibre toujours instable. D'autre part, il poursuit une autre quête, parallèle à la première : comment devenir « créateur » ou écrivain ? Sa découverte des cultures occidentales le renvoie à sa propre culture et l'oblige à un effort de discernement en vue d'inventer sa propre voie littéraire. Il en va de même pour *Zaynab* qui, loin d'être un roman réaliste, apparaît comme le parcours d'un « être problématique »[6] qui cherche, dans la douleur et souvent d'une façon inconséquente, à prendre possession de son corps, à intégrer son affectivité, son environnement naturel (la campagne égyptienne) et sa société, et à trouver une solution personnelle à la question métaphysique. *Zaynab* relève d'abord du roman de formation. C'est, cependant, *al-Ağniḥa* de Gibrān qui constitue la première tentative aboutie du roman de formation. Nous nous y arrêterons plus longuement.

Considéré sous l'angle du réalisme (démarche classique souvent suivie par les gibrānistes), *Ağniḥa* se réduirait à une révolte contre l'institution socioreligieuse mortifère pour l'amour, symbolisée par le personnage de l'évêque de Beyrouth qui détient les deux leviers du pouvoir politique : l'autorité religieuse et l'argent. De plus, l'analyse des mécanismes qui entraînent cette révolte reste schématique et donc peu convaincante : la description des rapports hiérarchiques et sociaux laisse entendre qu'il s'agit d'une société figée dans son essence même. Cette approche évacue tout « réalisme » et contredit la réalité historique qu'elle prétend décrire. Il suffit, en effet, de rappeler que cette

5 Cette vision de la culture est exprimée par le célèbre vers d'Aḥmad Šawqī :

قم للمعلم وفِهِ التبجيلا/كاد المعلمُ أن يكون رسولا

6 Selon l'expression de G. Lukacs, in *La théorie du roman*, Paris, Éditions Gonthier, 1975.

société a connu, entre autres événements, la première révolte sociale en Orient arabe, la « Commune d'Antélias » (1858)[7], qui a failli abattre la féodalité et l'institution religieuse sur laquelle elle prenait appui. Quant aux personnages, ils semblent se réduire à des « fonctions » (dans le sens utilisé par Propp), sans aucune épaisseur psychologique ou sociale. Comment ne pas s'étonner, en effet, de l'attitude du père de Salmā qui, malgré son amour ardent pour sa fille unique, n'ébauche aucun geste pour la défendre contre le dictat de l'évêque ? Et comment ne pas rester perplexe devant l'apathie des amants qui acceptent leur destin sans coup férir et semblent trouver de la joie dans leur soumission ? L'importance excessive laissée au hasard dans l'enchaînement des évènements et la place démesurée faite à l'énonciation narrative dans ses formes les moins élaborées viennent, avec d'autres éléments encore, invalider une lecture réaliste du roman.

En revanche, perçue sous l'angle de la formation, *Ağniḥa* acquiert une cohérence interne évidente. Elle apparaît alors comme une œuvre retraçant le cheminement d'une vie qui se construit en dépassant ses déterminismes et en harmonisant ses rêves avec « la réalité » de l'existence, non seulement en alliant « la poésie du cœur » à « la prose des rapports sociaux », selon l'expression de Hegel, mais aussi en découvrant le sens de l'univers et la place que l'homme doit y occuper.

Au début de son parcours, le monde intérieur du héros est un monde chaotique et violent[8], qui se caractérise par la conjonction de deux éléments : une sensibilité exacerbée (*al-iḥsās*) et l'ignorance (*al-ǧahl/al-ġabāwa*), et se révèle par un état de « mélancolie » que le narrateur qualifie de « muette » (*ka'āba ḫarsā'*). Ce chaos renvoie, dans l'énonciation narrative, au « chaos primitif » (évoqué dans la mythologie biblique) qui régnait avant la création[9] : il constitue bien un début, une matrice.

À la fin du parcours, la situation s'inverse : le sentiment (*al-'āṭifa*) se substitue à la sensibilité exacerbée et la connaissance (*al-ma'rifa*) à l'ignorance. Le sentiment remembre, en quelque sorte, le « corps » psychique naguère déchiqueté du héros ; la connaissance lui permet de se positionner dans la société et l'univers[10]. Aussi le chaos cède-t-il la place à une « nouvelle naissance »[11], sans que la mélancolie disparaisse pour autant ; elle se transforme cependant :

---

7 *Cf.* Kamāl Sālibī, *Histoire du Liban du XVIIe siècle à nos jours*, trad par Sylvie Besse, Paris, Naufal, 1988, chap. V ; Dominique Chevallier, *La Société du Mont-Liban à l'époque de la révolution industrielle en Europe*, Paris, Geuthner, 1971.

8 « De secrètes souffrances muettes éclataient telles des orages en se multipliant, sans trouver nulle part une issue d'évacuation », dit le narrateur.

9 « Semblable au flottement de l'Esprit sur la surface de l'eau avant le début des siècles ».

10 أصبح شبيها في فضاء المعرفة والمحبة.

11 في تلك السنة وُلدتُ ثانية.

de « muette » elle devient « parlante ». La persistance de la mélancolie sous une forme euphorique constitue sans aucun doute un trait distinctif majeur de la formation ğibrānienne nourrie par la pensée arabo-sémitique qui la différencie de la formation comprise dans le sens occidental.

Entre le début et la fin du parcours se produit l'événement majeur : la rencontre de l'amour en la personne de Salmā[12], après que la beauté ait opéré telle une foudre. Désormais liés, l'amour et la beauté semblent se situer dans le monde de l'Absolu en tant qu'Idées platoniciennes : le Beau et l'Amour.

Le processus de formation se déploie sur deux lignes parallèles, celle du cœur (sentiment) et celle de la raison (connaissance), en s'étendant de proche en proche pour couvrir l'ensemble de la réalité humaine. Partant du cercle du privé, le héros commence par rencontrer le père à travers une figure substitutive, celle du père de Salmā. Grâce à cette rencontre, il accepte sa condition de fils et la notion même de génération (ce qui correspond à la résolution du complexe d'Œdipe), mais il institue ce père en repère qui fonctionne aussi bien en modèle à imiter qu'en contre-modèle à dépasser. Vient ensuite la figure maternelle qu'il célèbre non pas dans l'intention de la posséder (car la mère est toujours figurée par l'absence) mais en vue d'intérioriser le maternel ; cela lui ouvre le cercle de la fratrie : il se reconnaît comme membre d'une famille, comme un anneau dans une chaîne. Il est alors prêt à accepter sa condition d'homme sexué. Il intègre en même temps que le sentiment amoureux la dimension sexuelle qu'il implique. Il convient d'insister sur le fait que la célébration du corps est un élément essentiel à la compréhension de l'univers ğibrānien, car il est omniprésent dans le récit bien qu'il soit camouflé sous un épais voile métaphorique qui a amené les ğibrānistes à ne voir en lui qu'un romantique éthéré[13].

Le deuxième cercle, celui de l'environnement naturel et social, se met en place. Le héros découvre la nature comme lieu sublime de la condition humaine et partenaire privilégié de l'homme. Il découvre ensuite l'institution sociale, non seulement telle qu'elle se présente sous ses yeux, le lieu où dominent l'argent, les dogmes figés et les traditions passéistes, mais aussi telle qu'elle devrait devenir un jour. En dénonçant les institutions en vigueur, il annonce l'avènement d'autres plus humaines. L'emblème en est l'institution

12 فسلمى حوّاء هذا القلب ... أبدلت شبيبتي بيقظة هائلة.

13 Considérant Ğibrān comme un philosophe, un maître à penser et un modèle, un certain lectorat scandalisé par certaines révélations – plutôt discrètes – sur la vie intime de l'auteur, faites par Mīḫā'īl Nuʿayma (*Ğibrān Ḫalīl Ğibrān, ḥayātuhu, mawtuhu, adabuhu, fannuhu*, 1934), a dû revoir son jugement sur le comportement amoureux de leur idole après la parution de l'ouvrage de T. Ṣāyiġ, *Aḍwā' ğadīda ʿalā Ğibrān*, 1966. Les nombreuses et parfois scabreuses relations amoureuses de Ğibrān faisaient apparaître une attitude qui n'a rien d'ascétique ni de mystique.

du mariage qui d'acte de coercition devient un « sacrement dans l'ordre de la nature », selon l'expression de Julius, le héros de *Lucinde*[14]. Ce monde nouveau est symbolisé par l'Or qui, sur les décombres d'une société façonnée par l'argent, en édifie une autre aussi pure que le cristal « de l'or gemme » chanté par Henri d'Ofterdingen, le héros de Novalis[15]. La dimension culturelle apparaît alors. Le héros recueille l'héritage des civilisations qui ont marqué son espace géographique pour en faire le ressort d'un nouvel ordre du « vivre-ensemble », pour ne pas dire d'un nouveau « sentiment national ».

Se constitue enfin le troisième cercle, le cercle cosmique qui détermine la condition humaine en tant que telle. L'homme y apparaît comme un microcosme qui obéit à la Loi (*nāmūs, nomos*) qui régit le macrocosme, à savoir l'Amour[16]. Grâce à la place faite à l'amour, la maternité devient le principe fondamental de l'être[17]. Dieu lui-même perd les traits paternels que lui reconnaît le christianisme, pour acquérir ceux d'une mère. La condition humaine se révèle dans sa grandeur et son tragique : le règne de l'Amour ne peut se réaliser qu'après et à travers la mort ; cette vie est condamnée à rester le domaine du transitoire. Il n'est dès lors pas étrange que l'amour des deux amants ne puisse s'y réaliser.

Cette analyse succincte montre que le récit gibrānien retrouve toute sa cohérence lorsqu'il est considéré comme un roman de formation, quelles que soient les réserves que l'on pourrait formuler à l'égard de sa technique narrative. Il s'inscrit alors sans peine dans le grand courant qui englobe les œuvres maîtresses du genre, à commencer par *Les Années d'apprentissage de Wielhelm Meister*, tout en gardant, cependant, sa spécificité liée à une vision arabe – ou sémitique – du monde. Cette spécificité rejoint, d'une certaine façon, celle qui distingue les romans de formation de l'École d'Iéna[18] des autres romans occidentaux.

---

14 C'est l'unique roman de F. Schlegel (1799).

15 Henri d'Ofterdingen (1802) est l'un des romans de formation les plus marquants de l'École d'Iéna.

16 أليست هذه العاطفة [الحب] جزءا من الناموس الكلّيّ الإلهيّ الذي يُسيّر القمر حول الأرض والأرض حول الشمس والشمس وما يُحيط بها حول الله؟

17 كل شيء في الطبيعة يرمز ويتكلم عن الأمومة.

18 Il s'agit du courant romantique allemand désigné par la critique allemande sous l'appellation *Frühromantik*, « le premier romantisme ». Il s'est constitué autour d'un petit groupe à l'existence éphémère (quelques années au tournant de l'an 1800) qui fréquente la ville d'Iéna, vit une « fraternisation des connaissances et des aptitudes » (la *sympoésie*, dira leur théoricien F. Schlegel), mène parfois une vie communautaire et pratique l'écriture en commun (les Fragments en témoignent). Il est constitué notamment de Friedrich

Ağniḥa a révèle, en effet, quelques accointances avec *Lucinde* de F. Schlegel et *Henri d'Ofterdingen* de Novalis, sur deux points essentiels : le statut assigné à la femme dans le processus de formation et la configuration du héros une fois sa formation parachevée. Chez Gœthe, la femme est un passage obligé mais transitoire : Wilhelm quitte sa « gitane » pour réintégrer son monde. Chez Iéna et Ğibrān, en revanche, la femme se présente sous une figure singulière (une femme précise) à laquelle on ne saurait trouver aucun substitut : c'est la perle rare. À l'instar de Mathilde et de Lucinde, Salmā est La femme qui « forme » son amant et reste, effectivement ou symboliquement, sa compagne, sa « moitié » où il trouve son accomplissement, même au-delà de la mort, puisque celle-ci n'est, selon l'expression de Julius, qu'une « longue nuit d'amour ». La femme participe de la divinité. Aussi apparaît-elle comme étant déjà accomplie par nature, déjà formée. Inaltérable par essence[19], elle réunit dans sa personne les contraires (puissance et faiblesse, soumission et révolte, accomplissement personnel et sacrifice) et possède, seule, la faculté de transformer l'homme qu'elle aime. Elle est Ishtar qui ressuscite Tammūz ; elle est le « feu transformateur »[20], selon l'expression bachelardienne. Elle est même, au sens religieux du terme, « la médiatrice » entre l'homme et son soi dont parle Novalis. Elle correspond à la définition qu'en donne le grand mystique al-Rūmī : « La femme n'est pas seulement l'amante, elle est l'ombre de Dieu sur la terre ».

Serait-il, dès lors, concevable que l'homme qui a eu la chance de la rencontrer puisse la délaisser pour réintégrer son milieu et gérer ses « affaires », comme le fait Wilhelm arrivé au bout de son processus de formation ? Son destin consiste plutôt à se consacrer définitivement à elle (ou à sa mémoire) et à mener dans ce monde une vie à nulle autre semblable. C'est cette voie que choisit Henri en s'adonnant à la poésie (synonyme de l'amour) ou Julius qui

---

Schlegel, le théoricien du groupe, son frère August Wilhelm, Novalis, Tieck, Schelling et Schleiermacher. Son importance fut décisive pour l'appréhension du fait littéraire : Son programme, note Todorov, « était d'une telle puissance que, pour ainsi dire, tous les mouvements artistiques ou esthétiques qui ont existé depuis, ceux qui se réclamaient du romantisme comme ceux qui se dressaient contre lui, n'ont fait que réaliser des segments plus ou moins importants du programme initial » (préface à Jean-Marie Schaeffer, *La Naissance de la littérature. La théorie esthétique du romantisme allemand*, Paris, Presses de l'École Normale Supérieure, 1983, p. 9). Pour mieux situer ce mouvement, on peut se référer avantageusement, en plus de cet ouvrage, à Ph. Lacoue-Labarthe et Jean-Luc Nancy, *L'Absolu littéraire. Théorie de la littérature du romantisme allemand*, Paris, Seuil, 1978 et Tzvetan Todorov, *Théories du symbole*, Paris, Seuil, 1977.

19 إن قلب المرأة لا يتغيّر مدى الزمان ولا يتحوّل مدى الفُصول.

20 *Cf.* Gaston Bachelard, *La Psychanalyse du feu*, Paris, Gallimard, 1949.

se consacre à l'art et à l'amitié (deux réalités qui ont partie liée avec la poésie). Quant au héros de *Aǧniḥa*, il devient poète.

Malgré sa parenté avec la vision d'Iéna, *Aǧniḥa* garde une certaine spécificité. Le héros iénaen se présente au bout de son processus de formation comme un homme accompli : artiste ou poète, il vit le bonheur de la créativité et de la connaissance ; et lorsqu'il envisage la mort, il n'y voit que le prolongement de ce qu'il vit dans le moment présent. Autrement dit : pour lui, le « Royaume de Dieu » a déjà commencé. Quant au héros gibrānien, il ne peut connaître, dans l'immédiat, un accomplissement total. S'il est vrai qu'il accède à la « connaissance » et au « sentiment », son devenir reste inachevé. Il sait d'expérience qu'il n'aura d'accomplissement qu'à travers et au-delà de la mort, là où l'amour véritable s'épanouira. À cet égard, la mort de Salmā était nécessaire. Cela donne à la mort un sens spécifique : la vraie mort réside dans la vie de celui qui se refuse à « la connaissance et au sentiment », alors que la mort naturelle de ceux qui s'engagent dans cette voie constitue la vraie vie, – dualisme qui détermine toute la vision gibrānienne. C'est le sens de cette *ka'āba* persistante chez le héros gibrānien, bien que de « muette » elle devienne « parlante ». On pourrait dire que, pour Iéna, la formation aboutit à un style de vie fondé sur une éthique bien définie, alors que, chez Ǧibrān, elle aboutit à une attitude prophétique fondée sur une métaphysique : leurs visions s'opposent comme l'éthique à la métaphysique[21].

2 Le courant de formation collective ou *Tayyār al-nušū'*

Le roman qui inaugure ce courant est sans doute *Ġābat al-ḥaqq* (*La jungle du droit*), d'un jeune médecin alépin mort à 38 ans, Fransīs Marrāš. Paru en 1865, dix ans après *al-Sāq*, il n'est pas sans signification que le projet en ait mûri à Paris, lieu de parution de l'œuvre de Šidyāq : ils partagent tous deux le souci de la formation. En brossant les traits d'une cité idéale, Marrāš s'inscrit dans la grande tradition utopiste. Ses personnages immédiatement allégoriques représentent les grands principes qui devront gouverner la société : le Roi de la Liberté, la Reine de la Sagesse, le Vizir de la Paix et de l'Amour-Agape, le Commandant de l'armée de la Civilisation ; dans ses grandes lignes, cette société devra conjoindre l'état naturel, « la jungle »[22], et l'État de raison, « le

21 Pour une analyse plus approfondie de ce roman, voir notre ouvrage, *Ǧibrān et la refondation littéraire arabe* (deuxième partie : « Roman de formation »), Paris, Actes-Sud, 2008.

22 C'est en fonction de cette analyse que nous rendons *ġābat* par jungle (et non pas par bois ou forêt) et *ḥaqq* par droit (et non pas par justice).

droit ». Il en est de même des longs développements philosophiques qu'il met dans la bouche de ces personnages : ils éclairent la manière dont ces principes devront animer le corps social.

Cependant, tout en participant d'une vision utopiste, Marrāš s'en distingue par la dynamique qui est à l'œuvre. Il ne décrit pas le fonctionnement d'une cité idéale telle qu'elle apparaîtrait dans sa virginité première (l'Arcadie de Bernardin de Saint-Pierre) ou dans sa nouveauté absolue (Thomas More). Il s'attache à montrer le parcours susceptible d'aboutir à une telle cité. Il s'agit véritablement d'un devenir. Aussi s'inscrit-il dans la dynamique cosmique à laquelle croyaient les auteurs de roman de formation de l'École d'Iéna, à savoir, l'histoire de l'être se déployant en trois temps ou « trois âges » : celui de l'Harmonie première auquel succède celui de la Disharmonie actuelle, qui devra faire place, à son tour, à une nouvelle ère d'Harmonie universelle, à un nouvel Âge d'or[23]. Cette vision, qui plonge ses racines dans la philosophie grecque et dans la mythologie biblique, anime également la démarche de Ǧibrān[24]. En en héritant, Marrāš indique clairement qu'il se place dans cette perspective de formation qu'il fonde, par ailleurs, sur des notions juridiques, héritées des Lumières, ou morales inspirées de la tradition sémitique-arabe, alors même que les protagonistes d'Iéna comme Gibrān la fondent sur la seule poésie, laquelle englobe à la fois amour et liberté.

Cette vision s'exprime de façon plus claire encore dans l'œuvre de Faraḥ Anṭūn. La critique littéraire a longtemps négligé cette œuvre, n'y voyant qu'un simple fatras de considérations philosophiques plus ou moins bien élaborées à propos de la question sociale. Le fait que l'auteur soit un positiviste et laïciste convaincu, voué à la vulgarisation des théories darwiniennes (l'évolutionnisme) et des idées socialistes du XIXe siècle, a sans doute contribué à renforcer cette attitude. Aussi F. Anṭūn fut-il convoqué essentiellement par les historiens de la pensée comme représentant de la philosophie sociale de cette période de la Nahda. Pourtant, une analyse plus approfondie de cette œuvre laisserait apparaître une dimension romanesque évidente, pour peu que l'on retienne la notion de formation aussi bien au niveau individuel qu'au niveau collectif. Dire cela ne préjuge en rien de la qualité esthétique de l'œuvre.

23 *Cf.* la préface de Marcel Camus à *Henri d'Ofterdingen* de Novalis, Paris, GF-Flammarion, 1992.

24 La pensée sociale de F. Anṭūn fait, depuis une décennie, l'objet d'une lecture plus nuancée et moins hostile.

En identifiant dans ce récit deux « Lecteurs-Modèles » (selon la définition d'Umberto Eco[25]) auxquels s'adresse le protagoniste, Luc Deheuvels a bien mis en évidence comment la dynamique fictionnelle a fini par « happer » le projet premier (ordonné autour d'un « Lecteur-Modèle » intéressé par une connaissance d'ordre purement intellectuel) dans un « dessein supérieur » ; dynamique qui suppose « un second Lecteur-Modèle, seul à même de réconcilier et d'ordonner dans une cohérence globale le récit et le discours dans la totalité de l'œuvre »[26]. Or cette dynamique s'appuie sur un parcours individuel en devenir, qui a partie liée avec la formation. Certes, le héros, Ḥalīm, n'a rien à voir avec le jeune homme « chaotique » de vingt ans qui, dans *Aǧniḥa*, va entreprendre sa formation : c'est déjà un homme mûr, un peintre reconnu et un intellectuel préoccupé par les rapports entre religion, science et fortune. De plus, il confine le voyage d'investigation qu'il entreprend dans ces « trois cités » dans un laps de temps limité, « trois semaines ». Il ignore encore qu'il va être pris dans une logique de formation se déployant aussi bien sur le registre de la « connaissance » que sur celui du « sentiment », tous deux intimement mêlés et fondés dans le cœur.

D'une part, Ḥalīm va, quasiment à son insu, entrer dans un scénario qui rappelle fort celui d'une « quête initiatique ». Il inaugure sa démarche par une « entrée » : dans un lieu opportunément appelé *al-duḫūl*, il rencontre un premier *šaykh* qui lui transmet « la mémoire » du premier fondateur de la cité de l'Âge d'or, Sulaymān, un nom à la connotation mythique évidente. Le deuxième *šayḫ*, le Président de la République (*ra'īs al-ǧumhūriyya*)[27], l'introduit dans les arcanes d'un pouvoir basé sur les rapports humains entre gouvernants et gouvernés. Le troisième, *šayḫ al-ʿulamā'* (le *šayḫ* des savants), lui présente le « modèle » de la société idéale à édifier. La connaissance acquise déborde l'ordre strictement intellectuel : le cœur y occupe autant de place que la raison.

D'autre part, Ḥalīm va rencontrer l'amour à travers une jeune « cavalière » qui, à peine perçue au loin, captive son cœur. La sensibilité de l'artiste-peintre qu'il était se transforme en sentiment amoureux qui aboutira au mariage. Ainsi le parcours de la connaissance rejoint celui du sentiment. Ce mouvement est figuré dans le récit par deux éléments : d'un côté, le premier *šayḫ* auprès de qui il acquiert la mémoire de la cité, lui suggère déjà que la rencontre avec cette jeune femme devrait faire partie de ses préoccupations ; et, de l'autre côté, cette jeune femme n'est autre que la propre fille du deuxième *šayḫ* qui

25 Se reporter à son ouvrage *Lector in fabula*, traduit de l'italien par Myriem Bouzaher, Paris, Grasset, 1985.

26 *Cf.* Luc-Willy Deheuvels, « *Le Livre des trois cités* de Faraḥ Anṭūn : une utopie au cœur de la littérature arabe moderne », *Arabica*, XLVI/3-4 (1999), p. 433-434. Nous renvoyons le lecteur à cette étude fine et exhaustive que nous exploitons, avec profit, dans notre exposé.

27 Ce néologisme est intéressant de par sa valeur anticipative.

lui confère le « savoir-faire ». Connaissance et amour s'imbriquent dans la rencontre finale où la bien-aimée joue pleinement son rôle de formatrice : elle introduit son amant dans l'univers de l'amour mais aussi dans le monde des « connaissances » héritées de son père. Elle lui apporte, en outre, la légitimité du pouvoir, ce qui annonce l'autre dimension de la formation, celle qui concerne la collectivité.

Au moment où le héros entre en scène, le processus de formation sociale est déjà en cours. Sa tâche sera de recueillir l'héritage proposé afin d'édifier l'avenir sur des bases plus saines que celles qui ont présidé à la constitution de l'édifice sociale qui va s'écrouler sous ses yeux. Cet héritage est marqué par le mythique : un âge d'or caractérisé par l'harmonie et l'unicité que la stature prophétique, quasi divine, de ce Salomon domine de sa hauteur. La phase en cours reflète la division, le conflit des intérêts et des références ; elle aboutira du fait de l'avidité des uns, du dévoiement des valeurs (représentées par des religions en perpétuel conflit qui se laissent instrumentaliser par les puissants) et de l'impatience utopiste des autres à l'écroulement de ce monde qui ressemble fort à celui des temps modernes, avant que la colère « divine » (ou celle de la « nature » mère) ne vienne en effacer toute trace. Une troisième phase peut enfin commencer ; le schéma classique qui sous-tend la vision d'Iéna, de Ǧibrān et d'une partie de la littérature utopiste du XIXe siècle est parfaitement respecté[28].

Cette troisième phase, qui doit refonder la société sur l'harmonie première (sans que cela constitue une reprise du premier modèle), sera l'œuvre du seul Ḥalīm, instruit par les événements qu'il vient de vivre, soutenu par sa belle « cavalière » et fort des compétences acquises auprès des successeurs et témoins de l'œuvre du premier fondateur. Rappelons, en effet, que les *šayḫ* rencontrés lui confèrent l'un (le Sage) la mémoire, l'autre (le Savant) le savoir et le dernier (le Président) le pouvoir dont Ḥalīm hérite symboliquement par son mariage avec la fille unique de ce dernier.

Les institutions et les mécanismes d'organisation de la nouvelle société ne sont pas explicitement exposés, comme dans certaines œuvres utopistes, bien que nous pouvons les deviner derrière le discours des *šayḫs* et les commentaires du héros. Ce trait distingue ce récit de la majeure partie des constructions utopistes occidentales[29]. Il indique qu'il convient d'y chercher, non pas une « radioscopie » plus ou moins figée et atemporelle d'une cité idéale, mais

28 L. Deheuvels signale que cette série en trois phases rappelle également les trois étapes de l'initiation maçonnique.

29 Sur ce point nous sommes un peu réservés sur l'identification générique proposée par Luc Deheuvels pour ce récit : « une utopie ». Utopie, certes, mais ce récit relève aussi d'un autre genre.

une dynamique de formation à l'œuvre. Il n'est pas anodin de constater que ce récit s'achève, en fait, sur un processus d'édification en cours. Faut-il voir dans son historicité même une autre preuve de cette dynamique ? En fait, nous voyons inscrits dans le récit et dans l'énonciation toute la problématique des réformateurs arabes de la Nahḍa : ouverture à l'universel par l'emprunt à la culture européenne de courants de pensée, d'un style d'écriture et même d'une certaine symbolique et métaphorique, mais, en même temps, une volonté très claire d'assumer toute l'épaisseur d'une réalité autre (celle de la société orientale) afin d'éviter le danger d'un simple placage. Les interrogations, les points de suspension, l'évocation d'alternatives possibles montrent plus que jamais que le processus est toujours en cours ; aucune forme définitive n'est et ne peut être annoncée.

Ainsi, dans la problématique individu/société, le courant de formation joue un rôle déterminant, et ce à un double niveau. Considéré dans sa variante « roman de formation » (*Riwāyat al-tanšiʾa*), il signale et favorise l'émergence de l'individu dans un rapport d'opposition à la société. Ici comme en Occident, la nouvelle sensibilité littéraire qu'il introduit ressortit à une vision de l'homme en tant qu'individu, vision qui s'appuie à son tour sur une approche inédite du savoir induit de l'expérience empirique, autrement dit sur la[30] perception (sensitive) que l'individu a de son milieu, de son espace. Ian Watt démontre bien que cette nouvelle approche inaugurée par les promoteurs anglais du *Novel* (inséparable du roman de formation : Fielding, Richardson, Defoe...) et qu'il appelle « le réalisme littéraire » (afin de le distinguer du courant « réaliste » qu'il propose de désigner par « réalisme formel ») découle du « réalisme philosophique », dont les origines remontent à Descartes et Locke. Le roman de formation arabe s'inscrit dans ce même mouvement induit de la représentation d'un monde basé sur l'individu. Mais, considéré dans sa variante « roman de formation collective » (*riwāyat al-nušūʾ*), il signale et favorise l'émergence d'une « individualité » sociale spécifique ou, si l'on veut, d'une identité sociale nouvelle. Il rappelle alors les grandes utopies romanesques qui ont investi le champ littéraire occidental à partir du XVIe siècle ; il s'inscrit, cependant, prioritairement dans la dynamique « nationale » (ou « nationalitaire », comme on préfère l'appeler actuellement) qui a déferlé sur l'Europe à partir du début du XIXe siècle, suite à la Révolution française et à l'épopée napoléonienne, et qui, avec un certain décalage dans le temps, a touché le monde arabe.

---

30 Dans *The Rise of the Novel* (Chatto and Windus, Londres, 1957), traduit en français sous le titre « Réalisme et forme romanesque » et paru dans R. Barthes *et alii*, *Littérature et réalité*, Paris, Seuil, (« Points »), 1982.

Fondateur au niveau de l'émergence de l'individu et de la société (voire de la nation), ce courant de formation est d'autant plus significatif qu'il est également fondateur au niveau de la littérature elle-même. En effet, il préside à la naissance du roman arabe moderne et *ipso facto* à la reconfiguration du cadre littéraire général dans lequel s'inscrit ce roman. Il renvoie, au-delà du « réalisme formel », au « courant réaliste » du *Novel* dont parle Watt, celui qui a déterminé l'évolution du roman dans toute l'aire occidentale. Non seulement, la veine « formationnelle » des œuvres arabes convoquées ici apparaît en amont de *Zaynab* et du courant « réaliste » que celui-ci est supposé représenter, mais en plus elle habite les grandes œuvres qui ont vu le jour jusqu'au milieu du XXᵉ siècle au moins, notamment dans sa variante individuelle. Car, à y regarder de près, les grandes œuvres de cette période ne déploient toutes leurs dimensions que placées sous cet éclairage. Il en est ainsi bien sûr de *al-Ayyām* ((1929 et 1939) de Ṭāhā Ḥusayn, mais également et surtout des deux principaux romans de Tawfīq al-Ḥakīm : *'Awdatal-rūh* et *Uṣfūr min al-Šarq* (parus respectivement en 1933 et 1938) et du roman le plus connu de Yaḥyā Ḥaqqī[31], *Qindīl Umm Hāšim* (1944), comme de bien d'autres. La variante collective connut, certes, un développement moins important – est-ce du fait qu'elle a été rapidement relayée sur le terrain par les luttes pour les indépendances puis par l'instauration de l'État-nation ? – ; elle se retrouve, cependant, en filigrane dans quelques œuvres majeures, chez Mas'adī (*Ḥaddaṯa Abū Hurayra qāl*), chez Munīf (dont la production est habitée par le souci obsessionnel d'instaurer une société démocratique) ou même dans la production tardive de Maḥfūẓ (*Riḥlat Ibn Faṭṭūma*).

* Ce chapitre a paru pour la première fois sous le titre « Le roman de formation, individu et société » in *Arabica*, n° 55, 2008, p. 78-90.

---

31 Concernant l'aspect formationnel de ces trois œuvres, nous nous permettons encore une fois de renvoyer à notre ouvrage déjà cité, deuxième partie, chapitre IV. Pour une analyse plus approfondie de *Qindīl Umm Hāšim*, se reporter à notre article « *Qindīl Umm Hāšim* de Y. Ḥaqqī. L'intellectuel sauvé par l'artiste », *Arabica*, XLVI/3-4 (1999), p. 482-509.

CHAPITRE 9

Utopie et prophétisme séculier chez Ǧibrān

Boutros Hallaq

Bien qu'imprégné de spiritualité et travaillé par les questions métaphysiques, Ǧibrān ne peut être considéré comme un auteur religieux, même sur le mode réformateur. Aucune parenté ne le lie, à titre d'exemple, à ces « apologistes de la poésie sacrée » qui, au XVIIe siècle, tentèrent de régénérer la poésie en la rétablissant « dans la dignité de ses origines », dans « l'enthousiasme premier de la créature », et qui, pour cela, eurent recours au texte biblique, soit pour le pasticher, soit pour en tirer la matière d'une méditation personnelle[1]. Il n'emprunte pas non plus la voie suivie par Lamartine qui, se réclamant du christianisme, déclare que « la loi du progrès et du perfectionnement, qui est l'idée active et puissante de la raison humaine, est aussi la foi de l'Évangile »[2], tout en s'autorisant à en infléchir quelque peu l'interprétation. Ǧibrān serait, et à sa façon, plutôt christique que chrétien. Les autorités religieuses, tant chrétiennes que musulmanes, l'ont bien compris, qui condamnèrent violemment à l'époque ses écrits. Son projet est également différent de celui de John Milton qui, dans *Le Paradis perdu* (1667) et *Le Paradis reconquis* (1671), calque son récit sur le geste biblique : création, chute, lutte du bien et du mal au cœur de l'homme et de l'humanité, et enfin rétablissement de l'ordre premier par la rédemption. Malgré la visée essentiellement politique – refonder l'action de l'homme en en montrant les possibilités, les critères et les limites[3] – et la vision triadique de l'histoire de la création (création, chute, salut) qui les rapprochent, Ǧibrān est beaucoup plus affranchi de l'univers religieux. L'écriture biblique constitue pour lui d'abord une « matrice », qu'il investit d'une visée séculière, sans exclure une réflexion métaphysique hors du cadre religieux, susceptible de recouper des thèmes traités par la bible. Pour bien la saisir, il

1 *Cf.* Paul Bénichou, *Le sacre de l'écrivain, 1750-1830. Essai sur l'avènement d'un pouvoir spirituel laïc dans la France moderne*, Paris, José Corté, 2° édition, 1985, p. 83-89.

2 *Cf.* Paul Bénichou, *Les mages romantiques*, Paris, Gallimard, 1988, p. 59.

3 Comme le note fort bien Claude Mouchar dans son introduction au *Paradis perdu* de John Milton, « Littératures et politiques », Paris-Berlin, 1900.

 | DOI:10.1163/9789004705685_010

faudrait tenir l'œuvre gibranienne d'abord pour une écriture arabe habitée par la modernité, tout en étant modelée par des schèmes bibliques.

1 Modernité, un prophétisme séculier

Visée ultime des deux récits analysés *supra*[4], la modernité se reflète dans une perception d'ensemble qui tire ses éléments constitutifs de trois sources principales : la Révolution française, le rousseauisme et le romantisme. Ces sources se recoupent d'ailleurs entre elles et ont quelques convergences avec la bible, au travers d'idées maîtresses : fraternité, messianisme politique, statut du verbe, etc. ; autant de valeurs qui se cristallisent souvent dans la figure emblématique de Jésus, investi dans une perspective séculière.

Il est remarquable, en effet, que, dans *Yūḥannā le fol* comme dans *Ḫalīl l'Apostat*, le discours du héros privilégie généralement le registre biblique, chaque fois qu'il s'adresse aux représentants de l'ordre établi : il s'agit bien de leur ouvrir les yeux sur l'incohérence flagrante entre leurs actes et leur discours. En revanche, dès qu'il s'adresse au peuple, il change de registre, pour se rapprocher singulièrement de l'univers de pensée de la Révolution française, aussi bien dans l'ordre socio-politique que dans l'ordre idéologique.

L'exemple qui illustre le mieux le niveau socio-politique reste cet « hymne à la liberté » littéralement déclamé par Ḫalīl au moment où sa victoire se précise. Il vaut comme manifeste éclairant l'action qu'il va entreprendre. Ḫalīl y affirme l'importance fondatrice de la liberté dans l'élaboration d'une nouvelle forme de société. En parcourant les différentes étapes de son processus d'émergence, depuis l'antiquité grecque jusqu'à l'avènement de l'islam, en passant par les moments hébraïque, romain et christique[5], il célèbre cette liberté sur le mode radical, propre à la révolution française. Bien qu'il ne la désigne jamais comme telle, elle est facilement identifiable, grâce à certains slogans spécifiques (« liberté et égalité », « la volonté de Dieu, c'est la volonté du peuple »[6]) qui illustrent la stratégie mise en œuvre par Ḫalīl : fonder le pouvoir politique dans la volonté populaire en vue d'instaurer l'égalité. C'est ainsi qu'il met un terme à la servitude (le système de *servage*) et à l'exploitation en expropriant

4 Il s'agit de « *Yūhannâ le Fol* » et de « *Ḫalīl l'Apostat* ».

5 « O toi, Liberté, écoute-nous ! Prends pitié de nous, toi fille d'Athènes ! Délivre-nous, toi sœur de Rome ! Sauve-nous, toi compagne de Moïse ! Viens à notre secours, toi la bien-aimée de Muḥammad ! Enseigne-nous, toi l'épouse de Jésus ». (Ğibrān *Œ. C. en arabe*, p. 163).

6 *Cf. Ibidem*, p. 136 et 148.

féodaux et clergé pour en distribuer les terres aux paysans[7]. Instaurant une dynamique en rupture avec la mentalité servile, il consacre la liberté comme valeur universelle. C'est que cette rupture se présente, dans le contexte, non pas comme un arrangement local, pragmatique et circonscrit, à la manière de l'avancée démocratique apportée par la révolution anglaise, antérieure à la Révolution française, mais comme un acte procédant d'un principe qui vaut pour l'humanité entière, dans l'esprit même de la Déclaration universelle des droits de l'homme.

Les idées-forces de la Révolution française apparaissent aussi à un niveau idéologique ; et en tout premier lieu à travers la notion de laïcité, terme utilisé ici par défaut et de façon approximative. Ḫalīl vise à séparer les pouvoirs religieux et temporel. Il exclut d'abord l'institution religieuse de toute instance de pouvoir. Dans sa « cité idéale », l'église devient un « lieu vide » pour la communauté qui organise ses institutions en faisant abstraction de la fonction religieuse traditionnelle. Le couvent est dépossédé et le prêtre du village neutralisé. Mais Ḫalīl va encore plus loin : il s'attaque à la fonction sacerdotale en tant que telle. Le portrait au vitriol qu'il en fait en dit long sur ses intentions. Il cherche, au-delà de la « séparation de l'église et de l'État », à investir le sentiment religieux d'une charge vaguement « déiste », à laquelle renvoient des notions telles que « l'Ame universelle » (*al-rūhal-kulliyya*) ou « les lois éternelles » (*al-nawāmīs al-azaliyya*). Cette position rappelle la tentative révolutionnaire d'instituer le culte de l'Être suprême. *Exit* l'institution monacale et la fonction sacerdotale, pour faire place à une relation plus intimiste, plus individualiste, entre l'homme et un dieu anonyme et lointain.

Cette attitude rejoint un autre aspect de l'idéologie prônée par la pensée révolutionnaire : l'individualisme. Le discours de Ḫalīl et de Yūḥannā consiste, au-delà de la proclamation du droit à la liberté individuelle, en une invite continue à réfléchir par soi-même, et plus particulièrement à tenter une lecture personnelle de l'Écriture, sans tenir compte de l'interprétation officielle autoritairement imposée. La réflexion induisant l'action, ces deux héros incarnent la révolte de l'individu contre le système social. Fort de la lecture du « Livre de Jésus », dont l'usage est « interdite par les prêtres aux simples de cœur », Yūḥannā suit imperturbablement son chemin, considéré comme déviant par la collectivité qui finit par prendre son initiateur pour un « fou ». Quant à Ḫalīl, il creuse encore plus profondément son sillon, à tel point qu'il

7 « La terre est devenue la propriété de celui qui la laboure, et le vignoble le bien de celui qui le bêche ». (p. 165) Notons par ailleurs que Ḫalīl, encore au couvent, préconisait ces réformes dans sa harangue aux moines : « Rendons les vastes terres du couvent aux habitants nécessiteux de ces villages, et remettons-leur l'argent que nous avons pris dans leurs poches ». (*Cf. Ibidem*, p. 132).

réussit à faire triompher sa vision, malgré le poids des pouvoirs et des inerties du corps collectif. Il parvient, toute mesure gardée par ailleurs, à devenir un sujet, artisan de sa vie et annonciateur d'une nouvelle société. Malgré sa « minceur » psychologique, il dit pleinement « je » et agit en tant que tel. S'il est vrai que l'art romanesque est étroitement lié à la notion d'individu, le récit de ce parcours représente, à n'en pas douter, l'une des premières manifestations de cet art dans la pensée arabe.

Il n'est pas incongru, par ailleurs, d'entrevoir, dans ces récits, les prémices d'une autre idéologie qui n'est pas sans liens avec la Révolution française : le nationalisme. Çà et là pointent des mots porteurs d'une charge sémantique déviante par rapport à l'emploi lexical traditionnel, réfèrant à l'idée nationale, notamment paar l'emploie des deux termes de *šaʿb* et de *ʾumma*, hautement significatifs bien que peu récurrents. Pour désigner le peuple, le récit – y compris le discours de Yūḥannā – utilise habituellement des termes qui identifient les gens par leur rapport au lieu, à la terre (« les habitants, les villageois, les paysans ») ou par le nombre (« la foule », qui renvoie à un ensemble agrégé mais sans forme). Cependant, à partir du moment où la référence explicite à l'idée révolutionnaire est formulée (il s'agit de l'énoncé : « la volonté de dieu, c'est la volonté du peuple »), le terme peuple, *šaʿb*, apparaît, comme pour désigner une réalité nouvelle, un ensemble structuré, organiquement intégré. Il s'ajoute à l'emploi de *ʾumma/ʾumam*, nation, qui revient par deux fois[8], vidé de son sens religieux traditionnel (la communauté des croyants) et chargé d'une signification inédite. En effet, si le terme *umma* pris dans le premier sens était courant à l'époque[9], en revanche, dans le sens laïque, il était, à notre connaissance, d'un emploi extrêmement rare. Or, ces deux termes conjugués renvoient à une nouvelle appréhension de la communauté, comprise comme nation[10].

Les deux autres sources auxquelles se rattache ce récit, à savoir le rousseauisme et le romantisme, sont tout aussi prégnantes. La première se manifeste principalement dans la forme que Ḫalīl donne à sa Cité idéale. Aucune institution n'y détient le pouvoir. Le palais du gouverneur, réduit à l'état de

---

8 Voici les citations dans le texte :

– "يكون ا لاضطهاد الذي لقيته في الدير رمزا للشدة التي تعانيها الأمة قبل بلوغها المعرفة" (ص ١٣٦).

– "قد أبصرت جميع أمم المشرق ... (ص ١٦٠).

9 On peut se référer, à titre d'exemple, à l'introduction de *Taḫlīs al-ibrīz* de Ṯahṭāwī (œuvre parue en 1834) et aux articles d'al-Afġānī dans sa revue *al-ʿUrwa al-wuṯqā* (éditée à paris entre mars et octobre 1884), où le signifié de *ʾumma*, nation, ne peut renvoyer qu'à la communauté religieuse musulmane.

10 Cela peut être corroboré par l'utilisation, devenue plus fréquente, de *al-lubnāniyyūn*, اللبنانيون, qui, bien que désignant une communauté religieuse homogène, les habitants de *Ğabal lubnān*, جبل لبنان, indique un glissement de sens vers une identité plus laïque.

ruine, n'est remplacé par aucun autre édifice. L'Église, toujours debout, est devenue un non-lieu, un espace vide, puisqu'elle a perdu à jamais la fonction qui avait été la sienne. Ne reste que le pouvoir moral de Yūḥannā, aussi immatériel que « l'esprit », le « souffle »[11]. Aussi reste-t-il agissant après sa mort physique, depuis l'Au-delà, par son « esprit », sans aucun successeur ou intermédiaire. Esprit qui soude l'ensemble du groupe, tel un « contrat social » passé entre les individus. En fait, il tient lieu d'instance de pouvoir. Nul besoin d'institution, d'une structure étatique qui régisse la vie en société, l'homme étant bon de nature, et qu'il ne cherche ni à accaparer ni à dominer. Pourquoi n'existerait-il pas une forme d'anarchie civilisée. L'utopie de la disparition de l'Etat, que le marxisme a reformulée à sa façon, n'est pas loin.

Quant au romantisme, il se révèle notamment à travers trois notions, que nous ne ferons qu'évoquer rapidement ici : le sentiment de la nature, la mélancolie et la révolte. Étranger en tant que tel à la bible, le sentiment de la nature investit *Yūḥannā le fol* de part en part. S'il est vrai qu'il y est associé à la contemplation du Livre (l'Evangile), il ne s'y réduit guère. Les champs, les fleurs, les cours d'eau, les montagnes enneigées, les oiseaux et la vie pastorale, tous ces éléments constituent le lieu de la parole du sujet ; ils sont un levier puissant de l'effet romanesque. Plus intellectualisé, il prédomine aussi dans *Ḫalīl l'Apostat*. Il commence par s'y opposer au « corps urbain » qui fonde l'ordre établi, mais il finit par assumer ce dernier pour le transformer presque en « corps rural ». Ce sentiment est généralement lié à la révolte qui, mise en échec dans le récit précédant, conduit le protagoniste à sombrer dans la mélancolie[12] ; mais, en triomphant dans ce récit, elle s'accomplit dans la joie de l'apothéose.

Ces différentes notions régissant l'univers de pensée du récit ne relèvent point d'une vision religieuse – biblique en l'occurrence – bien qu'elles soient narrativement modelées par les schèmes régissant le récit biblique.

2 Modernité et arabité

Tout en rejoignant un courant de pensée dominant – pour ne pas dire universel –, la vision gibranienne de la modernité s'ancre dans le réel, dans le particulier : elle est configurée à tous ses niveaux par l'histoire, la sensibilité, la pensée et l'esthétique de la culture arabe. A commencer par le registre révolutionnaire

11 « Ḫalīl déversait les secrets de son esprit dans les cœurs de ces villageois ». (*Cf. Ibidem*, p. 165).

12 « Il regardait, les larmes aux yeux, vers les bourgs et les fermes éparpillés sur les deux versants de la vallée, en poussant des soupirs… ». C'est sur cet énoncé que s'achève le récit.

à la française. D'emblée, adopter les thèmes révolutionnaires comme vecteurs de transformation de la société, à un moment où, en France et dans le monde occidental, ces thèmes avaient épuisé leurs effets en ayant déjà modelé les mœurs, traduit la situation spécifique du monde arabe, et particulièrement du Proche-Orient, en ce début du XXe siècle, où tout restait encore à faire, malgré les efforts gigantesques des hommes de la *Nahḍa* qui ont réussi çà et là à opérer quelques percées significatives. Enfourcher un tel cheval de bataille à ce moment précis – et tardif – référentialise historiquement et sociologiquement la pensée gibranienne, et lui assigne des modes de traitement spécifiques.

Si l'affirmation théorique de la primauté de la liberté vaut universellement, les ennemis désignés de cette liberté pointent un cas d'espèce particulier. Ils prennent la figure non pas d'un pouvoir royal de droit divin, celui combattu par les révolutionnaires de 1789, mais d'une féodalité appuyée sur l'autorité de l'institution religieuse. Cette attitude hostile à l'autorité religieuse va dans le sens d'une laïcité souhaitée. Si l'exclusion du religieux de la sphère politique est prônée, ce n'est pas seulement pour remettre le pouvoir au peuple, c'est aussi pour affronter une structure typiquement proche-orientale, même si elle se manifeste dans d'autres zones du monde : le confessionalisme communautaire souvent conjugué avec le tribalisme. Révolté devant les promoteurs de cet ordre établi, Ḫalīl s'écrie : « Usant de malice et de ruses, ils éloignèrent les clans les uns des autres, séparèrent les communautés religieuses et poussèrent les tribus à se détester les unes les autres [...]. Pour garder leurs trônes et leur tranquillité d'esprit, ils armèrent le Druze contre l'Arabe, incitèrent le Chiite à combattre le Sunnite, poussèrent le Kurde à égorger le bédouin et encouragèrent le musulman à se disputer avec le chrétien. Jusques à quand le frère tuera-t-il son frère sur la poitrine de la mère [...], et jusques à quand la croix s'éloignera-t-elle du croissant sous le regard de Dieu ? »[13] cette analyse stigmatise une situation propre au Proche-Orient.

Ce religieux honni apparait généralement sous les traits d'un ordre chrétien. En l'attaquant, par le biais d'un célibat imposé aux hommes et femmes d'église, le récit pointe un public spécifique, celui de la Communauté chrétienne du Mont-Liban ; ce qui confère à la lutte pour la laïcité une proximité avec la vision de l'islam, peu sensible à l'idée du célibat. En effet, parmi les principales critiques adressées au prêtre dans le récit, figure sa duplicité par rapport à la sexualité : tout en prêchant la chasteté, tout en faisant semblant de se détourner du commerce avec la femme, au fond, le prêtre « se consume » de désir charnel. Ce qui est visé là, c'est moins la fonction sacerdotale en tant que telle que le statut du « religieux » ou du « moine », *al-rāhib*, qui, dans la tradition

13 *Cf. Œ. C.*, p. 162.

orientale, est seul astreint à la chasteté, le « curé » étant traditionnellement un homme marié, contrairement aux usages en cours en Europe où sacerdoce et célibat vont de pair. Et c'est seulement sous l'influence des missionnaires catholiques latins, adeptes de la doctrine propre à l'Eglise d'Occident, que le mariage des prêtres est devenu objet de déconsidération en Orient. La confusion entre les deux statuts, celui de prêtre et celui de moine, reflète sans doute une situation historique. Le refus du célibat, qui ne fut jamais un thème de combat pour les révolutionnaires, anticléricaux par principe, se laisse facilement percevoir dans la sensibilité musulmane. En effet, tout en ayant des mots laudatifs à l'endroit des *ruhbān*, moines, l'islam accorde une valeur particulière au mariage, vecteur de plaisir et de croissance, et dénigre le célibat, perçu comme stérilité allant à la fois à l'encontre du dessein de dieu et de la nature humaine. On est fondé à penser que l'auteur était sans doute sensible à cette position. Encore un aspect qui référentialise le thème de la laïcité.

Le thème de l'individualisme est lui aussi « orientalisé », au moins dans deux domaines. D'abord dans le domaine religieux, le contact individuel avec la bible est prôné. Il est notoire que c'est sur ce terrain que se livra le combat le plus féroce entre le protestantisme débarqué en terre d'Orient et le christianisme oriental traditionnel. Ce n'est pas un hasard si la première traduction populaire de la bible fut l'œuvre de Protestants[14], qui ont également été à l'origine de la première traduction en arabe d'un roman occidental « individualiste » par excellence, *Robinson Crusoé*[15]. La grande crise ouverte par cette attitude transforma la société arabe chrétienne, et donna lieu à un événement majeur qui marqua durablement les esprits des hommes de la renaissance, dont Ǧibrān. Il s'agit du meurtre de Asʿad al-Šidyāq, frère de A.-F. al-Šidyāq, par le patriarcat maronite[16].

---

14 Cette traduction, effectuée en collaboration avec Butrus al-Bustānī et supervisée par Eli Smith (puis, après sa mort, par C.V.A. Van Dyck), devait remplacer celle déjà faite à l'époque par al-Šidyāq pour le compte des Évangélistes également ; elle fut mise à l'index après la conversion de ce dernier à l'islam. C'est cette traduction, parue en 1865, que Ǧibrān a dû avoir entre les mains (Dahdah parle d'une édition de 1873) ; celle faite par Ibrāhīm al-Yāziǧī, pour le compte des Jésuites, ne sera publiée qu'en 1880 (voir aussi Ḫalīl Hāwī, p. 40 et notes de la p. 65 :

– ”جبران خليل جبران، إطاره الحضاري ، شخصيته وآثاره“، بيروت، دار العلم، ۳۸۹۱ (مترجم عن الانكليزية)

15 Œuvre traduite en 1835 sous le titre التحفة البستانية في ا لأسفار الكروزية ; elle visait à inciter le lecteur à entreprendre une découverte de Dieu, qui soit à la fois spirituelle et individuelle.

16 Mort dans une prison du patriarcat maronite en 1829. Deux ouvrages anonymes lui furent consacrés : (”قصة أسعد الشدياق“ ثم ”خبرية أسعد الشدياق“). *Hāwī* ne manque pas de faire le rapprochement entre ce personnage et *Ḫalīl*, le héros gibranien (*op. cit.*, p. 39-40).

Le thème de l'individualisme investit un autre domaine fort sensible pour toute vie humaine, celui du cœur, à savoir : l'amour et le statut de la femme. Bien qu'il vise d'abord la transformation socio-politique, le narrateur introduit cette dimension sur un ton discret, certes, mais parfaitement audible. Ḫalīl est redevable de son œuvre à la femme. C'est elle qui l'a sauvé physiquement, c'est sa sollicitude qui l'a retenu sur place et permis que son projet se concrétise, c'est son amour partagé qui a transformé son être et lui a ouvert des horizons insoupçonnés, puisque sa victoire culmine avec l'épanouissement de sa vie amoureuse. L'importance accordée au cœur et la mise en valeur du rôle toujours bénéfique de la femme, perceptibles dans le parcours du sujet, sont corroborées par le discours de Ḫalīl, qui fait de la « révolution » amoureuse un épigone de la révolution sociale et institue la femme comme le foyer incandescent de cette transformation. « Cette nuit qui faillit me voir périr, dit-il après s'être aperçu que son sauvetage était l'œuvre de la femme, est semblable aux révolutions qui précèdent l'avènement de la liberté et de l'égalité ; car du cœur sensible de la femme jaillit le bonheur de l'humanité, et des sentiments de sa noble âme naissent leurs propres sentiments »[17]. Il va même jusqu'à penser que sa tragédie était mystérieusement ordonnée à la découverte de l'amour : « N'ai-je pas accepté la souffrance et la moquerie en vue de cette vérité que le ciel réveilla dans ma poitrine ? », dit-il après avoir découvert l'amour de Maryam. D'ailleurs, il ne put réaliser son œuvre que parce que, en tant qu'homme, il avait aussi, par nature, intégré la féminité : « Sur son visage triste, il y a la douceur de la femme et la force de l'homme ». Or cette approche de l'amour et de la femme ne prend son importance que par rapport à cette société orientale prise dans le carcan des traditions et des institutions matrimoniales qui rendent pour le moins malaisées une expression individuelle du sentiment amoureux ou une réelle rencontre avec la femme ; autant d'enjeux qui formeront l'axe du récit majeur de Ǧibrān, *al-Aǧniha al-mutakassira*.

Le romantisme, sur lequel nous avons anticipé en parlant du cœur, se trouve orientalisé à son tour, par la connotation psycho-idéologique que prend la révolte chez Ǧibrān. Si celle-ci se trouve liée, dans la pensée occidentale, à la mélancolie, au *Spleen* et autre mal de vivre, elle trouve à s'exprimer dans la vision gibranienne par deux termes spécifiques : la folie (*al-Aǧniha al-mutakassira*) et l'hétérodoxie ou l'apostasie, *al-kufr*. D'ailleurs ces deux termes figurent de manière emblématique dans les titres des deux nouvelles : *Yūḥannā le Fol* (*Yūḥannā al-maǧnūn*) et *Ḫalīl l'Apostat* (*Ḫalīl al-kāfir*). Ils ne prennent tout leur sens que dans le contexte de la pensée arabe. Dans l'ordre du religieux, qui façonne la mentalité arabe, l'apostasie est la forme la plus

17 Cf. *Œ. C.*, p. 136.

radicale de la révolte. Elle s'est exprimée, dès le début de l'islam, à travers la notion de *ridda*, l'apostasie par excellence, qui a été à l'origine de la première guerre intermusulmane ; puis par celle de *ḫurūǧ* – rompre la cohérence de la communauté, d'où *Ḫawāriǧ* – qui alimenta la « grande sédition »[18] et scinda l'islam en deux communautés rivales (sunnisme et chiisme), avant de s'appliquer aux grands mouvements socio-religieux, tels les *Qarmates*, les *Assassins* et autres sectes[19]. Toute contestation radicale de l'institution est une sorte de *kufr,* d'apostasie. S'y rapporte également la « fausse » prophétie, forme subtile et fréquente de révolte, qui est peut-être le *kufr* suprême. Or l'histoire arabe abonde en exemples de ces révoltes à forme religieuse. Il en est de même, d'ailleurs, des mouvements de contestation socio-politique qui ont eu cours dans le monde chrétien oriental avant l'islam : ils furent toujours perçus – et parfois voulus – comme des hérésies. *Ḫalīl l'Apostat* est bien dans la droite ligne de cette histoire orientale et arabo-musulmane.

La notion de folie, qui constituera dans l'écriture ultérieure de Ǧibrān un paradigme essentiel, ne vaut probablement ici qu'en tant que forme séculière, voire laïque, de celle d'apostasie. A suivre le parcours des deux héros, on s'aperçoit que ces deux termes sont liés par un rapport d'analogie. Les deux personnages ont le même discours, la même vision et la même orientation ; ils ne se distinguent, comme nous l'avons déjà signalé, que par l'échec ou le succès récolté par l'un ou l'autre. Ḫalīl aurait pu être traité de fou s'il avait échoué, et Yūḥannād'apostat s'il avait réussi. La seule différence, au niveau de la charge sémantique, est que la folie s'attaque à l'ordre consacré par le religieux en tant que rationalité, alors que le *kufr* s'attaque directement au religieux qui habille cette rationalité. Et il ne fait pas de doute que l'ordre socio-religieux, qu'il soit chrétien oriental (l'empire byzantin) ou arabo-musulman (les prescriptions de la *šarīʿa*), procède dans les deux cas d'une rationalité établie, qui est structurée par la même pensée, la philosophie grecque renforcée par le système juridique

---

18 Ou *al-Fitna al-kubrā,* ce terme arabe exprimant clairement une action diabolique de « séduction ».

19 Sur tous ces événements, on peut se reporter à :

- محمود إسماعيل، "الحركات السرية قي الإسلام، رؤية عصرية"، بيروت، دار القلم، ١٩٧٣ (ط.١، ١٩٤٥).
- ك. بروكلمان (K. Broeckelmman)، "تاريخ الشعوب الإسلامية"، مترجم عن الألمانية، بيروت، ١٩٤٨.
- أدم متز (A. Metz)، " الحضارة العربية في القرن الرابع الهجري"، مترجم عن الألمانية، بيروت، ٧٦٩١، ج.٢، ص ٦٨-٧٨.
- ده خويه (M.-Y. de Joya)، "القرامطة : نشأتهم، دولتهم، ع لاقتهم بالفاطميين"، مترجم عن الأسبانية، بيروت، ١٩٧٨.

A cause de son impact, la « grande sédition » a suscité dans la période moderne plusieurs ouvrages dont l'un des plus connus est celui de Tāhā Ḥusayn, الفتنة الكبرى. Voir aussi *La Grande Discorde* de Hichem Djaït, paru chez Gallimard, 1978.

romain[20]. La révolte contre cette rationalité rejette le sujet en révoltee hors du champ de l'humain et du religieux, puisqu'il se place hors de celui du rationnel.

Si la contestation de cette rationalité et de cette orthodoxie est une constante dans la pensée populaire arabe, sous la figure du *fou* qui dit la sagesse et de *l'hétérodoxe* qui dit l'orthodoxie[21], elle prend chez Ǧibrān une telle ampleur qu'elle en constitue un paradigme essentiel de sa pensée. De toute manière, elle révèle une forme de révolte spécifique, arabe, qui sort du cadre standard de la révolte romantique[22].

La modernité porte donc, par les idées qu'elle charrie et une part de la symbolique qu'elle manie, le sceau d'une culture spécifique – la culture arabe du Proche-Orient. Si elle puise ses modèles dans la modernité-source, née en terre occidentale, elle s'enraciner dans un terreau autre et acquiert par le fait même, une figure spécifique.

3 Dimension prophétique

Si la visée première de cette littérature est d'ordre essentiellement séculier, elle ne s'en inscrit pas moins dans une perspective prophétique. Non pas dans le sens que lui donne la tradition religieuse, pour laquelle, contrairement à un Lamartine ou un Milton, Ǧibrān n'éprouvait aucune sympathie, quelle que fût son admiration pour la personne et l'enseignement de Jésus, mais plutôt dans le sens d'une dynamique d'avenir et de prise en charge de l'homme dans sa totalité. Cette dynamique est signifiée déjà par l'annonce de « temps nouveaux » pour l'humanité ; nouveaux, car ils adviendront non par une intervention divine extérieure, comme c'est souvent le cas dans une approche religieuse, mais grâce à un faire et un vouloir-faire proprement humains. Prophétiser, ce n'est point dire l'avenir, et encore moins un avenir déjà tracé par une force divine ou par le destin. Prophétiser, c'est indiquer une direction, un but ultime

20 En effet, l'organisation de la chrétienté orientale fut influencée (souvent par Byzance interposée) par le système juridique romain. Quant à la pensée musulmane, elle a emprunté à la philosophie grecque le *qiyâs*, « raisonnement par analogie, [considéré comme la] quatrième source de droit musulman » après le coran, le *Hadīṯ* et la *Sunna* (*cf.* Gérard Troupeau, « qiyās », in *n.E.I*).

21 On peut penser aux anecdotes attribuées au célèbre personnage populaire جحا, ou à l'une de ses figures substitutives comme الأخوت al-aḫwat connu au Proche-Orient.

22 Signalons que même l'utopie d'une société sans État, généralement attribuée au rousseauisme, peut trouver des points d'ancrage dans l'histoire arabe, à travers le mouvement *qarmate*, par exemple. Celui-ci visait, au travers d'une société égalitaire (sans classes), « communiste » avant l'heure, à supprimer tout rapport hiérarchique (*cf.* M. Ismāʿīl *op. cit.* 1945 et De Joya, *op. cit* 1978).

et une voie à suivre. L'écrivain, le vrai poète, est porteur de cette dynamique. Ḫalīl comme Yūḥannā font œuvre de prophètes dans la mesure où ils sont les promoteurs d'une nouvelle société basée sur une vision, une morale autre. Il en est de même, quoique sur un mode particulier, pour le héros de *Ağniḥa* qui, en se constituant comme sujet de « cœur » et de « raison » (« connaissance » et « sentiment » ne sont-ils pas les piliers du processus de formation ?), témoigne du nouveau monde qui doit advenir ; au même titre que pour sa bien-aimée, Salmā, « symbole de la femme orientale à venir ». Cette dynamique constitue en fait le dénominateur commun de la plupart des récits gibraniens.

Le prophétisme se reconnaît également à une approche spécifique de la nature humaine, considérée dans son intégralité. Contrairement au courant scientiste fondé exclusivement sur la raison, qui tend à réduire l'homme à une seule dimension (la rationalité), le prophétisme prend en charge l'homme dans sa totalité, riche de l'ensemble de ses dimensions irréductibles. Sujet doué de raison et de cœur, sujet lié par contrat social à ses semblables en vue de construire une société de justice et de liberté, ses horizons ne se limitent au champ de la rationalité, ni même au monde du sensible. Il est travaillé par des forces occultes mais réelles venues d'un autre monde, animé par la « nostalgie » d'un ailleurs qui le renvoie à ses origines comme à son destin ultime ; il est continuellement interpellé par l'immensité du cosmos où il semble jeté tel un atome en perdition, ainsi que par l'infini du temps où sa présence est si fugace qu'elle en apparait comme quasi-imperceptible. Le prophétisme prend au sérieux la question de l'Au-delà, non pas en vue d'élaborer une nouvelle métaphysique, mais pour répondre aux différentes interrogations de l'homme.

A n'en pas douter, la démarche prophétique a introduit une révolution dans la perception du fait littéraire. Répudiant la conception classique, héritière du moyen-âge, qui tendait à confiner la littérature dans la sphère de la didactique ou de l'esthétique, la modernité, romanesque en premier lieu, a entrepris d'exprimer le réel. C'est ce que le courant anglais du *novel* et ses prolongements européens ainsi que le conte philosophique français ont amorcé dans la seconde moitié du XVIIIe siècle ; l'écrivain devenait un « éducateur » de la société. Avec la révolution romantique, renouant en quelque sorte avec son antique fonction mythologique, la poésie élargit le champ du réel aux autres domaines, notamment philosophique et spirituel. En scrutant la révélation monothéiste et en interrogeant les différentes philosophies qui proposaient un sens à l'existence humaine (spiritualités extrême-orientales, ésotérismes, voyance et même tables tournantes), le poète se présentait comme « accompagnateur et guide spirituel de l'humanité moderne »[23]. Paul Bénichou a bien démontré comment, dans l'aire culturelle française, ce processus a conduit au

23 *Cf.* Paul Bénichou, *Les Mages*, 1988, p. 12.

« sacre de l'écrivain » comme détenteur d'un « pouvoir spirituel laïque » et a fait du poète un « mage ». Cela est repérable dans l'ensemble de l'Europe, où la crise philosophique et religieuse ouverte par les Lumières a fait vaciller les repères ; la littérature devint alors une sorte de « sacerdoce laïque », car « le poète, en ce temps-là, dit Bénichou, s'est senti requis de suppléer au discrédit du théologien et à l'insuffisance du philosophe, en méditant à sa manière propre sur tous les grands problèmes »[24]. Sans quitter le domaine du séculier, la littérature acquiert, avec cette nouvelle fonction, un statut ontologique inédit.

Signalons que cette conception a trouvé sa traduction la plus radicale dans la « théorie critique » élaborée par le premier romantisme allemand, appelé romantisme d'Iéna, dans les dernières années du XVIIIIe siècle. Héritière des Lumières qui jetèrent le discrédit sur le discours théologique, ayant intégré l'apport du kantisme qui délimita le champ de validité de la philosophie, cette Ecole proclame l'incapacité de la religion comme de la philosophie à dire l'Être. « Le concept et le nom même de philosophie, dit Friedrich Schlegel, indiquent déjà, de même que toute son histoire, qu'elle n'est rien d'autre qu'un « chercher » et « non-trouver » infinis »[25]. Elle assigne cette mission à la littérature qu'elle élève pratiquement au rang de l'absolu, en en faisant une réplique de l'Être : « Dire et faire ne sont que les modifications d'une même opération » et « le poète est véritablement in-sensé [privé de sens directionnel] – voilà pourquoi tout est en lui. Il représente au sens propre le sujet-objet. Âme et monde », dira Novalis[26]. Ainsi, « l'œuvre poétique est une analogie microscopique de l'Etre »[27]. En adoptant cette position radicale, la pensée d'Iéna allait, tout en portant à son paroxysme la fonction ontologique de la littérature, proposer « un programme [...] D'une telle puissance que pour ainsi dire tous les mouvements artistiques ou esthétiques qui ont existé depuis, ceux qui se réclamaient du romantisme comme ceux qui se dressaient contre lui, n'ont fait que réaliser des segments plus ou moins importants du programme initial »[28]. Ğibrān s'inscrit globalement dans cette démarche, qu'il traduit à sa façon dans un contexte culturel particulier. Dans *Ağniḥa*, il construit un univers éclectique fait de théorie platonicienne, de croyances hindouistes à base de métempsycose, de figures polythéistes et d'éléments chrétiens. Dans les deux nouvelles analysées ici, il privilégie la dynamique du nouveau testament centré sur la figure du christ. Ailleurs, notamment dans *al-ʿAwāṣif*, tout cet édifice est emporté par le souffle nietzschéen du surhomme tirant de ses tréfonds les forces occultes

24 *Ibidem*, p. 13.

25 *Cf.* Jean-Marie Schaeffer, *La Naissance de la littérature*, Paris, Presses de l'ENS, 1983, p. 23.

26 Cité par Schaeffer, *Ibidem*, p. 21 et 26.

27 *Ibidem*, p. 25.

28 *Cf.* Préface de Z. Todorov à J-M. Schaeffer, *op. cit.*

susceptibles de le faire advenir. L'éclectisme est tellement prégnant, au point que tous les critiques qui voulurent rassemble r ces éléments dans un quelconque système en eurent pour leurs frais : ils ne parvinrent qu'à juxtaposer des théories, glanées çà et là, à moins qu'ils ne se soient résignés à escamoter certaines idées pour forcer les différents éléments à cohabiter dans un semblant de système[29]. D'ailleurs, les plus perspicaces, comme Yūḥannā Qmayr, conclurent purement et simplement à l'impossibilité d'une telle entreprise. L'essai le plus ambitieux est dans doute celui de Wahīb Kayrūz[30] qui, mettant à profit les manuscrits inédits dont il a la charge[31], il arrive à construire, vaille que vaille, un ensemble quelque peu plausible, largement lacunaire et donc peu convaincant, qu'il fonde sur ce qu'il appelle un « panthéisme ascendant », *ḥulūliyya taṣāʿudiyya*, notion qui renvoie plutôt à une dynamique qu'à un système proprement dit. Cependant, quelles que soient les pistes suivies, elles convergent vers une quête essentielle : prendre en charge la question de l'Au-delà, afin d'assumer la condition humaine dans toutes ses dimensions. En privilégiant un cadre qui lui fournit une symbolique forte, des schèmes porteurs, des modes d'écriture éprouvés et un horizon ouvert sur le sens, à savoir le cadre biblique, construit autour de la figure de Jésus, Ǧibrān donne l'impression que sa quête tire, plus que d'autres, vers une métaphysique prononcée. Mais sa radicalité rappelle, jusque dans la terminologie choisie, l'approche d'Iéna[32] aussi bien dans sa vision cosmique du rôle de la littérature dans le devenir humain que dans la place qu'il s'y assigne à lui-même.

* Cette étude est parue pour la première fois sous le titre « Un prophétisme séculier » dans notre ouvrage *Gibran et la refondation littéraire arabe*, déjà cité (*cf.* Deuxième partie, chapitre v, iii, « Le prophétique », p. 348-365). Y ont été apportées quelques modifications mineures.

29 Les études sur la philosophie gibranienne ne manquent pas. Généralement très élogieuses, parfois à la limite de l'adulation, elles procèdent fréquemment d'une volonté d'affirmation nationale. Elles sont souvent suscitées par l'énorme succès du *Prophet* aux Etats-Unis. On peut trouver une liste de ces études dans Y. ʿAbdel-Aḥad ("جبران في آثار الباحثين"، ١٩٩١). Mentionnons, cependant, parmi les ouvrages les plus sérieux : Joseph-Merhi Elyammouni, *Gibran Khalil Gibran, l'homme et sa pensée philosophique*, Lausanne, édition de l'Aire, 1982 ; et Afifa Ghaith, *La Pensée religieuse chez Gibran khalîl Gibran et M. Nuʿayma*, Louvain, Peeters Press, 1990.

30 Il s'agit de l'ouvrage de Yūḥannā Qmayr جبران في الميزان, Beyrouth, 1992.

31 Comme responsable de متحف جبران créé à Bcharré, son village natal.

32 Concernant le rôle dévolu à la poésie de se substituer à la religion et à la philosophie pour dire l'Être.

PARTIE 5

Autobiographique

CHAPITRE 10

Ṭaha Ḥusayn entre *al-Ayyām* et *Adīb*

Heidi Toelle

> L'autobiographie qui paraît au premier abord le plus sincère de tous les genres, en est peut-être le plus faux
>
> ALBERT THIBAUDET

∵

Entre décembre 1926 et juillet 1927 paraissait dans la revue *al-Hilāl*, sous forme de feuilleton, un texte qui, deux ans plus tard, fut publié en volume. Il s'agissait de la première partie de la célèbre « autobiographie » de Ṭaha Ḥusayn (1889-1973), connue sous le titre *al-Ayyām* [Le Livre des jours] (1929) qui comprendra, en fin de compte, trois tomes. Le deuxième tome parut, en effet, au Caire en 1939 ; quant au troisième, il fut, tout comme le premier, publié d'abord sous forme de feuilleton dans la revue *Āḫir sāʿa*, et ce, entre mars et septembre 1955 sous le titre *Muḏakkirāt*, avant d'être réédité en volume, d'abord à Beyrouth en 1967, puis au Caire en 1972, soit un an avant la mort de l'auteur, et, surtout, avant d'être intégré comme troisième volet d'*al-Ayyām*.

Malgré ces trois tomes, *al-Ayyām* reste une « autobiographie » partielle, puisqu'elle ne recouvre que les années de formation de l'auteur. Comme telle, elle s'apparente au roman de formation, un genre encore en vogue en Égypte au cours de la première moitié du XXe siècle. En effet, elle ne respecte aucun des termes du pacte autobiographique tel qu'il a été défini par Philippe Lejeune[1] ; le titre n'annonce pas qu'il s'agit d'une autobiographie, *al-Ayyām* signifiant simplement *Les Jours*, et il faut attendre la fin du premier tome avant que le statut de l'ouvrage se trouve partiellement désambiguïsé ; en outre, le texte n'est pas écrit à la première, mais a la troisième personne, donnant ainsi

1 Philippe Lejeune, *Le pacte autobiographique*, nouvelle édition augmentée, Paris, Seuil, 1996, p. 28.

 | DOI:10.1163/9789004705685_011

l'illusion d'un narrateur hétérodiégétique[2] ; enfin, le protagoniste ne porte pas le nom de l'auteur, mieux, il n'a pas de nom du tout. Il est désigné dans les deux premiers tomes, par le terme *al-ṣabī*, dans le tome deux apparait ensuite la dénomination *al-fatī* qui se perpétue dans le tome trois, celle de *ṣāḥibunā* traversant, elle, l'ensemble des trois tomes. Le seul point que le protagoniste et l'auteur ont en commun est le fait qu'ils soient, l'un et l'autre, aveugles, une donne qui les rapproche sans conteste, sans pour autant permettre d'emblée de conclure à une autobiographie. En d'autres termes, on aurait affaire à ce que Philippe Lejeune appelle un « pacte 0 », pacte qu'il définit comme suit : « non seulement le personnage n'a pas de nom, mais l'auteur ne conclut aucun pacte – ni autobiographique, ni romanesque. L'indétermination est totale »[3]. Et pourtant, nous ne connaissons aucun critique littéraire ayant mis en doute qu'*al-Ayyām* était bien une autobiographie. La raison en est sans doute, outre la cécité commune à l'auteur et au protagoniste, la ressemblance entre la biographie de Ṭaha Ḥusayn, bien connue par ailleurs, et le contenu d'*al-Ayyām*.

En effet, le premier tome qui, rapporté à la vie de l'auteur, couvre la période allant de 1898 à 1902, est situé dans une petite ville ou un grand village anonyme. Le seul élément qui permette de situer cet espace géographiquement est le fait qu'il se trouve près du canal d'*Ibrāhīmiyya*, autrement dit, dans la Moyenne Égypte, l'auteur étant, lui-même, né à Maġāġa, dans la province de Minya.

L'ouvrage nous relate les années d'apprentissage d'un jeune garçon, âgé au début du texte de neuf ans et issu d'une famille nombreuse et relativement modeste. L'enfant va au *kuttāb* pour apprendre le Coran par cœur, ce qui lui vaut, une fois accompli cet exploit, le titre de cheikh. Le père décide ensuite de le mettre entre les mains d'un *faqīh* pour le préparer à l'examen d'entrée à l'Université islamique d'al-Azhar au Caire où il rejoint, l'année suivante, son grand frère. L'enfant est par ailleurs confronté à des savoirs souvent contradictoires relevant les uns du domaine sacré, les autres du domaine profane. En effet, il se trouve, d'une part, en contact avec l'imam du *kuttāb* dont le texte donne une vision passablement négative, à la fois sur le plan intellectuel et moral et, de l'autre, avec des ulémas et les représentants des confréries soufies, unanimement respectées, qui fréquentent son père. Les savoirs de ces derniers contredisent, par ailleurs, celui des pseudo-*fuqahāʾ*, souvent aveugles, qui font le tour des maisons pour réciter le Coran et en donner une interprétation sujette à caution. II y a ensuite les marchands de livres ambulants qui vendent des ouvrages de magie et de *taṣawwuf* ; il y a, enfin, les poètes et

2 Pour les différents types de narrateur, Cf. Gérard Genette, *Figures III*, Paris, Seuil, 1972.
3 Philippe Lejeune, *op. cit.*, p. 29.

conteurs populaires, les uns récitant de la poésie populaire, les autres racontant le roman de ʿAntara, celui de Baybars ou encore la geste des Banū Hilāl.

Le deuxième tome couvre, lui, la période correspondant aux années 1902-1914 de la biographie de l'auteur et relate les années d'études du jeune homme au Caire. Depuis un certain temps déjà, des cheikhs réformistes, parmi lesquels Muḥammad ʿAbduh (1849-1905) et Šayḫ Ḥusayn al-Marṣafī (1815-1890), tous deux favorables à la philosophie des Lumières, avaient tenté de moderniser l'enseignement dispensé à al-Azhar, en y introduisant, entre autres, des cours de littérature et de géographie, non sans se heurter à une vive résistance des traditionalistes au point que ʿAbduh fut exclu d'al-Azhar en 1905, peu avant sa mort. Le jeune protagoniste du deuxième tome d'*al-Ayyām* s'ennuie ferme dans les cours des cheikhs conservateurs, se lie d'amitié avec les réformistes ainsi qu'avec Luṭfī al-Sayyid (1872-1963), surnomme *ustāḏ al-ǧīl* [Le maitre de la jeune génération d'aujourd'hui] et directeur de la revue *al-Ǧarīda*, organe du parti de la Nation (*Ḥizb al-Umma*). Luṭfī al-Sayyid encourage le jeune homme à écrire, tant et si bien que celui-ci se transforme peu à peu en un redoutable polémiste. Dès 1912 et pour échapper au climat confiné d'al-Azhar, le jeune homme s'inscrit à l'Université du Caire, fondée depuis peu, où enseignent alors des savants égyptiens tels que Aḥmad Zakī ainsi qu'un certain nombre d'orientalistes européens parmi lesquels les professeurs Guidi, Nallino et Santillana. Le jeune homme y découvre donc l'enseignement à l'occidentale qui suscite chez lui un enthousiasme peu commun en même temps qu'une incroyable boulimie de savoir. Il est ainsi le premier à soutenir à cette université une thèse, thèse qui porte sur le poète Abū-l-ʿAlāʾ al-Maʿarrī (m. 1058), aveugle comme lui.

Le troisième tome, enfin, reprend en 1912 et s'étend jusqu'en 1922. Il relate, pour l'essentiel, les démarches entreprises par le jeune homme pour obtenir, contre vents et marées, une bourse pour la France, ce qui l'oblige à apprendre le français, puis raconte sa première année d'études à Montpellier (1914-1915) d'où il est rappelé en Égypte par son gouvernement au début de la Première guerre mondiale. Il obtient ensuite, toujours de haute lutte, une nouvelle bourse pour la Sorbonne à Paris où il étudie de 1915 à 1919, autrement dit, pendant toute la durée de la guerre. C'est à Montpellier qu'il fait la connaissance de sa future femme, une Française qu'il épouse à Paris en 1918, une fois ses études achevées, et qui lui donne une petite fille, avant que le couple ne rentre en Égypte au moment même où le pays se bat, sous l'égide du parti Wafd, pour son indépendance.

A Paris, le jeune homme apprend non seulement le latin, à l'époque obligatoire pour obtenir une licence, mais aussi le grec et suit les cours du célèbre sociologue Dürkheim sous la direction duquel il prépare une thèse sur la philosophie sociale d'Ibn Ḫaldūn, tout en obtenant parallèlement un DES d'histoire sur Tacite avec Gustave Bloch. Il y lit, entre autres, les écrits d'Auguste Comte (1798-1857), fondateur de la philosophie positive dont la devise était « l'Amour pour principe, l'Ordre pour base et le Progrès pour but ». Le jeune homme qui retourne au Caire en 1919 et qui publie sept ans plus tard son autobiographie n'a donc apparemment plus rien en commun avec le jeune cheikh de treize ans qui avait appris le Coran par cœur, ni avec l'étudiant azharite contestataire. Il est alors tout entier acquis à l'humanisme, à la philosophie des Lumières, à la liberté d'expression, au devoir d'une critique aussi objective que possible, y compris des textes sacrés.

Malgré l'admiration qu'un tel itinéraire ne laisse de susciter, surtout, lorsqu'on conserve présent à l'esprit que le jeune homme mis en scène dans *al-Ayyām* est aveugle et d'origine relativement modeste, on ne peut s'empêcher d'émettre quelques doutes quant à la conformité de l'itinéraire relaté avec le vécu de l'auteur. Car on est en droit de se demander, si à aucun moment de son parcours un doute ne se s'est insinué dans l'esprit du jeune homme quant à la légitimité de sa démarche ; si, a aucun moment, les traditions acquises dans son milieu d'origine, puis apprises à al-Azhar, voire la foi, ne sont entrées en contradiction avec les savoirs laïcs qu'il s'est appropriés au Caire d'abord, en France ensuite ; si à aucun moment une telle contradiction n'a menacé son équilibre mental. Or, *al-Ayyām* ne souffle mot sur les sentiments intimes du jeune homme et, quand le texte fait état d'un mal-être, voire d'un désespoir, ceux-ci sont mentionnés exclusivement en relation avec sa cécité, d'une part, avec les obstacles qu'il rencontre sur sa route de la part des autorités publiques, de l'autre.

Pour émettre une hypothétique réponse aux questions suscitées par la lecture de cette « autobiographie » dont nous avons dit plus haut qu'elle s'apparente à un roman de formation, nous voudrions la mettre en liaison avec deux œuvres de fiction de Ṭaha Ḥusayn : *Du'ā' al-Karawān* qu'il publia en 1934 et *Adīb* qu'il publia en 1935. La démarché pourrait paraitre suspecte, voire fantaisiste, si l'on n'avait pas maints témoignages d'auteurs célèbres qui ont émis des doutes quant à la véracité de leurs autobiographies respectives et qui ont affirmé avec un bel aplomb que la fiction est peut-être plus à même d'approcher de la vérité.

C'est ainsi qu'André Gide affirme dans son livre *Si le grain ne meurt* ; « Les Mémoires ne sont jamais qu'à demi sincères, si grand que soit le souci de vérité : tout est toujours plus compliqué qu'on ne le dit. Peut-être approche-t-on de plus près de la vérité dans le roman »[4].

---

4 André Gide, *Si le grain ne meurt*, coll. « Folio », 1972, p. 278.

François Mauriac qui a renoncé à donner une suite au premier chapitre de ses Mémoires affirme de même : « La vraie raison de ma paresse n'est-elle pas que nos romans expriment l'essentiel de nous-mêmes ? Seule la fiction ne ment pas ; elle entrouvre sur la vie d'un homme une porte dérobée, par où se glisse, en dehors de tout contrôle, son âme inconnue »[5].

Jean-Paul Sartre, auteur de *Les Mots*, autobiographie couvrant son enfance et son adolescence à laquelle il avait songé à donner une suite sous une forme romanesque, a confié à un journaliste : « Il serait temps que je dise enfin la vérité. Mais je ne pourrai la dire que dans une œuvre de fiction »[6].

Ajoutons qu'à l'époque à laquelle Ṭaha Ḥusayn a écrit *al-Ayyām*, peu d'auteurs égyptiens s'étaient encore lancés dans une autobiographie, alors même qu'ils injectaient volontiers dans leurs romans de formation des éléments d'ordre autobiographique. C'est, entre autres, le cas de Tawfīq al-Ḥakīm (1898 /1902-1987) dans *'Awdat al-rūḥ* (1933), *'Uṣfūr min al-Šarq* (1938) et *Yawmiyyāt nā'ib fī-l-aryāf* (1937) qui fourmillent d'éléments renvoyant à la biographie de l'auteur ; c'est aussi le cas, fût-ce de manière moins évidente, d'Ibrāhīm 'Abd al-Qādir al-Māzinī (1890-1949) dans *Ibrāhīm al-kātib* (1931), dont le protagoniste porte le même prénom que l'auteur, alors même que l'ouvrage est affiché comme un roman, et de 'Abbās Maḥmūd al- 'Aqqād (1889-1964) dans *Sāra* (1938). Tout se passe, comme s'il n'était encore possible de parler de soi – pudeur oblige – qu'à condition de se cantonner dans l'autofiction, voire dans la fiction tout court. Il suffit pour s'en convaincre de lire « l'autobiographie » d'al-'Aqqād intitulé *Anā* (dernière édition 1982) dont le titre fait croire au lecteur qu'il a affaire à une autobiographie, alors même que le texte est composé d'une série d'articles ou d'essais traitant des problèmes qui préoccupaient à l'époque l'intelligentsia égyptienne. Aussi y chercherait-on en vain la moindre allusion à la vie privée et à l'intime de l'auteur. Faisons remarquer dans ce contexte que la critique littéraire a toujours peiné et continue de peiner pour établir une distinction claire entre autobiographie, autofiction et fiction romanesque, tant et si bien que Philippe Lejeune, actuellement sans doute le meilleur spécialiste de l'autobiographie, conclut sa tentative d'établir des critères scientifiques permettant de distinguer celle-ci des autres genres littéraires par ces mots :

> Au bout du compte, cette étude m'apparaitrait donc être elle-même plutôt un document à étudier – (tentative d'un lecteur du XXe siècle pour

5 François Mauriac, « Commencements d'une vie » dans *Écrits intimes*, Genève-Paris, éd. La Palatine, 1953, p. 14.

6 Interview accordé à Michel Contat, *Le Nouvel Observateur*, 23 juin 1975. Cité par Philippe Lejeune, *op. cit.*, p. 43.

> rationaliser et expliciter ses critères de lecture) – qu'un texte « scientifique » : document à verser au dossier d'une science historique des modes de *communication* littéraire. […] Si donc l'autobiographie se définit par quelque chose d'extérieur au texte, ce n'est pas en deçà, par une invérifiable ressemblance avec une personne réelle, mais au-delà, par le type de lecture qu'elle engendre, la créance qu'elle secrète, et qui se donne à lire dans le texte critique[7].

Pour toutes ces raisons, il n'est donc peut-être pas inutile de comparer le protagoniste mis en scène dans *al-Ayyām* à ceux des deux romans de Ṭaha Ḥusayn cités plus haut et de faire l'inventaire de leurs ressemblances et différences. En effet, le parcours de la protagoniste en même temps que narratrice de *Duʿāʾ al-Karawān* ressemble à bien des égards à celui du jeune homme de l'autobiographie à condition de ne pas s'arrêter à la surface du texte. Amīna, une jeune semi-nomade de la Moyenne Égypte, assiste horrifiée et impuissante au meurtre rituel de sa sœur qui avait eu le tort de s'être laissée séduire par le jeune homme au service duquel elle travaillait. A la suite de ce meurtre commis par son père, Amīna tombe gravement malade, mais une fois remise, décide de s'enfuir. Cheminant toute seule vers le Nord, elle réussit, tout d'abord, à se faire engager comme servante dans une famille de la moyenne bourgeoisie qui réside dans une petite ville de province. Elle y acquiert bon nombre de savoirs dont le français. Au bout d'un certain temps, elle réussit à se faire recruter par le séducteur de sa sœur, un jeune ingénieur qui habite non loin de ses premiers employeurs. Dans le but de venger sa sœur, elle résiste à toutes les avances du jeune homme qui finit par tomber éperdument amoureux d'elle. Amīna a beau partager ce sentiment, elle ne s'en obstine pas moins à lui cacher son amour. Lorsque le jeune homme est muté au Caire, il la supplie de le suivre. Elle y consent, mais continue de feindre l'indifférence. N'en pouvant plus, le jeune ingénieur finit par se résoudre à la demander en mariage, demande qu'elle daigne accepter.

Quelle ressemblance avec le jeune homme d'*al-Ayyām*, nous dira-t-on ? En apparence aucune. Ici, un garçon, puis un jeune homme dont on nous relate l'itinéraire intellectuel. Là, une jeune fille et une histoire de vengeance et d'amour. C'est oublier pourtant que, malgré ses faiblesses et certaines invraisemblances, *Duʿāʾ al-Karawān* est, à l'instar d'*al-Ayyām*, le récit d'une émancipation, autrement dit, un roman de formation. En effet, de fille pauvre et démunie, issue d'un milieu extrêmement traditionnel, Amīna se hisse, grâce à son courage, son endurance, son intelligence et, surtout, grâce aux savoirs

7 *Ibid.*, p. 45-46. Souligné par l'auteur.

acquis et aux expériences vécues, au niveau de la bourgeoisie cultivée et finit par y être admise. Tout comme dans le premier tome d'*al-Ayyām*, cette ascension sociale est par ailleurs figurativisée par une montée dans l'espace, puisque la jeune fille se déplace du Sud vers le Nord et de la campagne vers la ville. Elle quitte son village natal, situé comme celui du protagoniste d'*al-Ayyām* dans la Moyenne Égypte, espace des traditions, et s'installe d'abord dans une petite ville de province, avant d'achever son parcours au Caire, haut lieu de la culture et de l'émancipation. Tout comme pour le jeune homme d'*al-Ayyām*, ce sont la raison et le savoir qui permettent à Amīna de se libérer. Tout comme le jeune homme d'*al-Ayyâm*, Amīna n'est à aucun moment prise du moindre doute quant à la validité de sa démarche ; tout comme lui, elle ne regrette à aucun moment de s'être débarrassée des traditions de son milieu d'origine. Autrement dit, malgré la variation de surface, Amīna se laisse analyser comme le pendant féminin du jeune homme d'*al-Ayyām*. Voilà donc une première ressemblance entre l'« autobiographie » de Ṭaha Ḥusayn et l'un de ses romans. Mais venons-en à *Adīb* dont le parcours ressemble, lui aussi, à celui du jeune homme de l'« autobiographie », tout en se terminant, lui, tragiquement. *Adīb* est un jeune fonctionnaire égyptien plein d'ambitions intellectuelles. Il s'ennuie à son travail, fréquente, à l'instar du protagoniste du deuxième tome d'*al-Ayyām*, les cours de l'Université du Caire et est, comme ce dernier, prêt à tout pour obtenir une bourse pour la France. Apprenant qu'une telle bourse est réservée aux seuls célibataires, il divorce de sa femme qu'il aime pourtant. Arrivé en France, il commence des études brillantes. Mais il ne tarde pas à être tiraillé entre des sentiments de culpabilité à l'égard de sa femme et son amour pour une Française, et sa santé mentale se dégrade. Au moment où commence la Première guerre mondiale, il s'est identifié aux Français au point de refuser de réintégrer l'Égypte, comme le lui demande son gouvernement – autre similitude, du moins partielle, avec le protagoniste d'*al-Ayyām*. Parallèlement il commence à négliger ses études, à boire, à s'endetter et finit par sombrer dans la folie. En d'autres termes, le roman nous montre un jeune Égyptien qui, au contact de la civilisation européenne, perd non seulement toutes les valeurs qui le rattachent à sa société d'origine ; il devient plus royaliste que le roi, plus français que d'autres Français, si l'on peut dire, bien que sa personnalité se désintègre complètement.

Tout se passe comme s'il s'agissait de faire comprendre au lecteur que la libération des traditions à travers la confrontation avec l'Occident ne va pas sans danger. *Adīb* est un roman assez mal construit, impliquant deux narrateurs, un ami d'Adīb et Adīb lui-même, lequel s'exprime prioritairement à travers les lettres qu'il écrit au premier. Le roman est, par ailleurs, réputé basé sur un personnage réel. Mais l'on ne peut s'empêcher de se poser la question de savoir, si l'auteur n'y aurait pas injecté des éléments de son propre vécu : nous voulons parler des doutes et des angoisses qui l'ont peut-être assailli à certains moments de son parcours et sur lesquels il a fait silence dans son « autobiographie ». L'hypothèse nous paraît d'autant plus probable que nous sommes à une époque où – comme nous l'avons dit plus haut – l'autobiographie est loin d'être acclimatée dans la littérature arabe et où exhiber sa vie personnelle et intime était encore jugé comme peu convenable. Vu sous cet angle, *al-Ayyām* correspond plutôt à une autofiction qu'à une autobiographie au sens strict du terme, si tant est qu'il peut exister une autobiographie relatant avec précision la vie d'un auteur. Enfin, Jorge Luis Borges (1899-1986) a prononcé, un jour, lors d'une interview donnée à la radio française au début des années quatre-vingt, cette phrase passablement provocatrice : « Un écrivain n'écrit jamais qu'un seul livre ». Une telle affirmation laisse pantois quiconque connaît la variété de l'œuvre de ce grand écrivain argentin contemporain. Mais le lecteur se rend bien vite compte que, sous les variations de surface de l'œuvre, se profile toujours et de manière obsessionnelle la même problématique. L'obsession de Ṭaha Ḥusayn semble avoir été de persuader son public, que peu importait qu'on soit un homme ou une femme, peu importait le milieu dont on était issu, l'essentiel était de chercher à se libérer des traditions surannées. De son point de vue, une telle libération était possible, à condition de faire preuve d'ouverture d'esprit à l'égard de la culture de l'Autre quel qu'elle fût – culture européenne par opposition à la culture égyptienne (*al-'Ayyām*), culture bourgeoise par opposition à la culture semi-nomade (*Du'ā' al-Karawān*) – et à condition de prendre garde de ne pas tomber dans le piège d'une aliénation destructrice (*Adīb*).

* Première publication de ce chapitre dans *Mélanges offertes à Amīna Rachīd*, Textes recueillis et présentés par Randa Sabry avec la collaboration de Rania Fathy, Elain publishing House, Le Caire, 2010.

CHAPITRE 11

Autobiographie et polyphonie

Boutros Hallaq

1 Récit, temps et mort

Contre le structuralisme atemporel en critique littéraire, le philosophe Paul Ricœur fait valoir la primauté décisive du temps. Il convient, dit-il, de « tenir le récit pour le gardien du temps »[1]. Pour lui, tout récit vise à « ouvrir à un sens » en articulant le temps passé, en fondant une action dans le temps à venir et en affrontant « l'autre du temps », à savoir : l'éternité et la mort. Il vise, au fond, à conjurer le temps, le tragique du temps qui passe. Tout à fait patent dans les récits fondateurs, comme la Bible et les Livres Sacrés qui scrutent le problème des origines, de l'éthique et de la mort, ce paradigme organise assez manifestement l'autobiographique, dans lequel l'artiste discerne sa vie, institue son futur et lutte contre sa propre mort.

Dans cette perspective, les deux œuvres choisies, *Ḏākira li-l-nisyān*, de Maḥmūd Darwīš[2], et *Ḥarīq al-ʿaḫyila* d'Edward Ḫarrāṭ[3], prennent une valeur exemplaire : c'est par le temps et la mort qu'elles font sens. Cette dernière œuvre, monde globalisé et idéalisé par le chiffre sept, se trouve habitée par la mort, par la disparition des mondes intérieurs et extérieurs de l'auteur. Tout est pris dans cet incendie, *ḥarīq*, que celui-ci perçoit, – voudrait percevoir – comme toujours vivant, maintenant ainsi en vie, en vie incandescente, les parcelles du passé.

La première œuvre est encore plus imprégnée par la mort. Elle y prend son origine, puisqu'elle prend naissance dans ce jour critique « d'Hiroshima

1 *Temps et Récit III*, Seuil, 1985, p. 435. De même, dans *Du texte à l'action, Essais d'herméneutique II* (Seuil, coll. Esprit, 1986), l'auteur précise : « Mon hypothèse de base à cet égard est la suivante : le caractère commun de l'expérience humaine, qui est marqué, articulé, clarifié par l'acte de raconter sous toutes ses formes, c'est son caractère temporel. »

2 Nous nous référons à l'édition originale, al-Muʾassasa al-ʿarabiyya li-l-dirāsāt wa-l-našr, 1987, Beyrouth. Elle a déjà été traduite en français par Y. Gonzalez-Quijano et F. Mardam-Bey (*Une mémoire pour l'oubli*, Actes Sud, coll. « Mondes arabes », 1994) et en anglais par Ibrāhīm Mhawwā (*Memory for forgetfulness, August, Beirut, 1982*, University of California Press, Berkeley, 1955).

3 Editée par Dār al-Mustaqbal, Feggāla, Alexandrie, 1994.

 | DOI:10.1163/9789004705685_012

palestinien », où l'auteur semble vivre sa mort imminente. Il y prend appui tant pour embrasser sa première mort symbolique, la sortie de Palestine, ainsi sur ses origines culturelles enracinées dans l'histoire arabe, que pour envisager sa propre vie ou sa mort en tant que palestinien ou tout simplement en tant qu'humain. Cette œuvre ne prend ses véritables dimensions que dans la lumière éblouissante que jette sur la vie l'imminence de la mort.

Loin de chercher, dans le cadre de ce travail, à embrasser tout ce qui fait la richesse de ces deux œuvres, je me restreins volontairement à deux aspects majeurs relevant de l'esthétique narrative. Le premier aspect sera : comment la conscience aiguë de la mort structure l'œuvre de l'intérieur, autrement dit : comment elle se reflète dans le tissu narratif ? Je traiterai cela à partir de la notion de polyphonie. L'autre aspect a rapport à l'autobiographie.

2 Le monde de Darwîsh

2.1 *La polyphonie*

L'œuvre de Darwīš se présente de prime abord comme un drame antique, tel que l'a compris le théâtre classique français du XVIIe siècle. Il semble obéir à la règle des trois unités : de lieu, de temps et d'action. Le lieu : Beyrouth-ouest, devenu une scène grandeur nature, mais nettement délimitée par les lignes du siège hermétique imposé par l'armée israélienne. Le temps : une journée d'août 1982, journée où s'accumulent les événements les plus percutants[4]. L'action : les gestes, paroles et pensées du narrateur-poète depuis trois heures du matin, où il fut réveillé de son rêve par les bombardements israéliens, jusqu'à 22h, où il retourne à son sommeil et à son rêve en ayant passé la journée à parcourir la ville à la rencontre des gens et des lieux.

Là s'arrête le parallélisme avec le drame classique. Car manque l'intrigue incluant, selon les normes classiques, un début, un développement et une fin. A moins de considérer comme intrigue ce fil ténu qui traverse le récit et qui conduit le narrateur-personnage de la peur devant la mort à une certaine paix intérieure assumant la mort elle-même. Mais cela ne représente qu'une piste parmi d'autres et nullement la plus importante.

Plus d'une intrigue, il faudrait parler d'un kaléidoscope d'intrigues ou plus précisément de problématiques qui jaillissent toutes d'un seul moment critique, celui de la proximité charnelle de la mort. Dans ce face à face, tout brûle hormis l'essentiel. Se condensent alors dans l'instant en cours tout le temps et tous les temps du narrateur, mettant à nu toutes les dimensions qui le font

4 Tout indique qu'il s'agit de la journée du 4 août.

être, du plus individuel au plus universel. Et les voix exprimant ces dimensions éclatent toutes à la fois, simultanément, dans sa conscience. S'il avait utilisé un procédé cinématographique, on aurait saisi d'emblée toutes ces voix ; mais procédant par écriture forcément linéaire, ces voix se font entendre alternativement. Le lecteur cependant les sent se presser, se bousculer pour émerger à la réalité typographique : est-ce pour cela que le récit coule en un seul jet puissant, sans interruption, sans marque de chapitre, sans retour à la page, juste une petite respiration, venant à temps ou à contretemps et notée par un carré noir de temps à autre ?

Il y a cependant un thème omniprésent qui symbolise et signifie cette confluence des voix, cette polyphonie[5], c'est celui de la mer, ou plus généralement de l'eau. Dans cette journée apocalyptique, l'eau constitue le seul espace où se déroule l'action et se meuvent les êtres et les choses. Elle imprègne les humains et les choses ; elle occupe l'air, la terre et la mer, au point de faire disparaître les frontières entre ces éléments. Tout devient aquatique : les bombes, le rocher, la chatte et la bien aimée ; ou l'inverse, puisque l'eau aussi apparaît sous une forme solide ou aérienne. « La voûte du ciel s'abaisse, comme un toit de béton qui s'effondre. La mer devient terre ferme et se fait proche »[6]. L'eau imprègne l'espace et tout ce qui s'y meut. Bien plus : elle ordonne le temps, ou préside à l'organisation du temps ; puisque le temps devient espace. En sous-titre l'auteur ajoute cette indication : « *Le temps : Beyrouth ; le lieu : un jour d'août 1982* ». Le temps figé en espace, l'espace sous forme aquatique : plus que le sein maternel, l'eau recrée ici le chaos apocalyptique qui marque la fin d'un monde et la naissance d'un autre, et renvoie à ce chaos primitif qui présida autrefois, dit-on, à la création du monde. Chaos qui contient en virtualité tout être et toute chose qui vont émerger à l'existence, presque simultanément. Espace mythique des origines. Est-ce la raison pour laquelle le narrateur se sent, dans ce contexte, seul, le matin, tel un Adam, à l'aube du monde, quand personne n'était encore nommé ? « J'en surgis à l'instant et je ne sais plus où je suis. Je ne sais plus mon nom, ni comment se nomme cet endroit. Je ne savais pas que je pouvais arracher une de mes côtes pour entamer un dialogue avec ce silence absolu. Quel est mon nom ? Qui m'a nommé ? Qui me nommera : Adam… »[7]. Les deux textes classiques, qui lui viennent à l'esprit alors et qu'il insère dans son récit, renforcent cette idée. Ces textes en effet parlent d'eau et

5 C'est Mikhaïl Bakhtine qui le premier a forgé et mis en œuvre cette notion en la désignant aussi par le terme *dialogisme* et parfois *hétérologie*. *Cf.* son ouvrage traduit en français sous le titre *Esthétique et théorie du roman* Gallimard, Paris, 1978. Voir aussi : T. Todorov, *M. Bakhtine et le principe dialogique*, Seuil, coll. poétique, 1981.

6 *Op. cit.*, p. 15, dans la version française.

7 *Ibid.*, p. 54.

de la création. Celui d'Ibn Sīdah[8] témoigne de l'omniprésence de l'eau dans le lexique classique arabe. L'autre texte traite dans le même souffle de l'eau et de la création du monde[9]. Fait significatif : eau et création sont intimement liées à *qalam*, *plume*, autre outil de création, celui par lequel l'univers du narrateur advient à l'existence. Et cela justement au moment où le destin du peuple palestinien, en situation critique, se trouve en gestation.

2.2 *Typologie des voix*

Les voix qui éclatent dans ce récit sont multiples. Elles renvoient à des univers de pensée et de sensibilité très différents. Mais dans chacun de ces univers elles se différencient de nouveau pour créer une autre constellation de voix. La polyphonie s'installe ainsi non seulement dans des catégories distinctes, mais également à l'intérieur de chaque catégorie. Ne pouvant, dans le cadre de ce travail, les détailler et les analyser toutes, je me contente d'en citer les six les plus importantes :

1. La catégorie du je narrateur qui englobe : la voix qui récite les éléments essentiels et immédiats (le café, la femme, les amis, la peur…), la voix de la mémoire (le premier exode de 48 qui lui fit connaître le Liban pour la première fois, les séjours en prison et en résidence surveillée, l'amour problématique avec des israéliennes, la sortie définitive du pays…), la voix du militant, la voix du poète…
2. La catégorie Beyrouth qui se différencie en : Beyrouth la frileuse s'exprimant par les voix phalangistes, Beyrouth – peuple s'exprimant par les voix de la rue dans la zone ouest, Beyrouth rêvée et projetée dans l'avenir s'exprimant par les voix des militants (palestiniens, arabes, cosmopolites), Beyrouth revenue de ses audaces (les ex-militants) …
3. La catégorie Palestine englobant : la Palestine – mémoire omniprésente, la Palestine militante (combattants idéalistes et courageux, chefs charismatiques et faillibles, responsables calculateurs et tordus), la Palestine en porte-à-faux par rapport au Liban, la Palestine rêvée, la Palestine qui semble à jamais engloutie…
4. La catégorie monde arabe englobant : gouvernants prédateurs attendant avec délectation la mort de la victime, masses impuissantes détournées par la répression vers des horizons moins offensifs tel le football et la vidéo, patrimoine ridicule et splendide à la fois…

---

8 *Ibid.*, p. 46. Cet auteur est un lexicographe andalou du XIe siècle.

9 *Ibid.*, p. 54. L'auteur est un célèbre historiographe du XIIe siècle. Dans cet ouvrage, il fait un développement intéressant sur la création du monde à partir des catégories coraniques.

5. La catégorie sionisme englobant : la pensée archaïque et négatrice de l'autre (Bégin, le Yaweh ordonnant le massacre total des habitants de Jéricho, la radio officielle…), la conscience inquiète et courageuse (les militants de la *Paix Maintenant*, Ouri Avnéry…), la conscience engluée dans ses propres rets…
6. La catégorie monde extérieur englobant : la raison politique cynique des différentes chancelleries et notamment américaine, la mauvaise conscience tordue des gens pressés d'en finir à tout prix avec ce spectacle dérangeant…

Il est important de ne pas réduire ces multiples voix à des attitudes ou positions intellectuelles ou encore à des états d'âmes mis en scène et exprimés par le narrateur. Ce sont des mots reflétant des univers liés à des personnages ou groupes effectifs, des voix réelles. Et même si elles n'atteignent pas toutes la même plénitude, elles n'en demeurent pas moins des voix réelles suscitées par la proximité de la mort individuelle et renvoyant à une possible mort, redoutée au niveau collectif. Ou, comme le dit Bakhtine parlant de Dostoïevski, cette œuvre n'est pas construite « comme l'unité d'une seule conscience qui aurait absorbé, tels des objets, d'autres consciences, mais comme l'unité d'interactions de consciences multiples dont aucune n'est devenue objet pour l'autre »[10]. Car si la voix du *je* narrateur se détache aisément des autres, par une certaine tonalité lyrique et par la place accordée à l'instance énonciatrice, les autres voix restent autonomes. Signe de cette autonomie, l'hémérologie, ou l'hétérogénéité des procédés discursifs et des genres littéraires utilisés. Si Dostoïevski, le maître de la polyphonie selon Bakhtine[11], la configure essentiellement par le discours rapporté au style direct (le dialogue) et accessoirement par les mémoires (par exemple : la vie du staretz Zossima d'après les notes d'Alioucha, dans *Les Frères Karamazov*), Darwīš multiplie les formes. Nous y trouvons à côté du discours rapporté au style direct, indirect ou indirect libre et du discours autonome ou monologue intérieur, le récit, le rêve, le portrait, le poème, l'article de presse ainsi que l'intertextualité par le biais de citations empruntées aux livres sacrés (*Ancien et Nouveau Testament*), à l'exégèse musulmane (Ibn al-aṯīr), aux historiens arabes ou étrangers, aux mémoires (ʿUsāma bin Munqiḏ), aux lexicographes (d'Ibn Sīdah), à la littérature universelle (Cervantès) et à l'œuvre même du poète. Sans oublier cette forme plus subtile d'intertextualité qu'est le pastiche (*al-mouʿâraḍa*) des classiques, arabes ou autres. C'est ainsi que dans le portrait du talon aiguille (*al-kaʾb al-ʿālī*, p. 160), se laisse reconnaître le célèbre texte de Ǧāḥiẓ, *al-ʿaṣā, le bâton, la canne* ; dans

10 *Cf.* M. Bakhtine, *La poétique de Dostoïevski*, Seuil, 1970, p. 48.
11 *Ibid.* Notamment les chapitres 3 et 5.

le rêve mettant en scène Izz-ed-dīn Qalaq (p. 198) la célèbre épître d'Al-Maʿarrī, *Risālat al-ġufrān* ; dans la description des effets des bombes à implosion lancées par l'armée israélienne (p. 68), transparaissent le texte évangélique annonçant le retour du Fils de l'homme ainsi que certains passages de l'Apocalypse.

Ces différents procédés confèrent aux voix une réelle autonomie, plus ou moins importante selon les cas. C'est cela probablement aussi qui rend plus prégnant le tragique du destin palestinien pris dans ce tourbillon de voix divergentes où aucune issue n'est garantie ou exclue à l'avance, y compris la disparition pure et simple dans les replis de l'histoire. Cela se reflète jusque dans le titre de l'ouvrage que l'on ne sait à quelle voix attribuer. Est-ce à celle du narrateur ? Il s'agirait alors – comme le note le traducteur de la version anglaise dans son introduction – de fixer les événements tragiques vécus par l'auteur pour pouvoir s'en délivrer par l'oubli ; ou bien encore de fixer une mémoire collective que trop de gens vouent à l'oubli, pour tenter de la préserver. A moins qu'elle ne soit un écho d'une autre voix, celle du sionisme ou du monde extérieur, qui n'envisagent que la disparition de cette Palestine encombrante. L'auteur laisse la question en suspens, ne ferme aucune perspective. C'est bien cela le sens du tragique qui émane de la plénitude de ces différentes voix.

2.3 *Polyphonie et carnaval*

Cette situation limite, éclatée, ouverte à toutes les éventualités, commande donc une polyphonie elle aussi éclatée, non seulement en nombre, mais également en qualité de procédés ou genres littéraires. Mais cette multiplicité de formes littéraires, loin de réduire l'œuvre à un tableau-collage, ne fait que renforcer une polyphonie organique, qui est elle-même soutenue par deux autres procédés propres à la littérature carnavalesque, polyphonique par excellence, aux dires de Bakhtine : l'espace de l'Agora et l'ambivalence[12].

L'espace de l'Agora fait référence à ce lieu public de la cité grecque au ve siècle av. J.-C., où se déroulaient commerces, activités sociales, politiques, judiciaires ou encore religieuses ; c'était aussi le lieu où l'on se rencontrait, se donnait nouvelles, et où se formaient les courants d'opinion. Les œuvres littéraires grecques post-épiques reflétaient les événements qui s'y déroulaient et leurs modes d'expression. L'espace public de l'Agora renvoie en fait à cet espace collectif ouvert où s'exprimaient les sentiments les plus personnels de chacun au su et au vu de tous, car aucune barrière ne se dressait encore entre l'individu

12 *Cf.* M. Bakhtine, « Les Formes du temps et du chronotropes dans le roman », in *Esthétique et théorie du roman* ; « Les particularités de composition et de genre dans les œuvres de Dostoïevski », in *La poétique de Dostoïevski* ; *L'œuvre de François Rabelais et la culture populaire au moyen âge et sous la renaissance*, Gallimard, 1970.

et la collectivité ou entre l'individu et la nature, l'ensemble étant baigné dans une adéquation totale.

Dans l'œuvre de Darwīš, l'espace prend deux formes distinctes. A côté de l'espace mythique dont nous avons parlé plus haut, et qui est peut-être lié prioritairement à la voix de *je* narrateur, se dessine un espace qui laisse apparaître l'esprit de l'Agora, l'esprit et non point l'idéologie. En effet, les événements se déroulent presque exclusivement dans des endroits publics : les places, les rues, les bars, les halls de grands hôtels, les sous-sols collectifs d'immeubles… Ils semblent créer entre les différents personnages une adéquation totale, non point quant à l'idéologie ou à l'analyse de la situation, mais à la préoccupation majeure et au contexte psychologique, nées de l'invasion israélienne alors en cours ; comme dans un carnaval, mais en sauvegardant l'autonomie des voix.

Comme dans un carnaval aussi, nous trouvons, l'ambivalence, le mélange des registres. Dans un contexte de tragédie où il y va du destin du narrateur, des différents individus et même d'un peuple, voire du rêve arabe de modernisation, fusent de tous côtés le banal, le facétieux et le grotesque. Le banal atteint son sommet dans le récit interminable sur la préparation du café qui court sur les premières pages du récit. Certes, si le narrateur s'attarde sur la technique de préparation du café, insiste sur la psychologie de celui qui s'y livre, sur sa place dans sa propre vie, c'est d'abord en vue d'adresser un message de défi à l'agresseur tout puissant auquel il fait face. Mais ce message passe justement par l'importance accordée au banal. Banal que l'on retrouve également dans cet hymne, totalement déplacé, au talon aiguille[13]. La facétie elle se retrouve dans ces séances de médisance et de fabrication des rumeurs, dans le déroulement du quarantième anniversaire du narrateur tel un rite sacrificiel… Quant au grotesque, il jalonne le récit : la quartier qui se vide par crainte d'un colis piégé placé dans une voiture qui se révèle être un rat rongeant le métal rouillé, les responsables d'organisations palestiniennes faisant le décompte de leurs martyrs et cherchant à en augmenter le nombre pour mieux se placer face à d'autres organisations, la jeune bourgeoise phalangiste projetant ses fantasmes philo-françaises sur le soldat israélien Shlomo qui s'avère être un yéménite ne sachant un traître mot de français et faisant ses besoins à chaque coin de rue. Autant de procédés qui font partie du carnaval et qui créent le cadre idéal pour la polyphonie, le spectre de la mort faisant jaillir le tragique et le carnavalesque.

---

13 Ce texte décrivant, dans ce contexte de danger absolu, la démarche d'une jeune femme portant des chaussures rehaussées par des talons-aiguille se présente comme un hymne gorgé d'érotisme banal mais tenant ses titres de noblesse du pastiche qu'il fait d'un célèbre morceau de la période classique dû à al-Ǧāḥiẓ.

3 L'autobiographique et polyphonie

Comment cette œuvre si riche en polyphonie et mettant en œuvre de nombreux procédés discursifs et genres littéraires, se situe-t-elle par rapport à l'autobiographie censée s'incarner, dans la tradition occidentale, dans un récit dominé par la voix du narrateur auteur ? Avant de répondre à cette question cruciale, clarifions un autre aspect d'ordre historique. La critique externe fait apparaître une certaine inadéquation dans le récit : les événements rapportés ne coïncident pas historiquement le même jour, par exemple : la destruction de plusieurs immeubles par des bombes à implosion n'eut pas lieu le jour où Arafat reçut dans son sous-sol la visite d'Oury Avnery, un célèbre journaliste israélien militant pour la paix avec la Palestine. En fait le récit condense en une seule journée des événements qui se déroulèrent sur plusieurs journées rapprochées. Mais la notation ne semble pas vraiment décisive : l'on peut invoquer une défaillance de la mémoire du narrateur ; mais l'on peut constater aussi que la fidélité historique n'aurait très probablement rien enlevé à la structure et à la tonalité du texte. Par hypothèse méthodologique, passons outre à cette anomalie, qui n'est repérable que par l'historien, pour examiner les points fondamentaux. Cela pourrait modifier notre approche du genre autobiographique tel qu'il apparaît proposée par Philippe Lejeune dans *Le pacte autobiographique*[14], qui est à ce jour l'étude la plus exhaustive et la mieux fondée.

Lejeune distingue deux niveaux dans l'identification de ce genre, que j'appellerai le niveau moral et le niveau formel. Concernant le niveau moral, il tient pour fondamental la notion de contrat que l'auteur passe avec le lecteur. Seul ce contrat, matérialisé le plus souvent par le terme autobiographie placé en première page donne son statut à l'œuvre en la distinguant d'une fiction qui aurait satisfait à toutes les contraintes du niveau formel propre à l'autobiographie. Mais à défaut d'un contrat explicite, ou en l'absence de contrat, il faudrait chercher la signature du nom propre : le nom du narrateur-personnage devrait coïncider avec celui de l'auteur affiché en première page. Dans cette œuvre où aucun contrat n'est proposé par l'auteur, la signature du nom propre est absolument « patente ». Le narrateur-personnage cite et revendique comme siens des articles et des poèmes identifiables, dans des recueils publiés sous le nom Maḥmūd Darwīš[15]. De même nous trouvons au moins une fois le narrateur

14 Paru au Seuil, coll. Poétique, 1975, 360 pages.

15 *Ibid.* p. 74, 80, 170, 180 et 190.

interpellé par son prénom dans un contexte qui ne laisse aucun doute sur le nom complet[16]. Le contrat moral semble donc bien respecté.

C'est au niveau formel que les problèmes se posent. Voici la définition de Lejeune : « Récit rétrospectif en prose qu'une personne réelle fait de sa propre existence, lorsqu'elle met l'accent sur sa vie individuelle, en particulier sur l'histoire de sa personnalité ». Et Lejeune détaille :

> La définition met en jeu des éléments appartenant à quatre catégories différentes :
> 1. Forme du langage :
>   a) récit
>   b) en prose
> 2. Sujet traité : vie individuelle, histoire d'une personnalité
> 3. Situation de l'auteur : identité de l'auteur (dont le nom renvoie à une personne réelle) et du narrateur
> 4. Position du narrateur :
>   a) identité du narrateur et du personnage principal
>   b) perspective rétrospective du récit[17]

Les éléments cités s'appliquent bien à cette œuvre, mais avec un bémol. Il n'y a pas adéquation totale entre eux. Il reste comme une distance impossible à combler. Et c'est bien cette distance qui est l'objet de notre interrogation. Elle concerne essentiellement deux points : la forme du langage et l'identité du narrateur et du personnage principal. Si cette dérogation était totale, elle ferait tomber cette œuvre, toujours selon les normes de Lejeune, dans le poème autobiographique, l'autoportrait ou la biographie. Or cette dérogation est relative dans un cas et ambiguë dans l'autre.

Elle est très relative concernant l'identité du narrateur et du personnage principal. Il est vrai que les événements qui créent le cadre exceptionnel de l'action sont loin d'être déterminés par la volonté du narrateur, puisqu'ils relèvent directement des décisions des responsables israéliens et palestiniens et indirectement du jeu régional et international. Le personnage-narrateur n'a aucune prise réelle sur le cours objectif des choses. Il ne les subit pas pour autant passivement. Son activité se déploie et intensément à un niveau psychique et symbolique pour imposer une mémoire, ouvrir des horizons et déplacer la problématique de façon à se donner un rôle et une place dans la

16 Il s'agit de la question posée par un interlocuteur au narrateur Maḥmūd sur l'usage qu'il fait du thème de la mer dans sa poésie (p. 224).

17 *Op. cit.* p. 14.

gestation du monde qui s'annonce, même d'une façon apocalyptique. Mais au fond, ce n'est peut-être pas là que le bât blesse, mais plutôt dans la façon dont il conçoit sa place personnelle. Il ne la conçoit pas comme purement individuel, mais articule puissamment l'individuel au collectif. Il n'est pas seulement celui qui est obsédé par son individuel, quoique cet aspect soit bien évident au travers du récit de sa vie passée et de l'angoisse qui l'étreint au moment présent ; il est également habité par le destin d'un peuple et même d'une nation. En fait ce qui fait problème et perturbe la normalité autobiographique reconnue, c'est le rapport individu/collectivité. Au-delà du littéraire, cela nous place face à un problème anthropologique grave : l'homme est-il plutôt une individualité marquée ou bien une individualité épousant le collectif, notamment aux moments charnières de l'histoire d'un peuple ? En énonçant les normes qui constituent obligatoirement l'autobiographie, Lejeune se base sur la production occidentale depuis deux siècles, c'est-à-dire depuis que la modernité occidentale a institué l'individu, le sujet individuel, comme moteur de l'histoire. Faut-il pour cela méconnaître d'autres formes de modernité qui perçoivent les choses différemment, et surtout à des moments critiques de leur histoire, où, par surcroît, elles se trouvent menacées par une certaine forme de modernité occidentale ? Répondre à cette question par l'affirmative serait déjà poser une définition absolue de l'homme, réduire le génie de Darwīš dont la dimension palestinienne est essentielle et amputer la littérature autobiographique. Pour ma part, je me contente, pour l'instant de poser la question.

L'autre dérogation concerne la forme du langage. Au lieu d'un simple récit en prose, nous avons affaire ici à un mélange de genres où le récit domine après tout, même s'il emprunte à la poésie certaines de ses résonances. Ces genres que nous avons détaillés plus haut, loin de former des entités séparées sous formes de collage, s'intègrent dans le récit pour lui donner d'autres dimensions, pour lui donner cette facture collective et éclatée qu'impose la proximité charnelle de la mort. Cela aussi ne correspond pas aux normes déduites par Lejeune, mais ne semble pas dénaturer le fond du projet, bien au contraire. Alors faut-il figer la forme autobiographique dans un état donné, au moment même où nous revendiquons pour le genre romanesque, auquel s'apparente après tout l'autobiographie, la faculté de n'être jamais fixé dans une forme précise ? Là encore, je me contente de poser la question.

Disons pour clore provisoirement cette question qu'au fond ce qui semble opposer l'œuvre étudiée à l'autobiographie, dans les limites de l'hypothèse méthodologique posée plus haut, c'est justement la polyphonie. Car les deux éléments qui dérogent au code autobiographique, la forme littéraire et l'identité du narrateur et du personnage principal, forment les deux bases de la polyphonie. Alors autobiographie et polyphonie seraient-elles contradictoires ?

4 Le monde de Ḫarrāṭ

Intimement lié à la mort et à la polyphonie, l'œuvre de Ḫarrāṭ pose le problème autobiographique d'un point de vue opposé à celui de Darwīš, mais tout aussi intéressant.

4.1 *La lutte contre la mort*

La mort est omniprésente, bien que moins spectaculaire que chez Darwīš. Dans chaque chapitre, nous rencontrons au moins un cadavre. C'est parfois celui d'un ami mort précocement (Kāmil al-Sāwī, chap. 1), d'une amitié disparue banalement (Wafīq Rāqim, chap. 1), d'une figure marquante de l'enfance (son préfet d'études Yannī Sālim, chap. 5), d'une sensation forte d'autrefois, ou celle de l'espace citadin ou rural à jamais révolu[18]. Et tout le projet de l'œuvre consiste à exorciser cette mort, ou du moins à la domestiquer. Là où nombre de textes à relent autobiographique constatent plus ou moins objectivement la disparition du passé et s'appliquent à en tirer les leçons utiles pour les générations suivantes ou à faire œuvre d'historien, Ḫarrāṭ, délaissant toutes prétentions idéologiques ou scientifiques, se consacre à maintenir vivante la flamme qui brûla sa vie, surtout dans l'enfance et la jeunesse. Il lui arrive d'avouer son projet explicitement en insistant sur la pérennité de ce passé. « Ce temps, dit-il, n'était pas beau ; il l'est maintenant, toujours et encore. Il est présent et n'a jamais été révolu [...] Que de fois n'ai-je crié aux gens : vous, bonnes gens, cela ne fait point partie du passé, mais du présent ; pourquoi restez-vous captifs de l'histoire ? »[19] Mais surtout il utilise à cette même fin plusieurs artifices ou procédés.

Le premier de ces artifices, c'est le jeu mathématique. Le chiffre parfait sept des chapitres renvoie déjà à un monde idéal, par conséquent hors d'atteinte du temps qui passe. La mesure qui lui sert à calculer le nombre de pages de chacun de ces chapitres, une trentaine à peu près, évoque cette plénitude de l'ordre rationnel qui présidait autrefois à l'architecture et à la sculpture grecque, les mettant à l'abri des ravages du dieu Chronos. Structure mathématique, manifestement consciente et volontariste, garantissant l'intemporalité, qui permet au narrateur cet aller-retour entre les années et les décennies sans risque comme dans un monde achevé et clos.

Un autre procédé : l'effet trompeur du miroir. Celui-ci prend plusieurs figures dont je retiens seulement deux. D'abord cette interrogation ingénue et

18 Ces figures jalonnent tout l'ouvrage, mais c'est la figure de l'Alexandrie d'autrefois qui domine partout.

19 *Op. cit.*, p. 26, on peut se référer également à des passages similaires p. 128, 151, 160...

naïve qui se répète souvent après une évocation de souvenirs : est-ce que je n'affabule pas en rapportant ce fait[20]. Et surtout cette image splendide où il se présente en vieux cygne survolant les eaux en s'y miroitant et percevant dans leurs profondeurs son vieux squelette[21]. Est-il mort dans ce milieu aquatique qui conserve même dans la mort ? ou bien vivant dans cet élément aérien, quoique figé comme mort ? Le tout est de maintenir une sensation, voire un fantasme de vie.

Un dernier procédé : le poétique incandescent. Incandescence explicitée par le titre, *ḥarīq*, mais maintenue tout au long du texte par un style tendu, toujours aux aguets, d'un lyrisme abrupt même s'il se défend d'être romantique. Poétique rehaussé par le symbolisme déjà bien rodée dans ses œuvres précédentes : les divinités égyptiennes, le cygne et Rāma[22] encore et toujours. Sans s'attarder sur la psychanalyse des éléments premiers à la manière de Bachelard, on est frappé par la présence concomitante et fréquente des deux éléments contraires, le feu et l'eau. Le mariage des contraires maintient la vie même dans la mort. Et les deux éléments ne se retrouvent-ils pas dans le regard, celui du narrateur comme celui de l'autre sur lui, très présent également dans le texte ?

4.2 *La polyphonie régie*

Bien que moins prononcée que chez Darwīš, la polyphonie est un élément structurant de cette œuvre, dans sa lutte contre la mort. Les voix les plus claires sont les voix épistolaires et celles du *je* de l'énonciation opposé au *je* de l'énoncé. La première série est évidente, elle est liée aux différentes lettres, réelles ou fictives, qui reproduisent des visions ou du moins des attitudes diverses. Notons cependant cette dualité, renvoyant également au jeu de miroir noté plus haut, liée à la voix de Wafīq. Wafīq est identifié à un ami et correspondant du narrateur, lui-même reconnu à plusieurs signes : des personnes citées (Sāmī, Ǧamāl Šehayed…), les renvois à des détails connus de la vie du narrateur, des œuvres antérieures signées par lui. Cependant un doute reste sur l'identité de ce correspondant avec l'ami Wafīq Rāqim bien campé dans le premier chapitre. Mais tout d'un coup ce Wafīq se dédouble et semble désigner le narrateur lui-même. Wafīq désignerait alors le même et l'autre, cet autre pouvant désigner plus d'une personne et le même pouvant renvoyer au

---

20 A titre d'exemple : « Ou bien tout cela ne serait-il que pure fiction et affabulation » (p. 45). « Ma mémoire me trahirait-elle en me faisant prendre mes hallucinations pour une réalité plus véridique que la réalité même ? » (p. 91).

21 *Ibid.*, p. 169.

22 *Rāma wa-t-tannîn* est le titre de son premier roman. Ce personnage ne cessera de réapparaître dans les œuvres ultérieures.

narrateur sujet de l'énonciation comme au je objet de l'énoncé. Est-ce le cercle qui se referme ou le jeu de miroir qui s'étend à l'infini ? Le récit explicite ce jeu par moment : ces lettres, dit-il, « est-ce moi qui les écris ou bien sont-ce d'autres qui me les écrivent ? ». (p. 160)

Quant à la deuxième série de voix explicites, elle apparaît au niveau typographique (gras et maigre) et oppose le *je* de l'énonciation énoncée et le *je* de l'énonciation énonciative, d'après la terminologie de Courtès[23] ; ou plus simplement le *je* du narrateur qui rapporte le récit et celui du narrateur qui le commente. Ainsi un autre dédoublement vocalique apparaît au niveau de l'énonciation elle-même.

Comme chez Darwīš, ces différentes voix se matérialisent dans des registres et genres différents : le récit, le discours, la lettre, le journal intime et l'intertextualité ; bien qu'elles soient nettement couvertes par la voix effervescente du je narrateur de l'énonciation. Elles sont mobilisées pour résister à la mort, alors que chez Darwîsh, elles constituaient elles-mêmes un danger de mort.

4.3 *L'autobiographique et le transgenre*

Malgré les éléments autobiographiques évidents, Ḫarrāṭ propose au lecteur un contrat romanesque explicite, clairement énoncé en première page. Le narrateur y insiste dans le corps du texte : « ce n'est pas, à proprement parler, une autobiographie. Cette œuvre, je la veux roman, d'une certaine façon, s'entend » (p. 26). Depuis que F. Schlegel, représentant emblématique du romantisme d'Iéna, a énoncé son célèbre principe – le roman « est encore en devenir, et son essence propre est de ne pouvoir qu'éternellement devenir et jamais s'accomplir »[24] – personne ne prétend plus codifier le roman. Ḫarrāṭ a toute latitude pour explorer d'autres formes romanesques, et il ne s'en prive pas depuis bientôt une trentaine d'années. Mais nous sommes en droit de nous demander ce qui sous-tend sa vision ou – pour ce qui concerne cette œuvre – son illusion romanesque délibérée.

En confrontant ce texte à la définition de l'autobiographie donnée par Lejeune au niveau formel, nous constatons deux éléments qui dérogent. D'un côté, la fictivité de certaines lettres, notamment celles adressées par le Wafīq narrateur de l'énonciation énonciative à son double de l'énonciation énoncée. Ces lettres sont plus vraies que nature, et auraient pu prendre tout naturellement place dans le cadre d'une autobiographie. De l'autre côté, le discours énonciatif, qui s'oppose au récit, et occupe un espace relativement important.

23 Joseph Courtès, *Analyse sémiotique du Discours, de l'énoncé à l'énonciation*, Hachette, 1991.

24 *Cf.* Ph. Lacoue-Labarthe et J.-L. Nancy, *L'Absolu littéraire, théorie de la littérature du romantisme allemand*, Seuil, 1978, p. 112.

Cet élément joue un rôle essentiel dans la configuration de l'œuvre. Et c'est bien lui qui justifie que le contrat moral proposé soit clairement non autobiographique. Mais pourquoi Ḫarrāṭ a-t-il tenu à superposer ce discours énonciatif à un texte qui pouvait parfaitement tenir par lui-même ? et pourquoi a-t-il imposé le contrat romanesque, alors qu'il pouvait le laisser indéterminé, ou proposer un contrat moins typé, genre : récit, essai ?

A cela je donnerais deux réponses de valeur inégale. La première, secondaire, serait d'ordre psychologique. Par tempérament comme par culture, Ḫarrāṭ serait trop pudique pour axer un texte sur son histoire intime. Il aurait alors eu recours à un subterfuge pour livrer de sa vie ce qu'il juge pouvoir livrer, sans avoir l'air de s'exhiber. Ce n'est point le rapport individuel/collectif qui jouerait ici mais beaucoup plus celui d'intériorité/ extériorité.

L'autre réponse, plus intéressante, est d'ordre littéraire. Elle rend compte d'une attitude, fondamentale chez lui, repérable dans une grande partie de son œuvre. Déjà à partir de *Rāma wa-l-tannīn*, publié en 1979, il a commencé à brouiller les pistes en laissant son éditeur proposer le contrat romanesque pour une œuvre que lui-même aurait considérée comme un recueil de nouvelles. L'excuse donnée alors, invoquant un quiproquo, n'est pas très recevable. Sinon il n'aurait pas récidivé.

En fait Ḫarrāṭ est hanté par l'écriture autre, travaillé par ce qu'il appelle lui-même le transgenre[25]. Disons pour simplifier l'écriture anti-Maḥfūẓ. Non pas qu'il cherche à s'opposer, après coup, au grand artiste Maḥfūẓ. Il affirme tout simplement son univers, qui a d'ailleurs commencé à se dessiner à travers ces premiers recueils de nouvelles, bien avant que Maḥfūẓ ne devienne Maḥfūẓ. Il s'agissait de dépasser la facture réaliste qui dominait le roman arabe et trouver une forme qui exprime et la complexité d'un monde éclaté et la subjectivité créatrice. C'est très probablement cela qui l'a conduit très tôt au mélange des genres, mélange qui concernait à l'époque le réalisme, le fantastique, le symbolique et le psychologique, au travers d'une langue pseudo-classique mâtinée de structures syntaxiques hétérodoxes. Cette logique le conduisit par la suite à mélanger le récit et le poème en prose ; ce qui s'est traduit, au niveau du temps narratif, par exemple, par d'autres formes de temporalité non-répertoriées par le spécialiste de la question, Gérard Genette[26]. Et c'est bien ce souci qui l'a poussé au même moment à promouvoir le roman poétique d'un Muntaṣir al-Qaffāš ou l'écriture d'un Badr al-Dīb. Et c'est probablement par son désir de casser les genres classiques et de créer ce transgenre que s'explique essentiellement la

25 Voir son ouvrage, *al-kitāba ʿabr-an-nawʿyya*, Dār šarqiyyāt, Le Caire, 1994.

26 On lui doit *Le Discours du Récit* in Figures III, et *Nouveau Discours du récit.*

facture de l'œuvre que nous analysons. Il s'agit là aussi d'innover et de créer une autre autobiographie, à moins que ce soit un autre roman.

Ce n'est point une redéfinition de l'autobiographie que nous avons tenté au long de ce travail ; nous avons plutôt formulé un questionnement. A partir de l'œuvre de Darwīš habitée par la polyphonie, nous avons posé deux problèmes, l'un de contenu à relent anthropologique : le rapport de l'individuel et du collectif, qui ne peut être identique ni dans les différentes cultures ni à travers le temps, est-il fixé une fois pour toutes en fonction de la modernité littéraire européenne ? L'autre de technique formelle : le récit est-il le seul genre qui convienne à l'autobiographie ? Les deux problèmes se rejoignent pour poser la question plus vaste de l'incompatibilité de la polyphonie avec l'autobiographie. A partir de l'œuvre de Ḫarrāṭ, c'est plutôt le problème du refus de l'autobiographie, et plus généralement de tout genre consacré qui fait question. Mais dans les deux cas, et en laissant de côté l'appréciation de la valeur littéraire des œuvres concernées, c'est la volonté de créer et de tracer de nouvelles pistes qui se fait jour, sous-tendue par une expérience de mort extrêmement forte. C'est par ce biais que nos deux auteurs se hissent au niveau de l'universel. Fait significatif : cette tentative vient de la part des deux écrivains les plus difficiles à traduire. Signe qu'atteindre l'universel est tout sauf se délester de soi-même, ou singer l'autre. On n'atteint l'universel, qu'à parti de son lieu propre, qu'à partir du spécifique. Ils sont les témoins de la vitalité de la littérature arabe contemporaine.

* Ce chapitre a paru sous le titre « L'universalité de deux voix singulières » dans *Études Palestiniennes* (59) 7, nouvelle série, printemps 1996.

PARTIE 6

Modernité et religion

CHAPITRE 12

Croire et savoir chez ʿAbd al-Salām al-ʿUgaylī : incompréhension et mépris entre savant et croyant

Heidi Toelle

« MALGRÉ MA FOI EN LA SCIENCE, en ses bienfaits et en sa nécessité impérieuse pour une société comme la nôtre – la société arabe de nos jours – j'ai fait triompher dans mes nouvelles l'inconnu sur le connu, j'ai fait du médecin et du savant des hommes inquiets et désemparés, vaincus et perdus ». L'homme qui s'exprimait ainsi, voilà près de trente ans, à la radio du Caire et qui republiait ces propos en 1980 dans son livre *Ašyāʾ šaḫṣiyya* (*Choses personnelles*)[1] est ʿAbd al-Salām al-ʿUǧaylī. Issu d'une branche de Bū-Badrān[2], qui affirment descendre de Ḥusayn b. ʿAlī Abī Ṭālib et en détenir la preuve[3], semi-nomade dans son enfance[4], globe-trotter inlassable à l'âge adulte[5], médecin généraliste passionné de physique[6], politique à

1 ʿAbd al-Salām al-ʿUǧaylī, *Ašyāʾ šaḫṣiyya*, 2e éd., Damas 1980 (1re éditions 1986). L'interview diffusée sur le deuxième programme de la radio du Caire en 1961 y est reprise sous le titre « *maḏhabī fī l-qiṣṣa* », p. 25 sq.

2 Les Bū-Badrān sont une *ʿašīrā* originaire de Mossoul (Irak). Certaines branches de cette tribu sont installées aujourd'hui encore à Mossoul, d'autres à Rahha (Turquie), d'autres, dont les ʿUǧaylī à Raqqa et dans le désert autour de Deir el-Zor (Syrie). *Ašyāʾ šaḫṣiyya, op. cit.*, p. 7.

3 Les *šayḫ* de la *ʿašīrā*, résidant à Mossoul, conservent pieusement la généalogie de la tribu. *Loc. cit.*

4 La famille des ʿUǧaylī menait une vie semi-nomade : du printemps à l'automne, ils nomadisaient de pâturage en pâturage ; en hiver, ils s'installaient à Raqqa. Enfant, l'auteur a partagé cette vie. Bon nombre de ses nouvelles en portent témoignage.

5 L'auteur a parcouru quatre des cinq continents : l'Europe, les deux Amériques, l'Asie et une bonne partie de l'Afrique. Il a consacré à ces voyages deux livres *Ḥikāyāt min al-riḥlāt* (*Histoires de voyages*), Le Caire, 1954, et *Daʿwa ilā-s-safar* (*Invitation au voyage*), Beyrouth, 1963. Il en parle souvent dans ses nouvelles, romans et conférences.

6 Né en 1918 ou 1919 (l'auteur possède plusieurs actes de naissance qui le font naître en 1912, 1916, 1917, 1918, 1920 respectivement ; il pense être né effectivement en 1918 ou 1919), il fait ses études primaires à Raqqa, ses études secondaires à Alep et passe son baccalauréat en 1938, section mathématique. Passionné de physique, il décide d'étudier la médecine, parce que c'est la seule discipline scientifique alors enseignée à l'Université de Damas. Il est promu en 1945 et exerce, depuis, à Raqqa. Dans *ʿIyāda fī-l-rīf* (*Un dispensaire à la campagne*), Beyrouth, 1977 (2e éd.), il raconte son expérience de médecin. Il continue à se tenir au courant des progrès de la physique, *Ašyāʾ šaḫṣiyya, op. cit.*, p. 9-10.

 | DOI:10.1163/9789004705685_013

l'occasion[7], patriote par conviction[8], prosateur et poète, cet écrivain de Raqqa est surtout connu pour ses nouvelles.

Écrits dans un style quelque peu désuet qui, pour autant, ne dédaigne pas intégrer des termes techniques gréco-latins puisés aux sources de la médecine, de la chimie et de la physique, ces nouvelles, malgré leur diversité de surface, reviennent sans cesse sur le même problème : celui du rapport entre le savoir le croire.

Nous allons essayer d'examiner d'un peu plus près ce rapport, à travers deux de ses nouvelles – *Ar-Ru'yā* (« la Vision ») et *Aš-Šibāk* (« Le Piège ») – qui figurent dans son recueil *Qanādīl išbīlīyya* (*Lampes sévillanes*, 1959[9]). En voici d'abord le résumé.

1 *Ar-Ru'yā*

Muḥammad Ways (désormais) MW, marchand de bétail de son état, se vit une nuit en rêve prier une *rak'a*, en récitant la sourate *an-Naṣr*. Arrivé au terme de la sourate (qui est fort brève), il se réveilla, effrayé, et, dès le lendemain matin, alla consulter le *šayḫ* Muḥammad Sa'īd (désormais MS). Celui-ci lui affirma que ce rêve signifiait une mort prochaine, puis ajouta que tous ceux qui avaient eu la même « vision » n'avaient survécu que quarante jours.

MW et MS vivaient dans un village où tout un chacun croyait aux visions nocturnes et à leur interprétation. Aussi, le soir même, tout le monde était-il au courant de l'affaire et convaincu que MW allait mourir en quarante jours. Désormais, les villageois et les villageoises lui rendaient visite chaque soir, les premiers pour prendre de ses nouvelles et lui présenter leurs condoléances, les secondes pour se lamenter et invoquer Dieu contre l'ange de la Mort.

Pendant plusieurs jours MW résista à ce régime et continuait à vaquer à ses affaires. Mais à force de s'entendre poser des questions sur sa santé et de voir les siens veiller sur elle, il commençait à guetter d'éventuelles douleurs et, au bout de dix jours, ses nerfs éprouvés cédèrent. Les visiteurs se mirent alors à défiler du matin au soir et, le vingtième jour, MW s'alita définitivement. Dix jours passèrent et MW refusa toute nourriture, revêtit une robe blanche, se laissa pousser la barbe et commença à passer tout son temps en prières. A force

7 Élu député de Raqqa en 1948. Successivement ministre de la Culture, ministre des Affaires étrangères et ministre de l'Information d'avril à septembre 1962. *Ibid.*, p. 14.

8 En 1948, il participe comme volontaire à la guerre de Palestine et combat, sous le commandement de Adīb aš-Šīšaklī dans la deuxième division du Yarmūk, *Ibid.*, p. 15.

9 Les références au texte sont faites d'après l'édition de Beyrouth, Dār aš-šarq, s.d.

de prier, son embonpoint fondait au rythme de ses péchés et tout le village ne parlait plus que de la lumière de la foi qui illuminait son visage.

Le soir du trente-neuvième jour, l'instituteur du village – qui est aussi le narrateur de l'histoire – revint de Damas où il était allé passer ses vacances. Mis au courant, il se rendit aussitôt chez MW dans l'intention de se moquer de lui. Il trouva la cour encombrée de brebis et de chèvres, destinées à être sacrifiées après la mort du marchand, et la maison pleine de gens venus assister à son agonie. Quant à l'intéressé, il passait le peu de vie qui lui restait en prosternations, comme s'il espérait que la mort le surprenne dans cette posture, et c'est à peine si l'instituteur le reconnut. Venu pour se moquer de lui, il repartit, convaincu que MW mourrait le jour fixé.

C'est alors que le regard de l'instituteur croisa celui de MS. Une vieille inimitié opposait les deux hommes, le premier considérant le second comme un charlatan qui profitait de l'ignorance des villageois pour régner sur leurs cœurs ; le second accusant le premier de faire perdre la foi aux enfants et de les inciter à désobéir à Dieu et à son prophète. Le premier avait beau être un descendant direct de Zayn al-ʿĀbidīn, cela n'arrêtait point le second. Il regrettait, au contraire que le descendant d'un tel saint prétendisse que la terre tourne : Je vous le demande, disait-il souvent, quelqu'un a-t-il déjà vu la porte de sa maison qui s'ouvre à l'Est soudain s'ouvrir à l'Ouest ? !

Sachant qu'il n'avait encore jamais gagné une bataille ouverte contre MS et, bien qu'il eût grande envie de le traiter d'assassin, l'instituteur rentra chez lui, le cœur lourd et en colère.

Il se fit réveiller à l'aube, prit l'une des trois figues de barbarie qu'il avait ramenées de Damas – fruit inconnu au village – et se rendit aussitôt chez MW. L'ayant réveillé, il lui raconta que son ancêtre Zayn al-ʿĀbidīn, était venu le voir la nuit même pour lui demander de transmettre à MW le message suivant : Dieu, ayant éprouvé son serviteur et l'ayant trouvé repentant, avait décidé de surseoir à sa mort jusqu'à ce qu'il fût devenu grand-père. Il lui avait aussi apporté ce fruit du paradis et lui avait ordonné de le donner à MW et de prier avec lui deux *rakʿa*, en récitant la sourate *an-Naṣr*. MW avala la figue de barbarie, pépins compris, et les deux hommes, après une ablution sommaire avec la poussière du sol, firent la prière indiquée. Sur cela l'instituteur rentra chez lui.

En une heure l'affaire fut connue de tous et la cour de l'école se remplit de monde. MW n'étant pas mort comme prévu, les brebis et les chèvres qui devaient mourir avec lui furent apportées, en guise de cadeaux, au nouveau saint du village – l'instituteur. Celui-ci pensa d'abord avoir remporté une victoire sur MS mais se ravisa aussitôt. Car, dit-il, pour préserver la mémoire de son ancêtre Zayn al-ʿĀbidīn, il se voyait désormais dans l'obligation d'accomplir ponctuellement toutes ses prières.

2 *Aš-Šibāk*

Un grand propriétaire terrien du nom de ʿĀrif (désormais Ar) tombe, un soir, sur une phrase qu'il avait consignée dans son journal dix-huit ans plus tôt : « Je mourrai en 1945, si Dieu le veut ». Il commence par en rire, en évoquant le monde de visions et de rêves dans lequel il avait vécu adolescent, range le journal et décide d'aller se coucher. Lorsqu'il va pour éteindre, son regard tombe sur le calendrier. Celui-ci affiche le 30 décembre 1945. Ar se fige sur place, puis se ressaisit et se couche. Mais le sommeil le fuit.

Allongé dans le noir, il s'interroge sur les raisons qui avaient pu le conduire à écrire une telle « bêtise » et, au cours d'une longue rêverie sur laquelle nous aurons à revenir, évoque à nouveau l'adolescent qu'il avait été, le réhabilite à ses propres yeux et aboutit progressivement à la conclusion que la phrase écrite dix-huit ans plus tôt, loin d'être une « bêtise », est, au contraire, un « décret irrévocable » auquel il y avait peu – ou pas – d'espoir d'échapper. Et pourtant il ne se résigne pas, car, se dit-il, en tendant ses rets, le destin lui avait peut-être laissé une chance. Il passe alors en revue les trois points faibles de sa vie : son voisin, Abū Sulaymān, contre lequel il avait gagné un procès concernant un bout de terre contesté, l'avait menacé de mort ; Suʿdā avec laquelle il avait entretenu une relation secrète qu'il ne s'était pas senti obligé de consacrer par les liens du mariage, l'avait averti qu'elle aurait recours à son frère Waḥīd pour qu'il la venge ; enfin, son appendice le faisait parfois souffrir. Cet inventaire fait, Ar décide de barrer la route au destin et s'endort.

Les événements du jour suivant sont racontés successivement par Abū Sulaymān, Suʿda et par le médecin du village, le docteur Šams al-dīn. Nous n'en rapporterons que ce qui intéresse directement notre propos et prenons la liberté de rétablir la succession des événements.

Le matin du 31 décembre Ar va consulter son médecin. Après avoir examiné son patient qui lui parait inquiet, le docteur Šams al-dīn, le rassure sur son état de santé, mais lui déconseille d'aller caracoler dans la neige et la glace.

Vers la fin de l'après-midi, Ar se rend à cheval chez Abū Sulaymān et le presse d'accepter l'acte officiel de renonciation à la terre, objet du litige entre les deux voisins. Il ajoute, qu'en acceptant, Abū Sūlaymān lui rendrait un inappréciable service. Celui-ci qui voit dans ce geste la preuve que Ar n'a pas renié sa pieuse adolescence, se laisse convaincre et, voyant qu'une tempête de neige s'annonce, l'invite à rester. Mais Ar décline l'invitation, en arguant que c'était le dernier jour de l'année et qu'il voulait apurer ses comptes avant l'échéance. Abū Sulaymān qui n'a jamais eu vraiment l'intention de tuer son voisin note *a posteriori* l'ambiguïté de la phrase.

Au crépuscule, Ar arrive chez Suʿdā pour la demander en mariage. Celle-ci n'a pas dénoncé son amoureux et est ravie de ce revirement, mais le père et le frère de la jeune fille sont absents. Elle entraîne Ar dans sa chambre et se jette dans ses bras, lorsque son frère Waḥīd revient inopinément. Ar réussit à se glisser hors de la maison, mais averti par le bruit des sabots du cheval, Waḥīd vient demander des explications à sa sœur. Affolée, celle-ci prétend que Ar, venu la demander en mariage, avait été éconduit par elle et s'était sauvé. Aussitôt son frère s'élance à la poursuite de Ar, non pas, comme celui-ci est fondé de le croire, pour le tuer mais, parce que, flatté par l'alliance qu'on lui propose, il veut arranger la bévue de sa sœur. La neige tombe dru et Ar éperonne son cheval, tant et si bien que Waḥīd ne réussit à le rattraper que devant la porte de sa maison. En descendant de cheval Ar comprend que Waḥīd, ne lui veut pas de mal et celui-ci, le voyant grelotter de fièvre, l'aide à se coucher.

Dans la soirée le docteur Šams al-dīn est appelé au chevet de Ar. Il trouve celui-ci atteint d'une forte fièvre et se plaignant de douleurs dans le ventre. Après l'avoir examiné, il le rassure, une fois de plus, sur l'état de son appendice et diagnostique un refroidissement qui ne lui paraît receler aucun danger. Ar, au contraire, est persuadé qu'il est à l'article de la mort et qu'une péritonite, dont il n'est, selon l'avis du médecin, nullement menacé, mettra fin à ses jours avant minuit. Agacé par l'obstination de son patient à se croire frappé par une maladie mortelle et imaginaire, le médecin lui fait une piqûre contre la fièvre et promet de revenir le lendemain matin. Mais Ar ne voit pas naître la nouvelle année. Le docteur Šams al-dīn assure que Ar n'avait pas d'appendicite et qu'il est mort d'une maladie dont il n'était pas atteint.

3 Ressemblances et oppositions

Le parallélisme entre les deux récits est tel qu'ils apparaissent d'emblée comme une transformation l'un de l'autre. En effet, en ne retenant que les énoncés pertinents, on constate les ressemblances et les oppositions suivantes :

Un homme habitué à ne rien croire sans examen / reçoit l'annonce de sa mort/ par une vision à l'état/ de veille /	Un homme habitué à tout croire sans examen / reçoit l'annonce de sa mort / par une vision faite à l'état de sommeil /
et consignée par un homme que certains considèrent comme pieux /	et interprétée par un homme que tous sauf un considèrent comme pieux.

Le condamné refuse la validité de la prédiction, puis l'admet mais décide de se battre.
Solitaire, /
il se met en devoir d'éliminer les causes objectives de sa mort (il consulte son médecin) /
et de se mettre en règle avec les hommes, susceptibles de lui nuire dans l'ici-bas. /
Se croyant mourant, il fait appel à un représentant du savoir (le médecin) qui tente de le sauver /
Le représentant du savoir, ignorant la prédiction / s'appuyant sur une autorité scientifique (la médecine), / tente de persuader le condamné qu'il n'y a jamais eu de raison pour qu'il meure, / mais la condamnation demeure. /
Le condamné refuse de le croire et meurt. /

Le condamné admet la validité de la prédiction d'emblée et se soumet sans combat.
Aidé par toute la communauté, /
il se met en devoir de provoquer les causes objectives de sa mort (il ne mange plus)
et de se mettre en règle avec Dieu, susceptible de lui nuire dans l'Au-delà. /
Le sachant mourant et sans avoir été appelé, un re-résentant du savoir (l'instituteur) tente de le sauver. /
Le représentant du savoir, informé de la prédiction et s'appuyant sur une autorité religieuse (le saint), tente de persuader le condamné qu'il n'y a plus de raison pour qu'il meure, / la condamnation ayant été levée. /
Le condamné accepte de le croire et survit. /

Une telle présentation des deux nouvelles a l'avantage de faire clairement apparaître qu'elles sont bien une transformation l'une de l'autre, qu'elles traitent bien du problème de la relation entre le croire et le savoir et qu'elles s'interrogent, en outre, sur les mécanismes cognitifs qui conduisent à ajouter foi ou à refuser une proposition faite par autrui. En effet, aucune réalité objective n'explique le sort des deux acteurs mis en scène encore jeunes et bien portants, rien ne laisse présager leur mort et aucun accident violent ne les frappe. L'un comme l'autre fait, en revanche, l'objet d'une manipulation de type persuasif qui les amène à adhérer, immédiatement ou progressivement, à leur propre mort ; puis d'une contre-manipulation – persuasive, dans un cas, argumentative, dans l'autre – dont la première réussit et dont la seconde échoue. C'est dans ces manipulations, leur réussite et leur échec respectifs, qu'il s'agit de voir clair.

4 Croire et savoir dans *Ar-Ruʾyā*

Toute communication humaine, verbale ou non, engage les partenaires de celle-ci dans un contrat fiduciaire, autrement dit, on ne saurait ajouter foi aux paroles d'autrui qu'à condition de lui accorder un minimum de confiance[10]. De ce point de vue, la situation de nos deux acteurs n'est pas la même. Aussi les traiterons-nous séparément.

4.1 *La communication confiante*

MW est d'emblée présenté comme un bon musulman, accomplissant assidûment ses prières (p. 108). Il vit dans un village où tout le monde fait de même, où tout le monde croit, en outre, aux rêves – qu'on appelle d'ailleurs des « visions » – et à leur interprétation (p. 110). MS auquel MW s'adresse pour connaître la signification de son rêve ne fait pas exception, à cette différence près, qu'il fait aussi fonction de *faqīh et d'imām* (p. 108 et 115). Autrement dit, il se trouve investi de l'autorité sacrée. En effet, le double titre que les villageois lui confèrent montre assez qu'ils lui laissent le soin de régler, non seulement leurs rapports avec l'univers transcendant, mais aussi les rapports qu'ils entretiennent entre eux. C'est dire que l'autorité sacrée est la seule qu'ils reconnaissent.

L'instituteur qui représente, en principe, l'autorité profane en fait maintes fois l'expérience à ses dépens et note avec dépit que, dans les discussions qui l'opposent au vénérable *šayḫ* , les villageois ne manquent jamais de prendre fait et cause pour ce dernier (p. 113). La raison en est simple. En sa qualité de *faqīh et 'imām* et en leur qualité de croyants, MS et les villageois partagent un seul et même univers cognitif qui a ceci de particulier que le savoir y est puisé aux sources du sacré et à celle de l'expérience sensible. En d'autres termes, savoir et croire y ont une fâcheuse tendance à se confondre. Il n'est donc guère étonnant que la communauté villageoise n'ajoute foi qu'aux paroles de celui qu'elle croit/sait investi de ce savoir et que l'instituteur qui relève, lui, d'un univers cognitif différent où savoir et croire s'opposent et où le premier, puisé aux sources profanes de la science, est valorisé au détriment du second, n'a aucune chance de se faire entendre. Ses échecs répétés pour faire admettre que la terre tourne, dus au fait que MS affirme qu'elle ne tourne pas et à celui qu'on ne la voit pas tourner, sont, à ce titre, significatifs. Un contrat fiduciaire, portant sur

10 A.-J. Greimas, *Du sens II*, Paris 1983, p. 122. Les travaux de Greimas et Fontanille sur le problème du croire et du savoir (Cf. bibliographie) sont, sur le plan sémantique, la source principale de ce travail.

la valeur des valeurs en jeu engage donc, dans ce village, l'ensemble des protagonistes de la communication – instituteur excepté – et fait que celle-ci s'y déroule dans une atmosphère de confiance réciproque. C'est dans ce contexte qu'intervient l'interprétation du rêve de MW par MS qui annonce au premier sa mort prochaine.

4.2 *La prédiction*

Prédire quelque chose à quelqu'un consiste à lui annoncer un événement comme devant-être. Il s'agit donc, en principe, d'un faire informatif portant sur un événement situé dans le futur et présenté comme devant nécessairement se produire. Cependant, une telle information, ne serait-ce que parce qu'elle porte sur le futur, ne constitue jamais un simple faire-savoir. Il s'agit bien plutôt d'un faire persuasif qui vise à faire partager à autrui les convictions qu'on a ou qu'on prétend avoir, autrement dit, il s'agit de faire-croire autant que de faire-savoir. Une telle manipulation peut évidemment réussir ou échouer. Mais qu'il se laisse persuader ou non, le sujet manipulé n'est pas un sujet passif. Le fait d'adhérer à une proposition ou de la refuser est, au contraire, un faire et, plus précisément, un faire interprétatif. Dans le cas de l'adhésion qui seule nous intéresse ici, celui-ci consiste, en dernière analyse, à identifier, dans l'énoncé persuasif proposé, « la totalité ou des bribes de « vérité » qu'on possède déjà »[11] et de sanctionner ainsi positivement le discours tenu par le sujet manipulateur. L'identité des univers cognitifs de MW et de MS qui fonde, comme nous venons de le voir, leur communication confiante sera ainsi également responsable de l'adhésion que MW, ainsi que d'ailleurs la communauté villageoise au grand complet, donnera à la terrible prédiction de MS : tu mourras dans quarante jours. Mais voyons comment les choses se passent sur le terrain, c'est-à-dire dans le texte de ʿUǧaylī.

4.2.1 Le faire persuasif du *šayḫ* Muḥammad Saʾīd

Du point de vue de MS comme de celui de MW, il n'existe qu'une seule instance susceptible de décréter la mort d'un être humain et cette instance est Dieu. Aussi, se garde-t-il bien de présenter l'interprétation qu'il fait du rêve de MW comme de son cru et énonce-t-il, à peine informé du contenu du rêve que « Dieu, l'incommensurable, a dit vrai » (p. 109). Ce faisant il donne à entendre trois choses :

- que la vision nocturne constitue bien un message envoyé à MW par Dieu ;
- qu'il a compris la signification du message ;

11 A.-J. Greimas, *op. cit.*, p. 119. Les guillemets sont de l'auteur.

– qu'en le « commentant » (le texte utilise le terme de *tafsīr*), il ne sera, à l'instar du prophète, que le transmetteur neutre de la parole divine.

Il décline ainsi, à l'avance, toute responsabilité dans le terrible verdict qu'il va énoncer et donne à celui-ci tout le poids d'un décret divin. Ce faisant, il dote MW d'un /devoir-croire/ auquel celui-ci ne pourra échapper qu'au risque de se faire taxer de *kufr*, c'est-à-dire d'« infidélité ».

Il ne s'agit pas ici, comme on pourrait le croire à première vue, de l'établissement proprement dit du contrat fiduciaire. En effet, le caractère stéréotypé et rituel de la formule employée – *ṣadaqa-allāhu-l-ʿaẓīm* – assume bien plutôt une fonction phatique qui a pour but de rappeler le contrat fiduciaire qui existe entre les deux protagonistes, entre eux et le destinateur divin depuis toujours.

C'est après avoir procédé à ce rappel que MS communique à MW la signification de son rêve. Il commence par annoncer que « la récitation de cette sourate en état de sommeil signifie que le terme est proche » (p. 109), puis ajoute, devant l'incrédulité manifeste de MW et après quelques paroles consolatrices – nous y reviendrons : « Tous ceux qui ont fait le même rêve que toi n'ont survécu que quarante jours ». (*Ibid.*)

Examinons d'un peu plus près ces deux énoncés : le premier ne concerne que la mort future de MW. Il n'en va pas de même du second qui est formulé au passé et invoque l'expérience, autrement dit, des événements itératifs situés dans le passé et, plus précisément, des morts intervenues à la suite du même rêve. Il importe peu, en l'occurrence, que cette « expérience » n'ait rien de scientifique, mais relève elle-même d'un croire. Nous avons déjà dit que dans l'univers cognitif des villageois, savoir et croire tendent à se confondre. Toujours est-il, que des événements situés dans le passé ont sur un événement annoncé pour le futur un avantage certain : ils ont la réputation – d'ailleurs souvent fausse – d'avoir été dûment constatés. Aussi, la référence concomitante au destinateur divin comme source du message et à l'expérience comme continuation de celui-ci concourent-ils à modaliser le terrible décret comme /certain/ et la mort qu'il prédit comme /nécessaire/.

On peut s'interroger sur les motivations qui poussent MS à énoncer un tel décret. Du point de vue de l'instituteur, MS est un « mélange de naïveté, de bêtise et de méchanceté » (p. 112). Il est évident que celui-ci, tout comme les villageois, récuseraient un tel argument puisque l'instituteur n'est pas, à leurs yeux, une personne digne de foi. La nouvelle, quant à elle, laisse ouverte la question de savoir, si c'est par naïveté, par bêtise ou par méchanceté que MS condamne MW à mourir. On peut cependant, sans grand risque de se tromper, énoncer une hypothèse : MS a simplement la certitude de dire vrai puisqu'il est, lui-même, convaincu de transmettre fidèlement un décret divin. Tout comme savoir et croire tendent ici à ne faire qu'un, faire-savoir et faire-croire, informer et persuader, tendent à se confondre.

4.2.2 Le faire interprétatif de Muḥammad Ways

Doté par MS d'un /devoir-croire/ auquel il est peu probable qu'il ait été tenté de se soustraire, MW se trouve donc confronté à un énoncé qui vise à le persuader qu'il ne lui reste plus que quarante jours à vivre. Voyons sa réaction. À la première formulation du *šayḫ*, il réagit par un « Que dites-vous ? » incrédule (p. 109). Après la seconde, il s'assoit par terre, car ses forces l'abandonnent et ses jambes ne le portent plus. Puis il murmure, la gorge sèche : « Quarante jours ! Il n'y a de force et de puissance qu'en Dieu ! ». (*Ibid.*)

L'incrédulité manifestée en réaction à la première proposition du *šayḫ* ne porte, nous semble-t-il, ni sur le statut modal de celle-ci, ni sur celui de son contenu. Elle manifeste bien plutôt la crainte d'avoir bien entendu – MW n'en croit pas ses oreilles – et invite l'interlocuteur à répéter ce qu'il vient de dire. Le *šayḫ* ne s'y trompe pas d'ailleurs, puisqu'il répétera le verdict en le précisant. II y aurait ensuite beaucoup à dire sur l'affaissement soudain de MW et sur son murmure qui préfigurent déjà l'agonie et la mort futures et signifient en même temps que MW est d'ores et déjà (con)vaincu, mais la place nous manque pour ce faire. Notons seulement que les paroles murmurées confirment sa « défaite » et sa soumission à la Toute-puissance divine. Pour immédiate qu'elle soit, l'adhésion de MW au décret qui le condamne à mourir n'en présuppose pas moins un faire interprétatif préalable. En effet, les propos de MS le confrontent à un dilemme : ou bien il accepte le terrible décret qui vient de lui être communiqué et il se trouve doté d'un /devoir-mourir/ auquel – l'« expérience », lui dit-on, le prouve – il n'y a pas d'échappatoire et demeure un bon croyant méritant la miséricorde divine ; ou bien il le refuse et risque d'être considéré comme un mécréant, mourra quand même et brûlera, pour l'éternité, en enfer. Face à ces deux maux, MW choisit celui qui, de son point de vue, est le moindre : il accepte de mourir, ce qui a l'avantage à ses yeux de lui conserver la chance de vivre, pour l'éternité, au paradis. Le faire interprétatif auquel il procède implicitement consiste bien à identifier dans le discours de MS des « vérités » auxquelles il croyait déjà. L'une de ces vérités est l'existence de la Toute-puissance divine à laquelle il se réfère explicitement ; les deux autres lui sont rappelées par MS qui lui dit, en guise de consolation, que Dieu est miséricordieux et que la mort est le terme obligé de toute vie (p. 109).

Ces trois vérités n'ont pas le même statut : les deux premières relèvent du croire, du savoir sacré ; seule la dernière relève du savoir profane. Mais se trouvant confirmée par l'expérience sensible, elle est apte à être prise en charge par le premier. Aux yeux de MW, elles se valent donc et s'imposent pareillement comme des évidences qu'il ne peut qu'admettre sans discussion ni murmure. Enfin, cette adhésion, pour avoir été obtenue sous l'effet de la contrainte – MW n'est pas libre mais obligé de choisir entre deux maux – n'en vient pas moins sanctionner positivement le discours tenu par le *šayḫ*.

La communauté villageoise fait la même interprétation que MW. Comme lui, elle est consciente que l'épreuve s'annonce difficile et risque même d'échouer. Aussi, va-t-elle l'accompagner tout le long des quarante jours et fera ainsi fonction de véritable adjuvant dans le programme narratif qui lui est prescrit : mourir en quarante jours. En effet, sur le plan narratif, les visites répétées des villageois n'ont d'autre but que de contribuer à l'aggravation de son état de santé, de l'aider à mourir et gagner par cette soumission au décret divin – rappelons qu'*islam* signifie « soumission » – sa place au paradis.

4.3 *La contre-manipulation de l'instituteur*

Témoin des événements, l'instituteur les interprète tout autrement. Ce qui est en train de se passer sous ses yeux n'est pas, à son avis, une manière d'aider MW à gagner le paradis, mais un assassinat pur et simple (p. 113) qu'il se doit d'empêcher. La question est de savoir, s'il est qualifié pour y réussir.

4.3.1 La communication méfiante

D'origine citadine, l'instituteur n'est pas intégré dans la communauté villageoise. Professant des vérités qu'il puise non pas aux sources des textes sacrés mais à celles, profanes, de la science contemporaine et qui, de surcroît, contredisent bien souvent l'expérience sensible, il paraît, aux yeux des villageois, comme hautement suspect. De son côté, il les méprise et considère que ce sont des ignorants (p. 112) qui se laisseront abuser par les charlataneries d'un homme naïf, bête et méchant (*ibid.*). C'est dire qu'il n'ajoute aucune foi aux paroles de MS et moins encore au décret de mort que celui-ci a communiqué à MW. Bref, autant la communication entre villageois est marquée par la confiance, autant celle avec l'instituteur se caractérise par la méfiance. Pour convaincre, MW qu'il vaut mieux vivre que mourir, l'instituteur doit donc tout d'abord réussir à créer les conditions qui lui permettront d'être écouté et cru, autrement dit, à établir avec celui qu'il cherche à sauver, un contrat fiduciaire.

4.3.2 L'établissement de la confiance

Pour ce faire, il dispose de deux atouts : sa parenté avec Zayn al-ʿĀbidīn et son savoir sur l'univers cognitif des villageois. Conscient du peu de crédit dont il jouit auprès d'eux, il sait qu'il n'a quelque chance de se faire entendre que s'il se réclame d'une autorité sacrée qu'ils reconnaissent comme telle. D'où l'idée d'avoir recours à son ancêtre. Fils et successeur de Ḥusayn, petit-fils de ʿAlī b. Abī Ṭālib, réputé pour sa piété autant que pour son savoir, Zayn al-ʿĀbidīn (659-713) fait de la part des musulmans, mais, plus particulièrement, de la part des chiʿites duodécimains qui reconnaissent en lui l'un de leurs *imāms*, l'objet d'une vénération peu commune. Les villageois de *Ar-Ruʾyā*, à commencer par le *šayḫ* MS, voient en lui un véritable saint. Comme tel, il ne peut guère vivre, depuis sa mort terrestre, qu'au paradis et dans l'intimité de Dieu. C'est dire qu'ils lui reconnaissent une autorité et un savoir devant lesquels MS, lui-même, ne peut que s'incliner. Leur foi dans les visions nocturnes qui n'est plus à démontrer fera le reste. C'est donc en sa qualité de délégué de Zayn al-ʿĀbidīn que l'instituteur se présente chez MW, et, pour ne laisser à celui-ci aucun doute sur l'authenticité de son mandat, il lui apporte une figue de barbarie, espèce dont il sait qu'elle est inconnue des villageois et qu'il réussit ainsi à faire passer pour un fruit sorti tout droit du paradis[12]. MW, de son côté, croit/sait que le saint est auprès de Dieu et que les jardins paradisiaques abondent en fruits ; il connaît aussi ou, plus exactement, croit connaître la généalogie de l'instituteur. Ce sont là des raisons suffisantes pour l'écouter et pour le croire.

On le voit, le contrat fiduciaire entre les deux acteurs n'est pas ici, comme précédemment, entre MS et MW, une donnée qu'il aurait suffi de rappeler par une formule rituelle. La mise en place du contrat donne lieu, au contraire, à une véritable manipulation et met en jeu, comme tels, un faire persuasif – l'instituteur se fait passer pour le délégué de Zayn al-ʿĀbidīn « ami de Dieu » (*walī*) – et un faire interprétatif – MW identifie dans le discours de l'instituteur des « vérités » auxquelles il croît, parce qu'ils font d'ores et déjà partie de l'univers cognitif qui lui est propre.

Il va sans dire, que le message que l'instituteur apporte à MW – la grâce divine – relève, lui aussi, de la manipulation. Il s'agit, en effet, de transformer le /devoir-mourir/ dont MW se trouve doté par la prédiction de MS en /devoir-vivre/, autrement dit, de le convaincre de changer de programme. Mais outre le fait qu'une telle démonstration nous conduirait à nous répéter, les mécanismes en jeu étant ceux-là mêmes que nous avons déjà décrits, la place qui nous est impartie nous empêche d'entrer dans les détails d'une

12 Le choix de la figue de barbarie comme représentant des fruits paradisiaques est ironique : en effet, cette figue est pleine de pépins et le texte précise que ceux-ci « restaient comme des cailloux en travers de la gorge » de MW – allusion à un passage coranique où les nourritures infernales sont qualifiées *ṭaʿām ḏū ġuṣṣa* dans le texte – de nourritures qui ne passent pas.

manipulation et d'une sanction qui mettent à contribution, non seulement des faire verbaux, mais aussi la gestualité. Aussi, préférons-nous y renoncer.

En revanche, il sera intéressant de tirer quelques conclusions de ce qui précède et de nous interroger sur les conditions dans lesquelles une manipulation est susceptible de réussir.

4.3.3 Les conditions de la réussite

Les deux manipulations que nous venons de décrire – celle de MW par MS et celle de MW par l'instituteur – pour mettre en jeu les mêmes mécanismes, n'en sont pas moins différentes : dans le premier cas, le sujet manipulateur – en l'occurrence MS – communique au sujet manipulé – en l'occurrence MW – une « vérité » à laquelle il croit lui-même ; dans le second, le sujet manipulateur – en l'occurrence l'instituteur – communique au sujet manipulé – en l'occurrence MW – une « vérité » à laquelle il fait seulement semblant de croire. Autant dire que la réussite d'une manipulation ne dépend pas de l'identité entre les univers cognitifs des sujets impliqués – il ne s'agit là que d'un cas limite. En revanche, deux conditions doivent, semble-t-il, être remplies pour que la manipulation réussisse :

– il faut que le sujet manipulateur connaisse la structure syntagmatique et paradigmatique, narrative et thématique de l'univers cognitif du sujet à manipuler, de manière à tenir un discours qui paraisse crédible aux yeux de ce dernier ;
– et il faut qu'il réussisse à faire croire qu'il est mandaté par l'instance qui, aux yeux du sujet à manipuler, définit et détient les valeurs en jeu (dans notre cas, cette instance est Dieu). C'est parce qu'il connaît bien les croyances des villageois et parce qu'il réussit à se faire passer pour le délégué de Zayn al-ʿĀbidīn, autrement dit, parce qu'il est un sujet compétent, que l'instituteur parvient à l'emporter sur MS et à sauver la vie de MW. S'il ne s'en pose pas moins la question de la validité de cette victoire, c'est parce qu'il constate avec dépit – et en même temps avec humour – que, remportée au prix d'un mensonge, elle paraît donner raison aux villageois selon lesquels le savoir n'a de valeur que fondé sur le sacré, en même temps qu'elle l'oblige à dissimuler ses propres convictions, selon lesquelles savoir vaut mieux que croire. Il n'empêche que ce ne sont là que les apparences. Car, s'il est vrai que l'instituteur n'est parvenu à persuader MW qu'en invoquant les raisons de ce dernier et en camouflant les siennes propres, c'est bien le savoir – le savoir sur le croire – qui dans *al-Ruʾyā* réussit à sauver une vie humaine. La nouvelle affirme ainsi la supériorité du savoir profane sur le savoir sacré, de l'homme de science sur le croyant.

5 Croire et savoir dans Aš-Šibāk

Comme nous l'avons dit plus haut, le cas de Aš-Šibāk est différent, ne serait-ce que parce que le sujet manipulateur et le sujet manipulé y sont syncrétisés en un seul et même acteur. Nous verrons cependant que, malgré cette différence de surface, les mécanismes de la manipulation et de la sanction demeurent stables. Commençons donc par examiner la prédiction de ʿĀrif adolescent.

5.1 *La malédiction*

« Je mourrai en 1945, si Dieu le veut » – voilà la phrase que le jeune homme a consignée un jour de l'année 1927 dans son journal. Cette phrase est formée de deux éléments : de l'énoncé descriptif qui prédit la mort du jeune homme pour 1945 et de la formule *in šāʾ Allāh* (« si Dieu le veut ») qui le modalise. C'est cette modalisation qui nous intéresse avant tout. La formule *in šāʾ Allāh* suit, en arabe, rituellement presque tout énoncé portant sur le futur et, *a fortiori*, un énoncé mis dans la bouche d'un croyant pour lequel Dieu demeure, seul, maître de l'avenir. Elle peut charrier l'ensemble des modalités épistémiques, tout dépend du contexte dans lequel elle se trouve placée. Mais lorsqu'elle suit une proposition annonçant un malheur, voire la mort d'un individu, elle fonctionne à la manière d'une malédiction et confère à la proposition qui précède le statut de /certain/ et au malheur et à la mort annoncés celui de /nécessaire/. Ce n'est donc pas pour rendre sa mort aléatoire que le jeune homme s'en remet à la volonté divine. Il s'agit bien plutôt d'un défi lancé à la face de Dieu – comme c'est le cas de toutes les malédictions – pour Le contraindre d'apporter la preuve de Sa Toute-puissance, en faisant mourir le jeune homme à la date prévue. Ar adulte ne s'y trompera pas, d'ailleurs, lorsqu'il finira par voir dans cette phrase un « décret irrévocable » (p. 57).

5.2 *Le faire interprétatif de* ʿĀrif *adulte*

Ce point étant acquis, il reste à savoir, comment cette malédiction écrite en 1927 par Ar adolescent réussit à s'imposer en 1945 à l'adulte qu'il est devenu et à le conduire imperceptiblement à la mort. Pour y voir clair, il nous faut examiner en détail le faire interprétatif de Ar adulte qui constitue, comme nous allons le voir, un bel exemple d'auto-manipulation.

5.2.1 La méfiance de l'adulte à l'égard de l'enfant

Contrairement à la communication confiante qui règne parmi les villageois de *Ar-Ruʾyā*, Ar adulte n'a aucune confiance en Ar adolescent. Rien d'étonnant à cela. Le premier est présenté comme un homme capable de raisonner, habitué à gérer ses propriétés, à introduire des procès, à faire, le cas échéant, ce qu'il faut pour les gagner, à entretenir des relations amoureuses qu'il ne se sent pas obligé de consacrer par les liens du mariage et à consulter régulièrement son médecin – bref, comme un esprit moderne et positif.

Tout autre est Ar adolescent. L'un des narrateurs – Abū Sulaymān – le décrit ainsi : « Je me souviens de lui enfant, quand nous voyions en lui un ami de Dieu » (*walīyan min al-awlīyāʾ*) (p. 60). Et il ajoute que l'adolescent passait sa vie à la mosquée pour se prosterner devant Dieu (*ibid.*).

Dans ces conditions, il est exclu que Ar adulte puisse ajouter foi aux propos tenus par son alter ego adolescent, les deux univers cognitifs se situant à l'opposé l'un de l'autre, tout comme celui des villageois et celui de l'instituteur. En lisant donc son journal d'antan et en évoquant, à cette occasion, le jeune homme qu'il était, Ar ne fera que le traiter avec mépris : il était alors un rêveur, vivait dans un monde imaginaire (p. 53) et énonçait des futilités (p. 54 et 57) et des bêtises (p. 55). D'ailleurs, la lecture de ces futilités finit bien vite par l'ennuyer (p. 53) et la phrase fatidique ne lui arrache, tout d'abord, qu'un rire moqueur (p. 53 et 57).

Pour que Ar adulte puisse à nouveau faire confiance à Ar adolescent, il lui faudra donc procéder à une double transformation : revaloriser l'univers cognitif de ce dernier et dévaloriser parallèlement le sien propre. Et c'est à quoi il va s'employer, au cours d'une de ces rêveries dont la littérature en connaît tant et qui y assument toujours la même fonction : elles révèlent des « vérités cachées » et dénoncent des « vérités mensongères ». La rêverie de Ar n'y fait pas exception.

5.2.2 La réhabilitation de l'adolescent et le rétablissement de la confiance perdue

Voici comment, dans un long monologue intérieur, Ar adulte décrit lui-même cette rêverie : couché dans le noir, « entre la veille et le sommeil », c'était le moment où chaque soir il sentait « les réalités devenir rêves et les rêves devenir réalités » (p. 55) ; où « les couleurs sombres s'évanouissaient dans les brumes violettes des rêves qui précèdent le sommeil » et où « son esprit s'élançait, libre de toute entrave et sans tache, vers le vaste royaume du sommeil ». On aura noté que Ar reconnaît ainsi implicitement qu'il a l'esprit « entravé » et « taché » quand il raisonne et l'esprit « libre » et « pur » quand il rêve éveillé ; que ce qui lui paraît « sombre » à l'état de veille, s'éclaircit – devient violet – dans les « brumes » qui précèdent le sommeil. Le jeune homme « rêveur » n'est donc pas mort tout à fait et ressuscite chaque soir, pour un bref instant, que Ar qualifie lui-même de « délicieux » (p. 54). En évoquant dans cet état le jeune homme qu'il était, Ar le voit tout autrement qu'il ne l'avait vu auparavant : « Il était sévère avec lui-même et s'entraînait à supporter les peines, à endurer les privations ; il voulait se purifier de souillures qui ne l'entachaient pas encore [...] Pouvait-il oublier que les gens disaient alors [...] que son visage rayonnait de lumière ? Pouvait-il oublier qu'il se sentait alors si clairvoyant qu'il lui semblait voir l'invisible ? » (p. 56).

Les deux « rêveurs » partagent ainsi un certain nombre de traits : ils se croient tous les deux clairvoyants, plus ou moins en ce qui concerne Ar adulte, tout à fait, en ce qui concerne Ar adolescent et ils ont, tous les deux, l'esprit « sans tache ».

Et voici comment Ar se peint ensuite adulte : « Aujourd'hui, il avait l'âme obscurcie et l'esprit accablé par les ambitions de ce monde éphémère, souillé par la concupiscence ; rien d'étonnant donc à ce qu'il se soit moqué des fantaisies de cet enfant au cœur pur et qu'il ait pris ses prédictions pour des futilités. » (p. 56-57). Le renversement, on le voit, est complet : l'adolescent fantasque qui disait des bêtises est devenu un jeune homme au cœur pur, au visage lumineux, chaste et clairvoyant, en même temps que Ar adulte s'est transformé en un homme souillé, à l'âme obscurcie, concupiscent et aveugle. Cette double transformation, qui se situe exclusivement sur la dimension cognitive, une fois achevée, les valeurs de Ar adolescent sont reconnues comme telles en même temps que celles de Ar adulte sont rejetées comme des antivaleurs. Un contrat fiduciaire lie désormais As adulte à Ar adolescent et rien ne s'oppose plus à ce que les propos de celui-ci trouvent chez celui-là une oreille complaisante.

5.2.3 Du refus à l'adhésion et de la réfutation à l'affirmation

Cette double transformation s'accompagne d'une autre – passablement complexe – qui concerne le statut modal de la phrase fatidique et celle de la mort qu'elle énonce. En effet, tant que le jeune homme est considéré avec mépris, ses propos sont ravalés au rang de « bêtise » (*saḥāfa*). Aussi, sans même les avoir examinés, Ar commence-t-il par les /repousser/ comme /inacceptables/[13] : son rire moqueur et le fait qu'il remet l'ennuyeux journal dans son tiroir sont à cet égard éclairants. Mais la comparaison entre deux savoirs – la date lue sur le calendrier, la date lue dans le journal – et le constat de leur identité va l'inciter à reconsidérer le problème. Un instant, il est tenté de voir dans cette identité un signe à déchiffrer (p. 54). Mais il résiste à cette tentation et la rejette « comme s'il avait honte d'attacher ses pensées à des futilités laissées

13 La terminologie employée ici est celle élaborée par A.J. Greimas et J. Fontanille. *Cf.* notamment, Greimas, *Du Sens II*, p. 120 et 121, et J. Fontanille, *Le savoir partagé*, Paris, 1987, p. 60.

derrière lui par un enfant » (*Ibid.*). Il persiste donc à ne pas ajouter foi aux propos de l'adolescent, mais au lieu de les /repousser/ sans examen, il les /réfute/ : ayant abouti à la conclusion que l'identité des deux dates était fortuite, il juge la condamnation à mort /improbable/ et sa mort /impossible/.

Cette résistance de Ar est due au fait qu'à ce point du texte, il est encore convaincu que l'enfant qu'il était et qu'il méprise n'est plus – l'emploi du verbe *taḫallafa* le prouve. Or, nous savons déjà qu'il n'en est rien. Ar adulte continue à « rêver », sinon en permanence, du moins chaque soir. Aussi est-ce au cours de sa rêverie que l'identité des deux dates s'impose à son esprit, non plus comme une simple coïncidence mais comme une nécessité, et que la phrase fatidique accède du rang de « bêtise » à celui – encore incertain – de « prédiction » (*nubūʾa*) : « 1945 ! C'était le chiffre qu'il avait lu sur le calendrier avant d'éteindre la lumière et c'est ce même chiffre qu'il avait écrit dans son journal voilà dix-huit ans ! ... Bêtise ou prédiction ? » (p. 55).

Le fait que Ar envisage de qualifier les propos de l'adolescent de « prédiction », après les avoir qualifiés de « bêtise », indique, à lui tout seul, qu'il se pose la question de savoir, s'il les a évalués comme il faut : /improbables/ parce que bêtise ? ou « prédiction » ? Or, le statut modal de la prédiction est plus difficile à déterminer que celui de la « bêtise ». Affirmée comme une /certitude/ par celui qui l'énonce, elle n'est pas forcément interprétée comme telle par celui qui la reçoit. Nous avons déjà dit qu'il peut aussi bien la refuser que la prendre à sa charge, en douter ou y adhérer, la réfuter ou l'admettre. C'est donc le contexte qui permettra d'y voir plus clair. En effet, comme pour répondre à la question qu'il vient de se poser, l'image positive du jeune homme se constitue alors progressivement dans l'esprit de Ar en même temps que le destinateur de la phrase fatidique – celui-là même qui vient de pointer son nez lorsque l'identité des deux dates avait changé de statut – à savoir le « destin » (*al-qadar*) – fait explicitement son apparition dans le texte et dans l'univers cognitif de Ar : « Peut-être n'était-ce pas sa main à lui, mais le destin qui, de ses doigts, avait tracé cette phrase sur la page du journal. » (p. 56).

L'apparition de ce destinateur indique que Ar commence à croire aux propos tenus par l'adolescent : sur la base d'un examen rationnel, il vient de les qualifier d'/improbables/ ; sous l'influence du « destin » et des valeurs du jeune homme qu'il vient de refaire siennes, les voici envisagées, sur le mode du croire et non plus sur celui du savoir, comme /acceptables/. Enfin, lorsque – après un examen critique sans complaisance, mais fait, lui aussi, du point de vue de l'adolescent – sa vie d'adulte lui apparaît comme dénuée de toute valeur, la phrase fatidique accède définitivement au rang de « prédiction ». Son /acceptabilité/ se trouve ainsi confirmée en même temps que la mort qu'elle annonce, précédemment exclue comme /impossible/, devient une /possibilité/

envisageable. En effet, Ar sent : « Une main affreusement gluante se faufiler entre ses côtes et frôler son cœur » (p. 57).

D'ailleurs, la réalité « objective » à laquelle il va avoir recours pour tenter d'inverser la transformation qu'il vient d'opérer – il essayera de se convaincre qu'une prédiction peut, après tout, être mensongère (*kāḏiba*)[14] et qu'on n'est donc pas obligé d'y croire – sera interprétée du point de vue de l'/acceptabilité/ des propos de l'adolescent et aboutira non pas à la dénégation escomptée de celle-ci, mais à sa transformation en /certitude/.

En effet, Ar commence par se rassurer : l'année 1945 tend vers son terme – nous sommes le 30 décembre, il est encore jeune, en bonne santé et la vie lui sourit (p. 57). La prédiction est donc hautement /improbable/. Mais il s'aperçoit aussitôt qu'une nuit et une journée le séparent encore de la fin de l'année et conclut qu'en vingt-quatre heures tout peut arriver (*ibid.*). Ce en quoi il n'a pas tort. Mais la pensée inverse, à savoir qu'il est peu probable qu'il se produise quelque chose le dernier jour de l'année, alors que rien ne s'est produit pendant les trois cent soixante-quatre jours précédents, ne l'effleure même pas. Autrement dit, entre deux probabilités – celle qu'il n'arrive rien et celle qu'il arrive quelque chose – il choisit celle qui est la plus conforme aux convictions d'ores et déjà acquises. D'/improbable/ qu'elle était un instant auparavant, la prédiction devient ainsi /probable/. C'est alors que la main gluante qui n'avait, tout d'abord, qu'effleuré son cœur, s'en empare (*ibid.*), comme pour signifier que la mort est devenue une /possibilité/ forte, et que la phrase écrite dix-huit ans plus tôt accède au rang de « décret irrévocable » (*ḥukm mubram*) à l'exécution duquel il n'y a pas ou il existe peu d'espoir d'échapper (*Ibid.*). Cette nouvelle dénomination exige un commentaire. Le *ḥukm* est un sémème passablement complexe : en arabe classique, il semble bien signifier un jugement équitable, énoncé sur la base d'un savoir puisé aux sources du sacré en même temps qu'à celles des pratiques sociales et portant sur les rapports de l'homme avec Dieu et avec ses semblables. L'auteur du *Lisān al-ʿarab* le définit en ces termes : *al-ʿilm wa l-fiqh wa-l- qaḍāʾ bi-l-ʿadl.* Il n'est guère étonnant que ce terme fasse son apparition ici : Ar ne vient-il pas de condamner sa vie d'adulte, faite d'ambitions et de concupiscence, au nom des valeurs de son alter ego adolescent redevenues siennes ? Aussi, le fait d'identifier la phrase fatidique comme un *ḥukm* – nous reviendrons, dans un instant, sur le qualificatif *mubram* – montre-t-il que Ar croit désormais aux propos du jeune homme, qu'il y /adhère/ comme à une /certitude/. Cependant, il faut bien voir que cette

14 Pour ne pas compliquer la tâche de nos lecteurs, des lecteurs, peu familiarisés avec les méthodes et la terminologie sémiotiques, c'est à dessein que nous avons omis de parler dans ce passage des modalités véridictoires.

certitude-là, pour avoir été acquise sous l'empire d'une croyance – la croyance en un « destin » – se présente aux yeux du sujet à la fois comme un croire et comme un savoir, autrement dit, il y /adhère/ et en même temps l'/affirme/ comme telle.

Récapitulons donc les différentes étapes du faire cognitif de AR et les états auxquels elles aboutissent :

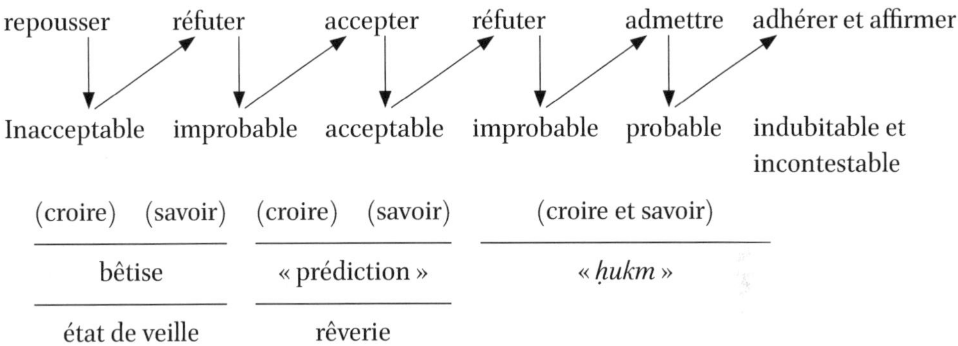

On le voit, le croire précède ici toujours le savoir – avant comme pendant la rêverie – et les conclusions auxquelles aboutit la quête cognitive apparaissent, ici et là, comme prédéterminées par les croyances, les évidences préalablement acquises. D'autre part, le croire semble bien faire fonction de faire persuasif et la quête cognitive de faire interprétatif. Celui-ci conduit Ar à identifier dans le discours persuasif soit des « vérités » exclues – en l'occurrence qu'il est impossible de connaître l'avenir (état de veille), soit des « vérités » préalablement refaites siennes – en l'occurrence que l'avenir est peut-être bien connaissable, que sa vie présente est dénuée de valeur et que la phrase qui le condamne à mort est donc un verdict équitable (rêverie). Les mécanismes de la manipulation et de la sanction restent donc stables, bien que le sujet manipulateur et le sujet manipulé se trouvent ici syncrétisés en un seul et même acteur. Enfin, la différence entre le faire cognitif de Ar éveillé et Ar rêveur semble résider en ceci : à l'état de veille, l'adéquation selon le croire et l'adéquation selon le savoir se présentent comme deux opérations cognitives distinctes (repousser une proposition étant une chose, la réfuter en étant une autre) ; il n'en va plus de même en état de rêverie où croire et savoir se rapprochent progressivement – ce rapprochement commençant à partir du moment précis où le « destin » est reconnu comme le destinateur de la phrase écrite par l'adolescent – et finissent par se confondre (adhérer à une proposition et l'affirmer comme certaine ne font plus qu'un). Les mécanismes en jeu dans la séquence que nous venons d'analyser sont donc très semblables, voire même identiques, à ceux que J. Fontanille a dégagés à partir du Horla de Maupassant, et confirment, du moins passagèrement, la validité de sa démonstration, d'ailleurs, plus complète que la nôtre[15]. Mais nous nous séparerons de lui sur un point : le croire auquel aboutit la rêverie de Ar n'exclut pas le savoir, ni ne s'y oppose, du moins, aux yeux du sujet. Ce n'est qu'en se plaçant du point de vue d'un autre univers cognitif qui juge le savoir, identifié à la science et à l'intelligence, supérieur au croire, identifié à la foi et à la bêtise, qu'une telle affirmation devient possible. (C'est la position de Ar à l'état de veille ; c'est celle de l'instituteur dans *Ar-Ru'yā*). Nous préférons donc parler, avec A.-J. Greimas, de « types distincts de rationalité »[16], plutôt que du croire, excluant, de par sa nature même, le savoir.

5.2.4 Le programme projeté

C'est dans le but d'échapper non plus au verdict qui le condamne mais à la mort qu'il énonce, que Ar tentera d'élaborer un programme susceptible de « barrer la route au destin » (p. 48). Car savoir/croire qu'une condamnation à mort est certaine et, qui plus est, conforme aux valeurs qu'on reconnaît siennes, n'entraîne pas forcément qu'on en juge l'exécution /inéluctable/. Comme tant de condamnés à mort, Ar, tout en sachant/croyant qu'il lui reste peu d'espoir (p. 47), va évaluer ses chances et, pour ce faire, évoquer une nouvelle fois sa vie. Mais comme il interprète désormais celle-ci du point de vue de ses certitudes nouvellement acquises, elle se présente à lui sous un tout autre aspect : un instant auparavant, la vie lui souriait. Le voici menacé par deux fois de mort – par son voisin ʿAbū Sulaymān et par le frère de Suʿdā. Un instant auparavant, il se disait en bonne santé. Le voici menacé d'appendicite aigue. Autrement dit, tout en voulant se convaincre que sa mort n'est pas /inéluctable/, mais /certain/ que la prédiction a dit vrai, Ar ne réussit qu'à se persuader de la précarité de sa situation et ses chances de survie se réduisent d'autant. En décidant de restituer la terre litigieuse à ʿAbū Sulaymān, d'épouser Suʿdā, et de soigner son appendice, il lie sa survie à la réussite de ces trois entreprises et admet implicitement que l'échec d'une seule d'entre elles consacrera sa mort.

Parti pour « barrer la route au destin », il aboutit au résultat inverse, puisque voici ses chances de survie réduites à une seule. L'ironie de l'histoire – de la nouvelle – veut que cette réinterprétation se révélera fausse puisqu'on apprendra, quelques pages plus loin, de la bouche même de Abū Sulaymān et de Suʿdā, qu'ils n'avaient jamais eu l'intention de mettre leurs menaces de mort à exécution, et de celle du docteur Šams al-dīn que l'appendice de Ar se

15 J. Fontanille, *op. cit.*, p. 54-65.

16 A.-J. Greimas, *op. cit.*, p. 126.

portait bien. Autrement dit, c'est quand Ar, bercé par sa rêverie, se croît le plus clairvoyant, qu'il se trompe le plus lourdement. Mais étant donné l'ironie qui sous-tend l'ensemble de la nouvelle, il convient de faire de cette réinterprétation une seconde lecture, non exclusive de la première. En effet, à la lumière des valeurs de l'adolescent redevenues celles de l'adulte et garanties par Dieu, deux au moins des « points faibles » de la vie de Ar constituent des manquements graves : le procès fait à un voisin et ami de la famille pour lui prendre un bout de terre, et la relation amoureuse hors mariage avec une jeune fille.

La première relève des « ambitions », la seconde des « appétits » de « ce monde éphémère » que Ar vient de condamner un instant auparavant. En décidant donc de réparer ces fautes qui le rendent vulnérable, Ar ne vise pas seulement à sauver sa vie ; il vise aussi à se mettre en règle avec Dieu. Car ce n'est qu'à ce prix qu'il pense pouvoir obtenir la grâce divine – ici-bas, peut-être, en annulant la malédiction qui le condamne à mort et en laquelle il vient de reconnaître un verdict équitable ; dans l'Au-Delà, sûrement, s'il échouait à sauver sa vie terrestre. De ce point de vue, il n'a donc pas tort mais voit clair, quand il décide de se mettre en règle avec Dieu. Que cette double lecture est bien la bonne, la phrase que Ar prononcera, le lendemain, devant Abū Sulaymān le prouve : « *ʾinna l-laylata ʾāḫiru-s-sana, yā Abā Sulaymān, wa yahummunī ʾan ʾuṣaffia ḥisābātī qabla ḥulūl al-ʾağal* » (p. 62). « Ce soir, Abū Sulaymān, c'est la fin de l'année et je tiens à apurer mes comptes avant l'échéance ».

Notre traduction est maladroite et nous en convenons, mais peu importe. Ce qu'il nous importe, en revanche, de montrer, c'est que, dans le contexte où il se trouve placé, le terme *ʾağal* admet deux lectures : il signifie à la fois la « fin de l'année » et la « fin de la vie ». Abū Sūlaymān ne se fait pas défaut de rappeler cette ambiguïté, lorsqu'il racontera la visite de Ar après la mort de celui-ci. Ainsi donc, Ar tisse-t-il lui-même, les rets dans lesquels il va se faire prendre, tout en attribuant ce « tissage » à la main du « destin ». *Ḥukm mubram* – c'est ainsi qu'il avait fini par qualifier la phrase qui le condamnait à mourir. « Décret irrévocable », avions-nous traduit, entraînés par les stéréotypes qui peuplent l'univers du langage. En fait, *mubram* désigne les mailles d'un filet si finement tissées que la bête qui s'y prend n'a aucune chance de s'en échapper et Šibāk qui donne son titre à la nouvelle est le pluriel de *šabaka* qui signifie « filet ». Tout en s'imaginant donc desserrer les mailles du filet qu'il a lui-même tissées, Ar ne fait que les resserrer. La phrase écrite par l'adolescent veille sur sa rêverie et s'impose pour ce qu'elle est : une malédiction qui le pousse inexorablement vers la mort.

5.3 *L'échec du programme*

C'est l'échec du programme projeté qui va emporter la conviction de Ar que sa mort est désormais /inéluctable/. En effet, s'il réussit à restituer la terre litigieuse à Abū Sulaymān, il échoue à demander la main de Suʿdā, en raison de l'absence du frère et du père, et, ignorant que celle-ci ne l'a pas dénoncé, croit que Waḥīd le poursuit dans l'intention de le tuer. La folle chevauchée dans la neige qui s'ensuit, le conduit à contrevenir aux indications du médecin qui lui a déconseillé, le matin même, de ne pas caracoler dans la neige et la glace (p. 70). Sur le plan somatique, il s'en tire par un refroidissement que le médecin jugera bénin. Sur le plan cognitif, ce double échec le convainc, en revanche, que les rets du « destin » se sont définitivement refermés sur lui et c'est de cette conviction qu'il va mourir. Comme le confirmera le docteur Šams al-dīn : il n'y avait aucune raison pour que Ar meure. « Il est mort d'une maladie dont il n'était pas atteint. » (p. 74).

5.4 *La contre-manipulation du docteur Šams al-dīn*

Contrairement à ce qui se passe dans *ar-Ru'yā*, le verdict de mort n'est pas dans *Aš-Šibāk* sur la place publique et les transformations qui se sont opérées dans l'esprit de Ar se sont déroulées dans l'intimité de l'alcôve, c'est-à-dire sur le mode du secret. Aussi, lorsque le docteur Šams al-dīn est appelé, le 31 décembre vers dix heures du soir, au chevet du malade, ignore-t-il tout des nouvelles dispositions de son patient. Croyant avoir à faire à l'homme qu'il a coutume de soigner, il fait donc appel à des arguments scientifiques pour le convaincre que sa maladie est bénigne. Ar se plaignant de maux dans le ventre, le médecin lui rappelle d'abord que, si appendicite il y a, l'opération qu'elle nécessite est sans danger : « procéder à l'ablation de l'appendice est plus facile que crever un abcès », affirme-t-il (p. 71). Puis, après l'avoir examiné, il diagnostique un refroidissement sans gravité et assure que Ar n'a rien à craindre de son appendice.

De son côté, Ar ne cesse de répéter qu'il est « à l'article de la mort » (p. 72), que « tout cela devait arriver » (*ibid.*) et accuse son médecin de le « bercer d'illusions » (*ibid.*). S'étant fait confirmer qu'une péritonite était susceptible de tuer un homme en l'espace de deux heures, il soupire, convaincu : « Cela aura donc été l'appendice » (p. 73). Peu habitué à entendre son patient tenir de tels propos, le médecin s'en étonne, s'en dit même agacé et finit par les mettre sur le compte de la fièvre, en les qualifiant de « délire » (p. 73). On le voit, si les deux hommes s'écoutent, ils ne s'entendent pas et mènent ce qu'il est convenu d'appeler un dialogue de sourds : le médecin interprétant les certitudes de son patient comme du « délire », le patient celles de son médecin comme des mensonges, la communication ne peut pas passer. Reste à s'interroger sur les raisons de ce malentendu.

5.5 *Les raisons de l'échec*

Au moment de leur dernière rencontre, le docteur Šams al-dīn – « le soleil de la religion » et ʿĀrif – le « connaissant » – ne partagent plus le même univers cognitif : le premier se réclame d'un savoir puisé aux sources profanes de la science médicale ; le second d'un savoir désormais puisé aux sources du sacré. Leur incompréhension réciproque est donc semblable à celle qui règne entre les villageois et l'instituteur de *Ar-Ruʾyā*, et due aux mêmes raisons. Aux yeux de Ar, sa mort est /inéluctable/, parce qu'il croit/sait qu'elle est la conséquence logique de la malédiction qui pèse sur lui en même temps qu'une punition venant équitablement sanctionner les fautes commises au cours de sa vie d'adulte ; aux yeux du médecin, cette même mort est /impossible/, parce qu'il sait/ croit que l'état somatique du malade n'est pas mauvais au point de pouvoir entraîner la mort.

Cependant, si le docteur Šams al-dīn omet d'envisager que la maladie de Ar puisse avoir des causes autres que somatiques et s'il met le « délire » de son patient sur le compte de la fièvre là où il aurait fallu mettre la fièvre sur le compte du « délire », ce n'est pas « parce qu'il ignore que des facteurs d'ordre cognitif et passionnel peuvent jouer un rôle dans l'évolution des maladies, mais parce qu'il ignore les changements intervenus dans l'univers cognitif de son patient. En effet, dans le préambule qui précède sa relation des faits, le médecin s'interrogeant sur la validité de son propre savoir, affirme avec un humour teinté d'ironie : « Les livres de médecine disent et conformément à eux les gens croient que c'est la maladie qui provoque la mort. N'en croyez rien, et faites-moi confiance, c'est l'inverse qui est vrai : c'est la mort qui est la cause de la maladie. » (p. 68-69) A son avis d'invisible agents (*ʿawāmil*) de l'existence entrent, le moment venu, en réaction autour (*tatafāʿalu ḥawla*) d'un individu, le prennent dans leurs rets et causent sa mort (p. 69). Informé des changements intervenus dans l'univers cognitif de Ar, le docteur Šams al-dīn lui aurait sans doute tenu un autre discours et aurait ainsi réussi à le convaincre qu'il valait mieux vivre que mourir.

N'empêche que, la fin d'*Aš-Šibāk* consacre l'échec de l'homme de science face au croyant et attribue cet échec, non pas à la supériorité intrinsèque du savoir sacré sur le savoir profane, mais à un manque de savoir concernant l'univers cognitif du croyant – à un manque de savoir sur le croire.

6 Conclusion

Les deux nouvelles de ʿAbd al-Salām al-ʿUğaylī que nous venons de présenter ne sont que des exemples, parmi d'autres, dans une œuvre presqu'entièrement centrée sur la problématique du croire et du savoir.

Profondément ancré dans la société qui l'a vu naître et ayant longtemps partagé la vie de ses contribules semi-nomades, l'auteur connaît bien leurs coutumes et croyances. Cette intimité avec la mentalité bédouine et paysanne le conduit non pas à identifier croire et ignorance, mais à définir le premier comme un savoir sacré : mélange de croyances et de connaissances, garanties par les textes ou par la tradition orale, par un destinateur transcendant (Dieu, le destin) et un destinateur social (*faqīh et ʿimām*, voire, dans d'autres textes, le magicien) et fondé sur l'expérience sensible, ce savoir ignore la dichotomie entre croire et savoir, parce que croire y signifie en même temps savoir et inversement – le croyant n'est-il pas défini par le Coran comme celui qui sait ? Le devin ne s'appelle-t-il pas le « très savant » – *al-ʿarrāf*?

Al-ʿUǧaylī montre que ce type de savoir est parfois si profondément ancré dans les mentalités, que l'homme de science (le médecin, l'instituteur ici, le technicien ailleurs), n'a que fort peu de chances de convaincre, ne serait-ce que parce qu'il sépare ce que le Croyant réunit et affirme que savoir est une chose et que croire en est une autre.

L'incompréhension réciproque se trouve encore renforcée par le fait que la représentant du savoir sacré refuse tout droit de cité au savoir profane (cf. l'attitude de MS à l'égard de l'instituteur à propos de la terre qui tourne) en même temps que l'homme de science, valorisant positivement le savoir au détriment du croire et identifiant celui-ci au savoir sacré, n'affiche que mépris à l'égard de ceux qui s'en réclament (cf., par ex., l'attitude de l'instituteur à l'égard de MS, celle de ʿĀrif adulte à l'égard de ʿĀrif adolescent). Dans ces conditions, aucun dialogue n'est possible entre le « savant » et le « croyant ». Pour avoir longtemps exercé la médecine dans un milieu qui le confronte sans cesse à ce problème, al-ʿUǧaylī est bien placé pour le savoir. Enfin, l'auteur montre que, pour convaincre, l'homme de science n'a parfois d'autre solution que de s'approprier l'univers cognitif du croyant, de manière à être à même de tenir un discours crédible à ses yeux. Mais une telle démarche, si elle permet, en l'occurrence, de sauver une vie, a l'inconvénient majeur d'obliger l'homme de science à dissimuler ses convictions et – tel ce chat qui s'affublait d'un chapelet pour se faire passer pour un moine bouddhiste – à s'avancer plus ou moins parfaitement masqué (cf. l'instituteur dans *Ar-Ruʾyā*). La situation du savant est donc précaire et complexe dans une société se réclamant prioritairement du savoir sacré. On comprend mieux dès lors, pourquoi, malgré sa « foi en la science », al-ʿUǧaylī peint, dans ses nouvelles, des savants « inquiets et désemparés, vaincus et perdus ». La critique de son pays lui en a souvent voulu »[17]. L'évolution récente du monde arabe lui donne – hélas – raison.

* Première publication de ce chapitre dans *Annales islamologiques*, tome 25, Le Caire, 1990, p. 424-445.

17 Cf. entre autres, Bū ʿAlī Yāsin et Nabīl Sulaymān, *Al-ʾAdab wa-l-ʾidiyūlūǧiyya fī sūriyā*, Beyrouth, 1974, p. 14-34.

Bibliographie

ʿAbd al-Salām al-ʿUğaylī, 1980, *Ašyāʾ šaḫṣiyya*, Damas, Dār al-haqāʾiq. s.d., *Qanādīl ʾišbīlīyya*, Beyrouth, Dār aš-šarq.

Bū ʿAlī Yāsin et Nabīl Sulaymān, 1974, *Al-ʾAdab wa-l-ʾidiyūlūğiyya fī sūriyā* (1967-1973), Beyrouth, Dār Ibn Ḫaldūn.

À propos du Croire et du Savoir.

A.-J. Greimas, 1983, « Pour une théorie des modalités », *Du Sens II*, Paris, Le Seuil, p. 67-91.

A.-J. Greimas, 1983, « De la modalisation de l'être », *Ibid.*, p. 93-102.

A.-J. Greimas, 1983, « Le savoir et le croire : un seul univers cognitif », *Ibid.*, p. 115-133.

A.-J. Greimas, 1983, « Des accidents dans les sciences dites humaines », *Ibid.*, p. 171-212.

J. Fontanille, 1982, *« Un point de vue sur « croire » et « savoir » », Actes sémiotiques –* Documents IV, 33, Paris.

J. Fontanille, 1987, *Le Savoir partagé*, Paris / Amsterdam / Philadelphia, Hadès-Benjamins.

CHAPITRE 13

De l'islam tradition à l'islam politique : la trilogie de Naguib Maḥfūẓ

Heidi Toelle

La trilogie du prix Nobel de littérature égyptien Naguib Maḥfūẓ relate, on le sait, à travers l'histoire de trois générations d'une famille cairote, l'évolution des mentalités dans la classe moyenne égyptienne de l'entre-deux-guerres. L'islam en sa qualité de religion au sens large du terme – à savoir foi en Allāh, en son prophète et dans le Coran, culte, attitude intellectuelle et morale, modèle social et règle de vie – est omniprésent tout le long de la trilogie, mais appréhendé et pratiqué de manière différente par les divers personnages du roman, une évolution très nette se dessinant entre la génération des grands-parents et celle des petits-enfants. Mais penchons-nous, tout d'abord, sur le contexte historique qui se profile derrière la trilogie.

1 Le contexte historique

Le premier tome, intitulé *Bayna-l-Qaṣrayn*, paru en 1956, couvre la période allant du 10 octobre 1917[1] au 8 avril 1919 et a donc comme arrière-fond la première guerre mondiale, la fin de l'Empire Ottoman, la fondation par les nationalistes égyptiens, dirigés par Saʿd Zaġlūl, du *Wafd*[2] et la lutte des Egyptiens contre l'occupant britannique. Quant au deuxième tome, intitulé *Qaṣr al-Šawq* et paru en 1957, il commence en 1923 et finit en 1927, période au cours de laquelle Saʿd Zaġlūl continue de se battre pour la réelle indépendance de son pays[3]. Le tome se termine du reste sur la mort du leader nationaliste. Le troisième

1 En effet, dès le premier chapitre, le texte fait référence à la mort, « la veille », du sultan Ḥusayn Kamâl Pacha qui régnait de 1914 à 1917 et est mort le 9 octobre 1917. Cf. Naguib Maḥfūẓ, *al-Aʿmāl al-kāmila*, al-Maktaba al-ʿilmiyya al-ǧadīda, Beyrouth, s.d., tome 5, *Bayna-l-Qaṣrayn*, p. 15.

2 Cette « délégation » censée négocier avec les Britanniques l'indépendance de l'Egypte se transforma, suite au refus des premiers, en parti politique.

3 Par la déclaration du 21 février 1922, l'Angleterre a, certes, renoncé au protectorat, mais s'était réservé le droit d'assurer ses lignes de communication avec l'Empire, la défense militaire de

 | DOI:10.1163/9789004705685_014

tome, enfin, intitulé *al-Sukkariyya*, lui aussi paru en 1957, va de 1935 à 1945, période qui se caractérise par les tractations entre le roi Fārūq (1936-1952), les Anglais, le parti *Wafd*, désormais dirigé par Naḥḥās Pacha, et les Dusturiens – l'enjeu étant toujours l'indépendance totale du pays – et, bien évidemment, par les répercussions sur l'Egypte de la deuxième guerre mondiale. La plupart des acteurs mis en scène se préoccupe, du reste, plus ou moins de la situation politique et est généralement favorable au *Wafd* et à la lutte pour l'indépendance. Les choses se diversifient, comme nous allons le voir, entre 1935 et 1945, puisque c'est la période qui voit la naissance du parti communiste, d'une part, et l'émergence sur la scène politique des Frères musulmans, de l'autre[4].

2 La génération des grands-parents et l'islam tradition

ʿAbd al-Ǧawād et Amīna ainsi que leurs cinq enfants, trois fils dont l'aîné, Yāsīn, issu d'un premier mariage de ʿAbd al-Ǧawād, et deux filles, sont tous sans exception croyants et pratiquants. Le père fait tous les matins ses ablutions ainsi que sa prière avec plein de piété (*taqwā*), d'amour et d'espoir ; il demande pardon à Dieu et prie Allāh de faire en sorte que ses fils empruntent la voie droite (*al-hudā*) et aient du succès[5]. En effet, pour lui, la vie est entre les mains de Dieu[6]. Il se rend tous les vendredis à la mosquée *al-Ḥusayn* et respecte le jeûne du Ramadan. Il est convaincu que les humains descendent tous d'Adam et qu'ils iront, après leur mort, soit en enfer, soit au paradis[7]. Tombé malade, il se rend, une fois guéri, à *al-Ḥusayn* pour remercier Dieu de sa guérison et décide de faire pénitence (*tawba*)[8] – nous verrons pourquoi celle-ci lui paraît nécessaire. Une fois à la retraite, il se rend à la mosquée non seulement le vendredi, mais aussi pour la prière du Maghreb[9] jusqu'au moment où, à soixante-sept ans, il n'est plus capable de se déplacer[10].

l'Egypte, la protection des étrangers et des minorités du pays et le Soudan. En fait, l'occupation militaire continuera.

4 Fondés en 1928 à Ismāʿiliyya par Ḥasan al-Bannā, instituteur de son état.

5 Cf. *al-Aʿmāl al-kāmila*, *op. cit.*, tome 5, *Bayna-l-Qaṣrayn*, p. 120.

6 *Ibid.*, p. 19 et p. 41.

7 « Aṣl al-ḥayāt Ādam wa-maṣīrunā ilā-l-ǧanna aw al-nār », *al-Aʿmāl al-kāmila*, *op. cit.*, tome 5, *Qašr al-šawq*, p. 514.

8 *Ibid.*, p. 882.

9 Cf. *al-Aʿmāl al-kāmila*, *op. cit.*, tome 6, *al-Sukkariyya*, p. 137.

10 *Ibid.*, p. 192.

Quant à sa femme, Amīna, fille et petite-fille de cheikhs azharites[11] et d'une mère qui, une fois veuve, passe sa journée à rendre gloire à Dieu et à s'abîmer dans la contemplation[12], elle est encore plus profondément croyante que son mari. Comme lui, elle fait tous les matins ses ablutions et sa prière, jeûne pendant le Ramadan et s'en remet à Allāh pour toute chose. Elle réveille son fils cadet, Kamāl, en récitant la *Fātiḥa*[13], prononce la *basmala* avant de manger[14] et croît dure comme fer dans l'existence des *ğinn*, en récitant des versets coraniques pour les chasser[15], ce qui en islam ne relève pas de la superstition, puisque pas moins de onze sourates du Coran font état de l'existence de ces êtres invisibles[16], croyants ou mécréants, la sourate 72 portant même le titre *al-Ğinn*. Dans le même ordre d'idées, Amīna prie Dieu de protéger son mari contre le mauvais œil d'un éventuel envieux[17]. Depuis sa *mašrabiyya*, elle adore regarder les minarets qu'elle contemple avec foi, espoir et gratitude[18]. Elle porte une vénération particulière à al-Ḥusayn, petit-fils du prophète, et l'unique fois où elle désobéït à son mari, alors en voyage d'affaires à Alexandrie, c'est pour se rendre, en compagnie de Kamāl, son cadet, à la mosquée du Saint[19]. Mal lui en prend. Enfermée depuis un quart de siècle dans sa maison, elle n'a guère l'habitude de marcher dans la rue, se fait renverser par une voiture et se casse l'épaule. Incapable de mentir, elle avoue son escapade à ʿAbd al-Ğawād qui attend qu'elle soit guérie pour la punir et la renvoyer chez sa mère[20]. Il faudra les interventions répétées des enfants et des amis pour qu'il accepte de la reprendre.

Ce qui m'amène à dire un mot des traditions de la société musulmane qui, à en croire la Trilogie, primaient encore au début du XXᵉ siècle et dont les valeurs doivent autant au Coran, à la vie du prophète et des califes qu'aux uléma et aux *fuqahāʾ*.

ʿAbd al-Ğawād, commerçant de son état, est doté de toutes les qualités qui, aux yeux de la société islamique traditionnelle, caractérisent un vrai *sayyid* : magnanimité (*šahāma*), esprit chevaleresque (*murūʾa*) et clémence (*raḥma*). De ce fait, il inspire à tous – membres de la famille et amis – de l'amour et du respect en même temps que de la peur[21]. Devant sa famille, il affiche sa gravité

11 Cf. *al-Aʿmāl al-kāmila*, *op. cit.*, tome 5, *Bayna-l-Qaṣrayn*, p. 45.
12 *Ibid.*, p. 189.
13 *Ibid.*, p. 19.
14 *Ibid.*, p. 27.
15 *Ibid.*, p. 7.
16 Cf. sourates 6, 7, 17, 18, 27, 34, 41, 46, 51, 55, 72.
17 Cf. *al-Aʿmāl al-kāmila*, *op. cit.*, tome 5, *Bayna-l-Qaṣrayn*, p. 24.
18 *Ibid.*, p. 34.
19 *Ibid.*, chapitre 27.
20 *Ibid.*, chapitre 31.
21 *Ibid.*, par ex., p. 23-24.

(*waqār*) et inspire la crainte grâce à sa *hayba*, tout en ravissant ses amis par sa bonne humeur et son humour (*mizāḥ*). Il est d'une grande générosité au point de fournir régulièrement au cheikh Mitwallī, un soufi respecté dans le quartier, de quoi se nourrir et de payer les études du fils de son employé.

Conformément là encore aux traditions islamiques, voire au Coran, ʿAbd al-Ǧawād se comporte vis-à-vis des siens en véritable *pater familias*. Lorsque, au début de leur mariage, Amīna proteste contre ses veillées quotidiennes, il la rappelle immédiatement à l'ordre, en lui expliquant qu'il ne tolérera aucune critique concernant son comportement. Par ailleurs, il la menaçe de la punir, si jamais elle lui désobéïssait[22], un discours qui rappelle la sourate *al-Nisāʾ* du Coran[23]. Dès lors Amīna se soumet, attend tous les soirs son retour, l'aide à se déshabiller, lui lave les pieds, ne lui adresse la parole que s'il lui parle en premier, n'ose s'asseoir à côté de lui que s'il l'y invite et se tient debout pendant le petit déjeuner[24]. Et, comme nous l'avons déjà dit, elle ne sort jamais de la maison. ʿAbd al-Ǧawād affiche la même attitude autoritaire à l'égard de ses enfants. Il interdit aux filles de sortir et de se maquiller[25]. Il craint par-dessus tout les rumeurs et le déshonneur, voire de perdre les rênes du pouvoir et juge que toute femme est « *nāqiṣat al-ʿaql* » (faible d'esprit)[26]. Il frappe violemment, notamment Kamāl, ses filles savent à peine lire, et c'est lui qui décide, quand et avec qui ses fils et ses filles se marient. Il refuse longtemps de marier, sa cadette ʿAʾiša, avant Ḫadīǧa, l'aînée[27], et ne cède que sous la pression d'un ami[28]. Lors des mariages qui se déroulent dans sa maison, aucune fête n'est autorisée : ni musique, ni chanteuses, ni même youyous[29]. Il pense que le monde est sens dessus dessous, lorsque Zaynab, la première épouse de Yāsīn, réclame le divorce après avoir surpris son mari en train de faire l'amour avec la bonne, et n'y consent que sous la pression du père de Zaynab qui est l'un de ses amis[30].

Tout autre est son attitude en dehors de la maison. Car ʿAbd al-Ǧawād aime le chant, la beuverie, le rire et les femmes[31]. Aussi, se rend-il tous les soirs avec des amis choisis et sincères chez des almées, à savoir chez des chanteuses lettrées qui, à l'occasion, se prostituent et dont trois deviendront ses maîtresses.

22 *Ibid.*, p. 8.
23 Cf. Coran, sourate 4, verset 34.
24 Cf. *al- al-Aʿmāl al-kāmila*, *op. cit.*, tome 5, *Bayna-l-Qaṣrayn*, chapitres 1 et 2 ainsi que chapitre 4, p. 21.
25 *Ibid.*, p. 133.
26 *Ibid.*, p. 145 et 180.
27 *Ibid.*, chapitre 25 et 36.
28 *Ibid.*, p. 217.
29 *Ibid.*, p. 231-232 et p. 270 ainsi que *al-Aʿmāl al-kāmila*, *op. cit.*, tome 5, *Qaṣr al-Šawq*, p. 632-633.
30 Cf., *al-Aʿmāl al-kāmila*, *op. cit.*, tome 5, *Bayna-l-Qaṣrayn*, p. 369.
31 *Ibid.*, p. 13-14.

Ces *maǧālis al-uns*, comme on les appelle, sont là encore une vieille tradition dans la société musulmane. En effet, califes, ministres, gouverneurs, hauts dignitaires et lettrés de renom ont eu, pendant plus d'un millénaire, pour habitude de s'entourer de commensaux et d'organiser des soirées de divertissements auxquelles participaient esclaves chanteuses et eunuques, le but étant d'atteindre une joie quasi-extatique (*ṭarab*) grâce à la musique, au chant et au vin. Critiqué par le cheikh Mitwallī pour son amour des almées et de l'alcool, ʿAbd al-Ǧawād répond que le prophète aimait, lui aussi, les femmes et le parfum. Il ajoute que les almées sont l'équivalent des esclaves chanteuses d'antan et qu'il est donc licite de les acheter et de les vendre. Enfin, pour ce qui est de sa consommation d'alcool, il dit qu'Allāh est miséricordieux et pardonnera, car il ne peut imaginer qu'Il lui en veuille pour un si petit péché[32]. Enfin, lorsqu'il manque faire un infarctus, lors d'une de ses soirées, il se promet de ne plus boire, ni de faire la fête et entame, après avoir remercié Dieu à al-Ḥusayn de sa guérison[33], sa pénitence (*tawba*). Et, lorsqu'il a de plus en plus de mal à se mouvoir, les rôles s'inversent en quelque sorte entre Amīna et lui. Désormais, c'est lui qui contemple la rue depuis la *mašrabiyya*, pendant que Amīna se rend tous les jours, seule, à al-Ḥusayn, avant de faire la tournée de toutes les mosquées pour prier pour lui et tous les autres membres de la famille[34]. Peu avant sa mort, le texte nous précise que ʿAbd al-Ǧawād est parfois d'une sérénité telle qu'on le croirait en contact avec les cieux[35]. Quant à Amīna, elle affirme après la mort de son mari, malgré sa tristesse et ses larmes, qu'un croyant ne doit pas être triste[36], mais elle refusera encore un an et demi après le décès de son mari d'aller assister au mariage de son petit-fils.

3 La génération des enfants et l'individualisation des pratiques religieuses

Mais venons-en à la deuxième génération, celle des enfants de ʿAbd al-Ǧawād et Amīna et commençons par leurs filles, ʿA'iša et Ḫadīǧa. Tant qu'elles vivent chez leurs parents, elles se conforment à toutes les pratiques cultuelles, même si Ḫadīǧa suspecte sa sœur de tricher pendant le mois de Ramadan, en mangeant des bonbons en cachette. Par ailleurs, elles s'en remettent à leur père

32 *Ibid.*, p. 39-42.
33 Cf. *al-Aʿmāl al-kāmila*, *op. cit.*, tome 5, *Qaṣr al-Šawq*, chapitre 42.
34 Cf. *al-Aʿmāl al-kāmila*, *op. cit.*, tome 6, *al-Sukkariyya*, p. 8 et 164.
35 *Ibid.*, p. 195.
36 *Ibid.*, p. 221.

pour toute décision. Mariées à deux frères d'une famille bourgeoise richissime et beaucoup moins rigoriste que celle de ʿAbd al-Ǧawād – au mariage de ʿA'iša, des almées viennent chanter et du vin est discrètement prévu pour ceux qui en veulent[37] –, elles prendront des chemins légèrement différents.

Dans l'appartement de ʿA'iša et en accord avec son mari Ḫalīl on chante et on danse et l'on encourage même la fille Naʿīma d'en faire autant[38]. Ḫalīl boit du vin à la maison et autorise son épouse à fumer[39] – toutes choses qui, à leurs yeux, n'empêchent ni foi ni prière, ni jeûne du Ramadan. Ayant perdu son mari et ses deux fils, malades du typhus[40], puis sa fille, mariée à l'un des fils de Ḫadīǧa et morte ainsi que son bébé en couche[41], ʿA'iša dépense tout son argent pour les tombes des siens[42], refuse comme Amīna d'assister au re-mariage de son gendre[43] et a des visions. Elle raconte : « J'ai dit "Seigneur", et le ciel est devenu lumière »[44].

Quant à Ḫadīǧa, elle imite en tout sa mère et est tout aussi rigoriste et autoritaire que son père qu'elle admire et dont elle refuse de croire qu'il puisse boire du vin et fréquenter des almées. Elle envoie son fils, ʿAbd al-Munʿim, à l'école coranique, alors qu'il n'a que cinq ans et lui fait répéter les sourates qu'il a apprises, imitant en cela sa mère qui en faisait de même avec Kamāl[45]. Elle interdit à son mari, Ibrāhīm, d'avoir du vin chez eux, si bien que celui-ci va boire chez ʿA'iša et Ḫalīl qui habitent l'étage au-dessus[46]. De même, elle lui impose à respecter prières et jeûne[47] et reproche amèrement à son fils Aḥmad de ne plus prier, traite son mari d'apostat et affirme que, s'il entrait au paradis, ce serait grâce à elle qui lui a appris la religion[48].

Mais qu'en est-il des trois fils ? Fahmī qui meurt à la fin de *Bayna-l-Qaṣrayn*, lors d'une manifestation, sous les balles des Anglais, est amoureux de Maryam, la fille des voisins, ce qui ne l'empêche pas de reprocher à celle-ci de se montrer à lui sur le toit et de braver ainsi les traditions ou ce qu'il appelle les « mœurs

37 *Ibid.*, chapitre 40.
38 Cf. *al-Aʿmāl al-kāmila, op. cit.*, tome 5, *Qaṣr al-Šawq*, p. 498-499, 507 et 708-709.
39 *Ibid.*, p. 696 et 708 et *al-Aʿmāl al-kāmila, op. cit.*, tome 6, *al-Sukkariyya*, p. 23.
40 *Ibid.*, chapitre 44.
41 Cf., *al-Aʿmāl al-kāmila, op. cit.*, tome 6, *al-Sukkariyya*, chapitre 24.
42 *Ibid.*, p. 190.
43 *Ibid.*, p. 266.
44 *Ibid.*, p. 191.
45 Cf. *al-Aʿmāl al-kāmila, op. cit.*, tome 5, *Qaṣr al-Šawq*, p. 500-501.
46 *Ibid.*, p. 709.
47 Cf. *al-Aʿmāl al-kāmila, op. cit.*, tome 6, *al-Sukkariyya*, p. 72.
48 *Ibid.*, p. 260.

sacrés »[49]. Il n'en a pas moins un gros chagrin d'amour, lorsque son père refuse qu'il épouse sa bien-aimée[50]. Lorsque le père refuse une première demande de mariage de ʿA'iša par un officier dont celle-ci est amoureuse pour l'avoir vu passer tous les jours sous sa fenêtre, il console sa sœur, en affirmant que, seul, Dieu connaît l'avenir et que ce refus lui réservera peut-être un meilleur parti[51]. Profondément croyant, c'est avec enthousiasme qu'il accomplit ses prières et respecte toutes les prescriptions de la loi religieuse[52]. Son engagement politique auprès des nationalistes relève pour lui de la foi, et il s'en remet à Dieu quant à savoir, si cette lutte lui coûtera ou non la vie[53]. C'est du reste cet engagement, connu de tous, qui sauvera son frère Yāsīn, accusé à tort par des Azharites d'être un espion au service des Anglais, du lynchage à la mosquée al-Ḥusayn après la prière du vendredi[54]. Il ment à son père, en affirmant qu'il ne participe pas aux manifestations et se contente de distribuer des tracts, activité dont il affirme qu'elle se fait « pour la cause de Dieu » (*fī sabīl Allāh*). Lorsque son père lui ordonne d'arrêter, il fait semblant de se soumettre, mais quand ʿAbd al-Ǧawād veut le faire jurer sur le Coran, Fahmī refuse et s'enfuit, tant il lui est impossible de se faire parjure[55]. Il se fera tuer peu après.

On le voit donc, dès cette période, politique et islam commencent à se croiser, même s'il n'est pas encore question d'un parti politique islamique. En effet, comme je l'ai dit, *Bayna-l-Qaṣrayn* se termine le 8 avril 1927, et le parti des Frères musulmans n'a été fondé qu'en 1928 par Ḥassan al-Bannā, la période 1928-1936 étant ensuite une période de formation pendant laquelle les activités religieuses et sociales dominent[56].

Venons-en à Yāsīn, le fils aîné issu du premier mariage de ʿAbd al-Ǧawād qui demeurera le fils préféré de son père[57]. Yāsīn mène, lui, une vie on ne peut plus

49 Cf. *al-Aʿmāl al-kāmila, op. cit.*, tome 5, *Bayna-l-Qaṣrayn*, p. 55 : *Ayyu rūḥ ʿaǧīb yašuddu bihā ʿan al-taqālīd wa-l-ādāb al-muqaddasa !*

50 *Ibid.*, p. 139.

51 *Ibid.*, p. 146.

52 *Ibid.*, p. 375.

53 *Ibid.*, chapitre 54.

54 *Ibid.*, p. 378-382.

55 *Ibid.*, p. 387-389.

56 La période 1928-1936 est la phase d'expansion des Frères musulmans. Fondés à Ismāʿīliyya, les Frères s'activent, d'abord, dans la zone du canal de Suez. En 1933, al-Bannā est muté au Caire et y transfère le siège social de la confrérie. Des propagandistes, formés par lui, prêchent dans les mosquées et autres lieux publics dans toute l'Egypte. Les Frères fondent alors des écoles, organisent des cours d'instruction religieuse, alphabétisent, créent des hôpitaux et dispensaires et s'occupent d'entreprises dans le but de relever le niveau de vie des villageois.

57 Cf. *al-Aʿmāl al-kāmila, op. cit.*, tome 5, *Qaṣr al-Šawq*, p. 799.

dissolue, incapable qu'il est de refreiner ses pulsions sexuelles. Il commence par tenter de violer Umm Ḥanafī, la bonne de la maison[58], ce qui amène son père à le marier avec Zaynab, la fille d'un ami que Yāsīn trompera, comme nous l'avons vu, avec la bonne de celle-ci[59], ce qui l'oblige à divorcer. En accord avec son père, il épouse ensuite Maryam, la fille de la voisine, celle dont son frère Fahmī avait été amoureux, non sans avoir eu une brève liaison avec la mère de celle-ci[60] et de fréquenter les almées comme son père. Ayant amené, un soir, Zannūba, l'une des almées dont il ignore qu'elle est la maîtresse de son père, à la maison et ayant été surpris en sa compagnie par Maryam, il répudie celle-ci[61], puis accepte au grand dam de sa famille d'épouser Zannūba qui veut cesser son métier d'almée et devenir une épouse respectée, une demande qu'elle avait déjà faite à ʿAbd al-Ǧawād[62]. Celui-ci, bien qu'amoureux et tenté de céder, avait fini par rompre avec elle par orgueil et pour préserver sa réputation[63]. Yāsīn et Zannūba se marient d'abord clandestinement, mais peu à peu l'ex-almée réussit à se faire admettre dans la famille, et ʿAbd al-Munʿim, le fils de Ḫadīǧa, épousera même en secondes noces, au grand dam de cette dernière, sa fille Karīma. C'est grâce à l'habileté de Zannūba que Yāsīn se stabilisera quelque peu, même s'il continue, tout comme son père, à sortir tous les soirs et à s'enivrer. Pour lui, les femmes sont des animaux de compagnie qui n'ont qu'à attendre qu'on veuille bien les caresser[64]. Tout cela ne l'empêche pas d'avoir la foi et de prier sincèrement, même s'il ne va à la mosquée que pour obéïr à son père[65]. Il prie évidemment dans l'espoir que cela allégera ses péchés, mais se garde bien, dans un premier temps, de se repentir, de manière à pouvoir continuer sa vie de plaisir. En effet, il pense que Dieu est miséricordieux et justifie son ivrognerie, en disant que les califes ont bien bu sans avoir été pour autant des mécréants[66]. Il dit qu'il finira par faire sa repentance à l'instar de son père[67].

Notons, enfin, que Yāsīn est beaucoup moins sévère avec ses enfants, Riḍwān et Karīma, que ne l'était ʿAbd al-Ǧawād, même s'il interdit à sa fille de faire ses études, ce qui est jugé rétrograde par certains de ses collègues fonctionnaires[68]. Dès son jeune âge, il critique, du reste, le rigorisme de son

58 Cf. *al-Aʿmāl al-kāmila, op. cit.*, tome 5, *Bayna-l-Qaṣrayn*, p. 254-256.

59 *Ibid.*, p. 346-351.

60 Cf. *al-Aʿmāl al-kāmila, op. cit.*, tome 5, *Qaṣr al-Šawq*, p. 587-597.

61 *Ibid.*, p. 744-748.

62 *Ibid.*, p. 793-800.

63 *Ibid.*, chapitres 28-29.

64 Cf. *al-Aʿmāl al-kāmila, op. cit.*, tome 5, *Bayna-l-Qaṣrayn*, p. 309.

65 *Ibid.*, p. 375-376 et *al-Aʿmāl al-kāmila, op. cit.*, tome 5, *Qaṣr al-Šawq*, p. 881.

66 *Ibid.*, p. 833.

67 Cf. *al-Aʿmāl al-kāmila, op. cit.*, tome 6, *al-Sukkariyya*, p. 281.

68 *Ibid.*, p. 159, 171 et 173.

père, en lui reprochant tantôt d'enfermer Amīna à la maison comme dans une prison[69], tantôt de se permettre, à lui-même, des plaisirs interdits et d'interdire aux siens des plaisirs licites[70]. De même, il défendra son neveu Aḥmad, le fils cadet de Ḫadīǧa, lorsque celui-ci décide de se marier avec une fille issue d'une famille pauvre qui, de surcroît, travaille pour gagner sa vie[71].

Il nous reste à dire un mot de Kamāl, le fils cadet de ʿAbd al-Ǧawād, qui est sans doute le personnage le plus complexe de toute la trilogie et dont l'évolution est la plus intéressante sous l'angle qui nous intéresse ici, à savoir le rapport à la religion[72].

Tant qu'il fréquente encore le collège, al-Ḥusayn est aussi proche de son cœur que de celui de sa mère. Il a pour habitude de s'arrêter devant le tombeau du Saint, de lui confier qu'il a peur des menaces de son père, de le prier de l'aider aux examens et de le supplier de lui apparaître en rêve[73]. Quand il lui arrive de mentir, il a peur de la colère de Dieu et des Saints et prie al-Ḥusayn de lui pardonner[74]. Le jour où il accompagne sa mère, lors de l'escapade de celle-ci, il rêve d'avoir la chance de rencontrer le Saint et de passer une nuit avec lui[75]. Comme sa mère, il a peur des mauvais *ǧinn* et récite le Coran chaque fois qu'il emprunte une ruelle où ceux-ci sont réputés se donner à cœur joie la nuit tombée[76]. Bien qu'il aime la musique et chante fort bien, il ment, lors du mariage de ʿA'iša, en affirmant qu'il n'aime entendre que le Coran[77].

Après avoir obtenu son baccalauréat, Kamāl apprend que la dépouille d'al-Ḥusayn ne se trouve pas dans la mosquée qui porte son nom. Il s'effondre alors en larmes et pleure toute la nuit au point de mouiller son oreiller[78]. Ayant opté, contre l'avis de son père, pour le métier d'enseignant, il se lance dans des études de philosophie dans le but de trouver une réponse aux questions qui le taraudent : qui est Dieu ? Qui est l'homme ? Qu'est-ce qu'est l'esprit ? Qu'est-ce qu'est la matière ? Ceci l'amène à lire Darwin et à publier dans la revue *al-Fikr*,

69 Cf. *al-Aʿmāl al-kāmila, op. cit.*, tome 5, *Bayna-l-Qaṣrayn*, p. 175.

70 *Ibid.*, p. 272.

71 Cf. *al-Aʿmāl al-kāmila, op. cit.*, tome 6, *al-Sukkariyya*, p. 259.

72 Par ailleurs, Kamāl est de toute évidence une figure autofictionnelle de Naguib Maḥfūẓ. En effet, celui-ci a affirmé dans un entretien avec Ǧamāl al-Ġīṭānī : « Azmat Kamāl azmatī » (« La crise de Kamāl est la mienne »). Cf. Fayṣal Darrāǧ, *Al-riwāya wa-ta'wīl al-ta'rīḫ. Naẓariyya al-riwāya al-ʿarabiyya*, Beyrouth al-Markaz al-ṯaqāfī al-ʿarabī, 2004, p. 152.

73 Cf. *al-Aʿmāl al-kāmila, op. cit.*, tome 5, *Bayna-l-Qaṣrayn*, p. 46.

74 *Ibid.*, p. 52.

75 *Ibid.*, p. 56.

76 *Ibid.*, p. 48.

77 *Ibid.*, p. 234.

78 Cf. *al-Aʿmāl al-kāmila, op. cit.*, tome 5, *Qaṣr al-Šawq*, p. 531.

fondée en 1923 par un Azharite qui a passé quatre ans en France, un article sur le darwinisme[79]. Ce faisant, il perd la foi, notamment dans les prophètes et dans ce qu'il appelle désormais les légendes coraniques et, parmi elles, celles selon lesquelles les hommes descendent d'Adam[80] et selon lesquelles il existe un paradis et un enfer[81]. S'il accompagne encore son frère et son père à la mosquée, c'est pour ne pas les choquer, alors même que sa prière n'est plus qu'un faux semblant[82]. Il continue de lire les philosophes tels que Copernicus, Spinoza, Schopenhauer, Leibnitz et Bergson, et collabore désormais régulièrement à la revue *al-Fikr* dans laquelle il publie des articles qui contredisent la religion[83]. Trois choses l'intéressent : la philosophie, l'idéalisme et la science. Son désir de pureté, sa quête d'un idéal et de la vérité, dûs, selon lui, à son ancienne piété, font qu'aucune théorie ne le satisfait et qu'il se retrouve en état permanent de désarroi et d'indécision (*ḥayra*)[84]. Tiraillé qu'il est en outre entre ses désirs physiques et le soufisme[85], il finit par se dire en état de révolution permanente dans la mesure où il doute de tout.

Son idéalisme et sa quête de pureté se traduisent aussi dans sa vie amoureuse. Alors qu'il est encore croyant, il a une brève relation sexuelle avec Qamar, une fille du quartier, qu'il abandonne bien vite, car, dit-il, il ne veut pas rencontrer Dieu, en ayant la culotte sale, l'eau des ablutions ne lavant pas, selon lui, la saleté[86]. Toujours croyant, il tombe ensuite amoureux de ʿĀ'ida[87], fille d'un homme d'affaires millionnaire et mi-parisienne qui va écouter Munīra Mahdiyya, sort sans voile, consomme, tout comme son frère, de la bière et du porc, ce que Kamāl se refuse de faire, et ne respecte pas le jeûne du mois du Ramadan[88]. Le fossé social et l'âge – ʿĀ'ida est plus âgée que Kamāl – rend tout espoir de mariage impossible. Le jeune homme vouera ainsi à sa bien-aimée un amour totalement platonique qui lui permet, comme il dit, d'aimer et de prier à la fois[89]. Lorsqu'il apprend que ʿĀ'ida est amoureuse de l'un

79 *Ibid.*, p. 801.
80 *Ibid.*, chapitre 33.
81 *Ibid.*, p. 812.
82 *Ibid.*, p. 881.
83 Cf. *al-Aʿmāl al-kāmila, op. cit.*, tome 6, *al-Sukkariyya*, p. 13-14.
84 *Ibid.*, p. 263 où Kamāl affirme : « *Anā-l-ḥā'ir ilā-l-abad* » et p. 271 où il pense que « *wa-l-ḥayāt tabdū ḥayra muṭlaqa* ». Cf. aussi *al-Aʿmāl al-kāmila, op. cit.*, tome 5, *Bayna-l-Qaṣrayn*, p. 332.
85 *Ibid.*, p. 188.
86 Cf. *al-Aʿmāl al-kāmila, op. cit.*, tome 5, *Qaṣr al-Šawq*, p. 534.
87 *Ibid.*, p. 475-479.
88 *Ibid.*, chapitre 17.
89 *Ibid.*, p. 534.

de ses amis, Kamāl s'effondre sans le laisser paraître[90], puis demande à Dieu en vain d'effacer cet amour[91]. Enfin, lorsqu'il apprend les fiançailles de ʿĀ'ida, il fait bonne figure, alors même qu'il se sent comme un cadavre parlant[92]. Lors du mariage et sachant que ʿĀ'ida et son mari vont partir en France, il a l'impression que sa vie est finie et se promet de ne jamais se marier[93]. Pour effacer son chagrin d'amour et ayant perdu la foi, il se met à boire de l'alcool et à entamer une relation avec une prostituée qu'il ne va voir qu'ivre[94], car il pense toujours que l'acte sexuel, même pour faire des enfants, est une chose sale[95]. Pour finir, il se concentrera sur la politique, sans toutefois adhérer à aucun parti et ira régulièrement voir une almée[96]. Et pourtant, ʿĀ'ida restera pour lui un amour exemplaire[97]. Enfin, lorsque vingt ans après le départ de sa bien-aimée, Kamāl tombe par hasard à l'université américaine du Caire sur Budūr, la sœur cadette de ʿĀ'ida, il la suit et se présente, mais elle ne se souvient pas de lui, car à l'époque de leur première rencontre elle n'avait que cinq ans[98]. Visiblement tombé amoureux, il songe à l'épouser, tout en hésitant, car il n'aime toujours pas l'idée de mariage[99]. Quatre mois après leur rencontre, il constate que Budūr s'est mariée. Du coup, il a l'impression qu'on l'égorge, alors même qu'il avait souhaité qu'elle se marie pour le libérer de son désarroi : se marier ou pas ?[100] Un an plus tard, il apprend la mort de ʿĀ'ida. Divorcée, elle s'était remariée, puis était morte d'une pneumonie deux mois plus tard. Comme son second mari était un supérieur hiérarchique de Kamāl, ce dernier avait, sans le savoir, assisté à son enterrement[101]. Notons pour finir que son célibat persistant peu conforme aux règles sociales traditionnelles – il a plus de trente ans – ne cesse de faire l'objet de discussions entre lui et sa famille et entre lui et ses amis qui finissent tous par se marier.

On le voit donc : la deuxième génération prend peu à peu ses distances avec le rigorisme religieux des parents, chacun pratiquant sa foi à sa manière, certains, comme Kamāl, tournant même le dos à la religion, tout en cherchant à réaliser un idéal qui, à certains égards, ressemble à une forme de mysticisme.

---

90 *Ibid.*, chapitre 19.
91 *Ibid.*, p. 692.
92 *Ibid.*, p. 723.
93 *Ibid.*, chapitre 31.
94 *Ibid.*, chapitres 35 et 36.
95 *Ibid.*, p. 786.
96 Cf. *al-Aʿmāl al-kāmila*, tome 6, *al-Sukkariyya*, chapitre 35.
97 *Ibid.*, p. 233.
98 *Ibid.*, chapitre 42.
99 *Ibid.*, chapitre 45.
100 *Ibid.*, chapitre 47.
101 *Ibid.*, chapitre 51.

Parallèlement, les pères perdent de leur pouvoir, les maris se font plus tolérants à l'égard de leurs épouses et filles – toutes choses qui vont encore s'accentuer avec la génération des leurs enfants. Mais parallèlement, un islam politique et plus rigoriste encore que celui des grands-parents va prendre son essor.

4 La génération des petits-enfants : islam politique vs communisme

En 1936, année où débute l'expansion politique des Frères musulmans, ʿAbd al-Munʿim, le fils aîné de Ḫadīǧa, devient l'ami du cheikh Alī al-Manūfī qui donne dans un café des cours à un groupe de jeunes au nom des Frères musulmans qu'il définit ainsi : « Nous sommes l'armée d'Allāh, nous répandons sa lumière et combattons ses ennemis ». Le cheikh vise la renaissance de l'islam, appelle à la lecture du Coran et précise que religion et politique ne sont pas incompatibles. Les jeunes qui l'entourent sont pleins d'enthousiasme[102]. Plus tard, dans une discussion entre étudiants, ʿAbd al-Munʿim explique que les Frères musulmans essaient de comprendre l'islam tel que Dieu l'a créé, à savoir qu'il est en même temps religion, vie Ici-bas, loi religieuse (*šarīʿa*), ordre et gouvernance[103]. Invité, lors du mariage de ʿAbd al-Munʿim, le cheikh al-Manūfī ne dit pas autre chose : à ses yeux, l'islam n'est pas seulement une profession de foi et un culte, mais aussi une patrie, une nation, une religion, un état, une spiritualité, le Coran et l'épée[104]. Politiquement, les Frères musulmans sont, pendant la deuxième guerre mondiale, à la fois anti-anglais, anti-russes et anti-allemands, même s'ils sont furieux que Montgomery ait réussi à vaincre Rommel à al-ʿAlamayn le 24 août 1942[105].

La foi profonde et le militantisme de ʿAbd al-Munʿim se traduisent aussi dans sa vie privée. Lorsque à dix-huit ans il échange clandestinement des baisers avec sa voisine dans la cage d'escalier d'al-Sukkariyya, il se précipite pour faire ses ablutions et prie Dieu de chasser le diable et de l'aider à résister aux tentations, car il a l'impression que son combat spirituel est menacé de ruine[106]. Et puisque ces baisers lui gâchent la prière, il réclame à ses parents de le marier[107], ce qui conduira à son premier mariage avec la fille de ʿAʾiša, Naʿīma, autrement dit avec sa cousine, et ce malgré la résistance de ses parents qui voudraient qu'il finisse d'abord ses études et qui cèdent, lorsque leur fils

102 *Ibid.*, p. 80-81.
103 *Ibid.*, p. 126.
104 *Ibid.*, p. 283.
105 *Ibid.*, p. 267.
106 *Ibid.*, p. 81-83.
107 *Ibid.*, chapitre 17.

leur explique qu'il ne veut pas, comme les autres garçons, faire l'amour illicitement et que le mariage est la meilleure garantie pour réussir ses études[108]. Lors des noces qui se tiennent dans la maison de ʿAbd al-Ǧawād, il n'y a évidemment ni musique, ni chant[109]. Trois ans après la mort en couches de Naʿīma, ʿAbd al-Munʿim déclare qu'il veut épouser Karīma, la fille de Yāsīn et Zannūba et obtient l'accord de son père, malgré les réticences de Ḫadīǧa qui ne veut pas qu'il épouse la fille d'une ancienne almée[110]. Le mariage a, cette fois-ci, lieu à la Sukkariyya en présence du cheikh ʿAlī al-Manūfī et de jeunes hommes barbus, mais en l'absence d'Amīna et de ʿA'iša[111]. Inutile de dire qu'il est exclu que ʿAbd al-Munʿim boive ou sorte s'amuser. En revanche, il organise tous les soirs des réunions avec les Frères musulmans dans son appartement, participe à leur revue et fait parfois des prônes dans diverses mosquées[112].

Tout autre est l'évolution de son frère Aḥmad. Jeune encore, il lit déjà des ouvrages de philosophie[113]. Dès la fin du secondaire – il obtient son baccalauréat à seize ans –, il ne respecte plus le culte[114]. Il se rend, en revanche, à la revue *al-Insān al-ǧadīd* (*L'Homme nouveau*), dont le rédacteur en chef ʿAdlī Karīm, marxiste de son état, est devenu son père spirituel. Comme ce dernier, Aḥmad est convaincu qu'il faut que la science prenne la place qui était anciennement celle de la religion et que les scientifiques tels que Schopenhauer, Comte, Darwin, Freud, Marx et Engels sont les prophètes de ce siècle[115]. Comme son oncle Kamāl naguère, il est en désaccord avec son père, car il veut faire des études de littérature plutôt que de droit et devenir journaliste. Mais à la différence de ʿAbd al-Ǧawād, son père le laisse libre de choisir, tout en le mettant en garde contre les inconvénients d'un tel parcours[116]. Aḥmad s'inscrit donc en sociologie à la faculté des lettres, en voie de devenir la faculté des filles[117], ce qui en dit long sur l'évolution de la société. Pour lui, ses parents sont le symbole de traditions passées[118], il plaide en faveur de l'égalité entre hommes et femmes, est convaincu que le culte doit être combattu par les théories du progrès et pense que la foi constitue un frein à la liberté[119]. Sa licence

108 *Ibid.*, chapitre 17.
109 *Ibid.*, p. 116.
110 *Ibid.*, chapitre 39.
111 *Ibid.*, 266.
112 *Ibid.*, p. 283.
113 *Ibid.*, p. 30.
114 *Ibid.*, p. 72 et p. 74-75.
115 *Ibid.*, p. 88.
116 *Ibid.*, p. 25.
117 *Ibid.*, p. 128.
118 *Ibid.*, p. 198.
119 *Ibid.*, p. 130.

une fois obtenue, il travaille à la revue *al-Insān al-ǧadīd*[120], cible des réactionnaires qui l'accusent de corrompre la jeunesse. Il y collabore avec Sawsan Ḥamād, issue d'une famille de prolétaires et communiste convaincue[121]. Leur amitié se transforme au bout d'un an en amour, tant et si bien qu'Aḥmad la demande en mariage. Elle refuse d'abord, parce qu'il n'est pas, comme elle, de la classe ouvrière et qu'elle doute encore de la sincérité de son engagement et le traite même d'imposteur, puisqu'il est fier de ses origines bourgeoises, mais elle finit par céder[122]. Ils ont le courage de se marier clandestinement selon le rite musulman[123], avant même qu'Aḥmad n'ait parlé de son intention de l'épouser à ses parents qui sont, et l'un et l'autre contre, Ḫadīǧa se sentant humiliée par le fait que son fils épouserait une fille d'ouvrier pauvre et qui, de surcroît, travaille pour gagner sa vie, car, selon elle « seules les filles vauriennes et laides travaillent ». Elle suspecte en outre que Sawsan en veut à l'argent d'Aḥmad, ce à quoi celui-ci répond qu'elle gagne deux fois plus que lui[124]. Ils n'en finissent pas moins par s'installer au premier étage de la maison familiale. Et tout comme ʿAbd al-Munʿim invite tous les soirs ses amis Frères musulmans, Aḥmad et Sawsan tiendront tous les soirs des réunions avec des amis de toute obédience dont la plupart sont des journalistes. ʿAdlī Karīm les y encourage à militer tant et si bien que Sawsan accompagne son mari, quand il part haranguer les ouvriers et distribuer des tracts[125]. Notons que leurs engagements diamétralement opposés n'empêchent pas la bonne entente entre les deux frères, même si les discussions vont bon train. L'ironie du sort voudra que ʿAbd al-Munʿim et Aḥmad se feront arrêter le même jour et pour les mêmes raisons : les Frères musulmans tout comme les communistes sont considérés par le gouvernement comme des ennemis[126].

On le voit donc. Entre la génération des grands-parents et des petits-enfants, deux évolutions contradictoires se font jour. D'une part, le rigorisme des premiers fait place à une tolérance certaine, qu'il s'agisse du respect des préceptes coraniques, des pratiques cultuelles et du statut accordé aux femmes. Certains perdent même la foi et ne se gênent pas pour le proclamer et d'adhérer au parti communiste. Mais en contrepoint se développe un islam plus rigoriste encore que celui de la génération des grands-parents, car il n'est plus question d'avoir des relations avec des almées ou des prostituées, d'écouter de la musique à

120 *Ibid.*, p. 198-200.
121 *Ibid.*, chapitre 34 et p. 253.
122 *Ibid.*, p. 254-256.
123 *Ibid.*, p. 261.
124 *Ibid.*, p. 258-259.
125 *Ibid.*, p. 284-286.
126 *Ibid.*, chapitre 52.

l'instar des califes et de l'élite traditionnelle, moins encore de boire du vin. Et alors que l'islam des grands-parents n'intervenait pas dans les prises de position politiques, celui des petits-enfants revendique ouvertement un militantisme qui vise à terme la prise du pouvoir. Et pourtant, cette évolution contradictoire et cette diversification de la société ne conduit pas à la haine ou au mépris de l'autre, la tolérance et le respect réciproques l'emportant encore et de loin sur le fanatisme. La bonne entente entre ʿAbd al-Munʿim et Aḥmad en fait foi parmi d'autres éléments du texte que je n'ai pas la place ici de préciser.

* Première publication de ce chapitre dans *Inspiriertes Schreiben ? Islamisches in der zeitgenössischen arabischen, türkischen und persischen Literatur*, Dové Peter, Fähndrich Hartmut, Müller Wolfgang (Hrsg.), Basel 2016, Schwabe Verlag, 2018.

CHAPITRE 14

Hirrat Sīkīrīdā : La religion au service du meilleur et du pire

Heidi Toelle

Hirrat Sīkīrīdā le dernier roman de Rašīd al-Ḍaʿīf[1], se déroule pendant la guerre civile libanaise et est focalisé sur deux personnages féminins qui habitent, et l'une et l'autre, dans la banlieue Sud de Beyrouth Ouest, dont la population est à majorité chi'ite. Les deux femmes se trouvent confrontées sinon au même problème, du moins à des problèmes analogues, à savoir des grossesses extra-conjugales. La première, Adība, doit faire face à la grossesse de Sīkīrīdā, sa bonne éthiopienne et chrétienne, âgée de trente-cinq ans ; la seconde à celle de sa fille, Amal, âgée de dix-huit ans et paralysée des deux jambes depuis sa naissance. Les deux femmes vont adopter la même attitude tolérante à l'égard des « fautives » et s'inscrire de la sorte à contre-courant de leur environnement respectif et de la société, en général, aux yeux desquels une grossesse extra-conjugale demeure une faute inexcusable, entachant définitivement l'honneur de la mère, de l'enfant et de l'ensemble de la famille. Mais parallèlement et en raison même de la condamnation dont une telle grossesse fait l'objet de la part de la société, les deux femmes vont se voir contraintes d'agir de manière à ce que ces grossesses passent pour tout ce qu'il y a de plus conformes aux traditions. Pour ce faire, elles vont trouver de l'aide auprès d'un cheikh chi'ite qui acceptera, dans les deux cas, de procéder à un « mariage temporaire », la fameuse *mutʿa*[2] : dans le cas de la bonne éthiopienne, avec un faux père ; dans le cas de Amal avec le vrai père qui n'est autre que le fils de Sīkīrīdā, Riḍwān, lequel, alors âgé d'un peu plus de quinze ans, a été kidnappé par des milices chrétiennes à Beyrouth Est, où il était parti apprendre un métier et dont on ignore au moment du mariage temporaire, s'il est vivant ou mort. Enfin, à travers cette prise d'otage et les manigances financières auxquelles elle donne lieu dans le vain espoir de faire libérer Riḍwān, une opposition se dessine entre, d'une part, une religion et une foi qui se caractérisent par la tolérance et la

---

1 *Hirrat Sīkīrīdā, Dār al-Sāqī*, Beyrouth, 2014.

2 Sur cette pratique, voir plus loin, p. 8.

 | DOI:10.1163/9789004705685_015

générosité et, de l'autre, une religion exploitée par des croyants, chrétiens et musulmans, pour s'enrichir, voire s'entre-tuer.

Pour expliquer ce paradoxe où la religion et la vraie foi se montrent plus tolérantes que la société censée les pratiquer, il ne sera peut-être pas inutile de procéder à l'analyse des deux personnages féminins principaux, Adība et Umm Amal[3], ainsi qu'à celle de Sīkīrīdā, de son fils Riḍwān et de Amal, tous acteurs dont le lecteur apprend la vie à travers des analepses dispersées, tout le long de la première moitié du roman pour ce qui est de Adība et de son entourage, tout le long de la seconde moitié pour ce qui est de Umm Amal et des siens, le roman commençant, alors que Riḍwān a déjà treize ans. Il s'agira, enfin, de dire un mot de cette tradition de la *mutʿa* et de mettre en relief l'opposition entre deux conceptions opposées de la religion avant de tenter de comprendre l'étrange titre du roman.

1 Quand les croyants se montrent tolérants

1.1 *Adība et Umm Amal : différences et convergences*

1.1.1 Différences

Adība est née en 1909[4] dans une famille pauvre. Enfant, elle a rarement goûté à la viande. Elle n'a pas été scolarisée, tant et si bien qu'elle ne sait ni lire ni écrire. Dès l'âge de dix ans, elle travaille comme bonne dans une famille où le mari de sa maîtresse ne cesse de la tripoter sous de fallacieux prétextes. Cette expérience ainsi que celle d'autres filles dont elle a eu vent est une des raisons de son indulgence à l'égard de Sīkīrīdā. A quatorze ans, son père la marie à son associé, un commerçant qui, lui, a cinquante ans, est veuf et vit au Gabon. Adība ne restera au Gabon que huit mois, puis reviendra à Beyrouth pour accoucher de son premier enfant et y rester. Malgré la différence d'âge, Adība et son mari qui ne vient la voir qu'une fois par an, finissent par bien s'entendre. Elle aura de lui neuf enfants dont trois mourront en bas âge. Les trois filles et les trois garçons restants ainsi que les parents de Adība émigreront tous au Gabon et contribueront de la sorte à l'amélioration considérable de sa situation, tant et si bien qu'elle finit par être financièrement assez à l'aise. Lorsque son fils cadet s'apprête, à son tour, à émigrer, elle est déjà assez âgée et, de

3 Ce « nom » signifie « la mère de Amal ». Une telle dénomination – la mère (Umm), suivie du nom de l'aîné(e) de ses enfants – est, certes, courante dans la société arabe pour toutes les mères. Nous verrons, cependant, que le fait que ce personnage n'a ni nom de famille, ni prénom est à mettre en relation avec son parcours et son attitude à l'égard de sa fille.

4 Cf. *Hirrat Sīkīrīdā*, *op. cit.*, p. 73.

surcroît, cardiaque. Aussi, la famille lui impose-t-elle de prendre une première bonne dont elle se voit contrainte de se séparer trois mois plus tard en raison d'une note de téléphone faramineuse que celle-ci lui a laissée. C'est alors que son mari ainsi que ses enfants l'obligent à recruter Sīkīrīdā qui se révélera un bon exemplaire, si bien que les deux femmes deviennent pour ainsi dire amies et que Adība ne cesse de remercier Dieu de lui avoir donné une telle servante, raison pour laquelle, elle fera tout pour protéger et garder Sīkīrīdā, lorsqu'elle constate que celle-ci est enceinte, et élévera Riḍwān, le fils de celle-ci, comme si c'était le sien.

Tout autre est le parcours de Umm Amal. Son âge n'est pas indiqué, mais elle doit avoir environ quarante ans de moins que Adība. Issue d'une famille émigrée au Michigan dont elle a hérité un bout de terre près de Beyrouth et une somme d'argent conséquente, elle est diplômée en pharmacologie de l'Université des Jésuites et propriétaire de la pharmacie dans laquelle elle travaille. Contrairement à Adība, elle n'a pas fait l'objet d'un mariage arrangé. Le sien est la conséquence d'une sorte de coup de foudre réciproque. Les époux s'entendent à merveille jusqu'au moment où Umm Amal accouche d'une fille qui a les deux jambes paralysées. En effet, le père ne supporte pas de voir sa fille dans cet état, n'est visiblement plus amoureux de sa femme et ne la désire plus. Il décide donc, peu de temps après la naissance de Amal, d'émigrer en Côte d'Ivoire, sous prétexte que, du fait de la guerre, il doute de l'avenir économique du Liban et donc du sien et ce, alors même que ses affaires sont florissantes. Il revient, au début, deux fois par an pour la *ʿīd al-fiṭr* (fête de la rupture du jeûne) et la *ʿīd al-aḍḥā* (fête du sacrifice), puis ses visites s'espacent, si bien qu'il ne vient plus à Beyrouth que tous les deux ans, raccourcit systématiquement ses séjours, tant il ne supporte pas de voir la paralysie de sa fille, et ce d'autant moins, qu'au fur et à mesure qu'elle grandit, elle devient de plus en plus belle. Il a des maîtresses en Afrique et à Beyrouth, chose que sa femme n'ignore pas, mais elle ne veut pas demander le divorce, car non seulement elle comprend la tristesse que son mari éprouve, en voyant sa fille paralysée, mais elle sait de surcroît que Amal adore et admire son père. Quant à elle, elle a décidé de ne vivre que pour sa fille avec laquelle elle s'entend à merveille – raison pour laquelle le texte la nomme exclusivement « mère de Amal ». Lorsque cette dernière est en terminale, Umm Amal embauche Riḍwān pour amener sa fille, le matin, dans sa chaise roulante au lycée et la ramener, l'après-midi, à la maison.

Les deux femmes, tout en habitant le même quartier, ne sont donc ni de la même génération, ni issues de la même classe sociale, ni n'ont le même niveau d'instruction. Les types de mariages qu'elles ont vécus sont aux antipodes et si l'une a six enfants, l'autre se voit contrainte, en raison de la paralysie de son unique fille et de l'attitude de son mari, de ne plus songer à faire d'autres enfants. Mais comme nous allons le voir, malgré ces différences, les deux femmes ont bon nombre de traits en commun.

1.1.2 Convergences

L'une et l'autre sont shi'ites et profondément croyantes, même si elles ne pratiquent pas leur religion de la même manière. Umm Amal ne porte pas le voile, ne jeûne qu'un seul jour au mois de Ramadan et ne prie que quand elle en ressent le besoin. Cependant, elle le fait alors de tout son être et se retrouve de ce fait dans un état proche de l'extase mystique. Quant à Adība, elle porte le voile, fait tous les jours ses cinq prières, jeûne au mois de Ramadan, même quand elle est en voyage ou malade, a fait le pèlerinage et visité maints lieux saints, s'abstient de chanter par respect pour l'imām Ḥusayn[5] et tient à se comporter en toutes circonstances conformément à la loi religieuse. En cas de doute à ce sujet, elle consulte régulièrement le cheikh Qāsim. C'est, entre autres, le cas, lorsque Riḍwān va avoir quinze ans, l'âge légal de la majorité, ce qui obligerait Adība de se voiler devant lui, parce qu'il n'est pas de la famille, un geste qui ne manquerait pas de chagriner le jeune homme qui l'appelle « māmā » (maman), car à ses yeux elle assume le rôle du père absent. Le cheikh acceptera, sur insistance de Adība et à l'insu de l'ensemble des autres personnes concernées, de procéder à un mariage temporaire entre Riḍwān et l'une des petites filles de Adība, de sorte que le jeune homme devienne légalement un membre de la famille et permette ainsi à Adība de se dévoiler devant lui.

Un autre trait rapproche les deux femmes : c'est leur disposition à mentir pour protéger ceux qu'elles aiment. C'est ainsi que Adība décide spontanément de cacher le fait que Riḍwān a, sans le vouloir, tué un ouvrier. En effet, un jour, le jeune homme ouvre la fenêtre de la salle de bain de l'appartement de Adība.

---

5 L'imām Ḥusayn est le deuxième fils de Fāṭima, fille du prophète, et de ʿAlî b. Abī Ṭālib, quatrième calife, cousin et gendre du prophète. L'élection de ce dernier après l'assassinat du troisième calife, ʿUṯmān, est contestée par plusieurs partis dont Muʿāwiya, alors gouverneur de la Syrie et futur fondateur de la dynastie omayyade. Les batailles qui s'annoncent entre les deux partis sont à l'origine des deux schismes de l'islam, du Shi'isme et du Ḫāriǧisme. En effet, lors de la bataille de Ṣiffîn (657), ʿAlî se voit contraint par Muʿāwiya et certains de ses partisans d'accepter un arbitrage, alors que d'autres – les futurs Ḫāriǧites – sont contre et préconisent la poursuite de la guerre contre Muʿāwiya. Les divers partis continueront à s'opposer et à se combattre jusqu'au moment où ʿAlî, alors âgé de 62 ou 63 ans, est assassiné devant la porte de la mosquée de Kûfa. Sa tombe à Naǧaf en Iraq est encore de nos jours un lieu de pèlerinage. Quant à son fils al-Ḥusayn (626-680), appelé par certains Kufiens shi'ites à une insurrection contre le successeur de Muʿāwiya, Yazīd, il est tué lors de la bataille de Kerbalāʾ et considéré par les Shi'ites comme un martyr. Pour plus d'informations, Cf. *Encyclopédie de l'islam*, Leyde, Brill, et Paris, G.-P. Maisonneuve et Larose, 1990, entrées « ʿAlī b. Abī Ṭālib » et « Ḥusayn b. Alī b. Abī Ṭālib ».

La fenêtre dont les gonds sont rouillés lui échappe des mains et tombe dans la cour. Inquiet, il en informe Adība qui le rassure et l'envoie à l'école. Mais dès que le jeune homme est parti, elle se précipite dans la cour et constate que la fenêtre est tombée sur la tête d'un ouvrier et l'a tué. Considérant, non sans raison, que Riḍwān est innocent et que c'est plutôt elle la coupable, puisqu'elle avait oublié d'informer Riḍwān du mauvais état des gonds, elle s'empresse de cacher la fenêtre et prévient les voisins qu'un mort ou un blessé grave gît dans la cour. On appelle la police qui se contente de constater la mort de l'ouvrier et de prévenir la famille de celui-ci sans procéder – au grand soulagement de Adība – à une quelconque enquête, tant les rixes et les morts qui s'ensuivent en cette période de guerre civile sont nombreux. Cependant, la mauvaise conscience ne cessera de tourmenter la vieille femme. Aussi, finit-elle, pour se disculper et faire amende honorable, par remettre à Umm Amal un testament dans lequel elle lègue à la famille du défunt ouvrier son appartement.

Quant à Umm Amal elle cachera un problème moins grave, mais néanmoins susceptible de porter préjudice à sa fille. Celle-ci vient de passer ses examens finaux pour obtenir le baccalauréat. Quelques jours plus tard, ses camarades de classe et amies viennent la voir pour la féliciter. En effet, son nom figure sur la liste des bacheliers affichée au Ministère. Ravie, Umm Amal décide aussitôt de préparer en l'honneur de sa fille et dans les jours qui viennent une grande fête à laquelle elle compte inviter parents et amis. Elle prévient également son époux qui, lui aussi ravi, annonce qu'il viendra pour assister à la fête. Il faut croire – le texte ne le précise pas – que Amal a un pressentiment, car elle ne réussit pas à dormir cette nuit-là. Le matin, elle réclame avec insistance à sa mère de l'amener au Ministère, car elle veut s'assurer que son nom figure bien sur la liste des bacheliers. La mère, quelque peu étonnée de cette réclamation, finit par céder. Or, il s'avère que la liste de la veille était erronée, comme l'indiquent les excuses du Ministère précédant la nouvelle liste sur laquelle le nom de Amal ne figure plus. La mère et la fille en restent coites. Après un moment de réflexion, elles décident pourtant d'un commun accord de maintenir la fête et de cacher l'échec de Amal à tout le monde, car celle-ci s'engage à préparer d'arrache-pied les examens de rattrapage d'automne et à y réussir à tout prix.

A cette volonté de protéger les êtres aimés, s'ajoute l'esprit de tolérance dont Adība et Umm Amal font preuve à toute occasion. Contrairement à bon nombre de maîtresses de maison libanaises, affirme le texte, Adība n'oblige pas Sīkīrīdā à se convertir à l'islam, ni à se voiler. La bonne a le droit d'aller le dimanche à l'église, et sa maîtresse finit par lui faire des cadeaux à Noël et à Pâques. Ajoutons que Sīkīrīdā, de son côté, ne voit aucun inconvénient à ce que Adība fasse de Riḍwān un bon musulman. Par ailleurs, l'honnêteté, la propreté et la disponibilité de sa bonne font que Adība ne la surveille guère, ni ne l'empêche de sortir, ni ne la questionne, quand elle tarde à rentrer. C'est ainsi qu'elle ignore totalement que Sīkīrīdā couche avec divers hommes du quartier et est très étonnée, lorsqu'elle ne peut plus nier que sa bonne est enceinte. Elle s'oppose alors habilement à sa sœur et à son entourage qui veulent renvoyer Sīkīrīdā par le prochain avion à Addis-Abeba. Elle argumente que cela est susceptible de mettre la vie du bébé en danger – argument que le médecin consulté confirmera – alors même que celui-ci est innocent et nullement responsable des frasques de sa mère. Pour se rassurer, Adība ne manque pas de consulter le cheikh Qāsim lequel finit par trouver une tradition qui rapporte que l'imâm ʿAlī[6] aurait refusé de faire lapider[7] une jeune femme qui avait fauté avec l'argument que le bébé dont elle était peut-être enceinte était innocent. Par la suite, elle fera tout pour sauver l'honneur de Sīkīrīdā et du fils qu'elle porte, en cherchant un homme susceptible d'accepter un mariage temporaire avec sa bonne. L'homme avec lequel celle-ci affirme avoir couché au moment où elle était tombée enceinte niera ces rapports et refusera, par conséquent, tout engagement. Adība se met donc en quête de quelqu'un susceptible d'accepter, contre espèces sonnantes et trébuchantes, de signer un tel contrat de mariage. Elle finit par trouver de l'aide auprès d'un certain Abū Ibrāhīm, un chauffeur de taxi dont la voiture est en très mauvais état et qui accepte contre une somme lui permettant d'acheter une Volkswagen d'occasion. Le contrat sera signé en présence de Adība par le cheikh Qāsim.

Quant à Umm Amal, elle se montre, elle aussi, très tolérante à l'égard de sa fille et de Riḍwān. Elle accepte que celui-ci amène Amal au bord de mer, voire les laisse seuls à la maison. Lorsque sa fille se fait dépuceler et explique à sa mère les traces de sang dans la salle de bain par le fait que ses règles sont en avance, celle-ci se doute, certes, qu'il se passe quelque chose entre les deux jeunes gens, mais ne change pas d'attitude à leur égard. Enfin, quand Amal lui avoue qu'elle est enceinte, elle ne se met nullement en colère et laisse sa fille libre de choisir entre avorter ou garder l'enfant, tout en espérant que Amal choisira de conserver le bébé. Et c'est effectivement ce qui se passera. Umm Amal est ravie et envisage même de prendre Riḍwān comme gendre, et ce malgré la différence de classe sociale et d'instruction entre celui-ci et Amal. Elle aura, en revanche, un long différent avec son mari qui, une fois mis au courant, exige que sa fille avorte et menace de leur couper les vivres, menace que son

6 A propos de l'imām ʿAlī, voir ci-dessus la note 4.

7 En cas d'adultère et de fornication, le Coran prescrit cent coups de fouets aux deux coupables à condition qu'il y ait eu quatre témoins. Cf. la sourate *al-Nūr*, versets 2-4. C'est ʿUmar, le deuxième calife, qui semble être à l'origine de la lapidation en cas de fornication. Cf. plus loin, p. 7-8.

épouse ne craint guère, étant donné sa situation matérielle assez confortable. Le père reviendra du reste sur cette décision, mais coupera tout autre lien avec son épouse et sa fille. Parallèlement, Umm Amal fera tout pour que les relations sexuelles entre sa fille et Riḍwān puissent continuer, tout en veillant à ce que celles-ci puissent avoir lieu à la maison plutôt qu'à la plage où les deux jeunes gens risquent un jour de se faire surprendre. Enfin, elle invite sa fille à informer Riḍwān de sa grossesse, bien qu'elle ait fini par comprendre que Amal ne le veut pas comme époux. Car le problème est de savoir, s'il acceptera de prendre ses responsabilités et de faire ainsi en sorte que le bébé ait un père légal. Or, Riḍwān, une fois informé, ne fait aucun commentaire et disparaît, car, comme nous allons le voir, il en aime une autre. Il part avec son meilleur ami et un patron à Beyrouth Est pour y apprendre le métier de peintre en bâtiment, en vue de pouvoir demander sa bien-aimée en mariage. Mal lui en prend. Les trois hommes sont pris en otage et les négociations pour libérer Riḍwān échouent, tant et si bien qu'on pense qu'il a finalement été tué. Umm Amal se met alors en quête d'un homme qui accepterait contre une rémunération importante de conclure avec Amal un mariage temporaire. Elle réussit à en convaincre le même chauffeur de taxi qui avait conclu le mariage temporaire avec Sīkīrīdā, mais celui-ci est assassiné – nous verrons pourquoi. Elle entre alors en contact avec Adība qui, persuadée que Riḍwān est encore vivant, accepte que soit conclu par l'intermédiaire du cheikh Qāsim un mariage temporaire entre lui et Amal.

La tolérance dont font preuve les deux femmes à l'égard des « coupables » est d'autant plus étonnante et louable qu'elles savent que ni la grossesse de Sīkīrīdā pour ce qui est de Adība, ni celle de Amal pour ce qui est de Umm Amal ne sont le résultat d'une histoire d'amour irrépressible, mais celui de relations purement sexuelles.

1.2 *La valorisation des plaisirs de la chair*

Sīkīrīdā aime les hommes. En Ethiopie, elle était mariée, mais ne s'entendait pas avec son mari qui la battait, raison pour laquelle elle décide de quitter son pays dans l'espoir de se constituer un pécule qui lui permettrait de revenir et de refaire sa vie comme elle l'entend. Elle part d'abord au Yémen où elle deviendra la bonne d'une famille musulmane très rigoriste qui la surveille de près. Impossible dans ces conditions de satisfaire ses désirs sexuels. Ayant entendu dire que les Libanais sont un peu plus tolérants, elle décide de quitter le Yémen et de venir à Beyrouth où elle est engagée par Adība. La relation de confiance qui s'instaure entre les deux femmes lui laissera, nous avons vu, une grande liberté. Assouvir ses désirs sexuels paraît à Sīkīrīdā tout ce qu'il y a de plus normal. Elle est réputée avoir couché avec une vingtaine d'hommes, ce qui vaudra à son fils, au grand dam de Adība, d'être encore parfois appelé par ses copains et camarades de classe « Ibn al-ʿišrīn » (le fils des vingt pères). Le premier rapport sexuel de Sīkīrīdā a lieu avec le patron d'une entreprise qui approvisionne l'appartement de Adība en eau potable, l'eau du robinet étant en ces temps de guerre civile souvent coupée et de toute façon impropre à la consommation. Elle couche ensuite à plusieurs reprises avec le fils de l'épicier et quelques autres. Elle ignore, par conséquent, qui est le vrai père de son fils et ne s'en préoccupe point.

Quant à la relation entre Amal et Riḍwān, elle est, elle aussi, purement sexuelle. Du reste, Riḍwān n'accepte le travail proposé par Umm Amal que parce qu'il lui permet de voir le plus souvent possible Ilfat, une camarade de classe de Amal dont il est amoureux, qui l'aime en retour et qu'il compte bien demander en mariage dès qu'il aura appris un vrai métier. Aussi, est-ce Amal qui est à l'origine de leur premier baiser et de leur premier rapport sexuel. La jouissance qu'elle en éprouve est telle qu'elle ne pourra plus s'en passer au point qu'elle incite Riḍwān de plus en plus souvent à l'amener à la plage plutôt qu'à l'école – d'où son échec au baccalauréat. Ils y font l'amour face à la mer, cachés derrière une tente qui fait fonction de café. Cette réaction de la jeune fille paralytique au plaisir sexuel n'est guère étonnante, car c'est la première fois de sa vie qu'elle perçoit son corps non plus comme un insupportable handicap, mais comme une source de jouissance. Enfin, c'est elle qui préside à l'initiation sexuelle de Riḍwān qui n'a aucune expérience en la matière sinon les films pornographiques qu'il lui arrive d'aller voir en cachette avec ses amis au centre de Beyrouth, à al-Ḥamrāʾ, projections pendant lesquels ils se masturbent joyeusement. C'est Amal qui lui apprend que les filles ont toutes des règles, c'est elle qui l'oblige à faire l'acquisition de préservatifs, c'est elle encore qui, choquée que les programmes scolaires ne comportent aucune information sur la sexualité, lit maints livres pour apprendre comment faire en sorte que son partenaire ait un maximum de plaisir.

Quant à Riḍwān, le texte reste muet sur ce qu'il éprouve à l'égard de Amal. Tout au plus apprend-on qu'il a honte le jour où il se voit contraint d'acheter des préservatifs, une démarche qu'il retarde d'ailleurs à plusieurs reprises au grand dam de Amal. Il craint par-dessus tout que Ilfat n'apprenne sa liaison avec celle-ci. Taiseux, il ne s'exprime ni sur ses sensations, ni sur ses sentiments, et nous avons vu, qu'une fois informé de la grossesse de Amal, il ne dit mot et disparaît.

Notons, enfin, que, comme dans le cas de Adība et de Umm Amal, il existe, malgré leurs ressemblances, une différence entre Sīkīrīdā et Amal. La première cède, en général, à des hommes qui la tripotent ou la draguent et a de ce fait plusieurs amants ; la seconde, elle, prend les devants, et c'est Riḍwān, son seul amant, qui cède à ses désirs à elle. Cette différence nous semble là encore liée au fait que les deux femmes ne sont pas issues de la même classe sociale et n'ont pas le même niveau d'instruction – l'une est bonne et analphabète, l'autre est la fille d'une pharmacienne et s'apprête à passer le baccalauréat.

1.3 *Le mariage temporaire ou la* mutʿa

Nous avons vu plus haut que Adība et Umm Amal, pour tolérantes qu'elles soient face aux grossesses extraconjugales de leur bonne et de leur fille, n'en sont pas moins conscientes que de telles grossesses ne sont point acceptées par la société dans laquelle elles vivent. Il est dès lors urgent de faire accroire qu'elles n'ont rien d'infamant, d'où le recours, dans les deux cas, au mariage temporaire appelé « *mutʿa* », un terme qui signifie littéralement « jouissance ». Il ne sera donc pas inutile de dire quelques mots sur cette pratique.

Celle-ci remonte probablement à l'époque préislamique et a continué à être pratiquée à l'époque du prophète. En effet, le verset 24 de la sourate médinoise *al-Nisāʾ* (*Les Femmes*) du Coran dont il existait deux versions affirme, après l'énumération des femmes avec lesquelles le mariage est interdit : « En dehors de celles qui ont été énumérées, il vous est licite de rechercher [des épouses], en usant de vos biens, en homme concluant un mariage en honnêteté, non en fornicateurs. Celles des femmes dont vous avez tiré jouissance (*famā istamtaʿtum bihi minhunna*), donnez-leur leur salaire (*uǧūr*) comme imposition (*farīḍa*). Nul grief à vous faire à l'égard de ce sur quoi vous avez pris consentement mutuel, après [versement de] l'imposition (*farīḍa*). » L'autre version était : « Celles des femmes que vous avez prises par mariage temporaire jusqu'à un terme fixé[8] (*famā istamtaʿtum bihi minhunna ilā aǧal musammā*)[9] ».

Ce verset a donné lieu à des interprétations divergentes, les uns considérant qu'il n'a trait qu'au mariage habituel (*nikāḥ*), les autres au mariage temporaire. Mais il semble bien que la *mutʿa* ait été autorisée par le prophète pour certains motifs. Elle était surtout autorisée pour trois jours lors d'une expédition ou pour une courte durée, lorsqu'un homme se trouvait dans une localité étrangère de manière à ce que la femme puisse prendre soin de lui. Cependant, le prophète aurait interdit la *mutʿa* le jour de la célèbre bataille de Ḫaybar (628), ou encore pendant le pèlerinage d'adieu. Quant au deuxième calife, ʿUmar

8 Nous avons repris avec de légères modifications la traduction de Régis Blachère. Cf. *Le Coran, Traduction selon un essai de reclassement des sourates*, *op. cit.*, p. 931-932.

9 Cette seconde version qui fait nettement allusion au mariage temporaire se trouvait dans les corpus de Ubayy b. Kaʿb et d'Ibn Masʿūd ainsi que dans le Coran d'Ibn ʿAbbās. Le passage « *ilā aǧal musammā* » (jusqu'à un terme fixé) a été supprimé, soit vers la fin de l'apostolat de Muḥammad, soit plus tard, peut-être sous le califat de ʿUmar. Cf. Régis Blachère, *Le Coran, Traduction selon un essai de reclassement des sourates*, Paris, Maisonneuve et Cie., 1951, p. 931.

(634-644), il a interdit la *mutʿa* vers la fin de son règne en menaçant les contrevenants de lapidation. Ceci n'a pas empêché que des jurisconsultes émettaient encore dans la seconde moitié du VIIe siècle des *fetwas* en faveur de la *mutʿa*. C'est au VIIIe siècle que les opposants à la *mutʿa* prennent le dessus. Celle-ci ne sera plus autorisée que par les Shi'ites, car pour eux ʿUmar n'était pas une autorité ayant le droit de l'interdire. Cela n'a pas empêché les Sunnites de faire des concessions. Šāfiʿī, entre autres, autorise un mariage conclu avec l'intention tacite d'en limiter la durée, à condition que cela ne soit pas expressément stipulé dans le contrat. A l'inverse, les Sh'ites exigent que tout contrat de mariage doit contenir une durée – un ou plusieurs jours, plusieurs mois ou années – et une rémunération – douaire (*mahr*) ou salaire (*ağr*, pl. *uğūr*) – faute de quoi il n'est pas valable. La femme ne doit pas encore être mariée, être honorable et être shi'ite. La *mutʿa* prend fin après l'expiration de la période convenue[10]. On peut voir dans ce type de mariage une manière de protéger et la femme et l'éventuel enfant dont elle risquait de tomber enceinte, car, à l'époque ancienne, il n'existait aucun moyen de se protéger, ni préservatif, moins encore pilule contraceptive.

A l'époque moderne, en revanche, la *mutʿa* équivaut à une sorte de prostitution légale. Elle était même encore pratiquée à la Mecque, mais sans que la durée soit mentionnée dans le contrat. Tout se passait verbalement, et l'homme prononçait au moment de la conclusion du contrat la formule du *ṭalāq*, à savoir de la répudiation. A partir du XXe siècle, cependant, la *mutʿa* s'est fait plus rare, même si de tels mariages étaient encore conclus à Dayr ez-Zor (Syrie) par les bédouins[11].

2 Quand les croyants se montrent intolérants et cèdent à l'appât du gain

Nous avons vu plus haut que Abū Ibrāhīm, le chauffeur de taxi, accepte à deux reprises de conclure un mariage temporaire contre espèces sonnantes et trébuchantes, la première fois avec Sīkīrīdā, une seconde fois avec Amal, mais qu'il se fait assassiner avant la conclusion de ce dernier contrat. En effet, en raison de la guerre civile qui ravage le Liban depuis quinze ans, sa situation s'est aggravée. Son travail de chauffeur de taxi ne lui permet plus de vivre convenablement. Dès lors, il s'est mis au service d'une petite bande qui sévit à Beyrouth Ouest où elle prend des chrétiens en otage dans le but de les échanger contre

10 Pour plus de précisions Cf. *Encyclopédie de l'Islam*, *op. cit.*, entrée « *mutʿa* ».

11 *Ibid.*

des musulmans pris en otage à Beyrouth Est par des chrétiens, et ce contre pas moins de trente mille dollars. Abū Ibrāhīm qui se vante de ne jamais avoir participé directement à une prise d'otage sert d'intermédiaire à la bande en question pour négocier avec la partie adverse l'échange des otages et le prix auquel elle est prête à les rendre. Cette fonction lui rapporte un peu d'argent, mais beaucoup moins qu'à ses acolytes. Lorsqu'il apprend qu'une personne proche de Adība a été capturée à Beyrouth Est, il propose à celle-ci son aide. C'est alors qu'il apprend que, parmi les trois otages musulmans, figure Riḍwān, le garçon dont il est le faux père et qu'il connaît de vue. Il est alors d'autant plus disposé à aider à sa libération, mais se rend compte que Adība est beaucoup moins riche qu'il ne le pensait. Elle lui précise qu'elle ne pourra guère payer plus de dix mille dollars, une somme que ses acolytes n'accepteront jamais. Il décide alors de tenter d'agir seul afin d'empocher, à son profit, la somme en question et, de manière à ce que ses acolytes ne se doutent de rien, incite Adība à engager elle-même les négociations avec la partie adverse. Elle y consent, malgré le danger que cela représente, car il est hors de question pour elle d'enlever son voile, même à Beyrouth Est. Or, ce voile la fera repérer comme musulmane et est susceptible de conduire à sa prise d'otage. Néanmoins, les pourparlers avec le chef de chantier pour lequel Riḍwān, son ami et leur patron avaient travaillé commencent par aller bon train. Entre-temps, Abū Ibrāhīm songe d'abord à s'en prendre, seul, à un chrétien, mais se rend vite compte qu'il n'en a pas les moyens. Mais sachant où ses acolytes logent les chrétiens pris en otage, il décide de leur en soustraire un et de s'enfuir avec lui pour l'échanger contre Riḍwān. Mal lui en prend. En effet, le membre de la bande préposé à la surveillance des otages le surprend, et Abū Ibrāhīm lui échappe de justesse, ce qui l'oblige à se cacher. Du coup, les négociations pour libérer Riḍwān se mettent à piétiner, puis se trouvent définitivement interrompues, sans qu'on sache exactement pourquoi. Peu de temps après, on retrouve Abū Ibrāhīm baignant dans son sang dans son appartement, ses acolytes ayant décidé de se venger pour ce qu'ils considèrent être une trahison. Il survit, cependant, après avoir été soigné à l'hôpital, mais ne peut plus marcher qu'avec des béquilles. C'est alors que Umm Amal qui cherche activement un homme susceptible d'accepter un mariage temporaire avec sa fille apprend cette tentative d'assassinat dont tout le quartier, à l'exception de Adība, ignore les raisons. Elle décide donc d'aller voir Abū Ibrāhīm à l'hôpital, lui apporte ce dont il a besoin, le cajole, enfin, après lui avoir fait jurer de garder le secret, elle lui demande d'accepter de conclure une *mutʿa* avec sa fille. Elle lui promet de lui acheter une boutique et de pourvoir en outre pendant trois mois à l'achat des marchandises qu'il compte y vendre. Il va sans dire que Abū Ibrāhīm accepte immédiatement, tout en demandant à Umm Amal de bien vouloir lui installer dans son appartement une porte en fer munie d'un judas pour qu'il puisse se prémunir contre de nouvelles tentatives d'assassinat de la part de ses acolytes. Les travaux n'ont pas encore commencé quand on le retrouve, cette fois-ci mort, tuée au moyen d'un silencieux.

On le voit, derrière les actions de la bande dont Abū Ibrāhīm fait partie se profilent à la fois l'inimitié entre chrétiens et musulmans qui était l'une des caractéristiques de la guerre civile libanaise et une inextinguible soif de gain. La bande – Abū Ibrāhīm compris – a beau argumenter qu'elle fait le bien, en sauvant la vie de certains musulmans, elle n'accepte de sauver que ceux d'entre eux qui sont riches et n'en a cure des pauvres qui ne peuvent payer les sommes faramineuses qu'ils exigent. Cette attitude est non seulement en opposition complète avec l'attitude tolérante dont Adība et Umm Amal font preuve en toutes circonstances, elle se trouve également en totale opposition avec la générosité des deux femmes qui, elles, n'emploient leur argent que pour rendre service, l'une à une pauvre bonne chrétienne, l'autre à une pauvre fille paralysée des jambes. Le roman se lit ainsi comme une critique implicite, mais acerbe du comportement des Libanais, chrétiens et musulmans, pendant la guerre civile et en même temps comme une tentative de suggérer que la religion et la foi pourraient servir à autre chose qu'à s'entre-tuer et à s'extorquer réciproquement de l'argent. Et ce n'est sans doute pas un hasard, si ce sont deux femmes, à la fois différentes et semblables, ainsi qu'un cheikh shi'ite qui sont mis en scène pour illustrer l'attitude de tolérance et de générosité qui est implicitement valorisée par le narrateur. Et comme celui-ci est un narrateur omniscient, c'est en même temps l'opinion de l'auteur lui-même qui se profile derrière cette position, ce qui nous amène à dire un dernier mot sur le titre du roman choisi par ce dernier.

3 Le sens du titre du roman

On ne peut s'empêcher de se poser des questions sur le sens du titre du roman : *Hirrat Sīkīrīdā* (*La chatte de Sīkīrīdā*). Certes, à un moment donné Sīkīrīdā amène un chaton qu'elle a trouvé dans la rue dans l'appartement de Adība. Celle-ci lui donne tout d'abord l'ordre de remettre le chaton dehors, et Sīkīrīdā s'exécute, tout en déposant le chat à un endroit qui lui permette de retrouver l'appartement. Et, effectivement, le chaton revient plusieurs fois, tant et si bien que Adība finit par céder et accepte de le garder. Elle finit même par l'adorer, par le caresser et le mettre en lieu sûr en cas de bombardements. Ce petit intermède qui ne joue aucun rôle dans le déroulement des événements et qu'on peut interpréter à la limite comme l'un des signes de la bonne relation entre

Adība et sa bonne est-il, à lui tout seul, à l'origine du titre choisi par l'auteur ? On peut en douter, si l'on tente d'aller plus loin dans l'analyse.

En effet, en dialectal libanais, le mot « *qiṭṭa* », un synonyme de « *hirra* », est parfois employé avec le sens de « vagin », tout comme le mot « chatte » en français, une langue que l'auteur du roman ainsi que beaucoup de Libanais maîtrisent, par ailleurs, parfaitement, tant et si bien qu'on peut se demander, s'il s'agit en dialectal libanais d'une simple traduction du mot français. Mais il y a plus. En effet, la langue arabe possède deux laryngales « h ». Un « h » proche de l'« h » aspiré allemand qu'on trouve dans le terme « *hirra* » du titre du roman et un « ḥ » défini comme « un souffle sourd émis dans la position de la voix chuchoté »[12] – d'où le point sous ce type ce « h » en cas de transcription pour le distinguer du premier. Or, en arabe classique les termes « *ḥirr* » ou « *ḥirra* » désignent précisément le « vagin »[13]. On ne peut donc s'empêcher de penser que le titre *Hirrat Sīkīrīdā* renvoie implicitement et pudiquement – en remplaçant le « ḥ » par un « h » – au vagin de la bonne éthiopienne, car ce sont bien les aventures sexuelles de celle-ci qui sont à l'origine de l'ensemble des événements du roman.

* Première publication de ce chapitre dans *Le roman arabe dans la tourmente de la modernisation*, sous la direction de Katia Ghosn, Paris, Editions Demopolis, 2016, p. 111-130.

12 Cf. R. Blachère, *Grammaire de l'arabe classique*, Paris, Maisonneuve & Larose, 1952, p. 26.

13 Cf. A. de Biberstein Kazimirski, *Dictionnaire arabe-français*, Dār Al-Burāq, Beyrouth, tome I, p. 400. Je remercie Jean-Charles Coulon de m'avoir rappelé ce terme et cette signification, en me citant un vers d'une des *ḫamriyyāt* (poèmes chantant le vin) du célèbre poète Abū Nuwās (747 ou 762-813 ou 815). Cf. *Dīwān Abū Nuwās*, Beyrouth, Dār al-Kitāb, s.d., p. 6.

CHAPITRE 15

La foi à l'épreuve de la science dans *Qindīl Umm Hāšim*

Boutros Hallaq

> Il se passera longtemps avant que notre littérature ne soit comprise et reconnue par l'Occident
>
> DOSTOÏEVSKI, cité par Y. Ḥaqqī

∴

« Je ne connais pas, dans l'histoire de l'Égypte moderne, de jour plus sinistre que celui où Muḥammad ʿAlī se détourna de l'Azhar, à moins que ce soit ce dernier qui se fût détourné de Muḥammad ʿAlī [...]. L'une des conséquences la plus néfaste de cette rupture fut que le savoir en provenance d'Europe ne put, comme ç'eut été souhaitable, pénétrer au sein de l'Azhar pour y pousser, s'y acclimater et s'y développer, en mettant à profit ces intelligences supérieures dont la Haute-Égypte est généreuse et devant lesquelles je ne peux que m'incliner avec respect et admiration pour leur étonnante endurance à supporter les privations en vue d'acquérir le savoir. Si cette rupture n'avait pas eu lieu, la culture, devenue aujourd'hui duelle, aurait suivi un seul cours. Mais, il se trouva que pendant longtemps par la suite, ceux qui puisèrent le savoir à la seule source de l'Occident, et ceux qui la puisèrent dans le seul Orient, suivirent des cours, malheureusement, fort divergents ».

Ces propos tenus vers 1960[1], quelque seize ans après la parution de *Qindīl Umm Hāšim*[2] (désormais de *Qindīl*), illustrent sans doute l'objectif déclaré de Y. Haqqî en écrivant cette nouvelle : trouver un mode de réconciliation plausible entre les deux courants mentionnés, le savoir traditionnel et le savoir

1 *Cf.* Faǧr al-qiṣṣa al-miṣriyya, al-Hay'a al-miṣriyya al-ʿāmma li-l-kitāb, Le Caire, 1975, p. 16-17.

2 Ecrite entre 1939 et 1940, cette nouvelle ne fut publiée qu'en 1944. Dans l'édition à laquelle nous référons, celle de al-Hay'a al-miṣriyya al-ʿāmma li-l-kitāb, Le Caire, 1990, elle donne son nom à l'ensemble du recueil.

 | DOI:10.1163/9789004705685_016

occidental, au travers de la figure d'Ismāʿīl. C'est ainsi, de toutes manières, et quelle que fut l'intention de l'auteur, que la nouvelle fut reçue par le public comme par les critiques, arabes et orientalistes[3]. L'œuvre réelle répond-elle à cette intention affichée et reconnue par beaucoup ? C'est à cette question qui nous répondrons en analysant successivement la nature de la crise du héros, la validité de la réconciliation proclamée entre science et religion et enfin les problématiques porteuses du récit.

1 La crise d'un intellectuel

Contrairement aux jugements communément émis, il ne s'agit nullement d'une confrontation entre deux sociétés ou deux cultures en soi, mais de la crise intérieure d'un « intellectuel »[4] formé dans une culture et ayant eu accès à l'autre. Nulle part, en effet, il n'est trace d'une rencontre des deux mondes en cause, en dehors de la conscience du personnage principal. La confrontation n'a lieu que dans le champ de conscience d'Ismāʿīl. De plus, la crise née de cette confrontation cache une autre qui a rapport au pouvoir au sein de la société d'origine.

1.1 *Mémoires en conflit ou le jeu de l'achronie*

L'œuvre est construite selon un mouvement ternaire dont le deuxième est décliné sur le mode elliptique avant de réapparaître, au moment stratégique, sous forme d'analepse[5]. Après avoir développé normalement le premier mouvement relatant la jeunesse d'Ismāʿīl (5 chapitres sur 13), le narrateur ne laisse qu'un indice, sous forme d'ellipse, du deuxième mouvement relatif au séjour

---

3 *Cf.*, entre autres auteurs : Badawi, Mustapha, « The Egyptian Intellectual between East and West », in Journal of Arabic Literature, Vol. 1, 1970 ; M. Cooke, The Anatomy of an Egyptian Intellectuel, Y. Ḥaqqī, Three Continents Press, Washington, 1984 ; S. Qutub, Kutub wa-šaḫṣiyyāt, nouvelle édition, Dār al-Šurūq, Beyrouth, s. d., p. 179-188 ; ʿA. al-Rāʿī, Dirāsāt fī al-riwāya al-miṣriyya ?, Le Caire, 1964 et F. Salama, « Al-faylasūf wa-l-Qindīl », in al-Ṯaqāfa, 2° année n° 216, janvier 1975, p. 102-136.

4 Ce terme est employé dans le sens large, celui choisi par la tradition arabe de la Nahḍa : est considéré comme intellectuel celui qui, autodidacte ou diplômé d'université dans quelque domaine que ce soit, est amené à réfléchir sur la question sociale. C'est dans ce sens que l'utilisent, entre autres auteurs, Albert Hourani, *Arabic Thought in the Liberal Age (1889-1939)*, Oxford University Press, Londres, 1962 ; A. Laroui, *L'idéologie arabe contemporaine*, F. Maspéro, Paris, 1967 ou Hišām Šarrābī, *Arab Intellectuals and the West, the Formative Years 1835-1914*, Johns Hopkins University Press, Baltimore, 1970.

5 Nous empruntons ces notions, devenues maintenant courantes, à G. Genette, *Figures III*, Seuil, Paris, 1972.

d'Ismāʿīl en Angleterre (« Sept années passèrent ; le bateau s'en revint »). Et c'est seulement au début du troisième mouvement, le retour en Égypte, au moment où les souvenirs de jeunesse affluent, que les événements de ce deuxième mouvement sont relatés. Le dramatique de la situation provient du choc violent entre deux tranches de vies qui réinvestissent la mémoire. Il s'agit en somme du choc de deux mémoires sur la terre égyptienne, le narrateur n'ayant jamais quitté la terre natale : il ne fait que pérégriner, avec le héros, géographiquement, jusqu'au bateau pour un aller-retour, et psychiquement dans sa mémoire acquise face à laquelle surgit sa mémoire première.

Ces deux mémoires sont celles de deux âges accomplis. Le premier, décrit selon un ordre linéaire et avec beaucoup de détails vivants, campe la personnalité Ismāʿīl telle que l'a forgée l'histoire familiale puis individuelle jusqu'à la fin de l'adolescence, vers les dix-huit ans, année de l'acquisition du Baccalauréat. Une préhistoire, une enfance dont le cadre familial populaire est nettement dessiné, et une adolescence qui s'approprie son environnement et ses valeurs fondatrices. Au moment du départ pour l'Angleterre, c'est déjà un homme.

Le séjour en Angleterre constitue symboliquement un autre âge, une autre maturation : il dure sept ans. Le chiffre correspond en principe aux annuités d'études de la médecine, mais il a une valeur symbolique évidente. C'est un nombre parfait, indiquant la fin d'un cycle, entre autres celui qui permet à l'enfant d'accéder à « l'âge de la raison », mais il renvoie aussi à une notion de perfection et d'infini[6]. Il eut tant de poids auprès du narrateur, qu'il en oublia que le diplôme d'ophtalmologie, décroché par Ismāʿīl, requit quelques années de plus que les sept consacrées à la médecine générale. Faute révélatrice du fait qu'il s'agit bien d'un âge accompli construisant sa propre mémoire, achevée.

Le drame commence réellement, après une longue mise en place, lorsque les deux mémoires surgissent simultanément dans le champ de conscience du héros, au moment où il accoste à Alexandrie. C'est au moment où la terre natale réactive sa mémoire première, sur le mode de l'archéologique, que se déroule devant nous les événements essentiels qui fondent sa mémoire seconde. Et le choc est si violent qu'il suffit de peu de temps, quelques heures à peine, pour que cette émergence mène le drame à son paroxysme. Il brise la lampe sacrée et sombre dans une sorte de folie. Le troisième âge, celui du conflit et de sa résorption, est marqué par la pacification de la mémoire.

Remarquons qu'à côté de ce moment charnière, toutes les ruptures ont rapport à la mémoire. La destruction de la première mémoire « sous les coups de pioche » de Mary le plonge dans la maladie. Mais c'est la découverte du caractère inopérant de sa deuxième mémoire qui risque de l'anéantir, corps et âme. Le recouvrement progressif de la première (sa fréquentation mécanique du

6 *Cf.* J. Chevalier et A. Gheerbrandt, *Dictionnaire des symboles*, R. Laffont, Paris, 1969.

Maydān[7]), accompagné d'une résurgence de la deuxième, le met sur la route du salut, dans ce qui fut considéré, généralement, comme une sorte de réconciliation entre les deux.

1.2 *La focalisation absolue*

La mise en œuvre de mémoires conflictuelles par le jeu de l'achronie (l'ellipse articulé à l'analepse) implique naturellement une focalisation interne axée sur le sujet principal. Ce procédé de focalisation déborde cependant la manifestation paroxystique du drame pour modéliser tout récit concernant Ismaël.

Le Maydān, avec le sanctuaire en son cœur, est le lieu qui résume le quartier. S'y rencontrent le sacré et le profane, le travail et le loisir, s'y côtoient les différentes catégories de gens, et surtout s'y déploient les fantasmes, les désirs, les aspirations et les craintes de chacun. C'est également la scène sur laquelle se jouent tous les actes importants d'Ismāʿīl : son éveil au monde, sa formation, y compris sexuelle, sa révolte et, enfin, sa conversion. C'est le lieu symbolique par excellence. Or le narrateur introduit systématiquement la description de ce haut lieu en prenant soin de commencer par y placer I., et à l'endroit le plus stratégique. Et la description prend fin, au moment où I. le quitte. Il en est ainsi du second chapitre[8] qui au deuxième paragraphe commence en ces termes : « Ainsi I. grandit, sous la garde de Dieu et à l'ombre de Umm Hāšim. Sa vie se passe toute dans son quartier et au Maydān ». Après trois pages de description, le rideau tombe avec cet énoncé : « C'est le moment où I. achève son tour de la place » (68)[9]. Remplissant une fonction d'inauguration et de conclusion du descriptif, I. intervient aussi aux moments charnières comme pour en scander le rythme. Il en est ainsi au troisième chapitre, où à l'apparition de Cheikh Dardīrī, il est remis en scène (« I. sourit en voyant le cheikh Dardīrī » (72)) comme au cinquième chapitre après l'apparition de Naʿīma (« Il voudrait lui confier tout ce qu'il a dans l'esprit » (80))[10]. Il est omniprésent, car le narrateur lui assigne la fonction de filtre. C'est à partir de lui que tout est perçu.

---

7 Il faudrait en principe prononcer Maydān, plus conforme aux règles morphologiques. Mais nous préférons sur ce point suivre la traduction faite par Charles Vial et Sayyed Abul Naga, (Choc, Ed. Denoël, coll. alif, 1991), qui optèrent pour une prononciation plus proche du dialectal. Nous puiserons dans cette traduction sans la suivre systématiquement, car elle laisse échapper beaucoup de nuances importantes.

8 Cela est valable également des chapitres 3 et 5 qui font partie du premier mouvement, mais aussi des chapitres 9, 11 et 12.

9 Ce chiffre renvoie au nombre de la page dans la version arabe indiquée plus haut (note 2).

10 En se référant au schéma canonique proposé par Ph. Hamon (personnage qualifié + notation de suspension dans le récit + verbe de perception… + mention d'un lieu propice + objet à décrire), l'on peut relever, parmi d'autres déviances, dans ce cas une récurrence de l'apparition du personnage qualifié.

Pour renforcer ce phénomène, le récit fait appel à un mode de narration fait de mélange de discours intérieur au style indirect libre et de monologue autonome[11] isolé, *sans que l'on arrive le plus souvent à déterminer la voix*. L'exemple le plus frappant se trouve au neuvième chapitre. Sur trois pages court une vision du Maydān qui correspond exactement à l'interprétation qu'I. en fait à ce moment précis : un mélange sordide de résignation, d'hypocrisie, de sexualité refoulée, de bavardage creux et de mort. Or après l'introduction du point de vue (« quand il parvint au Maydān » (101)) commence, dès la deuxième phrase, un discours, à tonalité énonciative – car ponctué d'interjections, d'interrogations, et imprégné de tropes rhétoriques – mais sans marque de prédication (il sentit, il dit, il pensa) : « ce ne sont pas là les êtres vivants d'une époque où la matière même se meut… Quel est ce tumulte bestial ?… » Ce discours relève plutôt du monologue autonome isolé, où toutes les marques de l'instance narrative s'effacent provisoirement pour donner la parole au personnage. Et si de temps en temps, le narrateur reprend la parole pour restituer le personnage dans la scène (« il dévisage ceux qu'il rencontre… »), c'est pour la lui laisser aussitôt dans les mêmes conditions. Mais, à vrai dire, monologues immédiats isolés et courts pourraient être interprétés comme relevant du discours indirect libre, car ils ont une grande similitude stylistique avec le discours imputable à la voix du narrateur. A côté de cela, on peut distinguer le discours intérieur rapporté. Un peu plus loin, en effet, le narrateur rapporte le discours hypothétique d'Ismāʿīl en l'introduisant dûment : « S'il le pouvait ʿIsmâʾîl saisirait le bras de chacun… et lui dirait : Éveille-toi… ». Mais cela n'exclut pas de temps à autre la présence d'un discours rapporté au style direct[12].

La modélisation du discours et la transvocalisation indiquent bien que la crise concerne essentiellement le héros et que si les deux sociétés sont concernées, elles ne le sont que très indirectement.

2 L'intellectuel marginalisé

Derrière cette crise et liée à elle, se profile une autre non moins grave, relative au statut social de l'intellectuel. En effet, I. reste tout au long des événements déterminé par les autres. Sujet manipulé pour réaliser des programmes

11 *Cf.* D. Cohn, *La transparence intérieure*, Seuil, Paris, 1981, chap. 6.

12 On retrouve cette modélisation dans le douzième chapitre. La tonalité de la vision du même Maydān est certes diamétralement opposée à la précédente ; mais le mélange de discours et de voix est le même. Là le monologue autonome atteint son paroxysme dans la déclaration d'Ismāʿīl qui prend l'allure d'une confession adressée à la lumière, réelle et symbolique, de la Lampe : « Où es-tu Lumière, toi qui avais disparu si longtemps ? » (117).

conçus par autrui, il n'arrive jamais à acquérir son autonomie pour devenir son propre destinateur[13].

2.1 *Les trois programmes imposés*

Dans le premier âge, il se montre d'une docilité exemplaire. Jamais l'ombre d'une contestation. Remplissant la fonction de destinateur, c'est le père qui prend la décision de l'envoyer en Angleterre, une fois convaincu que telle était la volonté divine[14]. En désignant l'objet (l'acquisition du savoir), ce destinateur désigne d'emblée le destinataire, les opposants et les adjuvants.

Le destinataire en est la famille. Il faut assurer son avenir et sa promotion sociale ; autrement dit, continuer l'œuvre déjà entreprise par le père au moment où il avait pris le chemin de la ville : « Nous voulons mon petit que tu nous reviennes victorieux afin de nous faire honneur devant les gens. Je suis presque un vieillard et c'est en toi que je place tous nos espoirs » (77). Le message est clair : le projet est ordonné au bien de la famille ; le « nos » en fin de phrase est là pour le rappeler encore une fois.

L'adjuvant est représenté essentiellement par Dieu et les valeurs traditionnelles : « Je te recommande de vivre à "l'étranger" comme tu as vécu ici, en observant scrupuleusement ta religion et ses prescriptions, car si tu acceptes une seule compromission, tu ne sais où ta compromission pourrait te conduire »[15] (77). Cela est appuyé par la lecture de la Fātiḥa. Notons que l'acteur Dieu participe à la fois de l'actant destinateur et de l'actant adjuvant. Quant aux opposants, ce sont surtout les femmes occidentales : « Prends garde de te laisser séduire par les femmes d'Europe. Elles ne te sont pas destinées et tu ne l'es pas pour elles » (78).

Tout le dispositif est mis en place. Il ne reste à I. qu'à s'y inscrire en remplissant passivement le rôle de sujet. Le seul désir qu'il exprime timidement, ou plutôt qu'il s'avoue au fond de lui-même, presque comme une faute, c'est sa « soif de la femme » : « Il mentirait – lui qui ne ment jamais – s'il prétendait ne pas avoir faim de la fille brune, de toutes les femmes et surtout, en dernière analyse, des femmes d'Europe » (78). Signe de l'absence d'adhésion dynamique

13 Nous nous référons, au travers de ces notions, au schéma actantiel connu, élaboré par Greimas dans Sémantique structurale, *Larousse*, Paris 1966. Le statut de sujet accordé ici à I. peut poser problème, du fait qu'il est tout à fait passif, mais ce n'est pas ici le lieu pour en débattre.

14 En effet, après avoir entendu l'appel à la prière de l'aube, « s'étant assoupi, il entend une voix lui dire : repose-toi sur Dieu... » (76).

15 Ici, il ne s'agit ni de « demande » ni de « négligence », comme le suggère la traduction de Vial, mais de *waṣiyya*, qui a une connotation religieuse et de *tasāhul*, qui connote une compromission avec l'esprit du mal.

du sujet : de tout le dispositif mis en œuvre, le seul élément qui l'attire est celui qui fut désigné par son père comme un redoutable opposant à la réalisation du programme. Mais la suite montrera que jamais il ne mit en cause l'objet assigné par le père.

2.1.1 L'antiprogramme

La soumission passive aux manipulations se retrouve à quelques nuances près dans le deuxième programme. Le maître d'œuvre ici est sans conteste Mary. En tant qu'incarnation des valeurs de la modernité, supposée être occidentale, elle s'institue en anti-destinateur qui élabore un programme et en désigne les agents.

L'objet en est la quête de la personnalisation, dans le sens d'une autonomie par rapport au groupe et aux valeurs traditionnelles, et la volonté d'un auto-accomplissent qui passe par le fait de vivre l'instant présent. L'individualisme apparaît comme la valeur suprême. « Auparavant, il cherchait toujours hors de lui quelque chose à quoi il s'accrochait [...] (et) lui servait en somme de patère » ; mais elle lui disait : « C'est en toi que doit se trouver ta patère » (87).

Le destinataire en est l'individu et, en l'occurrence, Ismâʿīl lui-même. Quant aux adjuvants ce sont : la beauté manifestée dans la nature, l'art et l'âme humaine[16], ainsi que l'amour (« lui parlait-il de mariage, elle parlait d'amour » (87)). Si la science intervient, c'est bien indirectement : il n'en est jamais question dans la bouche de Mary.

Les opposants sont : la philanthropie (« Tu n'es pas Jésus fils de Marie !... Qui veut faire l'ange fait la bête.... Charité bien ordonnée commence par soi-même » (54/88)), l'identification au groupe et notamment au plus faible (« se perdre en eux c'est accepter la faiblesse et le malheur » (88)) et à ses valeurs religieuses comme à ses atavismes[17]. Bref, toutes les valeurs qui déterminent l'individu de l'extérieur.

Ce programme, lui aussi, aboutit pleinement. Ismāʿīl renaît et acquiert une nouvelle personnalité. Il n'y a qu'à écouter le cri d'admiration du narrateur devant le jeune homme qui descend du bateau : « Qui est ce jeune homme élégant, svelte, qui tient la tête haute et dont le visage resplendit, qui descend d'un bond la passerelle » (83). Mais Ismāʿīl nouveau est un bel ouvrage sorti des mains d'un démiurge qui veille sur sa création à chaque moment. Lorsqu'il

16 « Elle lui avait ouvert des horizons ignorés en art, en musique, dans la nature et même dans l'âme humaine » (86).

17 « La vie n'est pas un programme fixé une fois pour toutes, c'est bien plutôt une constante mise en question [...] Lui disait-il : "viens nous allons nous asseoir" elle rétorquait : "Debout ! nous allons marcher" » (87).

s'affaisse, c'est Mary qui le remet d'aplomb : « L'âme d'Ismâ'îl gémissait et se tordait sous ces coups de sape [...] Un jour il se réveilla et trouva que son âme était en ruine [...] Il tomba malade, laissa ses études [...] C'est Mary qui le sauva » (88-89). Signe hautement symbolique que c'est bien son œuvre : le rapport sexuel entre eux. Au début, il est clairement dit que « c'est elle qui le dépucela ». Par rapport à la problématique courante dans la littérature arabe moderne Orient/Occident, couplée avec celle de Masculin/Féminin[18], l'ordre des choses se trouve complètement perturbé et, sur un point essentiel, inversé. L'Orient est, généralement, présenté comme « violé » par l'Occident et se trouve vengé par le Mâle oriental qui viole à son tour la Femelle occidentale[19]. Ici, le rôle du Mâle, à qui revient traditionnellement l'initiative dans les rapports amoureux, est dévolu à la Femelle occidentale, qui s'arroge ainsi tous les pouvoirs, y compris celui du pénis, le seul attribut restant au Mâle oriental. Humiliation suprême pour les valeurs du groupe, mais, surtout, pour ce qui nous concerne ici, indice majeur du rôle démiurgique de Mary. Cela est complété par un geste similaire qui sonne comme une sorte de sanction en fin de parcours : en guise d'adieux, elle se donne à lui, bien qu'elle soit liée depuis quelque temps à un autre, « et cette étreinte eut la valeur d'une poignée de main et d'un salut d'adieu » (89). Sceau d'identification d'un travail accompli, où le sujet ne donne aucun signe de résistance, à part une défaillance physique (« il tombe malade »), vite balayée.

Le seul programme conçu par le héros, au début de son troisième âge, s'écroule à peine ébauché. Le bris de la lampe, quelques heures à peine après le retour, en sonne le glas. Le seul projet personnel échoue. Mais était-il vraiment personnel ? Le syncrétisme de l'objet et du destinataire affichés en signe l'ambiguïté.

En effet, l'objet se présente comme une synthèse des deux figures de l'objet annoncé dans les programmes précédents. Il s'agit, d'une part, de réaliser le programme immédiat de son père, la réussite sociale personnelle et la promotion du groupe grâce à l'acquisition du savoir : « Il revient armé comme son père l'avait voulu et il pourra ainsi se frayer un chemin jusqu'au premier rang [...] et ouvrira un cabinet de consultation dans le plus chic quartier du Caire. Quand il aura beaucoup d'argent, son père pourra cesser de travailler » (93). Il vise, d'autre part, à accomplir pour le compte des autres, ce que Mary réussit à faire en sa faveur : révolutionner la société pour la reconstruire sur les valeurs individuelles : « Il s'était promis dans son amour pour l'Égypte de

18 *Cf.* G. Tārābīšī, Šarq wa-ġarb, ḏukūra unūṯa, Dār al-Ṭalīʿa, Beyrouth, 1977.

19 On trouve ce thème dans un bon nombre de romans. L'œuvre la plus percutante est, cependant, Mawsim al-hiǧra ilā al-šamāl de Ṭ. Ṣāliḥ.

combattre le mal chaque fois qu'il le verrait [...] Il savait maintenant qu'un long combat l'attendait [...] Il écrirait dans des journaux ou il prendrait la parole dans des réunions, exposant au public ses idées et ses convictions » (92).

Il en est de même du destinataire, qui est à la fois individuel, à savoir les Égyptiens en tant qu'individus autonomes, et collectif, l'Égypte en tant que société dans son ensemble[20]. Il n'y a que les adjuvants et les opposants qui sont nettement délimités les uns par rapport aux autres – valeurs anciennes d'un côté et modernes de l'autre – sans être exempts d'ambiguïté interne ; à l'image du destinateur, qui est I. et derrière lequel se profile la figure de Mary qui l'utilise comme un prête-nom. Quant au deuxième et dernier programme d'Is., qui reste tout aussi ambigu, il en sera question dans une autre partie.

2.2 *Le statut de l'intellectuel*

De la structure et de la succession de ces programmes se dégagent certains traits de la figure de l'intellectuel, symptomatiques de son statut de marginal. Il est d'abord (programme 1) produit de la classe moyenne, ayant un pied en ville et un autre dans la campagne, une caractéristique de cette époque encore présente de nos jours. C'est elle qui fournit à l'Égypte le gros contingent de ses intellectuels, depuis Ṭahṭāwī et jusqu'à Ṭ. Ḥusayn et Gābir ʿUṣfūr. Et c'est elle qui porte le projet de modernisation ambiguë, depuis qu'il fut défini par Ṭahṭāwī comme une réconciliation entre les sciences importées et le savoir du dedans[21]. L'intellectuel n'est que le porte-drapeau des aspirations de cette classe à prendre le pouvoir social et si possible politique, en intégrant ce qu'elle considère comme valable dans les valeurs modernes. Il apparaît comme un « intellectuel organique » – selon la notion de Gramsci – sans s'en poser même la question. Il est dépositaire d'une mission, qu'il n'a pas eu la possibilité d'intégrer. Il n'a nullement le loisir de se présenter en personne autonome avec un projet personnel. Il est héritier de toute une structure et prisonnier d'un ensemble de paramètres qui lui laissent peu de marge de manœuvre.

Il est ensuite (programme 2) livré à un monde autre, dans lequel il a beaucoup de peine à se repérer. Toujours dans « l'entre-deux-chaises » : après celui de la ville et de la campagne, voilà celui de l'Égypte et de l'Occident. S'il n'opte pas pour la tradition, comme ce fut le cas de certains intellectuels (comme al-Rāfiʿī), il se trouve pris au piège de la science. Celle-ci se révèle en fin de

20 « Autrefois I. n'avait de l'Égypte qu'une conscience vague, *tel* un grain de sable plongé et glissé parmi les autres. Mais maintenant il avait le sentiment d'être le maillon d'une longue chaîne qui l'attachait solidement à *sa patrie*. L'Égypte était pour lui la Belle au Bois dormant [...] Mais quand s'éveillerait-elle ? » (91).

21 Que Ṭahṭāwī a appellé éloquemment : *al-ʿulūm al-barrāniyya wa-l-ʿulûm al-ǧawwāniyya*.

compte non seulement comme un produit fini, mais comme un lieu « produisant » les articles de consommation, ceux-ci « reproduisant » l'esprit qui les produit. La science n'est pas neutre et porte en elle-même sa propre axiologie, ses propres valeurs. De la science, on tombe, qu'on le veuille ou non, dans les a priori de la science. Et celui qui cherche à instrumentaliser la science se trouve en fin de compte instrumentalisé par elle. D'où le risque d'aliénation au milieu d'origine et dans le nouveau milieu. Son aspiration à l'universalisme tombe à plat[22]. Signe de cette aliénation : la présentation de l'Occident dans le récit. En le décrivant d'une façon si univoque, le narrateur s'interdit d'y entrer réellement. Mary concentre dans sa personne toutes les valeurs, et correspond, dans la société d'en face, à une multitude de figures : le père, le Cheikh Dardīrī, la tradition, la mère, Fatima l'épouse et même Naʿīma la fille de joie, sans compter l'école moderne. Un monde homogène, sans aucune contradiction interne, bien qu'elle parle tout le temps de « dynamisme ». Un Occident hypostasié qui n'existe que dans l'imagination de l'autre. Ce n'est pas pour rien qu'elle s'appelle Marie, mère d'une humanité mystique, mère du démiurge aussi. L'intellectuel devient là aussi le produit d'un mythe[23].

Dans le programme 3, éclate sa marginalisation absolue. Il ne peut rien pour le peuple, objet de ses sollicitudes. La modernisation se fera sans lui, par les purs politiques, et selon leurs normes. Tout au plus pourra-t-il prendre le train en marche, sans conditions, à moins qu'il ne se recroqueville sur lui-même, comme la plupart des écrivains qui ont brillé dans les années vingt[24]. Solitude ou opportunisme, de toute façon l'amertume est là. Elle caractérise, entre autres, la fin d'un Ṭahṭāwī ou, à notre époque, d'autres intellectuels jadis de gauche.

3 Quelle réconciliation ?

3.1 *La fausse sortie de la crise ou la reddition*

Qindīl reste lié dans l'histoire du roman arabe à une double réconciliation qui, partant de la problématique science/religion, englobe celle du rapport Occident/Orient. Cela est induit à partir de l'énoncé clé qui sonne comme un article de foi annonçant la sortie définitive de la crise : « Il n'y a pas de science

22 N. Naǧīb, dans ce qu'il appelle : « l'aspiration vers l'universel » lit le parcours de Ḥaqqī au travers de ce prisme. Voir : al-Nuzūʾ ilā al-ʿālamiyya, Dār al-Tanwīr, Beyrouth, 1985.

23 Dans son introduction à Choc, Ṣ. Ḥāfiẓ signale cet aspect mais pour en tirer d'autres conclusions.

24 Tels Ṭ. Lāšīn et les frères ʿUbayd.

sans foi » (117) ; autrement dit : à partir du programme final d'Ismāʿīl r rien ne vient 'étayer cette affirmation. L'évolution du double rapport mentionné ne conduit pas à une résorption du conflit, mais à une reddition pure et simple, quel que soit l'habillage, ou les ruses narratives utilisées.

3.1.1 L'aporie science/religion

En suivant le parcours d'un binôme Science-Religion tout au long du récit, on s'aperçoit que le rapport d'opposition est construit puis résorbé de façon factice. En effet, le premier âge est nettement marqué par la Religion, déterminée par les croyances populaires auxquelles adhèrent tant le héros que son narrateur (aspect énonciatif). Elle n'est pas la Religion en tant que corps de doctrines officielles et orthodoxes ; puisque les Savants la traitent avec condescendance[25]. C'est elle, cependant, qui régit l'univers du héros. Mais, loin de s'opposer à la science, elle l'intègre selon une vision traditionnelle confirmée : « … la Loi divine est à la fois Vérité et Science ». La sphère scientifique est englobée dans la sphère religieuse ; d'où l'absence du terme Science de façon autonome à ce stade. Seul le terme *médecine* y renvoie. Mais il ne constitue pas de catégorie autonome ; ce qui permet, d'ailleurs, au père de l'intégrer, tout naturellement, dans son programme.

C'est à partir du deuxième âge que Science et Religion s'inscrivent dans un rapport d'opposition. Mary n'évoquant jamais la science, c'est le héros qui, à partir de tout un contexte, développe la conviction que la religion n'étant qu'une « fable inventée pour mener les foules » (88), il la remplace par la science : « Ayant jeté bas la croyance religieuse, il l'avait remplacée par une foi plus grande et plus forte dans la science » (89). Et afin de bien préciser qu'il s'agit d'un saut qualitatif, le narrateur joint à cette opposition celle du métaphysique et du physique : « Il ne pensait plus aux beautés et à la félicité du Paradis, mais à la splendeur et aux mystères de la nature ». Dans une troisième phase, il renonce à la science, sans la nommer ; le narrateur se contente de signaler qu'il « vend ses livres et les quelques instruments qu'il avait apportés avec lui d'Europe » (111). C'est le vide absolu : ni religion, ni science. Lors de la dernière phase, il émerge de son « incroyance », pour associer de nouveau les deux : « il n'y a pas de science sans foi », proposition immédiatement mise en pratique : « Il s'en retourna à sa science et à son art, en s'appuyant sur la foi » (19). Cette dernière phase débute, cependant, par un moment où seule religion

---

25 « A ce spectacle, tel homme de religion soi-disant éclairé détournait la tête et, reniant ce siècle, il demandait le secours divin contre tant de superstitions, d'idolâtrie et d'ignorance » (59).

compte : il commence en effet son traitement par utiliser l'huile seule. Ce parcours peut être figuré par le schéma suivant :

ʿilm dīn non-dīn non-ʿilm

Parti d'une jonction entre *ʿilm* et *dīn* (position 1), il passe, en Europe, par une phase qui les disjoint (position 2), puis, au moment où il brûle ses livres et rejette la religion, par une autre qui joint les opposés (position 3), avant de connaître un instant furtif où en utilisant l'huile seule, il les disjoint de nouveau (position 4) pour revenir à la case départ[26].

3.1.1.1 Īmān

Ce qui pourrait créer l'illusion d'un conflit résorbé c'est l'utilisation d'un troisième terme, *īmān*, qui fait figure de catalyseur entre les deux premiers, *ʿilm* et *dîn*. Or ce catalyseur n'a pas vraiment de contenu, malgré les apparences.

En effet, *Īmān* semble autonome par rapport aux deux autres notions. Il est susceptible d'être joint (ou disjoint) à l'un ou à l'autre mais sans s'y intégrer. Dans le premier âge, il est susceptible d'être disjoint de *dīn*. L'attitude des « savants » contempteurs des traditions populaires en fournit la preuve. On peut avoir *dîn* sans pour autant l'indexer à ce genre de *Īmān*. Les deux paraissent même contradictoires au regard de l'orthodoxie.

Dans le deuxième âge, cette configuration se reporte sur *ʿilm*. Le narrateur délaisse *dīn* et adhère au *ʿilm* mais par une sorte de *Īmān*. Pour une fois, comme pour mieux marquer l'inédit de la situation, le récit emploie *iʿtiqād* pour désigner l'adhésion à *dīn* : « Ayant jeté bas la croyance (*iʿtiqâd*) religieuse, il l'avait remplacée par une foi (*Īmān*) plus grande et plus forte dans la science » (89). Mais cette conjonction quelque peu déroutante est bien de la construction du narrateur, puisque, à aucun moment, Mary, représentante de la sphère scientifique, ne cautionne cette attitude. Cela ne fait point partie de sa problématique, qui semble, même de très loin, admettre le fait religieux, « Tu n'es pas Jésus fils de Marie ».

Plus tard, I. disjoint *Īmān* de *dīn*, ou du moins de certaines pratiques religieuses. Il s'insurge contre sa mère le soir de son arrivée : « N'as-tu pas honte de Dieu ? Comment, toi qui *crois et* pries tu écoutes ces sornettes ? » (98). Là, *Īmān* retrouve un statut qui le rapproche de celui défendu par le « savant » contempteur, qui tenant à *dīn*, écarte cette sorte de *Īmān* populaire. Mais en fait, il a

26 Évidemment, il ne s'agit pas de carré sémiotique, car il n'y a pas d'opposition catégoriques entre les deux termes, qui ne sont ni isotopes, ni contraires.

une fonction purement pragmatique : I. veut se retrouver sur le même terrain que sa mère, celui du *Īmān*, tout en prenant soin de maintenir pour lui-même le point d'articulation de ce *Īmān*, à savoir le *ʿilm*, et tenter de marginaliser l'autre point d'insertion, *dīn*. L'échec retentissant de la tentative, tangible par l'aggravation de l'état de Fatima, le conduit à trouver une autre combinaison des différents termes.

Pour rejoindre les autres dans leur lieu propre, il se voit obligé d'accepter l'articulation de leur *Īmān*. Comme celui-ci, même chez eux, n'est pas univoque – puisqu'il concerne à la fois dîn et communauté – c'est par le biais de ce dernier élément qu'il trouve une solution. Il commence par saisir leur *Īmān* dans le vivre ensemble, de façon communautaire : « L'âme de Ismāʿīl se sent tranquillisée [...] Ce qu'il voit ce n'est pas une multitude de personnes isolées[27], mais un peuple uni par un seul lien, une sorte de foi, le fruit d'un long commerce avec le temps... » (116). Et c'est après qu'il accepte l'autre *Īmān* lié au *dīn* : « Fāṭima ne croyait pas en moi mais en ta bénédiction [...] Umm Hāšim » (80/117). Comme vérification de cet axiome, il a devant les yeux la conversion de Naʿīma, l'ancienne prostituée. Son *Īmān* l'a sauvée et l'a même transformée physiquement. Cela le conduit au geste décisif : utiliser l'huile sainte pour emporter l'adhésion de Fatima. La science peut intervenir maintenant : « Il s'en retourna à sa science et à son art, en s'appuyant sur la foi » (119). Mais de quelle foi s'agit-il ? Certainement pas de son *Īmān* joint à Science. Car, d'une part, il adopte un langage religieux classique comme en témoigne la phrase à consonance coranique ajoutée à la fin de sa réplique à Fatima : « Et voilà qu'il te rendra la vue, une vue d'aigle (*fa-iḏā bihi ḥadīd*) »[28] (118). Tout à fait redondante, sémantiquement, elle remplit une fonction importante d'authentification de sa conversion, par le retour physique au corps du texte qui fonde le *īmān*. D'autre part, son *īmān* dans la science faiblit, puisqu'il devient plus économe de techniques en privilégiant l'efficacité de la puissance divine : « Il s'appuyait d'abord sur Dieu puis sur ses connaissances et sa dextérité, et Dieu bénissait ses connaissances et sa dextérité » (21). Mais ce parcours quelque peu tortueux et purement intellectuel, aboutit au même point que le premier.

3.1.2 La reddition

Considéré de ce point de vue (le nôtre), il n'y a pas eu pour I. réconciliation mais reddition pure et simple. Après toute cette crise, I. revient au programme premier de son père : maintenir la science intégrée dans la sphère du religieux.

27 Is. pense maintenant en termes de personnes et de peuple.

28 L'expression *fa-iḏā huwa ḥadīd* est une expression coranique : Cf. Sourate 50, verset 22 de la version arabe.

Il instrumentalise sa science au service de la société sans attenter à son idéologie. Preuve manifeste de cela : il retrouve les sensations de son enfance et la mémoire du corps ; de plus il réhabilite la figure haute en couleur du Cheikh Dardîrî.

La reddition est également tangible sur le plan du statut social de l'intellectuel. Son aspiration à acquérir un statut propre et autonome s'estompe avec l'abandon de ses ambitions de révolutionner la société. Il redevient « l'intellectuel » organique au premier degré. Aussi est-ce tout logiquement qu'il épouse Fatima, sans penchant réel pour elle. Il reproduit vis-à-vis d'elle l'attitude sociale classique. Il marque sa supériorité d'homme par rapport à elle : « Je vais t'apprendre à manger et à boire, à t'asseoir et à t'habiller pour faire de toi un être humain » (119). Il privilégie, dans son rapport conjugal la fonction génitrice de Fatima : *wa 'ansalahâ...* Il s'agit moins de lui « donner », comme le dit la traduction de Vial, que d'obtenir d'elle à son propre profit « cinq garçons et six filles » (122). Ainsi il parachève le programme de son père, faisant le chemin inverse de celui qu'il avait parcouru en compagnie de Mary. Aucune réconciliation des deux termes (et donc des deux expériences) ne paraît envisageable.

Cette reddition se trouve tempérée par certains éléments secondaires. Il garde un quant-à-soi dans sa vie privée ; ce qui est signifié par son penchant jamais démenti pour les femmes : « Mais à certains regards et à certains sourires j'ai compris que mon oncle n'a cessé durant toute sa vie d'aimer les femmes » (122). Mais ce petit écart de conduite est intégrable, sans grand dommage, dans la morale sociale (apparemment Dardîrî, « épouseur » à souhait, ne fonctionnait pas autrement). Et le narrateur intervient encore une fois pour mettre cet écart en relation avec son amour des gens. Il renonce, dans une certaine mesure, à continuer l'ascension sociale amorcée par son père, puisqu'il reste dans un quartier populaire au lieu d'aller s'installer en ville, au cœur de la classe sociale supérieure. Mais cela aussi constitue un écart mineur, dont l'abandon n'est jamais formulé explicitement.

Quant à la réconciliation avec l'Occident, elle est encore plus problématique, car celui-ci n'existe que sous une forme symbolique. Il s'oppose à l'Égypte par sa configuration géographique (il n'y est question que de montagne alors l'Égypte est une plaine « telle une paume de main tendue »), par son rythme temporel (l'année est rythmée par les saisons et le calendrier laïc et non par les fêtes religieuses comme en Égypte) et par la perception de l'individu (ici comme personne autonome, là comme un élément fondu dans la masse). Il n'est, cependant, nullement appréhendé dans sa dynamique plurielle et conflictuelle. Il se résume à la figure démiurgique singulière de Mary qui n'adopte même pas la problématique-clé défendue : la contradiction *'ilm/dīn*. Quelle réconciliation peut-elle s'instaurer entre une réalité et une idée ? A ce niveau, l'Occident s'estompe au point d'être réduit à la fin du récit à l'usage exagéré des moyens, qu'Il délaisse[29].

3.2 *La réconciliation construite ou l'énonciation*

Si, dans le domaine où le parcours du héros est le plus manifeste, il n'y a pas de réconciliation, faute d'opposition réelle entre deux visions autonomes ou d'un partenaire avec qui se réconcilier, dans le domaine de l'implicite, par contre, une certaine rencontre se produit, là où on l'attendait le moins – dans les registres du nationalisme et du rapport au corps – et ce d'une manière artificielle, c'est-à-dire par la manipulation directe du narrateur.

3.2.1 La problématique individu/masse ou le nationalisme

Présente depuis le début sous différente formes, cette problématique est peut-être la seule qui s'exprime explicitement et évolue selon une certaine logique, même si les ratés ne manquent pas.

3.2.1.1 *Individu et collectivité*

Dans le monde traditionnel, une distinction s'impose entre le rapport de l'individu avec le groupe, et son rapport avec la société en tant qu'entité transcendant les clivages particuliers. Celle-ci étant absente dans le monde de ʿIsmâʾîl adolescent, celui-ci n'a pas à se positionner par rapport à elle. Le premier rapport, par contre, celui de l'individu au groupe, existe bien et il est de fusion complète, telle la goutte d'eau dans l'océan : « La foule l'entoure et il s'y perd comme une goutte d'eau dans l'Océan… Il n'est pas assez séparé des foules pour pouvoir les voir » (69). C'est ce rapport qui sera inversé, créant par contrecoup un rapport sociétal.

C'est le seul, en effet, que revendique Mary : « C'est en toi que doit se trouver ta patère » (87). A cette fin, elle l'arrache à toute référence morale qui s'impose de l'extérieur et l'éloigne du magma des masses anonymes ; leçon qu'il intériorise : « L'âme humaine ne trouve la force et par conséquent le bonheur, qu'en se séparant des foules en les affrontant ; quant à la fusion, elle n'est que faiblesse et disgrâce » (88). Une fois qu'I. est devenu un être séparé, Mary le laisse à son destin.

Cet individualisme le pousse à son retour à assumer la figure du héros révolutionnaire qui se donne comme mission de changer de fond en comble la société La distance avec laquelle il contemple la foule et le paysage lors de son voyage d'Alexandrie au Caire donne corps à cette révolte. Les adjectifs utilisés sont péjoratifs, dysphoriques. La figuration du lieu à partir duquel il perçoit le

29 « *taraka al-mubālaġa fī-ʿālāt wa-l-wasāʾil* » (121).

pays est celle du haut vers le bas : le narrateur ne lui fait jamais toucher terre. Il ne descend de son bateau que pour prendre le train du Caire, puis la calèche jusqu'à la maison. C'est toujours de cette hauteur, qu'il contemple son monde. Est-ce étonnant qu'il perçoit le bruit de bris de la fiole dans la rue « comme la première explosion d'une bataille » (100) ?

Son échec consommé, peu à peu la figure du révolutionnaire se mue en figure du serviteur. La notion de service se met en place sous la forme du faux serviteur, lequel fait passer son acte intéressé pour un geste gratuit afin d'asseoir son pouvoir : « Tous ceux qui leur ont rendu service n'ont pas manqué de le leur rappeler et de leur en réclamer large rétribution » (112). Ensuite apparaît la figure du vrai serviteur, qui est en même temps un guide, un père : « C'est un peuple vieux qui retombe en enfance. S'il trouvait un guide, il retrouverait sa virilité d'un bond ». Il a vite fait de franchir le pas pour s'identifier à cette nouvelle figure. C'est bien le sens de son dialogue intérieur avec les gens dans le Maydān : « Venez tous à moi ! [...] vous m'appartenez et je vous appartiens. Je suis fils de ce quartier et fils de cette place. Le sort vous a été défavorable, mais plus il s'acharne dans son injustice, plus vous m'êtes chers » (18). Ce projet s'accomplit lorsqu'il ouvre son cabinet dans le milieu populaire : « Il ne chercha pas à devenir riche ni à acquérir des immeubles ou des terres, mais son seul but fut d'obtenir la guérison des pauvres gens qu'il soignait » (121).

3.2.1.2 *La famille comme catalyseur*

Cette évolution se fait grâce à la médiation de la notion de famille, quel que soit le terme qui l'exprime dans le récit : *ʿā'ila, usra, sulāla*. Contrairement à beaucoup d'autres notions, celle-ci n'est jamais connotée négativement, et ce quel que soit le contexte. La famille d Ismāʿīl est toujours décrite avec bienveillance par le narrateur. Le grand-père apparaît comme « auréolé de clarté et de lumière » (63) ; la grand-mère, il serait « ridicule de la considérer comme simple être humain ; sinon comment seraient donc les anges ? » ; le père, son chuchotement lors de la prière est « une tendresse frétillante et fondante » (61) ; la mère, qui « n'a aucune personnalité,... n'est qu'une masse passive de bonté » (95). Quant à la famille dans son ensemble, c'est l'abnégation même : « Une génération se sacrifiait pour qu'un seul de ses rejetons grandît » (62). Cette appréciation positive résiste même à l'excitation révolutionnaire, car il pense toujours et en premier lieu à assurer une fin de vie confortable à son père et, lors de l'affrontement, il n'a jamais un mot irrespectueux vis-à-vis des siens.

C'est ce rapport à la famille naturelle qui se reporte sur l'ensemble de la foule anonyme, devenue à son tour une grande famille. La projection se fait en deux temps. A un moment inattendu, et à la faveur d'une rupture dont le narrateur a seul le secret (« Phénomène étrange, que je ne saurais expliquer : à peine remis de son amour pour Mary, I. a été la proie d'une nouvelle passion » (91)), apparaît une image idéalisée de l'Égypte dans son parcours historique remarquable, qui devient objet de son amour, après l'éloignement de Mary : « L'Égypte pour lui était la Belle au Bois dormant qu'une méchante avait plongée dans le sommeil en l'effleurant de sa baguette. Elle était parée des bijoux et du voile prévus pour la nuit des noces » (92). Image qui a la particularité d'introduire déjà la notion de génération[30], renvoyant à celle de famille. Tout le contexte est d'ailleurs saturé par cette notion de génération : « Mais maintenant il avait le sentiment d'être le maillon d'une longue chaîne – *silsila* – qui l'attachait solidement à sa patrie » (91). Image qui reprend, dans le même registre, celle utilisée autrefois par son maître : « Je parierais que l'âme d'un pharaon prêtre-médecin du s'est métamorphosé en vous Mister Ismāʿīl [...] Il voyait en lui un savoir pour ainsi dire inspiré et une clarté d'esprit engendré – *salīl* – par des siècles de culture, un doigté hérité – *warīṯ* – de ces mains qui ont sculpté dans le granit des statues qui semblent sur le point de s'animer » (83). Ainsi le terme *silsila*, utilisé par I., reprend-il les termes *salīl*, qui renvoie à *sulāla* et *warīṯ*, qui renvoie à génération, et même *taqammuṣ* qui reprend la notion de *silsila*. De cette manière, I. se construit une famille symbolique idéale faite – excusez du peu ! – de « pharaons prêtres et médecins » et « d'artistes bâtisseurs et sculpteurs ».

C'est cette image de la famille idéalisée, couplée avec celle de la famille naturelle, qui va, dans un deuxième temps, s'incarner par paliers dans cette lourde masse des foules anonymes. Au départ, tout en maintenant la distance entre l'image construite et la réalité (« Plus grandissait son amour pour l'Égypte, plus il en voulait aux Égyptiens » (92)), il introduit déjà le lien familial : « Pourtant c'étaient sa parenté, sa famille » ; ce qui l'autorise à leur trouver des excuses : « Ils n'étaient pas coupables ? Ils étaient victimes de l'ignorance, de la pauvreté, de la maladie, d'une injustice longue, chronique ». Puis, pensant à la fois à Fāṭima « la victime qui jamais ne se révolte ou doute » et à la gloire de l'Égypte antique, il reconnaît les potentialités de ce peuple (« La gloire, il la connaît et en garde la mémoire » (112)) dont il rappelle le processus générationnel (« C'est à croire que de père en fils on hérite de la profession, de la voix et même de l'emplacement dans le Maydān » (122)). Pour finir, l'image de la famille, à travers sa longue généalogie, s'incarne dans la masse qui l'entoure. Les gens qu'il voit devant lui sont les mêmes : non seulement depuis Ǧabartī, mais depuis les constructeurs des pyramides et forment une grande famille.

30 « *Laylat al-daḫla* » et « *duwāq* » sont liés dans l'imaginaire oriental plus à la procréation qu'à l'amour. C'est le voile porté par la mariée qui donnera le signe tangible de la fécondation. Le terme génération est à comprendre dans le sens d'engendrement et de succession.

3.2.1.3 *Le Peuple*

Simultanément à la reconnaissance de la masse comme grande famille, apparaît la notion de « peuple » dans le sens moderne, conforté par le terme patrie, *waṭan*[31], et appelant toutes les institutions étatiques : « Il ne peut, pense-t-il, y avoir un autre peuple que les Égyptiens qui conserve ainsi son caractère et son cachet, malgré les bouleversements de l'Histoire et les changements de régime » (116). Et la famille promue au rang de peuple acquiert une entité propre car elle est désormais liée par une sorte de foi : « ... un peuple uni par un seul lien, une sorte de foi, le fruit d'un long commerce avec le temps ». La masse ainsi transformée est alors prête à être investie de son amour. Pour la première fois, il lâche, comme par inadvertance le mot : « Mais pourquoi comparer ? L'amant ne mesure ni ne compare ». La voie est ouverte à la reconnaissance définitive et formelle : « Vous m'appartenez et je vous appartiens. Je suis fils de ce quartier et fils de ce Maydān » (118). La masse est enfin adoptée comme famille, comme peuple et comme patrie dans le sens plein du terme. Il est alors autorisé à se mettre à son service, comme sa propre famille s'était sacrifiée pour lui.

Il semble évident que si réconciliation il y a, c'est bien à ce niveau. Plus que d'une réconciliation, il faudrait parler de dialectique. La fusion dans le collectif cède d'abord le pas à l'individualisation à outrance. Mais le sens de la famille contenu dans le premier mouvement et celui de la personne autonome puisé dans le second, irrigués par la compétence scientifique allant de l'un à l'autre, font éclore un rapport nouveau qui serait l'autonomie dans l'interdépendance ; une famille rénovée en quelque sorte. Mais il faut bien noter que cette synthèse paraît artificielle : elle est construite par le narrateur pour l'usage du héros et ne procède pas d'une logique interne propre à Ismāʿīl. Amenée par une rupture dans la logique narrative (l'amour pour Mary se reportant sur l'Égypte), elle prend appui sur l'idéologie de l'énonciateur, au moment de l'énonciation, à savoir l'idéologie nationaliste, adoptée dans les années trente et quarante, comme moteur de la lutte contre l'occupant[32]. C'est ce double effet énonciatif qui justifierait la réconciliation avec l'Occident et la vision universaliste qui se fait jour, dans ce même contexte[33].

---

31 *Waṭan* en effet, renvoie à toute la pensée moderne qui s'emploie depuis le début de la *Nahḍa* à substituer aux relations religieuses ou ethniques des relations de citoyenneté.

32 Notons que les notions clé référant au nationalisme, tel *le réveil* du peuple (qui retrouve « sa virilité » et sa « gloire ») couplé avec l'apparition d'un « chef inspiré » (image qu'I. projette de lui-même à son retour), font fortune dans la littérature du moment. Il suffit de penser à *ʿAwdat ar-rūḥ* de T. al-Ḥakīm, paru cinq ans avant la rédaction de *Qindīl*.

33 A son arrivée, Is. parle de l'Égypte ouverte au monde (« telle une paume de main »), de l'oiseau qui « tient tout l'univers pour sa patrie » et, sur un ton ironique et irénique à la fois, de « nos frères les occupants » (85/50).

3.2.2 L'intégration du corps

Il est un autre registre où la réconciliation peut être repérable sous un autre mode : celui du corps qui comprendrait aussi bien la sexualité que l'intelligence sensible du monde.

3.2.2.1 *La sexualité*

La sexualité, sous une forme qui évolue au fil du récit, sature le texte. Dans le monde traditionnel, elle est omniprésente mais sur le mode du non-dit. Il n'y a pas une scène au Maydān où elle ne se manifeste. C'est la « jeune fille qui surgit d'un coup au beau milieu de la ruelle [...] nue ou presque » (67) ; les corps perçus comme nus dont I. « flaire à la façon des chiens » les « effluves de sueur et de parfum » (72), les prostituées, et notamment Naʿīma décrite avec une sensualité brutale, et « parmi elles comme un coq au milieu de la basse-cour » le cheikh Dardīrī « épouseur » à souhait, puisque « l'année ne s'achève sans qu'il épouse une nouvelle vierge » (73). Cette profusion de sexualité s'exprime sous le mode refoulé ; I. ne se l'avoue que dans son for intérieur.

Dans le deuxième programme, la sexualité qui s'exprime sur un mode opposé acquiert une autre dimension. Elle est explicite, assumée et libre. Mary se donne à lui naturellement et sans arrière-pensée. Inversant l'ordre des choses dans l'univers d'Is., elle en prend l'initiative et en fait un geste gratuit : l'amour n'est lié ni au mariage (figure de Fatima, sa fiancée) ni à la prostitution (celle de Naʿīma). Ainsi la sexualité devient synonyme de pur amour, lié à l'instant présent. Aussi fonde-t-elle une autre vision du monde. Mary est, comme son nom le suggère, mère toujours vierge : elle crée un nouveau monde, sans se souiller, du moins mentalement.

Dans le dernier programme, la sexualité trouve un moyen terme. Le sordide de la prostitution s'éclipse : convertie, Naʿīma retrouve la splendeur de son corps. La virginité malade s'épanouit devenant fertilité : guérie, Fatima devient la mère d'une « nombreuse descendance ». Et l'amour sans aucun objectif social, fait place à l'engagement physique et moral : I. s'engage dans l'amour et devient, en même temps, le père d'une dynastie continuée ; même si ses anciens démons (ses amours extra conjugales) continuent à le tenter. Entre la sexualité instrumentalisée (pour la procréation ou pour le plaisir égoïste) et la sexualité absolutisée, surgit la sexualité assumée et sociale à la fois. Par ce biais, les trois personnages acquièrent eux aussi une dimension symbolique. Naʿīma, le sexe livré aux mâles telle l'Égypte livrée à tous les conquérants, réintègre son corps en même temps que son âme. Elle devient une femme dans le sens plein du terme. Fatima, handicapée et peu désirable, telle cette masse à la dérive que constitue l'Égypte réelle, renoue avec cette « vraie » Égypte en devenant créatrice et chaînon dans une longue chaîne garantissant l'avenir du pays. Quant à I., il se réapproprie le symbole de son nom : le Baal fécondateur de l'Égypte redevenue fertile, assumant le rôle de l'Ismaël biblique, père d'une grande dynastie, d'une civilisation.

3.2.2.2 *La mémoire entre le sensible et le spirituel*

Au-delà de la sexualité, s'expriment tous les autres sens, selon deux modes différents qui finissent par se rejoindre.

Dans ce monde traditionnel, c'est par le corps que chacun s'exprime, surtout lorsque la charge affectivo-sémantique est trop forte pour être élaborée adéquatement. Pour dire leur attachement au sanctuaire du *Sitt*, les paysans ne trouvent pour toute prière que de « se jeter sur le seuil en marbre [du sanctuaire] le bombardant de baisers » (59). Et le narrateur d'expliciter : « ils ne trouvaient pas d'autres moyens pour exprimer ce qu'ils ressentaient que par des gestes ». Ainsi se comportera Naʿīma et les autres personnages. Ils se construisent également par ce que le corps reçoit de l'extérieur : les sons de toutes sortes (les appels des marchands, les suppliques des mendiants, les rires des ivrognes, les prières et les contes mythiques des orants, voire l'aspiration-expiration de Sīdī al ʿitrīs, portier de la Sitt...) ; la vue des faits et gestes de la foule, mais aussi de ses fantasmes (la lumière de Sîdî qui balaie la coupole du sanctuaire (66)) ; le toucher des corps (« une légère poussée ou un contact subit » (71)) et des lieux (les murs du sanctuaire) ; l'odorat (« il les flaire à la façon des chiens » (72))... Ce monde sensoriel est tellement prégnant qu'aucun sens ne peut disparaître sans être auparavant compensé par un autre : « Le meilleurs signe de l'approche de la cécité est que les mains commencent à voir » (62). Mais ce sont surtout l'ouïe et la vue qui prédominent. Ce sont les éléments structurants par excellence : « Comment pourrait-il savoir que ces bruits qu'il entend sans en prendre conscience, ces fantômes sur lesquels son œil se pose sans le savoir, ont tous le pouvoir étrange de se glisser jusqu'à son cœur, de s'y insinuer, de s'y installer et de s'y stratifier pour bâtir chaque jour le fond de son être ? » (69).

Bien sûr « rien ne vient à l'intellect si ce n'est par les sens ». La démarche spécifique ici provient de deux facteurs. Le premier c'est l'absence presque totale de l'intellectuel : les matières scolaires sont à peine mentionnées, et la récitation du Coran et des prières ne sont quasiment que des sons magiques. L'enseignement religieux se réduit à une représentation visuelle et auditive (presque audiovisuelle) de scènes figurant des personnages sacrés (cf. « la nuit de l'audience » (73)). Les décisions personnelles sont prises à la suite d'une mise en scène qui en appelle à tous les sens : « Il prit une somme pendant lequel il entendit une voix lui dire » (76). Le deuxième aspect, c'est la « socialisation » à laquelle sont soumis ces sens. On ne quitte quasiment jamais la scène publique. Rien ne se passe en dehors de ces lieux. Aucune allusion à la nature.

Dans la deuxième phase, le corps fonctionne sur un autre mode. Pour la première fois les sens trouvent à s'exercer dans la nature : « Il a appris à goûter les beautés de la nature, à jouir du coucher du soleil et à savourer la morsure du froid du nord » (86). Le seul séjour en dehors de la ville se passe à ce moment (« elle l'avait emmené en voyage dans la campagne » (89)). Le fait est si singulier que le narrateur exprime un étonnement : « comme s'il n'y avait pas dans son propre pays des crépuscules tout aussi beaux ! » (86). Les sens se détachent du collectif, et commencent à apprécier les œuvres individuelles, fruit de l'esprit : les arts plastiques, la musique... Cela va de pair avec la découverte du monde conceptuel : l'expression ne passe plus par une mise en scène sensorielle, mais par des notions et des concepts[34]. Une autre mémoire du corps s'acquiert, vite mise en œuvre dès son retour : c'est au moment du débarquement à Alexandrie qu'il découvre pour la première fois la nature de son pays, sa faune et même ses habitants. Elle se constitue grâce à des sens désormais caractérisés par le discernement : « Son oreille sélectionne et discerne. Son œil éveillé et à l'affût[35], veut tout voir tout comprendre » (85). La transformation sensorielle se reporte sur le physique en entier. A son départ, c'était : « un jeune homme rassis comme un vieux, lent, son regard est naïf, il a déjà de l'embonpoint, il est fruste » (81). A son retour, c'est « un jeune homme élégant, svelte [...] Les arrondis de son visage ont disparu [...] Les commissures des lèvres qui étaient molles et entrouvertes sont maintenant serrées, expriment résolution et confiance en soi » (81-86).

La phase finale commence par une lutte entre les deux corps. Le corps acquis apparaît comme un corps rêvé, un corps irréel. Le choc de la réalité sonne comme un « réveil » (« Il ne mange pas, tant le choc du réveil est brutal » (97)), d'un rêve ou d'une ivresse[36]. C'est par ce corps qu'il voit le monde sur sa route vers la Lampe qu'il va briser. Le refus du réveil le pousse à l'acte symbolique qui vise à occulter le réel perçu par le premier corps. L'autre corps reprend vie et s'impose : « Il sent que son corps est lié à cette demeure insupportable, attaché au Maydān qu'il déteste » (108). Il en résulte un effondrement physique et psychique, avant que l'un et l'autre n'entre dans une sorte d'osmose. Il voit et entend de nouveau, mais avec une certaine distance et la volonté de comprendre autrement. C'est ainsi qu'il perçoit Fatima ou les gens du Maydān : « Il voulait voir le visage de Fatima, entendre sa voix » (122). Signe de cette évolution, la récurrence du terme « comprendre », « discerner »... Tout cela apparaît dans le portrait final d'Ismâʿîl. Il a pris du corps la forme locale

34 *Cf.* les traces de dialogues entre Mary et Ismāʿīl.

35 Le texte emploie « *uḏun fāriza waʿiya* » et « *ʿayn ḥayya yaqiẓa* ».

36 « Il s'est enivré », dit le narrateur.

classique, la corpulence (« un homme corpulent et bedonnant » (122)), mais c'est presque un corps spirituel : un peu bohème, bon vivant, drôle, musical, ambigu. Il trouve son expression la plus frappante dans les yeux : « on jurerait qu'un joyeux diablotin va en surgir et tout y est amour et compréhension, on y lit à la fois malice et gentillesse, tolérance et affection » (122).

3.2.2.3 *Cœur/raison*

L'œil occupe une grande place dans le récit[37], à l'image, d'ailleurs, du référent principal de la nouvelle, la lampe, qui est d'abord perçue comme un organe de vue (« assoupi tel un œil paisible qui, ayant vu et compris, s'en trouva rassérénée » (74))[38]. Il résume le corps et figure la mémoire du sensible. Mais il se trouve en même temps lié à *basîra*, cette vue intérieure des choses (« *lā baṣara maʿa fiqdān al-baṣīra* » (72)) ; aussi appelle-t-il presque immanquablement le terme *adraka*. Ainsi il apparaît comme isotope de cœur, *qalb* ; et c'est dans ce contexte que la lampe révèle toute la richesse de sa symbolique.

Ce terme de *qalb*, récurrent dans le récit, remplit une double fonction. D'une part, il joue le rôle d'un foyer qui emmagasine les sensations, surtout visuelles et auditives, les interprète selon les normes sociales et/ou individuelles et en construit une axiologie propre[39]. Mais d'autre part, c'est lui qui, en fin de compte, oriente les événements, aux moments stratégiques, souvent en contradiction avec la logique rationnelle. Il crée un ciment et imprime un sens là où la raison (narrative) se trouve devant une rupture. En effet, à plusieurs reprises, la narration se trouve ponctuée par des expressions interrogatives ou exclamatives à propos d'une aporie, vite suivies d'une esquive faisant intervenir le cœur. Étonné par l'attitude de la famille qui construit sa vie au rythme de celle du jeune I. au point de paraître complètement aliénée par ce rapport instinctif (« C'était une affection ayant atteint la violence d'un instinct animal » (62)), le narrateur pose abruptement la question : « En quoi, je vous le demande, y avait-il de la beauté dans cette abnégation servile ? » (93). La réponse fuse aussi abrupte : « Eh bien c'est mon cœur qui peut fournir la réponse ». Lorsque, délaissé sans douleur par Mary, Ismāʿīl tombe amoureux de l'Égypte, le narrateur accompagne ce passage par une marque d'étonnement : « Phénomène

37 Ce phénomène a été relevé pratiquement par tous les critiques de Ḥaqqī.

38 La même expression se répète p. 117.

39 « Comment pourrait-il savoir que ces bruits… ces fantômes sur lesquels son œil se pose…, ont tous le pouvoir étrange de se glisser jusqu'à son cœur, de s'y insinuer, de s'y installer et de s'y stratifier pour bâtir chaque jour le fond de son être ? »

étrange, que je ne saurais expliquer» (91), avant de faire intervenir le cœur: « Est-ce parce que le cœur a horreur du vide ? »[40].

Mais ce cœur qui assume corps et sexualité, assume également la culture individuelle et spirituelle de l'Occident et, en fin de parcours, l'idéologie nationale, acquise, bien qu'indirectement, en Occident[41]. Ainsi, il permet au héros de prendre ce qui lui semble valable de la rationalité occidentale, sans s'y fondre, puisqu'il l'intègre par le cœur et dans ce foyer qu'est le cœur. Là aussi, à défaut de réconciliation, on peut parler de rencontre, rencontre qui ouvre à l'universel. En témoigne ces yeux du vieux Ismāʿīl, qui s'identifient si bien à *baṣīra*, qu'à la fin du parcours, ils livrent un message qui transcende le « moi » et le « toi » (en d'autres termes: le même et l'autre, l'identité et l'altérité) pour accéder au mystère de l'universel: « Nous ne constituons pas, toi et moi, tout ce qu'il y a dans l'existence. Il y a tant de beauté, de mystères, de bonheur et d'éclat… » (122). Ils deviennent en fait un reflet du *Qindīl* qui, lui aussi, transcende le temps, l'espace et les contradictions: « Toute lumière exprime l'affrontement entre une obscurité qui opprime et une clarté qui résiste, à part ce *Qindīl* qui éclaire sans affrontement: ici, il n'y a point ni Orient ni Occident, ni jour ni nuit, ni hier ni demain » (74).

3.2.2.4 *Conclusion : énonciation et universalisme*

Il appert de tout le développement précédent que si réconciliation entre Orient et Occident il y a, celle-ci ne se fait certainement pas sur l'axe Science-Religion, mais dans d'autres registres dont nous avons analysé les deux principaux: la relation individu/masse et le rapport au corps. Cela fait apparaître un certain divorce entre l'intention annoncée ou présumée de l'œuvre et sa réalité donnée. Divorce dont les critiques avertis ont l'habitude: l'œuvre est autonome et c'est elle qui doit parler et non l'auteur, dont elle peut révéler les contradictions et les ambiguïtés. Ce divorce est camouflé, tant bien que mal, par l'énonciation omniprésente. Nous avons déjà signalé son action pour colmater les ruptures au niveau du déroulement de la fiction. Mais elle agit également au niveau narratif pour emporter l'adhésion du lecteur. Ses marques saturent l'énoncé de bout en bout: les tropes, les adjectifs évaluatifs, la première personne qui prend le relais de la troisième aussi bien dans la description que dans le monologue intérieur, les intrusions directes qui frôlent parfois les intrusions auctoriales… sont tellement évidentes qu'il est inutile de s'y arrêter davantage. Le narrateur (derrière lequel se profile, parfois, l'auteur) est tellement présent que

40 Il en est de même au moment où il passe de la dépression à l'énergie subitement sous l'effet de la mémoire du corps (p/73/108).

41 C'est son professeur qui le premier lui ouvre les yeux sur la gloire de l'Égypte antique.

par moment les différentes voix narratives se confondent, créant une « anomalie » vocale. En effet, si le narrateur, est ici un narrateur omniscient qui transcende les personnages, le temps et l'espace, il est par moment un personnage représenté, du moins sur le mode du témoin. A deux reprises, il se représente dans le récit comme le tenant de son oncle : « Par la suite oncle I. devait me jurer » (81) et un peu plus loin : « Par la suite I. devait m'avouer » (63/97). On peut imaginer un narrateur rapportant les souvenirs racontés par son personnage, en les commentant à sa façon. Mais alors le seul point de focalisation devrait être ce personnage. Ici, par contre, la focalisation sur un seul personnage n'est pas stricte, puisqu'il est question de la préhistoire du personnage et des réactions de personnes étrangères à la famille et elle s'accompagne de focalisations rapides sur d'autres personnages comme Fatima. Ce qui accentue l'ambiguïté, c'est la position souvent équivoque du narrateur : entre le commentateur a posteriori et le témoin oculaire. Il fait tellement partie de cette famille qu'il se rappelle ce qu'il n'a pu voir que comme narrateur omniscient : « Pas une seule fois je ne me suis représenté cette période heureuse sans que mon cœur ne batte plus fort à son souvenir » (63). Bref, le narrateur tient tellement à introduire le lecteur dans le récit qu'il s'y introduit lui-même d'abord.

Il est cependant une autre énonciation utilisée comme une arme imparable pour séduire le lecteur : il s'agit du style superbe du récit. A défaut d'une étude exhaustive, impossible dans le cadre de ce travail, relevons en quelques caractéristiques, qui sont d'ailleurs contenues en germes dans la notion de *ḥatmiyya*, que Ḥaqqī, dans un article célèbre, propose comme norme pour toute nouvelle écriture[42]. Malgré sa formulation peu scientifique, cette notion d'inéluctabilité recouvre trois éléments fondamentaux. Le premier, relatif au niveau lexical, requiert le choix du terme approprié ; ce qui permet d'éviter à la fois l'à peu près et la redondance qui lui est souvent liée[43]. Ce procédé rend le texte plus percutant et libère l'esprit du créateur, qui peut se consacrer à la recherche du rythme adéquat (Haqqî dirait « la musique ») à imprimer à la phrase comme au texte dans son ensemble. L'exemple typique en est la réponse tronquée et éloquente d'Ismāʿīl après le bris de la lampe : *ʿanā… ʿanā… ʿanā* (104)[44]. L'autre élément inclut le lexical et le phrastique : c'est la polyphonie, inhérente au roman,

42 *Cf.* « *Ḥāğatunā ilā uslūb ğadīd* » (in Ḫuṭuwāt fī al-naqd, al-Hay'a al-miṣriyya al-ʿāmma li-l-kitāb, Le Caire, 1976), auquel l'auteur accorde beaucoup d'importance ; il y renvoie souvent, notamment dans la préface autobiographique à son recueil *Qindîl*.

43 Ella a souvent pour fonction dans mainte textes arabes modernes de préciser un signifié qu'on n'arrive pas à rendre par un seul terme.

44 Il en est de même pour : *fi'la, yaršiquhā bi-qubulātihi, fa-iḏā huwa ḥadīd.*

comme Bakhtine l'a si bien montré[45]. Il s'agit de respecter la voix des différents locuteurs, ou du même locuteur dans les diverses situations. Intervient ici, bien sûr, le mélange du dialectal et du littéraire, mais aussi les différents registres du langage. En témoignent, dans Qindīl, à côté des cris des vendeurs, dans leur langage chatoyant et concis (cf. p. 66), les termes utilisés par le narrateur mais, renvoyant, sous leur forme lexicale attestée, à la voix du peuple : tel le terme *fi'la* (p. 59) qui est chargé, dans l'usage populaire égyptien, d'une connotation péjorative évidente. Il en est de même de cette expression, où retentit la voix coranique, utilisée par Ismâ'îl : *fa-iḏā huwa ḥadīd* (118). Quant au troisième élément il consiste à rechercher une certaine ascèse qui s'oppose non seulement à la fonction phatique liée, dans le domaine arabe, à *ḫaṭāba* encore trop répandue, mais aussi à l'usage immodéré des tropes et des conjonctifs. En effet – et à titre d'exemple – les conjonctions *wa, fa*... comme les comparaisons sont strictement comptées. Celles-là sont souvent compensées par une ponctuation élaborée et adéquate, et celles-ci par l'usage de métaphores discrètes et parlantes à la fois, souvent chargée d'une ironie à peine perceptible[46].

Il en résulte une écriture que j'oserais appeler de substantielle, raffinée et envoûtante à la fois. Comment, alors, refuser son adhésion, les yeux fermés, à un narrateur qui vous offre un tel régal de style ?

En fait, ce style renvoie, au-delà de son aspect technique, à une vraie réconciliation. Il procède d'un certain *'umq* (l'autre notion préconisée par Ḥaqqī), fruit d'une culture assimilée et d'une sensibilité éveillée permettant une approche personnelle du réel et, par conséquent, une écriture susceptible d'exprimer une vision élaborée et nuancée du monde. Il s'agit, pour être bref, de sortir d'un *adab* mimétique, formel, répétitif, pour accéder à une littérature qui soit art créatif reflétant une vision du monde[47]. Or cela, avec l'aspect technique qui en découle, est construit par Haqqî à partir de sa connaissance des littératures européennes et notamment russe. C'est par ce biais qu'il retrouve un certain *bayān* classique méconnu qu'il rénove à sa façon.

Si le parcours intellectuel d'Ismâ'îl est peu convaincant (I. n'accède jamais au statut de sujet authentique), sa transformation par le cœur (idéologique et corps à la fois) est réelle. Quant à l'auteur, là où il échoue en tant que penseur (les anomalies narratives), il réussit en tant qu'artiste : il crée une littérature forte. A partir de son lieu propre, le domaine de l'arabe, il accède, en

45 Notamment dans Esthétique et théorie du roman, Gallimard, Paris, 1978, et L'œuvre de François Rabelais, Gallimard, Paris, 1970.

46 Un exemple savoureux : « *iḫwānunā al-muḥtallūn wa-law annahum aḫlāṭun muṭarbissūn* » (« nos frères les occupants, bien qu'ils soient des hybrides enturbannés », p. 85).

47 Se profile derrière cette exigence la vaste culture de Ḥaqqī, mais plus précisément son penchant pour la littérature russe, porteuse des grandes questions de l'existence humaine.

assimilant l'apport de l'Autre, à l'universel[48] et ce par la créativité. Fait dont il semblait être conscient, lorsqu'il assignait à la pensée arabe dans sa quête de la Renaissance – renaissance à l'histoire universelle – les étapes successives suivantes : littérature, puis philosophie et, en fin de parcours, civilisation[49]. A défaut de la performance technique et de la rationalité rigoureuse, Ḥaqqī a, assurément, trouvé son *Qindīl.*

* Ce chapitre a paru pour la première fois dans *Arabica,* t. XLVI, fasc. 3-4, juillet/octobre 1999, p. 482-509.

48 Ḥaqqī, qui ne recherchait pas la reconnaissance immédiate de l'Occident, s'appliquait à lui-même l'appréciation de Dostoïevski sur sa propre littérature, que nous avons mise comme exergue à ce travail.

49 *Cf.* « *Ḫuṭuwāt...* », p. 188.

PARTIE 7

Pouvoir et répression

CHAPITRE 16

Individu et pouvoirs dans *Šarq al-Mutawassiṭ* : réclamer la liberté au risque de pratiquer la répression des dictateurs ?

Heidi Toelle

En 1975 parut à Beyrouth un roman qui allait faire du bruit au Moyen-Orient, être salué comme une œuvre de courage ou mis à l'index pour crime de lèse-majesté : il s'agit de *Šarq al-mutawassiṭ* de ʿAbd al-Raḥmān Munīf. Ce roman qui constitue un réquisitoire impitoyable contre la torture et toutes les formes d'oppression qui, aux yeux de Munīf, caractérisent *l'Est de la Méditerranée*, (titre de l'ouvrage en français), n'est pas le seul dans la littérature arabe contemporaine à aborder le problème complexe de la relation entre individu et pouvoirs. Presque tous les grands écrivains s'en sont occupés. Mais plus que d'autres, et plus que dans ses autres romans, Munīf semble viser dans *Šarq al-mutawassiṭ* la mise à nu d'un système et de son mode de fonctionnement, comme il ressort des données suivantes :

– le roman ne défend aucun engagement politique particulier : parmi les victimes se trouvent aussi bien des politiques que des apolitiques, des progressistes ainsi qu'un *šayḫ* accusé d'avoir incité les pauvres à se révolter, en se référant à Abū Hurayra, compagnon du prophète.
– le roman n'est situé dans aucun pays en particulier, mais vise tous les systèmes de pouvoir en vigueur sur la rive orientale de la Méditerranée – « depuis le rivage de la mer jusqu'au fin fond du désert ».
– l'auteur a systématiquement recours au stéréotype et campe ainsi des acteurs, certes individualisés, mais avant tout représentatifs de certains modes d'agir, de sentir et de penser, propres à une fonction ou à une société et une culture donnée.

De ce fait, ce roman se prête peut-être plus que d'autres à l'analyse des mécanismes que les relations entre individu et pouvoirs mettent en jeu et à celle des systèmes de valeurs qui leur sont sous-jacents. Mais en voici d'abord le résumé :

Rağab Ismāʿīl, un jeune homme de vingt-cinq ans, fils cadet d'une famille des classes moyennes, est arrêté en raison de ses activités politiques. Tenu au

 | DOI:10.1163/9789004705685_017

secret pendant quatre mois, sauvagement torturé pendant sept ans, il est finalement condamné à onze ans de prison. Il résiste et refuse de parler pendant cinq ans, grâce notamment aux encouragements que lui prodigue sa mère, une maîtresse femme qui a élevé, seule, ses enfants après la mort prématuré du père, et grâce à la foi qu'il a en Hūdā, une jeune fille qu'il aime et qu'il comptait épouser. Mais sa mère meurt et Hūdā, cédant aux pressions familiales en même temps qu'à son besoin de respectabilité, en épouse un autre. La sœur de Rağab, Anīsa, de dix ans son aînée, essaie d'abord de reprendre auprès de son frère le rôle de la mère, puis change d'attitude à son égard : craignant pour la vie de Rağab, elle se met consciemment à le démoraliser et réussit progressivement à venir à bout de sa résistance, si bien qu'il finit par négocier avec ses bourreaux sa sortie de prison et par signer un papier où il reconnaît ses « erreurs ». On l'autorise à se rendre en France pour s'y faire soigner, mais on lui donne à entendre qu'on compte désormais sur sa collaboration.

Rongé par le remords, par ce qu'il vit comme une chute et comme une trahison de ses propres valeurs, Rağab cherche en vain à calmer sa conscience, en faisant le projet d'écrire un roman sur la torture et ainsi dénoncer les bourreaux et leurs méthodes auprès de la Croix-Rouge à Genève. Le hasard veut que l'un des médecins qui le soigne est un ancien résistant. L'itinéraire de ce dernier le renforce dans la conviction qu'il a commis une erreur, en signant le papier infâmant, et qu'il lui aurait fallu résister jusqu'au bout. Sur ces entrefaites, il apprend que la police a pris son beau-frère, Ḥāmid, en otage dans le but de le contraindre à revenir au pays. Anīsa, de son côté, le presse de rentrer. Y voyant l'occasion de se racheter, Rağab retourne chez lui. Arrêté et torturé à nouveau, il perd la vue. Lorsqu'il est agonisant, la police le dépose devant la porte de sa maison. Il meurt trois jours plus tard.

Deux semaines après sa mort, on vient arrêter Ḥāmid. Anīsa, de son côté, finit par faire le bilan des erreurs qu'elle pense avoir commises, en poussant Rağab à se rendre, puis à revenir. Se sentant responsable de sa mort, elle décide de faire publier à l'étranger les notes que Rağab lui avait confiées lors de son retour de France et d'y ajouter les siennes propres.

Le fait est que *Šarq al-mutawassiṭ* est approximativement conforme au projet de Rağab d'écrire un roman sur la torture à plusieurs voix. C'est ainsi que les six chapitres sont alternativement de la plume de Rağab et de Anīsa, chacun racontant les événements de son point de vue, en ayant recours, pour ce faire, aux techniques du flash-back et du monologue intérieur. Le résumé linéaire que nous venons de faire ne rend donc pas compte de la forme plus spécifiquement littéraire du roman.

1 Quête de la liberté et du pouvoir

Comme l'a bien vu Éric Gautier, *Šarq al-mutawassiṭ* est un roman qui ne cherche pas seulement à dénoncer la torture, mais à décrire surtout comment et à quel prix la quête de la liberté est susceptible de porter des fruits, y compris dans des situations où elle paraît *a priori* condamnée à l'échec. En effet, Munīf vise à démontrer que, dans les conditions qui règnent à l'Est de la Méditerranée, ce n'est qu'en mettant la liberté, en sa qualité d'objet de valeur, au-dessus de la vie elle-même, qu'une telle quête a une chance d'aboutir : la mère de Rağab meurt à la suite d'un coup de matraque reçu lors d'une manifestation ; Hādī succombe sous la torture ; Rağab, après avoir un temps plié sous l'ampleur de la tâche, décide de mourir pour rester un homme libre.

Son parcours exemplaire entraînera dans deux sillages deux acteurs qui semblaient tout d'abord n'avoir d'autre but que de vivre tranquilles ; l'apolitique Ḥāmid, d'abord, Anīsa ensuite. C'est dire que la liberté n'est pas dans *Šarq al-mutawassiṭ* une donnée première. Elle s'impose peu à peu aux acteurs du roman comme une nécessité, en raison des conditions de vie qui leur sont faites et qui se caractérisent par le statut de dominés que les représentants du pouvoir cherchent à leur faire accepter par tous les moyens. C'est dire aussi que toute quête de la liberté est une quête du pouvoir, puisqu'elle consiste pour le dominé à se libérer de la domination d'autrui et donc à (re)conquérir un pouvoir – ou, du moins, des parcelles de pouvoir – dont on cherche à le priver.

Il s'agira donc dans un premier temps, de décrire la relation de domination telle qu'elle est mise en scène dans le roman ; il s'agira ensuite de voir comment celle-ci conduit chez le dominé à la construction – pour l'essentiel cognitive et passionnelle – d'un contre-pouvoir, enfin, il s'agira de montrer que ce contre-pouvoir se nourrit d'un système de valeurs qui plonge ses racines loin dans l'histoire du Moyen-Orient et qui contient, à son tour, en germes la négation de la liberté d'autrui. (La traduction est de notre fait ; les numéros de pages indiqués entre parenthèses renvoient à l'édition de Beyrouth, *mu'assassa ʿarabiyya li-l-dirāsa wa-l-našr*, s.d.)

2 Le rapport de domination

Dans *Šarq al-mutawassiṭ*, la relation dominant/dominé met en jeu deux groupes d'acteurs : les représentants du pouvoir d'État et ceux que, faute de mieux et malgré tout, nous appellerons les citoyens. Le premier de ces groupes ne comprend que des acteurs assumant des fonctions répressives : indicateurs, policiers, personnel pénitentiaire, enquêteurs, tortionnaires et accessoirement juges – ces derniers toujours au service des précédents. Quant au second, on peut y distinguer deux sous-groupes : les citoyens en « liberté » surveillée et les citoyens sous les verrous. On ne saurait mieux signifier qu'il s'agit d'un pur rapport de domination.

Et c'est bien ce dont Ḥāmid finit par prendre conscience, lorsqu'il s'exclame : « Peut-on vivre dans ce pays maudit ? Tout le monde y passe, ceux qui font de la politique et ceux qui n'en font pas, ceux qui aiment ce régime et ceux qui ne l'aiment pas… C'est un pays de fous ! Il doit être détruit » (p. 117). Ceci nous amène à examiner de plus près les moyens mis en œuvre par les dominants pour s'assurer la pérennité de leur domination.

2.1 *La quête du renseignement : quête du savoir ou quête du pouvoir ?*

L'une des caractéristiques des représentants du pouvoir dans *Šarq al-mutawassiṭ* est de se livrer sans relâche à la quête du renseignement. A les en croire, il s'agit d'obtenir un maximum d'informations concernant l'état d'esprit et les activités des citoyens et c'est la raison pour laquelle ils s'acharnent à mettre en place un système de surveillance qui se veut de tous les instants ; c'est aussi la raison pour laquelle ils ont systématiquement recours à la torture. En principe, la quête du renseignement est une quête du savoir. Cependant à y regarder de plus près, cette quête affichée du savoir se révèle être, au mieux, un programme d'usage mis au service de la quête du pouvoir ; au pire, un programme mensonger derrière lequel se camoufle cette même quête du pouvoir. Voyons ce qu'il en est.

2.2 *Surveiller*

Dans *Šarq al-mutawassiṭ*, les indicateurs sont nombreux et s'infiltrent jusque dans les cérémonies funèbres ; la police peut à tout moment convoquer le citoyen à fin « d'enquête » et la lecture affichée de la correspondance privée est une pratique courante. En d'autres termes, la quête du renseignement va bon train. Mais voici qu'Anīsa relate une des journées que Ḥāmid passe au commissariat : « Ils le retinrent du matin à minuit et, après l'avoir gardé longtemps sans l'interroger et sans lui donner à manger, ils s'aperçurent soudain de sa présence, comme s'ils étaient surpris de le découvrir là, […] et lui posèrent les mêmes questions. Qui a visité Rağab ? Qui a-t-il contacté ? Où est-il allé ? A-t-il découché ? Ḥāmid leur répondit calmement et leur dit la vérité, car ils connaissaient les réponses sans avoir besoin d'interroger quiconque. […] » (p. 107-108).

Et voici la réaction de Anīsa lorsqu'elle s'aperçoit qu'une des lettres écrites par Rağab a été ouverte : « Non seulement ils lisent les lettres, mais ils les lisent avec défi, en clamant haut et fort : nous les avons lues, nous lisons tout ! La vie est désormais nue au point qu'on en vient à avoir peur de soi-même et à les croire sans cesse présents, quand on dort, quand on rêve, quand on marche dans la rue, voire quand on meurt. » (p. 118).

Examinons de plus près ces deux passages. Dans le premier, Ḥāmid est convoqué pour répondre à des questions dont les enquêteurs connaissent déjà les réponses, ce qui, au vu de la quête du renseignement affichée, est absurde et la fait apparaître comme un mensonge. La convocation poursuit donc un tout autre but. En effet, il s'agit, tout d'abord, de dénier à Ḥāmid son statut de sujet, en le transformant, le temps d'une journée, en un objet dont on dispose à sa guise : l'ayant fait venir, on se désintéresse de lui et l'on feint d'oublier qu'il existe ; on le parque dans un coin et le prive de nourriture ; ce n'est qu'ensuite qu'on l'interroge dans le seul but de tester la conformité de ses réponses avec celles que l'on détient déjà. La première opération vise à lui signifier son statut de dominé, en lui imposant une attente aussi épuisante qu'humiliante ; la seconde à éprouver ce qu'on pourrait appeler sa loyauté, en vérifiant s'il dit la vérité. Dans les deux cas, l'objet ultime visé est la soumission du citoyen, en l'occurrence de Ḥāmid, au pouvoir et à ceux qui le représentent.

Le second exemple est encore plus clair. En effet, la lecture de la lettre en soi a peu d'importance ; ce qu'il importe en revanche de faire savoir, c'est qu'elle a été lue, manière à induire chez le citoyen « un état constant et permanent de visibilité qui assure le fonctionnement automatique du pouvoir » (*cf.* M. Foucault, *Surveiller et punir, Naissance de la prison*, Paris 1975, p. 202). Et c'est bien ce fonctionnement automatique du pouvoir que Anīsa confirme lorsqu'elle dit qu'on en vient à « avoir peur de soi-même et à les croire sans cesse présents. » En effet, et puisqu'il n'est guère possible de lire toutes les lettres écrites par les citoyens, ni de connaître tous leurs actes, tous leurs sentiments et toutes leurs pensées, il importe de faire en sorte « que la surveillance soit permanente dans ses effets, même si elle est discontinue dans son action. » (*Ibid.*). La multiplication des indicateurs, celle des convocations à la police, la censure n'ont donc d'autre but que de faire croire à l'omniprésence des représentants du pouvoir et de conduire de la sorte le citoyen à intérioriser son statut de dominé.

Par ailleurs, la fonction de surveillance, inhérente à l'exercice de toute forme de pouvoir, n'est acceptable qu'à condition d'être fondée sur un contrat qu'on pourrait appeler social et en vertu duquel les membres d'une collectivité quelconque délèguent à leurs représentants le droit de veiller au respect par tous de valeurs communes. Ce n'est pas le cas dans *Šarq al-mutawassiṭ* où la fonction de surveillance n'est pas de délégation, mais d'appropriation et où elle vise exclusivement à prévenir, voire à rendre impossible la contestation du pouvoir lui-même. Elle se trouve ainsi détournée au seul profit du dominant et transformée en l'instrument de sa survie.

2.3 *Torturer*

Si l'ensemble des citoyens de *Šarq al-mutawassiṭ* vit sous haute surveillance, certains sont, comme nous le disions plus haut, sous les verrous. Ils se trouvent alors confrontés à la situation suivante : ou bien ils acceptent de se soumettre, en avouant et/ou en fournissant les renseignements réclamés, et sont relâchés, ou bien ils refusent de se soumettre et s'exposent à la torture laquelle vise à les contraindre à la soumission malgré eux.

C'est dans ce dispositif qu'il s'agit de voir plus clair, car, comme nous allons le voir, le véritable enjeu ne consiste pas, en l'occurrence, à donner ou à ne pas donner les renseignements réclamés ou à les obtenir, mais à se mesurer au niveau des pouvoirs détenus. L'affirmation est peu habituelle et peut paraître choquante en ce qui concerne les victimes. Et pourtant, celles-ci n'ont aucune chance de sortir victorieuses des épreuves qu'on leur impose, si elles ne réussissent pas à construire un contre-pouvoir efficace face à celui qui cherche à les anéantir en leur qualité de sujets.

Toutes les séances de torture décrites dans *Šarq al-mutawassiṭ* font ainsi intervenir les trois plans du somatique, du passionnel et du cognitif et certaines d'entre elles commencent par une phase manipulatoire qu'il s'agit d'examiner en premier lieu.

En effet, il arrive aux tortionnaires de proposer à leurs victimes un programme d'échange formulé ainsi : l'aveu et/ou le renseignement réclamé contre la liberté. Mais outre le fait que le caractère égalitaire de l'échange se trouve dénié par le rapport de pouvoir qui le sous-tend – en sa qualité de captif, le prisonnier se trouve, sur le plan somatique, transformé en objet et la liberté proposée lui sera octroyée par les représentants du pouvoir – la proposition d'échange s'accompagne de gestes séducteurs et de propos menaçants : « Hādī ! avoue et personne ne te touchera ! Dis qui est avec toi, Ḥāmid ! L'aveu est le prix de la liberté, il faut avouer. Quand ils s'étaient lassés de cette méthode-là, ils ont commencé à en essayer d'autres : les cigarettes étrangères, le thé, l'amabilité… Et une semaine plus tard : Qu'est-ce que tu en dis, le moment n'est-il pas venu de nous dire deux mots et de sortir de prison ? » (p. 82).

C'est en des termes analogues que l'on s'adresse à Raǧab : « Comme je te l'ai dit : si tu avoues, personne ne te touchera, mais si tu n'avoues pas, je te ferai avouer comme un chien. Est-ce que tu sais comment hurle un chien ? Tu hurleras plus fort que lui. » (p. 84).

Ce qui est proposé au prisonnier ce n'est donc pas un échange, c'est à dire un choix libre – lequel consiste à /pouvoir-choisir/ ou à /pouvoir-ne pas choisir/, sans que l'une ou l'autre option n'entraîne de conséquences fâcheuses ; la preuve en est que le refus de l'échange, à savoir ne pas avouer, entraîne la torture qui n'a d'autre but que d'obtenir par la contrainte ce qui a d'abord été refusé. La liberté de choisir se transforme ainsi en obligation de choisir – en /ne pas pouvoir-ne pas choisir/ – et l'échange en dilemme. D'autre part, la liberté offerte contre l'aveu n'est, à y regarder de plus près, qu'un faux-semblant ; liberté somatique, certes, qui transforme le captif à nouveau en un sujet maître de son corps ; mais liberté octroyée par le pouvoir en guise de récompense et susceptible d'être reprise à tout moment, voire grevée par une obligation de collaboration. Comme telle, elle ne ferait que témoigner aux yeux de tous de la soumission du sujet et consacrer son statut de dominé.

Dans ces conditions, le prisonnier ne saurait interpréter la prétendue proposition d'échange que comme la manifestation du pouvoir dominateur auquel il cherche précisément à échapper. Tout faire somatique sous forme d'attaque, de défense et même de fuite étant par ailleurs exclu – il ne lui reste donc qu'une seule solution pour s'affirmer comme un sujet libre : celle de nier l'obligation de choisir qu'on cherche à lui imposer et d'affirmer sa capacité à la refuser. Il s'agit là d'une opération cognitive de négation/assertion qui, pour n'être souvent pas verbalisée, n'en transforme pas moins le /ne pas pouvoir-ne pas choisir/ dont le tortionnaire cherche à doter le prisonnier en /pouvoir-ne pas choisir/ et se traduit concrètement par le silence que le second oppose au premier. Quant au silence, il se présente dans ce cas non seulement comme un faire verbal négatif (ne pas parler), mais comme un faire négateur qui, en privant l'adversaire de l'aveu et/ou du renseignement dont l'obtention perpétuerait sa domination, lui dénie le pouvoir qu'il prétend détenir. Que le silence soit bien, en l'occurrence, la manifestation tangible d'un pouvoir acquis par le prisonnier et qu'il est interprété comme tel à la fois par lui-même et par les tortionnaires, ressort de bon nombre de passages du roman dont voici trois exemples. Raǧab se souvient : « Au début, chaque mot que je disais les mettait mal à l'aise. Puis j'ai décidé de me taire et je commençai à lire sur leurs visages les traces sanglantes, terrifiantes de mon silence. Dis n'importe quoi !... Crie, insulte, mais que tu restes silencieux, cela, on ne te le permettra jamais ! » (p. 93). (On aura noté au passage que la quête du savoir a disparu ici, les cris et les insultes réclamés ne constituant pas un renseignement.)

En se remémorant l'une des nuits de torture les plus dures qu'il a vécues, Raǧab affirme :

« J'étais alors prêt à tout. Que Nūrī fasse de moi ce qu'il veut ! J'allais le tuer par mon silence, il me fallait le punir de manière à le tuer ! » (p. 94).

Enfin, avant de retourner en prison, Rağab imagine sa nouvelle rencontre avec les bourreaux et les tortures qu'il aura à subir et conclut : « En guise de réponse, mon silence vous déchirera les entrailles. » (p. 165).

Le silence du prisonnier, on le voit, se trouve ici interprété par les deux parties comme résultant d'un pouvoir qui suspend celui du tortionnaire. Et c'est non sans raison que le prisonnier en vient à lui prêter l'efficacité palpable d'une arme : il laisse des traces sanglantes sur les visages, il tue, il déchire les entrailles, instaurant de la sorte comme un équilibre des souffrances en même temps que des pouvoirs. Par la seule vertu de son silence, manifestation tangible de son pouvoir négateur, le prisonnier réussit ainsi à transformer cette entreprise de domination et d'avilissement qu'est la torture en un combat pour la liberté. Reste à examiner les moyens qui le rendent capable d'engager un tel combat lequel menace son intégrité physique, voire sa vie, et qui l'expose en tout état de cause à d'incommensurables souffrances. (Pour tout ce passage, cf. Greimas, Maupassant *La sémiotique du texte : exercices pratiques*, Paris 1976, Séquences VIII et IX.)

3 La construction du contre-pouvoir

Hādī, tout comme Rağab, affirme que la capacité de résister à la torture réside dans la seule volonté du prisonnier (cf. p. 89, 92 et 145). Et s'il est vrai que la résistance est impossible sans la ferme résolution de ne pas céder, il n'en demeure pas moins que celle-ci est, à elle seule, insuffisante à garantir le succès. Car vouloir s'affirmer face au tortionnaire comme un sujet libre est une chose, pouvoir le faire en est une autre. C'est l'examen du parcours de Rağab qui permettra de voir d'où le prisonnier tire son pouvoir.

3.1 *Les destinateurs du contre-pouvoir*

Au cours des premières cinq années de sa détention, Radjab est activement soutenu par sa mère à laquelle il porte une affection et une vénération peu communes. Infatigable, elle ne cesse de défendre son fils et de l'encourager au silence. C'est à la suite de sa mort que Rağab perd progressivement sa capacité à résister. Voici le récit qu'il fait lui-même des changements qui se produisent alors, moins dans son esprit d'ailleurs que dans son corps. « Après sa mort, soudain, mon corps a changé, devenant douillet et prêt à accueillir la douleur ; ce corps me pesait désormais, m'empêchant de dormir, de goûter à la nourriture et ayant chaque jour des exigences plus grandes. » (p. 32).

Parallèlement, Hādī, chef admiré du groupe de Rağab, succombe à la torture sans avoir parlé. La disparition de ces deux acteurs (faute de place, nous laissons de côté le rôle de Hūdā dont l'analyse n'est pas indispensable pour le propos qui nous occupe) conduit Rağab, désormais livré à l'influence de Anīsa, à abandonner toute résistance et à signer. Ce n'est qu'après sa rencontre avec le médecin résistant français qui, en lui racontant son propre itinéraire, l'encourage d'aller jusqu'au bout, qu'il retrouve à la fois sa volonté de résister et la capacité à y réussir. C'est dire l'importance du rôle que Hādī, le docteur Faly, mais surtout la mère jouent dans la construction du contre-pouvoir dont nous venons de parler : en effet, l'exemplarité de leur vie, d'une part, l'amour et/ou l'admiration que Rağab leur porte, de l'autre, fait d'eux des modèles à imiter aux yeux desquels il s'agit de ne pas déchoir. Or, ces trois acteurs se réclament tous d'un seul et même système de valeurs et n'accordent leur estime qu'à ceux qui l'adoptent et l'appliquent à leur tour. C'est donc pour mériter leur estime – notamment celui de sa mère – que Rağab réussit à affronter tant d'épreuves ; c'est grâce aux valeurs qu'ils lui communiquent et qu'il finit par faire siennes qu'il acquiert le pouvoir de vaincre la peur, de la transformer d'abord en colère, puis en haine et d'élaborer de la sorte et en dépit des souffrances endurées, un contre-programme face à un adversaire assez puissant pour le réduire à néant sur le plan somatique. Ce qui, dans le cadre de ce contre-programme, est en jeu, ce ne sont pas les valeurs vitales : ce n'est pas la vie de son fils que la mère cherche à défendre lorsqu'elle lui dit que « le monde ici-bas est à la fois vie et mort » et qu'elle l'invite à « supporter » et c'est bien à cette vie que Rağab finira par renoncer. Ce qui est en jeu, ce sont des valeurs jugées hiérarchiquement supérieures à la vie elle-même et qui, comme nous allons le voir, ressortissent, à leur tour, d'une idéologie du pouvoir.

3.2 *La* ruğūla

Le système de valeurs qui est inculqué à Rağab par sa mère dès sa petite enfance et par rapport auquel se détermine l'ensemble des acteurs du texte, soit en le reconnaissant, soit en le rejetant comme tel, porte un nom : *ruğūla*. Celui dont les comportements et les actes sont conformes à ce système est un *rağul*. Ces deux mots sont intraduisibles en français, puisque les équivalents donnés par les dictionnaires bilingues – « virilité » (pour le premier) et « homme », « mâle » (pour le second) – ne recouvrent que très partiellement le contenu des termes arabes, tels du moins qu'ils sont employés par Munīf. Le sens qu'il donne à *rağul* est en revanche proche du latin *vir* d'où dérivent à la fois les mots français « virilité » et « vertu », et la *ruğūla* désigne donc les « vertus » (avec le sens que ce terme véhiculait jusqu'au XVIIe siècle) propres à un homme digne d'être qualifié de *rağul*. Avant de voir en quoi consistent plus précisément ces vertus, commençons par établir que c'est bien la *ruǧūla* qui forme le système de valeurs défendu par les hommes libres de notre texte.

Après la mort du père et le départ du frère aîné, Raǧab, encore enfant, demeure le seul mâle de la famille. La mère, aidée en cela par Anīsa, s'efforce de le faire grandir vite dans le but d'en faire le « *raǧul* de la maison » (p. 123). Raǧab, une fois adulte, répond à sa mère qui cherche dans un premier temps à le dissuader de prendre le risque de se faire arrêter : « Est-ce que tu veux faire de moi une femme ? Est-ce que tu veux me transformer en un *raǧul* châtré ? » (p. 64). Plus tard, lorsque Raǧab est en prison et que sa mère ne cesse de le mettre en garde (« la prison prendra fin, mais l'ignominie n'en finirait pas. Ne dis rien sur tes amis. »), Raǧab commente : « Ces mots ont fait de moi un *raǧul* pendant cinq ans. » (p. 114). Même Anīsa qui, en raison de ce que Raǧab appelle sa faiblesse, demeure hésitante face à la *ruǧūla*, la prend, du moins passagèrement, à sa charge. Pendant le bref laps de temps où, après la mort de la mère, elle assume auprès de Raǧab le rôle de celle-ci, elle raconte avec fierté les tortures endurées par son frère et affirme : « les *riǧāl* sont capables de supporter plus qu'on n'imagine. » (p. 53).

Hādī s'adresse à ses camarades en ces termes : « Faites tout ce que vous pouvez pour ne pas tomber entre les mains de la police… Mais quand un homme (*insān*) tombe, il lui appartient de prouver qu'il est un *raǧul* et qu'il sait comment supporter. » (p. 88). Et voici la réaction des camarades : « Nous voulions lui prouver à quel point nous étions des *riǧāl*, que nous n'avouerons ni ne nous effondrerons. » (*Ibid.*). La « maudite » feuille que Raǧab accepte de signer est à ses yeux son « acte de décès » (p. 30, 143, 152) ; dès lors, il a l'impression qu'émane de lui une odeur de « *raǧul* mort » (p. 144) ; il se considère comme un « vil esclave » (p. 146) et affirme : « Si j'étais un *raǧul*, je serais resté là-bas et aurais résisté jusqu' au bout » (p. 156). Le docteur Faly dit à Raǧab : « Je mesure les difficultés auxquelles vous êtes confronté, mais je vous considère comme un *raǧul*… et les *riǧāl* ne tombent pas » (p. 158). Enfin, ayant décidé de se racheter, en allant se livrer à ses bourreaux, et sachant que sa fin est proche, Raǧab s'adresse en ces termes à sa mère morte : « Peux-tu accueillir un *raǧul* qui, étant tombé, essaie à nouveau et après être tombé de retrouver sa pureté (*yataṭahhar*) » (p. 170).

Quant aux indicateurs, policiers et tortionnaires, ils ne correspondent évidemment pas à cet idéal du *raǧul*, et les qualificatifs dont les autres acteurs du texte les gratifient signifient assez qu'ils sont exclus de la communauté des *riǧāl* : en effet, ce sont, à leurs yeux, des « lâches » (p. 97), des « crapules » (p. 81, 82), des « bêtes sauvages » (p. 172), des « chiens » (p. 81), voire des « porcs » (p. 95). Les représentants du pouvoir apparaissent ainsi comme les détenteurs des anti-valeurs, comme des anti-*riǧāl*. Cependant, l'acharnement qu'ils mettent à s'attaquer précisément à la *ruǧūla* de leurs victimes indique que les valeurs dont elle est porteuse ne leur sont pas inconnues.

3.2.1 *Ruǧūla* et honneur

Il semble bien, par ailleurs, que la *ruǧūla* se confonde avec l'honneur, puisque perdre l'une c'est perdre l'autre. En effet, après la signature du papier, à ses yeux infâmant, Raǧab, nous l'avons vu, juge avoir perdu sa *ruǧūla* : il a le sentiment de ne plus mériter la considération d'autrui et de perdre l'estime de soi, autrement dit, il s'éprouve comme un homme qui a perdu l'honneur. Inversement, lorsqu'il apprend aux médecins français qu'il a subi des tortures, ceux-ci le traitent avec considération, et il ressent alors un mélange de vanité et de fierté (*faḫr*) : « Pour la première fois, j'éprouvais du *faḫr* et la prison me paraissait être un honneur [...] » (p. 151). Enfin, ayant décidé de rentrer au pays, de défier ses bourreaux et de résister jusqu'au bout – autrement dit, de redevenir un *raǧul* – il fait défiler devant ses yeux tout ce qu'on lui fera subir et conclut : « Je pense que ce serait un honneur pour moi, s'ils faisaient ce que j'imagine qu'ils feront. » (p. 170). « Le capital de Raǧab est son honneur. S'il le perd, il perd tout » (p. 53), affirme de son côté la mère qui ne manque, par ailleurs, aucune occasion pour afficher son mépris à l'égard de ceux qui ont avoué et signé et ne cesse d'encourager son fils lorsqu'elle lui rend visite à la prison : « Qu'est-ce que tu dirais demain aux gens, à tes amis, si tu avouais et signais ? La prison, mon fils prendra fin [...] et tu garderas la tête haute. Si tu avoues, tout le monde dira que tu es un traître et tu ne pourras regarder personne en face... patience, mon fils » ! (p. 30). « Garder la tête haute », « regarder les autres en face » ne sont ici autre chose que des figures qui traduisent sur le plan somatique l'honneur conservé intact.

Quant à Ḥāmid, devenu otage, il répond à Anīsa qui se plaint de ce qu'il n'est pas de jour où il ne soit convoqué à la police : « C'est désormais mon affaire ; c'est une question d'honneur pour moi. » (p. 131).

Mais qu'est-ce donc que l'honneur ? Il semble bien que le contenu de ce concept-clé de la vie morale que les dictionnaires ont du mal à cerner repose « sur une évaluation positive de sa propre image » – image « que l'homme s'est construite en fonction de sa participation dans la vie sociale » (Greimas, *Du Sens II, Essais sémiotiques*, Paris 1983, p. 239). C'est dire que le contenu de l'honneur varie en fonction des cultures et des époques. En ce sens la *ruǧūla* se présente, tout d'abord, comme une variante du concept plus général de l'honneur. En voici le contenu.

3.2.2 Le courage physique

Lorsque Rağab, encore petit, se casse un bras et se met à pleurer de douleur, sa mère l'admoneste : « Si ton père te voyait pleurer comme une femme, il te casserait l'autre bras… » (p. 33). Et elle lui répète chaque fois que la situation s'y prête : « Feu ton père a été blessé un jour. Il avait la jambe cassée et avait été atteint plusieurs fois à la tête. Malgré cela, il en a tué deux et a empêché les autres d'avancer… S'il n'avait pas été blessé, il les aurait tués tous. Figure-toi qu'il a réduit sa fracture, qu'il est monté tout seul sur son cheval et qu'il est revenu à la maison. Qu'est-ce qu'il dirait de toi, s'il te voyait pleurer ainsi ! » (*Ibid.*).

De manière analogue, Ḥāmid, pourtant paisible en apparence, aime à se vanter : « Ils étaient trois… j'étais seul et sans arme, mais j'ai fait semblant d'en avoir une dans ma poche ; j'ai frappé le premier et il est tombé à terre ; j'ai frappé le second au visage et le sang a coulé ; le deuxième coup lui a fait ingurgiter deux dents de devant et quand il a craché son sang, elles sont tombées par terre… Quant au troisième, il est d'abord resté là à regarder, puis il s'est enfui. » (p. 61).

Quant à Hādī, il raconte les tortures auxquelles il a été soumis et auxquelles il a résisté comme autant d'actions de gloire (p. 82), et Anīsa remarque qu'à l'exception de Rağab les anciens prisonniers aiment à exhiber les cicatrices dont la torture a marqué leur corps (p. 60) comme preuves tangibles de leur courage.

Lorsque Rağab propose par lettre à toute la famille de participer à la rédaction d'un roman sur la torture, Ḥāmid lui répond : « Le mot est la dernière arme à laquelle je peux avoir recours » (p. 168). Et ʿĀdil, le neveu de Rağab, représentant de la troisième génération, confirme, en se référant à « ce que leur avait enseigné l'instituteur » : « On n'a jamais entendu parler d'un chef (*qā'id*) qui ait vaincu par les mots… Le sabre seul peut réaliser la victoire. » (p. 169). Rağab en vient à faire amende honorable et à se demander comment il avait pu imaginer un seul instant qu'écrire – en l'occurrence témoigner et dénoncer – pouvait tenir lieu d'expiation (p. 169) et finit par demander à Anīsa de détruire par le feu les notes qu'il lui a remises (p. 174) – ordre auquel elle contreviendra.

On pourrait croire que ce type d'attitude est l'apanage de la seule partie mâle de la société. Or il n'en est rien puisqu'il caractérise également les femmes du roman pour autant qu'elles puissent être assimilées à ce qu'au Moyen-Orient on appellerait des *uḫt riğāl* – des « sœurs de *riğāl* ». C'est ainsi que la mère intervient, lors de l'arrestation de Rağab, non seulement par des cris, mais encore en usant de ses ongles (p. 31-32) et qu'elle supporte par la suite stoïquement les coups de matraque dont l'un lui sera fatal (p. 31-32). Enfin, voulant imiter sa mère, Anīsa menace un indicateur de son soulier dans le but de le frapper (p. 52).

Ces exemples et bien d'autres montrent que l'une des composantes de la *ruǧūla* est le courage physique. Il consiste à endurer sans plainte la douleur somatique et à user d'une violence, pour l'essentiel défensive, en ayant recours aux armes et, à défaut, à ses poings ou à ses ongles, même – et surtout dirions-nous – lorsque le rapport de forces est défavorable. Il en découle, du moins entre *riǧāl*, une préférence à régler les problèmes par le corps à corps plutôt que par le recours à la parole, « arme de ceux qui ont le sang gâté, de ceux dont les mères sont mortes, arme des enfants qui voudraient faire quelque chose. » (p. 142).

3.2.3 La force morale

A ce courage physique qui définit la *ruǧūla* vient s'ajouter la force morale. Elle consiste, tout d'abord, à vaincre la peur – passion des faibles – à ne pas la laisser paraître, à ne pas se laisser influencer par elle. Il ne faut pas avoir peur, affirme Hādī. « La peur fait perdre à l'homme la maîtrise de soi. » (p. 91). La mère de Raǧab ne cesse de combattre ses propres frayeurs et ceux des autres membres de la famille qu'elle suspecte non sans raison de vouloir céder à la peur (p. 54), puisque peu de temps après sa mort, celle-ci va s'emparer de Anīsa d'abord, de Raǧab ensuite et conduire à la signature de la maudite feuille – situation impensable du vivant de la mère, de l'aveu même de Raǧab. En d'autres termes, afficher sa peur est indigne de tous ceux qui se réclament de la *ruǧūla*, y céder c'est la perdre, c'est perdre l'honneur.

La force morale consiste également à dissimuler toute forme de douleur. La mère de Raǧab ne se plaint jamais (p. 147) et, lorsqu'elle vient voir son fils, elle affiche toujours un sourire radieux : « Elle attendait, infatigable, qu'on lui permette d'entrer. De loin, je voyais un sourire illuminer son visage, et au cours de ces quelques minutes, dix, pas plus, je faisais provision de force, de tendresse et d'amour. » [...], raconte Raǧab (p. 31). Ce comportement de la mère est intimement lié à sa conviction que les larmes sont à même de faire flancher les *riǧāl* les plus forts : [...] le coup le plus dur que peut recevoir un *raǧul*, c'est de voir sa mère ou sa sœur pleurer devant lui », enseigne-t-elle à Anīsa (p. 76). D'où le fait qu'elle a des mots très durs pour toutes les mères de prisonniers qui se lamentent devant leur fils : « [...] Ce n'est pas une mère, ça, c'est une ordure. On attendait qu'on nous laisse entrer ou qu'on veuille bien nous prendre la nourriture ; à peine le gardien en chef avait-il commence à nous appeler par nos noms, qu'elle s'est mise à se lamenter... Un instant auparavant, c'était une femme raisonnable qui parlait normalement et qui attendait ; mais dès qu'elle est entrée pour voir son fils, ses cris l'ont précédée... elle pleurait, se lamentait, hurlait. C'est une mère qui tue ! » (p. 54).

Cette manière de voir se trouve confirmée par Rağab qui se plaint amèrement de l'effet dissolvant que produisent sur lui les larmes que Anīsa verse chaque fois qu'elle lui rend visite et qu'il attribue à la faiblesse de sa sœur, faiblesse dont il se sait et se sent de plus en plus atteint.

Laisser paraître sa peur, voire lui céder, ou encore extérioriser sa douleur sont ainsi interprétés en termes de faiblesse et jugés indignes d'un *rağul* lequel se doit de vaincre ou, du moins, de dissimuler ses passions.

3.2.4 La fidélité aux engagements pris

Lorsque Rağab réclame aux siens d'ériger sur la tombe de sa mère une pierre tombale, il choisit comme inscription le mot « fidélité » (*al-wafā'*, p. 136). Terme neutre auquel, pense-t-il, les indicateurs ne trouveront rien à redire, mais terme surtout qui, à ses yeux, définit sa mère. *Wafā'* désigne très précisément la fidélité aux engagements pris et les dictionnaires arabes fournissent comme antonyme trahison (*ġadr*). Si cette définition s'applique effectivement à la mère, elle s'applique également à l'ensemble des *riğāl* et à leurs alliés féminins – à Hādī qui meurt sous la torture sans avoir trahi ses camarades ; à Rağab qui refuse de parler, puis se considère comme un « traître » pour avoir avoué et signé avant de se ressaisir ; à Ḥāmid qui finit par soutenir Rağab et refuse de lui retirer ce soutien, en dépit des menaces dont il est l'objet ; à Anīsa qui, pour rester fidèle à Rağab et aux valeurs au nom desquelles il est mort, finit par provoquer les détenteurs du pouvoir, en exfiltrant les pages qu'il lui a confiées en même temps que ses propres écrits, au docteur Faly, enfin qui, par fidélité aux siens, lâchement assassinés par l'occupant, prend les armes au risque d'y perdre la vie.

A cc titre le terme *wafā'* – la fidélité – signifie donc non seulement le respect des engagements ponctuels pris à l'égard de tel ou tel individu, parent, ami ou camarade, mais encore le respect d'un engagement global et définitif à l'égard de tous ceux qui – au-delà des frontières du temps et de l'espace – partagent les valeurs des *riğāl*, les valeurs de ceux qui veulent pouvoir-être libres.

3.2.5 La *ruğūla* : Idéologie de la liberté ? Idéologie de la domination ?

La *ruğūla* fonctionne dans *Šarq al-mutawasṭṭ* comme idéologie de la liberté et s'oppose comme telle à l'idéologie de la domination des détenteurs du pouvoir. Il convient cependant de vérifier, si les tenants de la *ruğūla*, tout en réussissant grâce à elle, à refuser la soumission et à s'affirmer comme des sujets libres, s'avèrent, eux-mêmes, respectueux de la liberté d d'autrui.

Faisons un premier constat : le concept de *ruğūla* se compose de valeurs qui pour tout lecteur arabe cultivé évoquent celles prônées et pratiquées naguère par les tenants de la *murū'a* (ou *muruwwa*) que l'auteur du *Lisān al-ʿarab* définit comme la *ruǧūliyya* (synonyme de *ruǧūla*) portée à son degré de perfection (*kamāl al-ruǧūliyya*). *Šarq al-mutawassiṭ* renoue ainsi et par-delà l'Islam avec les valeurs de la *ʿurūba*, autrement dit, avec celles qui étaient en vigueur à l'époque préislamique et qui se sont perpétuées par la suite jusqu'à nos jours sous des formes diverses. Or, si le *marʾ* ou le *raǧul* de naguère était bien un homme libre, ou, plus précisément, un homme né libre, doté d'une généalogie au-dessus de tout soupçon, il ne s'opposait pas comme tel aux détenteurs d'un pouvoir dominateur mais à l'esclave. En d'autres termes, le *raǧul* de naguère était, lui-même le détenteur… du pouvoir dominateur.

D'autre part, les composantes de la *muruwwa* étaient, à en croire R. Blachère, « bravoure, générosité, constance dans l'épreuve, magnanimité (*ḥilm*) devant l'injure, fidélité aux engagements pris » (R. Blachere, *L'Histoire de la littérature arabe des origines au XVe siècle de J.C.*, Paris 1964, p. 402). L'interprétation que Blachère fait ici du concept de *ḥilm* nous paraît par trop restrictive, mais sa définition de la *muruwwa* est globalement exacte et la *ruǧūliyya* de *Šarq al-mutawassiṭ* se présente dès lors comme une *muruwwa* dégradée, puisqu'elle n'en retient – à l'exception de la fidélité aux engagements pris – que les valeurs guerrières : la bravoure (que nous avons appelé courage physique) et la constance dans l'épreuve (que nous avons appelé force morale). En effet, les *riǧāl* de *Šarq al-mutawassiṭ* et leurs alliés ne font guère preuve de générosité, moins encore de magnanimité. Si la mère de Raǧab accepte sans murmure que son fils aîné abandonne les siens parce que sans cela, affirme-t-il, il ne pourra jamais fonder sa propre famille – « Tout ce que je gagne, vous le mangez, le volez et il n'en reste rien. » (p. 122) –, elle se promet bien de ne jamais oublier les propos injurieux que ce « porc » (le qualificatif est de la mère) a proféré en partant et que voici : « Si j'avais versé mon argent dans un égout, il serait déjà plein. » (*Ibid.*). Lorsque ce même frère se désolidarise de Raǧab emprisonné et menace de le renier, s'il n'apporte pas les preuves de son innocence, ce dernier crache par terre et, pour mieux signifier son mépris, écrase son crachat de son pied (p. 30). Toutes attitudes incompatibles avec le *ḥilm* – concept-clé de la *muruwwa* de naguère.

On constate, enfin, que les tenants de la *ruǧūla* ne sont point tendres avec ceux qui n'adhèrent pas leurs valeurs. Ils ne font notamment aucune différence entre ceux qui rejettent ces valeurs par intérêt et ceux qui, par faiblesse physique ou morale, ne réussissent pas à vivre à leur hauteur (cas de ceux qui cèdent sous la torture), enveloppant les uns comme les autres d'un seul et unique mépris. Que dire, d'autre part, de principes d'éducation qui, pour inculquer à un garçon qui a le bras casse la *ruǧūla*, envisagent de lui casser le second bras ?

La bipartition de la société, en êtres forts méritant l'estime et êtres faibles ne méritant autre chose que le dédain, qui sous-tend la *ruǧūla*, n'est ainsi pas sans rappeler celle en hommes libres et esclaves qui caractérisait la société dans laquelle cette idéologie est née. Et ce n'est certes pas un hasard si Raǧab, ayant cédé à la faiblesse, se considère comme « un vil esclave ». On est donc en droit de se demander, si les *riǧāl* se montreraient aptes à respecter la liberté d'autrui ; s'ils réussissaient à prendre le pouvoir, puisque, à l'instar des idéologies de la domination, la *ruǧūla* valorise le fort et dévalorise le faible. Tout se passe comme si, face à un pouvoir dominateur, l'homme, pour défendre sa liberté, n'avait d'autre issue que d'adopter et de pratiquer à son tour, une idéologie de la domination qui, une fois victorieuse, risque d'instaurer un nouveau pouvoir dominateur. Les quelques extraits de la déclaration des droits de l'homme qui inaugurent le roman, le fait qu'il relate la quête courageuse de la liberté – quête dont nous avons déjà dit qu'elle est, en définitive, une quête de pouvoir – ne changent rien à ce triste constat de cercle vicieux.

* Première publication de ce chapitre dans *Naqd, Revue d'étude et de critique sociale*, No. 11, Alger, printemps 1998, p. 143-160.

CHAPITRE 17

Quand l'email libère la parole des femmes saoudiennes : *Banāt al-Riyād* de Radja' 'Abd Allâh al-Ṣāni'. L'amour est-il un danger pour le pouvoir ?

Heidi Toelle

1 La naissance du roman

Le roman *Banāt al-Riyāḍ* (*Les filles de Riyāḍ*) de la Saoudienne Rağā' al-Ṣāni'[1] est né sur internet. En effet, pendant un an, à savoir entre le 13 février 2004 et le 18 février 2005, l'auteur envoie, tous les vendredis – l'équivalent de notre dimanche –, aux internautes saoudiens un mail, soit cinquante au total, dans lesquels elle relate la vie amoureuse de quatre de ses amies : Qamra, Sadīm, Michelle et Lamīs. Elle invite les internautes à y réagir en s'inscrivant sur la liste des destinataires à l'adresse suivante : « Un scandale peut en cacher un autre »/yahoogroupe.com, adresse et dénomination choisies pour lui permettre de conserver son anonymat et annoncer la couleur. Elle précise dès le début que « toute ressemblance avec des événements et des personnes réelles existantes ou ayant existé est intentionnelle ». L'idée de réunir ces mails pour en faire un roman naît en cours de route, au début sur la suggestion d'un des internautes, mais l'auteur dit hésiter, car cela l'obligerait à lever son anonymat[2]. Cependant, dans son dernier mail, elle affirme avoir donné son accord pour la publication. En effet, le roman sera publié pour la première fois en 2005 à Beyrouth[3]. Il en est aujourd'hui à sa septième édition et a été traduit en anglais, français et allemand. Interdit en Arabie Saoudite, il a fini par y être autorisé, les autorités s'étant rendu compte que les Saoudiens l'importaient clandestinement depuis Beyrouth ou Londres.

1 Rağā' al-Ṣāni' est née en 1981 et est dentiste de formation.

2 Cf. mail 33.

3 *Banāt al-Riyāḍ*, Dār al-Sāqī, Beyrouth, 2005.

 | DOI:10.1163/9789004705685_018

2 Les composantes de chaque mail

2.1 *L'objet du mail*

En premier lieu, l'objet du mail qui va suivre est précisé, soit de manière directe, comme, par exemple, « Je vais vous parler de Michelle et de Fayṣal » (mail 14), soit en usant de phrases ou, quelques rares fois, de métaphores qui seront reprises et rendues intelligibles par le récit qui suivra, comme, par exemple « C'est ça l'amour qui dure ? » (mail 16) ou en guise de métaphore : « L'oiseau migrateur » (mail 32).

2.2 *Les citations*

L'objet du mail une fois précisé, l'auteur enchaîne avec une citation plus ou moins longue – d'une seule ligne en prose à un poème complet, voire, dans les derniers mails, des textes de chansons. La majorité de ces citations ont soit trait à l'amour, soit aux relations hommes/femmes, en général, voire aux visions que les auteurs cités se font des hommes et/ou des femmes. Il n'est peut-être pas inutile de faire l'inventaire des œuvres citées.

Un mail (11) contient une invocation traditionnelle adressée à Allāh et sept autres contiennent des versets coraniques (mails 1, 15 17, 19, 20, 26, 30)[4]. Ceux-ci ont, entre autres, pour but de prouver la foi de l'auteur et de montrer qu'elle sait le Coran par cœur, mais servent aussi à annoncer le but des mails, comme, dès le premier mail, cet extrait de la *Sourate du Tonnerre* : « Dieu ne modifie rien en un peuple, avant que celui-ci ne change ce qui est en lui »[5]. Quatre citations sont tirées des traditions du prophète Muhammad (mails 12, 13, 25, 33)[6] et une autre est extraite d'un ouvrage concernant ses épouses (18)[7]. Elles visent, toutes, à prouver que le prophète respectait les femmes et qu'il était plus ouvert et plus tolérant que ne le sont la société saoudienne et ses dirigeants actuels.

Dans deux autres mails, on trouve des textes tirés des œuvres des deux philosophes grecs, Socrate (mail 10) et Aristote (mail 41). L'écrasante majorité des citations, au nombre de vingt, provient cependant de la littérature arabe, poésie et prose. Notons dans ce contexte que cinq d'entre elles (1, 4, 7, 43, 49) sont extraites de l'œuvre poétique de Niẓār Qabbānī, poète syrien célèbre

4 Respectivement, sourate Jonas, versets 42-44 ; sourate al-Šarḥ, versets 1-8 ; sourate Āl ʿImrān, verset 8 ; sourate Ġāfir, verset 44 ; sourate Hūd, verset 123 et sourate Jonas, verset 30.

5 Sourate al-Raʿd, verset 11. Traduction de Denise Masson, Paris, Gallimard, 1967.

6 Respectivement, Buḫārī, *al-Ṣaḥīḥ*, 676 ; Ibn Māǧ, *Kitāb al-Sunan*, 2060 ; Buḫārī, *al-Ṣaḥīḥ*, 6181 ; Muslim, *Ṣaḥīḥ*, 3477.

7 ʿAmr Ḫālid, *Ummuhāt al-Mu'minīn* (*Les mères des croyants*).

(1923-1999) et auteur d'une vingtaine de recueils de poèmes dans lesquels il chante l'amour. De l'aveu même de l'auteur, ses poèmes « avaient pour but d'aider la jeunesse à se libérer des traditions ancestrales qui empêchaient toute vie sentimentale équilibrée – d'où du reste leur succès »[8]. Certains internautes reprocheront virulemment à notre auteur de citer des poèmes de Qabbānī, ce qui explique sans doute que son nom n'apparaît plus entre les mails 7 et 43 et que suivent entre les mails 11 et 33 les versets coraniques et les citations ayant trait aux traditions et aux épouses du prophète. Sont également cités des extraits des œuvres de deux autres auteurs célèbres qui ont souvent traité de la relation amoureuse. Il s'agit, d'une part, de Tawfīq al-Ḥakīm, romancier et dramaturge égyptien (1898/1902-1987) et, de l'autre, de Ğibrān Ḫalīl Ğibrān, poète, romancier et nouvelliste libanais (1883-1931).

Treize citations proviennent, par ailleurs, d'ouvrages d'auteurs français (mails 5, 32, 38), anglais ou américains (mails 2, 9, 21, 23, 24, 28, 31, 39, 48). Notons parmi les plus célèbres, d'une part, les noms de Honoré de Balzac et de Victor Hugo (mails 5 et 38) et, de l'autre, ceux d'Elizabeth Barret Browning (1806-1861)[9], T.S. Eliot, Oscar Wilde, Bernard Shaw et Marc Twain (Respectivement mails 9, 23, 24, 31 et 39). Enfin, on trouve dans le mail 32 un poème hollandais anonyme et dans le mail 29 un extrait de l'œuvre du romancier, poète, dramaturge et musicien indien Tagore ou Thakūr Rabindranāth (1889-1941).

On le voit donc, Radğā' al-Ṣāni' affiche dans ses mails à la fois un savoir d'ordre religieux traditionnel et une culture littéraire assez vaste, puisque celle-ci englobe non seulement la littérature arabe, mais aussi celle de l'Occident et de l'Inde, sans parler de quelques connaissances en matière de philosophie grecque.

2.3 *La réaction des internautes*

Après les citations, l'auteur résume dans chaque mail les remarques qu'elle a reçues par les internautes et y répond, partie sur laquelle je reviendrai ultérieurement[10]. Vient ensuite une séquence de l'histoire d'une des quatre amies.

8 Cf. Toelle, Heidi et Katia Zakharia, *A la découverte de la littérature arabe*, Paris, Flammarion, dernière édition, 2014, p. 368-369.

9 Epouse du poète anglais Robert Browning et auteur de *The Drama of Exile* (1840), *Les Sonnets de la Portugaise* (1850) et *Aurora Leigh* (1855).

10 Cf. plus loin, p. 300.

3 L'agencement des mails

Quant à la manière dont les mails sont agencés, elle s'avère assez chaotique, même si l'histoire de chacune des quatre amies, toutes issues de la grande bourgeoisie aisée, est construite de manière linéaire, quelques analepses exceptées. En effet, s'il arrive, certes, que deux, voire quatre mails consécutifs concernent la même amie, le plus souvent on passe de l'histoire de l'une des quatre à celle d'une autre, puis à celle d'une troisième, avant de revenir à la première, quelques-uns des mails mettant en scène deux d'entre elles, voire les quatre[11] ensemble.

4 L'histoire des quatre amies

En résumant celles-ci, je me concentrerai sur la relation amoureuse, en laissant de côté, faute de place, bien d'autres aspects de la vie et de la mentalité des quatre filles.

4.1 *L'histoire de Qamra*[12]

Les noces de Qamra, la moins émancipée des quatre amies, inaugurent le roman. Contrainte, à cause de ce mariage arrangé, d'abandonner ses études d'histoire, elle suivra son mari, Rašīd, à Chicago où, après un bachelor et un master obtenus respectivement à Los Angeles et Indianapolis, il compte faire son doctorat en commerce électronique. Les mariés se sont mis d'accord pour ne pas faire d'enfant tant que Rašīd n'a pas fini ses études. Qamra se rend vite compte de l'aversion que son mari éprouve à son égard et commence par avoir des doutes. Le hasard veut qu'elle finisse par savoir qu'il a une maîtresse japonaise du nom de Kari. Déterminée à sauver son mariage et suivant le conseil de sa mère selon laquelle le meilleur moyen de retenir un homme est de faire des enfants, elle arrête, sans en avertir son mari, de prendre la pilule et tombe enceinte. Parallèlement, elle prend contact avec Kari dans le but de s'entendre avec elle. Mais l'entrevue tourne mal, Qamra insultant Kari et menaçant même de la tuer. Mis au courant de cette entrevue ainsi que de la grossesse de Qamra, Rašīd est hors de lui. Il avoue aimer Kari depuis sept ans et avoir voulu l'épouser, de ne s'être marié avec Qamra que contraint et forcé et reproche à cette

11 Cf. mails 31 et 49.

12 Cf. mails 1, 2, 4, 8, 12, 13, 16, 20, 25, 26, 27, 30, 31, 33, 49.

dernière d'être enceinte, contrairement aux engagements pris. La scène de ménage, agrémentée de quelques gifles, se termine par le renvoi de Qamra en Arabie Saoudite et, deux semaines plus tard, Rašīd demande le divorce.

Arrêtons-nous là un instant pour nous pencher sur les programmes narratifs de Rašīd et de Qamra. Amoureux de Kari, Rašīd veut l'épouser.

PN 1 : **Destinateur** : Kari → **Objet** : mariage d'amour avec Kari → **Destinataire** : Rašīd
↑
Sujet : Rašīd

Mais ses parents lui interdisent ce mariage qu'il ne peut réaliser sans leur accord. Parallèlement, ils le convainquent de leur obéïr et d'accepter, malgré lui, un mariage arrangé avec Qamra que celle-ci accepte avec joie. Rašīd, contrairement à Qamra, se trouve ainsi doté de modalités contraires et dans l'obligation de s'exécuter, alors même qu'il aime toujours Kari et n'aime guère Qamra.

devoir épouser Qamra (prescription)	vs	devoir ne pas épouser Kari (interdiction)
ne pas pouvoir ne pas épouser Qamra (obéissance)	vs	ne pas pouvoir épouser Kari (impuissance)

PN 2 : **Destinateur** : Parents de Rašīd/et Qamra → **Objet** : mariage arrangé Rašīd/Qamra → **Destinataire** : Rašīd/et Qamra
↑
Sujets : Rašīd/et Qamra

PN 3 : Après s'être soumis au diktat des parents et avoir épousé Qamra, Rašīd n'en prend pas moins la liberté de continuer sa liaison avec Kari, laquelle se montre très compréhensive et ne lui en veut pas d'avoir eu l'obligation de se marier. Le programme visant à réaliser un mariage d'amour se transforme ainsi en le maintien d'une liaison amoureuse hors mariage, autrement dit, le PN/mariage d'amour/demeure virtuel.

PN 4 : Au moment de la crise, Rašīd décide cependant de renverser la situation, en procédant à la négation de l'ensemble des modalités dont il était précédemment doté et en se libérant de la sorte de l'emprise des parents et des traditions sur sa vie.

devoir épouser Qamra (prescription) → ne pas devoir rester marié à Qamra (permissivité)
ne pas pouvoir ne pas épouser Qamra (obéissance) → pouvoir ne pas rester marié à Qamra = pouvoir répudier Qamra (indépendance)
devoir ne pas épouser Kari (interdiction) → ne pas devoir ne pas épouser Kari (facultativité)
ne pas pouvoir épouser Kari (impuissance) → pouvoir épouser Kari (liberté)

Cette libération se trouve cependant facilitée par les traditions, puisqu'elles permettent à tout mari de répudier sa femme, sans que les parents aient, cette fois-ci, leur mot à dire.

Destinateur : Traditions → **Objet** : rupture du mariage → **Destinataire** : Rašīd
↑ ↑
Adjuvant : droit de répudiation **Sujet** : Rašīd

On le voit donc : les traditions ancestrales de la société saoudienne sont pour le moins contradictoires : elles imposent au célibataire à se soumettre au mariage arrangé, mais autorise tout mari à répudier sa femme, sans que celle-ci ait son mot à dire.

Quant à Qamra, lorsqu'elle se rend compte de l'infidélité de son mari, elle veut tout faire pour éviter le divorce, compte tenu de la mauvaise réputation que s'acquiert en Arabie saoudite toute femme répudiée. Elle a donc recours à des adjuvants traditionnels, à savoir l'enfant à naître, réputé retenir le mari, et l'entente avec la maîtresse de celui-ci.

Destinateur : Traditions → **Objet** : maintien du mariage → **Destinataire** : Qamra
↑ ↑
Adjuvants : entente **Sujet** : Qamra avec Kari

Si elle échoue, c'est qu'elle ne réussit pas à s'entendre avec Kari, la passion l'emportant sur la raison, et parce qu'elle rompt le contrat passé avec Rašīd de ne pas faire d'enfant tant qu'il étudie. Autrement dit, les adjuvants se transforment sous l'effet de la passion en opposants.

Destinateur : Traditions → **Objet** : maintien du mariage → **Destinataire** : Qamra
↑
Sujet : Qamra **Opposants** : Enfant
Mésentente avec Kari

Après son échec, Qamra sombre dans la dépression d'autant plus qu'elle est à nouveau interdite de sortie, comme c'est le cas pour la plupart des femmes divorcées. Lamīs, l'une des quatre amies, lui donne alors des conseils de tchat sur internet – ne pas donner son vrai nom, ni son numéro de téléphone, ni envoyer sa photo, ne faire confiance à personne – et Qamra devient accroc. Elle entre ainsi en contact avec un certain Sulṭān avec lequel elle échange de nombreux mails, en lui cachant bien sûr qu'elle est divorcée, puis, lorsqu'il lui demande de lui envoyer une photo, lui scanne celle de la sœur de son ex-mari en guise de vengeance. Le beau-frère de Qamra trouvant scandaleux qu'on la laisse surfer sur internet, elle décide de laisser tomber Sulṭān qui a commencé à parler de mariage – mariage qu'elle sait impossible – et cesse de lui répondre.

Sa mère tente à nouveau de la marier à un vieil ami de son oncle, colonel de son état. On a donc ici le même type de programme que lors de son premier mariage avec Rašīd[13]. Cependant, le colonel en question se comporte, lors de leur unique rencontre en présence du père de Qamra, de manière si méprisante qu'elle finit par refuser de l'épouser après avoir, sur les conseils de sa mère, prié Dieu de la conseiller et consulté un cheikh, spécialiste en matière d'interprétation des rêves, raison pour laquelle ses parents acceptent son refus.

Destinateur : Dieu **Destinateur délégué** : la mère	→	**Objet** : refus du mariage arrangé avec le colonel	→	**Destinataire** : Qamra
↑		↑		
Adjuvant : le cheikh		**Sujet** : Qamra		

Qamra finira, avec l'autorisation de sa mère, par participer, à l'instar des deux autres amies, à un projet monté par Sadīm, projet qui consiste à organiser des festivités et des mariages à la carte. Et c'est le mariage de leur amie Lamīs qui sera le premier qu'elles organiseront ensemble.

4.2 *L'histoire de Sadīm*[14]

Orpheline de mère depuis l'âge de trois ans et fille unique, Sadīm est la plus belle des quatre amies et une étudiante brillante en gestion. Demandée en mariage par Walīd, un ingénieur en télécommunications, le père de Sadīm autorise ce dernier à avoir des conversations téléphoniques avec elle, avant la signature du contrat de mariage. Le contrat une fois signé devant le juge, Walīd rend souvent visite à sa bien-aimée, parfois à l'insu du père de Sadīm.

13 Cf. plus haut, p. 5.

14 Cf. mails 1, 3, 5, 10, 11, 17, 19, 24, 29, 31, 34, 37, 39, 41, 43, 44, 45, 46, 48, 49, 50.

Celle-ci ayant reporté les noces officielles pour pouvoir passer ses examens, Walīd fait tout pour la convaincre qu'elle est d'ores et déjà sont épouse légitime et qu'elle peut donc se donner à lui, tant et si bien qu'elle accepte, une nuit, de faire l'amour avec lui. Du coup, Walīd coupe les liens avec elle et demande le divorce avant même les noces. Pour Sadīm, c'est un choc terrible, tant elle se sent traitée injustement, choc auquel vient s'ajouter son échec – le premier de sa vie – aux examens.

En examinant le programme de Walīd, l'on constate qu'il a menti à Sadīm. En effet, ses affirmations qu'elle était son épouse légitime n'avaient d'autre but que de mettre Sadīm à l'épreuve : il fallait qu'elle résiste à ses avances à tout prix pour qu'il accepte de l'épouser officiellement. En d'autres termes, Walīd s'est livré à une manipulation, en cachant ses vraies intentions et en affichant leur contraire :

Vrai
Vouloir que Sadīm lui résiste

Être **Paraître**

Secret : Vouloir que Sadīm lui résiste
Mensonge : Vouloir que Sadīm lui cède

Non-paraître **Non-être**

Faux
Vouloir que Sadīm lui cède

Le père de Sadīm, qui ignore les raisons du divorce, lui propose alors de partir à Londres pour se changer les idées et lui trouve un stage à la banque HSBC qu'elle accepte avec joie. Lors d'une fête, elle fait la connaissance d'un certain Firās qu'elle retrouve par hasard dans l'avion qui les ramène tous les deux à Riyāḍ, et ils tombent amoureux l'un de l'autre. Pendant trois ans, le téléphone est le « seul bol d'air » qui les unit, comme c'est le cas de beaucoup d'amoureux saoudiens. Firās, qui fait rapidement carrière comme conseiller de l'administration royale, ne cesse de l'appeler, parfois dix fois par jour, voire pendant une nuit entière, ne part pas en voyage sans lui laisser son adresse et son numéro de téléphone, l'encourage lors des examens, se montre généreux et la soutient, lorsque le père de Sadīm meurt d'un infarctus, tant et si bien que celle-ci lui voue un amour sans limites. Mais étrangement, Firās qui a un profond attachement à la religion et qui, malgré ses études à Londres, n'a pas été influencé par l'émancipation occidentale, tarde à la demander en mariage jusqu'au jour où, tout en lui assurant qu'elle restera son amour pendant toute sa vie, il lui avoue s'être fiancé avec une fille de sa famille, cette dernière n'ayant pas voulu d'un mariage avec une femme divorcée. Autrement dit, Firās se soumet, tout comme Rašīd à la pression de ses parents et accepte un mariage arrangé. On a donc ici le même type de modalisations et le même type de programmes que pour Rašīd[15]. Quant à Sadīm, elle maintient comme objet de valeur à acquérir le mariage d'amour. En effet, tout effondrée qu'elle est, elle coupe tout contact avec Firās, mais ne réussit pas à l'oublier.

Vivant seule à Riyāḍ depuis la mort de son père, ce qui risque de susciter des ragots, elle finit par accepter, malgré elle et juste après avoir mis en place son projet d'organisatrice de festivités, de déménager, à Ḫubar, dans la région orientale, où habitent non seulement sa tante et son cousin Ṭāriq, mais aussi Firās. Celui-ci reprend contact avec elle quelques jours après avoir signé son contrat de mariage, moins d'un mois après leur séparation et deux mois avant ses noces officielles. Sadīm, toujours follement amoureuse, accepte alors de renouer avec lui. Mais Firās a changé : il lui reproche ses larmes, se dit sûr de son épouse et du fait qu'il finira par l'aimer quand il l'aura épousée. On le voit : contrairement à Rašīd, Firās défend les traditions et adhère aux convictions des traditionalistes selon lesquels tout mariage arrangé finit par se transformer en mariage d'amour. Alors, Sadīm, excédée, le traite de tous les noms et, cette fois-ci, se sépare de lui cinq jours à peine après leur reprise de contact.

Un soir, Ṭāriq qui vient de terminer ses études de dentiste et qui aime Sadīm depuis leur enfance finit par lui proposer de l'épouser, en lui précisant qu'il n'a pas l'intention de lui demander des comptes sur sa vie passée et que ce qui lui importe est leur vie future ensemble. Pour finir, il lui dit qu'il la laisse totalement libre d'accepter ou de refuser. Sadīm qui l'aime bien, mais sans plus, demande un délai de réflexion. Le soir où elle lui fixe rendez-vous pour lui donner sa réponse et alors qu'elle est encore hésitante, elle reçoit, lorsqu'elle est en pleine conversation avec Ṭāriq, un coup de fil de Firās. Sûr de lui, sûr qu'elle acceptera sa généreuse proposition, celui-ci lui propose de l'épouser, autrement dit, de la prendre comme deuxième épouse, la polygamie étant autorisée en Arabie Saoudite.

Destinateur : Traditions → **Objet** : bigamie → **Destinataire** : Firās
(Sadīm comme 2ème épouse)
↑
Sujet : Firās

15 Pour les schémas correspondants, Cf. plus haut p. 5.

Tout autre est l'attitude de Sadīm qui refuse ce type de programme. En effet, outrée par la proposition de Firās, elle lui raccroche au nez et informe Ṭāriq qu'elle accepte de se marier avec lui. Ce mariage mérite, cependant, qu'on s'y arrête un instant. Ṭāriq étant le cousin de Sadīm et sa mère souhaitant depuis longtemps qu'il épouse celle-ci, ce mariage a tous les aspects d'un mariage arrangé. Cependant, comme Ṭāriq aime sincèrement Sadīm, ce même mariage se présente, de son point de vue à lui, comme un mariage d'amour. Enfin, du point de vue de Sadīm, il ne s'agit ni d'un véritable mariage d'amour, ni d'un véritable mariage arrangé, mais d'une décision où s'entremêlent l'affirmation de sa liberté de choisir son mari et la soumission aux traditions.

4.3 *L'histoire de Michelle*[16]

Le parcours amoureux de Michelle ressemble à plus d'un titre à celui de Sadīm, même si les deux filles n'adoptent pas tout à fait la même attitude. Et pour cause, car Michelle est de loin la plus émancipée des quatre amies, elle ne porte pas le voile et n'en a cure des critiques que cela suscite ici et là. Fille d'un Saoudien et d'une Américaine, certes, convertie à l'islam, mais non pratiquante comme son mari, Michelle a passé son enfance et une partie de son adolescence aux Etats-Unis, raison pour laquelle elle parle souvent en anglais. Elle choisit de faire des études d'informatique. Un jour, lorsqu'elle accompagne ses amies au centre commercial, un certain Fayṣal la drague et lui donne son numéro de portable. Elle lui fixe rendez-vous, et ils tombent vite amoureux l'un de l'autre. Contrairement à Sadīm, Michelle qui hait les traditions austères saoudiennes, sort souvent avec lui au restaurant ou au café, voire le rencontre chez une amie divorcée qui vit seule. Quant à Fayṣal, il tente en vain de convaincre sa mère que Michelle a toutes les qualités pour être sa future épouse, la mère, horrifiée, quand elle apprend que celle de Michelle est américaine, refuse toute discussion, et Fayṣal se soumet, tout comme Rašīd et Firās[17], au choix de ses parents et accepte le mariage arrangé. Il en informe Michelle qui n'en croît pas ses oreilles et lui fait ses adieux en pleurant.

Pour surmonter sa déception et jugeant sévèrement Fayṣal, elle réussit à convaincre son père de la laisser aller continuer ses études aux USA, car elle veut vivre sa vie comme elle l'entend. Elle passera ainsi deux ans en Californie où vit un de ses oncles et y noue une relation avec son cousin Mathy, professeur à l'université. Mathy l'invite souvent au restaurant, l'emmène en weekend et l'aide dans ses études en techniques de communication. Malgré tout, elle

16 Cf. mails 7, 9, 14, 15, 18, 21, 22, 28, 32, 31, 36, 40, 44, 47, 48, 49.

17 Pour les schémas et les modalités, Cf. plus haut p. 6.

ne réussit pas à trancher : s'agit-il d'une relation d'amitié ou d'une relation amoureuse ? De surcroît, son père ainsi que sa mère s'emportent quand elle leur parle de son faible pour Mathy, car le mariage de Michelle avec son cousin ne ressemblerait que trop à un mariage arrangé. Enfin, Mathy est chrétien, ce qui rend tout mariage légal impossible, à moins de l'épouser civilement aux USA, ce que son père n'accepterait jamais. Pour finir, les parents font rentrer Michelle en Arabie Saoudite, en prenant les attentats du 11 septembre comme prétexte, puis décident d'aller vivre à Dubai, réputée capitale de la liberté dans le Golfe, car ils sont las de voir dans cette société saoudienne puritaine tout le monde s'immiscer dans leurs affaires.

Michelle terminera ses études à l'université américaine de Dubai où elle se lie d'amitié avec la fille d'un des hommes d'affaires les plus influents des Emirats qui lui propose de travailler pour une chaîne satellite de son père. Elle s'y prend si bien qu'elle monte vite en grade et est nommée directrice des programmes de la chaîne, tout en y produisant sa propre émission. Elle se fait de nombreuses relations et a la sensation d'être libérée de toute contrainte, même si son père lui interdit de paraître sur l'écran et de participer aux festivals arabes. Elle n'en rêve pas moins d'avoir un jour sa photo sur la couverture d'un magazine et est convaincue que son père finira par céder. Parallèlement, elle décide de ne s'attacher à aucun homme, malgré son penchant pour Ḥimdān, le chef de son équipe, dont elle fait semblant d'ignorer les allusions à un futur mariage, sans toutefois lui opposer un refus définitif.

Au bout de plus de deux ans, Michelle retourne en Arabie Saoudite pour y fêter avec ses amies son diplôme de fin d'études. Le hasard veut qu'elle arrive la veille du mariage de Fayṣal. Informée par Lamīs, elle obtient que celle-ci lui cède son carton d'invitation, et Michelle décide de se faire belle et de se rendre au mariage. Elle compte ce jour-là proclamer sa victoire sur tous les hommes et en finir définitivement avec ses sentiments pour Fayṣal. Juste au moment où celui-ci doit faire son apparition dans la salle des noces, Michelle lui envoie un SMS : « Vive le marié ! Don't be shy, viens ! I'm waiting », ce qui retarde d'une heure la venue du marié. Elle fait en sorte que Fayṣal la voie dans tout l'éclat de sa beauté, puis part, en se disant, que si elle devait pleurer aujourd'hui, ce serait pour la pauvre mariée contrainte d'épouser un homme qui en aime une autre et avec laquelle la comparaison est forcément défavorable.

Dans un long entretien avec Sadīm, où elles passent en revue leurs amours malheureux, Michelle déclare qu'elle ne se contentera pas d'un amour au rabais ou passable et qu'elle finira par trouver un homme mieux que Fayṣal, alors que Sadīm est prête à se contenter d'un homme moins bien que Firās. En d'autres termes, échappant aux contraintes des traditions, les seules valeurs défendues par Michelle sont le mariage d'amour et la liberté, alors que Sadīm se contente, en épousant Ṭāriq, d'un amour au rabais et se soumet, ce faisant, aux traditions.

L'objet de valeur quêté par Michelle est donc une totale liberté et, surtout, le mariage d'amour. Quant à ses parents, ils assument à la fois les rôles d'adjuvants et d'opposants, en ce sens qu'ils acceptent de laisser à leur fille une certaine liberté, tout en ne continuant pas moins de lui interdire certaines choses qui risqueraient de choquer les traditionnistes.

Destinateur : Modernité	→	**Objet** : Liberté	→	**Destinataire** : Michelle
↑		↑		
Adjuvants : Parents		**Sujet** : Michelle		**Opposants** : Parents

4.4 *L'histoire de Lamīs*[18]

Meilleure amie de Michelle et originaire du Hiǧāz, elle a été élevée à Riyāḍ. Ses parents, respectivement doyen et vice-doyenne de la faculté de pharmacie, sont assez tolérants. Lamīs a d'excellents résultats scolaires et opte pour des études de médecine, seule discipline où, lors des stages à l'hôpital, il existe une mixité garçons/filles, tant et si bien que, pour certains étudiants, cette mixité est la seule raison pour étudier la médecine. Qualifiée par l'auteur de sauvageonne et de débrouillarde, Lamīs a le contact facile, toutes choses qui sont illustrées par divers événements : au lycée, elle tient tête aux enseignants ; dès l'âge de quinze ans, elle navigue sur internet sur Yahoo, Microsoft, ICQ, MIRC et AOL., le tchat étant pour elle un moyen de rigoler et de se moquer des hommes dans une société qui ne le permettrait nulle part ailleurs ; à l'université elle noue des contacts avec des étudiantes qui sont d'une classe sociale inférieure ou supérieure à la sienne et se lie d'amitié avec Fāṭima, une étudiante shi'ite, en se fichant des racontars qu'une telle relation suscite. Les choses se gâtent, lorsqu'elle commence une relation avec ʿAlī, le frère de celle-ci. Etant en dernière année de médecine, alors que Lamīs n'est qu'en deuxième année, ʿAlī commence par l'aider pour les cours difficiles, puis ils prennent l'habitude de se voir dans un café. Un jour, la « brigade pour la prévention du vice et la protection de la vertu », encadré par des policiers, débarque dans le café et les emmène séparément à la brigade la plus proche. Suit un interrogatoire parsemé de questions blessantes, tant et si bien que Lamīs finit par éclater en sanglots, tandis que ʿAlī perd son sang-froid, quand le policier prétend que Lamīs a tout avoué. On convoque le père de Lamīs qui, avant de pouvoir récupérer sa fille, doit signer un papier où il s'engage à ne pas la laisser recommencer une atteinte aux bonnes mœurs. Le père calme sa fille et lui promet de ne pas en

18 Cf. mails 7, 21, 23, 26, 31, 32, 35, 38, 42, 44, 49.

parler à sa mère, à condition qu'elle ne voie plus ʿAlī en dehors des bâtiments de l'université. Cet événement met fin à la relation avec ʿAlī ainsi qu'à celle avec Fāṭima.

Lorsqu'elle est en 4ème année de médecine, elle et sa sœur jumelle décident de profiter des vacances pour faire un stage dans un hôpital à Djedda. Il y a deux autres étudiants stagiaires. Mal à l'aise avec les jeunes hommes, la sœur de Lamīs repart au bout d'une semaine, et l'un des deux étudiants s'en va, lui, à l'étranger, si bien que Lamīs reste seule avec le second étudiant qui s'appelle Niẓār. Celui-ci réussit à séduire Lamīs. Spécialiste en astrologie, à laquelle les quatre amies croient dur comme fer, Lamīs réussit à deviner de quel signe est Niẓār, à savoir Verseau, et constate que, selon les traités d'astrologie, il s'accorde avec son signe à elle, à savoir Balance. Elle décide alors de précipiter Niẓār dans ses filets, bien qu'elle doive retourner à Riyāḍ.

Destinateur : astrologie → **Objet** : mariage réussi → **Destinataire** : Lamīs
↑ ↑
Adjuvants : signes astrologiques des futurs mariés — **Sujet** : Lamīs

Lamīs se donne trois mois pour réussir, en se promettant de ne pas s'attacher à lui, tant qu'il ne l'aura pas officiellement demandé en mariage. Du coup elle élabore tout un plan : rester mystérieuse, ne jamais l'appeler la première, répondre rarement à ses coups de fil, ne pas lui avouer son amour, tant qu'il n'a pas déclaré le sien. Elle décide en outre de le quitter, si jamais elle constatait des défauts qui la gêneraient ou s'il bafouait ses droits à elle. Et son stratagème réussit. Nizâr demande officiellement sa main trois semaines avant le délai des trois mois qu'elle s'était fixé. Il s'agit ici, une fois de plus, d'une manipulation :

Vrai
Désir d'être demandé en mariage, car amoureuse
Être **Paraître**

Secret :
Désir d'être demandé en mariage, car amoureuse

Mensonge :
Désir de ne pas être demandé en mariage

Non-paraître **Non-être**

Faux
Désir de ne pas être demandé en mariage, fausse indifférence

Leur mariage a lieu peu de temps après en présence des trois autres amies qui admirent leur bonheur. Niẓār ne cesse d'embrasser la tête de Lamīs, ses mains, ses joues. Ils dansent ensemble. Et l'on apprend que Niẓār a accepté que Lamīs reste à Riyāḍ jusqu'à la fin de ses études, alors qu'il travaille, lui, à Djedda. Quant à Lamīs, elle déclare qu'elle portera le voile après leur voyage de noces, car, dit-elle, elle veut satisfaire Dieu qui lui a accordé le mariage de ses rêves. En effet, sa vie conjugale est un modèle de bonheur : Niẓār l'aide pour le ménage, la lessive, la cuisine, le repassage, lui offre des roses rouges sans raison, lui laisse des messages d'amour sur le frigidaire avant de partir faire ses gardes de nuit à l'hôpital. Quant à Lamīs, elle lui prépare sandwichs et salades avant de partir pour ses gardes à elle. Bref, leur union se présente comme une lune de miel sans fin. Rien d'étonnant à cela, puisque Lamīs est la seule des quatre amies à avoir réussi à épouser son premier grand amour.

5 Les programmes narratifs de l'auteur/narratrice et de ses opposants

Venons-en aux commentaires de l'auteur et aux réactions des internautes saoudiens. Nous avons vu que, dès son premier mail et à travers la citation d'un verset coranique, l'auteur annonce que son but est de pousser la société à changer, une société jugée, par ailleurs, pétrie de contradictions et malade de traditions surannées. Elle signifie ainsi implicitement que son destinateur est Dieu et son destinateur délégué le prophète. Quant à l'objet de valeur en quête duquel elle part en sa qualité de sujet doté à la fois d'un vouloir – et d'un savoir-faire, il est aisément déductible à partir des histoires racontées. Il s'agit de la liberté d'aimer et de l'égalité des sexes dont le destinataire devra être la société saoudienne, femmes et hommes réunis. On a beau lui faire remarquer qu'elle ne changera pas le monde, elle répond qu'elle essayera (mail 9). A un moment, elle se compare même à Martin Luther King (mail 16) et rappelle que celui-ci a été emprisonné au début de son combat, avant d'être, un demi-siècle plus tard, considéré comme un héros. Elle espère bien qu'il en irait de même pour elle.

Dans ce programme de combat, le premier adjuvant est évidemment internet, car sans lui il serait impossible de mener une telle bataille dans un pays comme l'Arabie Saoudite, dans la mesure où il permet à la fois de rester anonyme et de toucher un grand nombre de personnes. Par ailleurs, trois de ses amies, tout comme certains internautes et célébrités, s'avéreront être des adjuvants. En effet, Lamīs, Sadīm et Michelle l'aident à concevoir ses mails, la première, désormais émigrée au Canada, l'encourage et admire son audace ; la deuxième met son journal intime à sa disposition, de manière à lui permettre de décrire avec précision les sentiments qu'elle a éprouvés après la rupture avec Firās ; la dernière, enfin, lui rappelle certains épisodes et rectifie d'éventuels souvenirs imprécis. Seule, Qamra se fâche et coupe les ponts avec l'auteur. Quant aux internautes, ils aident à faire connaître ses mails. Elle se dit contente que certains se démarquent de la façon de penser majoritaire et ajoute que c'est ce qu'elle souhaite (mail 14). Enfin, elle se réjouit que, partout où elle va, on parle d'elle (mail 26). En effet, des articles dans les journaux, les revues et les forums lui sont consacrés (mail 17). Quant aux célébrités – écrivains, journalistes, politiciens, comédiens, musiciens et sportifs –, elles y vont de leurs éloges dans un article traitant de « l'affaire la plus chaude qui agite la rue saoudienne » (mail 27). On lui propose une rubrique dans une revue (mail 29), et un réalisateur lui propose même de transformer ses mails en un feuilleton à diffuser pendant le mois du Ramadan. Elle lui demande ironiquement, si les rôles de ses amies seront joués par des Saoudiens déguisés en filles ? (mail 34). Internet, ses trois amies ainsi que ces internautes et célébrités figurativisent donc son pouvoir-faire naissant.

Destinateur : Allāh **Destinateur délégué** : le prophète	→	**Objet** : mariage d'amour égalité hommes/femmes	→	**Destinataire** : société saoudienne
↑		↑		
Adjuvants : Internet Lamīs, Sadīm Michelle, certains internautes et célébrités		**Sujet** : la narratrice		

Cependant ce combat est loin d'être gagné étant donné les réactions diversifiées des internautes. Certains s'intéressent à son rouge à lèvres (mail 3) ou s'interrogent sur sa véritable identité et se demandent, si elle est l'une des quatre amies (mails 6, 15) au point qu'elle finit par en avoir assez et par les inviter à mûrir un peu (mail 24). D'autres énoncent des jugements contradictoires sur les personnages mis en scène : les uns traitent Rašīd de goujat et lui sont hostiles, les autres le soutiennent ; les uns jugent Qamra faible et la méprisent, les autres se disent solidaires avec elle (mails 9, 14). Certains souhaitent que Sadīm revienne à Firās, d'autres veulent qu'elle résiste (mail 44). Par ailleurs, il faut attendre le mail 18 pour apprendre que ses mails reçoivent enfin un accueil favorable de la part des femmes. Cependant l'une d'entre elles trouve que l'auteur prêche l'amour avec naïveté, qu'elle court après un mirage, et considère qu'il n'y a rien de mieux qu'un fiancé respectable choisi par les parents. Elle répond que l'amour est le seul vrai plaisir d'où émanent tous les autres (mail 42).

Cependant, une grande majorité des internautes, représentants de la société rétrograde et puritaine du pays, la fustigent, voire la menacent. Elle apprend ainsi qu'il y a eu des tentatives d'interdire les sites via lesquels elle envoie ses mails (mail 13), puis reçoit plein de messages piégés (mail 19). Bon nombre réprouvent l'insolence avec laquelle elle écrit et son goût pour les sujets tabous (mail 16). Certains lui conseillent de ne pas franchir la ligne rouge, d'autres pensent qu'elle l'a déjà franchie. Elle est accusée d'appeler au vice et à la décadence, d'encourager la dépravation, de souhaiter la généralisation de la fornication et d'exploiter le sentiment religieux à des fins infamantes (mail 26). On lui promet qu'elle sera châtiée pour la donner en exemple de tous ceux qui veulent défier la société. Elle répond ironiquement qu'elle a l'impression de prêcher dans le désert comme Moïse (mail 19). L'un d'eux demande même que sa tête soit mise à prix (mail 11). Paradoxalement, ces traditionnistes se réclament, tout comme elle, du destinateur divin et de son prophète et cherchent, au profit de la société, à maintenir les traditions rétrogrades dont le mariage arrangé et la suprématie masculine.

Anti-destinateur : Dieu **Anti-Destinateur délégué** : Le prophète	→	**Anti-Objet** mariage arrangé suprématie masculine	→	**Anti-Destinataire** : société saoudienne
↑		↑		
Adjuvants : Internet et le pouvoir en place		**Anti-Sujet** : traditionalistes		

6 Conclusion

Comme nous l'avons démontré, les traditionalistes saoudiens mis en scène, sous la figure des parents, d'une part, et de la majorité des internautes, de l'autre, se réclament du Coran et de la sunna, à savoir des traditions du prophète, pour imposer aux jeunes gens, filles et garçons, le mariage arrangé. Parallèlement, certains jeunes et, en priorité, les jeunes filles rêvent d'un mariage d'amour qu'ils ne réussissent que rarement à réaliser. Les jeunes hommes paraissent cependant plus traditionalistes que les jeunes filles, puisqu'ils se soumettent dans la majorité des cas au dictat des traditions, dussent-ils de ce fait renoncer à leur bien-aimée. Mais parallèlement, ils profitent des droits que leur concèdent ces mêmes traditions, en n'hésitant pas à répudier leurs épouses, quand ils le jugent bon, voire à prôner la bigamie. Quant aux jeunes filles et aux épouses, elles n'ont d'autre choix que de se soumettre. C'est la raison pour laquelle, l'auteur-narratrice raconte, en profitant des opportunités que lui fournit internet, les amours malheureux de ses quatre amies dans le but de faire comprendre aux Saoudiens que la situation est intenable. Elle cherche ainsi à les gagner à sa cause, à savoir la liberté d'aimer et l'égalité entre hommes et femmes, en tentant de leur faire comprendre que cette liberté et cette égalité n'est pas en contradiction avec le Coran et les traditions du prophète. Notre analyse montre que, malgré l'optimisme et le courage de l'auteur, ce combat est loin d'être gagné. Le roman rend ainsi compte des antagonismes propres à une société dans laquelle tout le monde se réclame de Dieu, tout en interprétant de manière opposé et irréconciliable le texte du Coran et les traditions du prophète.

* Première publication de ce chapitre dans *Acta litteraria comparativa, The Letter in literature and culture*, 7, Vilnius, Lithuanian Comparative Literature Association, 2014-2015, p. 200-218.

CHAPITRE 18

La manipulation des esprits : un moyen retors d'oppression *Ḏāt* de Ṣunʿallāh Ibrāhīm

Heidi Toelle

On distingue, en sémiotique, deux types d'actions humaines : celle de l'homme sur les choses et celle de l'homme sur d'autres hommes. C'est cette dernière action qu'on appelle « manipulation »[1]. Elle consiste à tenter de faire en sorte que l'autre ne puisse pas ne pas faire, ne pas sentir, ne pas penser ce que nous voulons qu'il fasse, sente ou pense. En effet, nous savons que notre discours n'est que rarement informatif, mais le plus souvent d'ordre persuasif ou dissuasif : la séduction et la tentation, l'intimidation et la menace, le défi, le mensonge pour ne citer que quelques exemples, relèvent ainsi de la problématique de la « manipulation ». Par ailleurs, le sujet manipulé procède, en général, à l'interprétation du discours manipulateur, interprétation qui peut conduire à deux résultats inverses : soit il se laisse persuader ou dissuader, soit il réussit à résister à la manipulation. Ces réactions divergentes peuvent être dues aux valeurs socialement et culturellement dominantes dans une société donnée qui obligent le sujet manipulé à donner suite à la manipulation (cas du défi, par exemple)[2] ou encore à la situation et/ou aux valeurs qui lui sont propres et qui font qu'il se laisse ou non manipuler.

La dimension manipulatoire du discours n'est, par ailleurs, pas propre aux seuls individus. Elle caractérise également le discours des détenteurs du pouvoir qui, de tout temps et en tout lieu, ont toujours eu recours à la manipulation dans le but d'asseoir leur domination. Or, à l'époque moderne, le développement des *mass media* et, en premier lieu, celui de la télévision a fourni aux puissants des instruments de manipulation d'une redoutable efficacité à côté desquels ceux dont disposaient, par exemple, les maîtres et seigneurs du Moyen-âge apparaissent comme dérisoires. C'est cette manipulation du

1 Pour une analyse plus détaillée de ce type de discours, Cf. entre autres A.J. Greimas et J. Courtès, Sémiotique, *Dictionnaire raisonné de la théorie du langage*, Paris, Hachette, 1979, entrées « manipulation », « faire persuasif », et « factitivité ».

2 A propos du défi, Cf. A.J. Greimas, « Le Défi », *Du sens II, Essais sémiotiques*, Paris, Seuil, 1983, p. 213-223.

 | DOI:10.1163/9789004705685_019

citoyen par les puissants et ses conséquences sur les individus et la société qui me paraissent être l'une des problématiques soulevées, parmi bien d'autres[3], par *Ḏāt*[4] du romancier égyptien Ṣunʿ Allāh Ibrāhīm[5].

Ce roman, paru en 1992 et traduit en français en 1993 sous le titre *Les années de Zeth*[6], est composé de deux sortes de chapitres qui alternent avec une belle régularité du début jusqu'à la fin du roman. Dans les chapitres impairs, un narrateur extra- et hétéro-diégétique, après avoir relaté les moments cruciaux, pour la plupart traumatisants, de la vie de Ḏāt depuis sa naissance jusqu'à son mariage avec ʿAbd al-Maǧīd et l'installation du couple dans un appartement modeste d'Héliopolis, raconte et commente ironiquement la vie quotidienne de ces deux Egyptiens des classes moyennes et de leur entourage, depuis le milieu des années soixante jusqu'à la fin des années quatre-vingt du XXe siècle. Dans les chapitres pairs, le même narrateur présente des séries de collages extraits, pour la plupart, de la presse égyptienne de l'époque en question[7] ou reprenant les déclarations faites à la télévision par diverses personnalités appartenant aux milieux politiques, économiques, religieux et médiatiques. Ces collages ne sont pas commentés par le narrateur dont l'intervention se limite, en l'occurrence, au type d'extraits qu'il choisit de présenter et à l'ordre dans lequel il les agence.

En apparence, rien ne relie ces deux types de chapitres sinon que les événements privés ainsi que les discours et événements publics relatés sont contemporains. Mais le lecteur ne tarde pas à s'apercevoir que la vie de Ḏāt et de ʿAbd al-Maǧīd et celle de leur entourage, les buts poursuivis par eux ainsi que les

3 A propos d'autres aspects de ce roman, cf. C. Tahhan, Ḏāt *de Ṣunʿ Allāh Ibrāhīm : procédés ironiques et dénonciation des dysfonctionnements de la société*, Mémoire de maîtrise, sous la direction de H. Toelle, Université Paris III-Sorbonne Nouvelle, UFR Orient et Monde Arabe, Paris, 2005.

4 Ḏāt, Le Caire, Dār al-mustaqbal al-ʿarabī, 2ème édition, 1993. Les références renvoient, toutes, à cette édition.

5 Le titre du roman mériterait, à lui tout seul, une longue analyse. En effet, ce mot arabe n'est pas un prénom féminin, mais un concept philosophique à contenu sémantique contradictoire : en effet, Ḏāt signifie à la fois « chose » et « essence » et donc, avec ce dernier sens, ce qui fonde, en l'occurrence, les qualités constitutives de l'être humain en tant que tel. Il s'agit donc là d'une anti-phrase qui vise à faire comprendre au lecteur que la protagoniste, nommée Ḏāt est prise dans une contradiction insurmontable : tout en cherchant à préserver son « essence » d'être humain, le contexte à la fois idéologique et social à caractère manipulatoire dans lequel elle se trouve plongée a tendance à la transformer en « chose ». Son mal-être qui se traduit par des crises de larmes répétées fait foi de son incapacité à résoudre la contradiction.

6 Paris, Actes Sud, Traduction par Richard Jacquemond. Les quelques citations en français sont empruntées à cette traduction.

7 Quelques rares collages sont extraits de la presse américaine ou française.

problèmes auxquels ils se heurtent et le mal-être qu'ils éprouvent résultent de l'ambiance générale dans laquelle ils baignent, ambiance que les chapitres composés des collages ont précisément pour but de dessiner. C'est dans ce lien qu'il s'agit de voir plus clair.

Une analyse même superficielle des collages conduit à deux constats. Premier constat : tous médiatisés, les responsables politiques, hommes d'affaires, dignitaires religieux et responsables des *media* se soutiennent réciproquement, et la frontière entre ces quatre domaines devient progressivement pour ainsi dire inexistante : tel politicien, ministre, député ou maire passera à la direction d'une banque ou d'une entreprise privée ou mixte ; tel homme d'affaires se fera élire député, voire nommer ministre ; tel responsable religieux fera, à son tour, fonction de député ou fondera une entreprise ou une banque d'investissement ; tel journaliste ou rédacteur en chef passera à la tête d'une entreprise ou sera nommé ambassadeur. Cette abolition des frontières entre le politique, l'économique, le religieux et le médiatique va croissant au fur et à mesure qu'on avance dans le roman et dans le temps.

Deuxième constat : les valeurs, si l'on ose dire, prônées par l'ensemble des responsables en question se laissent résumer en une phrase : il s'agit de s'enrichir par n'importe quel moyen, y compris illégal et moralement condamnable, sans tenir compte des conséquences désastreuses que cette soif d'argent et donc de pouvoir peut avoir sur autrui. Formulé autrement, les seules valeurs proposées à la société sont celle de l'avoir et du paraître.

Enfin, dans les chapitres qui relatent la vie de Ḏāt et de son entourage, le narrateur qualifie la télévision ironiquement de *ǧihāz al-baṯṯ al-markazī*, d'« appareil central d'émission », les collègues de travail de Ḏāt de *mākināt al-baṯṯ*, de « machines à émettre », les conversations privées entre les divers acteurs de *baṯṯ* – d'« émission »[8]. Tout se passe, comme s'il tenait à signifier par là que le discours des citoyens n'est autre chose qu'une reprise du discours médiatique. En d'autres termes, les *media* et, en premier lieu la télévision, réussissent à manipuler les esprits à tel point que toute distance critique s'en trouve pour ainsi dire abolie. Et c'est bien ce que confirme une analyse plus détaillée du roman que nous restreindrons, pour des raisons de place, aux discours manipulatoires suivants : la séduction, le défi, la tentation, l'intimidation, la menace, ce que nous avons appelé, faute de mieux, « démotivation » (au sens actif du terme) et le mensonge.

Dès le chapitre III, le narrateur décrit ainsi l'influence de la publicité sur les divers protagonistes. Or, le discours publicitaire n'est pas un discours informatif, mais bien un discours manipulatoire. Il a pour fonction de séduire,

8 De très nombreuses occurrences tout le long du roman.

en proposant aux citoyens que nous sommes un objet à acquérir moyennant espèces sonnantes et trébuchantes et, en même temps, de rendre cet objet séduisant au point que nous nous trouvions amenés à considérer son acquisition comme indispensable et sa possession comme valorisante pour nous-mêmes. Aussi, est-ce en regardant à la télévision une publicité pour cuisines et salles de bain modernes que commence dans l'immeuble de Ḏāt ce que le narrateur appelle ironiquement la « marche de la destruction et de la construction » (*masīrat al-hadm wa-l-binā'*)[9]. Dans cette publicité, une cuisine aux murs recouverts de peinture à huile noircie et dotée de placards en bois, pleins de cafards, et d'autres en métal, rongés par la rouille, se transforme sous l'action à la fois destructrice et constructrice de la maîtresse de maison en une cuisine étincelante, recouverte de haut en bas de carrelage importé et dotée de placards modernes incorporant réfrigérateur, cuisinière et éviers en acier inoxydable. La scène se répète à l'identique pour la salle de bains[10].

On voit bien comment fonctionne ici la manipulation : elle consiste d'abord à dévaloriser les cuisines et salles de bains supposées existantes (et, accessoirement, ceux qui en sont dotés), en les salissant exagérément (noirceur des murs, cafards, rouille) et à leur en substituer d'autres, exagérément étincelantes et donc séduisantes, tout en valorisant positivement l'action de la maîtresse de maison mise en scène et en invitant de la sorte ses pairs à suivre son exemple. Le prix de cette opération de destruction/construction est, quant à lui, pudiquement passé sous silence.

Le roman ne cesse de revenir régulièrement sur les divers objets qui, grâce à la publicité, sont convoités par Ḏāt et son entourage : à côté d'une cuisine et d'une salle de bains modernes, les moquettes, magnétoscopes, vidéocassettes, climatiseurs et voitures figurent en bonne place dans la liste des objets que tout un chacun se croit désormais obligé d'acquérir. A ces objets de consommation viennent bientôt se joindre les « écoles de langue » privées.

Or, l'achat de ces objets ou l'envoi d'un enfant dans une école payante exige de l'argent dont Ḏāt et son mari, l'une employée aux Archives d'un journal, l'autre dans une banque, ne disposent guère. Ce n'est pas pour autant que Ḏāt renonce à ses projets, car la progression de « la marche de la destruction et de la construction » chez certains habitants de l'immeuble, chez les parents, amis

9 Il s'agit d'un clin d'œil au mot d'ordre d'un mouvement littéraire né en Egypte dans les années vingt du XXe siècle et connu sous l'appellation « *al-Madrasa al-hadīṯa* » (l'Ecole moderne). Le narrateur ironise du reste sur certaines techniques littéraires réputées « modernes ». Le chapitre I qui raconte, à contre-courant de cette « modernité » littéraire, la vie de Ḏāt de manière linéaire depuis sa naissance jusqu'à son mariage, en la situant dans son contexte social et culturel, est un bon exemple de cette ironie.

10 Cf. p. 54.

et collègues de travail du couple, ne tarde pas à fonctionner comme une sorte de défi.

Le défi, autre figure de la manipulation, consiste à dénier à autrui certaines compétences – ici celle de se procurer assez d'argent pour acheter les objets convoités – et ce dans l'unique but de le pousser à prouver le contraire, s'il ne veut pas déchoir aux yeux d'autrui. Citons deux exemples : la sœur de Ḏāt, voyant la vieille chasse d'eau dans les toilettes de celle-ci, s'exclame : « ça alors, tu as encore un truc pareil chez toi ! »[11] Quant au portier de l'immeuble, il dit à Ḏāt sur un ton apitoyé : « Il n'y a plus que vous sans voiture, Madame »[12]. Ces remarques sont loin d'être anodines. Elles disent, au contraire, implicitement que Ḏāt et son mari sont incapables de se mettre à la page, tout en les poussant à faire en sorte de prouver le contraire. Le portier ajoute du reste : « Allez, encore un effort ! ». Pour résister à ce type de manipulation, il faudrait que la chasse d'eau moderne et la voiture ne soient pas considérées par Ḏāt comme des objets de valeurs dont la possession lui assurerait l'estime d'autrui, ce qui n'est pas le cas.

Aussi le désir de Ḏāt ainsi que celui de ses voisins de se doter de la compétence nécessaire à la rénovation de leurs appartements ou à l'achat d'une voiture et de donner ainsi une image positive d'eux-mêmes les conduira-t-il à envisager divers moyens légaux d'enrichissement : ils inventent ainsi une casserole électrique permettant de faire griller de la viande, projet qu'ils se voient obligés d'abandonner après en avoir vendu sept exemplaires[13] ; ʿAbd al-Maǧīd songe à prendre un taxi en association ou un mini-market ou une cafeteria en gérance, sans jamais passer à l'acte[14] ; enfin, en collaboration avec les voisins, le couple tente d'acquérir une fourgonnette pour vendre des sandwichs et des pickles[15], projet qui avorte à son tour. Ne reste plus à Ḏāt, pour être à même de rejoindre « la marche de la destruction et de la construction », que de cacher à son mari certains de ses revenus[16], puis, lorsque ce moyen s'avère trop limité, à pousser ʿAbd al-Maǧīd à trouver, à l'instar d'autres maris de son entourage, du travail à l'étranger – de préférence dans le Golfe ou en Arabie Saoudite. Ce projet ayant, lui aussi, échoué, l'ardent désir de Ḏāt d'être à la hauteur de ses pairs qui, souvent par des moyens douteux, réussissent à se procurer les objets convoités, entre peu à peu en contradiction avec son incapacité et celle de son mari à y parvenir, cette incapacité étant vécue par elle comme

11 Cf. p. 56.

12 Cf. p. 68.

13 Cf. p. 61 et suiv.

14 Cf. p. 62-63.

15 Cf. p. 67. Pour d'autres tentatives, plus dérisoires encore, voir p. 62.

16 Cf. p. 68-69.

une dévalorisation de sa personne. La frustration qui en résulte conduit à la détérioration progressive de ses rapports avec ʿAbd al-Maǧīd qu'elle finit par considérer comme un raté.

La manipulation par le défi consiste donc ici à valoriser la capacité du citoyen à s'enrichir, en faisant croire que l'enrichissement est à la portée de tout le monde, et à dévaloriser parallèlement tous ceux dont les moyens financiers demeurent limités, en les qualifiant implicitement d'incompétents, ce qui a pour conséquence de les pousser à apporter la preuve du contraire. Ce qui est pris en défaut ici, c'est la capacité du citoyen à interpréter correctement la manipulation, puisqu'il s'imagine naïvement qu'il est possible de devenir riche en peu de temps, tout en restant honnête, ce qui m'amène à un autre type de manipulation, à savoir la tentation.

Très proche dans ses mécanismes du discours séducteur, puisqu'elle consiste, elle aussi, à proposer à autrui un objet à acquérir et à le lui rendre désirable, la tentation se distingue cependant de la séduction par le fait qu'elle cherche parallèlement à persuader l'autre que l'acquisition de l'objet en question vaut bien qu'on renonce à certaines valeurs morales et/ou qu'on enfreigne la loi. Comme en font foi les chapitres des collages, bon nombre de responsables de tous ordres ne répugnent pas à avoir recours à des moyens frauduleux pour assouvir leur soif d'argent et les *media* ne se font pas défaut d'en rendre compte. Parmi ces moyens, les pots-de-vin, le détournement de fonds, le trafic de devises et le vol caractérisé figurent en bonne place[17]. Le rabâchage par les media de telles nouvelles a l'inconvénient de continuer à valoriser la richesse, tout en banalisant les transgressions de la morale et de la loi que son acquisition rapide exige. Il s'en suit que tout un chacun finit par être tenté d'en faire autant. Et c'est précisément ce qui arrive à quelques-uns des habitants de l'immeuble ainsi qu'à ʿAbd al-Maǧīd.

Un jour, son voisin qui, du fait de ses fonctions à la municipalité d'Héliopolis, est en contact avec certains hommes d'affaires l'amène chez l'un d'entre eux. Celui-ci auquel on donne le titre de Ḥāǧǧ et dont le bureau, occupant tout un étage, est orné de quantité de Corans, propose à ʿAbd al-Maǧīd de l'aider à obtenir un prêt de 450 000 livres, sur caution de sept cents tonnes de cacahuètes, alors que cette prétendue caution n'existe tout simplement pas. Il lui promet, s'il réussit à faire passer le dossier à sa banque, la jolie somme de 67 000 livres, soit 15 % de l'emprunt[18]. Cette fois-ci, le discours tentateur échoue. En effet, après un dur combat intérieur, l'honnêteté de ʿAbd al-Maǧīd

17 De très nombreux exemples dans l'ensemble des chapitres pairs.

18 Cf. p. 213-216.

l'emporte, pour le malheur de Ḏāt, sur son désir d'empocher la somme qu'on lui fait miroiter.

On ne peut pas en dire autant de la troisième et dernière femme de ménage de Ḏāt qui, par des moyens qu'il serait trop long d'analyser ici, réussit à voler à cette dernière jouets d'enfant, bijoux et argent. Confondue, elle explique posément qu'elle a, comme tout le monde, le droit de jouir de la vie, de posséder les mêmes appareils qu'un modeste fonctionnaire – en l'occurrence, l'un des habitants de l'immeuble de Ḏāt – et ajoute : « N'allez pas me dire qu'il les a gagnés à la sueur de son front… Tout se sait »[19]. L'idée que le vol est punissable par la loi et peu moral ne semble pas même la frôler.

Séduction, défi et tentation ont ici en commun de faire naître chez le citoyen non seulement le désir de donner, grâce aux signes extérieurs de richesse, c'est-à-dire grâce à son seul « paraître », une image positive de soi, mais encore d'en faire en quelque sorte une obligation. Le citoyen en vient ainsi, à se faire le complice de sa propre manipulation, en adoptant les valeurs et, parfois, les méthodes du manipulateur.

Mais il existe d'autres types de manipulations qui visent, au contraire, à faire naître chez autrui la peur, autrement dit, à lui présenter certaines choses comme des anti-valeurs à fuir à tout prix, s'il ne veut pas se voir discrédité aux yeux du pouvoir et, au fur et à mesure que ce type de manipulation réussit à convaincre des couches de plus en plus larges de la population, aux yeux d'autrui. L'intimidation et la menace font partie de ce type de manipulation.

En voici un exemple. Après l'élimination par Sadate des Nassériens, ʿAbd al-Maǧīd et son voisin en viennent à vouer « aux gémonies le socialisme, l'arabisme, Nasser, les Palestiniens et les Soviétiques »[20], se conformant de la sorte au discours du nouveau pouvoir amplement diffusé par les *media*. Quant à Ḏāt, croyante, mais non pratiquante et non voilée au début du roman, elle a grandi sous Nasser. Elle était en outre dans sa jeunesse amie avec des communistes et même amoureuse d'un militant qui avait fini par épouser l'une de ses amies. Lorsque, après l'assassinat de Sadate, le PDG du journal, ayant derrière lui une longue « expérience de bureaucrate » en matière de changements de président, décide de suspendre le portrait de Mubārak dans le bureau de Ḏāt, le mur de celui-ci s'avère trop petit pour supporter les portraits des trois présidents successifs. Ḏāt propose alors naïvement de maintenir en place le portrait de Nasser et de décrocher celui de Sadate pour faire place à celui de Mubārak. Mal lui en prend. Son chef de service, lui-même, accusé d'avoir appartenu à une organisation nassérienne secrète et n'ayant de ce fait échappé que de

19 Cf. p. 343-344.

20 Cf. p. 86.

justesse à une mutation, la dénonce, pour se dédouaner, auprès du PDG du journal. La suite ne se fait pas attendre : en guise de punition, Ḏāt est mutée du service du Suivi et de l'Evaluation de la publication aux Archives du journal où elle demeurera jusqu'à la fin du roman[21]. L'intimidation joue ici à plusieurs niveaux : le PDG du journal qui avait lui-même appartenu à l'organisation nassérienne précitée se soumet aux ordres du nouveau pouvoir par crainte de se voir éliminé. Il commence ensuite par intimider le chef de service de Ḏāt. Cette manipulation réussit si bien que celui-ci se transforme, à son tour, en serviteur zélé du nouveau régime, en dénonçant, pour se protéger lui-même, les sympathies pro-nassériennes de Ḏāt. Le PDG procède ensuite, sur la base du rapport du chef de service, à la punition de celle-ci qui n'a d'autre but que de l'intimider à son tour. La manipulation fonctionne ici par cascades et respecte, en quelque sorte, l'ordre hiérarchique : le nouveau gouvernement intimide le PDG qui intimide le chef de service qui intimide, par PDG interposé, l'employée sous ses ordres – le tout pour complaire au gouvernement et être à l'abri d'éventuelles représailles.

Mais les choses n'en restent pas là, car l'intériorisation de la menace et l'attitude de ses nouveaux collègues aux Archives font que Ḏāt ne cesse d'être sur ses gardes. En effet, le boycott récurrent des « machines à émettre » dont elle se croit ou est effectivement la victime – le roman laisse planer un doute sur ce point – la conduit à ne plus oser mentionner le nom même de Nasser. Mieux, quand l'une de ses voisines, voulant l'insulter, a la langue qui fourche et la traite de communiste (*šuyūʿiyya*) en lieu et place de shi'ite (*šīʿiyya*)[22], Ḏāt se persuade que le boycott de ses collègues est dû au fait qu'elles la suspectent de sympathies pour ce parti désormais honni et, de surcroît, réputé athée. Aussi, pour donner des gages, commence-t-elle par accepter de porter le voile de tête[23], puis, cette démonstration éclatante de sa foi ne suffisant pas, elle finit par se résigner à porter le voile intégral. En effet, « puisque sa tête ne suffisait pas à certifier aux yeux des machines gloutonnes la qualité de son islam, sa foi profonde et sa sincère dévotion, elle n'avait qu'à leur jeter en pâture le reste de son corps »[24]. Le voile, supposé renvoyer à l'« être » de la foi, se transforme de la sorte en une sorte de masque qu'on accepte de porter pour complaire et, comme tel, en simple instrument du « paraître ». Autrement dit, ce n'est pas la foi en tant que telle qui importe, mais son étalage, ce qui m'amène à examiner un autre discours manipulateur, à savoir le discours religieux.

---

21 Cf. p. 22-23.

22 Cf. p. 168.

23 Cf. p. 177.

24 Cf. p. 218.

Celui-ci manie conjointement la séduction et la menace et fonctionne en outre à un double niveau, transcendant et immanent. Aussi, quand l'un des dignitaires religieux déclare dans les media que « la femme doit porter le voile pour que l'homme n'ait pas de doute sur la paternité de ses enfants »[25] et qu'un autre renchérit en décrétant que « doit être combattu quiconque [...] ne respecte pas les commandements du Coran et de la sunna, ou la prohibition des péchés graves et de l'alcool »[26], l'on se trouve face à un discours manipulateur à facettes multiples. En effet, l'incitation au respect des commandements du Coran et de la sunna a une face séduisante puisque ce respect est réputé assurer au croyant la félicité dans l'Au-delà ; parallèlement le non-respect de ces mêmes commandements l'expose implicitement à la menace de brûler pour l'éternité en enfer, perspective, on en conviendra, peu engageante. Mais il y a plus, car l'affirmation que seront combattus non pas dans l'au-delà, mais bien ici-bas, tous ceux qui ne respecteraient pas les commandements du Coran et de la sunna fonctionne, à son tour, sur les deux plans de la menace et de la séduction, puisque les uns seront combattus, comme il est dit explicitement, tandis que les autres, seront, implicitement cette fois-ci, laissés tranquilles, voire cajolés – par les responsables religieux, d'abord, par leurs pairs, ensuite, au fur et à mesure que la manipulation réussira auprès des citoyens et que la « révolution du voile », comme le narrateur l'appelle ironiquement, progressera. Ce qui me semble en jeu dans ce type de manipulation, ce n'est pas la foi en tant que telle, en elle-même respectable, mais le pouvoir que certains s'arrogent d'intimider, voire de menacer autrui comme s'ils étaient mandatés par Dieu pour ce faire.

Ici comme précédemment, c'est le désir de donner une image positive de soi, la crainte de déchoir aux yeux d'autrui et celle des conséquences susceptibles d'en découler qui conduisent le sujet manipulé à se conformer, fût-ce sans conviction intime, aux exigences du discours manipulateur. Les hommes d'affaires exploitent, à leur tour, la situation pour afficher désormais leur foi, fût-elle mensongère, et ouvrent de nombreux magasins pour offrir aux « croyantes » une variété de voiles pour tous les goûts. Ils transforment ainsi le port du voile en une simple mode dont ils tirent de substantiels profits.

Une autre déclaration d'un responsable religieux et ses conséquences sur la vie des citoyens mérite attention : « [...] la mort est le début d'une autre vie, la vraie vie, et l'Etat islamique ne doit avoir d'autre souci que d'œuvrer pour cette autre demeure »[27]. Il s'agit, en l'occurrence, d'une manipulation qui cherche

25 Cf. p. 47.
26 Cf. p. 197.
27 Cf. p. 190.

à faire croire que la vie terrestre qui, aux yeux du croyant est pourtant un don de Dieu, est en quelque sorte négligeable et que, seule, importe la vie après la mort, Or, le roman nous montre les conséquences fâcheuses qu'une telle vision des choses est susceptible d'entraîner.

En effet, la toute jeune nièce de la voisine de Ḏāt meurt électrocutée sur le chemin de l'école, suite à un accident dû à l'incurie des responsables des égouts et de ceux de la compagnie d'électricité conjointement. Lorsque Ḏāt, choquée, en fait le récit à ʿAbd al-Maǧīd dans l'espoir de susciter son indignation, celui-ci commente cette mort sobrement par « *naṣībuhā* » – « c'était son lot »[28]. Un tel commentaire n'est guère étonnant, puisqu'un général affirme dans les *media* à propos d'un petit garçon noyé dans une bouche d'égout : « *Kāna qaḍā'an wa-qadaran* » – « C'était son destin »[29]. Ces expressions ont beau être employées dans la vie courante pour commenter un événement malheureux et en atténuer l'effet douloureux sur les survivants, le narrateur leur rend, vu le contexte dans lequel il les place, toute leur charge sémantique. En effet, il donne à entendre que le seul souci de la vie dans l'au-delà conduit peu à peu à considérer tout accident mortel comme relevant non pas de la responsabilité humaine, mais uniquement des décisions divines – et ce au plus grand profit des hommes d'affaires et des politiques qui ne se sentent dès lors plus tenus pour comptables des négligences qui, par leur faute, conduisent à de semblables accidents[30].

Enfin, la multiplication de ces derniers jointe au discours religieux en question et aux intimidations déjà mentionnées fonctionnent conjointement comme une entreprise manipulatoire que, faute de mieux, nous appellerons « démotivation » et qui a l'avantage, si l'on ose dire, d'amener les citoyens à se résigner plutôt qu'à se mettre en devoir de dénoncer les coupables. Il n'est dès lors guère étonnant que les collègues de Ḏāt se désintéressent de la mort de la nièce en question ; qu'un collègue de Ḏāt lui réponde « grâce à Dieu, la petite est saine et sauve », puisque les parents de celle-ci, manipulés à leur tour, ont refusé, horrifiés, l'autopsie du corps, seule, susceptible, à en croire les responsables, de confirmer la mort par électrocution et donc l'inculpation

28 Cf. p. 164.

29 Cf. p. 191.

30 Cette irresponsabilité est amplement mise en lumière dans le cadre des chapitres des collages : parmi les nombreux accidents dus à des négligences y figurent, à titre d'exemples, les incendies provoqués par des court-circuits (p. 36, 38), joints aux retards des pompiers et aux pannes de leurs véhicules (p. 111) ; les collisions des trains (p. 41) ; les effondrements d'immeubles (p. 44, p. 198), de balcons (p. 39) et de tunnels (p. 43) construits à la hâte ; les explosions dues au gaz (p. 194), celles des adductions d'eau (p. 140) ; les ruptures des canalisations des égouts (chap. 9, entre autres), etc.

des coupables ; que le photographe du journal de Dhât, prévenant en cela le refus du rédacteur en chef, s'interdit d'écrire un article sur les circonstances de la mort de la jeune fille et que Ḏāt renonce pour finir et par crainte d'une nouvelle punition d'avoir recours à la presse d'opposition[31].

Un mécanisme analogue est en œuvre, quand Ḏāt, encouragée en cela par sa fille au nom de l'islam et au nom des droits et devoirs du citoyen, par une rédactrice, avec laquelle elle s'est liée d'amitié, se décide à porter plainte auprès du Bureau de l'Hygiène pour falsification de date de péremption. En effet, la démarche s'avère être un véritable parcours de combattant qui lui coûte cher en temps, en tension nerveuse et en argent, sans aboutir, pour autant, à un résultat tangible[32]. En effet, à la fin du roman, Ḏāt se rend à nouveau compte que la date de péremption des harengs séchés qu'elle vient d'acheter a été frauduleusement modifiée. Cette fois-ci, elle renonce à toute velléité de protestation, en se remémorant les fatigues de ses démarches antérieures, et se contente de jeter les harengs à la poubelle[33].

La manipulation qui conduit ici à la résignation de Ḏāt reste implicite, mais n'en est pas moins efficace. Elle consiste à faire accroire que les lois de la République confèrent au citoyen un certain nombre de droits et de faire parallèlement en sorte que leur exercice se révèle dans la pratique inefficace et donc décourageant et démobilisateur. Le président de la République a ainsi beau déclarer : « Chaque citoyen peut librement exprimer son opinion à travers les voies légales, et la loi protège toutes les pratiques légales »[34]. Au fur et à mesure que cette affirmation s'avère inexacte[35], les citoyens se trouvent progressivement amenés à baisser les bras devant les très nombreuses injustices et fraudes dont ils sont les témoins impuissants. Par ailleurs, ce type de manipulation met en jeu des mécanismes inverses à ceux du défi : comme nous l'avons dit plus haut, celui-ci consiste à dénier au sujet manipulé certaines compétences dans le but de le pousser à prouver le contraire, quitte à mettre, pour ce faire, sa tranquillité d'esprit, voire sa vie en danger. Ici, il s'agit, à l'inverse, de persuader le sujet manipulé qu'il est doté d'une compétence donnée – en

31 Sur cet accident, cf. chapitre 9 du roman.

32 Le récit de ces démarches occupe une bonne partie du chapitre 15, p. 237-253.

33 Cf. p. 352.

34 Cf. p. 148.

35 Les situations qui contredisent le discours du président sont nombreuses : répression de grèves (le Conseil des Ministres déclarant même la grève illégale au nom de la loi islamique) (p. 147) ; répression d'occupations d'usines pour réclamer, conformément à la loi, une augmentation de salaire ou pour protester contre l'augmentation des prix (p. 148 et 149), emploi de la torture (p. 140 et 150-151), pour ne citer que quelques exemples.

l'occurrence celle d'avoir la capacité à faire respecter la loi –, puis de la lui dénier dans la pratique, le but visé étant de lui faire passer l'envie de recommencer – ce qui nous amène à dire un mot d'un dernier type de manipulation, à savoir le mensonge.

Celui-ci consiste à faire paraître vrai ce que l'on sait être faux avec l'intention d'induire le sujet manipulé en erreur, un procédé dont les responsables de tous ordres usent et abusent dans le roman à tout propos. Certes, le narrateur dispose les collages de manière à mettre diverses déclarations mensongères en contradiction avec d'autres et/ou avec la réalité vécue par ses personnages, permettant ainsi au lecteur de distinguer le /vrai/ du /faux/ et de se rendre compte de l'ampleur de l'entreprise de manipulation. Mais en va-t-il de même pour les personnages du roman ? Et quel est le but visé par ce déluge de mensonges ?

Notons, tout d'abord, qu'il est extrêmement rare que l'ensemble des citoyens se trouve en même temps dans une situation susceptible de leur permettre de décoder tel ou tel mensonge. C'est, par exemple, le cas pour une sécheresse laquelle frappe en premier lieu les paysans. La dénégation de celle-ci a ainsi quelque chance de passer pour /vrai/ dans les villes. Seule, une partie de la population, souvent minoritaire, est donc, le cas échéant, en mesure de décoder les mensonges des responsables politiques et/ou économiques, d'où l'adage, fréquent en France, « mentez, il en restera toujours quelque chose » ; par ailleurs et contrairement au narrateur du roman, ni Ḏāt, ni son entourage ne traquent les contradictions entre les déclarations officielles transmises par les *media*, si bien que les menteurs comptent – non sans raison – sur l'inattention, voire l'oubli du citoyen. Le mensonge sert ainsi dans bien des cas les intérêts du manipulateur, et c'est souvent à son détriment et quand il est déjà trop tard pour réagir, que le sujet manipulé se rend compte qu'il a été berné.

Nous sommes loin d'avoir exploré l'ensemble des manipulations que le roman de Ṣunʿ Allāh Ibrāhīm dénonce. Mais nous pensons avoir montré par ces quelques exemples que la manipulation des esprits est un moyen particulièrement retors pour asseoir sa domination. Les détenteurs du pouvoir réussissent ainsi, par *media* interposés, à s'assurer du consentement des sujets manipulés – en l'occurrence de celui des citoyens – tant et si bien que ceux-ci en viennent à participer activement et sans même s'en apercevoir à leur propre oppression.

Or, tomber, à l'instar de Ḏāt, victime de telles manipulations, a un coût – non pas matériel, celui-là, mais humain. En effet, prise en permanence entre son désir de plaire, voire de complaire et son incapacité à y parvenir, entre son désir de justice et l'impossibilité d'obtenir gain de cause, entre sa foi en les mensonges des manipulateurs et les désillusions qui s'en suivent, Ḏāt se retire de plus en plus souvent aux toilettes pour y laisser libre cours à ses crises de larmes et c'est sur l'une d'elles que le roman se termine.

Un dernier mot pour conclure : ces manipulations et leurs conséquences humaines n'existent pas seulement dans l'Egypte peinte par Ṣunʿ Allāh Ibrāhīm dans *Ḏāt*. Elles sont à l'œuvre – faut-il le préciser ? – un peu partout dans notre monde contemporain, y compris dans nos « démocraties » occidentales.

* Première publication de ce chapitre dans « Discours et pouvoir », Actes du colloque de l'Université du Caire, 2006. Cet article a été traduit en arabe.

CHAPITRE 19

Désir d'affranchissement total, passion unificatrice d'une vie-œuvre Hussein Bargouthi (1954-2002)

Boutros Hallaq

Personnalité singulière par la radicalité de sa pensée et l'originalité de sa démarche, Hussein Barghouthi aura voué sa vie de résistant pacifique à un projet existentiel inédit : trouver sa voie en tant qu'homme et palestinien, pourtant devenu à ce titre, une victime toute désignée. Son œuvre aura renouvelé non seulement le genre autobiographique arabe mais aussi une certaine vision de la Palestine, de la pensée arabe et du rationalisme moderne.

1 La liberté, passion unificatrice d'une vie-œuvre

Hussein Barghouthi aura vécu de la passion (au double sens du terme) de cette Palestine toujours résistante mais à la recherche de ses repères sous les coups de l'oppresseur et des trahisons. Celui qui, déjà enfant, perdait parfois le sens de l'orientation et était traité par ses camarades de *ahbal* (frappé de folie[1]) et de *maqmūr* (victime d'un coup de lune[2]), se reconnaît dans son pays. A dix-neuf ans, ses études à Budapest l'engagent sur la voie sans retour d'une quête vitale du sens. Éminemment personnelle, sa passion pour la liberté vaut aussi pour son peuple et même au-delà. Par-là, elle acquiert une dimension humaniste, universaliste. Impérieuse, elle accapare la totalité de ses ressources

1 Terme populaire dérivé de Houbal, divinité principale du panthéon de la Mecque préislamique, connue aussi sous le nom de « Seigneur de la Kaʿba ». Houbal était probablement le père de la Triade des déesses al-Lāt, al-ʿUzzā et Manāt ; son nom en araméen signifie *esprit*. D'où *ahbal*, celui qui est privé d'esprit, de raison.

2 Dans le dialecte du Proche-Orient, *mašmus* désigne celui qui a subi une insolation ou un coup de soleil (*šams*), et *maqmūr* désigne celui qui a subi un coup de lune (*Qamar*). Si le premier est courant dans tout le Proche-Orient et peut renvoyer à un phénomène physiologique, le second semble spécifique à la Palestine et ne renvoie qu'à un phénomène mental, psychologique.

 | DOI:10.1163/9789004705685_020

intellectuelles et affectives, au point qu'il lui sacrifie le diplôme en sciences économiques et politiques qu'il était venu chercher à Budapest.

Caractérisée par une forte diversité modale, sa production forme pourtant un tout organique. La quête est le seul sujet de cette œuvre-vie, indifférente par conséquent aux pistes toutes tracées. Elle emprunte d'abord la voie de la poésie, pratiquée et publiée régulièrement jusqu'à ses derniers jours. Celle-ci imprègne sa production artistique militante souvent écrite en dialectal ainsi que sa magistrale autobiographie. Mais son œuvre a recours également à l'essai et à l'autofiction[3], qu'elle abandonne en faveur de l'autobiographie une fois constaté l'échec de la raison tout au long des millénaires à trouver une réponse valable au sens de la vie, ainsi que les limites de l'affectivité, sous forme de plainte ou d'expérience amoureuse, à procurer une certaine sérénité.

2 Faire le vide, vivre l'instant

C'est alors que se met en place ce projet d'autobiographie, qui finit par occuper le cœur de l'Œuvre. Il se déploie en trois récits publiés selon un ordre aléatoire. Paru en 2006 mais en gestation depuis 1985, *Al-farāġ allaḏī ra'ā al-tafāṣīl* (*Le Vide qui a perçu les détails*) retrace la genèse du processus. *Al-ḍaw' al-azraq* (*La Lumière bleue*, 2002) développe dans le détail les différentes phases de son cheminement libérateur. Tout chargé de fraîcheur et d'émotion maîtrisée, *Sa-akūnu bayna al-lawz* (*Je serai parmi les amandiers*, 2004) fut rédigé dans l'urgence après la déclaration de la maladie fatale. Son titre tient lieu de testament : l'auteur reposera en effet parmi les amandiers de son jardin.

Dans *Le Vide qui a perçu les détails*, Barghouthi expose, toujours sous forme de récit, le socle de sa vie nouvelle : faire le *vide* dans son esprit encombré par le savoir et paralysé par la colère et la peur, et être ainsi apte à habiter son corps et son espace. Sur fond de lectures éclectiques (Lao Tseu, Farid Eddine Attar, les évangiles, Nietzsche, Dostoïevski, Genet, Joyce…), de vagabondages nocturnes dans les bas-fonds de Seattle, de longues errances dans la forêt, et après des mois de mutisme à réfléchir et réfléchir à en perdre la raison, survient la question, comme un déclic : « Pourquoi n'ai-je jusqu'ici posé un seul acte pour libérer le monde entier ? ». « Désormais, plus jamais je ne me mettrai au service de ce à quoi je ne crois plus… qu'il se nomme patrie, maison ou église ». Rejet de

3 Ainsi en est-il de son roman *al-ḍiffa al-ṯāliṯa li-nahr al-'urdunn, La troisième rive du Jourdain*. Il y raconte ses deux années d'étude à Badapest, suite à la première Intifada, qui marquèrent le début de son virage vers une investigation douloureuse marquée par la sagesse extrême-orientale, où il fut le seul écrivain arabe à s'illustrer.

la mémoire, ce « musée mort » ; de l'intellect, perdu entre « un savoir qui me porte et un autre qui m'écrase » ; de ce cœur, paralysé par un amour « tantôt beau mouvement, rythme nouveau », « tantôt une terre-mère qui m'accapare, m'encercle, m'engloutit » ; de mon être, déchiré entre « intuition qui pousse à voir et volonté qui retient dans la cécité ».

« Comme s'il survenait à l'instant de la désintégration totale ; il arrive tel le Messie, en épée séparant le frère de la sœur, la mère du fils, la chair de l'os… » ce « soufi de Konya », grand érudit parfaitement agnostique, clochard puisant son savoir et son comportement dans la mystique musulmane et la sagesse orientale. Il initie le narrateur à l'art de « faire le vide dans son cerveau », de « vivre l'instant » et d'accueillir le monde avec bienveillance, bref à l'art de « danser sa vie ». Au terme d'un cheminement où la curiosité se mêle au défi, il apprend à « évacuer » son intellect (*ḏihn*) encombré et agité comme un « scorpion capable de se piquer lui-même », afin de le transformer en une « tasse d'or pur », apte à recueillir tout contenu pour le mettre au service de « la Dame », son cœur. Des nuits de discussions, de disputes, de séparations, de pleurs, de souvenirs recouvrés et de cauchemars revenus… Des pans entiers du passé ressurgissent dans tous leurs détails : l'enfance habitée par la terreur de la mer, les deuils familiaux, la répression aveugle du colonisateur, les trahisons, la vie de perdition dans les exils, à la limite de l'obscène, avec la folie qui guette… Il sait maintenant comment « redessiner lui-même sa vie », en pratiquant ce qu'il nomme « l'ingénierie supérieure ». Il se réapproprie le cœur, car « là où est ton cœur, se trouve ton temple ». Cet exposé occupe le premier chapitre de l'ouvrage, laissant aux quatre suivants d'éclairer l'autre versant de la nouvelle vision : l'importance cruciale du rapport au lieu.

2.1 *Habiter le monde*

L'être humain ne peut exister (*kāna*) que dans un espace, un lieu physique (*makān*). C'est là que s'inscrivent les facultés sensorielles et imaginatives, les affects et la mémoire, voire la capacité symbolique et langagière. « La mer, dit l'auteur, est au commencement de ma mémoire, à son début absolu, elle en constitue le fond ; avant elle, je ne me rappelle rien ». La montagne avec « son profond silence naturel, ses oliveraies, ses pentes s'arrondissant avec une douceur féminine, ses sommets élancés comme des mamelons…, c'est elle qui donne forme à ma mémoire, à ses rites les plus sublimes, à ses reliefs », que « la mer transforme sans cesse ». Ces lieux naturels peuvent entraîner la perte des repères spatiaux mais peuvent aussi susciter un état de translucidité absolue, au point de « ressentir une énergie spirituelle obscure ». Particulièrement vrai de l'environnement propre de l'enfance, cela est valable pour tout lieu habité. *Je serai parmi les amandiers*, dernier titre de la trilogie rédigé pendant les derniers mois de sa vie, dit avec une poésie aussi simple que déconcertante l'énergie débordante qu'il recueille des lieux naturels.

2.2 *Lieu vivant/lieu « éteint »*

Quant aux lieux façonnés par l'homme, leur valeur tient à la *vitalité* qui les habite. Les lieux d'habitation, de vie publique, de culture, de résistance, même gorgés de souffrance, sont indexés à la vie. Ils s'opposent aux lieux morts, *éteints* (*mounqariḍ*, au sens de *disparu*). Ainsi en est-il des colonies juives de Cisjordanie, semblables à des prisons du fait de leur structure spatiale, et dont les habitants, fussent-ils juifs, sont condamnés à vivre privés de liberté ; il y va de même des quartiers de Ramallah construits par la bourgeoisie palestinienne à partir des années 1980 dans un style exogène sur les décombres d'habitations authentiques. Comme suspendus dans un non-lieu, ils condamnent les vieilles habitations à « l'extinction ». Barghouthi perçoit ce qui lie en profondeur le verbe être (*kāna*) et ses dérivés : *makān* (lieu) et *imkān* (capacité potentielle). Seul est vivant le lieu lié à l'être et au faire, par opposition à la résidence (*manzil*) ou au séjour (*maḥal*) qui renvoient à un passage. Ceux qui ont perdu leur *makān* sont tentés d'en chercher un modèle mythique dans l'histoire, retour à ce que Mahmoud Darwich appelle « le lieu de la magie divine » pour certains Palestiniens hantés par les Cananéens, ou, pour les sionistes, retour à Jérusalem « capitale éternelle d'Israël ». Loin de toute nostalgie, il s'agit de vivre l'instant en osmose avec le lieu.

3 À valeurs nouvelles, esthétique nouvelle

Entre les trois récits de cette autobiographie libre de toute chronologie se tissent sans cesse des fils, tantôt explicites, tantôt allusifs, qui se renvoient comme en écho des faits prenant à chaque fois une coloration nouvelle. S'installent ainsi des reprises qui apportent toujours, du fait du contexte, un éclairage nouveau sur le même fait. L'ensemble forme dès lors un bloc homogène et diversifié à la fois, véritable kaléidoscope parcouru d'un flux unificateur si puissant que la narration s'en trouve également emportée, au point que le même récit, souvent discontinu et fragmentaire, s'articule spontanément dans un ensemble parfaitement cohérent. Loin de toute affectation ou sensiblerie, la poésie anime l'ensemble par des rapprochements inattendus, des images improbables, des associations de termes appartenant au registre populaire ou soutenu, riches d'une polysémie évocatrice. Au point que le texte peut être pour ainsi dire ouvert à n'importe quelle page ou section.

Si, esthétiquement, ce récit bouleverse le code générique dominant dans l'aire arabe, il en modifie également la perspective. En effet, fortement marquée par la volonté d'exemplarité, voire d'autocélébration, l'« écriture de soi », à quelques exceptions près, évolue depuis quelques décennies, sous prétexte de réalisme, vers un exhibitionnisme facile. Barghouthi, lui, transcende les tabous et contraintes sociales ou mentales pour exprimer une expérience personnelle authentique dans sa singularité et étrangère à tout enjeu de pouvoir. Au risque de choquer par sa prise de distances vis-à-vis d'une modernité totalement soumise à la rationalité et acquise à l'élitisme intellectuel, il veut rester à l'écoute de la sagesse accumulée par l'humanité travers les générations et les cultures. Simultanément il affronte les dogmes et les habitudes les plus ancrées et choisit de donner la priorité à l'espace, quand la tradition arabo-musulmane privilégie le temps, vecteur de « salut ». À la place du lien historique à la *ʿumma* (la communauté des croyants), il assigne au lieu un rôle primordial dans la construction du « je » dans sa dimension individuelle ou collective, en affirmant que le sentiment moderne de patrie ne peut se développer que dans le cadre d'un lieu spécifique, auquel nulle idéologie ne peut se substituer.

Pour lui, il en va de même pour la culture. Dans un ouvrage inachevé rédigé parallèlement à l'autobiographie et dans sa dynamique, il met en valeur l'impact évident du lieu sur la culture. Ce qui dans le cas arabe, relativise fortement la notion de *Ǧāhiliyya* (la période de l'ignorance), en vigueur depuis l'avènement de l'islam.

4 Rétablir la légitimité du flux de l'esprit humain

En effet, pendant les quinze dernières années de son existence, Barghouthi aura cherché à déceler les rapports intimes qui unissent le désert et la structure rythmique de la poésie classique, sa métrique née bien avant l'islam, pour comprendre comment un système de savoir aussi complexe a pu être déterminé par son espace géographique, lui-même en osmose avec son entourage araméen et égyptien. Il espérait y trouver les clés, en plus du code poétique arabe, d'un pan important du corpus lexical et des ressorts fondamentaux de l'imaginaire et du comportement des arabophones d'aujourd'hui. Il recueillait ainsi une documentation gigantesque (figures et récits mythologiques, données d'astronomie, de cosmogonie, chiffres sacrés liés à l'architecture...) qu'il articule avec le canon de la *qasîda*, la représentation du corps de la chamelle, avant de les intégrer dans un récit fictionnel intitulé *al-Sādin wa al-nāqā* (*Le Servant* [*de la Ka'ba*] *et la chamelle*). Se réclamant implicitement d'une

Antiquité sémitique (ou araméenne), il cherchait ainsi à renouer, par le biais du lieu, un fil qu'on croyait interrompu, celui de l'esprit. Par ce travail resté inachevé, Barghouthi affirmait, à rebours de l'idée reçue au sein de l'élite arabe, que la culture, loin d'être un bagage neutre hérité du passé ou importé d'ailleurs, a d'abord partie liée avec le corps et l'espace, et non avec l'intellect : elle continue à circuler dans les plis de la langue et des représentations en dépit des ruptures politiques, religieuses ou linguistiques et idéologiques. Dans la dynamique d'une unité organique qui parcourt toute son œuvre, Barghouthi voyait que, en même temps que la construction d'un « je », le « sentiment de patrie » ou de culture ne pouvait naître qu'en symbiose avec un lieu spécifique.

A rebours de la Nahda, toute acquise à la rationalité et au culte de l'élitisme, Barghouthi aura démontré par sa vie-œuvre qu'une autre vision de l'homme, du citoyen, de l'intellectuel, de l'artiste et même du militant, est possible, voire souhaitable. C'est pour cela sans doute qu'il est resté pour ses nombreux disciples un pédagogue fraternel, un « maître à penser et à agir », un « modèle d'écriture » et même de militant qui a prouvé que le meilleur moyen de militer est de devenir soi. Cela, parions que les responsables israéliens, qui ont cherché à l'éliminer pendant la première Intifada, s'en étaient doutés.

* Ce chapitre est paru sous le titre « Hussein Barghouthi (1954-2002), Passion de la liberté au temps du sionisme triomphant » dans *La Palestine en 50 portraits, de la préhistoire à nos jours* (sous la direction de Sabri Giroud), Riveneuve, Paris, 2023.

PARTIE 8

L'intégration de la violence

CHAPITRE 20

L'autodépossession généralisée dans *Ǧabal al-ʿanz* de Ḥ. Sālmī

Boutros Hallaq

Afin de cerner de plus près le « héros » du roman de formation, dont la figure emblématique reste Wilhelm Meister des *Années d'apprentissage*, Goethe eut recours à la notion de « héros passif ». Deux siècles plus tard, l'un des pionniers du *Nouveau roman* en France, Alain Robbe-Grillet prônait la disparition du héros, rejoignant ainsi un courant philosophique qui constatait la mort du sujet, ou de l'individu acteur de son destin. Les causes de cette mort n'étaient point perçues de la même façon par les différents protagonistes. Si la pensée marxiste l'attribuait essentiellement aux rapports de marché, agent de *réification* de l'homme devenu ainsi une simple valeur marchande, d'autres analystes mettaient en cause des processus plus complexes : la société de consommation, les systèmes de contrôle fondés sur la propagande idéologique ou des procédés d'endoctrinement plus subtiles capables de « fabriquer » une conscience factice, le poids des « habitus » sociaux[1] etc.… Entre Goethe et Robbe-Grillet, d'autres représentations du « héros » se firent jour, dont celle du « héros actif » prônée par le courant dit « réaliste » et celle de « l'antihéros ».

Le roman arabe a connu ses différentes figures. Le héros « passif », peu étudié du reste, peut être repéré dans de nombreux romans de formation qui ont dominé la production littéraire jusqu'au milieu du XXe siècle[2]. Le héros « actif » est facilement identifiable dans le roman produit par Maḥfūẓ ou né dans sa mouvance[3]. Quant à la figure de « l'antihéros », elle est à l'œuvre dans certaines fictions, notamment celles d'Émile Ḥabībī. Cependant, le roman arabe

1 Largement analysés par Pierre Bourdieu.

2 C'est le cas du héros gibranien de *al-Aǧniḥa al-mutakassira*, comme du personnage principal de *al-mudun al-ṯalāṯ* de F. Antūn avant lui ou de Muḥsin dans les deux romans de T. al-Ḥakīm, *ʿAwdat al-rūḥ* et *ʿUṣfūr min al-šarq* après lui (*Cf.* Notre ouvrage, *Ǧibrān et la refondation littéraire arabe*, Actes Sud, 2008).

3 Dans ces différentes œuvres, le personnage principal constitue, nous semble-t-il, une variante du « héros actif », car, très souvent, il n'accède pas réellement au statut de sujet. Nous ouvrons là un débat qui pourra nous aider à mieux saisir la nature du roman arabe moderne.

 | DOI:10.1163/9789004705685_021

connaît, depuis les années 1980, une figure qui s'impose de plus en plus et que je qualifierais de « non-héros ». Un exemple nous en est fourni par les personnages d'un court roman d'un jeune tunisien, al-Ḥabīb al-Sālmī, paru en 1988, intitulé *Ǧabal al-ʿanz, Le mont des chèvres*[4].

1 Les personnages et leurs parcours

Le récit met en scène deux personnages antagonistes qui s'affrontent dans un petit village du sud tunisien, appelé justement Ǧabal al-ʿanz. Il s'agit d'Ismāʿīl (désormais I.) originaire du village où il est chargé de tenir le registre civile et d'al-Muʿallim (désormais M.), un jeune instituteur qui vient occuper là son premier poste.

1.1 *Ismāʿīl*

Bien que simple employé du registre civil dans un village où il est le seul représentant de l'état, il semble avoir un projet bien précis : venger son grand père assassiné par le féodal local pour avoir fomenté une révolte paysanne contre l'augmentation des impôts. Pour cela, il lui faut imposer son pouvoir absolu, quitte à assumer la figure du féodal qu'il prétend combattre : déjà une indication importante sur les contradictions du personnage. Il finit par y parvenir, en usant de manipulations et de stratagèmes divers. Il finira par monopoliser tous les leviers du pouvoir.

Grâce à une entente crapuleuse avec les commerçants du chef-lieu voisin, il devient le seul intermédiaire pour l'écoulement des pommes de terre, principale récolte du village. Cela lui donne la maîtrise du levier économique et lui assure la fortune qui en fait le seul notable local. Il peut alors lever une sorte de milice qui terrorise la population sous couvert de la défendre. En s'adjugeant ce pouvoir de coercition, il conforte son image de seul représentant de l'État. Il se donne une légitimité historique en réinhumant les cendres de son grand père en grande pompe sous le vieux mûrier de la Grand' Place du village. Il impose son pouvoir symbolique qui se matérialise par l'édification d'une énorme arche métallique devant son nouveau « palais ». Il licencie l'instituteur qui semble lui résister et fait nommer à sa place un autre instituteur plus malléable, qu'il charge de chanter sa louange, s'assurant ainsi le pouvoir

4 Ḥabīb al-Sālmī, *Ǧabal al-ʿanz*, al-Mu'assasa al-ʿarabiyya li-l-dirāsāt, Beyrouth, 1988, 70 pages (Traduction française par Yasmine Khlat, *Le Mont-des-Chèvres*, Actes Sud, 1999). Nous renvoyons, dans cette étude, à l'édition arabe.

idéologique d'endoctrinement et de propagande. Il couronne le tout par un grand concert public, s'adjugeant ainsi la maîtrise du pouvoir médiaticoculturel. Il peut revendiquer alors la figure du Grand leader adulé par ses concitoyens ; figure qui ne manque pas d'évoquer celle du « petit père » du peuple. I. a désormais le pouvoir absolu.

1.2 *L'instituteur*

C'est lui qui prend en charge la narration. Privé de nom propre, il se définit par sa fonction d'instituteur et, accessoirement, de narrateur. Arrivé au village pour occuper son premier poste, il sympathise avec les paysans, s'intègre à leur mode de vie et assimile même leur mythologie, notamment celle concernant l'introduction de la culture des pommes de terre, vitale pour les villageois. Après un moment d'entente presque cordiale avec I., l'affrontement entre les deux hommes commence, car l'instituteur n'accepte pas d'entrer dans le jeu d'I. Il est même renvoyé de ses fonctions pour avoir dit tout haut ce que tout le monde pense, à savoir qu'I. est un vulgaire manipulateur qui prend les allures d'un bienfaiteur. Mais curieusement, il ne quitte pas le village à la recherche d'un autre poste. Il y reste plusieurs années durant, à ne rien faire, tout en étant convaincu qu'I. cherche à l'éliminer physiquement. Il finit par prendre lui-même l'initiative : il le tue le soir même de son apothéose, alors que le concert se déroule sur la Grand' Place. Après quelques années d'internement, le voilà qui raconte son histoire.

2 Nature du personnage ou le sujet absent

On serait en peine de décider qui des deux protagonistes serait le personnage principal. Si I. agit, c'est M. qui raconte et qui semble déterminer le cours ou, du moins, la conclusion des événements. Ni l'un, ni l'autre, cependant, n'agissent réellement comme sujets ou comme « héros », pour employer les termes de la critique traditionnelle.

2.1 *Ismāʿīl*

Malgré son activité débordante soutenue par une imagination et un savoir-faire certains, I. présente une personnalité fragile, inconsistante. Sa volonté de faire ne lui appartient pas ; son faire est essentiellement virtuel ou formel ; son savoir-faire lui-même, taraudé par une non-éthique, le met en contradiction avec ce qu'il affiche. Signe de cet échec : une vie personnelle misérable.

En effet, I. semble animé par un projet personnel grandiose : réhabiliter l'histoire bafouée et fonder une action publique morale. Tout montre, cependant, que son projet ne lui appartient pas : il est entièrement mû par son passé proclamé idéal, à tel point qu'il apparaît, dans les faits et l'énonciation narrative, comme hanté et manipulé par l'image de son grand père. Celui-ci constitue son entrée en matière (c'est la première chose qu'il raconte à M., p. 10-11[5]) comme la conclusion de son propos (il l'évoque encore quelques instants avant son assassinat, p. 69). I. vit entouré des objets de ce grand père (sa bibliothèque, p. 14) ; il porte ses effets comme des fétiches (ses lunettes, p. 16) ; il se compare constamment à lui (p. 31 et 69). Il est tellement investi par ce grand père qu'il finit par lui attribuer des actions relevant habituellement du sacré et qu'il n'a, selon toute vraisemblance, pas accomplis : il aurait, proclame-t-il, planté le vieux mûrier, dont on sait par ailleurs qu'il est tricentenaire (p. 13). Il n'est pas étonnant dès lors que les villageois le considèrent non pas comme le fonctionnaire de l'État mais comme « le petit fils du révolutionnaire » (p. 24), et que lui-même s'assigne le devoir urgent de retrouver les cendres de ce révolutionnaire, comme préalable à la réalisation du projet qu'il n'avait pu accomplir, à en croire Ismāʿīl[6]. Ainsi, I. n'offre pas l'image d'un homme ayant un projet personnel dynamisé par l'exemple d'un ancêtre glorieux, mais plutôt celle d'un individu habité par une idée fixe devenue l'être même de son existence. Il n'existe pas en tant que personne autonome dont l'identité se serait construite par l'identification à un modèle admirable ; c'est plutôt le modèle qui envahit tout le champ de son être à tel point qu'il en devient la réalité. Sa volonté de faire appartient à un autre. Il est déjà à l'antipode du sujet.

Viciée à la racine, cette volonté de faire aboutit, par ailleurs, à un faire qui se retourne contre lui-même. En effet, le projet déclaré du grand père et revendiqué par I. visait à libérer les paysans du joug féodal. Mais alors que le premier a payé de son sang son idéal de justice sociale, le second ne fait que rétablir une nouvelle féodalité encore plus cruelle que l'ancienne, ne serait-ce que par le fait qu'elle subvertit les idéaux qu'elle prétend défendre. Le récit décrit bien la chape de plomb qui s'abat sur le village. Exploité économiquement par un intermédiaire à la démarche monopolistique, le village ne peut profiter de cette manne qu'est la culture de pommes de terre et continuera à croupir dans la misère : les scènes sordides de vie quotidienne le disent avec éloquence (p. 53). Soumis à une propagande intense qui envahit jusqu'à la conscience des enfants de l'école primaire, il est privé même de la possibilité de revendiquer,

5 Ce chiffre renvoie à la page dans l'édition arabe.

6 D'ailleurs la fortune qu'il recherchait devait concourir à la réalisation de ce même projet (p. 15).

ne serait-ce qu'au niveau symbolique, un destin autre ; il se trouve frustré de son propre imaginaire (les enfants sont persuadés qu'ils vivent le meilleur des mondes possibles, p. 44). Quadrillé par une bande de sbires, soudoyés par le maître, il perd tout moyen d'agir. La situation née du faire d'I., libérateur auto-proclamé, est pire que celle contre laquelle le grand père avait tenté de se révolter. Elle se caractérise en plus par un élément aggravant : elle produit une situation où aucune révolte n'est plus possible désormais.

Ce faire s'appuie sur un savoir-faire certain. Mais à part la mainmise économique qui s'avère très efficace, tous les autres procédés sont purement formels, illusoires, ridicules. Édifier un énorme portique en fer forgé au milieu de nulle part signe l'inanité de ce pouvoir. La modernité factice du fer forgé s'ajoute à la vacuité signifiée par ce terrain vague où s'élève le monument. Un beau palais construit en pierres ou même en pisé aurait eu une signification autrement plus réelle. Réinhumer en grande pompe les cendres d'un symbole fondateur perd totalement sa portée symbolique du fait que ces cendres proclamées authentiques ne sont que quelques banales poignées de terre : I., à la vérité, n'a jamais retrouvé le vrai corps ; la tristesse qu'il ne peut cacher lors de la cérémonie en est le signe évident constaté par tout un chacun. Quant au bal grotesque voulu comme un moment d'apothéose, il suinte la tristesse, le sordide et la misère affective. I. se rend encore plus ridicule par son entrée en scène à l'américaine de grand héros, ce qui ne manque pas de rappeler les grandes messes des régimes nazi ou stalinien. La vacuité de ce savoir-faire, source d'un pouvoir illusoire, rejaillit sur l'efficace du procédé pilier de la prise de pouvoir : la confiscation du monopole de la commercialisation du produit principal du village. Faute de bases réelles, le régime né de ce monopole s'écroule comme un château de cartes du fait d'un acte gratuit, un acte imprévu puisqu'il n'a même pas été prémédité par son auteur : un coup de poignard suscité par l'humeur impulsive d'un pauvre hère.

Une volonté de faire aliénée, un faire autodestructeur et un savoir-faire illusoire : voilà comment se dessine le profil d'I. Mais, dira-t-on, qu'est-ce qui empêcherait d'interpréter ces événements comme le parcours malchanceux d'un homme machiavélique qui, mû par sa volonté de puissance et sa soif de pouvoir, aurait inventé un mythe fondateur (le grand père), programmé de sang-froid un processus implacable de prise de pouvoir, usé de toutes sortes d'artifices et fini par atteindre son but, avant de trébucher sur un accident de parcours ? Autrement dit : pourquoi ne pas considérer I. comme un imposteur, soit ! mais un imposteur sujet de son destin, malgré tout ?

Ce qui nous interdit de prôner une telle interprétation c'est la misère psychologique et affective d'I. qui en fait un personnage inconsistant, malgré la mécanique de manipulation bien huilée dont il dispose. Misère psychologique d'abord. Cyclothymique, il va de l'activisme le plus débordant à l'atonie la plus complète (p. 15-16 et 19). Versatile, il n'arrive pas à se fixer, en dehors de son obsession première, sur aucune activité continue, qu'elle soit d'ordre intellectuel (la lecture, p. 30) ou physique (le fait de cultiver sa terre, p. 23). Paranoïaque, il se présente comme le fondateur d'un monde de rêve, mais dépressif, il disparaît de la circulation pendant des jours, enterré dans sa maison. Mythomane ridicule, il intériorise et exhibe – comme cela a déjà été dit – le personnage de son grand père. Incapable de tenir par lui-même, il sent le besoin d'être soutenu par la seule personne qui lui résiste dans le village, l'instituteur : à ces moments de vérité, il ne cesse de lui répéter ce refrain, « Tu m'as abandonné ». Il le lui dit au début du récit lorsque la perspective de l'affrontement se précise : « Dès les premiers instants, j'ai senti que ta venue au village allait changer ma vie… Tu es la seule personne qui aurait pu m'aider… mais tu m'as abandonné et trahi (*ẖazaltanī*) » (p. 30). Cet aveu, il le reprendra, en d'autres termes, mais de façon appuyée, juste avant le moment fatal (p. 66-69).

Misère affective aussi. I. vit esseulé, incapable de fonder une famille, incapable même d'aimer. Ses seuls souvenirs d'affection remontent à l'enfance : un ami de cœur qui ressemble, d'après ses dires, à l'instituteur et à son propre grand père. Pourtant, au regard de sa fortune et de son statut, beaucoup de femmes auraient rêvé lui offrir leur amour. Conséquence de cette double misère : il vit dans l'angoisse et l'insatisfaction permanente. D'ailleurs, les pleurs marquent son parcours : il pleure à sa première apparition dans le récit (p. 11) et « il pleure à haute voix » (*našīǧ*) pendant la dernière scène, avant que l'instituteur ne se décide à le poignarder (p. 70).

2.2 *L'instituteur*

On serait tenté, en revanche, de voir en M. un héros-sujet, par opposition au non-héros, I., qu'il affronte jusqu'au meurtre. Et l'on se plairait même à reconnaître en lui la figure de l'intellectuel courageux qui arrive à terrasser le tyran dans un combat inégal. Cela irait bien avec le rôle de militant que la société arabe assigne volontiers à un intellectuel comme lui, mais aussi avec son statut narratif, puisque c'est lui qui manipule le « je » narrateur, devenant – fictivement parlant – sujet créateur, c'est-à-dire écrivain. Malheureusement, tel n'est pas le cas. M. est un personnage passif, psychologiquement fragile chez qui l'instinct tient lieu de projet. Il est, dans un sens, *l'alter ego* d'I.

Passif, il l'est de nature, avant même d'entrer en action. Son arrêté de nomination, qui aurait dû le transporter de joie, ne suscite chez lui qu'un « léger frémissement, sans plus » (p. 7) ; réaction dont il est le premier à s'étonner. Pendant les quatre heures que dure le voyage en bus jusqu'au chef-lieu, il ne trouve pas le moyen d'échanger un seul mot avec les autres passagers. Pendant une journée de voyage à dos de mulet, il ne réagit que par des énoncés monosyllabiques aux longs développements d'I. Il préfère se réfugier dans son monde intérieur : il rêve, il se miroite dans les vitres du bus. S'il est vrai que par la suite il se dit intégré à la société villageoise et intéressé par son travail d'éducateur, il montre, en revanche, une formidable force d'inertie, après son licenciement. N'opposant aucune réaction au geste arbitraire d'I., il reste dans le village à ne rien faire de précis, à rêver, à tourner en rond, tout en étant persuadé qu'I. cherche à l'éliminer. Il vit dans son monde intérieur, hors du temps réel, puisqu'il ne sait même plus depuis combien d'années il est à Ǧabal al-ʿAnz (p. 20). D'ailleurs, il semble conscient de cet état de choses, puisque, à son arrivée au village, il se voit comme livré aux regards des villageois, « dépossédé de sa volonté » (*maslūb al-ʾirāda*, p. 13).

L'instituteur révèle, en outre, une personnalité problématique, contradictoire, fragile. Tel est l'autoportrait qu'il dessine de lui-même dès le début : « Ainsi je suis depuis toujours. Je m'enthousiasme pour un projet jusqu'au point d'en devenir obsédé ; mais une fois le projet réalisé, je me sens envahi par une grande vacuité. Je suis têtu mais rêveur, rationnel mais enthousiaste, pondéré mais émotif… Un mélange de contradictions que personne, à part moi, ne perçoit ». Ce constat se vérifie tout au long du récit. Il se mêle aux villageois et intègre leurs univers et leur mythologie, mais il a tôt fait de se retirer en lui-même et de se distancier de ses voisins (p. 41-42) au point de les mépriser et de les considérer comme « une masse » inerte et un « troupeau de chèvres »[7]. Il s'enthousiasme pour les récits relatifs à l'introduction des pommes de terre dans ce village qui ne vit que grâce à elle (il arrive même à les raccommoder à sa façon, chap. 3), mais jamais il ne voulut goûter à ce produit (p. 20). Il s'immerge dans ses lectures, puis s'en lasse et reste des journées entières sans ouvrir un livre (p. 51). Il se lance dans l'action, puis se retire dans une remémoration sans objet[8]. Il affectionne la nature, puis s'en détourne (p. 50 et 68). Cela fait de lui un homme à l'humeur versatile, cherchant toujours un ailleurs. Aussi le passé l'envahit-il à l'improviste, douloureusement. Il est sans doute travaillé par des problèmes non résolus de son enfance : il pense souvent, à temps et à contretemps, à ses parents qu'il semble aimer et admirer, mais ses propos trahissent parfois une grande rancune, notamment contre son père. En regardant I. pleurer la première fois, il déclare : « Je ne sais pourquoi je l'ai détesté, à le voir pleurer. Il m'a semblé qu'il a alors changé de traits et pendant que je le regardais, son visage s'est superposé à celui de mon père »

7 « J'ai parcouru du regard cette masse de gens assis par terre tel un troupeau de chèvres au repos » (p. 26).

8 Il passe des nuits entières à relire inlassablement les mêmes lettres (p. 15).

(p. 11). Mais il est également tourmenté par la mort, les phobies et les cauchemars (p. 39, 40 et 51). Il en devient sujet aux hallucinations : lors d'une nuit d'un calme plat, son imagination enfiévrée le persuade qu'un assaut allait être lancé contre lui (p. 39-41), et, vers la fin du récit, il erre pendant de longues heures, tard la nuit, dans un bosquet à la recherche d'un « nomade » qu'il aurait aperçu au loin, sans jamais pouvoir le trouver (p. 46-50). La solitude affective totale dans laquelle il vit porte témoignage de cette fragilité : le fait de savoir qu'une fille puisse s'intéresser à lui le laisse crédule et sarcastique (p. 57-58 et 64).

Après plusieurs années d'inaction, M. finit par passer à l'acte. Mais cet acte fait-il de lui un vrai sujet ? Le point du monde ! Il accomplit le meurtre par un mouvement impulsif, sur un coup de tête sans lendemain. Il ne le décide pas vraiment ; il s'impose à lui au détour d'une pensée. Tout au long de la soirée, pendant laquelle il va finir par tuer I., il assiste engourdi et rêveur au concert et au triomphe de son rival : « Je me suis réveillé, dit-il, aux applaudissements frénétiques » de la foule suscités par le discours d'I. Il va se promener « dans les champs », puis rentre chez lui et se met dans son lit sans pouvoir s'endormir. Il se lève et contemple la lune, dans un état d'enfièvrement, et « soudain, dit-il, j'ai pensé à quelque chose qui ne m'avait jamais effleuré… I. est seul à présent… J'ai pris un couteau je suis sorti » (p. 64). Désir impulsif nourri, certes, par « une rancune accumulée au cours de plusieurs années de tyrannie », mais ne révélant aucun projet à long terme (le fait, par exemple, de débarrasser le village d'un tyran). Il se représente son acte comme un simple « jeu » : « le meurtre est un jeu beau et dangereux à la fois », pense-t-il. De plus, il le ressent comme un jeu narcissique : « Je vais me mettre moi-même à l'épreuve ». Et s'il suggère au lecteur qu'il s'agit d'un acte héroïsme (« cette nuit, je vais devenir un héros », laisse-t-il échapper), cet héroïsme correspond à un acte solitaire et à un saut gratuit dans l'inconnu. Aucun enjeu social ou même personnel ne le motive. L'avenir du village n'est pas pris en compte ; et lui-même ne tire de son geste aucun profit personnel, puisqu'il est condamné. Après quelques années d'emprisonnement, il reprend le fil interrompu de sa vie, presque à l'identique. Certes, il devient le narrateur de son récit, mais c'est un narrateur lointain, passif, comme en porte témoignage la « focalisation externe »[9] qu'il met en œuvre même lorsqu'il parle de lui-même. Les longues années de dérive à Ǧabal al-ʿanz et les épreuves de sa détention glissent sur lui, sans l'altérer : il est toujours le même, non-sujet.

En fait, malgré ce qui les oppose dans leur tempérament, leur vision du monde et leur destin, peut-être même à cause de cela, I. et M. ne sont que

9 Nous reprenons, bien sûr, les catégories formulées par G. Genette dans « Le discours du récit », in *Figures III*, Seuil, 1972.

des *alter ego* : ce sont des non-sujets erratiques. La volonté de faire extérieure chez l'un rejoint la non-volonté chez l'autre, le savoir-faire illusoire – bien qu'enfiévré – du premier recoupe l'apathie alliée à impulsion du second, et tous les deux se reconnaissent dans un faire autodestructeur. Également habités par la figure du passé, insomniaques, cyclothymiques, ils vivent dans une misère affective sans cause apparente. Ce n'est pas pour rien que leurs rapports mutuels sont réglés par un mouvement continu d'attirance et de répulsion. Ils sont habités, voire obsédés l'un par l'autre : le terme *hāǧis* est souvent employé pour décrire ce sentiment oppressant. Ce *hāǧis* est fait de crainte (p. 10, 15, 18, 36 et 39 pour M. et p. 30-31 pour I.), mais aussi de pitié (p. 67 pour I. et p. 36 et 66 pour M.) ou de défi (p. 18, 52 et 55 pour M. et p. 68 pour I.). Chez M. la figure d'I. se superpose continuellement à celle de son père, et chez I. la figure du M. en tant que lettré « intellectuel », dirions-nous – rappelle à I. celle de son grand père qui a « fait ses études à la Zaytūna ». L'un dit de l'autre et réciproquement : « Il me ressemble ». L'on pourrait dire qu'ils ne vivent que l'un pour l'autre, le peuple des paysans ne jouant que le rôle de figurants ou d'instruments. Ce sont deux âmes jumelles, *alter ego*.

3 Le non-héros ou l'hyperréalisme

Le profil des deux protagonistes ne correspond ni à celui d'un héros passif, ni à celui d'un antihéros. Lié au processus de formation, le héros passif est, certes, un actant traversé par toutes les influences extérieures, mais il est loin d'être inactif au niveau psychologique. Il affronte un monde extérieur dont il reçoit les influences pour mieux construire sa personnalité en intégrant progressivement les différentes sphères de la vie humaine : le corporel, le culturel, l'économique et le social. Il le fait grâce à une médiation indispensable : l'amour d'une femme, souvent singulière. L'amour reste, en effet, le moteur de toute formation et la femme y joue le rôle de « médiatrice » par excellence entre l'homme et lui-même, selon les termes de Schlegel auxquels souscrirait Novalis[10]. En outre, sa passivité est transitoire, car la formation est appelée à s'achever un jour, quelle qu'en soit la configuration finale. Pour Gœthe, une formation réussie aboutit à la réintégration du jeune homme dans son milieu d'origine. Le prototype en est Wilhelm qui, après de nombreuses aventures amoureuses, intellectuelles et existentielles, délaisse sa muse, Mignon, et sa vie de troubadour pour reprendre le négoce de son père[11]. Pour les romantiques

---

10 Cela est manifeste dans leurs romans respectifs : *Lucinde* et *Henri d'Ofterdingen*.

11 Voir *Les années d'apprentissage de Wilhelm Meister*.

d'Iéna – Novalis, Schlegel… – en revanche, l'aune d'une formation aboutie c'est le « devenir poète », poète dans le sens premier de « créateur »[12]. Ayant eu accès, par la vertu d'un amour singulier et définitif, au sens ultime de la vie, l'homme formé répudie les valeurs de sa société d'origine pour consacrer sa vie à s'accomplir en tant qu'homme et à aider les autres à faire de même, hors de l'ornière des institutions en place et du travail utilitaire ; la poésie – synonyme de créativité – le rend semblable à Dieu.

Quelle qu'en soit la configuration finale, la passivité de l'homme en formation ne dure, par conséquent, qu'un temps, après quoi il redevient actif, membre agissant dans la société (Gœthe) ou annonciateur, à travers sa créativité, des « temps nouveaux »[13]. Ce temps de la formation est celui de la jeunesse : il n'y a de héros passif que jeune.

Il est clair que ce profil du héros passif de formation ne s'applique guère aux deux personnages de *Ğabal al-ʿAnz* : non seulement ils ne connaissent aucune évolution psychologique, mais, de plus, l'échec de leur vie symbolise la fixité de leur univers.

L'antihéros, lui, peut prendre plusieurs figures. Indiquons en les trois les plus courantes. La première est représentée par Don Quichotte qui « imite sans se rendre compte qu'il parodie »[14]. Pénétré d'une « image héroïque », il donne l'impression qu'il veut l'imiter. Or une action héroïque ne saurait être reproduite, même pas par le héros lui-même. En fait, il ne s'agit pas de « vouloir » mais de « croire » : Don Quichotte croit imiter alors qu'il ne fait que parodier l'action héroïque. D'où le rire accompagné d'un sentiment poignant qui étreint le lecteur. Don Quichotte est antihéros par naïveté.

La deuxième figure de l'antihéros est celle qui prend à contre-courant toutes les valeurs reconnues de la société, non pour les remplacer par d'autres et, par conséquent, fonder une autre morale d'action valable pour la collectivité, mais par volonté de nihilisme, de destruction pure et simple. La littérature arabe moderne donne un exemple de cette figure à travers le personnage principal du *al-ḫubz al-ḥāfī*[15] de Muḥammad Šukrī. Celui-ci ne fait que démasquer les valeurs de la société pour mieux les abattre : sur leurs décombres, il ne restera que l'instinct immédiat, de plus primaire.

La troisième figure est représentée, dans la littérature arabe, par le personnage d'Émile Ḥabībī dans *Saʿīd abū al-naḥs al-mutašāʾil*[16]. Il est l'antihéros par

12 Si le héros de *Henri d'Ofterdingen* devient poète, celui de *Lucinde* se découvre peintre.

13 « Les temps sont proches », ne cesse de proclamer Novalis.

14 *Cf.* V. Morin, « Héros et idoles », in *E.U.*

15 Edité par R. El-Rayyes, Londres, s.d.

16 "الوقائع الغريبج في اختفاء سعيد أبي النحس المتشائل"، حيفا، أرابيسك، ١٩٧٤.

excellence : par sa lignée triviale, voire sordide, qui s'oppose à la noblesse du héros épique ; par son atonie psychique qui s'oppose à « l'expansion vitale » du vrai héros doué par une énergie psychique de base qui le pousse à une action débordante ; et par sa négativité qui s'oppose à l'action créatrice, jamais répétitive, d'un personnage exceptionnel adressant au lecteur un appel d'action toujours créative. Ajoutons que par sa nature même l'antihéros de Ḥabībī dénonce le faux héroïsme de celui qui le réduit à cet état.

Or ces trois figures ne sont pas reconnaissables dans les deux personnages principaux de *Ǧabal al-ʿanz*. Ni la naïveté du premier qui croit imiter, ni le nihilisme de second qui cherche à tout détruire, ni le renversement total des valeurs héroïques du troisième qui s'oppose point par point au vrai héros.

Ni héros passif, ni antihéros, les personnages de *Ǧabal al-ʿanz* se caractérisent par le fait qu'ils sont des non-héros dans un contexte propre à l'écriture réaliste.

Ayant déjà démontré dans la première partie que ces personnages ne peuvent en aucun cas prétendre au statut de sujet, nous n'y reviendrons pas. Signalons que ce statut de non-sujet, en tant que tel, n'est pas singulier. La littérature arabe comme la littérature universelle en donnent de nombreuses figures. Cela reflète, sans doute, les conditions d'existence de larges couches sociales, notamment dans les sociétés arabes, déjà évoquées en début de cette étude. En effet, la réalité arabe connaît, en plus, des phénomènes connus au niveau global – tels la massification des besoins et des désirs suscités par l'idéologie de consommation, les techniques de contrôle de masse, la dépersonnalisation... – une pression prégnante des traditions, une certaine schizophrénie des comportements tiraillés entre le désir intellectuel de changer et l'impossibilité de le faire dans la pratique et un sentiment d'échec de tout projet social et même personnel. Cela crée un état de contrainte et d'apesanteur à la fois où le « je » a beaucoup de peine à s'exercer et où l'identité culturelle n'arrive pas à se former. La seule issue, fausse issue, qui se présente actuellement semble être dans un repli affolé sur une identité mythique, incapable de donner la moindre réponse valable. L'état d'instabilité permanente, souvent alimentée par l'extérieur, comme la non-démocratie qui prévaut dans toutes ces sociétés alimentées, par ailleurs, par les guerres, ne font qu'accroître l'impasse. La prévalence du non-sujet dans beaucoup d'œuvres arabes modernes ne peut, par conséquent, susciter l'étonnement.

L'originalité de *Ǧabal al-ʿanz* est à chercher dans sa façon d'allier un personnage non-sujet à une écriture dite « réaliste ». En effet, les héros de romans « réalistes » arabes, tels ceux de N. Maḥfūẓ, Ḥannā Mīna ou ʿA.-R. Munīf peuvent prétendre, à différents degrés, au statut de sujet. Ils portent un projet souvent à visée collective (l'indépendance chez Mīna ou la démocratie chez Munīf) qui peut aboutir ou échouer. Ils s'identifient à un projet imposé par les traditions qu'ils essaient de transformer, comme dans certaines œuvres de Maḥfūẓ. De toute manière, ils agissent et essaient de construire un destin. L'aspect sujet cadre avec l'approche réaliste. Ici le réalisme est couplé avec un non-sujet. Et c'est la disjonction entre les deux aspects qui fait signe. Elle agit comme disqualification du réalisme. L'œuvre devient ici une parodie du réalisme.

Cette parodie indique peut-être que le réalisme pratiqué dans la littérature arabe moderne, et qui est en fait calqué sur le courant réaliste français (ce que Watt appelle « le réalisme formel »[17]) est désormais inadéquat : il tronque la réalité, il la réduit. Un ombre de doute plane sur le réalisme de l'école de Maḥfūẓ. *Jabal al-ʿanz* cherche à établir un nouveau code de réalisme, qui colle plus fidèlement à la réalité. C'est dans ce sens que nous avons parlé d'hyperréalisme, qui n'est pas sans rappeler, du moins dans ses motivations l'approche du Surréalisme[18]. Cette œuvre affirme avec éclat la sortie définitive du « réalisme formel » et entreprend une vision novatrice de l'écriture romanesque.

Ce faisant, elle relativise, du même coup, nous semble-t-il, le rôle du « courant réaliste » dans la genèse du genre romanesque arabe. Tenu par la critique dominante, tant arabe qu'orientaliste, comme le point de départ d'un genre romanesque digne de ce nom[19], ce courant nous apparaît maintenant – du moins telle est notre thèse – comme un moment de cette genèse. Il est précédé par un autre courant tout aussi réaliste, celui de la formation, qui, chronologiquement, si situe à l'origine de l'écriture romanesque moderne[20]. Il n'est que de pense à l'œuvre magistrale de al-Šidyâq, *al-Sāq ʿalā al-sāq*, aux *Ailes brisées* de

17 *Cf.* Ian Watt, « Réalisme et forme romanesque », in Barthes *et alii*, *Littérature et réalité*, Paris, Seuil, 1982 (titre original : *The Rise of the Novel*, Chatto and Windus, Londres, 1957).

18 Comme d'autres courants romanesques nés après le « réalisme », le surréalisme reproche à celui-ci de réduire la réalité à des schémas abstraits, de ne pas respecter le réel. En prônant une autre écriture, le surréalisme cherche à cerner le réel de plus près.

19 C'est le cas de toute la critique dominante pour qui *Zaynab*, le roman de M.-H. Haykal, paru en 1914, représente la première tentative réussie d'écriture « réaliste ». On peut se référer à la présentation de Ṭāha Badr, *Taṭawwur al-riwāya al-ʿarabiyya al-ḥadīṯa fī miṣr* (Dār al-Maʿārif, Le Caire, 1963), qui reprend celle de Gibb, *Studies on the civilization of Islam* (Princeton University Press, Guildford, London, 1962) et inspire celle *Modern Arabic Literature*, M.-M. Badawi (Cambridge University Press, 1992). Pour eux tous, le réalisme de cette œuvre – qui reste d'ailleurs à démontrer – en fait les prémices de l'art romanesque arabe.

20 Ce constat est valable aussi pour la littérature européenne : le roman moderne est né avec Fielding et Richardson (les tenants du *novel* par opposition à *romance*) en Angleterre, Fénelon et Rousseau en France, Wieland et Gœthe en Allemagne… avant que le roman français dit « réaliste » ne naisse.

Ǧibrān, à *'Awdat al-rūḥ* et *Uṣfūr min al-šarq* de Ḥakīm pour s'en convaincre[21]. Il a été accompagné d'un autre courant également réaliste comme celui que représente un Idwār Ḫarrāṭ[22]. Il est relayé maintenant par d'autres courants, dont celui représenté par *Ǧabal al-'anz* que j'ai désigné par hyperréaliste. Le « réalisme formel » s'en trouve ramené à de plus justes proportions.

* Ce chapitre a paru la première fois sous le titre « Le non-héros dans le roman arabe moderne. Le cas du tunisien Ḥabīb al-Sālmī », in *Arabic and Middle Eastern Literatures*, numéro spécial intitulé *Idendities Remembered, Discovered, Invented. Hero and Character in Modern Arabic Literature.*

21 Parues respectivement en 1856, 1912, 1933 et 1938, ces œuvres sont bien antérieures au courant dit réaliste. Nous en traitons dans la conclusion de notre thèse citée dans la note 2.

22 En effet, cet auteur qui, dès les années 1940, creuse son sillon en totale opposition à l'écriture de Mahfûz, et qui a inspiré les jeunes romanciers des années 1970 et 1980, se réclame aussi d'un réalisme plus vrai que le « réalisme formel ».

CHAPITRE 21

Le Guerrier contre le Sage. Univers sémantique et individuel et destinateurs cosmologiques dans *Kāʾināt mamlakat al-Layl* de A.A.M. Ḥiǧāzī. Et si la sagesse était compatible avec la répression ?

Heidi Toelle

1 Introduction

Au cours de ces dernières années et grâce à l'immense travail accompli par les sémioticiens de toutes tendances, mais notamment par ceux qui se rattachent à ce qu'il est désormais convenu d'appeler l'École de Paris, la sémiotique s'est peu à peu imposée comme une science digne de ce nom. C'est dans le domaine de l'analyse littéraire en particulier que ces dix dernières années ont permis de réaliser des progrès notables, attirant ainsi un nombre de plus en plus grand de chercheurs, et rares sont aujourd'hui les études littéraires qui ne se réclament pas de manière plus ou moins explicite de la sémiotique. Si l'on ne peut que se féliciter de l'intérêt suscité un peu partout par cette dernière-née des sciences humaines, on doit regretter aussi qu'il arrive encore souvent – trop souvent – que des études dites sémiotiques aient l'allure de ce chat indien qui, s'affublant d'un chapelet, pensait se faire passer pour un moine bouddhiste. A lire certaines de ces études, on a parfois l'impression de voir suivre la recette suivante : prenez une bonne dose de termes techniques compliqués, assaisonnez de quelques pincées de schémas, saupoudrez d'une cuillerée d'énoncés dits narratifs et mélangez le tout pour obtenir un carré magique censé résumer le texte – et vous transformerez n'importe quelle étude en une analyse sémiotique.

Les choses sont heureusement un peu plus compliquées que cela et de même qu'il ne suffit pas d'emprunter au moine bouddhiste l'un de ses attributs les plus voyants, il ne suffit pas non plus d'emprunter à la sémiotique quelques termes ronflants pour se faire sémioticien. On peut d'ailleurs se demander – et ce phénomène mériterait à lui seul une analyse – pourquoi tant d'études sérieuses éprouvent le besoin de se parer d'un clinquant qui leur sied mal, alors que, justement parce qu'elles sont par ailleurs sérieuses, elles gagneraient à en être débarrassées.

 | DOI:10.1163/9789004705685_022

Ceci dit, des mathématiques à la physique, de la botanique à la linguistique et à la sémiotique aucune science n'a pu faire l'économie de l'élaboration d'un métalangage adéquat. Pour paraître souvent obscur aux yeux du non-spécialiste, un tel métalangage n'en constitue pas moins une nécessite scientifique au point qu'on mesure en règle générale les progrès réalisés dans telle ou telle science à sa capacité à rendre compte avec des termes appropries de l'objet étudié. Tout métalangage à vocation scientifique est ainsi composé de termes non seulement définis de manière univoque mais encore inter-définis, chacun d'eux correspondant à un concept ou à une opération bien déterminés. Il est certain que dans l'euphorie des années soixante une joyeuse anarchie terminologique présidait à la naissance de la sémiotique et permettait à tout un chacun de faire preuve de fantaisie. Mais dès 1966, A.J. Greimas appelait dans sa *Sémantique Structurale* à faire preuve de rigueur et donnait l'exemple et, depuis la publication en 1979 de *Sémiotique, dictionnaire raisonné de la théorie du langage*[1], qui faisait alors le point sur les acquis en la matière, cette rigueur devrait être de mise chez tous ceux qui, de près ou de loin, se réclament de la sémiotique.

C'est de cette exigence que nous avons essayé de tenir compte dans l'étude qui va suivre. On y trouvera une bonne dose de termes techniques, des schémas et deux carrés sémiotiques, rendant compte l'un de l'univers sémantique individuel de *Kā'ināt mamlakat al-layl*[2] – désormais KML, l'autre des destinateurs cosmologiques, un lien évident existant entre l'un et l'autre. Mais nous nous sommes efforcés de fournir au lecteur l'ensemble des données qui nous ont conduit à telle réduction, à telle déduction, à tel schéma. Sauf indication contraire, la terminologie est employée avec le sens défini pour la sémiotique dans le dictionnaire que nous venons de mentionner auquel nous nous référerons, le cas échéant, par l'indication Greimas – Courtès, *Dictionnaire* ; pour faciliter au lecteur le repérage de cette terminologie, nous l'avons mise en italiques dans la première partie de l'article ; enfin, toute dénomination résultant d'une réduction se trouve entre barres obliques.

2

Le choix de KML de Aḥmad A.M. Ḥiǧāzī prête d'autre part à discussion. Disons qu'il aurait été de bon sens de commencer par le plus simple et non par le plus

1 A.J. Greimas, J. Courtès, Paris 1979.

2 *Kā'ināt mamlakat al-layl* de Aḥmad A.M. Ḥiǧāzī, Beyrouth 1978.

compliqué. Non pas que le texte de Ḥiǧāzī pose des problèmes de compréhension au niveau des mots et de la syntaxe et rares sont sans doute les poètes arabes qui ont autant fait leur ce principe de T.S. Eliot selon lequel « le poète doit prendre ses matériaux dans sa propre langue, telle qu'on la parle réellement autour de lui ». Cependant ces mots de tous les jours s'associent pour former des « mots poétiques » nouveaux et, derrière ce foisonnement d'associations étranges ou familières, il arrive que le sens global du poème se dérobe. Poésie qui incite à la réflexion plutôt qu'à la simple rêverie, sans pour autant cesser d'enchanter, le texte de Ḥiǧāzī pose au sémioticien des problèmes multiples qu'il s'agit de ne pas éluder. Il aurait donc été plus sage de choisir un texte offrant à l'analyse de meilleures prises. Notre choix résulte en partie du hasard, en partie de contraintes qu'il n'était pas en notre pouvoir de modifier, et nous acceptons donc d'avance toutes les critiques qu'il pourrait susciter.

3

Compte tenu du cadre qui nous était imparti, il n'était enfin pas question d'analyser en détail tous les poèmes de KML. Procéder à un simple survol du recueil n'aurait pas été satisfaisant pour le sémioticien ; quant au non-spécialiste, il était en droit d'attendre qu'on lui fournisse une argumentation suffisamment développée et intelligible, lui permettant de se faire une opinion et lui évitant l'impression désagréable de se trouver confronté à une suite d'affirmations péremptoires. C'est ce qui explique la solution moyenne que nous avons adoptée. Nous avons choisi comme point de départ deux poèmes, *ḫuṭbat Lūsyās al-'aḫīra* et *baḥḥārat Māǧallān*. Ce choix est fondé sur les critères suivants :

- Ces deux poèmes sont relativement courts (une quinzaine de vers chacun) et nous permettaient de procéder sinon à une analyse exhaustive, du moins à une analyse suffisamment détaillée pour rendre probants les résultats auxquels nous aboutissions.
- Ils font partie d'un des mini-recueils insérés clans KML et la réunion de ces deux poèmes sous un seul et même titre global, *Guernica* ou *A cinq heures du soir*[3], indiquait clairement que, malgré leur diversité de surface, un lien profond existait, au niveau de la signification, entre l'un et l'autre.
- Le premier de ces poèmes ne pose aucun problème de compréhension à quelque niveau que ce soit. II nous permettait ainsi de procéder à une

3 Nous conserverons la traduction de J.E. Bencheickh, in Ahmed A.M. Hegazi, *Terre Émeraude*, Paris, 1980, traduction qui se réfère au célèbre poème de Federico Garcia Lorca, *Chant funèbre à Sanchez Mejas*.

démonstration simple à partir de données reconnaissables par chacun. Le second poème diffère du premier du tout au tout et est sans doute plus représentatif du recueil dans son ensemble : des mots, des phrases simples mais apparemment dépourvus d'un sens immédiatement saisissable. C'est le désarroi de nos étudiants confrontés à des poèmes de ce type qui nous a incitée à montrer qu'une lecture sémiotique cohérente, basée sur les acquis du premier poème, permettait de conférer une signification, elle-même cohérente, à un texte, à première vue, inintelligible.

– Enfin, les deux poèmes ont été traduits en français[4]. Le sémioticien non-arabisant était ainsi en mesure de suivre – du moins partiellement, car la meilleure traduction fait perdre à un poème une partie de sa richesse – l'analyse que nous en faisions et de juger des résultats que la sémiotique appliquée à un domaine culturel qu'elle a encore peu exploité peut laisser espérer.

Ce n'est qu'une fois achevée l'analyse de chacun de ces poèmes que nous nous sommes référés, sans démonstration supplémentaire, aux autres poèmes du recueil, étant bien entendu que ceux-ci ont fait l'objet, de notre part, d'une analyse tout aussi approfondie que les deux que nous présentons ici. Les poèmes du recueil constituent, selon nous, autant de variations sur un seul et même thème, et ressortissent tous au même univers sous-jacent. Nous avons pris soin cependant de ne pas passer sous silence les problèmes qui subsistent ici ou là et dont la solution pourrait éventuellement infirmer telle ou telle de nos conclusions. De façon générale, nous avons tenu à ne pas présenter comme définitifs des résultats qui demandent à être vérifiés par l'analyse d'autres poèmes de Ḥiǧāzī (son *dīwān*, notamment) et par celle d'autres auteurs arabes contemporains.

4 Texte du premier poème

خطبة لوسياس الاخيرة

كان لوسياس على سجادة البهو قتيلا

هذه خطبته الاولى

التي توج فيها بامتشاق السيف اغنياته للحق

لكن بعد ان فات الاوان

4 *Op. cit.*, p. 115 et 116.

سقط السيف من الكف التي كم رفرفت
فوق رؤوس الناس بالحكمة
في ستين يا لوسياس
لن تحسن تلك المهنة الاخرى
ولو صرت اشتراكيا
وقاسمت ارقاء اثينا الخبز والخمر
وهل كنت اخذت القصر بالسيف
لكي تمنعه بالسيف
لاباس اذن
ان يقتل الجند خطيبا
تحت سقف البرلمان

4.1 *Problèmes de découpage*

Le découpage d'un texte en *séquences*, on le sait, ne constitue pas un but en soi. Il s'agit simplement, à partir du niveau manifesté, de repérer un certain nombre de marques permettant à l'analyse d'adopter une position stratégique aussi rentable que possible afin d'être à même de rendre compte de l'organisation sous-jacente du texte. C'est dire que le découpage n'est qu'un pis-aller dû à notre incapacité de saisir d'emblée et, notamment dans un texte long, la totalité des corrélations et oppositions qui concourent à délivrer le sens global du texte ; mais c'est dire aussi qu'un tel découpage ne doit pas être basé sur des critères extratextuels (le plan en trois parties, l'intuition personnelle), mais sur les éléments que le texte lui-même propose et leur mise en relation. Il s'ensuit que les critères retenus ne seront pas toujours les mêmes, mais qu'ils seront fonction du texte qu'on aura à analyser. Ajoutons enfin qu'il arrive souvent – en poésie comme en prose – que plusieurs découpages soient possibles ; la validité d'un découpage ne se mesure donc qu'une fois l'analyse achevée, autrement dit à la capacité de celle-ci d'intégrer l'ensemble des éléments pertinents et de rendre compte de leur articulation.

4.1.1 Découpage du poème

En ce qui concerne notre poème, un premier découpage est possible en prenant pour base l'opposition phrase verbale vs (= *versus*) phrase nominale.

En effet, les seules phrases nominales du poème – du moins du point de vue des grammairiens arabes (mais peut-être aussi du point de vue de l'intuition linguistique du poète ?) – se situent aux vers 2, 7 et 13. Qu'il s'agit bien là d'un critère de découpage important est confirmé par le fait que ces mêmes vers 2, 7 et 13 donnent chaque fois lieu à l'introduction d'un sujet différent par rapport à celui qui dominait dans le groupe de vers précédent : en effet, le vers 1 a pour sujet un animé humain masculin (Lysias) ; dans les vers 2-6 (à l'exception de la subordonnée relative du vers 3 : Lysias), les sujets sont des inanimés (*ḫuṭba ʾawān, sayf*) ; de 7 à 12 on passe à nouveau à un sujet animé humain masculin (Lysias) et parallèlement de la 3ème à la 2ème pers. du sg. Enfin, au vers 13, le sujet est à nouveau un inanimé et c'est dans la subordonnée (vers 14) que se trouve introduit un animé humain masc. à la 3e pers. (*al-ǧund*), comme c'était déjà le cas au vers 3.

On obtient ainsi quatre séquences d'inégale longueur (1/2 – 6/7 – 12/13 – 15) et il convient donc de voir – non pas pour une quelconque raison d'esthétique, mais dans l'unique souci de serrer le texte de plus près, si d'autres critères ne permettraient pas d'affiner ce découpage. Et c'est, en effet, le cas. Ainsi, en examinant les deux parties centrales, de loin les plus longues, on constate que le vers 4 commence par un disjoncteur (*lākin*) qui est aussi le seul du poème ; par ailleurs, de part et d'autre de ce vers 4, on rencontre chaque fois une proposition principale suivie d'une relative introduite, dans les deux cas, par *ʾallatī*, ce qui permet de décomposer la séquence II en vers 2-3 + 4 + 5-6. La séquence III, de son côté, est formée de deux phrases, l'une affirmative (7-10), l'autre interrogative (11-12) décomposables chacune en principale + subordonnée et s'opposant l'une à l'autre sous l'angle des temps verbaux (futur *vs* plus-que-parfait). Notons au passage que cette séquence III qui s'est déjà singularisée par rapport au reste du poème par l'apparition de la 2e pers. sg., se trouve encadrée en amont et en aval par deux exclamations.

D'autres éléments permettraient sans doute d'affiner encore ce découpage. Mais dans la mesure où le poème n'est pas très long, nous nous contenterons de ce résultat sans doute imparfait et c'est en nous basant sur cette première structuration du texte manifesté que nous procéderons à l'analyse de notre poème, en y intégrant, le moment venu, celle du titre et celle de la note qui en rompt la linéarité.

I vers 1
II vers 2-6 (2-3 + 4 + 5-6). exclamation

III vers 7-12 (7-10 + 11-12). affirmation + interrogation

IV vers 13-15 exclamation

4.2 *La séquence 1 : l'échec*

4.2.1 Le nom propre

Dans cette phrase verbale à l'accompli, un premier acteur, désigné par son nom propre, fait son apparition : Lysias. Nous avons déjà rencontré cet anthroponyme dans le titre du poème où il est suivi d'une note qui nous dit qu'il s'agit d'un orateur et politicien grec. Il n'est évidemment pas difficile d'identifier ce personnage historique, mais pour la commodité de l'analyse, nous ignorerons, pour l'instant, les données extratextuelles relatives à ce personnage, car nous aurons à revenir en détail sur le problème de la *référentialisation* qui est omniprésente non seulement dans les quatre poèmes de *Guernica*, mais dans l'ensemble du recueil ; pour les mêmes raisons, nous ferons, dans un premier temps, comme si nous n'avions pas encore lu la note en bas de page – qui pose le problème de son statut lequel n'est évidemment pas le même que celui du titre et du texte du poème –, et nous nous en tiendrons à cette définition désormais bien connue du nom propre, à savoir qu'il est, en principe, vide de sens et qu'il ne reçoit sa signification que du contexte où il se trouve placé. C'est le contexte plus large – on l'aura compris – que nous laissons pour l'instant de côté afin de mieux sérier les problèmes.

4.2.2 La confrontation

A nous en tenir donc au vers 1, nous y apprenons sur Lysias deux choses :
- Qu'il est mort de mort violente (*kāna qatīlan*).
- Que son cadavre gît *ʿalā saǧǧādati-l-bahwi*, qui, d'après la formulation choisie, est aussi l'espace où le meurtre a eu lieu.

Ces deux informations méritent un examen plus approfondi afin de voir quelles en sont les implications.

En effet, en nous disant que Lysias « a été tué », le texte nous présente sa mort comme la conséquence d'une confrontation avec un autre acteur – le *qātil* dont nous ne connaissons pour le moment que précisément cette fonction /tuer/ –, confrontation dont ce dernier est sorti vainqueur. Or, la concaténation des trois énoncés confrontation, domination (dichotomisable en /dominé/ vs /dominant/), conséquence dont le texte ne nous livre ici que le dernier élément (lequel autorise cependant à *encatalyser* les deux autres) définit l'organisation interne de l'épreuve, c'est-à-dire de l'un des éléments constitutifs du *programme narratif* (désormais PN) d'un *actant-sujet* quelconque. Reste à savoir à laquelle des *trois épreuves* (*qualifiante, décisive, glorifiante*) nous avons affaire ici. Rigoureusement parlant et à nous en tenir au vers 1, il peut s'agir de l'une des deux dernières : soit confrontation avec *l'anti-sujet* (*décisive*), soit *sanction* du type « punition du traître » (*glorifiante*) qui serait alors le fait du propre *destinateur* de Lysias et sanctionnerait, par conséquent, la rupture du *contrat* initial ; soit enfin d'une *épreuve* syncrétique qui réunirait deux éléments en un seul. Quoiqu'il en soit – car il s'agit de ne pas anticiper l'analyse – ces données nous permettent d'élever Lysias au rang d'*actant-sujet* investi d'un *PN* dont nous ne savons encore rien, sinon que sa réalisation a échoué, soit par un manque de *qualification* de la part du *sujet* le rendant incapable de sortir victorieux de l'*épreuve décisive*, soit par manque de loyauté à l'égard de son *destinateur*, soit par les deux conjugués.

4.2.3 L'espace de la confrontation I

La seconde information a trait à l'espace où la confrontation a eu lieu. Le syntagme nominal qui sert à désigner cet espace mérite quelque attention, car s'il est vrai qu'il s'agit là d'une figure poétique, il est vrai également que la rhétorique n'est pas, pour le sémioticien du moins, un simple élément ornemental, mais qu'elle contribue à délivrer un sens. La question qui se pose est, en effet, de savoir pourquoi, parmi toutes les figures que le poète avait à sa disposition pour désigner cet espace de la confrontation (il en utilisera deux autres au cours du poème), c'est précisément celle-ci qu'il a trouvé bon de retenir. Regardons-y de plus près.

La *saǧǧāda* est avant tout le « tapis de prière », c'est-à-dire, un objet qui, étalé par terre, permet d'aménager, à l'intérieur d'un espace environnant profane, un espace sacré où le croyant en accomplissant la prière se prosterne devant Dieu.

Le *bahw*, de son côté, désigne originairement cette partie de la maison généralement, d'ailleurs, isolée ou du moins séparée de la partie destinée à l'habitation, où l'on rend les honneurs à l'hôte. C'est donc, lui aussi, un espace à statut particulier où il s'agit de respecter les lois sacrées de l'hospitalité.

On le voit donc, l'espace où gît le cadavre de Lysias se trouve désigné par des termes qui renvoient tous deux aux *fonctions* que l'homme est appelé à y exercer : espace du culte où a lieu l'administration du sacré et espace du droit où l'homme accorde à son semblable (ou en reçoit) gîte et protection. Tel quel cet espace nous rappelle donc étrangement les composantes de la *première fonction* de Dumézil : la souveraineté magique et juridique[5] et se présente comme le lieu où celle-ci est appelée à s'exercer. Il ne s'agit bien évidemment là que d'une hypothèse que la suite de l'analyse sera appelée à confirmer ou à infirmer. D'autre part, il s'agit de savoir qui du *qatīl* ou du *qātil* était éventuellement

5 Nous renvoyons ici à l'ensemble de l'œuvre de Georges Dumézil, et, plus particulièrement, à *Mythe et Épopée*, I *et* II, Paris, Gallimard, 1968 et 1971.

investi de cette fonction et qui des deux a profané la *saǧǧādat al-bahw* qui en est la représentation spatiale. Les vers suivants permettront de répondre à cette question.

4.3 *La séquence II : les programmes narratifs auxiliaires*

4.3.1 Le contrat fiduciaire

Le vers 2 commence par un déictique – *hāḏihi* – dont il s'agit de clarifier la fonction. Marque non équivoque de l'énonciateur, il affiche le vers 2 comme ne relevant pas du même niveau d'*énonciation* que les vers 1, 3, 5 et 6 (le verbe *tawwaǧa* – « couronner » – excepté sur lequel nous aurons à revenir). Ce déictique vise, en effet, à créer l'illusion[6] d'une *concomitance* entre l'espace-temps de l'*énonciateur* et celui des événements décrits, d'installer l'*énonciateur* dans le rôle de l'*observateur*. Un tel *observateur* était déjà sous-jacent au vers 1, ce vers étant formulé de telle sorte qu'il suppose un sujet parlant ayant vu la scène décrite ; mais ce n'est que le *hāḏihi* du vers 2 qui cherche à nous *persuader* qu'*observateur* et *énonciateur* ne font qu'un. *Ce faire persuasif* a évidemment un but. Il s'agit pour l'énonciateur – comme c'est le cas dans de nombreux textes – de /faire-croire/ à l'*énonciataire* qu'ayant été témoin des événements, il ne saurait dire que la vérité, en d'autres termes d'instaurer avec lui un *contrat fiduciaire* (ou de *véridiction*) garantissant le *discours-énoncé* comme vrai.

Il va sans dire que pour le sémioticien, le terme *vrai* ne renvoie pas à un quelconque *référent* externe, mais « qu'il est situé à l'intérieur du discours, car il est le fruit des opérations de *véridiction* »[7]. Il serait, du reste, absurde de vouloir /faire-croire/ (ou /croire/) à une concomitance entre les espace-temps respectifs d'un poète du 20e siècle et d'un orateur du 5e siècle avant J.-C., et nous verrons, par ailleurs, lorsque nous aborderons le problème de la *référentialisation*, que le discours historique relatant la vie de Lysias diffère quelque peu du discours poétique que nous avons sous les yeux. Le déictique du vers 2 ne nous invite donc pas à procéder à un constat de conformité entre le *référent* historique et le discours du poète, mais bien à /croire-vrai/ ce discours lui-même.

---

6 Sur la problématique de l'énonciation, Cf. Greimas-Courtes, *Dictionnaire*, articles *énonciation, énonciateur, énonciataire, débrayage, embrayage* et J.-Cl. Coquet, *Prolégomènes à l'analyse modale (fragments), le sujet énonçant*, Documents de recherches sémiolinguistiques de l'Institut de la Langue française, EHESS-CNRS, No. 3, Paris 1979 (Désormais : Documents).

7 Cf. Greimas-Courtès, *Dictionnaire*, p. 420.

4.3.2 Le PN2 : la /paix/

Au vers 2, un nouveau sujet grammatical fait d'autre part son apparition : la *ḫuṭba* qui, à un autre niveau, se trouve désigné comme un *objet de valeur* appartenant à Lysias. Regardons-y de plus près. Le lexème *ḫuṭba* désigne deux choses à la fois : il s'agit d'une part du « prône », autrement dit d'une parole sacrée, et, d'autre part, du « discours public », lié, d'une façon ou d'une autre, à la communication des *valeurs* qui régissent l'administration de la cité. Nous retrouvons donc ici les deux composantes de la *première fonction* de Dumézil ce qui commence à donner quelque consistance à l'hypothèse émise à propos du vers 1.

D'autre part, prône ou discours profane, la *ḫuṭba* suppose l'existence de deux *actants* – d'un ḫaṭīb et d'un *muḫāṭab* (dont le second sera, en règle générale, *un actant collectif*) – ainsi que celle d'un *objet de valeur-savoir* susceptible d'être communiqué par le premier au second. Enfin, toute *ḫuṭba* présuppose, de la part du *ḫaṭīb*, un *savoir-faire*, la *ḫitāba*, c'est-à-dire la compétence à mettre en forme et à communiquer le savoir dont il est le détenteur. *Objet de valeur*, la *ḫuṭba* l'est donc à un double titre : *objet-savoir* ou *valeur* de base, d'une part, *objet modal* ou *valeur d'usage*, d'autre part.

Sur ces deux types de valeurs représentées ici par la *ḫuṭba*, les vers 3, 5 et 6 nous fourniront des informations plus précises : en effet, le terme *ḫuṭba* y est repris par deux syntagmes en expansion que l'on peut considérer comme sa *définition contextuelle* :

Dénomination	*ḫuṭba*
Définition	1) *ʾuġniyātuhu lil-ḥaqq* 2) *al-kaff allatī kam rafrafat... bi-l-ḥikma*

Une première remarque s'impose : le passage du singulier (vers 2) au pluriel (vers 3) et au fréquentatif (vers 5) fait de la *ḫuṭba* une activité permanente de Lysias, nous autorisant ainsi à lui attribuer définitivement le *rôle thématique* de *ḫaṭīb* : à la fois prédicateur et politique – au sens noble d'administration de la polis de ce dernier terme – et donc investi de ce que, avec Dumézil, nous avions appelé la *fonction magique et juridique*.

Quant aux figures poétiques elles-mêmes, elles définissent la *ḫuṭba* dans ses deux composantes : *valeur d'usage* et *valeur de base*. Occupons-nous d'abord de la seconde. L'*objet-savoir* que Lysias communique au *muḫāṭab* qui, sous la *figure al-nās* (les hommes), fait son apparition au vers 6 est défini par les deux termes *al-ḥaqq* (la vérité) et *al-ḥikma* (la sagesse). Le premier de ces lexèmes désigne, certes, la vérité au sens « courant » du mot, mais il renvoie surtout à une vérité sacrée puisque *al-ḥaqq* est aussi l'un des noms qu'on attribue volontiers à Dieu. Quant à *ḥikma*, pour lequel les dictionnaires contemporains d'usage courant, à défaut de définition, fournissent toutes sortes de synonymes (*al-ʿilm, al-ḥilm, al-ʿadl, etc.…*) elle joue, comme le premier lexème, sur les deux registres du *sacré* et du *juridique*, mais en appuyant, semble-t-il (et faute d'une analyse *sémique* qui dégagerait le *noyau sémique* et les *sèmes contextuels* possibles de ce *sémème*) plus sur l'aspect juridique. L'*objet de valeur-savoir* à communiquer aux humains se trouve ainsi bien ajusté à la *fonction* de Lysias, puisqu'il s'agit d'un *savoir* portant sur les règles qui doivent régir les rapports entre les hommes et les rapports entre ceux-ci et le sacré[8].

En tant que *valeur d'usage*, la *ḫuṭba* se trouve définie comme un *savoir-faire* à la fois vocal et gestuel susceptible de frapper l'ouie et la vue des auditeurs/spectateurs. En effet, le chant dans la civilisation arabe a pour but de mettre l'auditeur en état de *ṭarab*, et le *ṭarab*, on le sait, est un état d'agitation intérieur, tantôt *euphorique* et due à une joie intense, tantôt *dysphorique* et due à une profonde tristesse.

Quant à l'image choisie pour décrire la gestualité du *ḫaṭīb*, elle est déjà plus difficile, sinon à saisir, du moins à analyser. Car si cette paume qui s'agite au-dessus des têtes comme les ailes déployées d'un oiseau évoque pour nous toute une technique de la divination, mélange d'auspices et de présages ou encore celle des hypnotiseurs modernes – techniques ayant, entre autres, pour fonction d'impressionner le spectateur, nous restons là au niveau de l'intuitif qui, s'il peut avoir valeur heuristique, n'a pas pour autant valeur scientifique.

Une chose cependant est sûre : le *ḫaṭīb* domine son public, puisque, spatialement, il se trouve situé de telle sorte que sa main plane au-dessus des têtes, position qui lui donne un certain ascendant sur son auditoire. Et pourtant, nous le verrons plus loin et à propos d'autres poèmes, cette indication spatiale est en même temps déjà un indice annonçant et expliquant l'échec de Lysias : en effet, l'espace d'en haut chez Ḥiǧāzī est un espace trompeur : espace *euphorique* au niveau du *paraître*, qui fait croire qu'on maîtrise et domine le monde et les choses et, cependant espace *dysphorique*, au niveau de l'*être*, car procurant un pouvoir et un bonheur illusoires qui conduisent à l'échec, espace d'où l'on ne peut plus que tomber. Le *faire* de l'homme chez Ḥiǧāzī, sa prise sur le monde et sur les autres, se passe toujours dans l'espace d'en bas où l'être humain peut planter ses pieds dans le sol, y prendre en quelque sorte racine. Mais revenons-en au *savoir-faire* du *ḫaṭīb* : chant, gestualité, position dominante, il

8 Nous retiendrons donc le terme de /sage/ pour désigner désormais l'acteur Lysias.

s'agit là de toute une mise en scène visant à subjuguer le public de manière à le rendre réceptif au message de « sagesse » et de « vérité » que le *ẖaṭīb* a à lui communiquer, à lui inspirer le *vouloir-être*[9] /sage/ comme le *ẖaṭīb* lui-même, le *vouloir-être*, comme lui, *conjoint* à la Vérité ; comme tel le *savoir-faire* du *ẖaṭīb* est donc surtout un *faire-vouloir*, *fonction* propre au destinateur.

Il devient dès lors possible de rendre compte de ce *PN2* par un *schéma actantiel* adéquat ou les termes en lettres majuscules désignent les *actants*, les termes en lettres minuscules les *acteurs* :

axe de la communication : DESTINATEUR : —— OBJET : ——► DESTINATAIRE

Lysias vérité les hommes
sagesse
} *axe de la quête*
↑
SUJET
les hommes (dont Lysias)[10]

Tel quel ce schéma soulève cependant deux problèmes : en effet, le destinateur n'est pas un destinateur transcendant et fait, lui-même, partie de l'ensemble « hommes ». Il assume donc conjointement le rôle actantiel de destinateur et de sujet. Il convient, par conséquent, de présupposer un *PN3*, en tous points identique à celui actuellement décrit et situé, par rapport à lui, dans le passé – car, on ne naît pas /sage/, on le devient. Autrement dit Lysias a dû passer par des épreuves préalables, lui permettant de *s'approprier* les *valeurs* « sagesse » et « vérité » et le rendant ainsi apte à jouer à l'égard des hommes, en général, et par rapport à un quelconque *destinateur transcendant*, le rôle actantiel de *destinateur délégué*. Dans le même ordre d'idées, il convient de prévoir des épreuves que tout sujet humain aura à passer en vue d'entrer en possession de la « sagesse » et de la « vérité ». Avant de résoudre ces problèmes qui ne trouveront leur explication que dans la troisième séquence de notre poème, nous préférons cependant continuer notre analyse des vers 2 à 6.

---

9 Sur la problématique du vouloir-être, cf. Greimas, *De la modalisation de l'être*, Bulletin du groupe de Recherches sémiolinguistiques (EHESS), Institut de la Langue française (CNRS), No. 9, juin 1979, p. 9-19 et A. Henault, *Platon et la dynamique des passions*, *ibid.*, p. 20-25.

10 *Le syncrétisme actantiel sujet-destinateur* est l'un des plus courants.

4.3.3 Le PN1 : la /guerre/

Le vers 2 ne nous parle pas des *ḫuṭba* de Lysias, en général. Il spécifie, au contraire, qu'il s'agit de sa « première » (*al-'ūlā*) contredisant ainsi le titre du poème qui qualifiait cette même *ḫuṭba* de « dernière » (*al-'aḫīra*). Il nous parait utile de nous arrêter un instant sur cette contradiction afin de voir ce qu'il en est exactement.

Qu'il est bien, dans un cas comme dans l'autre, question de la même *ḫuṭba* se trouve corroboré par au moins trois éléments :

- Au niveau de la *manifestation*, en effet, le vers 2 recèle – à l'exception du *déictique* – la même structure que le titre, remplaçant simplement le nom propre par un pronom dont nous savons déjà qu'il *anaphorise* le même nom propre.
- Au niveau de surface la *ḫuṭba* est attribuée dans les deux cas, comme un objet de valeur, à un même sujet.
- Enfin, le déictique *hāḏihi*, en nous renvoyant à l'instance d'énonciation, contribue à rapprocher le vers 2 du titre qui en relève également.

Il y a donc bien qualification contradictoire d'un seul et même *objet*.

Cette contradiction se résoud d'elle-même grâce aux précisions apportées par la relative du vers 3 : car si cette *ḫuṭba* mérite effectivement le qualificatif « première », c'est que Lysias, pour une fois, y joint à un *faire cognitif*[11], un *faire pragmatique* : il tire l'épée, arme du guerrier par excellence. Ce faisant, il sort du rôle de *ḫaṭīb* qui lui a été jusque-là attribué et qui consistait exclusivement à dispenser un savoir : autrement dit et en nous référant, une fois de plus, à Dumézil, il cherche à s'approprier la *deuxième fonction* : *la fonction guerrière*. Or, nous savons déjà qu'il en est mort. Cette *ḫuṭba* d'un type nouveau est donc, au sens strict du terme, à la fois « première » et « dernière », puisque seule dans son genre.

Que la mort de Lysias soit due à un *qātil*, nous le savons depuis le vers 1 et la séquence I du poème se laisse donc bien interpréter, dans le cadre de ce *PN1* et sur une isotopie que nous appellerons, de manière arbitraire, /guerre/, comme une *épreuve décisive* au cours de laquelle le *ḫaṭīb* échoue faute de compétence : *qualifié* pour communiquer aux hommes « sagesse » et « vérité », il ne l'est pas pour manier les armes.

Mais il y a plus : on aura remarqué que toute référence au *qātil*, a disparu des vers 2 à 6 : l'épée y tombe de la main de Lysias comme par enchantement

11 Il est évident qu'il entre dans l'activité du *ḫaṭīb* un faire somatique (parole, geste) ; cependant celui-ci relève de sa compétence et non pas du faire proprement dit qui est, lui, purement, cognitif : il s'agit, en effet, de communiquer un objet-savoir.

(vers 5) et le mot choisi dans le même vers pour désigner cette main est la paume ouverte (*al-kaff*) et non pas le poing, comme on pouvait s'y attendre, ni même *al-yad*, la « main » qui comprendrait du moins un *sème* (ou *classème* ?) /pouvoir/. Tout se passe, en effet, comme si les deux fonctions – *magique* et *juridique*, d'une part, *guerrière*, de l'autre – étaient incompatibles et comme si le *destinateur transcendant* – dont nous ne savons encore rien, sauf qu'il convient logiquement de le *présupposer* – n'admettant pas la réunion en une seule et même main de ces deux *fonctions*, *sanctionnait négativement* la tentative de Lysias d'abandonner son rôle de *ḫaṭīb* pour endosser celui du /guerrier/.

Nous avons donc effectivement affaire ici à une *épreuve syncrétique*, puisqu'elle se laisse interpréter également dans le cadre de notre *PN2* et sur une *isotopie* que nous appellerons par opposition à la première et de manière tout aussi arbitraire /paix/, comme la punition du traître qui sanctionne la non-conformité entre le *PN* /guerre/ *performé* et le *PN* /paix/ pour lequel le *ḫaṭīb* a été initialement mandaté.

D'autre part, l'*énonciateur* intervient au vers 3 à nouveau directement dans le discours : en effet, le verbe *tawwaǧa* « couronner », employé pour qualifier l'acte guerrier de Lysias comporte un *sème* /appréciation/ et ne relève donc pas d'un *faire* purement *descriptif*, mais du *faire interprétatif* de l'énonciateur qui, par ce biais, nous renseigne sur sa propre idéologie (au sens restreint, sémiotique, de ce terme).

Car le *tāǧ* – tout comme chez nous la « couronne » – consacre et symbolise une fonction. Ainsi, en estimant que l'épée dégainée vient « couronner » la « sagesse », l'énonciateur nous fait savoir deux choses : d'une part, que la réunion, en une seule main, de la première et de la deuxième fonction lui apparaîtrait comme un fait positif et qu'il serait donc bon que le /sage/ sache manier l'épée ; d'autre part, que la raison d'être de la *fonction guerrière* devrait consister à consacrer la *fonction magique et juridique*, autrement dit que le *PN1* /guerre/ devrait être un moyen de garantir le *PN2* /paix/ et non pas un moyen de le détruire.

Dans la mesure où ni le *destinateur* du *PN2*, ni le *qātil* qui relève du *PN1* et dont le *rôle actantiel* précis reste à déterminer ne semblent d'accord avec cette manière de voir, le verbe *tawwaǧa* se lit parallèlement ici comme une antiphrase ironique : en effet, ce que l'*énonciateur* souhaiterait voir être un couronnement aboutit à la destitution du *ḫaṭīb* – destitution définitive puisqu'elle conduit Lysias à la mort. Ce retournement, *l'énonciateur* nous en fournit une explication au vers 4 qui, tout comme le *tawwaǧa* du vers 3, relève du *niveau interprétatif* « il était trop tard », dit-il, pour tirer l'épée. Interprétation obscure, car la question de bon sens qui se pose est de savoir pourquoi il était trop tard. C'est la troisième séquence du poème qui permettra de répondre à cette question.

4.4 *La séquence III : les raisons de l'échec*

4.4.1 Problématique de l'énonciation

Cependant avant de nous attacher à trouver une réponse à cette question, il reste à résoudre le problème que pose, dans cette troisième séquence, l'instauration d'une sorte de dialogue, repérable, au niveau manifesté, par l'emploi du vocatif et le passage de la 3ème à la 2ème personne, d'autant plus que de tels changements sont extrêmement fréquents dans les poèmes du recueil et que, *mutatis mutandis*, ils mettent toujours en jeu les mêmes mécanismes.

Le terme *dialogue* désigne, en sémiotique, la projection, à l'intérieur du discours *énoncé*, de la structure de la *communication*, projection obtenue par un *débrayage énonciatif*, c'est-à-dire par l'installation, dans le discours, des *actants de l'énonciation* que nous appellerons, pour bien les distinguer de l'*instance d'énonciation* proprement dite, *interlocuteur* et *interlocutaire*[12]. C'est bien à un tel débrayage que nous avons affaire ici, puisque le vocatif du vers 7 installe Lysias comme un *interlocutaire* du moins *virtuel* et que ce même vocatif oblige à supposer l'existence d'un *interlocuteur* qu'on identifie ici spontanément à l'*énonciateur*. Pour spontanée que soit cette identification, il nous paraît utile de nous interroger pour savoir comment elle est possible, et quelles sont les conséquences qui en découlent d'autant qu'on se rend bien compte que le concept de *dialogue* ne rend que très imparfaitement compte de ce qui se passe à cet endroit du texte, puisque ce *dialogue*, une fois instauré, restera un monologue où *l'interlocutaire*, Lysias, ne prendra pas la parole. On nous objectera qu'étant mort, il serait improbable qu'il se mette à parler. C'est exact, mais dans la mesure où beaucoup de morts prennent la parole dans KML, la mort ne nous paraît pas être un critère pertinent ou, du moins, suffisant pour condamner un acteur au silence.

Force nous est donc de chercher d'autres critères pour expliquer cette transformation d'un dialogue affiché et instauré à l'aide de toutes les procédures habituelles en un simple monologue et de voir quels éléments permettent cette saisie quasi spontanée du syncrétisme *énonciateur/interlocuteur*, syncrétisme au demeurant très fréquent dans toutes sortes de textes.

Rigoureusement parlant et compte tenu du fait qu'aucun nouvel acteur ne fait son apparition au vers 7, trois des *acteurs* déjà connus sont susceptibles

12 Greinnas-Courtès, *op. cit.*, p. 79-82.

d'assumer le rôle d'interlocuteur : ce sont le *ḫaṭīb, al-nās* et l'*énonciateur*, Lysias étant, de son côté, mobilisé pour l'instant pour le rôle d'*interlocutaire*. Or, en l'absence de tout élément *encadrant* qui indiquerait que la parole serait au vers 7 déléguée à quelqu'un d'autre qu'à l'*énonciateur* et en raison du *contrat fiduciaire* instauré au vers 2 où l'*énonciateur* visait à se faire passer pour l'*observateur* de la scène qu'il relate, un dialogue entre lui et l'un des *acteurs* de l'*énoncé* est rendu crédible et dès lors l'identification *énonciateur/l'observateur/l'interlocuteur*, que l'on fait spontanément, s'impose d'elle-même.

Cette interprétation une fois démontrée, il convient d'en envisager les conséquences. Car si c'est bien l'*énonciateur* qui conserve tout au long de cette troisième séquence la parole, nous avons affaire, parallèlement au mécanisme de *débrayage* qui instaurait le *dialogue*, à un *embrayage*, c'est-à-dire à un retour (fictif) à l'*énonciation*, ce qui ne signifie rien de moins que la *dénégation* de l'axe *interlocuteur/interlocutaire* et l'*assertion* concomitante de l'axe *énonciateur/énonciataire*. Autrement dit, derrière le « tu » de la séquence III se profile, en fait, un « vous » et le vocatif du vers 7 interpelle, en définitive, l'*énonciataire* : or, en conférant à ce dernier le nom de Lysias, l'*énonciateur* le dote – et, à travers lui, les hommes, en général – implicitement et généreusement des qualifications du *ḫaṭīb* et donne à entendre que le sort de Lysias est virtuellement celui de tous les /sages/ ; il en découle que le *qātil* se trouve dans l'idéologie de l'*énonciateur* très vraisemblablement exclu de la communauté des hommes, hypothèse que la suite de l'analyse aura à vérifier.

4.4.2 La /vie/

Qu'en est-il maintenant du message que l'énonciateur adresse, dans cette troisième séquence, à Lysias et, comme nous venons de le voir, aux humains ? Il affirme, aux vers 7 et 8 qu'à 60 ans on ne saurait bien faire « *tilka-l-mihnata-l-ʾuḫrā* ». Qu'est-ce donc que « cet autre métier » ? Il ne peut s'agir que du métier de la guerre, puisque c'est bien ce métier-là que Lysias échoue à exercer. Notons d'ailleurs au passage que le syntagme nominal du vers 8 rappelle à plus d'un titre celui du vers 2 : en effet, le déictique *tilka* s'oppose à *hāḏihi* ; le nom *mihna* relève, à l'exception d'une seule voyelle, du même schème nominal que *ḫuṭba* (respectivement *fiʿlatun et fuʿlatun*) ; le qualificatif *al-ʾuḫrā* enfin, reprend, sur le plan des sonorités vocaliques le *al-ʾūlā* du vers 2 avec lequel il rime et, sur le plan des sonorités consonantiques (l, ʾ, ḫ, r) le *al-ʾaḫīrā* du titre avec lequel il rime également ; le vers 8 nous renvoie donc bien à cette première et dernière *ḫuṭba* au cours de laquelle le *ḫāṭīb* a en vain tenté de s'adjoindre la *fonction guerrière*.

Ainsi les vers 7 et 8 fournissent-ils une réponse à la question que le vers 4 nous avait posée et que nous avions passagèrement laissé ouverte : en effet, si l'*énonciateur* affirmait au vers 4 qu'il était trop tard pour Lysias pour tirer l'épée, c'est qu'il le jugeait trop vieux pour réussir dans cet autre métier qu'est l'art de la guerre. Interrogeons-nous sur les implications d'une telle affirmation : d'une part, une nouvelle *qualification* est ici attribuée au *ḫaṭīb*, celle de la /vieillesse/ ; d'autre part, cette qualification est interprétée par l'*énonciateur* comme exclusive de celles qui font un bon guerrier et non-exclusive de celles qui font un bon *ḫaṭīb* ; en d'autres termes, on peut être à la fois /sage/ et /vieux/, mais on ne saurait être en même temps /vieux/ et /guerrier/. En effet, pour manier l'épée – l'arme qui, dans notre poème, représente la *fonction guerrière* – il faut être doué de force physique, qualité qui est ici déniée au vieillard ; inversement la faiblesse physique impliquée par le qualificatif « vieux » n'empêche pas l'homme de s'approprier et de communiquer à ses semblables « sagesse et vérité ». Tout au contraire, tout se passe même comme si on ne saurait être /sage/ sans être en même temps /vieux/.

Si cette hypothèse est exacte, elle jette quelque lumière sur les problèmes que nous avions soulevés à propos du vers 3 : le *destinateur transcendant* auquel nous avions ménagé une place dans le *schéma actantiel*, rendant compte du PN2 /paix/, s'avérerait dès lors être la vie elle-même ou, plus précisément, l'existence, et l'on peut réécrire :

DESTINATEUR → OBJET : → DESTINATAIRE : les hommes
/vie/ sagesse, vérité
↑
DESTINATEUR DELGUE : SUJET
le ḫāṭīb : « Lysias » les hommes

Destinateur de la « sagesse », la vie l'est aussi (et normalement) des épreuves que l'homme a à subir pour pouvoir s'approprier l'*objet de valeur* convoité : vivre se laisse dès lors interpréter comme une suite d'*épreuves* au cours desquelles l'homme se fait /sage/ en vieillissant, c'est-à-dire acquiert un savoir en échange de sa force physique. Implicitement un « contrat » existe donc, comme toujours, entre le *sujet* et son *destinateur*, *contrat d'échange* imposé ici à l'homme par ses conditions d'existence et qui « stipule » que l'acquisition de la « sagesse » implique la perte de la « vigueur » ; il n'est dès lors pas étonnant que le *destinateur* sanctionne négativement la tentative du *sujet* de s'approprier un *objet de valeur* (sa force physique) auquel, aux termes du contrat, il est censé avoir renoncé et que l'épée tombe des mains de Lysias avant même qu'il ait eu le temps de s'en servir.

4.4.3 *La* /mort/

A partir de là, il est possible de déduire le *schéma actantiel* qui rend compte du *PN1* /guerre/ : dans la mesure où la *fonction guerrière* s'avère définitivement incompatible avec la fonction magique et juridique assumée, elle, par le *ẖaṭīb*, le /guerrier/ doit relever d'un système de *valeurs* en tous points contraire à celui dont se réclame le /sage/ : faisant de la force physique qui dans le *PN2* s'est révélée être une *anti-valeur*, l'unique objet de sa quête, il assume, par rapport au *ẖaṭīb*, les *rôles actantiels d'anti-sujet* et *d'anti-destinateur* délégué ; défini tout le long du poème par sa seule *fonction* qui consiste à /tuer/ – le vers 14 où le guerrier prend sous la dénomination « les soldats » (*al-ǧund*) figure « humaine » n'apportera, à ce sujet, aucune précision supplémentaire – son *destinateur transcendant* ne saurait être que la /mort/ :

ANTI-DESTINATEUR : Mort ⟶ ANTI-OBJET : Force physique ⟶ ANTI-DESTINATAIRE : les hommes

↑

ANTI-DESTINATEUR DÉLÉGUÉ : le guerrier   ANTI-SUJET : les hommes

4.4.4 La prise du pouvoir ou le PN de base

Or, nous l'avons vu, ni l'acquisition de la /sagesse/, ni celle de la /force physique/ ne sont des quêtes gratuites, puisque l'une et l'autre sont censées qualifier respectivement le *ẖaṭīb*, et le /guerrier/ pour être à même d'assurer le gouvernement des hommes : en effet, l'enjeu de la confrontation qui oppose les représentants des *deux fonctions* n'est autre que le *pouvoi*r sur l'exercice duquel le /sage/ et le /guerrier/ ont, en raison de leurs qualifications contraires, des vues divergentes : si pour le premier, il s'agit de rendre « sages et véridiques » les individus formant la communauté humaine et d'assurer, par ce biais, à celle-ci la /paix/, le second vise à transformer les humains en /guerriers/, en leur proposant comme unique valeur à atteindre la « force physique » et en transformant, de la sorte, le gouvernement de la société humaine en état de guerre permanent.

Dans cette confrontation qui oppose les *délégués* respectifs de la /vie/ et de la /mort/, c'est le /guerrier/ qui l'emporte sur le /sage/, ce dernier se trouvant – pour les raisons indiquées ci-dessus – dans l'incapacité de défendre par la force les valeurs paisibles dont il aurait eu pour charge d'assurer la victoire.

Le *PN1* /guerre/ et le *PN2* /paix/ s'avèrent donc n'être que des *PN* auxiliaires, dont la fonction globale consiste à qualifier respectivement le sujet et l'anti-sujet pour leur *PN* de base qui est la prise et l'exercice du pouvoir. Deux autres schémas actantiels deviennent dès lors nécessaires pour rendre compte de ce *PN*, selon qu'on l'envisage sous ses deux aspects, celui de la prise du pouvoir ou celui de son exercice, et en tenant compte de leur *structure polémique.*

I – DESTINATEUR : Vie ⟶ OBJET → DESTINATAIRE
Pouvoir le sage
↑
SUJET : le sage

ANTI-DESTINATEUR : →→ ANTI-OBJET → ANTI-DESTINATAIRE
Pouvoir le guerrier
↑
ANTI-SUJET : le guerrier

II – DESTINATEUR DÉLÉGUÉ : le sage ⟶ OBJET : ⟶ DESTINATAIRE
paix hommes
↑
SUJET : hommes

ANTI-DESTINATEUR DÉLÉGUÉ : → ANTI-OBJET : → ANTI-DESTINATAIRE
Le guerrier guerre guerrier
↑
ANTI-SUJET
Le guerrier

4.4.5 Les axiologies sous-jacentes

Arrivé à ce point de l'analyse, on peut tenter de rendre compte des *axiologies* sous-jacentes qui, au *niveau profond,* organisent le texte, en proposant, à titre d'hypothèse, un *carré sémiotique* qui a pour charge de représenter l'univers sémantique individuel. Rappelons, à cette occasion, que le carré sémiotique n'est pas une figure géométrique élégante permettant de mettre à bon compte un semblant d'ordre dans des éléments épars et choisis au hasard, mais qu'il est censé rendre compte de l'articulation du texte dans son ensemble – c'est-à-dire du recueil KML et non seulement du poème analysé – et que les quatre termes qui le composent entretiennent entre eux des *relations* rigoureusement définies

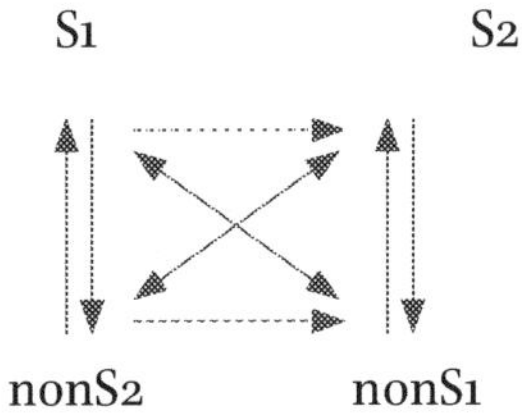

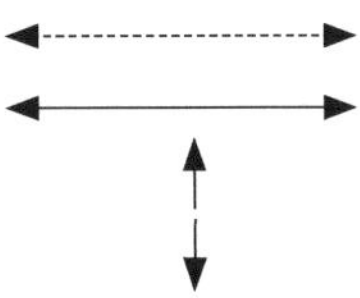

: relation de contrariété
: relation de contradiction
: relation d'implication logique
: relation de *présupposition* logique

4.4.5.1 *L'univers sémantique individuel*

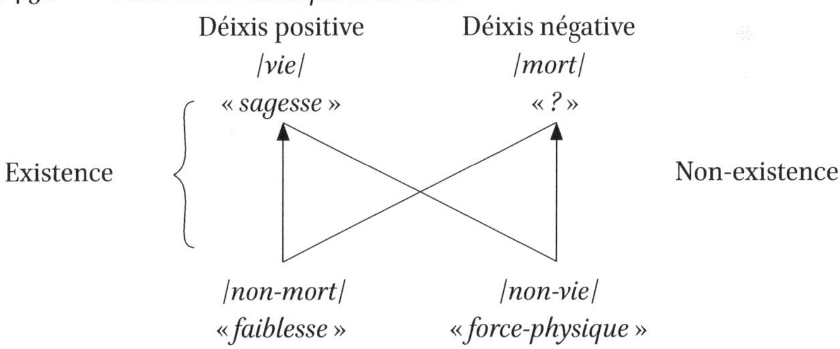

Remarques: les termes entre barres obliques représentent les *valeurs axiologiques*, les termes entre guillemets les *rôles thématiques*, par lesquels ces valeurs sont dans notre texte prises en charge ; on remarquera, d'autre part, que le /sage/ ainsi que le /guerrier/ sont des figures syncrétiques, subsumant chacune deux *rôles thématiques* à la fois, l'une [sagesse + faiblesse], l'autre [force physique + ?] ; ajoutons enfin que le terme /MORT/ n'est pas encore investi dans notre texte et qu'il conviendra de voir, le moment venu, à quel *rôle thématique* il correspond exactement.

4.4.6 Le guerrier contre le sage : une « vérité » transhistorique

Que le /sage/, parce que faible, ne saurait conserver le pouvoir face au/guerrier/, c'est bien là, aux yeux de l'*énonciateur*, une vérité valable en tout temps et en tout lieu, puisqu'il affirme dans les deux vers suivants que « même devenu socialiste » ou « chrétien », un *ḫaṭīb* de l'âge de Lysias n'aurait pu sortir vainqueur d'un affrontement avec le représentant de l'idéologie guerrière. En effet, une telle affirmation n'est recevable dans notre contexte qu'à condition d'admettre que le nom propre de Lysias désigne non pas tant un personnage historique, mais est le nom donné par l'énonciateur aux /sages/ en général. C'est du reste, rappelons-le, ce à quoi nous invitaient les mécanismes de *débrayage/embrayage* constatés au début de la séquence III.

Il n'est évidemment pas question ici d'exposer, voire d'analyser les contenus fort riches et divers, véhiculés par le lexème *ʾištirākī* (« socialiste »). Nous ne retiendrons donc que ce qui nous parait être pertinent pour notre poème et justifier l'apparition de ce qualificatif à cet endroit du texte. En tant que concept socio-politique, « socialiste » recouvre, entre autres choses et du moins dans la théorie, l'idée de partage équitable des richesses, de paix universelle et s'oppose aux autres formes d'organisation sociale et économique comme le règne du savoir et de la liberté à celui de la force et de la coercition. Il n'est donc dès lors pas étonnant que ce qualificatif soit attribué, fût-ce sur le mode hypothétique, au /sage/.

Ce sont encore les mêmes idées que nous trouvons exprimées, mais sous une autre forme, au vers 10 : l'hypothétique partage du pain et du vin avec les esclaves d'Athènes reprend l'idée d'une distribution des richesses, puisque le pain et le vin sont, de toute évidence, ici, des synecdoques désignant ce qui /fait-vivre/, à savoir les aliments ; le même vers reprend également, et dans une optique socialiste, l'idée d'abolition des classes – ou du moins de la société esclavagiste – et donc de paix sociale ; il évoque, enfin, une société d'hommes libres, se livrant à une activité paisible s'il en fût, puisqu'il en décrit les membres en train de partager un repas.

Et pas n'importe quel repas : car, si le « pain » et le « vin » désignent bien métonymiquement les richesses disponibles, ils n'en constituent pas moins une métaphore chrétienne qui nous renvoie à cette Nouvelle Alliance que le Christ, au cours de la Cène, conclut avec les hommes, en leur promettant, en échange de la reconnaissance de son sacrifice le pardon de leurs péchés et donc la vie éternelle[13] (1). Socialiste, Christ et *ḫāṭīb* forment donc bien un seul et même *paradigme* et ressortissent tous trois de la déixis de la /VIE/, associés qu'ils sont, à des niveaux divers, à la /sagesse/, à la /paix/ et à la /vie/.

Mais il y a plus : dans les mythes et épopées indo-européens, on le sait, la coopération des représentants des trois fonctions (*juridique et magique* ;

13 Les références bibliques sont nombreuses dans KML, comme d'ailleurs les références coraniques. Le syntagme « le pain et le vin » est repris dans *ʾilā-r-rassām ʿAdlī Rizq Allāh* (vers 17) où figurent d'autres images tirées de l'Ancien Testament. Cf. aussi *ʿUrs al-mahdī*, vers 52-55.

guerrière ; *richesse*) est nécessaire pour assurer le fonctionnement harmonieux de la société humaine. Nous avions été frappées de retrouver, dans un contexte tout autre, deux des *fonctions* dégagées par Dumézil dans ses analyses de la mythologie indo-européenne. Il nous manquait la troisième fonction. Nous pensons que c'est cette *troisième fonction* qui, de manière, il est vrai, très vague et amputée, fait son apparition au vers 10, sous les figures du vin et du pain – aliments, certes, chargés de symbolique chrétienne, mais aussi aliments du pauvre puisqu'ils permettent, tout juste, de se nourrir. Or, Ḥiǧāzī est un poète originaire de ce Tiers-Monde réputé pauvre ou, plus exactement, appauvri, ce qui pourrait expliquer cette représentation fort modeste des richesses sociales. Quoiqu'il en soit, il n'est pas possible, à partir de ce seul vers, de décider à qui cette troisième fonction est impartie. Car le *ḫaṭīb* ne fait que partager ces richesses avec les esclaves, et rien n'indique qu'il est en même temps chargé de les leur procurer.

Un dernier mot, à propos de ce vers 10 : le toponyme Athènes mérite, bien sûr, également d'être pris en compte. Nous préférons cependant en renvoyer l'analyse à plus tard[14] puisqu'il pose, lui aussi, le problème de la *référentialisation* et ne pourra donc être explicité de façon valable que dans ce cadre. Notons cependant dès maintenant qu'une affinité entre cet espace et le /sage/ est à prévoir puisque Athènes est, avec Lysias, le seul nom propre à figurer dans notre poème ; et que l'ensemble des toponymes y renvoient sans exception à la fonction que l'homme est appelé à y exercer, comme nous l'avions déjà vu à propos de la *saǧǧāda al-bahw* et comme nous le verrons encore à propos du *qaṣr* du vers suivant.

4.4.7 Le regret

La phrase interrogative qui clôt la séquence III reprend une idée que nous avions déjà rencontrée au vers 3 : en effet, nous avions constaté, en analysant le verbe *tawwaǧa* (couronner) dans ce contexte, qu'aux yeux de l'*énonciateur*, seule la réunion de la *première* et de la *deuxième fonction* permettrait d'assurer le gouvernement paisible du /sage/. C'est sur ce souhait que l'*énonciateur* revient aux vers 11 et 12, en adressant à l'*interlocutaire* fictif Lysias ainsi qu'à l'*énonciataire* une question que J.E. Bencheikh traduit comme suit :

> Que n'as-tu pris le palais avec les armes
> Pour le défendre par les armes[15]

14 Cf. plus bas 4.6.1.1.

15 Traduction de J.E. Bencheikh, *op. cit.*, p. 115.

Pour exacte que soit cette traduction, il n'en serait pas moins intéressant de voir comment un tel sens – c'est-à-dire l'expression d'un regret et/ou d'un reproche – peut surgir d'une simple interrogative introduite par hal[16]. Il semble, en effet, que tout dépend du contexte dans lequel l'interrogative en question est placée et que le phénomène est loin d'être propre à l'arabe, comme le constate, du reste, Worrell[17], en donnant des exemples anglais et allemands.

Prenons un cas simple : une femme demande à son mari de ramener, lorsqu'il rentrera le soir, du pain. Elle le voit revenir sans pain et lui demande : « Est-ce que tu as ramené le pain ? ». Il ne s'agit nullement là d'une simple demande d'information, mais bien d'un reproche sous-entendu, faisant remarquer au mari 1) qu'il n'a pas ramené le pain, 2) que comme il n'a pas donné suite aux recommandations expresses, on en éprouve du regret, voire du ressentiment.

Il semble possible de rendre compte de ce phénomène en ayant recours au *carré sémiotique des modalités véridictoires* (dont les quatre termes entretiennent entre eux les mêmes relations que celles indiquées plus haut (4.4.4.)).

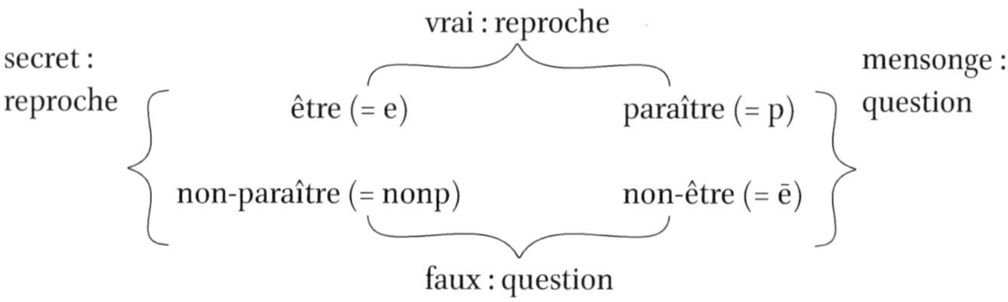

En effet, lors du processus d'encodage, la femme sait parfaitement que la question formulée n'a d'autre but que de camoufler le reproche que (pour des raisons qui dépendront de facteurs divers) elle ne veut pas formuler.

16 Que *hal* peut avoir un sens de *tawbīḫ* apparait clairement dans de nombreux exemples donnés dans les dictionnaires arabes classiques. Ceux-ci se réfèrent, du reste, à ce propos, aux discussions des grammairiens qui, dès Sībawayh, semblent s'être penchés sur le problème.

17 W.H. Worrell, *The interrogative particle hal in Arabic according to native sources and the Kur'ân*, Zeitschrift für Assyriologie und verwandte Gebiete, 2ter Band, Strassburg, 1908, p. 116-150.

De son côté, le mari, lors du processus de décodage de la question, comprend parfaitement qu'il s'agit, en fait, d'un reproche, en procédant aux opérations suivantes :

[ep] (question) ⟶ [ēp] (question) et [nonp] (reproche) ⟶ [ep] (reproche).

Il le fait parce qu'il partage avec la femme un savoir sur le contexte : il constate qu'il n'a pas de pain sur lui et se rappelle la demande qui lui a été faite et à laquelle il n'a pas donné suite.

Dans le cas de nos vers 11 et 12, il s'agit des mêmes opérations : l'énonciateur pose une question, du moins en apparence « innocente », c'est-à-dire se donnant l'air d'une simple demande d'information. Mais l'ensemble des *actants* de l'*énonciation* en jeu (*énonciateur-interlocuteur, énonciataire-interlocutaire*) savent parfaitement 1) que cette prise et cette défense du pouvoir par l'épée sont irréalisables et d'ailleurs non-réalisés, en raison même des qualifications propres au /sage/. 2) qu'elles seraient souhaitables, aux yeux de l'*énonciateur*, et que leur non-réalisation, par conséquent, fait éprouver à celui-ci du regret[18] et même, sans doute, un certain ressentiment à l'égard du /sage/.

Que cette question renvoie effectivement à la situation décrite dans les vers 3, 5 et 6 est clairement indiqué au niveau de la manifestation ; car les deux *bi-s-sayf* qui terminent les vers 11 et 12 rappellent, d'une part, le *bi-l-ḥikma* du vers 6 qui se trouve également en fin de vers et, d'autre part, le syntagme *bi-mtišāq as-sayf* du vers 3. Notons que ces quatre syntagmes sont d'ailleurs les seuls où la préposition bi apparaît dans notre poème et qu'il est possible de les organiser.

/perdre (le pouvoir)/ *saqaṭa-s-sayf min al-kaff*	/*prendre* (*le pouvoir*)/ *ʾaḫaḏa-l-qaṣr bi-s-sayf*
/ne pas prendre (le pouvoir)/ *rafrafat al-kaff bi-l-ḥikma*	/ne pas perdre (le pouvoir)/ *manaʿa-l-qaṣr bi-s-sayf bi-mtišāq as-sayf*

Il convient de remarquer enfin que l'espace de la confrontation a changé de nom et que *saǧǧāda al-bahw* s'est transformée en *qaṣr*. Or, ce lexème ne désigne pas tant le palais que le château fortifié, autrement dit un espace

18 Pour ne pas allonger encore notre exposé, nous renvoyons pour l'analyse du « regret » et du « ressentiment » à, d'une part, A.J. Greimas, *Maupassant, la sémiotique du texte : Exercices pratiques*, Paris, 1976, p. 229 et, d'autre part, à A.J. Greimas, *De la colère*, Documents, III, 27, Paris, 1981.

qui correspond bien plus à la deuxième qu'à la première fonction, un espace donc qui demande à être pris et défendu par l'épée et non pas des *ḫuṭba*, seule « arme » du /sage/.

4.4.8 PN canonique vs PN utopique

Arrivés au terme de l'analyse de cette troisième séquence, arrêtons-nous un instant pour nous interroger sur les faire de l'énonciateur : installé, d'abord, dans le texte comme *observateur*, il commence par rapporter la scène dont il se dit le témoin en termes purement descriptifs (vers 1 et 2), mais ne tarde pas à assortir cette description d'un commentaire.

Ce *commentaire* est double : en tant que *faire interprétatif*, il vise à mettre en lumière que les comportements respectifs de Lysias et du /guerrier/ sont prévisibles et que les événements se déroulent, par conséquent, conformément à un *PN canonique* ; en tant que *faire persuasif* ; il cherche à faire admettre que cette interprétation est « vraie », c'est-à-dire conforme à un *savoir* partagé par l'ensemble des *actants de l'énonciation*. Regardons-y de plus près. Au début de la séquence III qui est entièrement consacrée à la description du *PN canonique*, des mécanismes de *débrayage/embrayage* visent à créer une complicité entre l'*énonciateur* et l'*énonciataire* (« vous savez comme moi qu'à 60 ans… ») et transforment ainsi le *commentaire*, en apparence, personnel de l'*énonciateur* en l'énoncé d'une « vérité » supposée admise par tous. Par ailleurs, cette « vérité » – l'*échec* inévitable du /sage/ – est présentée comme un algorithme nécessaire que l'*énonciateur* formule du reste, à l'aide d'expressions qui ont l'allure de sentences.

Or, admettre et faire admettre qu'un *PN réalisé* ne fait qu'illustrer un *PN canonique*, c'est certes, se rassurer (et rassurer) sur la *validité* du savoir commun qu'un tel *PN* suppose, mais c'est en même temps dénier aux *PNs individuels* toute valeur en tant que *quêtes* susceptibles d'en modifier ce *savoir* et, par voie de conséquence, de changer quoi que ce soit au cours éternellement répétitif des choses.

Aussi, l'énonciateur n'en reste-t-il pas là. Car en laissant percer à deux reprises (vers 3 et vers 11-12) le regret qu'il éprouve devant le déroulement *canonique du PN* de Lysias et en donnant à entendre que la seule solution pour changer quelque chose à l'issue tragique d'un tel événement consiste, pour le /sage/, à s'approprier la *fonction guerrière* (mêmes vers), il cherche à *persuader* en outre que le sort de Lysias devrait servir de leçon : or qui dit leçon, dit acquisition d'un nouveau savoir qui, en transformant le savoir préalablement acquis, permet la réalisation de *PNs individuels* également nouveaux. En d'autres termes, l'*énonciateur* nie le *PN échec* comme /être/ et affirme parallèlement le

PN *victoire* comme un /devoir-être/ impliquant l'acquisition préalable par le /sage/ de la *compétence* guerrière[19].

Or, on voit tout de suite où le bât blesse ; car le /guerrier/ étant, par ailleurs, décrit comme l'exact contraire du /sage/, ce nouveau PN dont rêve l'*énonciateur* suppose la suppression de la relation de contrariété et, en définitive, l'abolition utopique de la frontière qui sépare la /Vie/ et la /Mort/. C'est sans doute la raison pour laquelle la critique implicite que l'*énonciateur* formule à l'égard du PN *canonique* qui, lui, maintient l'opposition /sage/ vs /guerrier/, ne dépasse pas le stade du regret. Car le regret est un sentiment douloureux qui résulte de la concomitance d'un /vouloir-être (ou -faire)/ et d'un /savoir-ne-pas-pouvoir-être (ou -faire)/, constat d'impuissance qui affiche la victoire du /sage/ comme une utopie.

Ce n'en est pas moins de la validité de cette utopie comme seule capable de fonder un *faire valorisé* que l'*énonciateur* cherche encore à nous *persuader* dans la dernière partie du poème, en ayant recours à ce qu'il n'est sans doute pas faux d'appeler une provocation.

4.5 *Le faire persuasif de l'énonciateur*

4.5.1

Malgré la disparition dans la séquence IV des marques de l'*interlocution*, rien à la frontière des deux séquences III et IV ne signale que le pseudo-dialogue instauré au vers 7 se terminerait au vers 12. Toute la fin du poème est donc à considérer comme faisant partie de ce pseudo-dialogue et comme s'adressant aux mêmes *interlocutaires* : Lysias en apparence, l'*énonciataire* de fait.

D'autre part, le *ʾiḏan* du vers 13 indique que les trois derniers vers énoncent la conclusion à laquelle l'*énonciateur* aboutit au terme de sa réflexion sur le cas de Lysias. Or, cette conclusion affirme avec une belle désinvolture que, les choses étant ce qu'elles sont, ce n'est pas grave si « les soldats tuent un *ḫaṭīb* sous le toit du parlement ». Cette conclusion ne manque, tout d'abord, de surprendre.

Mais compte tenu du contexte et notamment du regret, exprimé dans les deux vers précédents que l'*énonciateur* avait cherché à faire partager par l'*énonciataire*, il devient vite évident que le *lā baʾs* du vers 13 n'est pas à prendre à la lettre, mais qu'il est à lire comme une antiphrase ironique camouflant derrière l'indifférence affichée ce même regret et qu'il faut donc comprendre « c'est bien dommage », à la place de « ce n'est pas grave ». On peut rendre compte du

19 A propos de tout ce passage, Cf. A.J. Greimas, *Maupassant*, *op. cit.*, p. 186-187.

fonctionnement d'une telle antiphrase en ayant à nouveau recours aux *modalités véridictoires*.

1) *Encodage*

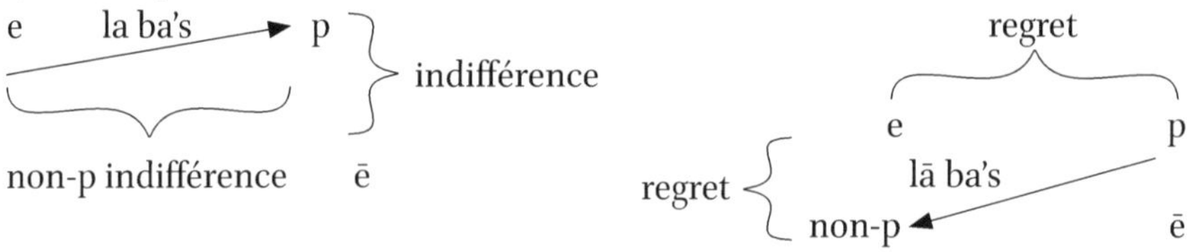

2) *Décodage*

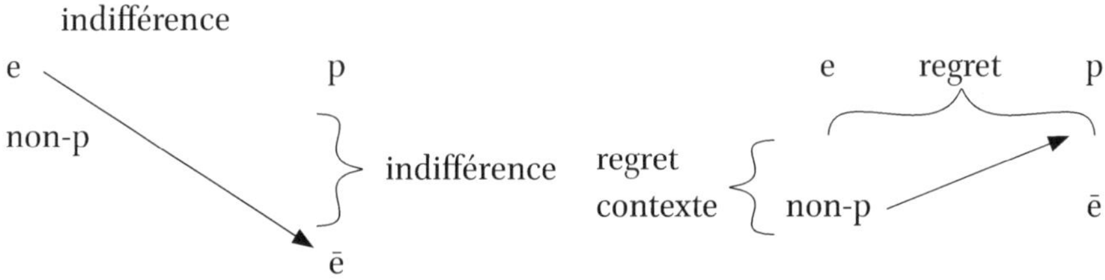

Il n'en reste pas moins que la provocation dont nous parlions plus haut réside précisément dans cette formulation antiphrastique de la conclusion qui choque à plus d'un titre : la légèreté du propos et l'expression familière choisie ne cadrent pas avec le sérieux avec lequel le cas de Lysias a jusque-là été traité ; du moins en apparence, cette conclusion est rigoureusement contraire à celle à laquelle on était en droit de s'attendre. Il faut donc conclure, à notre tour, que ce n'est pas à la légère que l'*énonciateur* a choisi de s'exprimer de la sorte et que cette antiphrase vise un but précis.

En effet, en mettant le vers 13 en relation avec les vers 11 et 12, on constate que, si ceux-ci visaient à persuader l'énonciataire de refuser le *PN canonique* /échec du sage/, celui-là vise – au moins au niveau du paraître – le but exactement inverse :

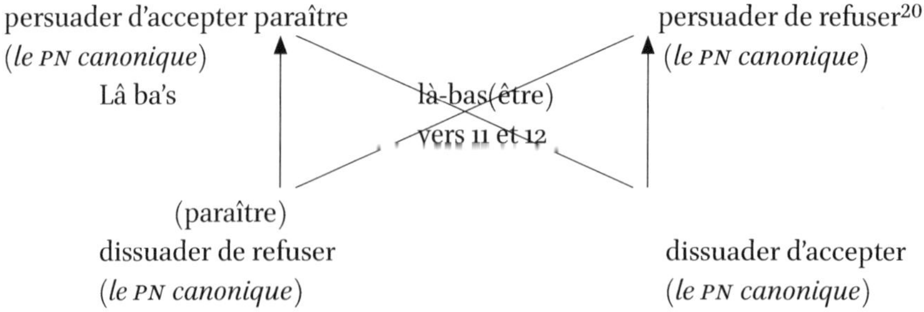

20 Pour la disposition correcte de ces quatre termes sur le carré, Cf. A.J. Greimas, *Maupassant*, *op. cit.*, p. 203.

Ces deux *faire persuasifs contradictoires*, dont le premier dote l'*énonciataire* d'un /vouloir- [changer les choses]/ et dont le second fait semblant de le convaincre qu'après tout, il est aussi bien de /ne pas vouloir- [changer les choses]/, provoquent chez l'*énonciataire* une attitude de refus à l'égard de la seconde proposition. Ce refus non seulement l'aide à décoder l'antiphrase, mais le conduit encore à adhérer définitivement aux regrets de l'énonciateur devant le déroulement *canonique* du *PN* de Lysias, voire à affirmer le *PN utopique* comme, seul, valable[21]. Ainsi la formulation antiphrastique a-t-elle ici pour but de s'assurer de l'adhésion complète de l'*énonciataire* au *PN* /victoire du sage/ et de son refus parallèle du PN /échec du sage/. Il serait évidemment intéressant d'entrer plus dans le détail de cette opération de « provocation » et notamment de mettre en lumière les mécanismes qui sont à l'origine de l'attitude du « provoqué ». Mais nous étant déjà trop longuement arrêtés sur ce poème, nous nous en tiendrons là.

4.5.2 L'anti-sujet

C'est à l'avant-dernier vers seulement que le *qātil* – sous la figure anthropomorphique des « soldats » (*al-ǧund*) – fait son apparition dans le poème. Nous avons dit plus haut[22] que ce vers n'apporte aucune information supplémentaire concernant la *fonction* du /guerrier/, se contentant d'affirmer, comme nous l'avions déduit dès le vers 1, que celle-ci consiste à /tuer/, c'est-à-dire à /faire-mourir/. Notons à ce propos que la racine QTL n'apparaît dans le poème qu'à deux reprises : une première fois au vers 1 pour désigner la victime (*qatīlan*) et une seconde fois au vers 14 pour désigner le *faire* du meurtrier (*yaqtul*), réduisant ainsi la relation sujet/ anti-sujet à un strict rapport d'opposition.

La dénomination *al-ǧund* mériterait évidemment une analyse, mais dans la mesure où ces mêmes soldats feront, dans d'autres poèmes que nous allons voir, l'objet d'une description plus détaillée, nous en renvoyons l'analyse à plus tard. Une remarque mérite cependant d'être faite dès maintenant : en opposant à un *acteur individuel* (*al-ḫatīb*) un *acteur collectif* (*al ǧund*), l'énonciateur dénie au /guerrier/ la seule *qualification* positive qu'on aurait pu lui attribuer : nous voulons parler du « courage ». Ceci jette une nouvelle lumière sur notre vers 13 dont une deuxième lecture devient dès lors possible : en effet, le lexème *ba's* signifie, entre autres, « courage » et le vers 13 se prête donc à une autre interprétation non-exclusive de la première : puisque le /sage/ est incapable

21 Des essais avec divers lecteurs confirmeront cette interprétation. Nous avons même rencontré des lecteurs qui découvraient avec un certain soulagement qu'il s'agissait bien d'une antiphrase.

22 Cf. plus haut 4.4.3.

de défendre son pouvoir par les armes, quel courage y aurait-il donc à le tuer, *a fortiori* si l'on est plusieurs contre un. Mais en déniant aux soldats le qualificatif « courageux », l'*énonciateur* les dote implicitement de la *qualification* contraire « lâcheté » et permet, *a contrario*, d'interpréter l'acte guerrier tenté en vain par le /sage/ au vers 3 comme un acte de courage[23]. Ceci nous permet de compléter le schéma qui rendait compte de l'univers sémantique individuel et où, rappelons-le, nous manquait le rôle thématique qui dans notre poème prend en charge la *valeur axiologique* /MORT/.

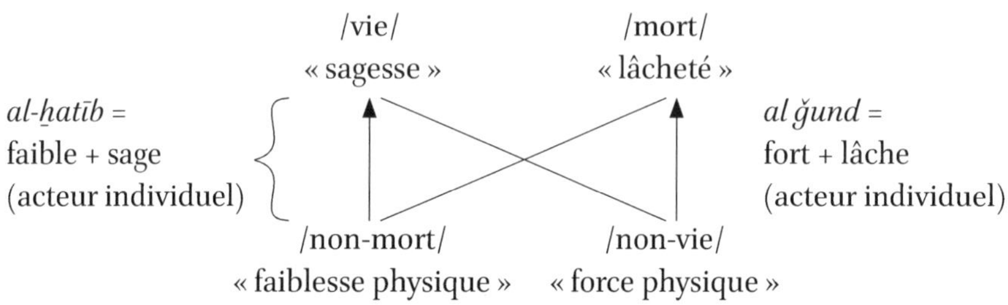

4.5.3 La transhistoricité du PN canonique confirmée

Enfin, il convient de noter que si la victime a d'abord été personnalisée au point de porter le nom d'un personnage historique, elle se trouve désignée au vers 14 sous la dénomination syncrétique de *ḫaṭīb* ; ce nom étant, de plus, à l'état indéterminé, il renvoie bien à n'importe quel *ḫaṭīb* (faible + sage), confirmant ainsi que le cas de Lysias n'est qu'un cas d'espèce qui illustre le sort des /sages/ en général. Et comme pour souligner ce fait, le *ḫaṭīban* du vers 14 rime avec *ʾištirākiyyan* (vers 9) et *qatīlan* (vers 1).

4.5.4 L'espace de la confrontation II

Il nous reste à dire un mot de l'espace de la confrontation qui, au vers 15, change une fois de plus de nom ; d'autant que tout nous invite à *homologuer* ce nouveau syntagme nominal avec celui qui, au vers 1, désigne le même espace : en effet, dans les deux cas, nous avons affaire à un syntagme formé d'une préposition, d'un nom et d'un complément de nom, une allitération en s et b rapprochant respectivement les deux noms et les deux compléments, tandis que les deux prépositions sont en rapport d'opposition « sur » vs « sous ».

al-bahw	=	*saǧǧāda*	=	*ʿalā*	=	1 vers
al-barlamān	=	*saqf*	=	*taḥta*	=	dernier vers

23 Il s'ensuit que, dans le contexte de notre poème, /sagesse/ et /courage/ relèvent du même paradigme.

L'*homologie* entre les deux derniers termes ne pose pas de problème : lieu où l'on parle, le parlement renvoie – par opposition au *qaṣr* – à la seule arme du /sage/ qui est bien, sous forme de *ḫuṭba*, la parole ; lieu où l'on fixe les lois qui doivent régir les rapports entre les citoyens et parfois ceux de l'homme au sacré, le parlement, tout comme le *bahw*, est une représentation spatiale de la première fonction. Il devrait encore en être de même pour *saqf*. Or, une telle interprétation n'est possible qu'à condition d'admettre que le *saqf*, en tant qu'abri, délimite, tout comme la *saǧǧāda*, un espace qu'il est prescrit de respecter. Cependant, nous ne sommes pas sûrs qu'une telle interprétation ne repose sur une vision européocentriste du sémème « toit », ce qui la rend suspecte, tant qu'une analyse des occurrences possibles du lexème *saqf* ne sera venue la confirmer[24]. Quant aux deux prépositions, elles dessinent, dans le contexte dans lequel elles se trouvent placées, l'une un axe horizontal, situé en bas (vers 1), l'autre un axe vertical dont le seul pôle supérieur se trouve cependant énoncé (vers 15). Le premier axe (bas + horizontal) dessine l'espace où gît le mort, porteur des valeurs vitales, le second (haut + verticalité) celui de la confrontation proprement dite où les deux antagonistes s'affrontent debout. Ainsi la mort du /sage/ se trouve-t-elle bien figurativisée spatialement comme une chute. Mais parallèlement, il n'est sans doute pas indifférent que le poème se termine sur cette vision verticale de l'espace propre au /sage/, comme pour signifier que la prise de cet espace par le /guerrier/ n'entraîne pas l'abolition des valeurs vitales de /sagesse/ et de /paix/ dont il était le dépositaire.

4.6 *La référentialisation*

4.6.1 La référence

4.6.1.1 *Lysias*

Arrivés au terme de l'analyse de notre poème, il est temps de nous interroger sur la note qui, dès le deuxième mot du titre, nous renvoie pour le nom propre Lysias au Lysias historique. Cette note est intéressante, car elle ne contient, sur le plan purement informatif, aucun élément nouveau et se présente donc, de ce point de vue, comme totalement *redondante* par rapport au texte du poème : en effet, que Lysias est orateur, politique et grec, nous n'aurions pas eu besoin d'une note pour nous le préciser, puisque c'est ce qui ressort de la lecture du poème. Cependant, le fait que l'*énonciateur* nous communique ce savoir, avant même que nous n'ayons eu l'occasion d'aborder le poème, a son importance, puisqu'il semble bien s'agir là d'une volonté délibérée d'orienter la lecture du texte, de nous faire prendre le poème pour le récit de la vie du Lysias historique – qu'il n'est pas, comme nous le verrons tout de suite. Or, la note de l'*énonciateur* ne saurait être gratuite et, à un niveau quelconque, le

24 Notons cependant que la *saqīfa*, nom dérivé de la même racine, contient bien l'idée d'abri.

poème doit bien pouvoir être rapproché du discours historique qui relate la vie de l'orateur grec.

Voyons ce qu'il en est[25]. Après la défaite des Athéniens dans la bataille de Aigos Potamos (- 404), qui mit fin à la guerre du Péloponnèse, les Spartiates imposèrent à Athènes un conseil de trente magistrats dont le règne est devenu tristement célèbre sous le nom de Tyrannie des Trente. Les démocrates les plus en vue durent, comme Lysias (- 440) – (-380), chercher leur salut dans l'exil ou alors furent exécutés comme le frère de Lysias, Polémarque. Au bout de huit mois de terreur les Trente furent renversés par une révolution démocratique à laquelle Lysias prit une part active. La démocratie une fois restaurée, Lysias accusa l'un des Trente, Ératosthène, du meurtre de son frère et le traîna devant les tribunaux. Le fameux plaidoyer qu'il prononça à cette occasion nous est parvenu sous le titre « Contre Ératosthène » et contient une description célèbre de la terreur que les tyrans avaient fait régner à Athènes.

On voit tout de suite se dessiner des différences entre le sort du Lysias poétique et celui du Lysias historique : tandis que celui-ci contribue à renverser les Trente et réussit à venger le meurtre de son frère, celui-là succombe, impuissant, sous les coups des soldats, tout comme Polémarque succombe, dans le récit historique, sous les coups des tyrans. Si le discours historique se « termine » sur la victoire réconfortante des démocrates, le poème, lui, se termine par la défaite beaucoup moins réconfortante du /sage/. Malgré ces différences, ce n'est pas moins à toute une série d'*homologations* que nous invite le discours historique. En effet, en comparant, sous l'angle de leurs *fonctions* respectives, les acteurs de l'Athènes de la tyrannie des Trente et ceux du PN *canonique* /échec du sage/ de notre poème, on obtient la série suivante :

meurtrier	=	le guerrier	=	les soldats	=	Ératosthène	=	les tyrans	=	les Spartiates
victime		le sage		Lysias		Polémarque		les démocrates		les Athéniens

le discours poétique — le discours historique

Notons que cette première série confirme que le toponyme « Athènes » est bien, dans notre poème, un espace attribué en propre au /sage/, puisque l'opposition Athènes vs Sparte est du même type que l'opposition /sage/ vs /guerrier/. Si l'on prend maintenant comme point de départ de la comparaison la

25 Nous ne retiendrons évidemment des épisodes de cette vie que ceux qui nous paraissent pertinents pour le propos qui nous occupe ici.

victoire des démocrates athéniens sur les tyrans et le *PN utopique* /victoire du sage/ de notre poème, on obtient la série inverse :

$$\frac{\text{vainqueur}}{\text{victime}} = \frac{\text{le sage}}{\text{le guerrier}} = \frac{\text{Lysias}}{\text{les soldats}} \qquad \frac{\text{Lysias}}{\text{Ératosthène}} = \frac{\text{les démocrates}}{\text{les tyrans}} = \frac{\text{les Spartiates}}{\text{les Athéniens}}$$

non réalisé (le discours poétique) réalisé (le discours historique)

En comparant les deux séries, on constate qu'un seul acteur – Lysias – assume dans le poème les rôles respectifs de la victime et de l'éventuel vainqueur, alors que ces rôles sont assumés, dans le discours historique, par deux personnages différents, respectivement Polémarque et Lysias. Sans doute ce syncrétisme s'explique-t-il dans le poème par le fait que le *PN* /victoire du sage/ est présenté comme une utopie, alors que dans le discours historique les deux programmes contradictoires sont donnés comme réalisés, la victoire du /sage/ faisant suite à celle du /guerrier/.

4.6.1.2 *Picasso et Lorca*

Le titre de ce petit recueil de quatre poèmes – *Guernica ou A cinq heures du soir* – relève lui aussi de la *référentialisation* et nous permet de procéder à une *homologation.*

En effet, le célèbre tableau de Picasso qui dépeint le bombardement de la petite ville basque Guernica par l'aviation fasciste au cours de la guerre civile d'Espagne et le poème de Lorca « *Chant funèbre à Sanchez Mejias* » (1934) qui raconte la mort dans l'arène du fameux toréador mettent, tous deux à leur manière, en relation des /sages/ et des /guerriers/. L'*homologation* peut même être élargie aux deux artistes puisque Lorca a été fusillé par la garde franquiste tout au début de la Guerre Civile (1936) et que Picasso a, depuis, vécu en exil en France. On peut donc écrire :

$$\frac{\text{/sage/}}{\text{/guerrier/}} = \frac{\text{Lorca}}{\text{franquistes}} = \frac{\text{Picasso}}{\text{franquistes}} = \frac{\text{républicains}}{\text{franquistes}} = \frac{\text{toréador[26]}}{\text{taureau}}$$

Les artistes, qu'ils soient peintres ou poètes, entrent donc dans le *paradigme* du /sage/, comme le confirme le troisième poème de Guernica, Pablo Neruda ;

26 Nous aurons à revenir sur cette figure du taureau, à propos du poème Pablo Neruda.

on peut en dire autant des deux peintres ʿAdlī Rizq Allāh et Sayf Wānlī auxquels sont consacrés les deux poèmes de *ʾĀyāt min sūrat al-lawn.*

4.6.2 L'intertextualité

On voit donc clairement que la *référentialisation* « prend la forme d'une corrélation entre éléments, préalablement définis, de deux *sémiotiques* »[27] (sémiotique littéraire et picturale, sémiotique littéraire et sémiotique du monde naturel, etc.…).

D'autre part, ce n'est pas à une comparaison entre les termes à laquelle la référence invite, mais à une comparaison entre les *fonctions.*

En effet, ce sont les *fonctions respectives* de ce que nous avons appelé le /sage/ et le /guerrier/ (mais qu'on pourrait appeler autrement) qui sont en jeu et non pas le personnage « réel » du Lysias ou du Mejias historiques, par exemple. D'ailleurs, le texte poétique n'intègre que les éléments de la référence qui servent son propos propre, en omettant entre autres de parler de l'appartenance de Lysias à l'oligarchie et à la classe des riches commerçants et en ne retenant que les qualifications de politique et d'orateur. Ce faisant, le texte poétique se donne à lire comme une interprétation du texte référentiel, interprétation propre à l'*énonciateur-poète,* que l'historien ne partagerait éventuellement pas.

Enfin, la *référentialisation* historique, en multipliant les noms propres et les toponymes, vise évidemment à produire un *effet de sens* « réalité ». Cette tentative d'ancrer son discours dans la réalité historique est obsessionnelle chez Ḥiǧāzī, mais on peut en dire autant de beaucoup d'autres écrivains – prosateurs ou poètes – du Moyen-Orient contemporain. Elle mériterait, à elle seule, une étude à part qui dépasserait de loin les limites fixées au présent article.

Notre premier poème nous a permis de dégager l'*univers sémantique individuel* qui nous paraît pouvoir rendre compte du fonctionnement sous-jacent de KML. Il va sans dire qu'il s'agit là d'une hypothèse de travail, mais une analyse approfondie des poèmes du recueil semble indiquer que, sous des figures très diversifiées et de manière plus ou moins manifeste, c'est l'opposition /sage/ vs /guerrier/ ou la transformation utopique de l'un en l'autre qui y constituent la préoccupation essentielle du poète.

Même une lecture superficielle permet de reconnaître dans le dernier poème de Guernica, *al-mašhad al-ʾaḫīr min film Z,* un doublet de Lysias : mêmes acteurs, mêmes qualifications, mêmes programmes, mêmes valeurs ; s'il introduit deux acteurs supplémentaires, cela ne change rien au fond. Les *ḥurrās,*

27 Greimas-Courtès, *Dictionnaire, art., Référence,* p. 311.

/guerriers/ se mettant au service du /sage/, partageront, tout comme les marins de Magellan, le sort de celui-ci ; quant aux *nuwwāb al-ʾaqālīm*, ils assument le rôle du traître, abandonnant le héros-sujet aux mains des « soldats » ; c'est sur ces derniers que le poème est plus prolixe que celui de Lysias : par opposition aux *ḥurrās* qui forment autour du « président » un cercle solidaire et fraternel, ils sont alignés *les uns à côté des autres*, tout comme les traîtres s'en vont *les uns derrière les autres*, montrant ainsi que leur fonction commune n'implique aucune solidarité réciproque ; visages figés (nous pensons qu'il convient de lire, p. 79 du recueil, *al-ǧāmidū-l-ʾawǧuhi* et non *al-ǧāmidī wa-l-ʾawǧuhi* ; il s'agit probablement d'une coquille), « colonnes creuses » investissant l'espace propre du /sage/, le *bahw*, ils se trouvent associés à de la matière morte et, de ce fait, exclus de la catégorie des humains, tandis que le cadavre du « président » est décrit en des termes associables à la déixis de la /Vie/.

Une similitude tout aussi évidente existe entre Lysias et *Pablo Neruda*. Le rôle du /sage/ y est assumé par des artistes – poète, peintres, toréador –, comme il l'est dans *ʾĀyāt min sūrat al-lawn*. Quant au /guerrier/, il y apparaît sous la figure du « taureau » : camouflé derrière une beauté (*rawʿa*) qui à la fois terrifie et séduit, bref subjugue, il finit par jeter le masque pour se montrer pour ce qu'il est : « soldat » à l'aspect répugnant auquel il ne reste que la /force/ et la /lâcheté/. C'est sur ce dernier qualificatif que le poème se termine, confirmant ainsi l'importance que nous avons accordée à cette « valeur » dans l'univers sémantique de KML. Il est à remarquer en outre que le /guerrier/ se trouve associé à la /Culture/, c'est-à-dire qu'il est, malgré les anti-valeurs dont il est porteur, un héros civilisateur. La trilogie *ṯalāṯ ʾuġniyāt li-l ḥarb* confirme, à son tour, que la /guerre/ se situe du côté de la /Culture/, association courante qu'on retrouve, entre autres, chez Maupassant et dans de nombreux mythes ainsi que, très probablement, dans les 1001 Nuits. Dans *al-ḥadīd wa-l-ǧasad*, c'est en se faisant /guerrier/ que le /sage/, représenté conjointement par deux acteurs, par un « je » et par la « patrie » dont le premier fait partie, se « civilise ». Il en va de même pour les hommes de *ʿalām al-qanṭara šarq*. Sages fils de la terre et de l'eau (lexicalisées sous le terme syncrétique de *miṣr* – Égypte), ils se font /guerriers/. Cependant, cette transformation a pour conséquence une réification de l'homme qui se fait drapeau et la perte concomitante des valeurs initiales rattachées à la terre et à l'eau qui relèvent, elles, de la déixis de la /Nature/. Dans *dimašq tuqātil*, le rôle du /sage/ est pris en charge par une frêle figure de femme qui, armée de sa seule beauté, part à la rencontre des *ǧaḥāfil at-tatar*, représentants du /guerrier/ – combat réglé d'avance. Ces deux derniers poèmes montrent, soit dit en passant, que Ḥiǧāzī maîtrise admirablement le patrimoine poétique de son peuple. Intégrant dans *dimašq tuqātil* des éléments familiers à tout lecteur de *qaṣīda* classique, comme il intégrera ailleurs des éléments nuwāsiens, il fait de *al-qanṭara šarq* un *madīḥ* (panégyrique) apparent qui, à l'analyse, se révèle être un *hiǧāʾ* (satire) féroce et ironique.

Mais ce n'est pas seulement dans *dimašq tuqātil* que le rôle du /sage/ est assumé par une figure de femme. C'est aussi le cas dans, *ṣurā šaḫṣiyya li-s-sayyida Ṣ.K.* dont l'héroïne a pour adversaires aussi bien un monde occidental déshumanisé qu'un monde oriental hypocrite et finit par sombrer dans une folie qui est une figure de /mort/ nous rappelant la folie de Qays. C'est encore une femme qui, dans *ʾiqāʿāt šarqiyya*, représente la /sagesse/ et la /faiblesse/, victime d'une société qui, en ce sens qu'elle égorge ou trompe, se situe du côté de la /mort/ et de la /guerre/.

Dans une autre série de poèmes : *ba(i)ṭāla ṯalǧ, ʾasrār*, un « je », qui réunit à la fois les qualifications de Lysias et celles de l'énonciateur, c'est-à-dire un /non-pouvoir/ joint à un savoir tragique sur ce /non-pouvoir/, assume le rôle du /sage/ face à des adversaires qui, tout en relevant tantôt du social, tantôt du cosmologique, n'en ont pas moins les qualifications du /guerrier/.

Terminons cette énumération en notant que le PN utopique /victoire du sage/, avec les espoirs, les déceptions, les interrogations qu'il suscite se trouve peut-être le mieux représenté dans des poèmes tels que *ʿUrs al-mahdī, ṭuyūr al-muḫayyam, al qiyāma*... ainsi que dans les *marāṯī* qui terminent le recueil.

Trois poèmes nous ont posé et nous posent encore des problèmes par rapport à l'univers sous-jacent que nous avons dégagé à partir du reste du recueil : le poème en l'honneur de Sayf Wānlī dont certaines associations (ce chamois rare dans un coin de l'atelier, par ex.) nous restent inintelligibles ; le poème *luqṭa taḏkāriyya*.... pour des raisons semblables ; et enfin le poème qui donne son titre au recueil, à notre avis, sans doute le meilleur ; avec ses 150 vers il mériterait à lui seul un article à part. Ces trois poèmes, dans beaucoup de leurs composantes, confirment notre analyse ; mais il y reste des passages qui, parce qu'ils nous demeurent obscurs, pourraient apporter des éléments susceptibles d'infirmer nos résultats.

Si l'homme de Ḥiǧāzī s'insère dans un univers social qui tourne autour des valeurs de /paix/ et de /guerre/, s'il se trouve pris, au niveau individuel, dans une contradiction tragique qui fait que le /sage/, porteur des valeurs vitales, succombe parce que /faible/, alors que le /lâche/, porteur des valeurs mortelles, y règne parce que /fort/, il s'insère également dans un univers cosmologique. C'est dans l'organisation de celui-ci que l'analyse de *baḥḥārat Māǧallān* nous permettra de voir plus clair.

5 Texte du deuxième poème

كانت الشمس التي تلفحنا فوق مدار السرطان
زهرة مقرور
فوق مدار ال
جدي
ليست هذي الارض اذن تفاحةً
بل صخرة تفلتُ منا
في التقاويم التي لم نكتشف ايقاعها الصعبَ
فمن يوقف الدوران
ساعةً
ندفن ماجلانَ فيها
ونشُّمُ الريحَ ، هل تحمل طعم الشاطىءِ الآخر
كم تبعد شيلي عن نيويورك
وعن موسكو
وكم قبر من الساحل الساحل
كم ميل ترى بين الكلاشنكوف والأيدي
كم يبعد مبنى البرلمان
عن سلاح الطيران

5.1 *Découpage*

A ne prendre en considération que la disposition graphique du poème, celui-ci se décompose en deux parties, comprenant respectivement les vers 1 à 3 et 4 à 16. Cependant, en examinant de plus près la seconde partie, on constate que le vers 7 commence par un fa (seul du poème) lequel introduit une série de six questions/exclamations[28], isolant ainsi les vers 4 à 6 et les rapprochant de la sorte du tercet qui forme la première partie. En procédant alors à une

28 Nous aurons à revenir sur le problème que pose l'utilisation que Ḥigàzi fait ici de la particule *kam*. Cf. plus bas 5.5.1.

comparaison rapide entre les deux tercets, on constate qu'ils sont composés, chacun, d'une proposition principale affirmative et d'une relative introduite par *allatī* ; qu'ils commencent par des verbes (*kānat* ; *laysat*) qui s'opposent non seulement sur le plan de leur signification (être vs ne pas être) mais encore sur celui de la temporalité (passé vs présent) ; enfin qu'ils ont tous deux des sujets féminins sans marque morphologique externe de ce genre (*aš-šams*/*al-ʾarḍ*) et que ces sujets relèvent tous deux du cosmologique. Notons, cependant, que l'ancrage du deuxième tercet dans la seconde partie se trouve bien marqué – outre par son intégration graphique à cette partie – par la ponctuation : en effet, il se termine, contrairement au premier tercet, par une virgule et non par un point[29].

Quant à la série des six questions qui commence au vers 7, elle se laisse organiser, à son tour, en une première question introduite par man (qui ?) comprenant les vers 7 à 10 puis une série de cinq questions/exclamations, la première introduite par *hal* les autres par *kam* (combien ? que de !) (10), (11-12), (13), (14), (15-16) un parallélisme très net existant, au niveau de la formulation entre, d'une part, (11-12) et (15-16) – *kam tabʿudu, kam yabʿudu* et, d'autre part, (13) et (14) – *kam qabrin, kam mīlin*. On obtient ainsi la segmentation suivante qui nous servira, comme précédemment, de base pour procéder à l'analyse du poème :

Séquence I		Séquence II
passé	vs	présent
1-3 (affirmation)	vs	Sg 1 4-6 (affirmation)
		Sg 2 7-10 (question/exclamation 1)
		Sg 3 10 (question/exclamation 2)
		Sg 4 11-12 (question/exclamation 3)
		Sg 5 13 (question/exclamation 4)
		Sg 6 14 (question /exclamation 5)
		Sg 7 15-16 (question/exclamation 6)

5.2 *Le faire et l'être du soleil*

Comme nous venons de le dire, le sujet grammatical de cette phrase du poème est le « soleil ». C'est au faire et à l'être de cet acteur cosmologique qu'est consacré tout le premier tercet, alors qu'un deuxième acteur sur lequel le texte est moins prolixe – un « nous » qui fait en même temps fonction de narrateur – se désigne lui-même comme l'objet du faire solaire.

29 Contrairement à certains, nous pensons que l'utilisation, certes parfois déroutante, que Ḥiǧāzī fait de la ponctuation est signifiante et non pas arbitraire.

« Au-dessus du tropique du cancer », affirme ce « nous », « le soleil nous brûlait ». Le verbe *lafaḥa* employé pour décrire l'action du soleil évoque celle d'un feu destructeur et désigne ainsi le faire solaire comme un faire mortel.

« Au-dessus du tropique du capricorne » énoncent les deux vers suivants, « le soleil était une fleur glacée ». Arrêtons-nous, un instant, sur cette métaphore : les deux termes entrant dans sa composition – *zahra maqrūra* – décrivent, certes, le soleil comme un objet agréable à l'œil. Mais cet agrément ne relève que du paraître puisque le froid cause la mort de la végétation ; en qualifiant la fleur céleste de froide, l'énonciateur décrit l'être du soleil à son tour comme mort.

Mais ce n'est pas dans l'absolu que le soleil se trouve ainsi qualifié de /mort/ et de /mortel/ ; l'énonciateur prend soin d'ancrer ces deux qualifications dans un cadre spatio-temporel. En effet, les notions « tropique du cancer » et « tropique du capricorne » relèvent à la fois de l'espace et du temps.

Elles désignent respectivement les deux parallèles de la sphère terrestre qui délimitent, l'un dans l'hémisphère boréal (23° 27′ N), l'autre dans l'hémisphère austral (230.27′ S) la zone dite tropicale ; elles désignent, d'autre part, les deux parallèles de la sphère céleste, situés respectivement à une déclinaison de 230 27′ au N. et au S. de l'équateur, que le soleil parait décrire dans sa course journalière au solstice d'été (21/22 juin) au moment d'entrer dans le signe du cancer et au solstice d'hiver (21/22 décembre) au moment d'entrer dans le signe du capricorne.

Pour en revenir à notre tercet, c'est donc au solstice d'été que le soleil est /mortel/, en dispensant trop de chaleur ; c'est au solstice d'hiver que, lui-même devenu fleur morte, il n'en dispense pas assez. Et ce n'est sans doute pas pour rien que le texte insiste sur la polarisation binaire des saisons, opposant été et hiver, sans faire aucune référence aux deux saisons intermédiaires (printemps et automne), comme s'il s'agissait de marquer par-là la permanence, tout le long de l'année (été + hiver) de cette /mort/ qui a pour source le soleil. Notons au passage que le poème n'en conserve pas moins l'idée d'une vie cosmologique circulaire, basée sur la renaissance et la mort du soleil, avec cette différence cependant que le soleil vivant de l'été n'est pas, comme on pourrait s'y attendre, dispensateur de /vie/ mais au contraire de /mort/. Les deux indications spatio-temporelles sont, enfin, à mettre en relation avec le « nous » – narrateur.

C'est au niveau du « tropique du cancer » que ce « nous » dit avoir souffert du feu solaire ; c'est au niveau du « tropique du capricorne » qu'il dit avoir constaté la froideur du soleil. Scientifiquement parlant, cette affirmation ne tient pas puisque, les deux parallèles délimitant la zone tropicale, le « nous » aurait dû y avoir de chaud à très chaud. Mais en admettant qu'un poème n'est pas un traité et en lisant ces deux limites spatiales comme des figures représentatives respectivement de l'hémisphère Nord et de l'hémisphère Sud, l'affirmation du « nous-narrateur » prend une allure surprenante : en effet, l'imagination populaire européenne mais aussi arabe, voire l'expérience concrète de ces peuples associe le Nord au froid et le Sud à la chaleur ; c'est l'expérience exactement inverse qui nous est communiquée dans ce premier tercet par le « nous ». Ainsi, non seulement le soleil, contrairement à l'attente, ne dispense à aucun moment de sa course la /vie/, mais c'est encore en traître qu'il diffuse du Nord au Sud la /mort/ : feu mortel dans des régions supposées froides ; glaciale dans les contrées qu'on imagine chaudes.

Cette idée d'un soleil mortel et/ou trompeur, nous la rencontrons dans presque tous les poèmes où il est fait référence à cet acteur cosmologique ou à la lumière du jour qui en est la représentation métonymique[30]. Rien d'étonnant à cela puisque le soleil se manifeste dans le ciel, c'est-à-dire dans l'espace d'en haut dont nous avons déjà dit qu'il est, dans KML, un espace dysphorique. Lorsque la figure solaire prend des apparences familières, source d'une euphorie d'ailleurs illusoire, c'est uniquement lorsqu'elle se manifeste à proximité du sol, c'est-à-dire dans l'espace d'en bas, et de manière indirecte, filtrée par le feuillage[31] ou réfléchie par des miroirs[32] : miroirs des enfants ou miroir de l'eau qui ne renvoient à l'homme qu'un reflet atténué de l'astre diurne. Dans ce cas c'est d'ailleurs souvent le lexème *ḍaw'* qui est employé[33], la lumière ne constituant que le /paraître/ du soleil par opposition à la chaleur qui en constitue l'/être/[34].

On le voit, le soleil assume sur le plan cosmologique la fonction que le /guerrier/ assume sur le plan social. Il est donc évident qu'un lien existe entre ces deux figures qui, dans notre recueil, prennent en charge la valeur axiologique /mort/. Reste à déterminer le type de rapport qui relie les deux acteurs, en dégageant notamment le rôle actantiel du premier. C'est l'analyse du *PN* du « nous-narrateur » qui nous permettra d'y voir plus clair.

5.3 *Le PN du sujet*

Nous nous dispenserons cette fois d'analyser en détail les mécanismes de débrayage/embrayage, producteurs de ce « nous », et nous contenterons de faire remarquer que, comme dans Lysias, l'énonciateur choisit le rôle de

30 Entre autres dans : *al-qiyāma wa-t-ṭifl aḍ-ḍā'ī'*, vers 37-47 ; *luqṭa taḏkāriyya…*, vers 32-33 ; *ṯalǧ*, vers 24-27 ; *ṣurā šaḫṣiyya…*, vers 42-44 et 73.

31 *Safar*, vers 19 ; *dimašq tuqātil*, vers 23.

32 *Marṯiyya li-Karl Marx*, vers 19.

33 *Dimašq tuqātil*, vers 23.

34 A.J. Greimas, *Maupassant*, *op. cit.*, p. 79-80.

l'observateur pour instaurer avec l'énonciataire le contrat fiduciaire qui vise à garantir son discours comme « vrai ».

Par ailleurs, les deux indications toponymiques (tropique du cancer, du capricorne) sous-entendent que ce « nous » se déplace sur le globe terrestre du Nord au Sud. Et dans la mesure où aucun autre acteur du poème ne recevra la qualification de « navigateur », dans la mesure également où le syntagme nominal qui confère au poème son titre ne sera pas repris dans le texte, une identification entre ce « nous » et les « marins de Magellan » du titre s'impose.

Le déplacement, on le sait, figurativise spatialement la modalité du /vouloir-faire/[35] ; le voyage du « nous » se laisse ainsi interpréter comme une quête dont nous ne connaissons cependant pas encore l'objet. Ce n'est qu'au vers 6 que nous apprendrons que cette quête visait la découverte des règles qui régissent le fonctionnement de l'univers. Comparons cet objet avec celui défini dans le texte référentiel.

5.3.1 La référence

Le célèbre navigateur portugais Fernand de Magellan (1480-1521) et ses marins ont réussi, au début du XVIe siècle, la première circumnavigation du globe. Parti d'Espagne en 1519, Magellan découvre en 1520 la Terre de Feu et le détroit qui, depuis, porte son nom. En 1521, il arrive aux Philippines où il convertit au catholicisme le roi de Cebu. Ses marins, trahissant un accord que Magellan, connu pour sa mansuétude et son savoir, a conclu avec les populations indigènes de l'île de Mactan, une bataille s'engage. Magellan est tué et ses marins, sans avoir le temps d'enterrer leur capitaine, sont obligés de s'enfuir. Ils parachèvent la circumnavigation du globe et reviennent en Espagne en 1522[36].

Il existe un point commun entre les marins de l'expédition historique et le voyage à travers l'espace et le temps des marins poétiques : en effet, le déplacement des uns comme des autres a pour objet l'acquisition d'un savoir – données concernant le globe terrestre, savoir « vrai » sur le fonctionnement de l'univers. Mais notons-le : tout en intégrant certains épisodes du premier tour du monde, en vue de les mettre au service du message qu'il cherche à communiquer, le poète en transformera la signification. C'est ainsi, par exemple, que les aspects conquistador et messianique du voyage de Magellan sont négligés au profit de son aspect scientifique qui s'intègre, lui, parfaitement dans le projet poétique.

---

35 Cf. entre autres, *Maupassant, op. cit.*, p. 67.

36 Cette circumnavigation a fait l'objet de plusieurs récits. Pigafetta, *Premier voyage autour du monde par Magellan*, Paris, Plon, 1964 ; Denuce, *La question des Moluques et la première navigation autour du globe*, 1911 ; Baumgardt, *Magellan, histoire du premier voyage autour du monde*, 1943 ; Stefan Zweig, *Magellan*, 1938 ; Pellud, *Magellan et le premier tour du monde de la Victoria*, 1961.

5.3.2 Les qualifications du sujet

Le « nous-narrateur » se trouve ainsi doté du /vouloir-faire/, figurativisé par son déplacement, et d'un objet de valeur-savoir qui constitue le but de sa quête. Ces deux données permettent d'ores et déjà d'interpréter le premier tercet comme la description du PN du « nous » qui y assume le rôle actantiel de sujet : car c'est bien un savoir – concernant l'être et le faire mortels du soleil – que le « nous » acquiert au cours de son périple et l'acquisition de cet objet-savoir, dit le texte, est la conséquence d'une double confrontation avec le soleil au cours de laquelle le sujet subit successivement l'épreuve du feu et l'épreuve du froid. La nature de cette double épreuve décisive[37] indique, d'autre part, qu'il s'agit très probablement d'une confrontation avec l'anti-destinateur cosmologique, rôle actantiel qui peut désormais être conféré au soleil, sous réserve que d'autres poèmes viennent confirmer cette interprétation. Parallèlement le /guerrier/ se révélerait être un délégué du soleil, chargé de représenter le destinateur mortel dans le domaine social. Enfin, il faut bien admettre que le « nous »-sujet est, du moins en apparence, sorti victorieux de la double épreuve décisive qui l'oppose à l'anti-destinateur puisqu'il est encore là pour faire part de la nature de son expérience (située dans le passé) et communiquer à l'énonciataire le savoir qu'il a ainsi acquis.

Or, il n'existe pas, à notre connaissance, de texte où le sujet réussit à réaliser son *PN*, en étant simplement doté de la modalité du /vouloir-faire/. Une, voire deux autres qualifications sont, en règle générale, nécessaires pour permettre au sujet de remporter la victoire : le /pouvoir-faire/ et/ou le /savoir-faire/. Qu'en est-il ici ?

En conférant au sujet la qualification de « marins de Magellan », le poème nous le désigne comme l'équipage d'un navire ayant, à un moment donné, navigué sous les ordres d'un capitaine du nom de Magellan (voir des expressions telles que « l'armée de Saladin », « la troupe de Béjart », etc.). Nous apprendrons au vers 10 que ce capitaine est mort et que le nous-narrateur ne comprend donc plus que les marins.

Deux interprétations sont dès lors possibles :

– Ou bien on considère que le nous-narré qui aux vers 1-3 affronte le soleil et le nous-narrateur qui relate ces événements sont également privés du capitaine.
– Ou bien on tient compte du fait que les événements narrés se situent, par rapport au récit qui les rapporte, dans le passé et on considère que le sujet narré qui a entrepris la circumnavigation était, par opposition au sujet-narrateur, composé des marins et de leur capitaine :

37 La duplication d'une épreuve est chose-courante dans bon nombre de textes.

Passé	vs	Passé
Sujet-narré	vs	Sujet-narrateur
[nous = (marins + Magellan)]		[nous = (marins – Magellan)]

Plusieurs données nous font pencher pour cette dernière interprétation :

- sauf à sortir du poème et à nous tourner vers le texte référentiel pour ne tenir compte que de lui, la dénomination « marins de Magellan » ne se justifie qu'à condition d'admettre que ces marins ont, par le passé, été dirigés par Magellan.
- A considérer que notre texte forme un tout de signification, un seul des événements narrés est susceptible de provoquer la mort du capitaine : la confrontation avec le soleil. Autrement la mort de Magellan reste inexpliquée – sauf à avoir recours, une fois de plus, à la référence et à elle seule.
- La dichotomisation nous-narrateur vs nous-narré, les deux ne recouvrant pas exactement les mêmes contenus, est un phénomène courant qu'on observe quotidiennement dans toutes sortes de situations.

Nous considérerons donc que le nous-narré qui affronte le soleil recouvre l'équipage et Magellan. Comme tel, il forme un acteur collectif hiérarchisé à l'intérieur duquel il existe une certaine distribution des rôles : tandis que l'équipage a un rôle d'exécution qui relève, pour l'essentiel, du plan pragmatique (larguer les amarres, jeter l'ancre, lancer les voiles, les ramener, etc.…), le capitaine, lui, se distingue par son rôle de conception (évaluer quand et comment il convient de procéder aux opérations susdites, déterminer le trajet, etc.…) et de commandement, rôle où domine le plan cognitif. Notons également que ces faire sont dans un rapport de complémentarité et que l'acteur collectif « nous » est donc un acteur solidaire – l'équipage ne pouvant naviguer sans le capitaine et inversement. Cette solidarité confirme d'ailleurs le rôle actantiel de sujet que nous avions collectivement attribué au « nous ».

Par rapport au PN commun (naviguer autour du monde – PN auxiliaire, en quête d'un savoir – PN principal), les faire propres à l'équipage et au capitaine se laissent donc assimiler, au niveau des modalisations, au /savoir-faire/ de l'actant-sujet « nous ».

Mais pour entreprendre la circumnavigation du globe, il faut aussi un navire qui, en l'occurrence, joue le rôle d'un véritable adjuvant et se laisse, de ce fait, assimiler au /pouvoir-faire/ du sujet.

C'est donc bien un sujet compétent, doté de l'ensemble des qualifications nécessaires à la réalisation de son PN qui échappe aux faire mortels du soleil. Cependant, on l'aura remarqué, ces qualifications ne concernent que le PN auxiliaire /navigation/. Sont-elles adéquates pour permettre également la réalisation du PN principal – acquisition d'un savoir /vrai/ sur l'organisation de l'univers ? La suite du poème permettra de répondre à cette question.

5.4 *L'échec du* PN *de base*

5.4.1 Un savoir « vrai » ou « faux » ?

Le savoir sur le soleil, acquis au cours de son tour du monde, va conduire le « nous » à tirer des conclusions sur l'être de la terre : « cette terre n'est donc pas une pomme, mais un rocher qui nous échappe » disent, en effet, les deux vers suivants.

Le premier de ces deux énoncés d'état

EN 1 : la terre n'est pas une pomme.
EN 2 : la terre est un rocher

présuppose l'existence d'un énoncé d'assertion antérieur, non manifesté dans le texte du poème :

EN 1 : la terre est une pomme

énoncé qui nous renseigne sur les idées que le sujet se faisait sur l'être de la terre avant que son voyage autour du globe n'en vienne transformer le contenu. En apparence, il n'y a donc pas de problème : ayant cru que la terre était une pomme, le sujet dit avoir appris que c'était là une erreur et qu'en réalité la terre est un rocher. Cependant une question se pose. Elle concerne le statut véridictoire des deux savoir contraires dont le sujet se trouve successivement investi : est-ce effectivement avant son départ qu'il se trompait sur l'être de la terre ou est-ce au cours de son voyage qu'il s'est laissé tromper ? La question ne se poserait pas, si la transformation du savoir dont le sujet fait état n'avait eu lieu sous l'influence et à la suite d'une confrontation avec l'anti-destinateur « soleil » dont on peut supposer qu'il n'est pas très bien disposé à l'égard du sujet ; si cet anti-destinateur n'était pas investi de contenus contraires (trop chaud + trop froid), ce qui lui donne au tercet 1 toutes les apparences d'un *décepteur* ; si, enfin, la transformation ne portait pas sur les contenus et sur l'acteur sur lesquels elle porte : car il s'agit, comme toujours, de prendre au sérieux les deux métaphores qui comparent la terre respectivement à une pomme et à un rocher et de voir quelle en est la signification.

5.4.2 Être et paraître de la terre

La pomme est un fruit des régions tempérées qui vient à maturité à la fin de l'été ou au début de l'automne, c'est-à-dire à une de ces périodes intermédiaires de l'année dont le premier tercet semblait vouloir nier l'existence. En tant que fruit, la pomme fait, par ailleurs, partie de la nourriture et c'est comme un objet consommable que le sujet voyait la terre avant de prendre la mer.

Cette métaphore qui compare la terre à une pomme évoque donc l'image très courante d'une terre nourricière qui, par opposition au soleil qui /fait-mourir/, a pour fonction de /faire-vivre/. En d'autres termes, la terre assumait aux yeux du sujet le rôle de destinateur de la /vie/, avant qu'il n'en vienne à lui dénier cette fonction, à la suite de sa rencontre avec l'anti-destinateur « soleil » (EN 1).

En effet, par opposition à la pomme, le rocher ne fait pas partie des produits consommables, mais renvoie au contraire à un sol stérile où, rien ne poussant, soit par excès de chaleur, soit par excès de froid, la mort s'établit en maître et rend toute vie impossible. Notons d'ailleurs que ce rocher « qui nous échappe » présente, sur le plan des sonorités, des ressemblances très significatives avec deux syntagmes des vers 1 et 2 : en effet, le lexème *ṣaḫra* a plus d'un point en commun avec le *zahra* du vers 2 : même schème nominal (*faʿlatun*) ; même genre grammatical (féminin) ; les deux lexèmes commencent par des sifflantes prépalatales dont une sourde (ṣ) et une sonore (z) ; ils ont en commun une vibrante sonore (r) qui constitue, dans les deux cas, la troisième radicale, tandis que la deuxième radicale est formée par deux phonèmes à points d'articulation proches : une fricative vélaire (ḫ) et une spirante laryngale (h), toutes deux sourdes.

Une comparaison analogue est possible entre les deux syntagmes *talfaḫunā* (vers 1) et *tuflitu minnā* (vers 5) qui riment entre eux : il s'agit de deux verbes au *muḍāriʿ* à la 3e pers. sg. fém. ayant en commun, sur le plan du consonantisme, une dentale sourde (t), une latérale sonore (l), une spirante labiodentale (f) et une nasale dentale sonore (n).

Ces similitudes qui se situent au niveau manifesté ont visiblement pour but de mettre la terre-rocher en relation avec le soleil-fleur. Cependant, notons-le, la *ṣaḫra* s'assimile non pas à l'être du soleil – la froideur – mais à son paraître agréable de fleur céleste, comme pour donner à entendre qu'une relation semblable mais inverse existe entre les deux qualifications contraires attribuées successivement à la terre :

	soleil	terre
paraître	fleur	rocher
être	froideur	pomme

5.4.3 L'aveu de l'échec

Toujours est-il que la terre-rocher échappe au sujet parce que, braise ou glace, elle brûle ; mais elle lui échappe encore pour une autre raison : c'est qu'elle obéit à des *al-taqāwīm* dont le sujet admet au vers 6 ne pas « avoir découvert le rythme difficile ».

Le lexème *taqāwīm* désigne habituellement les divers calendriers, c'est-à-dire un ensemble de règles qui permettent de diviser le temps en années, mois et jours. Le calendrier est ordinairement le produit d'un faire humain qui vise à rendre intelligible le continu temporel, en y projetant des discontinuités « organisatrices » et surtout, signifiantes.

Ce n'est pas ce sens-là, nous semble-t-il, qu'il convient ici d'attribuer au lexème *al-taqāwīm*. En effet, ces *taqāwīm* ne résultent pas, en l'occurrence, d'un faire humain, mais se présentent comme une donnée de l'univers dont l'homme cherche en vain à percer le secret.

Malgré le savoir acquis sur le soleil, malgré les conclusions qu'il en tire sur l'être de la terre, le sujet reconnaît donc au vers 6 que les règles qui régissent le fonctionnement de l'univers lui sont restées et lui restent inintelligibles. Il admet ainsi implicitement l'échec de son *PN* principal, formule clairement l'objet de la quête qui l'a conduit à entreprendre le tour du monde : connaître ces *taqāwīm* qui font que l'univers fonctionne tel qu'il fonctionne ; en comprendre le sens caché.

C'est sans doute la raison pour laquelle toute la dernière partie du poème est formée de questions. Ces questions ont pour but d'énoncer, d'une part, les conditions – impossibles à réaliser – qui, aux yeux du sujet, permettraient de percer les secrets de l'univers et, d'autre part, de préciser l'objet-savoir qu'il n'a pas réussi à acquérir.

5.5 *L'échec du PN auxiliaire*

5.5.1 La fonction des interrogations

Il arrive très souvent dans KML que les questions posées par les différents énonciateurs ne reçoivent pas de réponses et qu'elles soient formulées de telle manière et dans un contexte tel qu'elles produisent un effet de sens /regret/ qui les fait lire comme des exclamations. C'était déjà le cas dans *Ḫuṭbat Lūsyās al-'aḫīra* : (vers 11-12), c'est encore le cas dans *Baḥḥārat Māǧallān* : aucune des six questions n'est suivie d'une réponse ; chacune à sa manière équivaut à un constat d'impuissance qui se laisse, comme précédemment, analyser comme la conjonction d'un /vouloir-faire/ (ou -savoir) et d'un /savoir-(ne-pas-pouvoir-faire)/ (ou -savoir). Cet effet de sens provient, en règle générale, du contexte dans lequel la question se trouve placée et nous en avons analysé un exemple à propos des vers 11 et 12 du poème précédent. C'est aussi le contexte qui permet d'interpréter la question qui inaugure, au vers 7 de *Baḥḥārat Māǧallān*, la troisième séquence du poème, comme une exclamation de regret. Mais c'est sur un autre procédé que nous voudrions attirer l'attention : c'est sur l'emploi un peu particulier de la particule *kam* aux vers 11-12 et 13. Cette particule, on le sait, signifie ou bien « combien ? » ou bien « que de ! », mais ne se construit pas, dans les deux cas, de la même manière : si le *kam ʾistifhāmiyya* est suivi d'un nom à l'accusatif, le *kam ḫabariyya*, lui, est suivi soit d'un verbe soit d'un nom au génitif. C'est ce dernier type de construction que nous rencontrons ici, bien que les vers 12 et 13 se terminent par des points d'interrogation. Il nous paraît un peu simpliste de vouloir expliquer ce phénomène textuel en disant que Ḥiǧāzī « ne sait pas l'arabe » ou en décrétant que les points d'interrogation en question sont « des coquilles imputables à l'imprimeur ». Ce genre d'« explication » ne fait qu'évacuer le problème, avant même de l'avoir posé correctement.

Nous pensons, en ce qui nous concerne, que c'est bien à dessein que le poète couple les deux sens de *kam* – construisant sa phrase comme une exclamation, mais la présentant comme une question ; il indique clairement par là qu'il ne s'agit que d'interrogations apparentes qui sont, en elles-mêmes, déjà des réponses, sans qu'il y ait besoin de formuler celles-ci. C'est dans la mesure où notre interprétation concorde avec celle qu'il convient de donner à la plupart des interrogations formulées dans KML que nous la préférons aux deux autres qui, à nos yeux, d'ailleurs, n'en sont pas sauf à recevoir l'aval du poète et de l'éditeur.

5.5.2 Les raisons de l'échec et les conditions du savoir

Revenons-en maintenant aux vers 7 à 10. « Qui donc arrêtera cette ronde pendant une heure » demande le sujet aux vers 7 et 8, avant d'indiquer aux vers suivants à quoi il souhaiterait employer cette heure où l'univers cesserait de tournoyer. Le syntagme *hāḏā-d-dawarān* renvoie aux *taqāwīm*, transformant ainsi les règles qui sont censées régir le fonctionnement de l'univers en un mouvement circulaire indifférencié où aucun ordre et aucune organisation ne sont plus décelables. Une gradation allant vers une imprécision de plus en plus grande peut d'ailleurs être observée, si l'on examine les trois termes : *taqāwīm ʾīqāʿ*, *dawarān*. En effet, les deux premiers supposent l'existence d'unités discrètes de plus en plus intuitives d'ordre temporel (la durée d'une heure, d'un jour, d'un mois, etc.... pour *taqāwīm* ; la durée d'une unité rythmique pour *ʾīqāʿ*), alors que *dawarān* renvoie à un continuum indistinct et donc inintelligible.

De plus, cette rotation ne peut que donner le vertige et brouiller l'entendement du sujet qui y est soumis, le privant ainsi de sa compétence à s'approprier l'objet-savoir convoité. En réclamant donc l'arrêt de cette ronde universelle, le sujet énonce les conditions qui lui permettraient d'accomplir son PN principal, conditions dont il sait cependant qu'elles sont irréalisables, puisque personne n'a le pouvoir d'empêcher la terre de tourner autour de son axe et autour du soleil.

Notons d'ailleurs que *ad-dawarān* rime avec *as-saraṭān* (vers 1) et que *saraṭān* rime avec *maqrūratan* (vers 2) ; une relation se trouve ainsi établie entre l'anti-destinateur « soleil » et la modalisation du sujet à ce point du texte :

[ne-pas-pouvoir (-savoir)], comme pour indiquer par là que c'est précisément l'anti-destinateur qui est à l'origine de l'échec du *PN*.

5.5.3 La réaffirmation des valeurs initiales

Cette heure d'arrêt, à quoi le sujet compterait-il l'employer ? « A enterrer Magellan » nous dit-il au vers 9 ; « à humer le vent », en vue d'en obtenir certaines informations, nous dit-il au vers 10.

Ces deux faire ne manquent pas de surprendre et leur interprétation pose problème.

5.5.3.1 *Un narrateur décepteur*

Faisons d'abord une constatation de bon sens : si les marins veulent enterrer Magellan – c'est-à-dire le capitaine de l'équipage, c'est que celui-ci est mort. L'acteur collectif dont nous avons plus haut fait l'analyse n'est donc pas revenu indemne de ce tour du monde où il a affronté l'anti-destinateur soleil ; si notre analyse est exacte, la mort du capitaine prive le sujet d'éléments de sa compétence. C'est sans doute la raison pour laquelle le nous-sujet n'est plus situé dans l'espace au moment où il prend la parole ; nous savons qu'à un moment donné il a été à la hauteur du tropique du capricorne, à un autre au niveau du tropique du cancer. Nous ignorons où il se trouve au moment où il constate que la terre n'est pas une pomme, mais un rocher.

D'autre part, le nom propre – Māǧallān – rime avec *saraṭān* et avec *dawarān* ; et ces trois lexèmes sont composés chacun de trois syllabes comportant chacune la voyelle a. Par le biais des sonorités, c'est donc une fois de plus le soleil qui se trouve en cause : responsable à la fois de la mort du capitaine et de la déroute – aux sens « propre » et « figuré » – de l'équipage qui résulte de cette mort.

Le nous-narrateur procède donc de curieuse manière : au premier tercet, il présente son *PN* comme réalisé ; au deuxième tercet il admet que le PN principal a été un échec, du moins partiel, échec confirmé par les vers 7 et 8. Au vers 9, il reconnaît enfin que le *PN* auxiliaire (circumnavigation) n'a pas été réalisé sans dommage. Bref, le sujet ne cesse de perdre des compétences, au lieu d'en acquérir. Nous résumons ci-dessous dans un tableau les transformations que les compétences du sujet subissent successivement (⟶ signifie transformation) :

Au terme du vers 9, le sujet ne se trouve donc plus modalisé que par un [vouloir-, pouvoir- (naviguer)], modalisation insuffisante pour réaliser le *PN* auxiliaire et par un simple [vouloir- (savoir)], modalisation également insuffisante pour réaliser le *PN* principal, elle-même due à la non-qualification pour le *PN* auxiliaire.

Séquences	*programme*	*Niveau de surface*	*Niveau figuratif*
tercet 1	1. PN *auxiliaire* sujet compétent	vouloir-naviguer pouvoir-naviguer savoir-naviguer	déplacement navire marins *baḥḥāra.* } nous- capitaine Magellan } narré
	2. PN *principal* sujet compétent	vouloir-savoir pouvoir-savoir	déplacement circumnavigation du globe = PN auxiliaire
tercet 2	PN principal	savoir → ne-pas-savoir	la terre est un rocher, nous n'avons pas découvert le rythme difficile des règles qui régissent l'univers
Quatrain 1	PN auxiliaire. sujet incompétent	vouloir-naviguer pouvoir-naviguer	déplacement navire
		savoir-naviguer → ne-pas-savoir-naviguer	mort du capitaine Magellan équipage seul (nous-narrateur)
	PN principal	vouloir-savoir	déplacement
	Sujet incompétent	pouvoir-savoir → ne-pas-pouvoir-savoir	la rotation et le vertige qui en résulte

5.5.3.2 *Les marins-guerriers*

L'apparente victoire remportée par le sujet sur le soleil (tercet 1) se révèle être, en fin de compte, un échec partiel, puisque l'équipage y perd son capitaine. On peut s'interroger sur les raisons de cet échec partiel. Pourquoi Magellan succombe-t-il, alors que les marins survivent ? La référence à Magellan fournit évidemment une réponse à ces questions. Rappelons les circonstances de la mort de l'explorateur : après avoir conclu un traité de paix avec les indigènes de Mactan, il succombe au cours d'une *guerre*, provoquée par ses propres marins. En intégrant cet épisode, le poète le transforme (le Magellan poétique tombe victime du soleil et non de quelconques indigènes) et n'en retient que les éléments qui servent son propos : en effet, à sa manière, Magellan peut être considéré comme un /sage/, désireux, comme Lysias, de faire régner la /paix/, alors que ses marins agissent en /guerriers/. En transposant sur Magellan et les marins du poème respectivement la fonction de /sage/ et de /guerrier/, on comprend mieux l'issue curieuse de leur confrontation avec le soleil : destinateur cosmologique de la /mort/ et du /guerrier/, celui-ci épargne les marins et ne frappe que le /sage/ dont l'incompétence à s'opposer victorieusement aux représentants de la /guerre/ nous est déjà connue.

La conséquence en est que les marins se trouvent définitivement disqualifiés pour l'acquisition de l'objet-savoir en quête duquel ils étaient partis sous la direction de leur capitaine et que la terre se transforme, à leurs yeux, en « un rocher tourbillonnant » où la mort semble régner en maître absolu.

Cependant la connotation dysphorique qui surdétermine l'ensemble des énoncés mis dans la bouche des marins indique assez que ceux-ci n'adhèrent pas à cette transformation de leur compétence et de l'univers. L'assimilation des marins aux /guerriers/ demande donc à être examinée de plus près, car s'il s'agissait de /guerriers/ qui adhèrent à leur /être-guerrier/, l'établissement du règne de la /mort/ et du /non-savoir/ devrait, au contraire, les réjouir. D'autre part, cette explication du texte par un simple appel au texte référentiel est gênante. Il s'agit donc de reprendre l'analyse de l'actant-sujet « nous », en nous préoccupant, cette fois-ci, des investissements sémantiques dont il est porteur.

5.5.3.3 *Le soleil et la république des /sages/*

Cet actant est figurativisé, disions-nous, par un acteur collectif décomposable, à son tour, en un acteur individuel (Magellan) et un acteur collectif (les marins). Le résultat de leur confrontation commune avec le soleil est l'éclatement de l'actant en

vivants vs mort
(marins) (Magellan)

éclatement qui nous autorise à conférer aux marins et à Magellan respectivement les qualifications de physiquement /forts/ et /faibles/, puisque les premiers ont résisté à la fois à l'épreuve du feu et du froid, alors que le second y a perdu la vie.

Reprenons maintenant le modèle que nous avons déduit à partir de *Ḫuṭbat Lūsyās* :

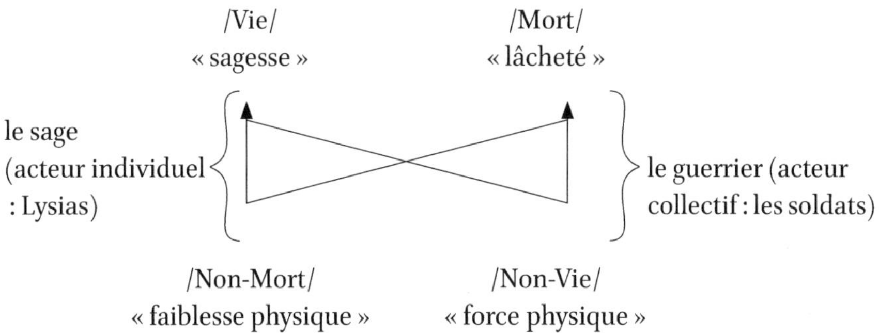

Si Magellan est, comme Lysias, physiquement faible, cela implique, logiquement et sous réserve que notre modèle est exact, qu'il est aussi doté de sagesse. Notre poème ne dit rien à ce sujet, mais la référence en l'occurrence confirme cette qualification de Magellan, celui-ci y faisant effectivement figure de /sage/ ; il en va de même pour les marins, pour lesquels notre modèle implique la qualification de /lâcheté/ qui se trouve elle aussi confirmée par la référence[38].

En réunissant ainsi des valeurs contraires et contradictoires, en rassemblant le /sage/ et le /guerrier/, l'actant-sujet « nous » semble, tout d'abord, paré pour accomplir ce *PN* utopique que nous avions appelé /victoire du sage/. Cependant cet investissement contradictoire est aussi cause de son éclatement, car, on l'aura remarqué, ce n'est pas une seule et même figure qui prend en charge l'ensemble des valeurs : celles-ci se trouvent distribuées, à l'intérieur de l'actant-sujet « nous », sur l'acteur collectif « marins » (qui prend en charge les anti-valeurs) et sur l'acteur individuel « Magellan » (qui prend en charge les valeurs positives).

Que signifie cette association ? En acceptant de se soumettre au sage et en adhérant à une quête de savoir, les marins semblent vouloir nier leur être : leur /lâcheté/, en consentant à se laisser commander par un /faible/ ; leur /force/, en la mettant au service de la /sagesse/ ; inversement Magellan tout comme Lysias vise, en s'adjoignant les marins, à s'approprier la fonction guerrière. Le navire qui prend ainsi la mer figure donc cette république idéale où les deux fonctions – magique et juridique et guerrière – coopèrent harmonieusement, la seconde acceptant de se mettre au service de la première.

38 La référentialisation a souvent pour effet de brouiller les cartes, en détournant l'attention du texte qu'on a sous les yeux, mais elle a aussi pour fonction de l'éclairer. Le problème est de savoir quels sont les éléments référentiels qui sont pertinents pour le texte et quels sont ceux qui ne le sont pas. Mais en tout état de cause la référence ne peut avoir qu'un rôle de confirmation des résultats obtenus à partir du texte analysé.

Mais c'est ne pas compter avec les destinateurs cosmologiques. Le /guerrier/, nous l'avons vu, est un délégué de l'anti-destinateur « soleil » ; le /sage/, en raison des valeurs qu'il représente, doit être mis en relation avec les destinateurs de la /vie/, à savoir la « terre ». Or, par rapport à ces destinateurs, la coopération entre le /sage/ et le /guerrier/ se présente comme une trahison puisqu'elle suppose la reconnaissance des destinateurs contraires – du soleil par le /sage/, de la terre par le /guerrier/. L'un de ces destinateurs fait savoir par son faire qu'il n'admet pas cette trahison : c'est le soleil qui, en tuant Magellan, en torturant « les marins » et en faisant ainsi échouer leur projet commun, sanctionne négativement leur tentative d'associations ; il réussit même à faire paraître la terre, destinateur de la /vie/, au nom de qui la trahison a eu lieu, comme un destinateur de la /mort/, puisqu'il la transforme, aux yeux des marins, de pomme qu'elle était en rocher stérile.

Ainsi, Magellan, tout comme Lysias, échoue à s'approprier la fonction guerrière et en meurt. Quant aux marins, ils n'en sont pas vaincus pour autant. Car si le soleil parvient à leur imposer l'échec sur le plan pragmatique, en les empêchant de s'adjoindre la première fonction et de se transformer en /sages/, il ne parvient pas à les persuader de la non-valeur de leur programme initial. En effet, malgré le *dawarān* qui leur donne le vertige, les marins ne renoncent pas à leur autonomie cognitive[39] (1) par rapport au destinateur de la /mort/ et conservent par rapport à leur PN initial cet élément de la compétence qui les instaure comme des sujets : le /vouloir-faire/ (enterrer Magellan) et le /vouloir-savoir/. La dysphorie dont nous avons fait état plus haut provient donc d'une contradiction entre le [devoir-être-(guerriers)] que le soleil réussit à leur imposer sur le plan pragmatique et le [vouloir-être-(sages)] qu'ils affirment sur le plan cognitif.

5.5.3.4 *L'autonomie du sujet cognitif*

Il est maintenant possible de tenter une interprétation de ces faire étranges auxquels le sujet compterait se livrer, si l'univers pouvait, un instant, s'arrêter de tourner : « enterrer Magellan » et « humer le vent ».

5.5.3.4.1 Le destinateur de la vie : la terre

Enterrer un mort, cela consiste toujours et partout à le conjoindre à la terre. Dans le contexte de notre poème, cela signifie, en outre, la conjonction du /sage/ (Magellan) avec son propre destinateur dont la fonction est de /faire-vivre/. Cet enterrement contient donc, en soi, une promesse de résurrection.

39 Sur l'autonomie de la dimension cognitive, Cf. A.J. Greimas, *Maupassant*, p. 228 et suiv.

Que telle est bien la fonction de la /terre/ dans KML, c'est ce qui ressort de la lecture du recueil : en effet, non seulement la terre engendre la vie (*ʿalām al-qanṭara šarq*, vers 3), elle a encore pouvoir de faire revivre les morts. Ceux-ci, tous /sages/ tués par le /guerrier/, ne sont jamais vraiment morts. Conjoints à la terre, ils mènent en son sein une vie *secrète* qui attend le moment de pouvoir paraitre au grand jour : dans *ṭuyūr al-muḫayyam*, la vie grouille dans le ventre de la terre et inquiète le /guerrier/ qui en occupe la surface (5-20) ; le mahdī de *ʿUrs al-mahdī* est de la substance de la terre (*min ǧasadi l-ʾarḍi*, vers 20) et c'est de son sein que, d'abord sous forme de fleuve (vers 22), il renaîtra à la vie ; dans *ʾilā r-rassām ʿAdlī Rizq Allāh*, l'un des deux poèmes de *ʾĀyāt min Sūrat al-lawn*, les pyramides et leurs momies conservent « le pain et le vin » (vers 17-18) et c'est du fond de ces tombes que la vie jaillira à nouveau le moment venu (vers 19-20) ; dans *marṯiyya li-Victor Hugo*, les seules activités positives ont lieu sous terre, dans les couloirs du métro (vers 19-30) et c'est encore du fond de sa tombe que la femme égorgée pour crime d'amour de *ʾiqāʿāt šarqiyya* adresse des reproches à l'amant et à la société traditionnelle réunis (tout le poème), affirmant par-là, sinon sa renaissance propre, du moins celle des idées et des sentiments qu'elle avait mis en pratique. Au vu de ces quelques exemples, le rôle de destinateur de la /vie/, assumé par la Terre, semble donc assez bien établi.

[Vouloir – (enterrer Magellan)] se laisse dès lors interpréter comme une sorte de défi que les « marins » lanceraient au « soleil ». Car, ou bien il est vrai que la Terre est un « rocher », incapable de donner la vie, comme ils le concluent sous l'injonction du soleil et alors « enterrer Magellan » signifie conjoindre le mort à la /mort/, c'est-à-dire le même au même, conjonction dont rien ne peut résulter ; ou bien il est vrai que la terre est une « pomme », comme ils le pensaient avant leur confrontation avec le destinateur de la /mort/, et alors « enterrer Magellan » signifie conjoindre le mort au destinateur de la /vie/, conjonction dont résultera la résurrection du /sage/. Bref ; [vouloir – (enterrer Magellan)], c'est affirmer qu'on veut-savoir si la terre /fait-vivre/ ou non et par là même mettre en cause le savoir acquis par l'intermédiaire de l'anti-destinateur.

5.5.3.4.2 Le non-destinateur : le vent

« Humer le vent », c'est d'abord une activité propre à tout marin tant soit peu expérimenté. C'est le vent qui lui fait savoir, si le temps va rester au beau fixe ou virer à la tempête ; s'il est au grand large ou proche des côtes. Par rapport au *PN* auxiliaire /navigation/, affirmer qu'on veut « humer le vent » signifie [vouloir-(s'orienter)], c'est-à-dire /vouloir-savoir/ où l'on se trouve.

La première question à laquelle le sujet cherche à avoir une réponse en « humant le vent » confirme cette manière de voir : « le vent porte-t-il le goût de l'autre rivage ? » peut évidemment se lire, tout d'abord, comme une demande d'information portant sur la distance qui sépare le sujet de la terre ferme. Mais il y a plus. Telle qu'elle est formulée, cette question suppose admis que la terre – représentée ici métonymiquement par le *šāṭi'* – a un « goût », affirmation qui nous renvoie au vers 4 où le sujet était arrivé à la conclusion que la terre n'était pas une « pomme » – c'est-à-dire un objet qui a du « goût ». D'autre part, le lexème *ṭaʿm* désigne le « goût d'une chose » dans son acception neutre : ou agréable ou désagréable, ou « doux » ou « amer ». On le voit, la question porte, une fois de plus, sur l'être de la terre : objet comestible et savoureux (terre – pomme) ou objet incomestible et indigeste (terre – rocher) ? « Terre nourricière » ou royaume de la mort ?

Qu'il s'agisse du *PN* auxiliaire ou du *PN* principal, le vent est censé assurer ici le rôle d'un destinateur du savoir, rôle qui le rapproche du soleil. D'autres éléments parlent en faveur d'un tel rapprochement :

- Par opposition à la Terre qui se situe dans l'espace d'en bas, le vent et le soleil ont en propre l'espace d'en haut (même si leurs faire se manifestent sous une forme ou une autre, en bas).
- « L'autre rivage » sur lequel le vent est censé fournir des informations à d'étranges affinités : en effet, le vers 10 rime avec le vers 3 et des trois ṭ que comporte le poème, deux se trouvent précisément dans le syntagme nominal qui clôt le vers 10 (*ṭaʿma-š-šāṭi'i-l-'āḫari*), le troisième figurant dans le lexème *saraṭān* qui clôt le vers 1. Cet « autre rivage » se trouve ainsi assimilé au tropique du capricorne où le soleil est fleur froide et au tropique du cancer où le soleil se manifeste comme un feu destructeur. Les informations fournies par le vent paraissent donc suspectes et, tout en se donnant l'air de porter sur l'être de la terre, elles risquent fort de porter en fait sur celui du destinateur mortel, le soleil. Que le vent est bien un allié du soleil et se situe dans la déixis de la /mort/ ressort de la lecture d'autres poèmes du recueil : dans le poème *kā'ināt mamlakat-al-layl*, le vent est défini comme un poison qui sépare (vers 85-90) ; dans la *marṯiyya* dédiée à Victor Hugo, il est dit chargé de poison ; dans le poème consacré à *ʿAdlī Rizq Allāh* la plume chevauchant le vent poursuit la couleur (phénomène physique dû à la lumière, donc au soleil) jusque dans un cèdre du Liban dont il suce, si l'on peut dire, le sang. Résultat : la mort du cèdre, lui-même un produit conjoint de la terre et de l'eau, comme le sont tous les arbres dans KML.

5.5.3.4.3 L'univers figuratif

Il devient dès lors possible de proposer un carré sémiotique rendant compte de l'organisation sous-jacente des différents destinateurs cosmologiques. Chaque actant étant susceptible d'éclater en quatre positions :

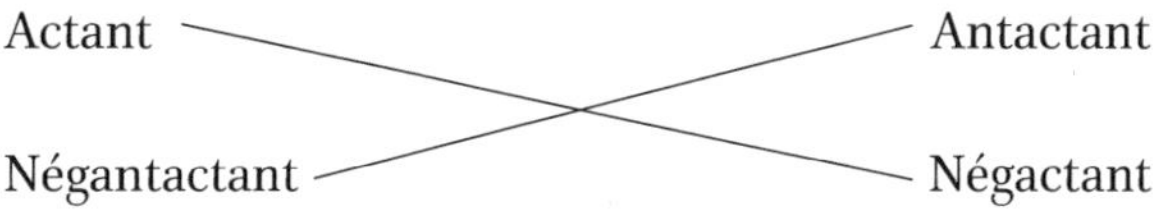

et deux de ces positions étant d'ores et déjà occupées par la Terre et le Soleil, respectivement destinateurs de la /Vie/ et de la /Mort/, le Vent et l'Eau ne peuvent plus se partager que les valeurs /Non-Vie/ et /Non-Mort/ ; en raison des affinités que le vent semble recéler avec le soleil, on peut considérer qu'il prend en charge la valeur /Non-Vie/ ; reste la valeur /Non-Mort/ qui sera prise en charge par l'élément aquatique.

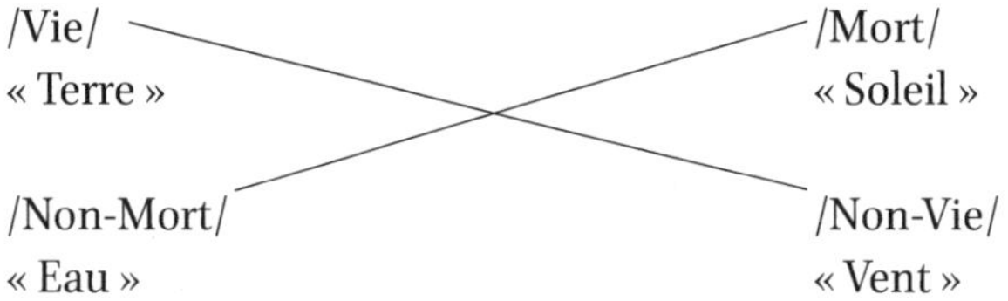

Plusieurs remarques s'imposent avant d'aller plus loin dans l'analyse de notre poème. Comme précédemment, ce modèle ne constitue qu'une hypothèse de travail. L'eau dans KML notamment pose problème : liés à l'espace d'en bas, les fleuves, les rivières[40], parce qu'ils forment des surfaces horizontales, les sources[41] et les puits[42] parce qu'ils se trouvent plus intimement encore liés à l'élément Terre semblent de manière non-équivoque jouer un rôle positif. Il n'en va cependant plus de même pour la pluie et les nuages qui, en raison de leur verticalité et de leurs affinités avec l'espace d'en haut se chargent parfois de valeurs négatives ou, tout au moins, ambiguës[43]. C'est ainsi, par exemple, que le Nil de *al-qiyāma wa-ṭ-ṭifl-aḍ-ḍāʾiʿ* se dresse verticalement jusqu'au ciel (vers 3-5) avant d'emporter tout ce qui vit sur terre : villes, villages, animaux (vers 8-9). L'eau de pluie dans *taqāṭṭuʿāt*, se trouve associée aux fils que tisse la parque (vers 2) et la neige, dans *ṯalǧ*, joue un rôle pour le moins ambigu. Cependant, de manière générale, l'eau semble plutôt associée à des valeurs positives que négatives[44]. S'il devait se vérifier que notre modèle est exact et

---

40 Par exemple : *kāʾināt mamlakat-al-layl*, vers 60 ; *luġa taḏkāriyya*…, vers 20-24 ; *al-qiyāma*…, vers 52 ; *ʿurs al-mahdī*, vers 22.

41 *Ġurfat al-marʾa al-waḥīda*, vers 34-36.

42 *Ṭuyūr al-muḫayyam*, vers 9.

43 Par exemple : le dernier vers de *ba(i)ṭāla* et l'avant-dernier vers de *dimašq tuqātil*. Cf. aussi *ʿurs al-mahdī*, vers 23-24 et Wear, vers 7.

44 Cf. *kāʾināt mamlakat-al-layl*, vers 64 ; *ʾilā- r-rassām ʿAdlī Rizq Allāh*, vers 60-61 ; *al-qiyāma*…, vers 34 ; *Marṯiyya li-Karl Marx*, vers 23.

rend effectivement compte de l'univers figuratif sous-jacent à l'ensemble du recueil, il présenterait un intérêt non-négligeable : il pourrait alors être utilisé comme base d'analyse afin de voir si cette organisation de l'univers figuratif est propre à Ḥiǧāzī ou si on peut la rencontrer chez d'autres écrivains arabes contemporains. Notons à ce propos que le soleil est le grand ennemi du héros de *Naǧmat ʾAġusṭus*[45], du romancier égyptien Ṣunʿ Allāh Ibrāhīm et que l'eau joue dans ce même roman un rôle éminemment positif.

Par ailleurs, une comparaison de notre modèle avec ceux élaborés à partir des œuvres de Bernanos et de Maupassant[46] montre des différences intéressantes entre la sensibilité d'écrivains du XIXe siècle français et celle d'un poète arabe contemporain.

Bernanos		Maupassant		Ḥiǧāzī	
/Vie/	/Mort/	/Vie/	/Mort/	/Vie/	/Mort/
Feu	Eau	Soleil (feu)	Terre	Terre	Soleil (feu)
/Non-Mort/	/Non-Vie/	/Non-Mort/	/Non-Vie/	/Non-Mort/	/Non-Vie/
Air	Terre	Eau	Ciel (air)	Eau	Vent (air)

En effet, malgré des différences par ailleurs non négligeables, le soleil (feu) conserve chez les deux écrivains français son rôle de destinateur de la /Vie/, alors que chez Ḥiǧāzī (et peut-être chez Ṣunʿ Allāh Ibrāhīm) il assume celui de destinateur de la /Mort/ – différence qui se laisse peut-être expliquer tout simplement par les conditions climatiques différentes qui règnent dans les deux pays. Ceux qui réclamaient récemment que l'on parte à la recherche des différences entre les deux littératures arabe et européenne seront peut-être satisfaits de ce premier résultat, même si celui-ci – nous le répétons – ne représente, pour l'instant, qu'une hypothèse de travail qui demande à être vérifiée.

Il reste à faire une dernière remarque qui nous ramènera à notre poème : on aura noté qu'en tant que « marins », le nous-sujet dépend de deux destinateurs contraires : de l'eau (/Non-Mort !) qui fait flotter le navire et du vent (/Non-Vie/) qui le fait avancer. Ceci semble pouvoir expliquer deux choses :

---

45 Ṣunʿ Allāh Ibrāhīm, *Naǧmat ʾAġusṭus*, Damas 1974.

46 L'univers de Bernanos a été analysé par Tahsin Yücel, *L'imaginaire de Bernanos*, thèse de doctorat devant la Faculté des lettres d'Istanbul, et formalisé par A.J. Greimas, dans *Sémantique Structurale*, Paris 1966, p. 222 et suiv., celui de Maupassant a été analysé et formalisé par A.J. Greimas, *Maupassant, op. cit.*

– Le fait que le sujet vacille, en quelque sorte, entre la /Vie/ et la /Mort/ et se laisse tantôt « récupérer » par le destinateur soleil, tantôt par le destinateur terre.
– Le caractère déceptif du discours qu'il tient et qui consiste à présenter comme réalisé un programme qui, au fur et à mesure qu'on avance dans le texte, se révèle être un échec.

5.6 *L'utopie : le /guerrier sage/ ou le /sage guerrier/*

Il nous reste maintenant à nous occuper des quatre dernières « questions » auxquelles le sujet compte avoir une réponse, en « humant le vent ».

5.6.1 Une transformation consacrée à l'échec

Ces quatre questions/exclamations introduites par *kam* (vers 11-16) où s'accumulent les toponymes portent :
– Sur la distance qui sépare, d'une part, le Chili de New York et de Moscou (vers 11-12) et, d'autre part, la bâtisse du parlement de l'aviation (vers 15-16).
– Sur la quantité de milles marins qui séparent le Kalachnikoff des mains (vers 14) et sur le nombre de tombes qui remplissent l'espace d'une rive à l'autre (vers 13).

Occupons-nous d'abord des deux premières : la référence au coup d'État perpétré en 1973 par le général Pinochet contre le gouvernement d'Union populaire du président Allende est claire. Cependant, même sans avoir recours à la référence, nous savons déjà que le « parlement » est l'espace propre du /sage/, alors que les « armes de l'aviation » relèvent du paradigme du /guerrier/. Ces investissements sémantiques ainsi que les ressemblances qui existent entre les deux groupes de vers sur le plan de la formulation nous permettent d'opposer

/ le sage/	vs	/le guerrier/
« parlement »	vs	« aviation »
« Chili »	vs	« New-York »
		« Moscou »

C'est donc bien du contexte que les trois toponymes reçoivent leur signification et les deux questions/exclamations, en définitive, sur la distance – combien grande – qui sépare le /guerrier/ du /sage/, et /la mort/ de /la vie/.

Quant au vers 14, une première constatation s'impose : en effet, le syntagme *al-ʾaydī* rime avec *Šīlī* tandis que la sonorité russe du lexème Kalachnikoff, arme de fabrication soviétique, nous renvoie au paradigme du /guerrier/ et à Moscou.

Les milles marins qui séparent ces « mains » de l'arme qui permettrait au Chili de se défendre assument ici la même fonction que la « vieillesse » qui faisait tomber l'épée de la main de Lysias. Notons aussi que le sème ou classème /pouvoir/ que nous avions supposé[47] au lexème yad se trouve, en quelque sorte, neutralisé par le fait que *ʾaydī* forme une rime riche avec le *ǧady* du vers 3, donc avec le tropique du capricorne qui est lié à la froideur du soleil. Or des mains froides sont bien incapables de remplir leur fonction propre qui est de saisir les objets, ici : le kalachnikoff. L'impossibilité pour le /sage/ de se transformer en /guerrier/ se trouve ainsi formulée une fois en termes d'âge, une fois en termes de distance insurmontable, mais aussi en termes d'incapacité physique due au froid. En reprenant le schéma élaboré à propos du poème précédent[48], les trois « armes » – mains, kalachnikoff, aviation – se laissent d'ailleurs distribuer comme suit :

/perdre (le pouvoir)/ — /prendre (le pouvoir)
« mains (froides) » — « aviation »

/ne pas prendre (le pouvoir)/ — /ne pas perdre (le pouvoir)/
? — « Kalachnikoff »

Avec d'autres mots, le vers 14 énonce donc le même problème que celui formulé dans les vers 11-12 et 15-16, en insistant sur la distance – combien grande – qui sépare les mains gelées du /sage/ de l'arme salvatrice du /guerrier/.

5.6.2 Une promesse de résurrection

Il reste enfin le vers 13 qui demande combien de tombes remplissent l'espace terrestre et y répond implicitement, en affirmant que celles-ci sont en nombre infini. Or, nous savons déjà que la tombe et la terre sont des objets à double sens : apparemment espace et royaume des morts, ils recèlent des vivants qui attendent l'heure de leur résurrection prochaine. Ce vers est donc à mettre en relation avec le vers 7 où il est question de l'enterrement de Magellan et pose le même problème : ou bien ces tombes consacrent le règne de la mort-soleil ou bien ils sont la promesse d'une vie nouvelle où les /sages/ grandis et enrichis par leur conjonction avec le destinateur-Terre surgiront de leurs tombes pour s'emparer du globe terrestre et y faire régner, au moyen du glaive (cf. *ʿurs al-mahdī*, vers 82-85), la /paix/.

47 Cf. plus haut 1.3.3.
48 Cf. plus haut 1.4.7.

Ainsi donc le recueil de A.A.M. Ḥiǧāzī se présente-t-il comme une réflexion sur le monde : sur le monde tel qu'aux yeux du poète il est – en proie à la guerre et dominé par le /guerrier/ ; sur le monde tel qu'aux yeux du poète il devrait être – univers de paix et de savoir où l'homme se fait homme en devenant /sage/. Vision pessimiste ? Vision utopique ? Pas seulement puisque Ḥiǧāzī s'interroge sur la possibilité de dépasser la contradiction et propose des solutions. Il faut, nous dit-il – et pour absurde que cela puisse paraître – que le /sage/ accepte de se faire /guerrier/. Le triomphe de la paix et de la sagesse est à ce prix. Ce rôle conciliateur, le poète l'attribue à ceux qu'il lui arrive d'appeler des révolutionnaires – au *mahdī* (ben Barka) de *'Urs al-mahdī*, aux Palestiniens de *ṭuyūr al-muḫayyam*, pour ne citer qu'eux : sages-guerriers (ou guerriers-sages), c'est eux qui portent aux yeux du poète l'espoir de l'humanité – si espoir il peut y avoir.

A l'heure de la conférence de Madrid sur le désarmement, à l'heure où des rues jadis désertes se remplissent de manifestants pour la paix, à l'heure où le Tiers-Monde dans sa grande majorité continue de souffrir de l'oppression et de la guerre, le recueil de A.A.M. Ḥiǧāzī, tout en constituant une réflexion générale sur les conditions de l'exercice du pouvoir, s'avère donc être d'une poignante actualité.

* Première publication de ce chapitre dans *Bulletin d'Etudes Orientales*, tome XXXIV, Damas 1982, p. 153-195. Cet article a été traduit en arabe et publié dans la revue al-Fuṣūl sous le titre « al-Muhāhrib ḍiḍḍ al-ḥakīm » pour le numéro spécial sur Ḥiǧāzī, tome 15, No. 3, Le Caire, automne 1996, p. 268-305. Je tiens à remercier ici mes camarades, syriens et français, de l'Institut Français d'Études Arabes de Damas, toutes catégories du personnel confondues. Sans leur gentillesse et leur soutien cet article, rédigé dans des circonstances particulièrement pénibles pour moi, n'aurait sans doute jamais vu le jour. Qu'ils trouvent ici le témoignage de mon estime et de mon amitié.

CHAPITRE 22

Quand chacun s'érige en juge et bourreau

Heidi Toelle

1 Introduction

Dans son roman *Turāb almās*[1], dont le sous-titre est « *ḥīna yuṣbiḥu l-qatl aṯaran ǧānibiyyan* », Aḥmad Murād[2] dépeint une société égyptienne à la dérive. Le roman, raconté par un narrateur extradiégétique, couvre la période allant des années cinquante aux années 2000, se déroule pour l'essentiel à Doqqī, l'ex-quartier juif du Caire, et est focalisé sur deux catégories sociales : la classe dominante et la classe moyenne instruite. Pour chacune de ces deux catégories sociales, le récit est centré principalement sur un père et un fils.

2 Les représentants de la classe dominante

Il s'agit de la famille Birǧās dont les relations avec les gouvernements successifs remontent à l'époque du roi Fārūq[3] et se sont perpétués depuis, tant et si bien que le père de Maḥrūs Birǧās, propriétaire de Mobil Oil et d'Esso, est exempté du décret de nationalisation promulgué en 1961 par Nasser. Après la mort de son père en 1963, Maḥrūs Birǧās reprend le flambeau.

2.1 *Les méfaits de Maḥrūs Birǧās*

En 1979, la société de Maḥrūs gagne l'adjudication du ministère de l'Approvisionnement pour l'importation des denrées de base. Accusé peu de temps après d'avoir fait entrer dans le pays des denrées avariées, Maḥrūs est innocenté par le Ministère. Il récidive en 2007, en inondant le marché de produits impropres à la consommation, opération autorisée pour des raisons obscures

1 *Turāb al-mās*, Le Caire, Dār al-šurūq, 2010. Le roman en est à sa 20ème édition. C'est à cette dernière que renvoient les références du présent article.

2 Aḥmad Murād (né 1978), romancier et cinéaste égyptien, est l'auteur de cinq romans : *Vertigo* (2007) qui a obtenu le prix de la Méditerranée culturelle d'Italie en 2013 ; *Turāb almās* (2010), *Al-fīl al-azraq* (2012) dont il a été tiré un film en 2014, ١٩١٩ (2014) et *Arḍ Allāh* (2016).

3 Le roi Fārūq a régné sur l'Egypte de 1936 à 1952.

 | DOI:10.1163/9789004705685_023

par le ministère de l'Agriculture après un premier refus. Après avoir construit pour des jeunes pauvres un ensemble de logements, ceux-ci s'effondrent lors d'un séïsme en raison de défauts de construction très graves. A ces méfaits, viennent s'ajouter deux assassinats. En 2004, un ami de Maḥrūs tombe du balcon de l'appartement de celui-ci dans des circonstances suspectes. Un an plus tard, Maḥrūs est déclaré innocent. En 2007, un article de journal dénonce le fait que Maḥrūs, après avoir arrosé les responsables du ministère de la santé, avait obtenu l'autorisation d'introduire sans papiers un sous-marin nucléaire qui inondait le pays de phosphore vert. Un mois plus tard, le journaliste, auteur de l'article, meurt lors de l'explosion d'un tuyau de butagaz. Maḥrūs est, une fois de plus, acquitté de ce meurtre par la cour de Guizé. La même année il gagne avec l'aide du bien nommé « Service » – un homme de main sur lequel j'aurai à revenir – les élections dans les circonscriptions de Doqqī et Miṣr al-ǧadīda et s'installe dans une somptueuse villa à Doqqī. Peu de temps après, il est assassiné – nous verrons comment, par qui et pourquoi[4].

2.2 *Les méfaits du fils, Hānī Birǧās*

Hānī Birǧās sait que la mort de son père est suspecte, mais refuse toute enquête à ce sujet. Son seul but est de se présenter aux élections pour succéder à son père et pour être sûr de les gagner de cacher son homosexualité. Il convoque donc Walīd Sulṭān, le commissaire de Doqqī, et lui demande de l'aider à éliminer son concurrent qui à tort, selon lui, fait courir la rumeur de son homosexualité. Sachant que le commissaire a d'ores et déjà eu un entretien avec son concurrent, il tente en vain de le corrompre pour le faire changer d'avis. Ajoutons que le commissaire lui fait remarquer ironiquement que cette homosexualité n'est peut-être pas une simple rumeur. En effet, la veille au soir, il avait arrêté un groupe d'homosexuels qui s'en donnaient à coeur joie dans un appartement et, parmi eux, un certain Karīm. Sommé par la mère maquerelle qui fournit des prostitués, femmes et hommes, aux oligarques, de relâcher Karīm, le commissaire avait refusé et avait soumis ce dernier à un interrogatoire serré au cours duquel celui-ci avait avoué coucher contre monnaies sonnantes et trébuchantes – pas moins de 5000 livres par semaine – avec Hānī Birǧās.

Informé de cet aveu qu'il juge être une trahison, ce dernier n'hésite pas à avoir recours à un homme de main qui réussit avec la complicité de la police de se faire conduire dans la cellule où sont incarcérés les homosexuels. Ayant reconnu Karīm grâce à une photo sur son portable, il l'égorge. La presse expliquera ce meurtre par une bagarre entre codétenus. Non content de cela, Hānī Birǧās réussit à faire accuser le commissaire de chantage sexuel à l'égard de

4 Cf. Plus loin p. 402.

l'épouse d'un policier contre la facilitation de la mutation de celui-ci dans le Saʿīd, ce qui amène sa hiérarchie à le suspendre, puis à le licencier. Peu de temps après, Hānī gagne les élections avec l'aide du bien nommé « Service ».

2.3 *Une classe dominante dépourvue de sens moral*

On le voit donc. Le seul but des représentants de la classe dominante est de faire des profits, fussent-ils illégaux, de préserver leurs intérêts économiques et politiques ainsi que leur réputation, de corrompre pour ce faire fonctionnaires, juges, avocats et policiers, voire d'éliminer, y compris physiquement, tous ceux qu'ils jugent susceptibles de pouvoir contrarier leurs projets. Ce comportement ne manque pas, comme nous allons le voir, à avoir des conséquences néfastes sur la classe moyenne, même si celle-ci n'est guère plus honorable.

3 Les représentants de la classe moyenne

Il s'agit de Ḥusayn al-Zahhār, professeur d'histoire, et de son fils Ṭāhā, pharmacologue. C'est au nom de ce qu'ils considèrent comme une certaine morale – patriotisme, rigorisme islamique, exigence de justice sociale en ce qui concerne le premier, exigence de justice tout court en ce qui concerne le second qu'ils vont commettre respectivement cinq et trois meurtres à l'aide de la poudre de diamant.

3.1 *La poudre de diamant*

Cette poudre est un poison redoutable : inodore et sans saveur, il ne produit aucun effet au moment où on l'ingurgite. Grâce aux mouvements du corps, il s'infiltre ensuite dans tout l'organisme, tant et si bien qu'il devient impossible de l'extraire par une opération chirurgicale. Ses effets ne se font sentir que plus tard, et la victime meurt au bout de trois mois dans d'atroces souffrances. Un seul gramme suffit pour tuer quelqu'un.

3.2 *Les crimes du père*

Né en 1942, Ḥusayn al-Zahhār devient orphelin de père à douze ans et est alors pris en charge par Liitū, un commerçant juif qui était le meilleur ami de son père. C'est lui qui initie Ḥusayn à la poudre de diamant, en lui montrant comment il s'y prend pour tuer le chat de sa fille qu'il juge trop agressif.

En novembre 1956, peu après l'attaque israélo-britannique contre le Caire, suite à la nationalisation du canal de Suez par Nasser, un professeur juif de Doqqī est arrêté par l'armée et accusé d'être un traître à la patrie pour avoir, depuis le toit de sa maison et avec l'aide d'un projecteur, fait signe aux aviateurs israéliens qu'ils sont en train de survoler le quartier juif, le but étant de les inciter à ne pas bombarder ce quartier. Ḥusayn se souvient alors d'avoir surpris Liitū en train de faire de même depuis le toit de sa maison à lui. Personne ne venant arrêter Liitū, Ḥusayn, en bon patriote au-dessus de tout soupçon, décide de le tuer. Il subtilise un flacon de poudre de diamant et en verse un gramme dans une tasse de thé qu'il sert à Liitū. Trois mois plus tard, Liitū est mourant. Il sait de quoi il meurt et qui l'a tué, mais se garde bien d'en parler de crainte d'être traité de traître à la patrie. Transporté en France, il y meurt peu de temps après, suite à quoi sa femme et sa fille émigrent en Israël, cette dernière devenant ironiquement pilote dans l'armée de l'air du pays.

Ḥusayn qui justifie ce meurtre en affirmant « *sā'āt bina'mil ġalṭa ṣuġayyir 'ašān nuṣalliḥ ġalṭa akbar* »[5] poursuit ses études comme si de rien n'était et, une fois obtenu sa licence, enseigne l'histoire dans une école préparatoire, puis se marie et part en Arabie Saoudite, période pendant laquelle naît son fils Ṭāhā. Revenu à Doqqī quatre ans plus tard, il reprend son enseignement dans la même école préparatoire. En 1989, à quarante-sept ans, un accident vasculaire cérébral le laisse paraplégique tant et si bien qu'il est désormais contraint de renoncer à l'enseignement et de passer sa vie dans une chaise roulante. Cela ne l'empêche pas six ans plus tard de commettre un nouveau meurtre avec la poudre de diamant qu'il a soigneusement gardé. En effet, jugeant immoral que la meilleure amie de sa femme ait divorcé, alors qu'elle a un fils, et se fasse aider pour s'en sortir par un homme riche et marié, il n'hésite pas à la tuer. Il justifie ce geste en affirmant qu'il vaut mieux être orphelin de mère que d'être considéré comme le fils d'une putain[6]. C'est donc une vision rigoriste de l'islam, sans doute due à son séjour en Arabie Saoudite, qui est à l'origine de ce deuxième meurtre. Sa femme ne le dénonce pas pour préserver la réputation de son fils, mais ne supportant pas de vivre avec un assassin, elle le quitte, laissant à Ṭāhā, à qui elle cache les raisons de son départ, le soin de s'occuper de son père.

Or, Ṭāhā travaille toute la journée à vendre des médicaments pour un laboratoire pharmaceutique et trois soirs par semaine dans une pharmacie pour arrondir ses fins de mois. Quant à son temps libre, il le passe soit en compagnie de Yāsir, un ami d'enfance devenu avocat, soit à se livrer à sa passion, à savoir à jouer du tambour. Dès lors, son père, souvent seul, passe sa vie à lire les journaux, à en découper des extraits qu'il entasse dans son armoire, à prendre des notes et à rédiger une sorte de journal intime. Quand il ne lit pas, ni n'écrit, il observe depuis la fenêtre de sa chambre, lumière éteinte pour ne pas être

5 Cf. *Turāb al-mās*, p. 174.

6 *Ibid.*, p. 187.

vu, la place en bas de chez lui, ce qui lui permet de constater d'abord que son ami, Sulaymān Lord, naguère propriétaire d'un supermarché qui a fait faillite, s'est mis à vendre de l'alcool, ce qui conduit à la rupture entre les deux amis ; ensuite que le même vend désormais aussi de la drogue et que la police laisse faire, voire est complice.

En 2006, Ḥusayn se dit définitivement écœuré, comme il le note dans son journal intime, par toutes ces consciences pourries qui « détruisent la société avec des mains froides »[7], par « cet ennemi de l'intérieur qui dort en paix »[8], tel ce Mūsā ʿAṭiyya, un avocat célèbre, qui, selon Ḥusayn, a trop souvent profité des lacunes de la loi pour frapper de nullité des crimes insupportables ou ce Sulaymān Lord pour les raisons indiquées ou ce Maḥrūs Birǧās, cette peste, comme il l'écrit, qui a déversé ses ordures sur nos têtes, immolé tant de jeunes au séïsme et n'en est pas moins protégé et respecté »[9]. Aussi, décide-t-il de passer à l'acte et d'appliquer sa *šarīʿa* comme il l'appelle. Pour ce faire, il demande à Ṭāhā de l'amener successivement chez les trois personnes dont il a dénoncé les méfaits, en lui cachant les raisons qui le poussent à vouloir leur rendre visite. L'un après l'autre, ces trois hommes mourront après avoir ingurgité à leur insu de la poudre de diamant, en buvant un café, un verre de vin ou une tasse de thé avec Ḥusayn. Ces trois derniers meurtres visent donc l'oligarchie et leurs serviteurs zélés dont le comportement amoral mérite aux yeux de Ḥusayn la peine de mort.

3.3 *L'assassinat de Ḥusayn al-Zahhār et ses conséquences sur son fils*

Mais le soir même de leur visite chez Maḥrūs Birǧās, Ṭāhā, en rentrant de la pharmacie, trouve son père gisant par terre, puis reçoit un coup féroce sur la tête, tant et si bien qu'il perd connaissance et s'effondre. Le hasard veut que Sārā, l'une de ses voisines, journaliste de son état, entend son râle, prévient le concierge et les secours[10]. Ṭāhā est amené à l'hôpital où il reste dans le coma pendant trois semaines avant de se voir guéri non sans conserver de graves séquelles. Ayant été informé par le commissaire, alors encore en poste, que son père est mort, son premier souci est de faire en sorte que l'on trouve l'assassin. Il suspecte non sans raison le « Service ». En effet, celui-ci était venu à la pharmacie demander à Ṭāhā de lui préparer une drogue bien particulière, ce qu'il avait refusé de faire. Furibond, le « Service » avait cassé la vitrine de la pharmacie, et Ṭāhā était aussitôt allé porter plainte et avait obtenu, non sans mal,

7 *Ibid.*, p. 182.
8 *Ibid.*
9 *Ibid.*
10 A propos de Sārā voir plus loin p. 8.

que la police procède à un constat des faits. Il pense donc que le « Service » a voulu se venger. C'est ce qu'il explique au commissaire qui lui dit que l'enquête est en cours. Peu de temps après, ce dernier l'informe qu'il n'y a pas d'empreintes digitales, que le « Service » a un alibi, vu que le soir du meurtre il était en compagnie de Maḥrūs Birǧās, enfin, que le « Service » a été acquitté et que l'enquête est close étant donné l'absence d'indices, d'empreintes et de motifs. Ṭāhā, furieux, considère alors que son père a été tué une seconde fois. On le voit : dans un premier temps Ṭāhā se comporte en bon citoyen, fait confiance à la police et réclame simplement que justice soit rendue et que l'assassin de son père soit puni.

Ṭāhā, rappelons-le, ignore tout des assassinats commis par son père. Il ne les apprendra que peu à peu après la mort de celui-ci. Une fois sorti de l'hôpital, il commence à s'intéresser aux écrits et coupures de presse de son père. C'est en lisant le journal intime de celui-ci qu'il apprend l'assassinat de Liitū, assassinat auquel il ne croît pas tout d'abord, pensant qu'il s'agit d'un récit fantaisiste. Survient alors la visite inattendue de sa mère qui veut renouer avec lui et lui expliquer les raisons de son départ. Il apprend ainsi le meurtre de la meilleure amie de celle-ci. « Le problème avec ton père », lui dit-elle, « était qu'il se prenait pour un dieu. C'était lui qui jugeait, c'était lui qui châtiait »[11]. Le même jour, alors que Ṭāhā se trouve à la pharmacie, un médecin ami lui réclame des médicaments et de l'aide pour venir soigner Maḥrūs Birǧās qui est mourant. Ṭāhā se souvient alors des écrits de son père et de la visite réclamée par celui-ci. C'est à cette occasion qu'il apprend également que l'alibi du « Service » est un mensonge, car Maḥrūs lui dit ne pas avoir été en compagnie de ce dernier le soir du meurtre. En rentrant à la pharmacie, il croise ensuite un collègue qui lui raconte que le « Service » était venu deux fois lui réclamer de la drogue et que la seconde fois il avait acheté des gants chirurgicaux. Ṭāhā se souvient alors que le commissaire lui avait expliqué que le meurtrier de son père avait dû porter de tels gants, ce qui expliquait l'absence d'empreintes digitales. De retour à la maison, il se renseigne via Google sur la poudre de diamant et comprend qu'il s'agit d'un poison dangereux, puis se met à fouiller toute la maison et finit par trouver le flacon qui la contient dans la chaise roulante de son père. Ce n'est qu'alors qu'il comprend que celui-ci était effectivement un assassin.

3.4 *Le premier meurtre de Ṭāhā al-Zahhār*

Parallèlement, jugeant qu'il a maintenant suffisamment de preuves contre le « Service », l'idée lui vient de tuer celui-ci et de continuer de la sorte l'œuvre de

11 *Ibid.*, p. 187.

son père, à savoir, en l'absence de justice, punir ceux qui ont commis un crime. Il fait donc la paix avec le « Service », lui promet de lui préparer sa drogue préférée et, lorsque le « Service » vient le voir à la maison, mêle à celle-ci de la poudre de diamant. Pour fêter le fait d'avoir rendu justice à son père, il se remet, pour la première fois depuis la mort de ce dernier, à jouer du tambour.

3.5 La vengeance du « Service » et celle projetée du commissaire

Le « Service » ne tarde pas à avoir de graves problèmes de santé, puis apprend par les médecins que son organisme est plein de poudre de diamant, qu'on ne peut plus rien pour lui et qu'il ne lui reste que quelques jours à vivre. Désespéré, il se rend une nuit chez Walīd Sulṭān, le commissaire désormais licencié, lui explique qu'il soupçonne Ṭāhā de l'avoir empoisonné et le supplie de l'aider à se venger. L'ex-commissaire y voit une occasion rêvée pour prendre sa revanche sur Hānī Birǧās qu'il suspecte non sans raison de l'avoir piégé pour obtenir son licenciement. Il accepte donc d'accompagner le « Service » chez Ṭāhā et laisse le premier malmener le second pendant un certain temps, pendant lequel il s'empare du journal intime du père. Puis, lorsque Ṭāhā manque mourir étouffé, la tête enfermée dans un sac en plastique, l'ex-commissaire le libère après avoir immobilisé le « Service » grâce à un *taser*. Il explique à Ṭāhā qu'il avait accompagné le « Service » pour deux raisons : pour protéger Ṭāhā et pour en savoir plus sur cette poudre de diamant à l'origine de la mort de Maḥrūs Birǧās et de la maladie mortelle du « Service ». Il lui donne ensuite à entendre qu'ils ont un intérêt commun : en effet, précise-t-il, le père de Ṭāhā avait été surpris en train de regarder quelque chose qui se passait dans la villa des Birǧās – laquelle se trouve en face de l'appartement de Ḥusayn –, suite à quoi Hānī, celui-là même qui l'avait fait licencier, lui, avait mandaté le « Service » pour faire taire son père. Il refuse de dire ce que le père de Ṭāhā avait bien pu voir, puis achève le « Service » à l'aide d'une seringue, conseille à Ṭāhā stupéfait de se débarrasser du cadavre, confisque le journal intime du père, enfin, avant de partir, prend avec son portable une photo de Ṭāhā devant le cadavre et lui dit qu'il le contactera le lendemain.

Arrive alors Yāsir qui, pour des raisons qu'il serait trop long à expliquer ici, habite alors chez Ṭāhā lequel, complètement abasourdi, lui raconte tout ce qui s'est passé, y compris les meurtres de son père dont il précise qu'il les juge justes. Yāsir conseille alors à Ṭāhā de partir loin du Caire et, plutôt que de faire son travail d'avocat et de dénoncer le meurtre du « Service », aide son ami à dissoudre le cadavre de ce dernier avec de l'ammoniaque, puis de la soude, avant que Ṭāhā, sur ordre de l'ex-commissaire, ne parte jeter les os restants dans un cimetière.

3.6 *L'enquête de Sārā*

Journaliste dans un journal indépendant et membre d'une association qui défend les droits des Palestiniens, la voisine de Ṭāhā est une femme assez émancipée. Intriguée par les différents morts bizarres qui se sont tous produits à Doqqī, elle se met à faire une enquête. Elle suspecte Ṭāhā d'être impliqué dans ce qu'elle pense être des assassinats, tout en étant attiré par lui. Quant à Ṭāhā, il la trouve trop émancipée, mais n'en est pas moins, lui aussi, attiré par elle. Les suspicions de Sārā se renforcent, lorsqu'elle constate le désordre bizarre dans lequel se trouve l'appartement de Ṭāhā, car le hasard veut qu'elle passe le voir le jour même où le commissaire a tué le « Service » et, lorsqu'elle obtient le rapport d'un médecin de l'hôpital confirmant qu'il s'agit de meurtres. Elle s'apprête donc à publier un article à ce sujet. Mais avant d'avoir terminé celui-ci, une manifestation en faveur des Palestiniens a lieu et, lors d'une bousculade qui fait qu'elle tombe par terre, quelqu'un qui prétend vouloir l'aider à se relever en profite pour lui tripoter les seins et le sexe. L'une de ses collègues qui a filmé la scène lui montre que c'est l'un de ses camarades, parmi ses meilleurs amis, qui a agi de la sorte. Dégoûtée, elle décide de retirer son article dans lequel elle a pris soin de ne pas mentionner Ṭāhā, en prétextant qu'en l'écrivant elle avait seulement cherché à se faire valoir, que tout y est faux et qu'elle compte démissionner. Le rédacteur en chef du journal fait semblant de lui accorder ce retrait, mais n'en donne pas moins l'ordre de publier l'article.

3.7 *La vengeance conjointe de Ṭāhā et du commissaire*

Les jours qui suivent sont une terrible épreuve pour Ṭāhā, tiraillé qu'il est entre le désir de venger son père et les menaces de l'ex-commissaire qui détient les soi-disant preuves – à savoir la photo devant le cadavre – que Ṭāhā est le meurtrier du « Service » et qui veut le convaincre de tuer Hānī Birǧās, tout en promettant de l'y aider, d'une part, et les conseils répétés de Yāsir de n'en rien faire et de partir, d'autre part. En fin de compte, c'est l'ex-commissaire qui l'emporte, et Ṭāhā, accepte de tuer Hānī Birǧās, pensant ainsi venger son père. Ce dernier passant ses nuits dans une chambre d'hôtel luxueuse, l'ex-commissaire loue pour Ṭāhā la chambre d'à côté, lui fournit de quoi briser les vitres pour entrer dans celle de Hānī ainsi que le taser, la seringue et le liquide qu'il faudra lui injecter. Le plan manque échouer, car Hānī Birǧās se défend, mais Ṭāhā finit par avoir le dessus et réussit à le tuer avant de quitter l'hôtel, ni vu ni connu. Il passe une nuit en plein désarroi ayant l'impression d'être devenu quelqu'un d'autre. Le lendemain, il n'en part pas moins travailler et constate que les unes de la presse annoncent la mort suspecte de Hānī Birǧās. L'ex-commissaire lui fixe alors un rendez-vous lors duquel il lui rend le journal de son père, tout en lui expliquant, enfin, pourquoi Hānī Birǧās avait envoyé le « Service » tuer son père : il s'était aperçu que ce dernier l'avait vu depuis sa fenêtre en train de coucher avec un homme. Enfin, l'ex-commissaire ajoute que, compte tenu de l'enquête que l'assassinat d'un membre de l'oligarchie ne manquera pas de susciter, il serait bon que Ṭāhā parte en exil en Italie. Pour l'y aider, il lui remet une somme conséquente et lui indique le port de pêche près d'Alexandrie d'où partent les bateaux pour l'Italie.

3.8 *La vengeance de Ṭāhā contre le commissaire*

Conscient du danger auquel il s'est exposé, Ṭāhā suit ce conseil et se rend, accompagné de Yāsir, dans le port en question. Mais le hasard veut, qu'en attendant le bateau, son regard tombe sur un article de journal qui montre Hānī Birgâs en visite à Baḥrayn et, compte tenu de la date de cette visite – à savoir la veille de l'assassinat de son père –, il comprend que, ce jour-là, son père n'avait pas pu voir ce dernier en train coucher avec un homme. Ṭāhā décide aussitôt de retourner au Caire, fouille dans les papiers de son père et finit par tomber sur la dernière feuille écrite par celui-ci. Ḥusayn y avait noté que depuis sa fenêtre il avait vu le commissaire de Doqqī en train d'acheter de la drogue à Sulaymān Lord, que le commissaire s'était aperçu d'avoir été pris en flagrant délit et n'allait pas tarder à user de représailles. Ṭāhā comprend alors que c'était le commissaire qui avait ordonné au « Service » de tuer son père et que, non content de cela, il avait ensuite tendu un piège à Ṭāhā dans le but de se servir de lui pour se venger de Hānī Birǧās. Ecœuré tout comme son père par tant d'immoralité et d'abjection, il décide de tuer l'ex-commissaire.

Le hasard veut que ce soit le jour-même où celui-ci fête sa réintégration au commissariat que Ṭāhā l'appelle et l'invite à venir dans un café. Intrigué et inquiet, le commissaire accepte. Avec l'aide de Yāsir, déguisé en serveur, Ṭāhā lui fait apporter la tasse de thé commandée par le commissaire, tasse dans laquelle il avait au préalable versé de la poudre de diamant. Enfin, il lui remet la dernière feuille écrite par son père et, pendant que le commissaire la lit, déguerpit sans que celui-ci s'en aperçoive.

3.9 *La nouvelle vie de Ṭāhā*

Désormais assuré qu'il a, enfin, vengé son père et, en même temps, continué l'œuvre de justice et d'avertissement de celui-ci, Ṭāhā démissionne de son poste, vend son appartement et part à Šarm al-Šayḫ pour y commencer une nouvelle vie. En effet, il réussit à s'y faire engager par un restaurant italien qui comprend une salle de danse et gagne désormais sa vie en jouant du tambour, sa passion depuis toujours. A Yāsir, venu lui rendre visite, il explique qu'il se sent, enfin, devenu lui-même, que son travail de pharmacologue l'avait toujours ennuyé et qu'il n'avait fait des études que pour satisfaire son père. Comble du bonheur, Sārā vient le rejoindre après avoir démissionné de son poste de journaliste et de son association. En effet, avant de quitter le Caire, Ṭāhā qui la suspectait depuis un certain temps déjà d'enquêter sur les morts intervenus à Doqqī lui avait envoyé une lettre dans laquelle il reconnaissait les meurtres commis par son père et par lui-même. Cet état de fait n'a donc pas empêché Sārā de rejoindre un assassin, montrant ainsi que même des journalistes indépendants et engagés sont susceptibles de renoncer à leurs valeurs pour peu qu'ils perdent confiance en leurs collègues et amis au point de considérer que tuer pour se venger est après tout acceptable.

4 Conclusion

On le voit donc, contrairement aux oligarques, exclusivement mus par leurs intérêts économiques et politiques, les représentants de la classe moyenne commettent des meurtres au nom de ce qu'ils considèrent comme étant de la morale ou jugent, à l'instar de Yāsir et de Sārā, que de tels meurtres sont sans importance. Tout se passe comme si l'auteur du roman ait voulu avertir que l'incurie et les crimes commis par l'oligarchie au pouvoir et ses serviteurs corrompus pousse la classe moyenne à s'ériger en juges et bourreaux ou, du moins, en complices actifs ou passifs des assassinats commis par leurs amis ou amoureux, et qu'il s'agit là d'un grand danger qui n'est peut-être pas le meilleur moyen de réparer les injustices dont la société dans son ensemble est la victime.

* Première publication de ce chapitre dans *Acta litteraria comparativa, The Letter in literature and culture*, 7, Vilnius, Lithuanian Comparative Literature Association, 2014-2015, p. 200-218.

PARTIE 9

Le rôle de l'autre dans la créativité

CHAPITRE 23

L'Occident dans la littérature romanesque syrienne

Heidi Toelle

Il n'est pas évident de rendre compte, en une vingtaine de pages, de la manière dont les écrivains et nouvellistes syriens ont, pendant plus d'un quart de siècle, perçu l'Occident. La première difficulté réside dans le fait que cette vision est elle-même complexe, voire contradictoire, car il s'agit de bien séparer deux choses : la représentation explicite de l'Occident dans le roman et la nouvelle, d'une part ; les techniques littéraires occidentales qui ont peu à peu pénétré la littérature syrienne, de l'autre. Dans les deux cas, il y a eu évolution dont il s'agirait[1] un jour de retracer les étapes.

La seconde difficulté tient au volume de la production – environ trois cents recueils de nouvelles[2] et entre cent et cent cinquante romans de qualité fort variable et, pour la plupart, assez mal connus en Occident. Procéder dans cette masse d'œuvres à un choix à la fois pertinent pour le propos qui nous occupe et représentatif de la littérature romanesque syrienne dans son ensemble ne va pas de soi. Fallait-il s'en tenir à quelques écrivains célèbres dont la renommée est parvenue jusqu'en Europe ? Ou fallait-il intégrer des écrivains que nous appellerions en Occident « mineurs » ? Ṣabrī Ḥāfiẓ a bien montré pour l'Égypte[3] que ces écrivains dits mineurs jouent un rôle important dans la formation du goût du public comme dans l'élaboration de nouvelles techniques littéraires. La situation me paraît être assez comparable en Syrie[4] et, dans la mesure il m'importait en outre de dégager des tendances générales, j'ai, opté à tort ou à raison, pour leur intégration.

1 D'après la bibliographie établie par l'Union des Écrivains arabes et publiée à Damas sous le titre *Ṯabat al-maǧmūʿāt al-qiṣaṣiyya al-sūriyya* (1931-1979) dans *Al-Mawqif al-adabī*, C123 à 125, juillet/septembre 1981. Cette bibliographie est incomplète.

2 Sauf erreur, il n'existe actuellement aucune bibliographie fiable du roman syrien. J'ai donc établi ce chiffre, en me basant sur les titres que j'ai pu recueillir et sur le rythme moyen de publication.

3 *The Egyptian Short Story* (1881-1970). *A Study of the Rise and Development of a Literary Genre*. Thèse soutenue à la School of Oriental and African Studies (University of London), 1980.

4 Cf. à ce propos Muḥammad Kāmil al-Ḫaṭīb, *Al-sahm wa-l-dāʾira, muqaddima fī-l-qiṣṣa as-sūriyya al-qaṣīra ḫilāl ʿiqday al-ḫamsīnāt wa-l-sittīnāt*, Beyrouth, 1979.

 | DOI:10.1163/9789004705685_024

Ce faisant j'étais consciente d'un autre problème : en élargissant de la sorte mon champ d'investigation, je me condamnais inéluctablement à un certain arbitraire dans le choix des ouvrages et des écrivains que j'allais finalement retenir, arbitraire dû à la fois à mes propres lacunes dans la lecture des œuvres syriennes et au cadre restreint qui m'était imparti. Autrement dit, j'aurais pu citer d'autres nouvelles, d'autres écrivains. Je me suis cependant efforcée de faire leur juste place aux différents courants littéraires existants et aux diverses générations d'écrivains qui les ont représentés et/ou les représentent. Mon choix ne me paraît donc pas forcément plus mauvais qu'un autre.

On s'étonnera cependant de certains absents et l'on jugera mal traités certains autres qui occupent pourtant une place de choix dans la littérature syrienne contemporaine. On me reprochera ainsi de ne pas avoir cité Fāris Zarzūr et Hānī al-Rāhib. Cette omission est délibérée. Je connais actuellement trop mal leur œuvre pour me sentir capable d'en dire quelque chose de valable. On me reprochera également d'avoir trop peu parlé de Zakāriyā Tāmir[5]. Son cas est différent. Si je l'ai peu cité, c'est que l'essentiel de ses préoccupations littéraires ne me paraissait pas représentatif du problème évoqué ici. En effet, Zakāriyā Tāmir, sans doute l'un des meilleurs nouvellistes syriens, a su créer une œuvre éminemment personnelle. Bien que son univers onirique, ses fantasmes – celui du dépeçage, entre autres – la culpabilité confuse qui pèse sur bon nombre de ses héros et l'humour noir qui baigne la plupart de ses nouvelles, fassent penser irrésistiblement à l'œuvre de Kafka et bien que sa capacité à saisir le comique et l'absurde d'une situation rappelle les meilleures nouvelles de Tchékhov ou encore celles d'un Pirandello, Zakāriyā Tāmir est, à mes yeux, sans doute le plus syrien des écrivains syriens, par les sujets qu'il traite, par les mythes et références littéraires ou historiques qu'il intègre, enfin par le style très poétique qui est le sien. L'Occident a-t-il passé par là ? Je pense sans doute que oui. Mais par quel biais, à quel niveau et dans quelle mesure ? Toujours est-il que cet Occident ne me paraît pas être un sujet de préoccupation pour Zakāriyā Tāmir – du moins jusqu'à son départ pour Londres en 1982 – d'où le peu de place que je lui ai fait dans les pages qui suivent. C'est pour les mêmes raisons que je n'ai fait référence à Ḥannā Mīnah[6] que pour autant que ses romans concernaient directement mon propos.

5 Zakāriyā Tāmir, né à Damas en 1931, est l'auteur de cinq recueils de nouvelles : *Ṣahīl al-ǧawād al-ʾabyaḍ* (Le hennissement du coursier blanc, 1960), *Rabiʿ fi-l-ramād* (Un printemps dans la cendre, 1973), *Al-Raʿd* (Le Tonnerre, 1970), *Dimašq al-ḥarāʾiq* (Damas des incendies, 1973) et *Al-Numūr fī-l-yawm al-ʿāšir* (Le dixième jour des tigres, 1978). Il a aussi publié deux recueils de contes pour enfants.

6 Ḥannā Mīnah est né à Lattaquié en 1924. Il est considéré comme étant le meilleur romancier syrien. Voici les titres de ses romans : *Al-Maṣābīḥ al-zurq* (Les lampes bleues), *Al-Širāʿ*

1 Les rapports littéraires entre l'Orient et l'Occident : une « aventure compliquée »

En 1976, paraît à Damas, sous l'égide du ministère de la Culture et sous la plume de Muḥammad Kāmil al-Ḫaṭīb un livre au titre significatif : *Al-muġāmara al-muʿaqqada : muqaddima fī taʾrīḫ al-ʿalāqa bayna-l-muǧtamaʿ al-ʿarabī wa-l-ġarb kama yuẓhiruhā al-fann al-riwāʾī fī nušūʾihi wa taṭawwurihi*[7]. L'auteur y retrace, sous l'angle des rapports Orient/Occident, l'évolution du roman arabe depuis le *Taḫlīṣ al-ibrīz fī talḫīṣ Bārīz*[8] de Rifāʿa al-Ṭahṭāwī en 1834 jusqu'à la fin des années soixante de notre siècle. Ce n'est pas le lieu ici de juger ce petit livre d'une cent-cinquantaine de pages à peine, écrit par un marxiste convaincu, peu familiarisé, semble-t-il, avec les récentes méthodes d'analyse littéraire. Quoi qu'il en soit, ce livre témoigne d'un fait incontestable : le roman – et j'ajouterai la nouvelle – arabes, et donc ceux de Syrie, se sont développés dans un face-à-face permanent avec l'Occident.

Et si Muḥammad Kāmil al-Ḫaṭīb parle à propos de ce face-à-face d'une « aventure compliquée », c'est qu'en effet celui-ci va se dérouler sur le fond d'une contradiction difficilement surmontable. Car l'Occident a été vécu – et l'est encore – comme l'ennemi à abattre, parce qu'hier colonisateur et aujourd'hui néo-colonisateur ; mais il a été aussi et parallèlement appréhendé comme un modèle – non seulement sur le plan de son incontestable supériorité technologique, mais aussi sur le plan de quantité d'aspects de sa civilisation – incluant des attitudes d'ordre moral, des manières de penser et de vivre, enfin, des manières d'écrire, de peindre, de sculpter – bref de créer des œuvres d'art. L'apparition de l'URSS sur la scène internationale et notamment son rôle au cours de la deuxième guerre mondiale semble avoir contribué, selon le point de vue d'où l'on se place, à la fois à atténuer et à aggraver cette contradiction, puisque l'URSS représente aux yeux des uns un Occident humaniste et libérateur, alors que d'autres lui opposent un humanisme et des idéaux de liberté puisés dans les démocraties occidentales. Si cette contradiction prend, d'autre

---

wa-l-ʿāṣifa (La voile et la tempête, 1966), *Al-Ṯalǧ yaʾtī min al-nāfiḏa* (La neige entre par la fenêtre, 1969), *Al-Šams fī yawm ġāʾim*, (Le soleil en un jour nuageux, 1972), *Ḥikāyat baḥḥār* (Histoire d'un marin, 1981), *Baqāyā ṣuwar* (Restes d'images, 19 ?), *Al-Mustanqaʿ* (Le Marais, 19 ?), *Al-Marṣad* (Le poste de guet, 1980). Il a écrit aussi de nombreuses nouvelles dont quelques-unes ont été réunies par ses soins dans un recueil intitulé *Al-Abnūsa al-bayḍāʾ* (L'Ébène blanche, 1976).

7 L'Aventure compliquée : Introduction à l'Histoire de la Relation entre la Société arabe et l'Occident telle que la font apparaître la Naissance et le Développement de l'Art romanesque, Damas, 1976.

8 La purification de l'or ou l'aperçu abrégé de Paris.

part, en Syrie une forme peut- être plus aiguë qu'ailleurs, c'est que les prosateurs syriens – pour des raisons qui tiennent sans doute à l'histoire de leur pays – se veulent d'emblée des écrivains engagés. C'est de cet engagement qu'il convient d'abord de dire un mot.

2 L'anti-destinateur ou l'Occident ennemi

2.1 *Une littérature engagée*

Après une période de gestation qui a duré près d'un siècle et dont il n'est pas question de retracer ici les étapes, c'est dans les années trente qu'on assiste en Syrie à l'éclosion de ces deux genres littéraires modernes que sont le roman et la nouvelle[9]. En parlant de cette période qu'il prend soin de situer dans le contexte historique agité de l'époque, Maḥmūd Ibrāhīm al-Aṭraš écrit ceci : « Dans une telle situation et à une étape de devenir, d'émancipation et de construction, il était naturel que la littérature descende de sa tour d'ivoire pour se transformer en un instrument de lutte et de combat »[10]. Deux revues, fondées à deux ans d'intervalle, *Al-Ṯaqāfa* (1933) et *Al-Ṭalīʿa* (1935), dont l'engagement ne se situe pas au même niveau ni ne va exactement dans le même sens – nous aurons à y, revenir[11] – reflètent assez bien l'activité littéraire et culturelle de l'époque.

Les événements historiques des années quarante – la deuxième guerre mondiale, la lutte pour l'indépendance effective du pays[12], la guerre de Palestine, enfin, tous événements où la Syrie affronte, sur le terrain concret de la guerre, un Occident colonisateur, français, anglais ou sioniste – ne feront qu'accentuer encore la volonté d'engagement des écrivains, tant et si bien que je ne connais pas de romancier ou nouvelliste syrien qui, dans les années cinquante, ne se veuille pas, ne se dise pas engagé – et ce par-delà des divergences idéologiques parfois très grandes.

9 *Naham* (Avidité, 1937) et *Qadar yalhū* (Le Destin s'amuse, 1939), tous deux de Šakīb al-Ǧābirī (né en 1912) sont considérés respectivement comme la première nouvelle et le premier roman syrien.

10 Maḥmūd Ibrāhīm al-ʾAṭraš, *Ittiǧāhāt al-qiṣṣa fī sūriyā baʿd al-ḥarb al-ʿālamiyya al-ṯāniya*, Damas, 1982, p. 57.

11 *Cf.* plus bas.

12 Promise par les accords Viénot en 1936, l'indépendance est proclamée en 1941, mais ne deviendra effective qu'en 1946 avec l'évacuation des troupes franco-britanniques.

3 La naissance de la *Ligue des écrivains syriens*

C'est d'ailleurs à la suite de ces événements que va naître, en été 1951, la *Rābiṭat al-kuttāb al-sūriyyīn* (*La Ligue des écrivains syriens*)[13] d'inspiration fortement marxiste. Les écrivains qui sont à l'origine de cette *Rābiṭa* publient un manifeste qu'il serait intéressant d'analyser en détail, tant du point de vue de son contenu que de celui de son style. Je me contenterai ici d'en rappeler les grandes lignes, tout en traduisant deux brefs passages que j'ai voulu représentatifs à la fois du style, du ton et de l'esprit de ce manifeste.

Après avoir expliqué que la création de la *Rābiṭa* répondait à un urgent besoin, ne serait-ce qu'en raison du retard pris par la littérature syrienne par comparaison avec les littératures des pays voisins (Liban, Irak, Égypte), les rédacteurs du manifeste affirment être des écrivains progressistes (*kuttāb taqaddumiyyūn*) convaincus d'être en mesure de servir leur communauté (*umma*). Ils proclament[14] que le vrai art est celui qui prend ses sources dans la vie de la collectivité (*maǧmūʿa*) à laquelle ils appartiennent et affichent comme but de vouloir lutter pour la liberté et la paix, en vue d'instaurer un monde meilleur : « Nous travaillerons donc à nous libérer et à aider d'autres à se libérer des idées surannées qui sont mortes, mais qui persistent à nous encombrer l'esprit de leur cadavre nauséabond et putride, des institutions vacillantes auxquelles certains s'obstinent à se cramponner (…) et des intrus qui entravent nos destinées et nous sucent le sang (…) »[15].

En vue de réaliser leur projet, les membres fondateurs de la *Rābiṭa* se proposent, d'un côté, de diffuser les œuvres arabes anciennes liées aux causes de la liberté et de la paix et, de l'autre, de tout faire pour sortir de la coquille dans laquelle, ils vivent enfermés : « De nos jours, les problèmes du monde sont devenus un seul et même problème et la paix ne pourra se maintenir dans un État seul, si d'autres États sont menacés par la guerre. Pour cela, toute tentative visant à nous isoler des pensées modernes dans le monde est une tentative abjecte par laquelle on cherche à nous bander les yeux pour nous faire tourner en rond (…) »[16]. Enfin, le texte se termine sur un vibrant appel à tous les écrivains progressistes prêts à adhérer à ce programme de venir rejoindre la *Rābiṭa*.

---

13 Elle se transforme en 1954 en *Rābiṭat al-kuttāb al-ʿarab* et s'auto-dissoudra en 1959 pour des raisons politiques. Elle sera remplacée par le *Ittiḥād al-kuttāb al-ʿarab* qui a son siège à Damas.

14 Le texte de ce manifeste a été récemment republié par Maḥmūd Ibrāhīm al-ʾAṭraš, *op. cit.*, p. 352-356.

15 *Ibid.*, p. 355.

16 *Ibid.*, p. 356.

Pour donner à ce manifeste une suite concrète et littéraire les membres de la *Rābiṭa* publient en 1952, un recueil de nouvelles, intitulé *Darb ʾilā-l-qimma* (Un sentier vers le sommet). Celui-ci comprend deux nouvelles de chacun des neuf écrivains suivants : Mawāhib Kayyālī, Saʿīd Ḥūrāniyya, Ilyān Dayrānī, Šawqī Baġdādī, Muṣṭafā al-Ḥallāǧ, Ḥannā Mīnah, Ḥasīb Kayyālī, Murād al-Sibāʿī et Salāḥ Duhnī qui écrivent aussi de préférence dans la revue *Al-Ṭalīʿa*, confirmant et accentuant ainsi le ton très nettement progressiste que celle-ci avait adopté dès sa fondation[17].

Ce que les critiques syriens appellent tantôt la nouvelle « réaliste », tantôt la nouvelle « progressiste » était née. Cependant, s'il est indéniable que la fondation de la *Rābiṭa* et le travail accompli par les écrivains qui y adhérèrent a donné une impulsion forte à la littérature syrienne contemporaine, leur rêve de rallier l'ensemble de l'intelligentsia ne tardera pas de s'effriter.

4 La naissance de l'Association des hommes de lettres arabes

C'est, en effet, par opposition à la *Rābiṭa*, jugée de tendance trop marxiste et passablement sectaire sur le plan à la fois littéraire et idéologique, que se fonde, en 1957, la *Ǧamʿiyyat al-udabāʾ al-ʿarab*. En font partie Fuʾād al-Šāʾib qui en assure la présidence, Šakīb al-Ǧābirī, Ibrāhīm Kilānī, Saʿīd Ṣāʾib, Muṭāʿ Ṣafadī, ʿAbd al-Salām al-ʿUǧaylī, Aḥmad ʿIsā, Mumtāz al-Rikābī. Mais entendons-nous. Ces écrivains ne se veulent pas apolitiques ; ils désirent, en revanche, remplacer la lutte des classes par la lutte nationale, le marxisme par le nationalisme. ʿAbd al-Salām al-ʿUǧaylī a su donner à cette opposition idéologique une forme littéraire dans une nouvelle intitulée *Al-Ḫāʾin* (Le Traître, 1960)[18] qui comprend un plaidoyer fervent en faveur d'un héros nationaliste et un réquisitoire tout aussi fervent contre les progressistes qui accusent le héros en question de trahison. Enfin, la *Ǧamʿiyyat* adopte, à son tour, une revue – *Al-Ṯaqāfa* –, celle-là même que nous avons vu fondée en 1933.

5 La littérature et les grands événements politiques

Ces liens entre littérature et politique ainsi que les deux tendances nées à cette époque vont se maintenir jusque dans les années soixante-dix. Il suffit pour

17 Cf. plus haut. D'ailleurs le programme du Manifeste reprend et développe sur plus d'un point celui de la revue tel qu'il avait été formulé dans le premier numéro de celle-ci.

18 Dans le recueil du même titre.

s'en convaincre de lire les titres de chapitres de la récente étude que Maḥmūd Ibrāhīm Al-ʿAṭraš a consacré à la nouvelle en Syrie et à laquelle nous avons déjà fait référence. Après avoir consacré un chapitre à ce qu'il appelle *al-wāqiʿiyya al-fanniyya* (le « réalisme artistique ») dont il juge qu'al-ʿUǧaylī est l'un des représentants les plus marquants, Al-ʿAṭraš subdivise, dans les chapitres suivants, les différents courants littéraires de la manière suivante : le « réalisme socialiste de tendance marxiste », le « réalisme socialiste de tendance nationaliste », « l'existentialisme nationaliste », avant de parler dans son dernier chapitre d'un « courant individualiste et subjectiviste »[19] dans lequel il range, parmi d'autres, Zakāriyā Tāmir et Ḥaydar Ḥaydar.

On se rend bien compte que le vocabulaire politique et idéologique est prédominant dans ces dénominations et qu'il ne reste guère que la notion de « réalisme » qui – si l'on peut dire – y relève du domaine de la critique littéraire. Pendant un quart de siècle donc l'évolution du roman et de la nouvelle en Syrie se trouve ainsi ponctuée par des événements politiques : la guerre de libération, la guerre de 1948, la guerre d'Algérie (1954-1962), la guerre de Suez (1956), l'unité avec l'Égypte, puis la rupture (1958-1961), la guerre des six jours (1967), la guerre d'octobre (1973) ; enfin, tous ces événements trouvent un écho empressé dans la littérature de toutes tendances, jusqu'à ce que, au début des années soixante-dix, l'engagement se fasse progressivement plus feutré, moins enthousiaste, moins missionnaire aussi – conséquence sans doute de l'épuisement du mouvement et des défaites successives sur le terrain[20].

Dans un tel contexte, il paraît évident – à commencer par ce qui dans une œuvre littéraire est le plus voyant, à savoir les acteurs mis en scène et les sujets abordés – que l'Occident fait mauvaise figure dans la très grande majorité des cas, qu'il soit représenté par les Français, les Anglais et les Israéliens, ou encore par des pouvoirs locaux jugés collaborateurs.

Citons quelques exemples. Dès 1945, Ilyān Dayrānī intitule une partie de son recueil *Al-Sahm al-aḫḍar* (La flèche verte). *Min ḏikrāyāt al-ṯawra al-sūriyya* (Souvenirs de la révolution syrienne), *Abū Nādir lā yaḫūn* (Abū Nādir ne trahit pas) et *Ṣawt min al-māḍī* (Une voix du passé), entre autres, sont des nouvelles qui montrent un peuple déterminé à se battre contre l'occupant. Le premier roman de Ḥannā Mīnah, *Al-Maṣābīḥ al-zurq* (Les lampes bleues, 1954) est, lui aussi, consacré à la vie et à la lutte des classes populaires sous la colonisation

19 Respectivement *Al-wāqiʿiyya al-ištirākiyya al-mārksiyya, al-wāqʿiyya al-ištirākiyya al-qawmiyya, al-wuǧūdiyya al-qawmiyya* et *Ṭayyār fardī ḏātī.*

20 Ḥusam al-Ḫaṭīb s'étonne en 1981 que la guerre d'octobre ait trouvé si peu d'écho dans la nouvelle syrienne. Ḥ. al-Ḫaṭīb, *Al-Qiṣṣa al-qaṣīra wa-ṭabaʿāt al-mawḍūʿ al-qawmī*, in Al-Mawqif al-adabī, nº 123 à 125, Damas, juillet/septembre 1981, 20.

française. Les notables locaux qui collaborent avec la France y sont particulièrement mal traités. Dans son recueil *Šitāʾ qās āḫar* (Un autre dur hiver, 1957) consacre, à son tour, plusieurs nouvelles à cette période de l'histoire syrienne. Dans *Ḥamd Ḏiyāb*, par exemple, il met en scène un Syrien, engagé volontaire dans l'armée française, qui finit par déserter pour combattre du côté des siens ; repris par les Français, le héros est condamné à vingt ans de bagne en Guyane. La nouvelle comprend une description saisissante des conditions de vie des bagnards. Dans *Al-Ahdāb al-mulawwaṯa bi-l-dam* (Les cils souillés de sang)[21], Badīʿ Ḥaqqī évoque les événements de la Place Merǧe à Damas où l'armée française avait exhibé les cadavres des paysans de la Ġūṭa révoltés. En 1970 encore, une nouvelliste en apparence si peu engagée que Ulfa al-Idlibī traite ce thème de la lutte de libération. Dans *Hadīya ʾilā-l-ṯuwwār* (Un présent pour les révolutionnaires)[22], l'héroïne, une femme très pauvre dont le mari vient de tomber sous les balles françaises, offre aux révolutionnaires le fusil du défunt, poussant par ce geste qui se veut exemplaire d'autres hommes à rejoindre le maquis.

La guerre de Palestine est traitée par tout le monde, au point que je ne connais que fort peu de recueils qui ne contiennent pas au moins une nouvelle concernant ce sujet. On dirait qu'il s'agit là d'une sorte de rituel qui donne lieu souvent – mais pas toujours – à des productions passablement médiocres, mais qui n'en témoignent pas moins de l'impact que le drame palestinien a eu, pendant toute une période, sur les écrivains syriens. Engagé volontaire pendant la guerre de 1948, un écrivain aussi peu « politique » que al-ʿUǧaylī lui consacre plusieurs nouvelles dans des recueils divers. Je citerai seulement *Banādiq fi liwāʾ al-Ǧalīl* (Des fusils dans le Liwâ' de Galilée), tiré de son recueil *Qanādīl Išbiliyya* (Lampes sévillanes, 1956) où cet écrivain, par ailleurs fort respectueux de l'Occident, met dans la bouche de l'acteur principal, un cheikh très digne, la phrase suivante : « *Al-inglīz ḫanāzīr wa-l-ṣahyūniyyūn kilāb* » (Les Anglais sont des porcs et les sionistes des chiens).

Le même traite de la guerre d'Algérie, en faisant dans *Ṯalāṯ rasāʾil ūrūbiyya* (Trois lettres d'Europe)[23] une description détaillée d'une manifestation des Algériens à Paris au cours de laquelle la police française fait preuve d'une violence particulièrement révoltante. Il va sans dire que ce type de nouvelles n'épuise pas la relation d'al-ʿUǧaylī à l'Occident. Il reprend plus d'une fois – et, sauf erreur de ma part, il est seul à le faire de manière aussi explicite – le vieux débat qui consistait à opposer à un Occident matérialiste un Orient

21 In *Al-Turāb al-ḥazīn* (Triste Terre, 1961).

22 In *Wa-yaḍḥak al-Šayṭān* (Et le diable ricane, 1970).

23 In *Al-Ḫayl wa-l-nisāʾ* (Les chevaux et les femmes, 1965).

spiritualiste. C'est ainsi que dans sa nouvelle *Al-Ḫā'in* déjà citée[24] la révolution nationaliste est considérée comme relevant du *rūḥ* (esprit), la révolution marxiste comme relevant de la *mādda* (matière).

Adīb al-Naḥawī a milité longtemps en faveur de l'unité entre la Syrie et l'Égypte, militantisme qui lui vaudra d'être emprisonné. Il évoque ce problème de l'unité dans son roman *Ǧūmbī* (Tschombé, 1965), tout en consacrant, lui aussi, une partie son œuvre au problème palestinien, par exemple, dans son recueil *Min dam al-qalb* (Par le sang du cœur, 1949) et dans son roman *'Urs filasṭīnī* (Noce palestinienne, 1969).

La guerre de 1967 est évoquée à plusieurs reprises par un nouvelliste aussi peu classable que Ḥaydar Ḥaydar. Citons seulement *Kābūs nahār qā'iẓ* (Le cauchemar d'une journée torride)[25] où il décrit la bataille de Tell Faḫḫār au cours de laquelle une petite unité de résistants tient tête à toute une brigade (*liwā'*) de l'ennemi.

Toute la dernière partie du recueil *Ḥīna tamūt al-mudun* (Quand meurent les villes, 1976) de Ṣalāḥ Duhnī, enfin, tourne autour de la guerre d'octobre ; entre autres, *Al-Muḥtāl* (Le Fourbe) qui relate, en des termes humoristiques, la capture d'un pilote israélien par les paysans de la Ġūṭa.

Dans toutes ces nouvelles et romans dont on pourrait indéfiniment allonger la liste, l'accent est donc mis sur une image négative de l'Occident et sur l'héroïsme parallèle du peuple syrien, palestinien ou algérien qui lui fait face.

6 La transformation : vers l'intégration des valeurs occidentales

Mais cette vision souvent manichéiste et, disons-le, fortement idéalisée – malgré la prétention de bon nombre de ces écrivains à décrire le réel tel qu'il est – fait place à une vision plus nuancée, dès qu'il s'agit d'aborder des sujets où l'Occident est traité de manière moins directe. L'un de ces sujets est l'introduction des techniques et sciences occidentales dans une société qui n'est pas préparée à les recevoir.

6.1 *Littérature, science et technologie*

Ce thème n'est pas traité de manière systématique, mais quand il l'est, il donne lieu parfois à quelques petits chefs-d'œuvre. C'est le cas notamment de cinq nouvelles dont trois d'al-'Uǧaylī, une de 'Abd Allâh 'Abd et une de Murād al-Sibā'ī. Regardons-y de plus près.

24 Cf. plus haut.

25 In *Ḥikāyāt al-nawras al-muhāǧir* (Récits du goëland migrateur, 1968).

Dans *Al-Nahr al-Sulṭān* (Le fleuve Sultan)[26] – surnom donné par les Syriens à l'Euphrate – al-ʿUǧaylī nous décrit un vieux paysan qui assiste, joyeux, à l'achèvement de la construction du barrage de l'Euphrate. Il se réjouit parce que ce fleuve rebelle qui a, entre autres, coûté la vie à son fils, se trouve enfin dompté et empêché de nuire[27]. Le même écrivain ose dans *Al-Kamʾa wa-l-kinīn* (La truffe et la Quinine) opposer à un jeune médecin tout récemment arrivé dans un village perdu dans le désert un vague infirmier qui y est installé depuis un bon moment. Ce dernier finit par commettre une erreur médicale fort grave puisque l'un des paysans en perd l'usage d'une de ses jambes. Notre jeune médecin juge l'occasion favorable pour prouver, devant le tribunal coutumier, la supériorité de la médecine qu'il représente en même temps que le charlatanisme de son adversaire. Il perd son procès, car l'accusé explique, avec beaucoup de verve, que la paralysie de la jambe en question n'est pas du tout due à une erreur de sa part, mais se laisse bien plutôt interpréter comme une juste punition divine. En effet, argue-t-il, le paysan en question s'était servi, au moment de la récolte de la truffe, de cette jambe désormais paralysée en guise de poids, en prétendant à l'égard des bédouins, propriétaires de la truffe, qu'elle pesait au su de tout le monde tant de *raṭl* et en leur extorquant de la sorte un maximum de truffe contre un minimum d'argent. Le jeune médecin s'avoue vaincu et se pose la question de savoir, si son adversaire et le tribunal n'ont pas, en définitive, raison de voir les choses ainsi. On notera, à ce propos, qu'al-ʿUǧaylī, lui-même médecin et exerçant encore aujourd'hui à Raqqa, semble vouloir donner à entendre, dans cette nouvelle comme dans d'autres, que l'introduction de la médecine moderne en milieu traditionnel pose des problèmes divers et ne va pas toujours de soi. Dans *Sāla l-dam* (Le sang a coulé)[28], enfin, un paysan rusé cherche à se servir d'une pompe à eau. La pompe refusant de démarrer, il part pour aller chercher un réparateur. C'est alors qu'il entend soudain le moteur tourner harmonieusement. Il revient sur ses pas et apprend que son jeune fils a été happé par l'appareil et déchiqueté. C'est la main arrachée de l'enfant qui, en allant se nicher au bon endroit, a permis au moteur de démarrer. Dans *Ġurba* (Exil)[29] de ʿAbd Allāh ʿAbd, c'est l'urbanisme moderne et tentaculaire qui est sur la sellette. Un vieillard qui habite un quartier ancien qu'il n'a plus quitté depuis dix-huit ans se dispute, une fois de plus, avec sa bru. Se sentant indésirable, il quitte la maison pour aller chercher réconfort dans les jardins où, jadis, il avait l'habitude de s'amuser avec des amis

26 In *Al-Ḫāʾin* (Le Traître, 1960).
27 In *Sāʿat al-mulāzim* (La montre du sous-lieutenant, 1951).
28 *Ibid.*
29 In *Al-Sayarān wa luʿbat awlād Yaʿqūb* (Al-Sayarān et le jeu des enfants de Jacob, 1972).

d'enfance. Il se perd dans la ville qu'il ne reconnaît plus et finit par décider de rentrer chez lui. Mais en vain il interroge les passants pour qu'ils lui indiquent le chemin de son quartier. Ils en ignorent jusqu'au nom. Appuyé sur sa canne, notre vieillard erre à travers la ville, exilé et perdu, tandis que la nuit enveloppe un espace urbain hostile et étranger.

C'est sur le mode humoristique que Murād al-Sibâʿī traite dans *Sāʿat Al-Maḫḫul* (La montre de Maḫḫul)[30] du problème du temps. Un paysan reçoit une montre. Du coup, la journée n'en finit plus de passer, les minutes s'égrènent doucement. Notre paysan en vient même à trouver suspect que sa femme tarde tant à rentrer. Au bout de quelques jours, se rendant compte que rien ne va, il décide de casser la montre pour régler à nouveau le déroulement de sa journée sur la course du soleil. Et tout rentre dans l'ordre.

Les trois écrivains dont je viens de résumer quelques nouvelles n'appartiennent pas aux mêmes courants idéologiques et ʿAbd Allāh ʿAbd n'est pas de la même génération que les deux autres. Or, par-delà ces différences auxquelles s'en ajoutent d'autres d'ordre littéraire – différence de langue, de style, de ton ; différences dans la manière de « ficeler » une nouvelle –, il est frappant de constater que sans rejeter les nouvelles formes de savoir et d'organisation venues de l'Occident – médecine moderne, technologie ou encore organisation de l'espace et du temps – les trois nouvellistes montrent que leur irruption dans une société qui, de par ses mentalités et ses traditions en est fort éloignée, pose problème.

6.2 *Littérature et morale*

Mais ce n'est pas seulement l'aspect politique et sociologique du rapport à l'Occident qui préoccupe les écrivains syriens. Ce rapport intervient également dans le domaine de la morale et, plus particulièrement, lorsque sont abordés les problèmes du couple et donc ceux que pose l'émancipation de la femme.

Dès ses débuts, la littérature romanesque syrienne – reprenant en cela des thèmes traités aussi dans les pays arabes voisins – a volontiers représenté le rapport Orient/Occident par un couple assez stéréotypé, formé d'un jeune oriental, étudiant en Europe, et d'une femme occidentale. C'est le cas, par exemple dans *Qadar yalhū* (Le destin s'amuse, 1932) de Šakīb al-Ǧābirī, dans *Al-Šarq šarq* (L'Orient est l'Orient) et dans *Aḥlām Yūlāndā* (Les rêves de Yolande)[31], tous deux de Fuʾād al-Šāʾib, pour ne citer qu'eux. La relation échoue assez régulièrement, en raison de l'incompréhension réciproque et

30 In *As'ila tuṭraḥ wa-aṣdāʾ tuǧīb* (Questions sans réponses, 1979).

31 In *Taʾrīḫ ǧurḥ* (Histoire d'une blessure, 1944).

tout se passe d'abord comme si tout « mariage » entre Orient et Occident était à jamais voué à l'échec, en partie en raison des mœurs frivoles de l'Occident.

Ce stéréotype évoluera rapidement après la guerre. Dans *Šams Ḥazīrān* (Le soleil de juin)[32], Ṣabāḫ Muḥī al-Dīn le reprend, certes, mais en renversant la conclusion : Muḥammad et sa jeune Anglaise forment un couple heureux. Le même auteur nous peint dans *Ḫamr al-šābāb* (Le vin de la jeunesse, 1959) un Orient rétrograde et intéressé : Fu'ād, fils d'un fabricant de savon d'Alep, renonce à une Suissesse rencontrée à Londres, à la fois pour obéir à un père traditionnel et par intérêt bassement économique. En 1964, Fāḍil al-Sibāʿī reprend, lui aussi, ce thème du couple mixte, mais sur un autre plan : le héros oriental de *Al-Ẓamʾ wa-l-yanbūʿ* (La soif et la source, 1964) refuse, par amitié pour son ami allemand, de coucher avec la femme de celui-ci laquelle s'offre à lui dès leur première rencontre.

De façon générale, il faut bien dire que la femme occidentale continue à être envisagée de manière assez mythifiée, surtout, me semble-t-il, en raison de la liberté relative dont elle jouit dans tous les domaines et, notamment, dans le domaine sexuel. Mais l'Orient ne sort plus indemne de cette confrontation et se trouve amené à mettre en cause ses propres mœurs et coutumes. Peu à peu l'idée d'une femme libre et émancipée fait son chemin dans la littérature syrienne.

Ġāda al-Sammān traite volontiers des problèmes propres à la femme orientale et, plus particulièrement, de celui de sa solitude, lorsqu'elle vient, à son tour, vivre en Occident. *Al-Muwāʾ* (Le miaulement) et *Buqʿat ḍawʾ ʿalā masraḥ* (Une tache de lumière sur une scène)[33] sont de ce point de vue de bons exemples. Elle aborde aussi sans fard le problème de la liberté sexuelle, entre autres, dans *ʿAḏrāʾ Beyrūt* (La Vierge de Beyrouth)[34].

Mais les hommes ne sont pas en reste. Dans une nouvelle d'une irrésistible drôlerie, intitulée *Al-ʿUrs al-šarqī* (Le mariage à l'orientale)[35], Zakāriyā Tāmir se moque de la manière dont sont encore aujourd'hui conclus certains mariages. Ḥannā Mīnah, malgré un machisme parfois déplaisant, n'en appelle pas moins, chaque fois que le sujet s'y prête, à braver les traditions établies et à passer outre les barrières sociales – par exemple dans son roman *Al-Šams fī yawm ġāʾim* (Le soleil en un jour nuageux, 1972). ʿAbd Allāh ʿAbd décrit dans *Waḥdat Imraʾa* (La solitude d'une femme)[36] une veuve rejetée – et fière

32 In *Bint al-ǧīrān* (La fille des voisins, 1958).

33 In *Layl al-ġurabāʾ* (La nuit des exilés, 1966).

34 In *Raḥīl al-marāfiʾ al-qadīma* (Le départ des havres anciens, 1973).

35 In *Al-Raʿd* (Le Tonnerre, 1970).

36 *Op. cit.*

de l'être – pour ne pas s'être pliée aux convenances sociales. Maḥmūd ʿAbd al-Wāḥid, enfin, nous montre dans *ʿAwdat al-baḥḥār* (Le retour du marin)[37] un père qui surprend sa fille en train de faire l'amour. L'amant s'enfuit et la jeune fille fait, seule, face au père. Au lieu de l'égorger, comme on aurait pu s'y attendre, celui-ci la félicite d'avoir ainsi su braver la société et lui reproche simplement d'avoir si mal choisi son amant, puisque celui-ci n'a pas osé tenir tête. On le voit donc, à travers ce thème de l'émancipation de la femme, la littérature orientale, dans sa confrontation avec l'Occident, se trouve peu à peu amenée à adopter et à défendre des valeurs qu'elle avait tout d'abord rejetées ou, du moins, envisagées avec beaucoup de circonspection.

7 Le destinateur ou l'Occident-modèle

C'est à dessein que j'ai choisi jusqu'à présent de ne traiter que de romans et de nouvelles où l'Occident est, d'une manière ou d'une autre, directement mis en scène ou, du moins, explicitement évoqué. Cependant, ce type d'ouvrages ne représente qu'une partie de la production littéraire syrienne et il ne faut pas croire que celle-ci tourne exclusivement autour des sujets que je viens de décrire. Tout en s'acquittant, parfois avec bonheur, d'un devoir qu'ils jugent, selon les cas, patriotique ou révolutionnaire, tout en s'interrogeant sur la valeur des valeurs occidentales, c'est surtout à leur propre société et à leur patrimoine que les romanciers et nouvellistes syriens portent toute leur attention. Pour en rendre compte, ils se sont bien vite mis à l'école de l'Occident et ce à tous les niveaux – celui de la langue, celui des techniques d'écriture, celui, enfin, des sujets abordés. Car il ne suffit pas de décider un jour : « Nous écrirons, mais sur les sujets qui nous font envie et dans le style que nous aimons (…) »[38]. Encore faut-il s'en donner les moyens.

7.1 *La langue littéraire et les techniques d'écriture*

C'est donc au contact de la littérature occidentale – française, anglaise, américaine, allemande, italienne et russe – et en tirant profit des expériences de leurs aînés dans les pays arabes voisins, que les écrivains syriens ont contribué à forger une langue littéraire susceptible de prendre en charge des réalités et des préoccupations nouvelles. L'évolution dans ce domaine a été relativement rapide et mériterait une étude détaillée. En effet, entre la langue très classique

---

37 In *Al-Ḍayf* (L'Hôte, 1978) La nouvelle a été écrite antérieurement à cette date, probablement entre 1972 et 1974.

38 Manifeste de la Ligue des écrivains syriens, *loc. cit.*, 356.

d'un al-ʿUǧaylī, ou d'une Colette Khouri, d'une part, et celle fort moderne d'un Zakāriyā Tāmir, d'un Ḥannā Mīnah ou d'un Ḥaydar Ḥaydar, de l'autre, il y a tout un monde. Comment et pourquoi? Des emprunts nombreux sont faits aux langues européennes, emprunts qui ne se situent pas seulement à un niveau purement lexical. Des métaphores, des locutions entières dont on sent l'origine européenne sont traduites et revêtent bientôt, malgré l'écho qu'ils suscitent chez un lecteur occidental, une forme parfaitement arabe. Les dialectes locaux sont mis à contribution et la langue classique est épluchée, tant pour en éliminer des expressions jugées surannées que pour en faire revivre d'autres tombées en désuétude.

La syntaxe, elle-même, n'échappe pas à ce grand ménage. Certains s'en alarment – à tort, je pense, car à lire la littérature du Moyen-Orient et celle de la Syrie, on n'a guère l'impression que la langue arabe soit en danger. Elle évolue, comme toutes les langues, et les écrivains cherchent à juste titre à l'adapter aux nouvelles exigences qui sont les leurs.

Mais ce n'est pas seulement au niveau de la langue littéraire que les romanciers et nouvellistes syriens se sont mis au diapason de la littérature occidentale. Ils ont très vite appris aussi à adapter leur style aux sujets qu'ils traitent. Souvent volontairement dépouillé et affectionnant la phrase brève et la notation précise, ce style peut, malgré sa concision, se charger d'un rythme poétique (Zakāriyā Tāmir), ou encore se transformer en de longues périodes fortement chargées de figures rhétoriques lorsque le sujet l'exige (Ḥannā Mīnah), voire se métamorphoser en *saǧʿ* (prose rimée) chez un écrivain comme Salīm Barakāt. Là encore, on manque cruellement d'études de détail.

Enfin, les techniques narratives ont, à leur tour, évolué rapidement : aux nouvelles de facture fort classique d'al-ʿUǧaylī qui use avec prédilection d'une structure-cadre et se contente d'un point de vue unique s'opposent, par exemple, celles d'un Ḥaydar Ḥaydar qui superpose volontiers deux ou trois récits parallèles, laissant au lecteur le soin d'en démêler les fils et d'en pénétrer les points d'intersection. Entre ces deux extrêmes, si l'on peut dire, toutes les techniques narratives modernes – le monologue intérieur, le flash-back, la variation des points de vue, pour n'en citer que quelques-unes – se trouvent adoptées et maniées avec une maîtrise toujours plus grande. Il y a là l'intégration de tout un système d'écriture qui vient, pour l'essentiel, de l'Occident.

Est-ce à dire que la littérature syrienne n'est qu'un pâle reflet de la littérature occidentale ? Je ne le pense pas. Pour plusieurs raisons. D'abord parce qu'aucune littérature ne peut se targuer d'avoir évolué en vase clos. Des influences allant tantôt en sens unique, tantôt réciproques, sont toujours et partout décelables. La littérature syrienne ne fait donc pas exception. Ensuite, parce que ce problème des influences me paraît souvent fort mal posé. En effet, quiconque en parle devrait, me semble-t-il, avoir présent à l'esprit que cette configuration implique deux actants : celui qui influence et celui qui se laisse influencer. Or, ce dernier n'est pas, tant s'en faut, un actant passif, mais bien au contraire, un actant éminemment actif dont les performances doivent être interprétées en termes d'acquisition de valeurs et de compétences. Autrement dit, s'il n'est pas évident qu'on réussisse à choisir au moment adéquat le modèle adéquat, il ne suffit pas non plus, ce choix une fois opéré, de vouloir faire comme lui ; car encore faut-il pouvoir-faire et savoir-faire, ce qui exige, dans la très grande majorité des cas, beaucoup d'efforts, du doigté et de l'intelligence ainsi qu'un contexte favorable – toutes choses qui ne vont pas de soi. Enfin, l'adoption de techniques venues d'ailleurs s'accompagne presque toujours de leur transformation, transformation qui semble même être la condition *sine qua non* de leur intégration effective.

C'est aussi vrai en matière de littérature que dans d'autres domaines. Les structures propres à la langue, à la littérature du « terroir » opposent, en effet, des résistances qui exercent, à leur tour, une action transformatrice sur les techniques nouvellement acquises ; par ailleurs, on aura beau importer un sujet ou un thème, il aura vite fait de se métamorphoser au contact du milieu d'accueil – ce qui m'amène à dire un dernier mot à propos des sujets traités par la littérature romanesque syrienne que j'ai jusqu'à présent laissés de côté.

7.2 *Le contenu*

Les écrivains de toutes tendances se sont attachés à rendre compte avec minutie et avec un don d'observation certain des divers aspects de la société syrienne Tout y passe : les us et les coutumes, les rapports familiaux et sociaux, les conflits de génération et de classe, les conditions de travail, les mentalités. Ceux qui se réclament plus ou moins explicitement du « réalisme socialiste » décrivent avec prédilection les problèmes de ce qu'ils appellent *al-ṭabaqa al-kādiḥa* (la classe laborieuse) : cireurs de chaussures, porteurs, bonnes, blanchisseuses, vendeurs ambulants, mendiants peuplent une littérature souvent pleine d'humour. Les bédouins, les paysans, les ouvriers et les petits fonctionnaires sont, eux aussi, bien représentés avec leurs difficultés et leurs travers. La relation mère/fils donne lieu parfois à quelques œuvres maîtresses.

D'autres écrivains et souvent les mêmes jettent un regard tantôt critique, tantôt complaisant ou fasciné sur la bourgeoisie campagnarde ou citadine ou encore dépeignent les problèmes propres aux intellectuels et aux artistes syriens.

D'autres encore s'attachent à analyser en détail l'aspect plus proprement psychologique des rapports humains, créent des univers oniriques aux résonnances étranges, s'interrogent sur des problèmes d'ordre philosophique ou font revivre d'anciens mythes.

Le réalisme français ou allemand, le vérisme italien, le réalisme socialiste russe, l'existentialisme, le symbolisme, le Nouveau Roman et bien d'autres courants littéraires occidentaux se profilent, bien sûr, derrière ces préoccupations, sans qu'il soit toujours possible de parler d'une filiation directe. J'ai dit combien l'œuvre de Zakāriyā Tāmir me fait penser à Kafka, Tchékhov, Pirandello et combien elle me paraît en même temps spécifiquement syrienne. C'est vrai aussi pour al-ʿUǧaylī en qui on voit souvent un émule de Maupassant – ce qui laisse, soit dit en passant, rêveur quand on lit l'œuvre des deux écrivains face à face. L'engouement d'al-ʿUǧaylī pour un certain type de merveilleux, l'attention qu'il porte aux vieilles traditions et récits populaires, les légendes qu'il fait revivre ou qu'il réinvente le rattachent pourtant, par-delà et souvent contre Maupassant, à des traditions littéraires typiquement arabes. C'est aussi le cas de Ḥannā Mīnah. Certes, l'idéologie marxiste qui sous-tend l'ensemble de son œuvre lui vient sans conteste de l'Occident, mais le souffle épique qui traverse ses meilleurs romans – je pense ici, parmi d'autres, à *Al-Yāṭir* (Al-Yāṭir) et à *Ḥikāyat bahhâr* (L'Histoire d'un marin) qui sont, sauf erreur, les premiers romans arabes à décrire l'homme aux prises avec l'élément aquatique, mer ou fleuve –, l'esprit de chevalerie qui anime bon nombre de ses héros, le rôle magique, enfin, qu'il assigne dans *Al-Šams fī yawm ġā'im* (Le soleil en un jour nuageux) à la danse du poignard et à la musique qui l'accompagne plongent leurs racines dans les traditions littéraires et populaires de son pays. On pourrait en dire autant de l'univers souvent étrange d'un Ḥaydar Ḥaydar ou d'un Salīm Barakāt, sans parler de tous ceux qui intègrent, de manière explicite ou détournée, des mythes chrétiens, islamiques ou arabes ou encore des événements historiques et littéraires d'un passé proche ou lointain. Que reste-t-il dans tout cela de l'Occident ? Sans doute à la fois beaucoup et peu de choses, en ce sens que la littérature romanesque syrienne, tout en imitant son modèle occidental, s'en est aussi, du moins partiellement, affranchie. Ainsi donc, s'inspirant, à l'instar de leurs voisins arabes, de divers courants littéraires occidentaux et en même temps attentifs au patrimoine, à l'histoire et a l'évolution récente de leur propre pays, les romanciers et nouvellistes syriens, dans leur face à face avec la littérature occidentale, ont cherché et souvent réussi à créer des œuvres qui, tout en prétendant, à juste titre, à l'universalité n'en restent pas moins spécifiquement arabes – et je dirai même syriennes.

* Première publication de ce chapitre dans *D'un Orient l'Autre*, Volume 2, Paris, Ed. du CNRS, 1991, p. 295-311.

CHAPITRE 24

Dialectique du particulier et de l'universel selon Y. Ḥaqqī

Boutros Hallaq

Il me semble que la littérature arabe moderne a été marquée, avant l'avènement de *Madrasat Šiʿr* (1957), par trois Écoles littéraires dans le sens fort du terme : *al-Rābiṭa al-Qalamiyya* (1920) dans le domaine de la poésie, *Madrasat al-Dīwān* (1921) dans le domaine de la critique et *al-Madrasa al-Ḥadīṯa* (1917) dans le domaine du genre romanesque. Les autres Écoles – qu'il faudrait plutôt appeler Groupes – ne sont que des prolongements ou des reflets plus ou moins pâles de ces trois premières. *Al-ʾUṣba al-andalusiyya* et *Madrasat Appollo* (1921)[1] n'ont guère été plus loin que *al-Rābiṭa al-Qalamiyya.* Ṭaha Ḥusayn ne fut qu'un agitateur d'idées, génial sans doute, mais sans plus par rapport au système al-ʿAqqād. Quant à *al-Madrasa al-Ḥadīṯa*, mouvement polymorphe s'il en fut, elle n'a d'équivalent que dans le mouvement romantique, notamment allemand, au cours du XIXe siècle[2]. Si elle a touché aux différents domaines de l'art (y compris la sculpture, la peinture et la musique, la danse et l'architecture), c'est dans celui du genre romanesque qu'elle s'est signalée.

Je me propose dans cette étude d'analyser la façon dont Y. Ḥaqqī, benjamin et héritier de cette école, a élaboré une vision du littéraire qui lui a permis de sortir de l'impasse dans laquelle celle-ci s'était enfermée.

1 La première vit le jour dans le *Mahǧar du sud* (à Sao Paolo). Fondée autour des années 1932 (plusieurs dates sont avancées) par Šafīq Ma'lūf, elle regroupa uniquement des poètes dont le plus connu reste Rašīd Salīm al-Ḫūrī, dénommé al-Šāʿir al-Qurawiyy. La deuxième, créée en 1932 en Égypte, sous la présidence de Ḫ. Muṭrān, regroupa également des poètes dont les plus célèbres sont Zakī Abū Šādī et Abū-l-Qāsim al-Šābbī.

2 *Cf.* entre autres groupes, celui de Schubert qui réunissait toutes sortes de créateurs.

 | DOI:10.1163/9789004705685_025

1 L'impasse de *al-Madrasa al-Ḥadīṯa*

Cette école, dont l'appellation même fut imposé par Y. Ḥaqqī bien après l'extinction du groupe[3], est née à partir de 1917 (ou 1918, selon Ed de Moor), par la convergence de plusieurs groupes dont le premier s'est constitué autour de la revue *al-Sufūr* (parue en 1917). Elle n'a pris forme qu'avec la revue *al-Fağr* en 1925. La genèse de cette école a été décrite, à la suite de Ḥaqqī[4], par S. Hafez[5] et Ed. de Moor[6], entre autres. Mais quelles que soient ses confluences, tout le monde s'accorde à dire que cette École est partie d'une volonté d'affirmation identitaire dans le sillage de la révolution nationale de 1919. Affirmation d'ordre essentiellement littéraire, puisque ses membres répudièrent rapidement et délibérément toute prétention à jouer un rôle politique quelconque, après l'arrivée du parti Wafd au pouvoir qui gouverna avec l'appui de la grande bourgeoisie, refusant tout rôle aux intellectuels[7]. Aḥmad Ḫayrāt Saʿīd, l'animateur d'*al-Fağr*, la revue créée par le groupe, le dit clairement : « Nous voulons que l'Égypte ait une littérature égyptienne, un art égyptien et une pensée égyptienne. Nous condamnons toute réflexion qui se fait avec l'esprit d'autrui. Pour nous, nulle différence entre celui qui réfléchit avec un esprit d'occidental, celui qui réfléchit avec un esprit préislamique et celui qui ne réfléchit point. Ce ne sont que des imitateurs, des voix de leurs maîtres sans aucune sensibilité à la vie »[8].

Ce jugement ne fait qu'expliciter le slogan lancé par Saʿīd lui-même dans le deuxième numéro de la revue en 1925, en plagiant l'appel à la prière lancé par le muezzin cinq fois par jour : « Accourrez à l'inventivité ! Accourrez à la créativité ! Accourrez à la réforme et à la rénovation ».

Il s'agissait donc de partir du particulier, la réalité égyptienne telle qu'elle était vécue par la grande majorité du peuple, pour créer une modernité propre, capable de rejoindre la Modernité par excellence, c'est-à-dire la modernité occidentale. Celle-ci était, en effet, le modèle obsessionnel qu'il fallait intégrer

3 *Cf.* Ḥaqqī : « al-Madrassa al-Ḥadīṯa wa-Maḥmūd Ṭāhir Lāšīn », in *Fağr al-qiṣṣa al-miṣriyya*, paru en 1960.

4 *Ibidem*. Voir aussi une autre étude dans le même ouvrage, « Maḥmūd Ṭāhir Lāšīn ».

5 S. Hafez, « The Maturation of a New literary Genre », in *IJMES*, 1984, p. 367-389.

6 Ed. C.M. de Moor, *Un oiseau en cage. Le discours littéraire de M. Taymûr*, Rodopi, Amsterdam-Atlanta, GA, 1991, p. 93-98.

7 Dans *Siğn al-ʿumr*, paru en 1964, Tawfīq al-Ḥakīm insiste sur cette exclusion : « La façon dont les partis se sont formés après la révolution de 1919 et la rivalité déployée par eux pour attirer les financiers, les notables et les grands propriétaires les mirent à la merci de ces groupes ; ce qui ne laissa aux intellectuels que quelques postes de deuxième rang ne disposant d'aucun pouvoir de décision ».

8 *Cf. al-Fağr*, n° 24.

avant de la reproduire dans un contexte autre. Ḥaqqī insiste sur le fait que dès le départ ces groupes appelaient à « embrasser les doctrines européennes », voire à « importer la pensée européenne »[9]. Et il rappelle la boulimie de littérature étrangère, d'abord anglaise, puis française, puis russe, qui s'était emparée de ses membres. Or maîtriser la modernité était le moyen d'accéder *ipso facto* à l'universel. Particulier, Modernité et Universel : voilà les maîtres mots.

Il est important de rappeler que ce projet s'élaborait en marge du projet politico-socio-économique, dont ces intellectuels se sentaient écartés. Il leur semblait même que leur démarche était l'unique voie pour une affirmation nationale. Cette attitude se répercutait jusqu'à la pensée de Ḥaqqī telle qu'il l'exprimait en 1959. Pour lui, le processus adéquat pour l'édification d'une nouvelle civilisation arabe devait partir non du politique mais de la littérature, avant d'intégrer la philosophie et finir par édifier une civilisation : « *Fa-l-silsilatu muttaṣila : ʾadabun, falsafatun, ḥaḍāratun* »[10].

Mais la matière du particulier, la connaissance intime de la vie du peuple, n'était pas à la disposition de ces auteurs. D'une part, ils étaient pour la plupart des *Afandiyya*, selon l'expression de Nāǧī Naǧīb[11], c'est-à-dire des diplômés, provenant de couches sociales moyennes sans appartenir réellement à aucune classe. N'ayant pas connu la vie du petit peuple à qui l'accès à l'enseignement était interdit, ils ne pouvaient vivre réellement à son diapason. Ils vivaient probablement plus dans les livres que dans la réalité, comme en témoignent, entre autres, Ṭaha Ḥusayn dans son troisième tome d'Al-Ayyām[12] ou Māzinī qui avoue : « Je faisais telle chose et me détournais de telle autre sous l'influence des livres »[13]. Leur psyché était plutôt livresque. Ḥaqqī atteste de cette incapacité à vivre le réel, qu'il imputait à un mode de scolarisation privilégiant l'abstrait aux dépens de l'observation pratique de la nature et de l'appréhension des sentiments humains : « Il faisait peu de cas du monde matériel et de l'univers des sentiments », dit-il en précisant : « La génération à laquelle j'appartiens reçut l'instruction, sous le régime colonial, dans des écoles qui ne se souciaient que de lui bourrer le crâne d'apparences de sciences livresques, incapables d'éveiller les sens pour les préparer à saisir la nature environnante… Le mot *arbre* pour elle englobait tous les arbres… Le terme *oiseau* couvrait pratiquement toutes sortes de volatiles. Elle reçut également en famille une

9 *Ibidem*, p. 76.

10 *Cf.* Ḥaqqī, *Ḫuṭuwāt fī-l-naqd*, al-Hay'a al-miṣriyya al-ʿāmma, Le Caire, 1976, p. 188.

11 N. Nāǧī Naǧīb, *al-Nuzūʿ ilā-l-ʿālamiyya wa našʾat al-wāqiʿiyya al-ḥissiyya*, Dār al-Tanwīr, Beyrouth, 1985, p. 14. Cet ouvrage contient par ailleurs de nombreuses informations utiles aussi bien sur Ḥaqqī que sur *al-Madrasa al-Ḥadīṯa*.

12 Cité par Naǧīb, *op. cit.* p. 15.

13 I. al-Māzinī, *Qiṣṣat ḥayātī*, Dār al-Šurūq, Le Caire, 1975, p. 117-9.

éducation qui tenait pour bonnes manières le refoulement des sentiments, la retenue dans l'expression de soi, l'introversion et l'intériorisation des coutumes et des façons traditionnelles de parler. Ce que les hommes savaient des femmes et les femmes des hommes n'était que vagues approximations gonflées, par la frustration, de toutes sortes de fantasmes »[14].

Ḥaqqī ajoute à tout cela un autre élément important : la société n'était pas suffisamment complexe pour qu'on puisse lui appliquer une analyse riche et fouillée : « La société ressemblait à une natte domestique. Le roman ne pouvait que lui être semblable, par sa superficialité et sa naïveté »[15]. Il en résulta une production littéraire atone, sans vie ; la description du cadre comme l'analyse des personnages, inertes et abstraits, tenaient du procédé photographique : « La majeur production [de cette génération] se réduisait à une description photographique… Les personnages étaient décrits de l'extérieur non de l'intérieur. Elle ne témoignait d'aucune culture intellectuelle ou spirituelle susceptible de donner une interprétation ou une signification profonde à l'événement vécu. Rapide à percevoir l'événement, rapide à le coucher sur du papier sous forme de nouvelle rédigée séance tenante, elle ne savait pas ruminer, puis emmagasiner avant d'exprimer. Tout était cuit à grand feu. Il n'était pas étonnant dès lors que le plat "brûlait" parfois […] Les membres de *al-Madrasa Ḥadīṯa* n'avaient pas entre les mains une pelle mais un appareil photographique »[16]. Nonobstant l'humour dont pouvaient faire preuve certains comme Ṭāhir Lāšīn.

En fait les tenants de cette école ont bien senti le danger qui les guettait : tomber dans la couleur locale, voire le folklorique, ou *al-maḥaliyya*, comme on disait à l'époque. Ils s'échappèrent alors vers l'autre versant, à savoir le traitement de types humains universels, tels qu'ils les avaient si bien admirés dans la littérature occidentale, à commencer par la littérature russe. Ils exprimèrent ce besoin en insistant sur « l'esprit du temps » (*Waḥyu-l-ʿaṣr*), selon l'expression d'Ibrāhīm al-Miṣrī : « [Le romancier] commença à sentir l'Esprit du milieu, mais il ne sentait pas encore l'Esprit du temps. […] La plupart des romans égyptiens modernes expriment beaucoup d'aspects de notre vie locale […], mais aucun d'eux ne comporte une seule image qui puisse témoigner sans ambiguïtés d'une réelle intelligence des grands bouleversements suscités par l'Esprit du temps, grâce aux grandes questions humaines qu'il a soulevées et au formidable progrès qu'il a accompli »[17].

14 *Cf.* Haqqī, *Ḫuṭuwāt fī-n-naqd*, p. 182-3.

15 *Cf.* Ḥaqqī, *Introduction à Qindīl Umm Hāšim*, al-Hay'a al-miṣriyya al-ʿāmma, Le Caire, 1990, p. 21.

16 *Cf.* Ḥaqqī, *Faǧr…*, p. 253-5.

17 *Cf.* Ibrāhīm al-Miṣrī, *Waḥyu-l-ʿaṣr*, Le Caire, 1935, p. 12.

Mais là aussi leur tentative ne fut pas plus fructueuse. Ils n'avaient pas les moyens intellectuels adéquats pour camper les personnages à la façon, à titre d'exemple, d'un Dostoïevski qu'ils admiraient tant, tels des personnages rongés par l'inquiétude métaphysique, déchirés entre le bien et le mal, guidés toujours par le désir de la purification, voire de la Rédemption[18]. Ils se contentèrent de camper des personnages abstraits, souvent pathologiques[19]. L'universel se trouva ainsi réduit à des idées abstraites concernant l'homme comme pure essence.

Une évolution parallèle s'opéra au niveau du langage romanesque. Le particulier induisait un usage volontariste du dialectal, ce que certains ont fait à bon escient. Mais leur recherche de l'universel a contribué à les ramener vers un classicisme qui se transforma chez certains, comme Maḥmūd Taymūr dans sa vieillesse, en un classicisme archaïsant. Impasse totale, qui s'exprima tôt chez certains par un mutisme définitif, tels les frères ʿUbayd et Maḥmūd Ṭāhir Lāšīn lui-même.

Éloignés de la sphère politique, dès le départ, par la grande bourgeoisie, les tenants de *al-Madrasa al-Ḥadīṯa* se trouvèrent en fin de compte hors de la sphère de la modernité littéraire. Ce que Ḥaqqī exprime à sa façon toujours aimable : « Ils étaient tous des amateurs, non des professionnels »[20] ; avant d'ajouter qu'ils étaient beaucoup plus préoccupés par leur psyché, leur désir de créer, que par la réalité extérieure. Aussi, malgré l'enthousiasme du début et le désintéressement le plus total, ils ne réussirent qu'à être des explorateurs.

Ce processus, jouant sur le trinôme modernité/particulier/universel, rappelle celui de la première Nahḍa. Pour accéder à la modernité, celle-ci était partie d'une affirmation identitaire qui consistait à actualiser le particulier, le patrimoine ; ce fut le mouvement de *Iḥyāʾ*. Elle procéda ensuite à l'appropriation de l'universel ; et ce fut l'emprunt des genres nouveaux. Puis elle s'épuisa en reproduction mimétique. Habitée par l'image idéale d'un soi abstrait, puis obsédée par l'image de l'autre, elle se laissa enfermer dans l'image, c'est-à-dire dans une apparence de l'être. Les deux mouvements ont manqué l'Aujourd'hui, ou l'Ici-Maintenant et tombèrent pour cela dans le passéisme ou le silence. Et ce sera à Ḥaqqī de prendre en charge l'héritage pour le faire sortir de l'impasse.

18 Voir aussi ce qu'en dit Ḥaqqī dans *Faǧr*..., p. 81 et 254.

19 *Cf. Faǧr*... p. 254 ; Naǧīb, p. 24.

20 *Cf.* Ḥaqqī, *Faǧr*..., p. 98.

2 La problématique rénovée

Le mérite de Ḥaqqī est d'avoir su dépasser ce faux dilemme que constituait l'opposition Particulier/Universel. Pour accéder à la modernité, il a compris qu'il ne fallait pas opposer les deux termes mais les articuler dans un rapport dialectique : on n'atteint l'universel que par le particulier, et l'on ne voit bien le particulier qu'en partant de l'universel. C'est ce qu'il expliquait dans un article de 1965 : « Je vois, on ne peut plus clair, qu'accéder à l'universel à partir du particulier ne saurait advenir qu'en saisissant d'abord celui-ci à partir de celui-là [...] Il n'y a de vérité de l'universel qu'à partir d'une expression fidèle et bien déterminée du particulier. Je pense même que mon attachement à cette détermination provient de la nécessité, pour moi, de parvenir à l'universel, qui requiert comme condition même l'abstraction, la libération de toutes les contraintes du temps, de l'espace et même des particularités linguistiques. En effet, le pêcheur dont parle Hemingway reflète l'image fidèle et bien définie d'un pêcheur sud-américain ; la vieille paire de chaussures peinte par Van Gogh n'a point son pareil au monde ; et le paysan peint par Grigoresco dit par chacun de ses traits qu'il est roumain... Et c'est bien pour cela que ces figures expriment quelque chose d'universel »[21].

On reconnaît là la dynamique des deux grandes écoles qui l'ont précédé : *al-Rābiṭa al-Qalamiyya* et *al-Dīwān*. En effet, le théoricien d'al-Rābiṭa, Miḫāʾīl. Nuʿayma, se retrouve sur la même position que celui d'*al-Dīwān*, al-ʿAqqād, pour affirmer que la seule littérature valable est celle qui parle de l'homme ; or celui-ci est le même à toutes les époques, sous tous les cieux et quelle que soit la langue qu'il parle[22]. En parlant de façon adéquate d'un homme en particulier, on parle de tout homme. Ils ajoutent, à l'appui de leur thèse, que le critère d'une littérature authentique c'est qu'elle soit traduisible dans toutes les langues, puisqu'elle les transcende toutes[23]. ʿAqqād en tire des conclusions frappantes concernant la rhétorique, notamment *al-tašbīh*, qu'il applique à la poésie de Šawqī d'une façon féroce[24], en s'appuyant sur les théories de Coleridge et de Hazlitt sur l'imagination. Nuʿayma y ajoute la nécessaire

21 *Cf.* Ḥaqqī, *ʾUnšūdat li-l-baṣāṭa*, al-Hayʾa al-miṣriyya al-ʿāmma, Le Caire, 1987, p. 65-6.

22 *Cf.* Notamment le chap. « *miḥwar al-adab* » in *al-Ġirbāl* de Nuʿayma et le chap. « Riṯāʾ Farīd » in *al-Dīwān fī-l-adab wa-n-naqd* de ʿAqqād, ce dernier étant une œuvre collective où le premier rôle revient après tout à ʿAqqād.

23 *Cf.* ʿAqqād, *al-Dīwān*..., Le Caire, s.d., 3e édition, p. 17. Il est évident pour nous que ce critère utilisé dans l'absolu est d'une certaine façon un peu biaisée ; car la pensée comme l'imaginaire ne sont pas indépendants de leur outil d'expression, la langue, comme c'est le cas pour les arts décoratifs dont le code est plus universel.

24 *Cf.* *al-Dīwān*, p. 17-8.

libération de toute métrique contraignante afin de retrouver la musique première, fondamentale qui transcende la métrique : le rythme intérieur[25]. Les deux insistent en outre sur le choix du terme propre, précis, et sur l'expression dépouillée, non redondante.

Ḥaqqī s'approprie cette dynamique en l'articulant à sa façon, conformément à la dialectique signalée plus haut entre Particulier et Universel. Mais il ne se contente pas d'exposer une théorie ; il l'applique dans une œuvre romanesque, à ses risques et périls. Examinons rapidement cet art romanesque tel qu'il apparaît dans son œuvre maîtresse, *Qindīl Umm Hāšim*[26].

2.1 *Un particulier bien défini*

La réalité décrite dans cette œuvre est une réalité bien particulière, parfaitement singulière, malgré certains points qui l'apparentent à d'autres réalités. Il s'agit du monde du petit peuple du Caire, au début du siècle, souvent d'origine rurale, vivant autour du Maydān de Sitt Zaynab. Même dessiné à grands traits, ce monde est palpitant de vie. A travers quelques détails significatifs, tous les sens du lecteur sont sollicités. Avec le personnage principal, Ismāʿīl, nous sentons les odeurs des ruelles, des foules et des prostituées dans le Maqām, cette odeur qu'Ismāʿīl « renifle à la façon des chiens ». Nous partageons avec lui cette sensation que donne le toucher des corps humains qui se bousculent, la caresse de la main ou de la bouche que la fille de joie, Naʿīma, imprime sur le mur du *Maqām*, ou le grand-père sur le seuil de la mosquée. Nous dégustons presque les exhalaisons des épices et de la promiscuité de la vie familiale. Mais le narrateur fait appel surtout à l'ouïe et à la vue. Les cris des vendeurs dans les ruelles, la psalmodie des orants, la prêche de Šayḫ Dardīrī, le ronronnement de la prière matinale ou vespérale du père..., tout cela crée une musique intérieure qui ne fait que mettre en relief la déflagration de la fiole d'huile bénite puis de la Lampe brisée par Ismāʿīl, « qui sonnent comme la première explosion d'une bombe » dans la guerre qu'il s'apprêtait à livrer contre la société. Mais c'est surtout l'œil qui est omniprésent. Le Maydān grouillant de monde, Šayḫ Dardīrī au milieu des filles de joie « tel un coq au milieu d'une basse-cour », le vieux pêcheur dans sa barque, venu du fond des âges, à côté de ce paquebot moderne qui accoste à Alexandrie, la nudité troublante de la jeune mendiante... Et par-dessus tout, cette Lampe qui luit « tel un œil qui a tout vu et tout compris ».

25 *Cf.* Nuʿayma, *al-Ġirbāl*, chap. « al-Ziḥāfāt wa al-ʿilal ».

26 Nous nous inspirons dans l'analyse suivante de notre article « l'intellectuel sauvé par l'artiste », in *Arabica*, t. XLVI, fasc. 3-4, 1999, p. 482-509.

Ce cadre physique – ou *ʿālam al-mādiyyāt,* selon l'expression de Ḥaqqī – bien campé tomberait dans la vision folklorique, la couleur locale naïve à usage touristique, s'il n'était animé de l'intérieur. Relevons-en trois éléments. D'abord la complexité, ou du moins la variété. Le sordide à côté du beau, le mendiant à côté de l'artisan ou de l'échoppier, le jeune élève des écoles modernes avec l'élève du *kuttāb,* le profane à côté du religieux. Et chacun de ses mondes comporte des oppositions parlantes. C'est ainsi, à titre d'exemple, que dans le monde religieux se côtoient le bon croyant naïf qui se jette sur la dalle de la mosquée pour l'embrasser, le religieux soi-disant savant qui le regarde avec une condescendance teintée de mépris et le *Šayḫ* de la mosquée apportant un réconfort bien rétribué à chacun mais privilégiant le commerce des filles de joie.

Deuxième élément, après la complexité, la vie intérieure des individus. Ils sont bien sûr régis par des codes sociaux bien établis, mais on voit bien ce qui détermine leurs gestes. C'est d'abord la mémoire : une reproduction de gestes et d'affects collectifs presque immémoriaux. Faillir à la mémoire, c'est sortir du cercle du rationnel, malgré quelques brèches permettant l'individuation. Les gestes sociaux, familiaux, de travail, de prière sont, malgré leur diversité, appris et prévisibles. C'est essentiellement une mémoire du corps acquise par les gestes, les sens et non par l'intellect, à moins que cet intellect ne passe par des idées imagées, presque sensitives, voire sensuelles. C'est ensuite le cœur comme foyer de l'être. Il est le siège de la connaissance-amour, selon une tradition toute sémite. Le savoir et l'affect ne peuvent s'actualiser que grâce à lui. Il englobe *al-baṣar* comme *al-baṣīra,* mais aussi *al-ʿāṭifa* : « *lā baṣara maʿa fiqdān al-baṣīra* »[27], déclare le narrateur. Il n'y a qu'à voir comment vit et réagit la famille d'Ismāʿīl. C'est le cœur qui la guide au point de se sacrifier afin que « l'un de ses rejetons puisse se réaliser ».

Troisième élément : le conflit intérieur. Visible chez différents personnages, il culmine dans celui du héros, Ismāʿīl. A l'adolescence, l'éveil de la sexualité paralyse son intellect au point de réduire considérablement sa capacité à étudier. « Sa faim de femme », comme il dit, le pousse à adhérer au projet de son père. Le modèle occidental représenté, naïvement, par Mary détruit sa mémoire de jeunesse pour la remplacer par une autre. Et le conflit majeur éclatera au moment où sa mémoire traditionnelle resurgit face à sa mémoire acquise en Occident. Il passera de la révolte contre son milieu et ses croyances, au rejet de la science occidentale, puis à une sorte d'ersatz sans nom.

27 *Cf. Qindīl,* p. 72.

2.2 *L'universel*

Contrairement à l'opinion répandue, l'universel ne s'exprime pas, dans *Qindīl*, par la réconciliation de l'Orient et de l'Occident ou de la Science et de la Foi. En effet, après de multiples crises, Ismāʿīl réintègre son monde traditionnel. En témoignent plusieurs indices : il se marie avec Fatima conformément aux souhaits de son père, il se remet à utiliser l'huile sainte pour traiter ses malades, il retrouve la foi de son enfance entre les mains du même *Šayḫ* Dardīrī. Et le fait d'utiliser le terme *Īmān* à la place de *Dīn* dans la révélation qui met terme à la crise, « *lā ʿilma bilā ʾīmān* »[28], n'est qu'une ruse de narrateur pour masquer l'échec patent de la réconciliation.

De même, cet universel ne s'exprime pas par la rencontre avec l'Occident sur le thème de l'Égypte antique. Car l'émergence de cette figure n'est point convaincante. Elle est voulue seulement pour prendre le relais de l'amour perdu de Mary. On ne voit pas comment l'amour abstrait d'une antiquité ou d'un pays peut relayer et compenser l'amour d'une personne, surtout pour un homme déjà occidentalisé. La rupture narrative est trop évidente ; elle est suivie d'autres ruptures qui taraudent la logique de l'action. Malgré tout cela, l'universel apparaît dans cette nouvelle ; seulement, il est ailleurs où on a bien voulu le mettre.

Il se manifeste d'abord dans les grandes questions posées par le récit et qui intéressent toute l'humanité, même si ces questions ne trouvent pas réponse. On peut en relever deux. La première agite l'humanité au moins depuis Galilée et les Lumières : qu'en est-il de la confrontation de la Religion et de la Science ? L'une exclut-elle l'autre, ou bien une coexistence serait-elle possible, avec partage des sphères ? Mais comment se ferait ce partage alors que chaque sphère prétend régir l'ensemble de la vie humaine ?

La deuxième est peut-être plus prégnante : qui est l'autre ? Puis-je communiquer avec lui sans me dénaturer ? Chez Ḥaqqī cette question est cruciale : est-il possible de prendre à l'autre sa science sans emprunter en même temps les *a priori* de cette science, à savoir l'individualisme ? Question lancinante, dans la pensée arabe, depuis que Ṭahṭāwī a énoncé la théorie « des sciences internes et des sciences externes »[29]. Ḥaqqī s'approprie cette question et y donne un début de réponse intéressant. Le monde de la science transforme Ismāʿīl physiquement (son corps change), psychiquement (la mémoire devient plus intellectuelle, plus spiritualisée), idéologiquement (il découvre le nationalisme), mais il ne change pas le substrat de l'homme, en l'occurrence, le cœur. En effet, c'est par le cœur qu'Ismāʿīl intègre ces transformations et à sa manière. A titre

---

28 *Ibidem*, p. 116.

29 *Cf.* l'introduction de son ouvrage, *Taḫlīṣ al-ibrīz fī talḫīṣ Bārīz*.

d'exemple, il adopte le nationalisme non comme une idée abstraite, mais par un processus singulier, par l'archéologie occidentale qui lui fait découvrir l'Égypte antique. Celle-ci lui apparaît alors, par l'intermédiaire de la notion de famille qui lui est chère, sous la forme d'une chaîne continue depuis les temps pharaoniques jusqu'au temps modernes. La foule surgit alors du magma pour prendre la figure d'une grande famille, se constituant ainsi un peuple. L'idée de nation est née par le catalyseur de la famille, dont le seul lien est le cœur.

L'universel se manifeste aussi par la création de symboles, qui, à partir du local, acquièrent une dimension globale. Nous en retiendrons un seul : la Lampe. De l'huile qui brûle, c'est un élément millénaire presque banal dans les sociétés orientales, identifiable dans les différentes civilisations et religions. Et voilà qu'elle se met à prendre une dimension mythologique exceptionnelle, en relation avec la figure de Sayyidna *al-ʾitrīs*. L'eschatologie semble tenir comme à un fil qui la relie à cette lampe : il suffirait qu'*al-ʿitrīs* le veuille pour que le bien et le mal soient définitivement séparés et que soit créé un monde nouveau. Mais cela ne correspondrait pas au dessein divin qui préfère que les fils du bien et du mal restent entremêlés afin que la liberté ait un sens. Et de proche en proche, la Lampe à huile prend la dimension d'une conscience universelle qui unifie tous les humains. C'est un ŒIL qui voit, *baṣar*, mais c'est aussi un CŒUR qui « saisit et comprend » (« *ʿaynun tarā wa-tudrik* »). Celui-ci détruit le temps, l'espace et tout ce qui sépare : « Ici, ni Orient ni Occident, ni jour ni nuit, ni hier ni demain »[30]. C'est l'œil de Dieu mais au cœur de la condition humaine.

Signe de cet universel : le style de Ḥaqqī. Celui-ci le décrit comme caractérisé par *al-ḥatmiyya*, l'inéluctabilité. Cet aspect recouvre trois éléments fondamentaux. Le premier, relatif au niveau lexical, requiert le choix du terme approprié ; ce qui permet d'éviter à la fois l'à peu près et la redondance qui lui est souvent liée. Ce procédé rend le texte plus percutant et libère l'esprit du créateur pour se consacrer à trouver le rythme (Ḥaqqī dirait « la musique ») adéquat à imprimer à la phrase comme au texte dans son ensemble. L'exemple typique en est la réponse tronquée et éloquente d'Ismāʿīl après le bris de la lampe : *ʾanā... ʾanā... ʾanā...*[31]. L'autre élément inclut le lexical et le phrastique : c'est de la polyphonie, inhérente au roman, comme Bakhtine l'a si bien montré. Il s'agit de respecter la voix des différents locuteurs, ou du même locuteur dans les diverses situations. Intervient ici, bien sûr, le mélange du dialectal et du littéraire, mais aussi les différents registres du langage. A côté des cris des vendeurs, dans leur langage chatoyant et concis[32], le narrateur utilise d'autres

30 *Cf. Qindīl*, p. 74.
31 *Ibidem*, p. 104.
32 *Ibidem*, p. 66.

termes qui renvoient, sous leur forme lexicale attestée, à la voix du peuple : tel le terme *fiʿla*[33], chargé, dans l'usage populaire égyptien, d'une connotation péjorative évidente, signifiant 'mauvaise action'. Il en est de même de cette expression, où retentit la voix coranique, utilisée par Ismaël : *fa-ʾiḏā huwa ḥadīd*[34]. Quant au troisième élément, il consiste à rechercher la concision qui s'oppose non seulement à la fonction phatique liée, dans le domaine arabe, à *ḫaṭāba* encore trop répandue, mais aussi à l'usage immodéré des tropes et des conjonctifs. En effet – et à titre d'exemple – les conjonctions *wa, fa*… comme les comparaisons sont strictement comptées. Les premières sont souvent compensées par une ponctuation (point et virgule uniquement) élaborée et adéquate, et les secondes par l'usage de métaphores discrètes et parlantes à la fois, souvent chargée d'une ironie à peine perceptible.

En fait, ce style, pour ce qui nous intéresse ici, renvoie, au-delà de son aspect technique, à une dimension universelle. Il est le fruit d'une culture assimilée, d'une intégration parfaite des procédés esthétiques avec du littéraire, telles qu'elles s'expriment dans les différentes cultures. Il répudie un *adab* mimétique, formel, répétitif, pour accéder à une littérature créative riche d'une vision singulière du monde. Or cela est construit par Ḥaqqī à partir de sa connaissance des littératures européennes et notamment russe. C'est par ce biais qu'il retrouve un certain *bayān* classique méconnu, qu'il rénove à sa façon pour le propulser dans l'universel, que tout un chacun est capable, un jour ou l'autre, d'apprécier et d'y trouver un aliment spirituel.

3 Conclusion

Le quartier avec son *Maydān*, son *Maqām*, sa Lampe et son *Šayḫ*, ne ressemble à rien d'autre au monde. Il exprime le génie particulier propre au petit peuple égyptien, tout comme les vieilles bottes de Van Gogh – pour reprendre l'image utilisée par Ḥaqqī – sont enracinées dans un humus culturel propre. Ismāʿīl est le fruit propre de cette Égypte du début du siècle, comme Le vieux pêcheur d'Hemingway est l'émanation d'un milieu précis. Mais ils sont projetés dans l'imaginaire universel, malgré – voire grâce à – leurs particularités et même à leurs incohérences. De ces incohérences, signalons le statut d'Ismāʿīl. Il n'accède jamais au statut de sujet, c'est un individu manipulable à souhait, presque un objet animé. Mais il est le prototype d'une catégorie d'intellectuels coincés entre deux mondes, repérable dans d'autres régions géographiques soumises

33 *Ibidem*, p. 59.

34 *Ibidem*, p. 118.

aux mêmes tensions. Le particulier y rejoint l'universel par la puissance créatrice de l'auteur. Celui-ci échoue certes en tant que penseur qui cherche à donner une réponse convaincante dans le registre intellectuel à la possibilité d'une vraie rencontre entre Orient et Occident. Mais il réussit admirablement en tant qu'artiste, qui se laisse guider par le cœur, un cœur rénové par la rencontre de l'autre. Aspect qui apparaît parfaitement dans son style unique. Il ne serait pas exagéré, à mon avis, de penser que Ḥaqqī, en conduisant à son terme la dynamique de *al-Madrasa al-Ḥadīṯa,* a contribué beaucoup plus qu'un T. Ḥusayn, un T. al-Ḥakīm ou qu'un Haykal, à refonder le nouveau genre romanesque. Il complète, à sa façon, le gigantesque effort d'un Ǧibrān visant à dépouiller l'écriture littéraire de ses ornements factices et la libérer du souci pédagogique immédiat. Ce n'est pas un hasard s'ils ont, tous les deux, partie liée avec le roman de formation.

* Ce chapitre a paru pour la première fois sous le titre « L'articulation du particulier et de l'universel chez Yaḥyā Ḥaqqī et al-Madrasa al-Ḥadīṯa », in QSD (Venise), *Literary Innovation in Mondern Arabic Literature : Schools and Journals*, 2002, p. 61-72.

Index général

Index des auteurs commentés

Index des auteurs modernes

Printed in the United States
by Baker & Taylor Publisher Services